国家出版基金资助项目

现代数学中的著名定理纵横谈丛书

丛书主编　王梓坤

DIDO ISOPERIMETRIC PROBLEM

Dido等周问题

刘培杰数学工作室　编

哈爾濱工業大學出版社
HARBIN INSTITUTE OF TECHNOLOGY PRESS

内 容 简 介

本书共分7编，详细讲述了狄多等周问题从提出到深入研究的整个过程，介绍了狄多等周问题的历史，等周问题中的矩阵方法，等周不等式，等周亏格上界估计，几何不等式与积分几何，盖尔方德积分几何等内容。

本书可供从事这一数学问题研究或相关学科的数学工作者、大学生及数学爱好者参考阅读。

图书在版编目(CIP)数据

Dido等周问题/刘培杰数学工作室编.—哈尔滨:哈尔滨工业大学出版社,2021.1
(现代数学中的著名定理纵横谈丛书)
ISBN 978-7-5603-8628-7

Ⅰ.①D…　Ⅱ.①刘…　Ⅲ.①等周问题—研究　Ⅳ.①O176.2

中国版本图书馆CIP数据核字(2020)第016901号

策划编辑　刘培杰　张永芹
责任编辑　刘春雷
封面设计　孙茵艾
出版发行　哈尔滨工业大学出版社
社　　址　哈尔滨市南岗区复华四道街10号　邮编150006
传　　真　0451-86414749
网　　址　http://hitpress.hit.edu.cn
印　　刷　黑龙江艺德印刷有限责任公司
开　　本　787 mm×960 mm　1/16　印张42　字数433千字
版　　次　2021年1月第1版　2021年1月第1次印刷
书　　号　ISBN 978-7-5603-8628-7
定　　价　98.00元

⊙代序

读书的乐趣

你最喜爱什么——书籍.

你经常去哪里——书店.

你最大的乐趣是什么——读书.

这是友人提出的问题和我的回答.真的,我这一辈子算是和书籍,特别是好书结下了不解之缘.有人说,读书要费那么大的劲,又发不了财,读它做什么?我却至今不悔,不仅不悔,反而情趣越来越浓.想当年,我也曾爱打球,也曾爱下棋,对操琴也有兴趣,还登台伴奏过.但后来却都一一断交,“终身不复鼓琴”.那原因便是怕花费时间,玩物丧志,误了我的大事——求学.这当然过激了一些.剩下来唯有读书一事,自幼至今,无日少废,谓之书痴也可,谓之书橱也可,管它呢,人各有志,不可相强.我的一生大志,便是教书,而当教师,不多读书是不行的.

读好书是一种乐趣,一种情操;一种向全世界古往今来的伟人和名人求教的方法,一种和他们展开讨论的方式;一封出席各种活动、体验各种生活、结识各种人物的邀请信;一张迈进科学宫殿和未知世界的入场券;一股改造自己、丰富自己的强大力量.书籍是全人类有史以来共同创造的财富,是永不枯竭的智慧的源泉.失意时读书,可以使人重整旗鼓;得意时读书,可以使人头脑清醒;疑难时读书,可以得到解答或启示;年轻人读书,可明奋进之道;年老人读书,能知健神之理.浩浩乎!洋洋乎!如临大海,或波涛汹涌,或清风微拂,取之不尽,用之不竭.吾于读书,无疑义矣,三日不读,则头脑麻木,心摇摇无主.

潜能需要激发

我和书籍结缘,开始于一次非常偶然的机会.大概是八九岁吧,家里穷得揭不开锅,我每天从早到晚都要去田园里帮工.一天,偶然从旧木柜阴湿的角落里,找到一本蜡光纸的小书,自然很破了.屋内光线暗淡,又是黄昏时分,只好拿到大门外去看.封面已经脱落,扉页上写的是《薛仁贵征东》.管它呢,且往下看.第一回的标题已忘记,只是那首开卷诗不知为什么至今仍记忆犹新:

日出遥遥一点红,飘飘四海影无踪.

三岁孩童千两价,保主跨海去征东.

第一句指山东,二、三两句分别点出薛仁贵(雪、人贵).那时识字很少,半看半猜,居然引起了我极大的兴趣,同时也教我认识了许多生字.这是我有生以来独立看的第一本书.尝到甜头以后,我便千方百计去找书,向小朋友借,到亲友家找,居然断断续续看了《薛丁山征西》《彭公案》《二度梅》等,樊梨花便成了我心中的女英雄．我真入迷了．从此，放牛也罢，车水也罢，我总要带一本书，还练出了边走田间小路边读书的本领，读得津津有味，不知人间别有他事．

当我们安静下来回想往事时，往往会发现一些偶然的小事却影响了自己的一生．如果不是找到那本《薛仁贵征东》，我的好学心也许激发不起来．我这一生，也许会走另一条路．人的潜能，好比一座汽油库，星星之火，可以使它雷声隆隆、光照天地；但若少了这粒火星，它便会成为一潭死水，永归沉寂．

抄，总抄得起

好不容易上了中学，做完功课还有点时间，便常光顾图书馆．好书借了实在舍不得还，但买不到也买不起，便下决心动手抄书．抄，总抄得起．我抄过林语堂写的《高级英文法》，抄过英文的《英文典大全》，还抄过《孙子兵法》，这本书实在爱得狠了，竟一口气抄了两份．人们虽知抄书之苦，未知抄书之益，抄完毫末俱见，一览无余，胜读十遍．

始于精于一，返于精于博

关于康有为的教学法，他的弟子梁启超说："康先生之教，专标专精、涉猎二条，无专精则不能成，无涉猎则不能通也．"可见康有为强烈要求学生把专精和广博（即"涉猎"）相结合．

在先后次序上，我认为要从精于一开始．首先应集中精力学好专业，并在专业的科研中做出成绩，然后逐步扩大领域，力求多方面的精．年轻时，我曾精读杜布（J. L. Doob）的《随机过程论》，哈尔莫斯（P. R. Halmos）的《测度论》等世界数学名著，使我终身受益．简言之，即"始于精于一，返于精于博"．正如中国革命一样,必须先有一块根据地,站稳后再开创几块,最后连成一片.

丰富我文采,澡雪我精神

辛苦了一周,人相当疲劳了,每到星期六,我便到旧书店走走,这已成为生活中的一部分,多年如此.一次,偶然看到一套《纲鉴易知录》,编者之一便是选编《古文观止》的吴楚材.这部书提纲挈领地讲中国历史,上自盘古氏,直到明末,记事简明,文字古雅,又富于故事性,便把这部书从头到尾读了一遍.从此启发了我读史书的兴趣.

我爱读中国的古典小说,例如《三国演义》和《东周列国志》.我常对人说,这两部书简直是世界上政治阴谋诡计大全.即以近年来极时髦的人质问题(伊朗人质、劫机人质等),这些书中早就有了,秦始皇的父亲便是受害者,堪称"人质之父".

《庄子》超尘绝俗,不屑于名利.其中"秋水""解牛"诸篇,诚绝唱也.《论语》束身严谨,勇于面世,"己所不欲,勿施于人",有长者之风.司马迁的《报任少卿书》,读之我心两伤,既伤少卿,又伤司马;我不知道少卿是否收到这封信,希望有人做点研究.我也爱读鲁迅的杂文,果戈理、梅里美的小说.我非常敬重文天祥、秋瑾的人品,常记他们的诗句:"人生自古谁无死,留取丹心照汗青""休言女子非英物,夜夜龙泉壁上鸣".唐诗、宋词、《西厢记》《牡丹亭》,丰富我文采,澡雪我精神,其中精粹,实是人间神品.

读了邓拓的《燕山夜话》,既叹服其广博,也使我动了写《科学发现纵横谈》的心.不料这本小册子竟给我招来了上千封鼓励信.以后人们便写出了许许多多的“纵横谈”.

从学生时代起,我就喜读方法论方面的论著.我想,做什么事情都要讲究方法,追求效率、效果和效益,方法好能事半而功倍.我很留心一些著名科学家、文学家写的心得体会和经验.我曾惊讶为什么巴尔扎克在51年短短的一生中能写出上百本书,并从他的传记中去寻找答案.文史哲和科学的海洋无边无际,先哲们的明智之光沐浴着人们的心灵,我衷心感谢他们的恩惠.

读书的另一面

以上我谈了读书的好处,现在要回过头来说说事情的另一面.

读书要选择.世上有各种各样的书:有的不值一看,有的只值看20分钟,有的可看5年,有的可保存一辈子,有的将永远不朽.即使是不朽的超级名著,由于我们的精力与时间有限,也必须加以选择.决不要看坏书,对一般书,要学会速读.

读书要多思考.应该想想,作者说得对吗?完全吗?适合今天的情况吗?从书本中迅速获得效果的好办法是有的放矢地读书,带着问题去读,或偏重某一方面去读.这时我们的思维处于主动寻找的地位,就像猎人追找猎物一样主动,很快就能找到答案,或者发现书中的问题.

有的书浏览即止,有的要读出声来,有的要心头记住,有的要笔头记录.对重要的专业书或名著,要勤做笔记,“不动笔墨不读书”.动脑加动手,手脑并用,既可加深理解,又可避忘备查,特别是自己的灵感,更要及时抓住.清代章学诚在《文史通义》中说:“札记之功必不可少,如不札记,则无穷妙绪如雨珠落大海矣.”

许多大事业、大作品，都是长期积累和短期突击相结合的产物．涓涓不息，将成江河；无此涓涓，何来江河？

爱好读书是许多伟人的共同特性，不仅学者专家如此，一些大政治家、大军事家也如此．曹操、康熙、拿破仑、毛泽东都是手不释卷，嗜书如命的人．他们的巨大成就与毕生刻苦自学密切相关．

王梓坤

目录

第一编 问题的提出及溯源

第二编　等周问题中的矩阵方法

第三编　几类等周不等式

第四编　等周亏格上界估计

第五编　几何不等式与积分几何

第六编　盖尔方德积分几何

第七编　布拉施克论圆与球

第一编

问题的提出及溯源

第一章 引言——从一道高三模拟试题谈起

平面上的等周问题是微分几何的基本问题之一，研究历史悠久，若要完整的讲述其中的故事，我们不妨从亨利·普赛尔(Henry Purcell)最著名的歌剧《狄多与埃涅阿斯》(Dido and Aeneas)说起. 这部歌剧取材于维吉尔(Virgil)的史诗《埃涅阿斯纪》(Aenead)，演绎了迦太基女王狄多和特洛伊英雄埃涅阿斯的爱情悲剧，歌剧中女巫姐妹为了破坏他们的爱情，欺骗埃涅阿斯离开迦太基去完成一项使命，狄多误以为他背叛了自己，于是自焚身死.

最终，他们出现在你眼前，
可以看到新迦太基建起的塔楼；
在那里买下一块土地，名叫比尔萨.

——《埃涅阿斯纪》

狄多与埃涅阿斯的相遇其实并不浪漫，她一生命途坎坷，在此之前因丈夫被暗杀而被迫逃离故土，她一路逃亡来到非洲海岸，并设法在此定居，为购买土地与当地人经历了一番讨价还价，最终得到的承诺是她只能占有一块牛皮包住的土地，于是聪慧的狄多将牛皮切成尽可能多的细条，将细条相连成线从而围住了大片土地. 在这里我们看到了等周问题的影子 —— 在给定的周长内围住尽可能多的土地面积，遗憾的是这位潜在的女数学家选择将生命献给爱情，最终这个数学问题还是由古希腊数学家给大致解决了.

鉴于中国数学教育极端注重应试的倾向. 我们先给出几个试题当作引子：

题目 1（2015 届河北省石家庄市高三毕业班第一次模拟测试题） 已知平面图形 $ABCD$ 为凸四边形（凸四边形即任取平面四边形一边所在的直线，其余各边均在此直线的同侧），且 $AB=2, BC=4, CD=5, DA=3$，则四边形 $ABCD$ 面积 S 的最大值为________.

答案：$2\sqrt{30}$

广东省广州市花都区秀全中学的李桃老师在《中学数学研究》（2017 年第 12 期（上））中给出了几种不同解法，并利用等周问题的结论给出了新的解读.

等周定理 在具有给定周长的所有平面图形中，圆有最大的面积.

经过数学家几个世纪的研究，等周定理衍生出一系列成果. 本章将列出有助于解决中学阶段等周问题的几个推论与大家分享.

由等周定理，可以用几何法论证以下结论：

推论 1　内接于圆的 n 边形面积大于其他任何有相同边(各条边的长度与排列顺序都相同)的 n 边形面积(其中 $n \geqslant 4$).

解法 1　四边形 $ABCD$ 形状如图 1,联结 BD.由三角形三边关系可知

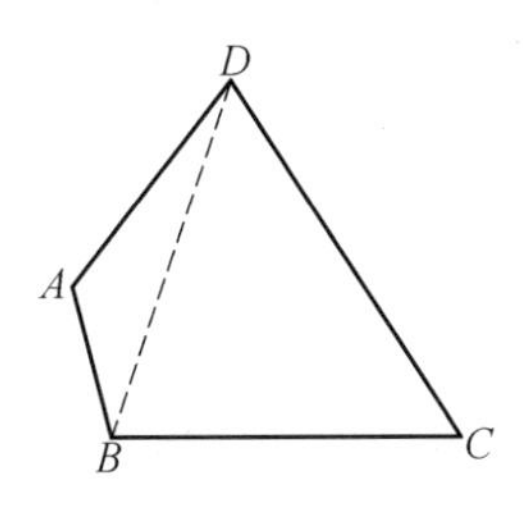

图 1

$$\begin{cases} BD > AD - AB = 1 \\ BD < AD + AB = 5 \\ BD > DC - BC = 1 \\ BD < DC + BC = 9 \end{cases}$$

所以 $1 < BD < 5$.令 $BD = 2x + 1$,则 $0 < x < 2$.在 $\triangle ABD$ 中,由海伦(Heron)公式得

$$半周长\ p = \frac{2x + 1 + 2 + 3}{2} = x + 3$$

所以

$$\begin{aligned} S_{\triangle ABD} &= \sqrt{p(p - AB)(p - AD)(p - BD)} \\ &= \sqrt{(x + 3)(x + 1)x(-x + 2)} \\ &= \sqrt{(-x^2 - x + 6)(x^2 + x)} \end{aligned}$$

同理可得,$S_{\triangle BCD} = \sqrt{(-x^2 - x + 20)(x^2 + x)}$.

设 $a = x^2 + x$,因为 $0 < x < 2$,所以 $a \in (0, 6)$,因此

$$S_{四边形ABCD} = S_{\triangle ABD} + S_{\triangle BCD}$$

$$=\sqrt{(-x^2-x+6)(x^2+x)}+\sqrt{(-x^2-x+20)(x^2+x)}$$

$$=\sqrt{a(6-a)}+\sqrt{a(20-a)}$$

由柯西(Cauchy)不等式可得

$$[\sqrt{a(6-a)}+\sqrt{a(20-a)}]^2$$

$$\leqslant[a+(6-a)][a+(20-a)]$$

$$=120$$

当且仅当$\frac{a}{6-a}=\frac{20-a}{a}$时，即$a=\frac{60}{13}$时取等号，所以四边形 $ABCD$ 面积 S 的最大值为 $2\sqrt{30}$.

点评 用海伦公式和柯西不等式，学生难以掌握.

解法 2 由余弦定理得，在 $\triangle ABD$ 中

$$BD^2=AB^2+AD^2-2AB\cdot AD\cdot\cos A=13-12\cos A \qquad (1)$$

在 $\triangle CBD$ 中

$$BD^2=BC^2+CD^2-2BC\cdot CD\cdot\cos C=41-40\cos C \qquad (2)$$

由(1)及(2)两式得

$$13-12\cos A=41-40\cos C$$

即有

$$10\cos C-3\cos A=7$$

$$S_{\text{四边形}ABCD}=S_{\triangle ABD}+S_{\triangle CBD}=\frac{1}{2}AB\cdot AD\cdot\sin A+\frac{1}{2}BC\cdot CD\cdot\sin C=3\sin A+10\sin C$$

所以

$$(10\cos C-3\cos A)^2+(10\sin C+3\sin A)^2=7^2+S^2$$

化简可得

$$S^2=60-60\cos(A+C)$$

当 $\cos(A+C)=-1$,即 $A+C=\pi$ 时,$S_{\max}^2=120$,所以 $S_{\max}=2\sqrt{30}$.

点评　计算的技巧性太强,学生难以完整解答.

解法3　由推论 1 知,当且仅当 A,B,C,D 四点共圆时,其面积最大.此时 $A+C=\pi,C=\pi-A$.由余弦定理得,在 $\triangle ABD$ 中

$$\begin{aligned}BD^2&=AB^2+AD^2-2AB\cdot AD\cdot\cos A\\&=13-12\cos A\end{aligned}\tag{3}$$

在 $\triangle CBD$ 中

$$\begin{aligned}BD^2&=BC^2+CD^2-2BC\cdot CD\cdot\cos(\pi-A)\\&=41+40\cos A\end{aligned}\tag{4}$$

由(3)及(4)两式得

$$13-12\cos A=41+40\cos A$$

所以

$$\cos A=-\frac{7}{13},\sin A=\frac{2\sqrt{30}}{13}$$

$$\begin{aligned}S_{\text{四边形}ABCD}&=S_{\triangle ABD}+S_{\triangle CBD}\\&=\frac{1}{2}AB\cdot AD\cdot\sin A+\frac{1}{2}BC\cdot CD\cdot\sin(\pi-A)\\&=2\sqrt{30}\end{aligned}$$

点评　利用推论 1,这道题就是一个解三角形的简单题,学生容易入手.

由推论 1 容易得出以下的结论:

推论 2　在周长为定值的所有平面 n 边形中,以正 n 边形面积最大(其中 $n\geqslant 3$).

题目 2　用长度为 2 的绳围成一个四边形区域,

请问围成的区域面积最大为________.

解 由推论 2 知,当且仅当所围成的四边形是正方形时,其面积最大,此时的边长为$\frac{1}{2}$,其最大面积为$\left(\frac{1}{2}\right)^2$.

三角形是平面多边形中最基本的图形,也是高考考查的热点.所以,我们要重视以下结论:

推论 3 在具有公共底边和周长的所有三角形中,等腰三角形有最大面积.

该结论可以借助椭圆来进行直观的几何证明,此处不再赘述.

题目 3(2016 届广州市普通高中毕业班综合测试(二)第 16 题) 在$\triangle ABC$中,a,b,c分别为内角A,B,C的对边,$a+c=4$,$(2-\cos A)\tan\frac{B}{2}=\sin A$,则$\triangle ABC$面积的最大值为________.

答案:$\sqrt{3}$

解法 1 由$(2-\cos A)\tan\frac{B}{2}=\sin A$,化简可得

$$2\sin B=\sin A+\sin C$$

所以$2b=a+c$,则$b=2$.由$a+c=4$,则$a=4-c(0<c<4)$.由海伦公式得

$$S=\sqrt{3(3-a)(3-b)(3-c)}$$
$$=\sqrt{3(3-c)(c-1)}$$

易得,$S_{\max}=\sqrt{3}$.

点评 学生不熟悉海伦公式,很难想到此方法.

解法 2 由余弦定理得

$$\cos A=\frac{a^2+c^2-b^2}{2ac}$$

$$S=\frac{1}{2}ac\sin A$$

$$=\frac{1}{2}ac\sqrt{1-\cos^2 A}$$

所以

$$S^2=\frac{1}{4}a^2c^2(1-\cos^2 A)$$

将 $\cos A$ 及 $a=4-c(0<c<4)$ 代入上式，整理可得

$$S^2=-3c^2+12c-9\quad(0<c<4)$$

易得，S^2 的最大值为 3，所以 $S_{\max}=\sqrt{3}$.

点评　此法是常规的解三角形方法，但是计算较为烦琐.

解法 3　同上，$a+c=4$，$b=2$，符合推论 3 的条件. 可知，当且仅当 $\triangle ABC$ 是等腰三角形时，其面积最大，此时是边长为 2 的等边三角形，其面积为$\sqrt{3}$.

在知道相关结论的情况下，解以上的等周问题会简洁很多. 这几个结论浅显易懂，读者不妨记住. 此外，我们还可以关注以下结论：

推论 4　在具有公共底边和面积的所有三角形中，等腰三角形有最小周长.

推论 5　定长为 L 的曲线，当两端点在一条直线上滑动，以曲线为半圆时，它与这条直线所形成的封闭图形面积为最大.

我们再来考虑问题：边长给定的 n 边形面积何时最大？

对这个问题可以进行一般性的讨论：

不妨设其顶点依次为 $A_1, A_2, \cdots, A_n$ 各边长依次为 $A_1A_2 = a_1, A_2A_3 = a_2, \cdots, A_nA_1 = a_n$，面积为 S_n，显然各参数 $n, a_i (i = 1, 2, \cdots, n)$ 有以下基本性质：

(1) $a_i > 0 (i = 1, 2, \cdots, n)$ 且 a_i 中的最大者小于其余各边之和（否则构不成多边形）；

(2) $n \geqslant 3$，且当 $n = 3$ 时，三角形的面积为定值，由海伦公式表示为

$$S_3 = \frac{1}{4}\sqrt{2a_1^2a_2^2 + 2a_2^2a_3^2 + 2a_3^2a_1^2 - a_1^4 - a_2^4 - a_3^4}$$

$$= \sqrt{p(p - a_1)(p - a_2)(p - a_3)}$$

其中
$$p = \frac{a_1 + a_2 + a_3}{2}$$

(3) $n \geqslant 4$，其面积开始变化，且存在最大值；

(4) 面积取得最大时，此 n 边形必为凸 n 边形（因为对凹多边形，将内部线段沿某边对称出去，则面积变大，例如图 2 中将点 F 关于 AE 对称，则六边形 $ABCDEF'$ 的面积大于六边形 $ABCDEF$ 的面积）；

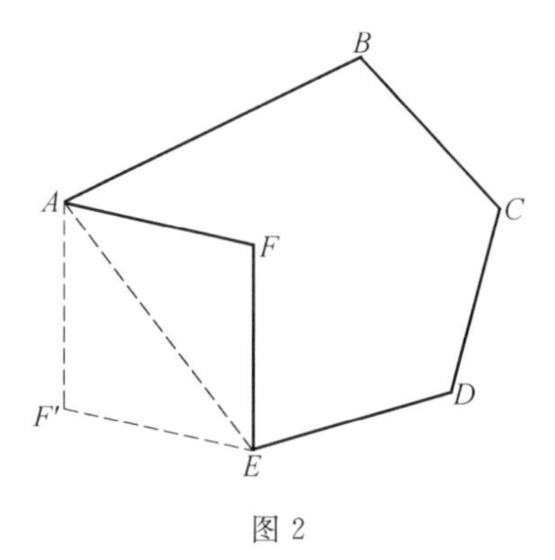

图 2

下面考虑 $n = 4$ 的情形，因为四边形不具有稳定性，四边固定后形状也会发生变化，那么何时面积最大

呢？不难想象，若太扁，则面积很小，在慢慢变“圆”的过程中达到最圆时，估计面积最大，这个也和给定周长的平面图形为圆的时候面积最大相符. 如图 3 所示，下面证明当四边形 $A_1A_2A_3A_4$ 四个顶点共圆时面积最大，提供两种证明方法.

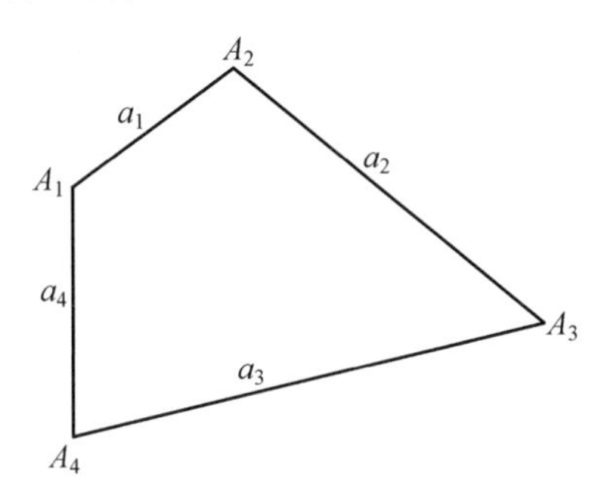

图 3

证法 1　由面积公式有

$$S_4=S_{\triangle A_1A_2A_4}+S_{\triangle A_2A_3A_4}=\frac{1}{2}a_1a_4\sin A_1+\frac{1}{2}a_2a_3\sin A_3$$

即

$$a_1a_4\sin A_1+a_2a_3\sin A_3=2S_4 \tag{5}$$

由余弦定理得

$$a_1^2+a_4^2-2a_1a_4\cos A_1=A_2A_4^2=a_2^2+a_3^2-2a_2a_3\cos A_3$$

即

$$a_1a_4\cos A_1-a_2a_3\cos A_3=\frac{1}{2}(a_1^2+a_4^2-a_2^2-a_3^2) \tag{6}$$

将式(5)和(6)两边平方相加即得

$$a_1^2a_4^2+a_2^2a_3^2-2a_1a_2a_3a_4\cos(A_1+A_3)$$

$$=\frac{1}{4}(a_1^2+a_4^2-a_2^2-a_3^2)^2+4S_4^2$$

由此即得，当 $A_1+A_3=\pi$ 时，S_4 取得最大值，为

$$S_4=\frac{1}{4}\sqrt{2a_1^2a_2^2+2a_1^2a_3^2+2a_1^2a_4^2+2a_2^2a_3^2+2a_2^2a_4^2+2a_3^2a_4^2+8a_1a_2a_3a_4-a_1^4-a_2^4-a_3^4-a_4^4}$$

$$=\sqrt{(p-a_1)(p-a_2)(p-a_3)(p-a_4)}$$

其中
$$p=\frac{a_1+a_2+a_3+a_4}{2}$$

此即为婆罗摩笈多(Brahmagupta) 公式，可以发现其结果与海伦公式类似，特别的，上述公式中当 $a_4=0$ 时即为海伦公式.

证法 2 以 A_2A_4 为自变量求导

设 $A_2A_4=x$ 为自变量，则 $\angle A_1$，$\angle A_3$，S_4 均为 x 的函数，类似于证法 1 得到

$$a_1^2+a_4^2-2a_1a_4\cos A_1=x^2 \tag{7}$$

两边对 x 求导，得到 $2a_1a_4\sin A_1\frac{\mathrm{d}A_1}{\mathrm{d}x}=2x$，即

$$\frac{\mathrm{d}A_1}{\mathrm{d}x}=\frac{x}{a_1a_4\sin A_1}$$

类似的有

$$\frac{\mathrm{d}A_3}{\mathrm{d}x}=\frac{x}{a_2a_3\sin A_3}$$

式(5) 两边对 x 求导，即得

$$\frac{\mathrm{d}S_4}{\mathrm{d}x}=\frac{1}{2}\left(a_1a_4\cos A_1\frac{\mathrm{d}A_1}{\mathrm{d}x}+a_2a_3\cos A_3\frac{\mathrm{d}A_3}{\mathrm{d}x}\right)$$

$$=\frac{1}{2}\left(a_1a_4\cos A_1\frac{x}{a_1a_4\sin A_1}+a_2a_3\cos A_3\frac{x}{a_2a_3\sin A_3}\right)$$

$$=\frac{x}{2}(\cot A_1+\cot A_3)$$

令其为 0，即得当 $A_1+A_3=\pi$ 时，S_4 取得最大值，以后

结果同证法 1.

对于 $n \geqslant 5$ 的情形，如图 4 所示，我们可以用数学归纳法及局部调整来证明当且仅当其顶点共圆的时候，其面积取得最大值，证明如下：

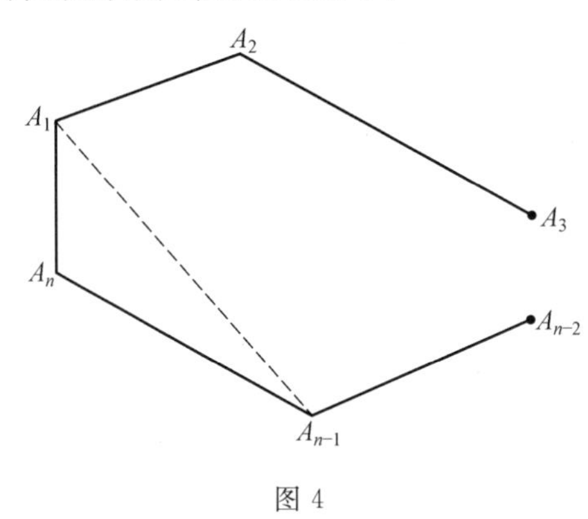

图 4

证明　设结论对 $n-1$ 成立，则对 n 个点，其面积最大时，点 $A_1, A_2, A_3, \cdots, A_{n-1}$ 必共圆，否则固定 $A_1A_2A_3\cdots A_{n-1}$ 各边长度，由归纳假设，此 $n-1$ 个点共圆时面积变大，再把 $\triangle A_1A_{n-1}A_n$ 拼接上(在拼接过程中若出现凹多边形，可以由最开始的结论调整为凸多边形即可)，则面积变大，矛盾！类似的有点 $A_1, A_2, \cdots, A_{n-1}, A_n$ 也共圆，从而对于 n 个点，他们共圆时面积最大！

其实还可以证明，边长的顺序对结果没有影响，因为很显然交换相邻两边的长度，其面积不变，这样就可以将边长任意交换.

当然，对于 $n \geqslant 5$ 时，边长给定的 n 边形的面积和外接圆半径如何求，是一个比较棘手的问题，有兴趣的读者可以进一步研究.

下面我们介绍一下不假定存在性的等周问题.

如果 C_1 是异于圆周的任一简单闭曲线,则存在另一曲线 C_2,与 C_1 的周长相等,但包围较大的面积. 我们能否由此立即断言,圆周包围最大的面积呢? 为了说明这是做不到的,我们介绍由奥斯卡 · 佩龙(Oscar Perron) 给出的一个简洁论证.

为了说明有时必须证实解的存在性,拉德马赫(Rademacher) 和托普利茨(Toeplitz) 给出了一个几何论证,比佩龙的更复杂. 他们还给出了一个作了存在性假定的等周定理的证明,在证明末尾,他们强调了这样的证明是不完全的. 他们评论道,完全的解答需要"外延理论的对称扩大",他们不愿去做这项工作. 但是,通过引进内平行多边形的办法,不用外延理论也能做出完全的论证,并且不是很困难.

对于许多人来说,"圆周包围的面积最大" 这个猜测乍看起来似乎是合理的. 既然如此,为什么等周问题这样著名呢? 凯利(Kelly) 和韦斯(Weiss) 回答道:关键在于我们需要克服那个难以捉摸而且困难的存在问题. 当其由于某个逻辑漏洞而缺乏明晰的证明时,我们能不能相信自己的直觉呢?

内平行多边形 我们从任意凸 n 边形 P 出发,给出一种十分重要的几何作图. 将 P 的各边向内平行移动,各边的移动速度都相同,这样使 P 收缩. 当多边形 P 收缩时,它的顶点沿所在角的平分线内移. 当 P 有一边或几条边收缩为一点时停止内移. 多边形 P 可能以三种不同的方式收缩,即收缩为边数较少的多边形,收缩为直线段或收缩为一点.

首先考虑凸多边形 P 收缩为多边形 P_1 的情形,

P_1 称为 P 的内平行多边形. 图 5 是一个实例,其中 P 是 $BCDEF$,而内平行多边形 P_1 是 $B_1C_1D_1E_1$,边 BF 已收缩成一点 B_1. 图中的多边形 $B'C'D'E'F'$ 是收缩过程的一个中间状态.

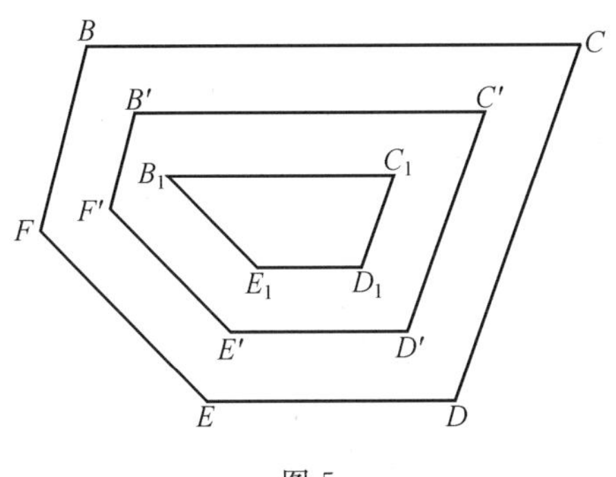

图 5

第二种情形是 P 收缩成一条直线段. 图 6 是其实例,其中 P 是 $BCDEFG$,它收缩成直线段 B_1C_1. 顶点 B,G,F 合并成 B_1,顶点 C,D,E 合并成 C_1.

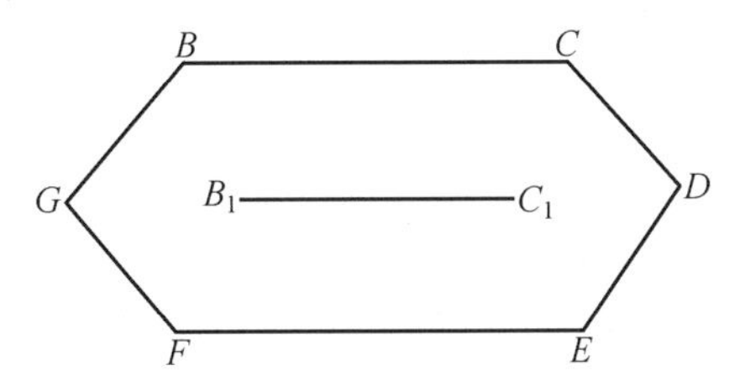

图 6

第三种情形是 P 收缩成一点. P 的所有顶点都合并成这一个点. 当且仅当 P 是某个圆的外切多边形时才有这种情形. 多边形收缩成这个圆的圆心.

现在分析原多边形 P 和其内平行多边形 P_1 的面积与周长的关系. 用 r 表示收缩过程停止时 P 的各边

移动的距离，这时 P 收缩成内平行多边形 P_1 或线段或一点，后两者是退化的形式. 从 P_1 的各顶点分别向距它们最近的 P 的边作垂线，每条垂线之长都是 r. 图 7 是一个实例，它就是图 5，不过另加了若干分图.

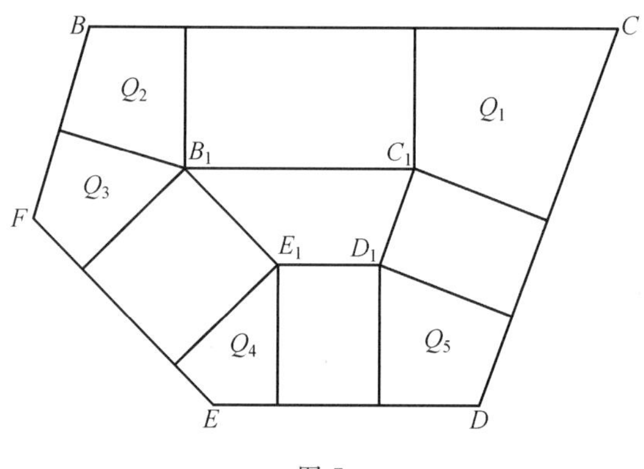

图 7

于是，多边形 P 划分为另外一些多边形如下：

(1) 内平行多边形 P_1，如图 7 中的 $B_1C_1D_1E_1$.

(2) 位于 P_1 各边上的矩形. 图中有四个这种矩形，这是因为 P_1 有四条边. 每个矩形都有一对长为 r 的对边.

(3) n 个鸢形四边形，P 的每个顶点有一个，在图 7 中用 Q_1, Q_2, Q_3, Q_4, Q_5 标出.

这些鸢形四边形可以拼合在一起，构成一个 n 边形 P^*，如图 8. 这个多边形内切于半径为 r 的圆.

按照 P 的这种分割法，得

$$\begin{cases} A = A_1 + rL_1 + A^* \\ L = L_1 + L^* \end{cases} \tag{8}$$

其中 A, A_1, A^* 分别表示 P, P_1, P^* 的面积，L, L_1, L^* 分别表示它们的周长. 第一式的三项 A_1, rL_1 和 A^* 正

好对应于上述分割的三部分(1)(2)(3). 等式 $L = L_1 + L^*$ 来自这样的事实:当 P 收缩到 P_1 时,减少的周长正好是 P 的边中用来构成 P^* 的部分.

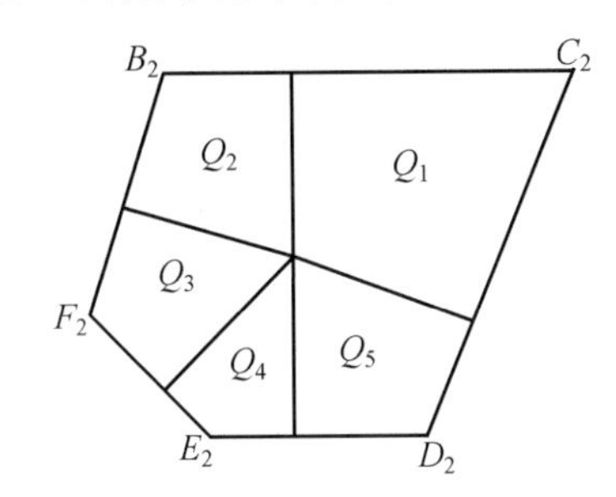

图 8　多边形 P^*

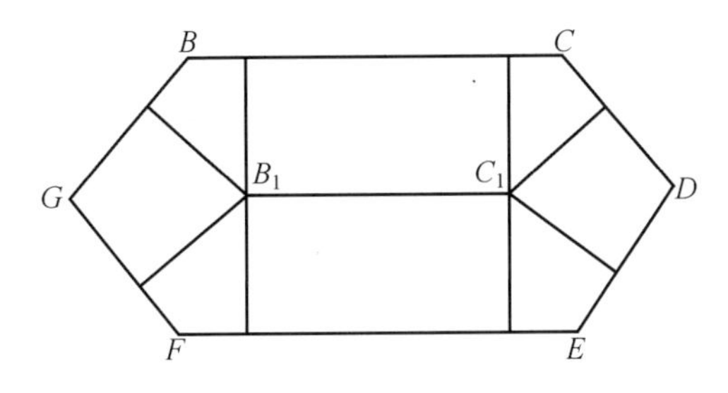

图 9

以下就内平行多边形退化成长为 d 的直线段的情形推导类似于(8) 的公式. 在图 9 中就是线段 B_1C_1,图 9 是图 6 的详图. 从 B_1 和 C_1 向距它们最近的 P 的边引垂线,根据定义知所有垂线之长都是 r. 于是,多边形 P 分成了两个矩形和 n 个鸢形四边形,两个矩形都以 B_1C_1 作为一条边,而 n 个鸢形四边形可以和前面一样拼成一个 n 边形 P^*,P^* 也同样是外切于半径为 r 的圆周的多边形. 相应于式(8),这时有

$$\begin{cases}A = 2rd + A^* \\ L = 2d + L^*\end{cases} \tag{9}$$

在下文中,式(8) 和式(9) 有重要作用.

等周定理的另一种叙述是,除圆周外,任何简单闭曲线的等周商都小于 1. 证明分四种情形.

第一种情形　外切多边形　如果 P 是半径为 r 的圆的外切多边形,我们证明

$$\begin{cases} 2A = rL \\ L^2 > 4\pi A \\ L > 2\pi r \end{cases} \tag{10}$$

其中,A 是 P 的面积,L 是 P 的周长. 从圆心向 P 的各顶点引直线段,将 P 分为若干个三角形,用面积公式"二分之一底乘高"计算这些三角形的面积,从而推出等式 $2A = rL$.

因为 P 外切于半径为 r 的圆,故 $A > \pi r^2$,且

$$rL = 2A > 2\pi r^2$$

$$L > 2\pi r$$

$$4\pi A = 2\pi r A < L^2$$

第二种情形　凸多边形　我们应用内平行多边形的理论,证明 $L^2 > 4\pi A$ 对任意凸 n 边形成立. 此证明使用对 n 的归纳法. 若 $n = 3$,则多边形是三角形,它外切于自身的内切圆,故由上述第一种情形可知,$L^2 > 4\pi A$.

设此不等式对于边数小于 n 的任意凸多边形成立,考虑面积为 A,周长为 L 的凸 n 边形 P. 若 P 是外切多边形,则应用第一种情形的结论,否则视内平行多边形 P_1 存在或 P_1 退化为线段的不同情形,应用式(8) 或式(9). P_1 比 P 的边数少,即 P_1 的边数小于 n. 故由归纳假设知,$L_1^2 > 4\pi A_1$. P^* 是圆外切多边形,故由第一种情形知,$(L^*)^2 > 4\pi A^*$. 据式(10) 中第 3 式,我们又

有 $L^* > 2\pi r$，因此 $2L_1L^* > 4\pi rL_1$. 两不等式相加，再由式(8) 得

$$
\begin{aligned}
L^2 &= L_1^2 + 2L_1L^* + (L^*)^2 \\
&> 4\pi A_1 + 4\pi rL_1 + 4\pi A^* = 4\pi A
\end{aligned}
$$

另外，若 P 的内平行多边形退化成线段，则应用式(9). 因为 P^* 是半径为 r 的圆的外切多边形，故由第一种情形再次得到不等式 $(L^*)^2 > 4\pi A^*$ 和 $L^* > 2\pi r$. 于是得

$$
\begin{aligned}
L^2 &= (L^* + 2d)^2 = (L^*)^2 + 4dL^* + 4d^2 \\
&> 4\pi A^* + 8\pi rd + 4d^2 \\
&= 4\pi(A^* + 2rd) + 4d^2 \\
&= 4\pi A + 4d^2 > 4\pi A
\end{aligned}
$$

第三种情形　非凸多边形　如图 5 所示，非凸多边形 P 的凸包是所围面积比 P 大而周长比 P 小的凸多边形，因此具有较大的等周商. 由第二种情形知，P 的等周商小于 1.

第四种情形　不是多边形边界的简单闭曲线

设与欲证的结论相反，则存在不是圆周的简单闭曲线，使 $L^2 \leqslant 4\pi A$. 若 $L^2 = 4\pi A$，可知，存在另一条周长相等但包围面积更大的简单闭曲线. 因此可以假定，有简单闭曲线 C 使 $L^2 < 4\pi A$. 还可以假定 C 是凸的，否则可以按照第三种情形的作法换为它的凸包，使等周商更大.

定义 $\beta = 4\pi A - L^2$，则 $\beta > 0$. 在 C 上选取 n 个点，构成一个近似 n 边形，其面积为 A_2，周长为 L_2，如图 10. 我们可以把 n 取得足够大，使得 A_2 任意接近于 A，例如使 $A - A_2 < \beta/4\pi$. 又因直线距离比曲线距离短，故 $L_2 < L$. 于是

$$4\pi A_2 > 4\pi A - \beta = L^2 > L_2^2$$

但据第三种情形的结论，任何多边形的等周商都小于1，这导致矛盾，从而完成了等周定理的证明.

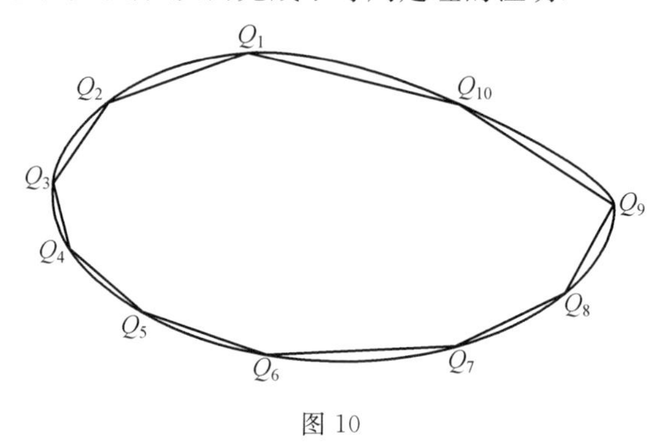

图 10

狄多(Dido)定理是本定理的直接推论，在长度相同的曲线中，半圆与直线围成的面积最大. 使用以直线为对称轴的镜像，就立即得到这个结论.

多边形的等周定理 在周长一定的 n 边形中，正 n 边形有最大面积.

等价的说法是，正 n 边形有最大的等周商 $4\pi A/L^2$.

设 c_n 为正 n 边形的等周商. 已经证明，正 n 边形的等周商随 n 增加，即

$$c_3 < c_4 < c_5 < c_6 < \cdots \tag{11}$$

现在来证明定理，我们分三种情形讨论.

第一种情形 外切多边形 已经证明，在所有圆外切 n 边形中，正 n 边形有最大的等周商.

第二种情形 一般的凸 n 边形 由于讨论了第一种情形，我们可限于讨论不外切于任何圆的凸多边形. 证明使用对 n 的归纳法(n 是多边形的边数). $n=3$

时易证.它是归纳法的基础,设结论对边数小于 n 的所有凸多边形成立.我们证明,若 P 是面积为 A、周长为 L 的凸 n 边形,则 $4\pi A < c_n L^2$.

为此,我们对 P 使用前文的作法,考虑该处的第一种情形,如图 7 所示,存在一个内平行多边形,其面积为 A_1,周长为 L_1.应用式(8),可将 $4\pi A < c_n L^2$ 改写为

$$4\pi(A_1 + rL_1 + A^*) < c_n(L_1 + L^*)^2$$

为证明上式,我们证明以下三个不等式

$$\begin{cases}4\pi A_1 < c_n L_1^2\\ 4\pi r L_1 < 2c_n L_1 L^*\\ 4\pi A^* \leqslant c_n(L^*)^2\end{cases} \tag{12}$$

式(12)中的第一式是严格不等式.因为内平行多边形的边数小于 n,据归纳假设得 $4\pi A_1 \leqslant c_{n-1} L_1^2$,再由式(11)即得此不等式.

式(12)中的第三个不等式是第一种情形的推论,因为 P^* 是半径为 r 的圆的外切 n 边形.(P^* 可以是正 n 边形,故可能有 $4\pi A^* = c_n(L^*)^2$.)据式(10)中的第一式知,$2A^* = rL^*$ 对 P^* 成立.将它代入 $4\pi A^* \leqslant c_n(L^*)^2$,得

$$2\pi r \leqslant c_n L^* \tag{13}$$

由此推得式(12)中的第二个不等式.

最后讨论内平行多边形退化成长为 d 的直线段的情形.(内平行多边形退化成一点的情形仅出现在 P 是圆外切多边形时,这已在第一种情形中讨论过.)这时式(9)成立,$4\pi A < c_n L^2$ 可记为

$$4\pi(2rd + A^*) < c_n(2d + L^*)^2$$

为证明此式,我们证明以下三个不等式

$$0 < 4c_n d^2, 8\pi rd \leqslant 4c_n dL^*, 4\pi A^* \leqslant c_n (L^*)^2 \tag{14}$$

它们加起来就是我们所要的结论. 第一个不等式显然成立,第二个不等式是式(13)的直接推论,第三个不等式和式(12)中第三式相同,已经证明.

第三种情形　非凸 n 边形　给定任一面积为 A,周长为 L 的非凸 n 边形 P,我们证明 $4\pi A < c_n L^2$. 设 H 为 P 的凸包,其周长为 L_2,面积为 A_2,则 $A_2 > A$ 且 $L_2 < L$. 此外,凸多边形的边数小于 n,故由第一、二种情形及不等式(11)可知,$4\pi A_2 < c_n L_2^2$. 从而立即得到不等式 $4\pi A < c_n L^2$,定理证毕.

具有指定边长的多边形定理　各边按同一顺序对应相等的多边形中,圆内接多边形所围的面积最大.

对四边形易证明此结论. 为了证明此结论的一般性,设 P 是半径为 r 的圆的内接多边形,图 11 是四边形的情形. 设 P_1 是各边与 P 按同一顺序对应相等的多边形. 在 P_1 的各边上作半径为 r 的圆弧,各得一弓形,它们与包围 P 的弓形全等. 如图 12,于是 P_1 由全长为

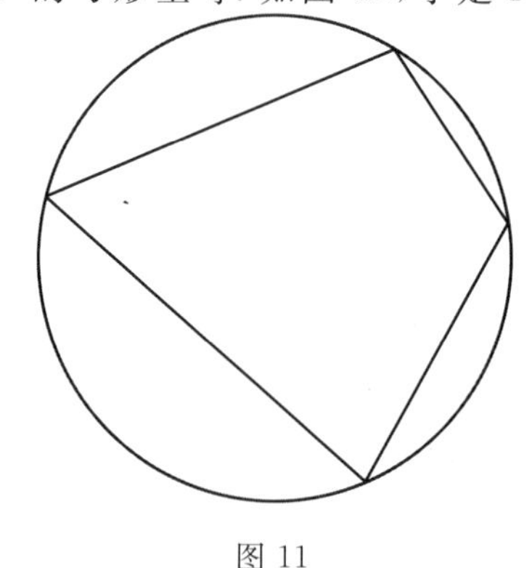

图 11

$2\pi r$ 的圆弧包围. 据等周定理, P_1 的面积和包围它的弓形面积之和小于半径为 r 的圆的面积. 在例子中, 这意味着图 12 的全面积小于图 11 的全面积, 减去弓形的面积即知, P_1 的面积小于 P 的面积.

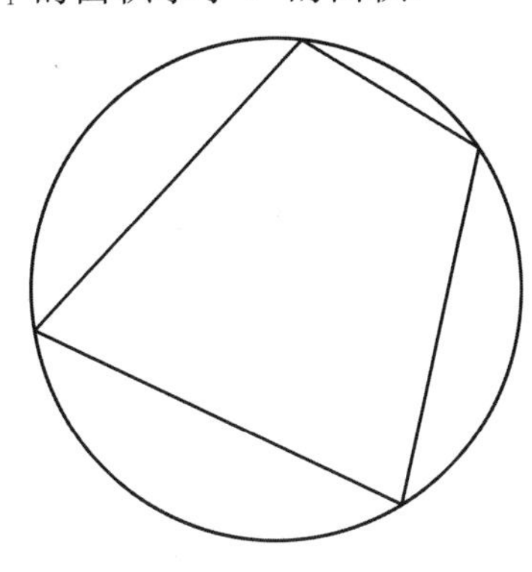

图 12

如果省去"按同一顺序"这句话, 定理就不成立了. 其原因是, 给定半径为 r 的圆的任一内接 n 边形, 联结圆心和 P 的顶点, 可将圆分为 n 个扇形. 这 n 个扇形可以按任意顺序重新排列起来, 拼成半径为 r 的圆, 此圆具有各边长与 P 相等的内接 n 边形, 但各边的顺序是重新排过的.

最后我们指出, 如果假定了具有指定边长且面积最大的多边形 P^* 存在, 则该定理可以作为四边形情形的推论来证明. 证明大意是: 据 P^* 的每四个相邻的顶点共圆, 知所有顶点共圆.

狄多等周问题从变分学角度可理解为:

设泛函

$$J[y]=\int_{x_0}^{x_1}F(x,y_1,y_2,\cdots,y_n,y'_1,y'_2,\cdots,y'_n)\mathrm{d}x \tag{15}$$

其约束条件为

$$\int_{x_0}^{x_1}\varphi_i(x,y_1,y_2,\cdots,y_n,y'_1,y'_2,\cdots,y'_n)\mathrm{d}x=a_i \quad (i=1,2,\cdots,m) \tag{16}$$

其边界条件为

$$y_j(x_0)=y_{j0},y_j(x_1)=y_{j1} \quad (j=1,2,\cdots,n) \tag{17}$$

约束条件(16)称为等周约束或等周条件，其中φ_i,a_i是给定的函数或常数.等周性约束的特点是约束中含有积分，故等周约束也称为积分约束.此时，式(15)称为等周问题的目标泛函.关于等周问题泛函极值存在的必要条件，有如下定理.

定理 1 若在等周条件(16)和边界条件(17)下使目标泛函(15)取得极值，则存在常数λ_i，使函数y_1，$y_2,\cdots,y_n$满足由辅助泛函

$$J^*[y]=\int_{x_0}^{x_1}(F+\sum_{i=1}^{m}\lambda_i\varphi_i)\mathrm{d}x=\int_{x_0}^{x_1}G\mathrm{d}x \tag{18}$$

所给出的欧拉(Euler)方程组

$$G_{y_j}-\frac{\mathrm{d}}{\mathrm{d}x}G_{y'_j}=0 \quad (j=1,2,\cdots,n) \tag{19}$$

式中$G=F+\sum_{i=1}^{m}\lambda_i\varphi_i$.

式(19)可写为

$$\frac{\partial F}{\partial y_j}+\sum_{i=1}^{m}\lambda_i\frac{\partial\varphi_i}{\partial y_j}-\frac{\mathrm{d}}{\mathrm{d}x}\left(\frac{\partial F}{\partial y'_j}+\sum_{i=1}^{m}\lambda_i\frac{\partial\varphi_i}{\partial y'_j}\right)=0 \quad (j=1,2,\cdots,n) \tag{20}$$

在对式(18)进行变分运算时，应把y_j,y'_j都看作

泛函 $J^{*}[y]$ 的独立函数，λ_i 看作常数，且同样可以把等周条件 $\int_{x_0}^{x_1} \varphi_i \mathrm{d}x - a_i = 0$ 纳入泛函 $J^{*}[y]$ 的欧拉方程组而加以考查.

证明　令

$$z_i(x) = \int_{x_0}^{x_1} \varphi_i(x, y_1, y_2, \cdots, y_n, y'_1, y'_2, \cdots, y'_n) \mathrm{d}x \quad (i = 1, 2, \cdots, m) \tag{21}$$

由此可知，$z_i(x_0) = 0$，$z_i(x_1) = a_i$. 对式(21)求导，得

$$z'_i(x) = \varphi_i(x, y_1, y_2, \cdots, y_n, y'_1, y'_2, \cdots, y'_n) \quad (i = 1, 2, \cdots, m) \tag{22}$$

于是条件(16)就可以用式(22)来代替，这样，本定理所提出的等周问题就变成泛函(15)在约束条件(22)下的条件极值问题. 根据定理1，这种极值问题就化为求泛函

$$J^{**}[y] = \int_{x_0}^{x_1} \{F + \sum_{i=1}^{m} \lambda_i(x)[\varphi_i - z'_i(x)]\} \mathrm{d}x = \int_{x_0}^{x_1} H \mathrm{d}x \tag{23}$$

的无条件极值问题. 式中

$$H = F + \sum_{i=1}^{m} \lambda_i(x)[\varphi_i - z'_i(x)] \tag{24}$$

把 $y_1, y_2, \cdots, y_n, y'_1, y'_2, \cdots, y'_n, z'_1, z'_2, \cdots, z'_m$，$\lambda_i(x)$ 都当作独立函数，泛函(23)的变分给出欧拉方程组为

$$\begin{cases} \dfrac{\partial H}{\partial y_j} - \dfrac{\mathrm{d}}{\mathrm{d}x} \dfrac{\partial H}{\partial y'_j} = 0 \quad (j = 1, 2, \cdots, n) \\ \dfrac{\partial H}{\partial z_i} - \dfrac{\mathrm{d}}{\mathrm{d}x} \dfrac{\partial H}{\partial z'_i} = 0 \quad (i = 1, 2, \cdots, m) \\ \varphi_i - z'_i(x) = 0 \quad (i = 1, 2, \cdots, m) \end{cases} \tag{25}$$

将式(24)代入方程组(25),得

$$\begin{cases}\dfrac{\partial F}{\partial y_j}+\sum\limits_{i=1}^{m}\lambda_i(x)\dfrac{\partial \varphi_i}{\partial y_j}-\dfrac{\mathrm{d}}{\mathrm{d}x}\left[\dfrac{\partial F}{\partial y'_j}+\sum\limits_{i=1}^{m}\lambda_i(x)\dfrac{\partial \varphi_i}{\partial y_j}\right]=0 \\ (j=1,2,\cdots,n) \\ \dfrac{\mathrm{d}}{\mathrm{d}x}\lambda_i(x)=0 \quad (i=1,2,\cdots,m) \\ \varphi_i-z'_i(x)=0 \quad (i=1,2,\cdots,m)\end{cases} \tag{26}$$

由方程组(26)的第二式可知 $\lambda_i(x)$ 为常数,故 $\lambda_i(x)$ 应写成 λ_i. 方程组(26)的第一式与泛函(18)的欧拉方程(19)或(20)相同,其中

$$F=F(x,y_1,y_2,\cdots,y_n,y'_1,y'_2,\cdots,y'_n)$$

$$\varphi_i=\varphi_i(x,y_1,y_2,\cdots,y_n,y'_1,y'_2,\cdots,y'_n)$$

$$(i=1,2,\cdots,m)$$

λ_i 为常数,于是定理得证. 证毕.

一般地,在使另一泛函的值一定的附加条件下,求某一泛函的极值问题称为广义等周问题. 而前面提到的等周问题则称为特殊等周问题. 1870 年,魏尔斯特拉斯(Weierstrass)在一次讲演中运用变分法完满地解决了一般的二维域的等周问题,之后不久,施瓦兹(Schwarz)给出了三维域的等周问题的严格证明.

通常我们所说的等周问题是指在联结两定点 A 与 B 且有定长 $L(L>AB)$ 的所有曲线中,求出一条曲线,使它与线段 AB 所围成的面积最大. 这个问题是最古老的变分问题之一,实质上也是一个等周问题. 关于这个问题还有一个神话传说,古腓尼基有个公主叫狄多,推罗王穆托(Mutto)之女,嫁与其叔父、大力神赫拉克勒斯(Heracles)的祭司阿克尔巴斯(Acerbas or

Acherbas),又称绪开俄斯(Sychaeus or Sichaeus)为妻.狄多的父亲去世后,她的兄弟皮格马利翁(Pygmalion)继位,皮格马利翁为了侵占她家的财产,把她的丈夫杀害了.此后狄多便带着她的随从被迫离开腓尼基的蒂尔,逃到北非柏柏里诸国之一的突尼西亚.狄多欲购置土地,那里的国王伊阿耳巴斯(Iarbas)答应只卖给她一块一张牛皮便可覆盖的土地,异常聪颖的公主把公牛皮裁成细条并结成一条长度超过4 km的绳子,再选择海岸附近的土地,用绳子围成一个半圆形,这块土地就成了她的属地,她把这个地方叫作比尔萨,意思就是公牛皮.后来她在这块土地上建立了迦太基城,在今突尼斯首都突尼斯市附近,该城建于约公元前853年,于公元前146年被罗马人所灭),并成了迦太基女王.在古希腊和古罗马神话中,狄多通常与埃涅阿斯相关联.在荷马史诗《伊利亚特》中,埃涅阿斯是特洛伊联军中智勇双全、赫赫有名的武士.古罗马诗人维吉尔(Virgil,or Vergil,Publius Vergilius Maro,公元前15—前19)在他的一部史诗《埃涅伊特》或译《埃涅阿斯记》(*Aeneid*)中叙述了特洛伊战争中的英雄埃涅阿斯在特洛伊沦陷之后在天神的护卫下从那里逃出,辗转飘泊,最后到意大利建立罗马的曲折经历,其中就编织了狄多与埃涅阿斯的故事.本问题也称为狄多等周问题.

取过定点A,B的直线为x轴,并设曲线$y=y(x)$所围成的面积在x轴的上侧,它可表示为

$$J[y]=\int_{x_0}^{x_1} y\mathrm{d}x$$

约束条件为

$$L=\int_{x_0}^{x_1}\sqrt{1+y'^2}\,\mathrm{d}x$$

边界条件为

$$y(x_0)=0,y(x_1)=0$$

例 1　在有定长为 L 的所有光滑封闭曲线中，求围成最大面积的曲线.

解　因 L 是封闭曲线，故采用参数形式，设 $x=x(s),y=y(s)$，其中 s 为弧长. 问题归结为在周长

$$L=\int_0^s\sqrt{x'^2+y'^2}\,\mathrm{d}s$$

的条件下，求泛函

$$J=\frac{1}{2}\int_0^s(xy'-x'y)\mathrm{d}s$$

的极值.

作辅助泛函

$$J^*=\int_0^s\left[\frac{1}{2}(xy'-x'y)+\lambda\sqrt{x'^2+y'^2}\right]\mathrm{d}s=\int_0^s H\mathrm{d}s$$

式中

$$H=\frac{1}{2}(xy'-x'y)+\lambda\sqrt{x'^2+y'^2}$$

H 的各偏导数为

$$\begin{cases}\dfrac{\partial H}{\partial x}=\dfrac{1}{2}y',\dfrac{\partial H}{\partial y}=-\dfrac{1}{2}x'\\\dfrac{\partial H}{\partial x'}=-\dfrac{1}{2}y+\dfrac{\lambda x'}{\sqrt{x'^2+y'^2}}\\\dfrac{\partial H}{\partial y'}=\dfrac{1}{2}x+\dfrac{\lambda y'}{\sqrt{x'^2+y'^2}}\end{cases}\tag{27}$$

因参数 s 为弧长，有 $x'^2+y'^2=1$，故式(27)可以写成

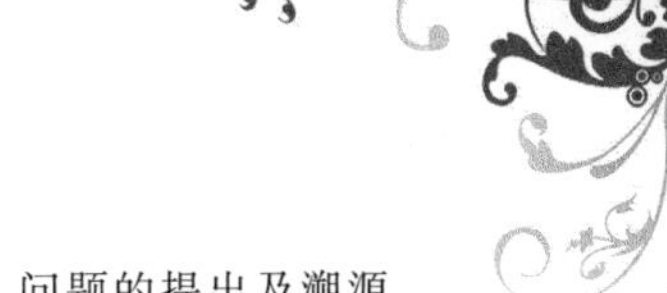

$$
\begin{cases}
\dfrac{\partial H}{\partial x}=\dfrac{1}{2}y',\dfrac{\partial H}{\partial y}=-\dfrac{1}{2}x' \\
\dfrac{\partial H}{\partial x'}=-\dfrac{1}{2}y+\lambda x' \\
\dfrac{\partial H}{\partial y'}=\dfrac{1}{2}x+\lambda y'
\end{cases}
$$

欧拉方程为

$$
\begin{cases}
y'-\lambda x''=0 \\
x'+\lambda y''=0
\end{cases}
$$

积分一次,得

$$
\begin{cases}
y'-\lambda x'=c_1 \\
x'+\lambda y'=c_2
\end{cases} \tag{28}
$$

消去式(28)中的 λ,得

$$
(x-c_2)\mathrm{d}x+(y-c_1)\mathrm{d}y=0 \tag{29}
$$

将式(29)积分,得

$$
(x-c_2)^2+(y-c_1)^2=c_3^2 \tag{30}
$$

这是一簇圆,半径为 c_3,圆心 (c_2,c_1). 可以验证拉格朗日(Lagrange)乘子 λ 即为半径 c_3. 事实上,由式(28)和式(30)消去 c_1,c_2,得

$$
(x-c_2)^2+(y-c_1)^2=\lambda^2(x'^2+y'^2)=\lambda^2=c_3^2
$$

所以 $\lambda=c_3$.

从上面的讨论可知,变分法的广义等周问题可化为积分号下函数

$$
H=F+\lambda\varphi
$$

的变分问题. 当以常数乘以积分号下的函数时,积分的极值曲线族保持不变,于是可把 H 写成对称形式

$$
H=\lambda_1F+\lambda_2\varphi
$$

式中 λ_1 和 λ_2 是常数. 在函数 H 的表达式中,函数 F 和 φ 是对称的. 这表明,同一物理问题可用两种不同形式

的变分问题来表示，其中一个变分问题中的约束条件为另一个变分问题中的变分条件，若不考虑 $\lambda_1=0$ 和 $\lambda_2=0$ 的情形，则不论保持积分 a 为常数下求积分 J 的极值，还是保持 J 为常数求积分 a 的极值，其欧拉方程相同，所得到的极值曲线族也相同. 这种对称形式称为对偶原理或互易原理.

如果 $\lambda_2=0$，那么 H 仅和 F 差一个常数，积分 J 的条件极值曲线也将与此积分的无条件极值曲线 $\lambda_1=0$ 相同，则 H 与 φ 相同，积分 a 的条件极值曲线就是其无条件极值曲线.

例 2 求证：在底边和面积一定的三角形中，等腰三角形的周长最短. 在底边和周长一定的三角形中，等腰三角形的面积最大.

证明 作一椭圆，使三角形的底边 AB 恰好是椭圆两焦点之间的长度，如图 13 所示. 根据椭圆的性质，每个三角形的周长都相等，但与不等边的三角形相比，因为等腰三角形 ABC 的高度最大，因此它的面积也最大，此时，等腰三角形的顶点在椭圆与短轴的交点处. 按互易原理，对于底边和面积一定的各三角形，等腰三

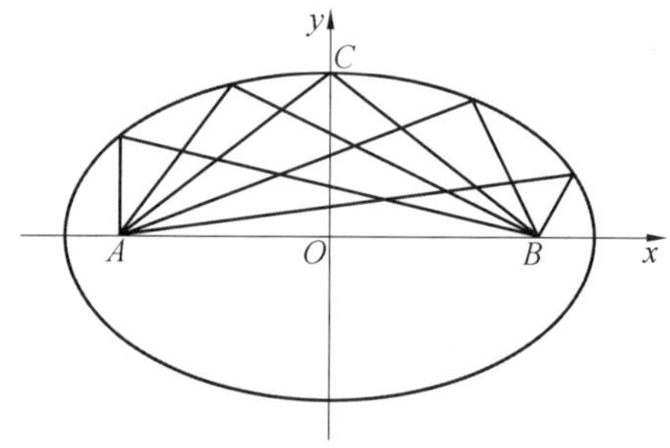

图 13 椭圆与三角形的关系图

角形有最短的周长.证毕.

下面我们再介绍一下如何利用变分法研究等周问题.

问题1　有等周约束的泛函极值问题.

设 $x(t)\in\mathbf{R}^n$ 是具有连续一阶导数的 n 维向量函数,$g[x(t),\dot{x}(t),t]$ 为关于 $x(t)$ 和 $\dot{x}(t)$ 的标量函数,且相对于其所有的自变量,具有连续的一阶和二阶偏导数.求最优轨线 $x^*(t)$,使得泛函

$$J(x)=\int_{t_0}^{t_f}g[x(t),\dot{x}(t),t]\mathrm{d}t \tag{31}$$

达到极值.等周约束条件为

$$\int_{t_0}^{t_f}e_i[x(t),\dot{x}(t),t]\mathrm{d}t=c_i\quad(i=1,2,\cdots,r)$$

已知 $x(t_0)=x_0,x(t_f)=x_f,e_i(\cdot)$ 为标量函数,c_i 为给定常数.

定义新变量

$$z_i(t)\triangleq\int_{t_0}^{t}e_i(x,\dot{x},t)\mathrm{d}t\quad(i=1,2,\cdots,r) \tag{32}$$

则新变量 $z_i(t)$ 满足 $z_i(t_0)=0,z_i(t_f)=c_i$.

式(32)两边微分得到

$$\dot{z}_i(t)=e_i(x,\dot{x},t)\quad(i=1,2,\cdots,r)$$

或者,写成向量形式

$$\dot{z}(t)=e(x,\dot{x},t)\quad(z(t)\in\mathbf{R}^r)$$

这样,就将带有等周约束的泛函极值问题转化为带有微分方程约束的泛函极值问题了.

构造拉格朗日函数 $L(\cdot)$ 如下

$$L(x,\dot{x},\lambda,\dot{z},t)$$

$$=g[x(t),\dot{x}(t),t]+\lambda^{\mathrm{T}}(t)\{e[x(t),\dot{x}(t),t]-\dot{z}(t)\}$$

其中 $\lambda(t)=[\lambda_1\ \lambda_2\ \cdots\ \lambda_r]^{\mathrm{T}}\in\mathbf{R}^r$ 为待定拉格朗日乘子.

由分析的结果不难得出,使泛函(31)达到极值的极值轨线应满足的一组必要条件如下

$$\frac{\partial}{\partial x}L(x^*,\dot{x}^*,\lambda^*,\dot{z}^*,t)-\frac{\mathrm{d}}{\mathrm{d}t}\left[\frac{\partial}{\partial\dot{x}}L(x^*,\dot{x}^*,\lambda^*,\dot{z}^*,t)\right]=0$$

$$\frac{\partial}{\partial\lambda}L(x^*,\dot{x}^*,\lambda^*,\dot{z}^*,t)-\frac{\mathrm{d}}{\mathrm{d}t}\left[\frac{\partial}{\partial\dot{\lambda}}L(x^*,\dot{x}^*,\lambda^*,\dot{z}^*,t)\right]=0$$

$$\frac{\partial}{\partial z}L(x^*,\dot{x}^*,\lambda^*,\dot{z}^*,t)-\frac{\mathrm{d}}{\mathrm{d}t}\left[\frac{\partial}{\partial\dot{z}}L(x^*,\dot{x}^*,\lambda^*,\dot{z}^*,t)\right]=0$$

由于 $L(\cdot)$ 函数不含有 $z(t)$ 和 $\dot{\lambda}(t)$,故对上述必要条件简化后得到如下定理.

定理 2 对于问题 1,使泛函 $J(x)=\int_{t_0}^{t_f}g[x(t),\dot{x}(t),t]\mathrm{d}t$ 达到极值的最优轨线 $x^*(t)$ 应该满足的一组必要条件为

$$\frac{\partial}{\partial x}L(x^*,\dot{x}^*,\lambda^*,\dot{z}^*,t)-\frac{\mathrm{d}}{\mathrm{d}t}\left[\frac{\partial}{\partial\dot{x}}L(x^*,\dot{x}^*,\lambda^*,\dot{z}^*,t)\right]=0$$

$$\dot{z}^*(t)=e(x^*,\dot{x}^*,t)\quad(z^*(t)\in\mathbf{R}^r)$$

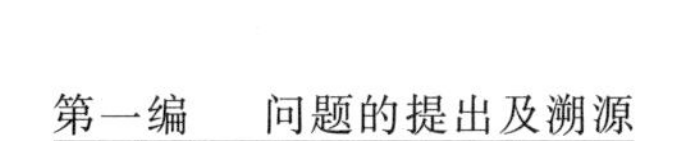

$$\dot{\lambda}^*(t)=0 \text{ 或 } \lambda^* \text{ 为常向量}$$

在历史上,迦太基女王狄多所遇到的难题应该说是属于这种等周约束泛函极值的最初原型.狄多面临的困境是如何用一张牛皮圈出尽可能多的土地,最终狄多还是完美地解决了这一难题,她将牛皮切成很多细条,然后首尾相接围成一块圆形土地,慢慢建立了后来的迦太基城.

后来,狄多问题也被称为等周约束问题,并演化出了如下两种问题,我们将分别给出这两种问题的解答.

(A) 终端固定的等周约束问题

该问题可以描述为:在 xOy 坐标平面内,确定曲线 $y(x)$,长度为 c,使得与 x 轴上区间 $[-a,a]$(a 固定)围成的面积最大.已知 $y(-a)=y(a)=0$.同时计算当 $a=1,c=2\pi/3$ 时的曲线方程和所围面积.如图 14 所示.

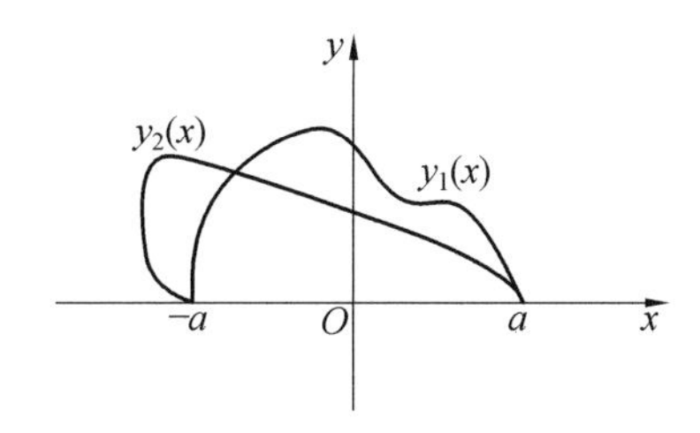

图 14　终端固定的等周约束问题

解　上述问题在数学上可以描述为

$$\max J(y)=\int_{-a}^{a} y(x)\mathrm{d}x$$

s. t.

$$\int_{-a}^{a}\sqrt{1+\dot{y}^2}\,\mathrm{d}x=c$$

$$y(-a)=y(a)=0$$

引入新变量

$$z(x)=\int_{-a}^{x}\sqrt{1+\dot{y}^2}\,\mathrm{d}x$$

即有

$$\dot{z}(x)=\sqrt{1+\dot{y}^2},z(-a)=0,z(a)=c$$

构造拉格朗日函数如下

$$L(y,\dot{y},\lambda,x)=y(x)+\lambda(x)[(1+\dot{y}^2)^{\frac{1}{2}}-\dot{z}]$$

则可得最优轨线满足的必要条件为

$$\left.\frac{\partial L}{\partial y}-\frac{\mathrm{d}}{\mathrm{d}x}\frac{\partial L}{\partial\dot{y}}\right|_{(y^*,y^*,\lambda^*)}=0 \tag{33}$$

$$\dot{z}^*=\sqrt{1+\dot{y}^{*2}},\dot{\lambda}^*(x)=0 \tag{34}$$

由(34)得,$\lambda^*=\lambda_c=\mathrm{const}$,代入(33)整理得到

$$x=\frac{\lambda_c\dot{y}^*}{(1+\dot{y}^{*2})^{\frac{1}{2}}}+c_1 \tag{35}$$

继续采用参数法进行求解.

令 $\dot{y}^*=\tan\theta$,代入式(35)有

$$x=\frac{\lambda_c\tan\theta}{(1+\tan^2\theta)^{\frac{1}{2}}}+c_1=\lambda_c\sin\theta+c_1 \tag{36}$$

又因为$\frac{\mathrm{d}y^*}{\mathrm{d}x}=\tan\theta$,所以

$$\mathrm{d}y^*=\tan\theta\mathrm{d}x=\lambda_c\sin\theta\mathrm{d}\theta$$

于是

$$y^*=-\lambda_c\cos\theta+c_2 \tag{37}$$

由式(36)和(37)不难得出

$$(x-c_1)^2+(y^*-c_2)^2=\lambda_c^2$$

将 $y^*(-a)=y^*(a)=0$ 代入上式得

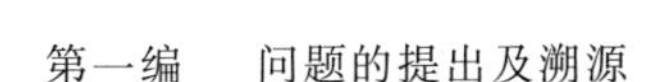

$$(a+c_1)^2+c_2^2=\lambda_c^2$$

$$(a-c_1)^2+c_2^2=\lambda_c^2$$

从而有

$$c_1=0, c_2^2=\lambda_c^2-a^2$$

另外

$$z^*(x)=\int_{-a}^{x}\sqrt{1+\dot{y}^{*2}}\,\mathrm{d}x=\int_{-\arcsin(a/\lambda_c)}^{\arcsin(x/\lambda_c)}\lambda_c\mathrm{d}\theta$$

$$=\lambda_c(\arcsin(x/\lambda_c)+\arcsin(a/\lambda_c))$$

将边界条件 $z^*(a)=c$ 代入上式得

$$2\lambda_c\arcsin(a/\lambda_c)=c \tag{38}$$

综上,可以得到满足题意的最优轨线方程如下

$$x^2+(y^*\pm\sqrt{\lambda_c^2-a^2})^2=\lambda_c^2$$

其中常数 λ_c 由式(38)来确定.

具体地,当 $a=1, c=\frac{2\pi}{3}$ 时,由(38)可解出 $\lambda_c=\pm 2$,从而 $c_2=\pm\sqrt{3}$,圆弧线方程为

$$x^2+(y^*+\sqrt{3})^2=4\quad(x\in[-1,1], y\in[0,2-\sqrt{3}]) \tag{39}$$

或者

$$x^2+(y^*-\sqrt{3})^2=4$$

$$(x\in[-1,1], y\in[-2+\sqrt{3},0])$$

由这两段弧和 x 轴围成的区域面积为

$$J(y^*)=\frac{2\pi}{3}-\sqrt{3}$$

下面来验证该面积是否为最大面积.

在图 15 中考虑了两条容许轨线 $y^*(x)$ 和 $y^o(x)$,其中 $y^*(x)$ 为由式(39)形成的在 y 轴正方向的圆弧,

$y^o(x)$ 为符合题意的腰长等于 $\frac{c}{2}=\frac{\pi}{3}$ 的等腰三角形，容易算出由 $y^o(x)$ 和 x 轴围成的三角形面积为 $\frac{\sqrt{\pi^2-9}}{3}$，略小于 $J(y^*)$，因此可以断定，由等周约束泛函极值的必要条件得出的最优轨线使泛函取极大值 $\frac{2\pi}{3}-\sqrt{3}$.

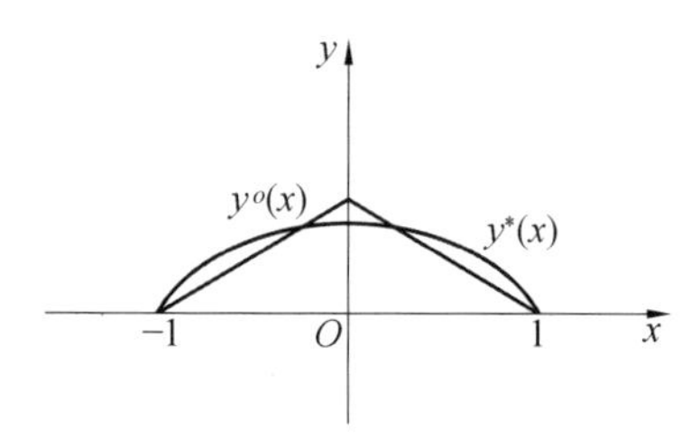

图 15　最优轨线 $y^*(x)$ 与任一轨线 $y^o(x)$ 比较

(B) 终端自由的等周约束问题

该问题可以描述为：在 xOy 坐标平面内，确定曲线 $y(x)$，长度为 c，使得与 x 轴上区间 $[0,b]$（$b>0$ 自由）围成的面积最大. 已知 $y(0)=y(b)=0$. 如图 16 所示.

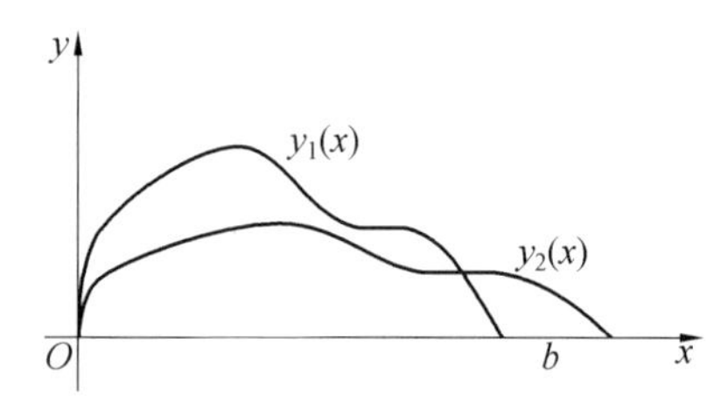

图 16　终端自由的等周约束问题

解　上述问题在数学上可以描述为

$$\max J(y)=\int_0^b y(x)\mathrm{d}x$$

s. t.
$$\int_0^b \sqrt{1+\dot{y}^2}\,\mathrm{d}x=c$$

$$y(0)=y(b)=0, b \text{ 自由}$$

引入新变量

$$z(x)=\int_0^x \sqrt{1+\dot{y}^2}\,\mathrm{d}x$$

即有

$$\dot{z}(x)=\sqrt{1+\dot{y}^2}, z(0)=0, z(b)=c$$

同样构造拉格朗日函数如下

$$L(y,\dot{y},\lambda,x)=y(x)+\lambda(x)[\sqrt{1+\dot{y}^2}-\dot{z}]$$

类似情形(A)的分析，$y^*(x)$ 同样满足方程

$$(x-c_1)^2+(y^*-c_2)^2=\lambda_c^2 \tag{40}$$

将 $y^*(0)=y^*(b)=0$ 代入上式得

$$c_1^2+c_2^2=\lambda_c^2$$

$$(b-c_1)^2+c_2^2=\lambda_c^2$$

从而有

$$c_1=\frac{b}{2}, c_2^2=\lambda_c^2-\frac{b^2}{4}$$

从终端条件来看，这是一个终端时刻自由、终端状态固定的问题，则有横截条件

$$L(y^*,\dot{y}^*,\lambda^*,x)\big|_{x=b}-\begin{bmatrix}\dfrac{\partial L}{\partial \dot{y}} & \dfrac{\partial L}{\partial \dot{z}}\end{bmatrix}\begin{bmatrix}\dot{y}^*\\ \dot{z}^*\end{bmatrix}_{x=b}=0$$

整理得到

$$\frac{\lambda_c}{[1+\dot{y}^{*2}(b)]^{\frac{1}{2}}}=0$$

排除 $\lambda_c=0$ 的可能，必有 $\dot{y}^*(b)=\infty$.

由式(40)解得

$$y^*=\pm\sqrt{\lambda_c^2-\left(x-\frac{b}{2}\right)^2}+c_2$$

从而由 $\dot{y}^*(b)=\infty$ 可判定出

$$\lambda_c^2=\frac{b^2}{4}\quad (c_2=0)$$

最优轨线方程为

$$\left(x-\frac{b}{2}\right)^2+y^{*2}=\frac{b^2}{4}$$

再由 $z(b)=c$ 不难求出 $b=\frac{2c}{\pi}$，最终有最优轨线

$$\left(x-\frac{c}{\pi}\right)^2+y^{*2}=\frac{c^2}{\pi^2}$$

这显然是一个由图 17 所示的半圆，其面积为

$$J(y^*)=\frac{c^2}{2\pi}$$

同样任找一条满足题意的容许轨线 $y^o(x)$，它与 x 轴围成了一个边长为 $\frac{c}{3}$ 的正方形，其面积为 $\frac{c^2}{9}$，略小于 $J(y^*)$，因此，所求最优轨线

$$\left(x-\frac{c}{\pi}\right)^2+y^{*2}=\frac{c^2}{\pi^2}\quad (y^*\geqslant 0)$$

使所求泛函达到了极大值 $\frac{c^2}{2\pi}$.

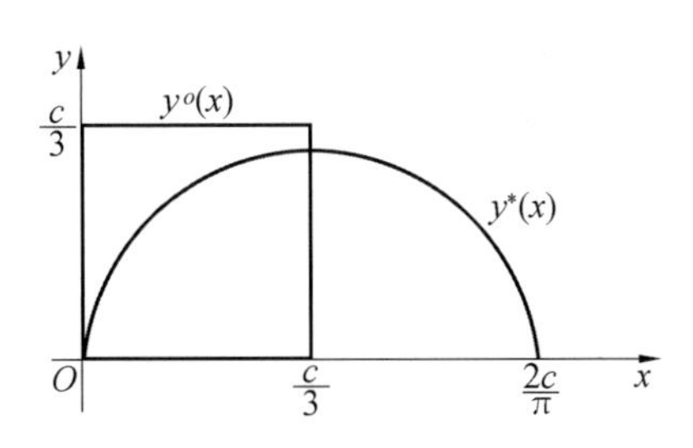

图 3.17　最优轨线 $y^*(x)$ 与任一轨线 $y^o(x)$ 比较

$n(n \geqslant 5)$ 边形的最大面积一般不能用边长的根式表示[①]

第二章

1991 年,当时中国科技大学的王振,陈计(现为宁波大学教授)用伽罗瓦(Galois)理论证明了多边形的最大面积一般不能用边长的根式表示.

§1　问题的提出

瑞士的斯坦纳(Steiner,1791—1863)从等周定理推导出一个有趣的结论:一个圆内接多边形的面积比任何其他具有相同边的多边形的

① 选自《成都大学自然科学学报》,1991,1.

面积都大(见文[1]). 而具有已知边长 a,b,c,d 的圆内接四边形的面积公式早就由印度的布拉美吉他给出

$$F=\sqrt{(p-a)(p-b)(p-c)(p-d)} \tag{1}$$

这里 $p=\frac{a+b+c+d}{2}$(见文[2]). 当 $d=0$ 时,上式即为著名的海伦公式

$$\Delta=\sqrt{p(p-a)(p-b)(p-c)} \tag{2}$$

近年来,随着多边形的边长和面积的不等式的深入研究(见文[4]),一个自然的问题是:求出具有已知边长的多边形的最大面积. 本章中,我们给出了这个问题的一个重要的标记:

定理　$n(n\geqslant 5)$ 边形的最大面积一般不能用边长的根式表示.

显然,我们仅需证明:

命题　圆内接五边形的面积一般不能用边长的根式表示.

§2　命题的等价

设圆内接五边形 $ABCDE$ 的边长为 a,b,c,d,e,一条弦长为 x(图 1),面积为 S,则

$$\Delta\equiv S_{\triangle ABC}=\frac{1}{4}\sqrt{2d^2e^2+2(d^2+e^2)x^2-d^4-e^4-x^4} \tag{3}$$

$$F\equiv S_{CDEA}=\frac{1}{4}[8abcx+2(b^2c^2+c^2a^2+a^2b^2)+$$
$$2(a^2+b^2+c^2)x^2-$$

$$a^4-b^4-c^4-x^4]^{\frac{1}{2}} \tag{4}$$

$$S=\Delta+F \tag{5}$$

对式(5)两边平方并移项得

$$S^2-\Delta^2-F^2=2\Delta F$$

再平方并整理得

$$S^4-2S^2(\Delta^2+F^2)+(\Delta^2-F^2)^2=0 \tag{6}$$

显然,式(6)的左边既是 S 的四次多项式,也是 x 的四次多项式.因此,S 和 x 用 a,b,c,d,e 的根式可表性是等价的.

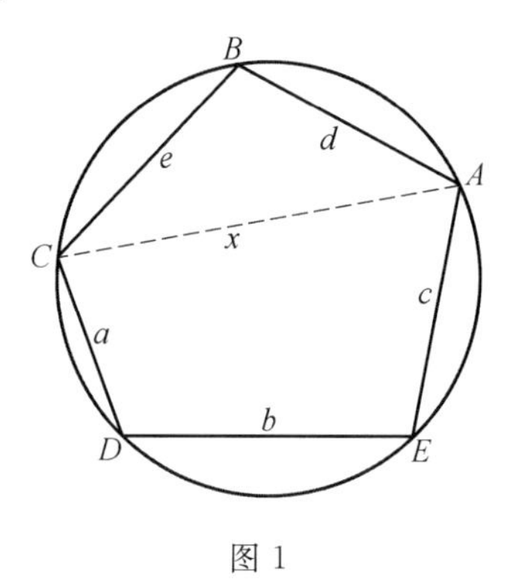

图 1

§3 弦 x 的方程

本节中,我们将导出 a,b,c,e 的多项式为系数的弦长 x 所满足的代数方程.

记五边形 $ABCDE$ 的外接圆半径为 R,由 S. Lhuilier 公式(见文[3]),得

$$R=\frac{\sqrt{(xa+bc)(xb+ca)(xc+ab)}}{4F} \tag{7}$$

$$R=\frac{xdc}{4\Delta} \tag{8}$$

消去 R 得

$$16F^2x^2d^2e^2=16\Delta^2(xa+bc)(xb+ca)(xc+ab) \tag{9}$$

再将式(3)和(4)代入上式,整理得

$$\begin{aligned}&abcx^7+(b^2c^2+c^2a^2+a^2b^2-d^2e^2)x^6+\\&abc(a^2+b^2+c^2-2d^2-2e^2)x^5+\\&[a^2b^2c^2-2(b^2c^2+c^2a^2+a^2b^2)\cdot\\&(d^2+e^2)+2(a^2+b^2+c^2)d^2e^2]x^4-\\&abc[2(a^2+b^2+c^2)(d^2+e^2)-\\&(d^4+6d^2e^2+e^4)]x^3-\\&[2a^2b^2c^2(d^2+e^2)-\\&(b^2c^2+c^2a^2+a^2b^2)(d^4+e^4)+\\&(a^4+b^4+c^4)d^2e^2]x^2+\\&abc(a^2+b^2+c^2)(d^2-e^2)^2x+a^2b^2c^2(d^2-e)^2=0\end{aligned} \tag{10}$$

这就是弦 x 所满足的七次代数方程.

当 $a=4,b=3,c=2,d=e=1$ 时,x 的方程可降到五次

$$8x^5+81x^4+200x^3-114x^2-864x-723=0 \tag{11}$$

下面,我们只需证明式(11)不能用根号求解.

§4　不可约判定

容易验证:$\pm 3\cdot 2^{-k},\pm 241\cdot 2^{-k}(k=0,1,2,3)$ 不

是方程(11)的根.因此,方程(11)的左式在有理数域上无一次因子.

反设方程(11)的左式在有理数域上有二次因子,即

$$f(x)\equiv 8x^5+81x^4+200x^3-114x^2-864x-723$$
$$=(b_2x^2+b_1x+b_0)(c_3x^3+c_2x^2+c_1x+c_0) \tag{12}$$

其中 b_0,b_1 及 c_0,c_1,c_2 为整数,b_2 和 c_3 为自然数.从而

$$\begin{cases}b_2c_3=8 & (13)\\ b_2c_2+b_1c_3=81 & (14)\\ b_2c_1+b_1c_2+b_0c_3=200 & (15)\\ b_2c_0+b_1c_1+b_0c_2=-114 & (16)\\ b_1c_0+b_0c_1=-864 & (17)\\ b_0c_0=-723 & (18)\end{cases}$$

由(14)$\Rightarrow b_2$ 和 c_3 为一奇一偶,再由(13)$\Rightarrow$

$$(b_2,c_3)=(1,8)\text{ 或 }(8,1) \tag{19}$$

若 $3/b_0\overset{(18)}{\Rightarrow}3/c_0\overset{(17)}{\Rightarrow}3/b_1\overset{(16)}{\Rightarrow}3/b_2$,与(19)矛盾.

若 $3/b_0\overset{(18)}{\Rightarrow}3/c_0\underset{(17)}{\Rightarrow}3/c_1\overset{(16)}{\Rightarrow}3/c_2\underset{(14),(19)}{\Longrightarrow}3/b_1\overset{(17)}{\Rightarrow}9\mid c_1\overset{(15)}{\Rightarrow}$

$$b_0c_3\equiv 2(\bmod 9) \tag{20}$$

若 $b_0=1\overset{(20)}{\Rightarrow}c_3\equiv 2(\bmod 9)$,与(19)矛盾.

若 $b_0=-1\overset{(20)}{\Rightarrow}c_3\equiv 7(\bmod 9)$,与(19)矛盾.

若 $b_0=241\overset{(18)}{\Rightarrow}c_0=-3$;

由(20),(19)$\Rightarrow c_3=8,b_2=1$;

由(17)$\Rightarrow b_1\equiv 47(\bmod 241)$;

由(14)$\Rightarrow c_2\equiv 187(\bmod 241)$;

由(15)$\Rightarrow c_1\equiv 87 \pmod{241}$;

代入式(16)得

$1\times(-3)+47\times 87+241\times 187\equiv -114 \pmod{241}$

即 $230\equiv 127 \pmod{241}$,矛盾!

若 $b_0=-241\overset{(18)}{\Rightarrow} c_0=3$;

由(20),(19)$\Rightarrow c_3=1, b_2=8$;

由(17)$\Rightarrow b_1\equiv 197 \pmod{241}$;

由(14)$\Rightarrow c_2\equiv 16 \pmod{241}$;

由(15)$\Rightarrow c_1\equiv 119 \pmod{241}$;

代入式(16)得

$8\times 3+197-119+(-241)\times 16\equiv -114 \pmod{241}$

即 $215\equiv 127 \pmod{241}$,矛盾!

综上所述,方程(11)的左式是有理数域上的不可约多项式.

§5　斯图姆序列

记 $Q_0(x)=f(x)=8x^5+81x^4+200x^3-114x^2-864x-723, Q_1(x)=f'(x)=40x^4+324x^3+600x^2-228x-864$.对多项式 $f(x)$ 及 $f'(x)$ 作辗转相除法

$$Q_0(x)=q_1(x)Q_1(x)-Q_2(x)$$
$$Q_1(x)=q_2(x)Q_2(x)-Q_3(x)$$
$$Q_2(x)=q_3(x)Q_3(x)-Q_4(x)$$
$$Q_3(x)=q_4(x)Q_4(x)-Q_5(x)$$

得到斯图姆(Sturm)序列(见文[5])

$Q_2(x)=51.22x^3+311.4x^2+598.86x+373.08$

$Q_3(x)\approx 359.00x^2+1\,464.2x+1\,452.6$

$Q_4(x)\approx 26.422x+41.639$

$Q_5(5)\approx -36.722$

下面,我们来完成定理的证明.

§6 定理的证明

首先,建立表格:

·	Q_0	Q_1	Q_2	Q_3	Q_4	Q_5
$-\infty$	$-$	$+$	$-$	$+$	$-$	$-$
$+\infty$	$+$	$+$	$+$	$+$	$+$	$-$

从中可见 $f(x)$ 的斯图姆序列在 $x=-\infty$ 时变号数是 4,在 $x=+\infty$ 时变号数是 1.用斯图姆定理(见文[5]),$f(\infty)$ 有三个实根,一对共轭非实根.用伽罗瓦定理(见文[6]),$f(x)=0$ 不能用根号求解.

从而,我们证明了本章第一节所提出的定理:多边形的最大面积一般不可用边长的根式表示.

参考文献

[1] POLYA G. Mathematics and Plausible Reasoning, Vol,1[M]. Induction and Analogy in Mathematics, Princeton University Press,1954.

[2] F Cajori. A History of Mathematics[M]. New York: Macmillan,1931.

[3] R C Archibald. The Area of a Quadrilaeral[J]. Amer. Math. Monthly,1922(29):29-36.

[4] 匡继昌. 常用不等式[M]. 长沙:湖南教育出版社,1989.

[5] 许以超. 代数学引论[M]. 上海:上海科学技术出版社,1986.

[6] 徐诚浩. 古典数学难题与伽罗瓦理论[M]. 上海:复旦大学出版社,1986.

等周不等式初探

第三章

2018年,广东省广州市第二中学的胡方杰老师以等周不等式为中心,介绍平面以及三维空间中的一类等周不等式.先从最简单的三角形入手,讨论等周不等式等号成立的条件,然后推广到n边形的情形,再考虑平面上一般区域上的等周不等式,并给出了几种不同的证明.

§1 引 言

"等周"就是周长为常数,"等周问题"就是在周长一定的一类指定的区域中,求面积最大的区域.逻辑上等价于问题"在某一类面积一定的区域中,求周长最小的区域.其实,由定长的曲线围成最大面积的问题可以追溯到罗马神话中的所谓狄多问题.她实际上是在运用等周定理:"在给定周长的所有封闭曲线中,圆具有最大的面

积.”实际上,比狄多更早,我们人类乃至动物界与生俱来都在自觉或不自觉地利用这个定理,寒冷的冬天,我们(包括动物)会缩成一团,为的就是在体积一定的情况下,尽量缩小自己的表面积,减少热量的损失,其缘由是在利用三维空间等周定理:在给定体积的所有立体中,球具有最小的表面积.

无论是二维还是三维,著名的等周定理从发现到证明花了人类两千多年的时间,也是数学史上被证明次数最多的一个定理之一,它为这样两类问题给出了解答:

(1) 在具有某种性质的所有几何图形中,哪个有最大的面积或体积;

(2) 在具有某种性质的所有几何图形中,哪个有最小的周长或表面积.

下面给出平面等周定理的具体表述:

定理1　(1) 在具有给定周长的所有平面图形中,圆具有最大的面积.

(2) 在具有给定面积的所有平面图形中,圆具有最小的周长.

对应于平面等周定理的等价说法,即等周不等式为:

定理2　设 A 是一条长为 L 的简单闭曲线 C 围成的面积,那么 $L^2-4\pi A\geqslant 0$ 或 $\frac{4\pi A}{L^2}\leqslant 1$,式中等号当且仅当 C 是圆时成立.

注　“简单闭曲线”是指没有端点且自身不相交也不相切的曲线.由对称化不难得出,非简单闭曲线的情形不具有最大面积,故本章只讨论简单闭曲线.

这个定理可以推广到三维空间:

定理 3 (1) 在具有给定表面积的所有立体中,球具有最大的体积.

(2) 在具有给定体积的所有立体中,球具有最小的表面积.

§2 多边形等周定理

1. 三角形等周定理

我们将讨论几个平面中的等周定理,先从简单的情形开始,而以等周定理本身的讨论作为结束. 多边形是最简单的几何图形,而三角形又是多边形中最基本的图形,因此,关于三角形的两个提法构成了我们对等周定理研究的基础.

定理 4 (1) 在具有给定周长的所有三角形中,等边三角形具有最大的面积.

(2) 在具有给定面积的所有三角形中,等边三角形具有最小的周长.

我们将介绍的这个证明,它借助海伦公式,依赖于算术和几何平均值不等式.

证明 (1) 我们考虑周长为 L,面积为 A,边长为 a,b,c 的任一三角形. 因为 L 是固定的,则由海伦公式

$$A=\sqrt{\frac{L}{2}\left(\frac{L}{2}-a\right)\left(\frac{L}{2}-b\right)\left(\frac{L}{2}-c\right)}$$

亦即

$$16A^2=L(L-2a)(L-2b)(L-2c)$$

可以知道,当 $(L-2a)(L-2b)(L-2c)$ 最大时,$16A^2$ 也最大,即 A 最大. 又由均值定理"算术平均数大于或

等于几何平均数”得

$$\sqrt[3]{\frac{16A^2}{L}} \leqslant \frac{(L-2a)+(L-2b)+(L-2c)}{3}$$

上式等价于

$$\frac{16A^2}{L} \leqslant \frac{L^3}{27}$$

当 $L-2a=L-2b=L-2c$，即 $a=b=c$ 时，上式中的等号成立，而此时，$(L-2a)(L-2b)(L-2c)$ 取得最大值，即 A 最大：$A=\frac{\sqrt{3}L^2}{36}$.

(2) **证法一**　可仿(1)的证明，仍然借助海伦公式和算术－几何平均值不等式即可得证.

证法二　设 $\triangle$ 是面积为 A，周长为 L 的任一三角形；$\triangle_1$ 是面积为 A，周长为 L_1 的等边三角形；$\triangle_2$ 是面积为 A_2，周长为 L_2 的等边三角形.

将(1)应用于 $\triangle$ 和 $\triangle_2$ 得 $A_2 \geqslant A$，比较两个等边三角形 $\triangle_2$ 和 $\triangle_1$，则有

$$\frac{1}{2}\cdot\frac{L}{3}\left(\frac{\sqrt{3}}{2}\cdot\frac{L}{3}\right) \geqslant \frac{1}{2}\cdot\frac{L_1}{3}\left(\frac{\sqrt{3}}{2}\cdot\frac{L_1}{3}\right)$$

即 $L^2 \geqslant L_1^2$ 意味着 $L_1 \leqslant L$.

2. n 边形等周定理

在三角形等周定理的基础上，我们自然要问：在给定周长的所有 n(在这个小节中，均假定 $n>3$) 边形中，哪一个的面积最大？猜想是正 n 边形.

定理 5　(1) 在具有给定周长的所有 n 边形中，正 n 边形有最大面积.

(2) 在具有给定面积的所有 n 边形中，正 n 边形有最小周长.

此定理的等价说法是，正 n 边形有最大的等周商

(比值$\frac{4\pi A}{L^2}$称为平面区域的等周商). 设 c_n 为正 n 边形的等周商:

① 若 L 固定,则 c_n 最大 $\Leftrightarrow A$ 最大;

② 若 A 固定,则 c_n 最大 $\Leftrightarrow L$ 最小.

引理 1 相似图形的等周商相同.

实质上,等周商具有更强的性质 —— 仿射不变量,作为其特殊形式当然是相似不变量. 因为相似图形的基本性质就是对应长度的比值相同,所以必有 $L=rL_1$,而面积是一个二维的概念,总是从一对长度的乘积算出来的,故对应的面积也满足关系 $A=r^2A_1$. 根据等周商定义即可得证.

引理 2 正 n 边形的等周商 c_n 随 n 的增大而增加.

下面分为三种情形证明定理 5 的等价命题.

(1) 圆外切多边形.

不妨设圆的半径为 1. 对于此圆的外切 n 边形 P,共 n 个切点,如图 1($n=5$),过这些切点作半径,得到 n 个圆心角,用 $2\alpha_1,2\alpha_2,\cdots,2\alpha_n$ 表示,注意 $2\alpha_i<\pi$,故 $\alpha_i<\frac{\pi}{2},i=1,2,\cdots,n$,且 $\sum_{i=1}^{n}\alpha_i=\pi$. 于是,$P$ 被过切点的半径分为 n 个四边形,容易计算出 P 的面积和周长为:$A=\tan\alpha_1+\tan\alpha_2+\cdots+\tan\alpha_n$,$L=2A$. 特别地,当 P 为正 n 边形时,由于 $n\cdot\alpha=\pi$,即 $\alpha=\frac{\pi}{n}$,则 $A_{正}=n\tan\alpha=n\tan\frac{\pi}{n}$,$L_{正}=2A_{正}$. 又 $\tan\alpha$ 为凸函数,则由琴生(Jensen) 不等式得

$$
\begin{aligned}
A&=\tan\alpha_1+\tan\alpha_2+\cdots+\tan\alpha_n\\
&\geqslant n\tan\frac{\alpha_1+\alpha_2+\cdots+\alpha_n}{n}
\end{aligned}
$$

$$=n\tan\frac{\pi}{n}$$

当且仅当正 n 边形时上式取得等号即最小值，于是证明了圆外切正 n 边形的面积小于其他一切外切 n 边形的面积. 而对于任何外切多边形都有 $L=2A$，故等周商 $\frac{4\pi A}{L^2}=\frac{4\pi A}{4A^2}=\frac{\pi}{A}$，因为外切正 n 边形的面积最小，所以它的等周商 $\frac{\pi}{A_{正}}$ 最大.

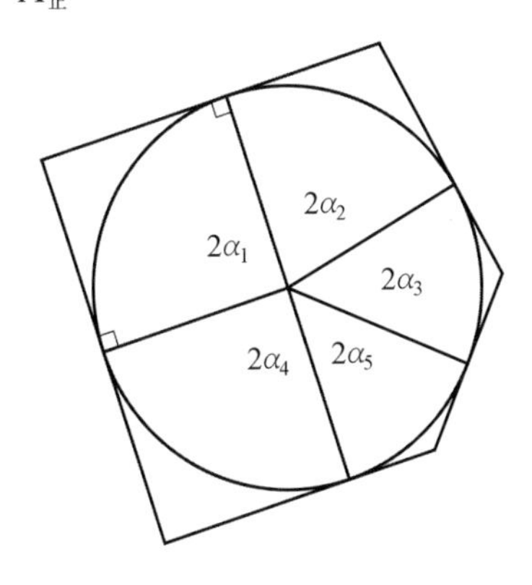

图 1

下面来完成引理 2 的证明.

证明　由 $c_n=\frac{4\pi A_n}{L_n^2}$，$A_n=n\tan\frac{\pi}{n}$，$L_n=2A_n$，可得

$$\frac{c_n}{\pi}=\frac{4A_n}{L_n^2}=\frac{1}{n\tan\frac{\pi}{n}}$$

又由琴生不等式得

$$n\tan\frac{\pi}{n}=\tan 0+nan\frac{\pi}{n}$$

$$> (n+1)\tan\frac{0+n\cdot\frac{\pi}{n}}{n+1}$$

$$= (n+1)\tan\frac{\pi}{n+1}$$

$$\left(0\neq\frac{\pi}{n}\right)$$

所以

$$\frac{c_n}{\pi}<\frac{c_{n+1}}{\pi}$$

即

$$c_n<c_{n+1}$$

(2) 一般的凸 n 边形.

使用对 n 的归纳法证明. 我们将证明,若 P 是面积为 A,周长为 L 的一般的凸 n 边形,则 $\frac{4\pi A}{L^2}<c_n$(与 P 具有相同周长的正 n 边形 P_n 的等周商),即证 $4\pi A<c_nL^2$. $n=3$ 时见定理 4. 假设上述结论对于边数小于 n 的所有多边形都成立.

鉴于证明的需要,我们先补充一个概念 —— 内平行四边形.

设 P 为任意凸 n 边形,将 P 的各边向内平移,且各边的移动速度相同,这样使得当 P 收缩时,它的顶点沿所在角的平分线内移,当有一边或几边收缩为一点时停止内移. 于是,P 可能以如下三种不同的方式收缩,如图 2 所示:

a. 收缩为边数较少的多边形;

b. 收缩为直线段;

c. 收缩为一点(当且仅当 P 是某圆外切多边形时).

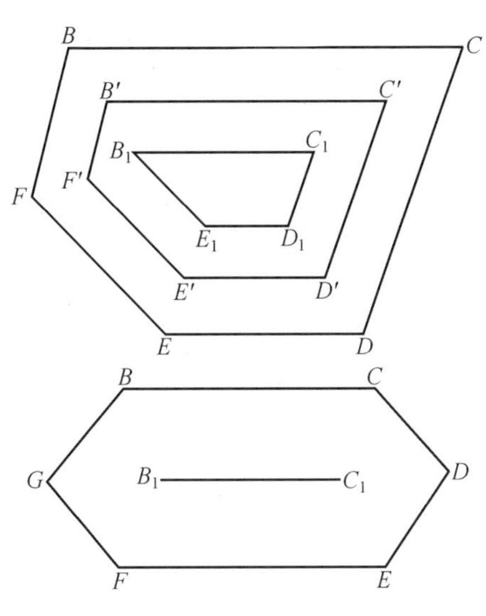

图 2

图中 P 的任意相邻的三边都有一个内切圆，当 P 的各边匀速收缩时，对应内切圆的半径也在变小，实际上，停止时是圆的个数发生了减少，因此：

(i) 若至少有一个内切圆存在，则 P 收缩为边数较少的多边形；

(ii) 若不存在内切圆，则 P 收缩为边数小于三的图形，又由凸性可以知道只能是线段或者点.

对于方式 a，从 P_1 的各顶点分别向距它们最近的 P 的边作垂线，每条垂线之长都记为 r. 于是，多边形 P 被划分为一些多边形，如图 3，且 Q_1,Q_2,Q_3,Q_4,Q_5 可以拼合在一起，构成一个 n 边形 P^*，而 P^* 外切于半径为 r 的圆. 按照 P 的这种分割法，得

$$A=A_1+rL_1+A^*,L=L_1+L^* \qquad (1)$$

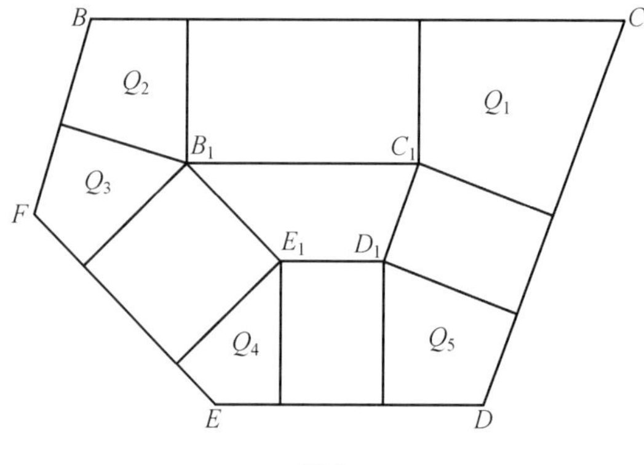

图 3

对于方式 b，如图 4，设直线段的长为 d，类似于式(1) 的推导，可得

$$\begin{cases}A=2rd+A^{*}\\L=2d+L^{*}\end{cases}\tag{2}$$

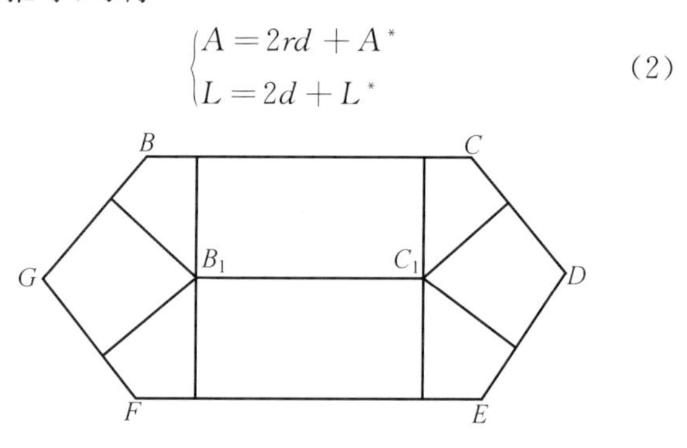

图 4

下面，我们开始证明情形(2).

首先考虑 P 存在一个内平行四边形，其面积为 A_1，周长为 L_1. 应用式(1) 可将 $4\pi A<c_nL^2$ 改写为

$$4\pi(A_1+rL_1+A^{*})<c_n(L_1+L^{*})^2\tag{3}$$

为证明式(3)，我们证明以下三个不等式

$$\begin{cases}4\pi A_1 < c_n L_1^2 \\ 4\pi r L_1 < 2c_n L_1 L^* \\ 4\pi A^* < c_n L^{*2}\end{cases} \tag{4}$$

而式(4)中第一个严格不等式根据假设及引理2显然成立;第三个不等式由情形(1)及引理1知也成立(P^*与P_n相似).

下证第二个不等式成立.对于P^*容易计算出$2A^* = rL^*$,将其代入$4\pi A^* < c_n L^{*2}$,得

$$2\pi r \leqslant c_n L^* \tag{5}$$

由式(5)自然可得$4\pi r L_1 < 2c_n L_1 L^*$,故式(3)得证.

再来讨论内平行四边形退化成长为d的直线段的情形.应用式(2)可将$4\pi A < c_n L^2$改写为

$$4\pi(2rd + A^*) < c_n(2d + L^*)^2 \tag{6}$$

为证上式,仍证明以下三个不等式

$$\begin{cases}0 < 4c_n d^2 \\ 8\pi r d < 4c_n d L^* \\ 4\pi A^* < c_n L^{*2}\end{cases} \tag{7}$$

式(7)中第一个不等式显然成立;第二个不等式由式(5)知也成立;第三个不等式上面已证,故式(6)得证.

最后讨论内平行四边形退化为一点的情形.此时P为圆外切多边形,已证.

(3)非凸n边形.

设P是面积为A,周长为L的任一非凸n边形,我们证明$4\pi A < c_n L^2$.设H为P的凸包(P的凸包,即包含P的最小凸集.一般来说,非凸多边形P的凸包H是一个顶点较P少,周长较P小,但面积较P大的多边形区域),其面积为A_2,周长为L_2,则$A_2 > A$且$L_2 < L$.此外,凸包H的边数小于n,故由情形(1)(2)及引

理 2 知，$4\pi A_2 < c_n L_2^2$，从而有 $4\pi A < c_n L^2$.

§3　平面等周定理

这一节主要考虑等周定理的等价说法：

定理 6(等周不等式)　设 A 是长为 L 的简单闭曲线 C 围成的面积，那么 $L^2 - 4\pi A \geqslant 0$，式中等号当且仅当 C 是圆时成立.

以下我们主要给出两类证明，一类是几何的证明，主要依赖于对称化的思想；另一类是分析的证明，主要依赖于分析的手段，使得等周不等式与我们常用的不等式建立联系.

1. 斯坦纳的初等几何证明

斯坦纳的证明使用了一个假设：最大面积的存在性. 由于我们知道等周问题的解是存在的，因此，承认这个假设.

证明分三步.

(1) 若简单闭曲线 C 具有最大面积，则此曲线一定是上凸的. 所谓上凸的，是指经曲线上任意两点作一割线，割线两点间的部分或在曲线上，或在曲线内. 此命题的证明如图 5 所示.（否则，可作相应的对称图形，如虚线部分，使之在保持周长相等的条件下，存在另一面积更大的曲线，故矛盾.）

(2) 用割线将此闭合曲线分为等长的两段，则两边面积相等. 如图 6，若不然，不妨设 $A_1 > A_2$，将 A_1 沿割线作对称反演，会有 $A_1 + A_1 > A_2 + A_1$，矛盾.（因为事先已经假定曲线 C 具有最大面积.）

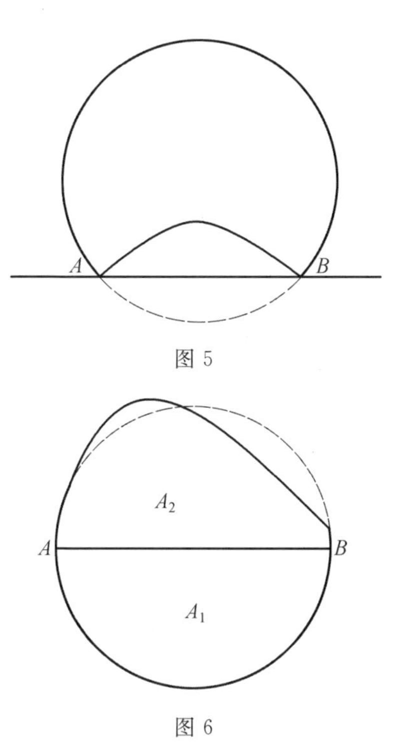

图 5

图 6

(3) 两端点在一直线上的定长的上凸曲线 C 与直线所围成的面积若有最大值,则必是半圆. 否则,如图 7,在曲线 C 上必存在一点 P,使 $\angle APB$ 非直角. 联结 PA 和 PB,则整个区域分成三个部分 R_1,R_2,R_3. 如图 8,适当移动 R_1,R_2 两部分使 $\angle APB$ 是直角,这时显然 $S_{\triangle A'P'B'} > S_{\triangle APB}$(因为 $AP = A'P'$,$BP = B'P'$),这样,在保持 $\widehat{AB} = \widehat{A'B'}$ 的前提下,后者比前者面积更大,从而与前者具有最大面积矛盾. 由 P 的任意性,满足 $\angle APB$ 是直角的曲线只有半圆.

因此,依(2)(3),满足等周问题的曲线 C 只有圆.

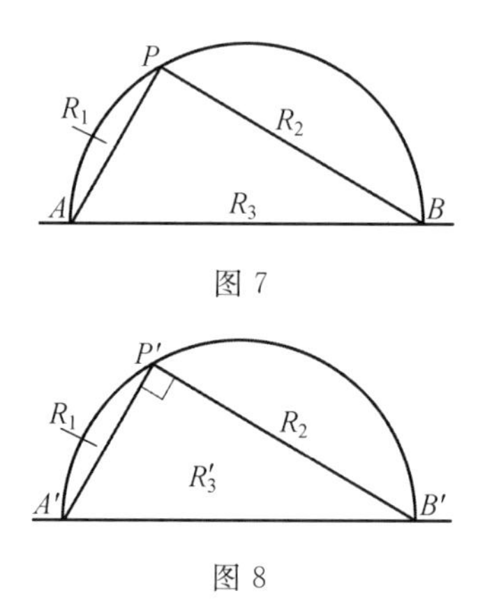

图 7

图 8

参考文献

[1] N D 卡扎里诺夫. 几何不等式[M]. 北京:北京大学出版社,1986:15-42,57-91.

[2] W 伯拉须凯. 圆与球[M]. 苏步青,译. 上海:上海科学技术出版社,1986:1-42.

[3] IVAN NIVEN. 极大极小[M]. 白苏华,向诗砚,译. 成都:四川教育出版社,1988:98-110.

[4] 张江华. 等周定理证明史[J]. 广西民族学报,1995(6).

[5] 汪遐昌. 均值不等式的重要应用 —— 等周问题的一个简洁证明[J]. 四川师范大学学报,1996(6).

[6] 程功祥. 等周不等式问题[J]. 湖北师范学院学报(自然科学版),1992(3).

[7] 项武义. 等周问题的一个初等证明[J]. 数学年刊,2002(7).

第四章 等周定理证明史

等周定理是人类发现最早的数学定理之一，也是现代数学中的一个重要定理. 1995年，广西民族学院民族研究所的张江华研究员简要回顾了这一定理被证明的历史，对历代数学家的证明等周定理所作的努力与尝试作了详细的描述，同时，也指出这一定理曾是明清时期中西数学交流的一项重要内容.

据说在希腊时代以前，地中海沿岸有一个叫“Tyre”的民族，“Tyre”国王有个女儿叫狄多，这位公主因一件我们至今无法知道的事件逃离了自己的祖国，历经千辛万苦来到了地中海南岸的迦太基. 在这里，她被允许得到一张牛皮所能围成的海边土地. 聪明的公主将牛皮剪成尽可能细的细牛皮条，在海岸边用牛皮条圈了一块地——她选择了半圆作为这块地的形状.

相信大多数人都会赞同狄多公主的选择，因为她实际上是在运用等周定理:"在给定周长的所有封闭平面曲线中，圆是具有最大面积的曲线."实际上，比公主更早，我们人类乃至动物界与生俱来都在自觉不自觉地利用这个定理，在寒冷的冬天，我们人类（包括动物）抖抖索索，缩成一团，为的就是在体积一定的情况下，尽量缩小自己的表面面积，减少热量的损失，其缘由是"在体积一定的立体中，球的表面积最小，"而这是三维等周定理的一种等价表述.

无论是二维，还是三维，等周定理从发现到证明耗费了人类两千多年的时间，但又是数学史上被证明次数最多的一个定理之一，不过，所有数学家，自始至终，从来也没有怀疑过这个定理的正确性.

因此，对等周问题这个既古老而又现代的数学课题历史的追溯显得很有意义. 通过这一个案，我们可以对数学的发展有一个大致的了解，而且，我们也知道，即使严密如数学，其客观检验性标准也是随历史而变化的，我们也可对各个时期数学家的工作与思维方式有一个大致的了解.

§1　芝诺多罗斯的工作

在希腊人的眼中，圆是自然界最完美的图形，他们的许多文化产品，文学，艺术乃至建筑都建立在这一基础之上. 亚里山大里亚时期的数学家普洛克拉斯(Proclus)在注释欧几里得(Euclid)《原本》一书时即说"圆是第一个最简单完美的图形". 很显然，等周定理

的发现,既是这一心理支配下促成的,又返过来,进一步加深了对圆的完美性的认识.

追求完美的希腊人很早就尝试给这个定理一个完美的证明,生活在公元前200年至公元后100年间的芝诺多罗斯在历史上首先对等周问题进行了仔细的研究,并获得了一系列成果.

芝诺多罗斯本人的著作并没有流传下来,他的工作记录在亚里山大里亚时期的泰奥恩(Theon)和帕普斯(Pappus)的著作中,据说,芝诺多罗斯对十四个命题给予了证明,其中有如下一些重要的定理:

1. 周长相等的正多边形中,边数越多的正多边形面积越大.

3. 圆的面积比同样周长的正多边形面积大.

7. 同底等周三角形中,等腰三角形面积最大.

10. 两个相似等腰三角形的面积和大于与前相似等腰三角形底相同且周长和相同的三角形面积之和.

11. 边数相同的等周多边形中,正多边形面积最大.

上述命题中,命题1,3好理解,证明也不难.命题7和10是为证明命题11而准备的两个引理,其中命题10的证明较难,与它相近的一个命题的证明我们在下一节里谈到.

芝诺多罗斯的思路很明确,在等周图形中,多边形的面积小于正多边形的面积,正多边形的面积小于圆的面积,从而,圆的面积大于同周长的任意多边形的面积.由此,芝诺多罗斯断言:在所有等周封闭曲线中,圆具有最大面积.

我们知道,芝诺多罗斯实际上并没有证明等周定理本身,考虑到所有封闭曲线均可由多边形逼近,芝诺多罗斯实际上已离目标非常接近，只差一步用极限理论进行形式上的论述. 但在希腊时代，要芝诺多罗斯从形式上完成这一过程是万万不可能的. 关于三维等周问题，芝诺多罗斯也认为在所有表面积相同的立体中，球具有最大体积，但也实际上只证明了如下两个定理：

13. 正多边形绕其最大对角线旋转所成的旋转体，其体积较同表面积的球小.

14. 正多面体之体积较同表面积之球体体积小.

有关等周问题的系统讨论，在整个希腊数学中都是比较新颖的，自芝诺多罗斯开创性的工作后，亚里山大里亚时期的帕普斯证明了周长相等的所有图形中，以半圆的面积为最大，这已类似于狄多问题，另外，他还证明了球的体积比表面积与其相等的任何圆锥、圆柱或正多面体都大.

§2 《圆容较义》与等周问题

公元 1582 年，当明代万历十年，意大利传教士利玛窦(Matthaeus Ricci，1552—1610)，在经过了长久的准备和等待后，乘广州交易会的机会踏入了中国境内，利玛窦操一口流利的中国话，沿途拜谒中国的官员，有机会就向他们送上世界地图、自鸣钟、三棱柱等中国稀罕之物，为了求得中国人的认可，他先是披袈裟，冒充外国和尚，后发现中国人更敬仰孔子，又脱下僧袍换上儒服. 在南昌、南京和北京，利玛窦以其人品和素养周旋于一批当时最优秀的知识分子中(他们之中，有大科学家徐光启、大哲学家李贽，大文学家汤显祖，大画家

董其昌等),并赢得了他们的尊重.利玛窦发现当时的中国学者对天算(天文与算术)有浓厚的兴趣,而他自己正好又有这方面的长处——他是当时欧洲最大的数学家克拉维乌斯(Clavius)(中国称"丁先生")的学生,于是,利玛窦着力展开了对西方数学的介绍.

在利玛窦介绍的西方数学书中,有一本是他与李之藻合译的《圆容较义》一书,这本书就介绍了当时西方对等周问题的探索.

《圆容较义》译自克拉维乌斯的 *Trattato Della Figura Isoperimetre* 一书,内容与帕普斯所著 *Pappi Collectionis* 第五卷基本相同,克拉维乌斯本人并没有太多的创造.

与上述命题10相似的命题在《圆容较义》里作为命题11出现.

"第十一题:有大小两底令作相似平腰三角形相拼,其所容必大于不相似之两三角形相拼,其底同,其周同,又四腰诸同而不相似拼必小于相似形拼."

翻译成现代数学语言,即:

如图1:已知

$$\triangle AFC \backsim \triangle CGE$$

$$AF = FC, CG = GE$$

$$AB = BC = CD = DE$$

$$AF + FC + CG + GE = AB + BC + CD + DE$$

求证:$S_{\triangle AFC} + S_{\triangle CGE} > S_{\triangle ABC} + S_{\triangle CDE}$.

《圆容较义》的证明如下:

证明　不妨设 $AC > CE$,作 AC,CE 的中垂线 FI,DH.又延长 DH 至点 J,且 $HJ = DH$,联结 CJ,BJ.

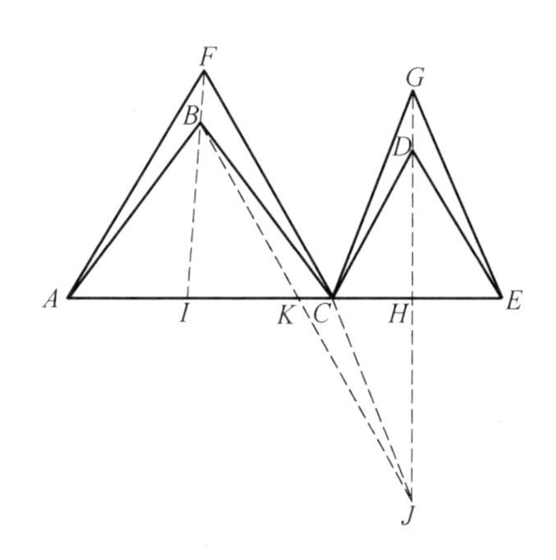

图 1

因为 $\triangle FIC \backsim \triangle CGH$，又都是直角三角形，所以

$$(FC+CG)^2=(FI+GH)^2+(IC+CH)^2$$

同理

$$(BK+JK)^2=(BI+HJ)^2+(IK+KH)^2$$

又 $\quad FC+CG=BC+CD=BC+CJ>BJ$

所以

$$(FI+GH)^2+(IC+CH)^2$$
$$>(IB+HJ)^2+(IK+KH)^2$$

所以

$$FI+GH>BI+HJ\Rightarrow FB>GD$$

又 $\quad \angle BFC>\angle CDH, FC>CD$

所以 $\quad S_{\triangle FBC}>S_{\triangle CDG}$

即有 $\quad S_{\triangle AFC}+S_{\triangle CGE}>S_{\triangle ABC}+S_{\triangle CDE}$

§3　笛卡儿的论证

由上可以得出，实际上 16 世纪以前，还没有任何

数学家真正证明等周定理,但有意思的是,没有任何数学家以及其他科学家怀疑过它的正确性,而且只要在需要的时候就毫不迟疑地使用它,哥白尼在《天体运行论》中一开始就开宗明义,说“天体是球形的”,因为,“球形的容积最大,适合包罗和保存一切.”而在来自各方面乱哄哄的一片指责中,却没有人指责哥白尼滥用未经证明的定理.

同时期这帮人的举动,我们可通过笛卡儿的话得到理解,在《思想的法则》一书里,笛卡儿谈到“为了用列举法证明圆的周长比任何具有相同面积的其他图形的周长都小,我们不必全部考察所有可能的图形,只需对几个特殊的图形进行证明,结合运用归纳法,就可以得到与对所有其他图形都进行证明得出的同样结论”.

我们知道,笛卡儿的理由及其证明方式根本算不上是数学证明,他的有限归纳最多只能说明这个猜想成立的概率很大(玻利亚(Polya)称为“合情推理方式”).笛卡儿当然知道最彻底的证明应该是完全归纳,但笛卡儿暗含的意思是,通过上述方法,这个定理的正确性实际上已如此明显,以至于进一步证明显得无足轻重.

十六七世纪这种重发现、轻证明的思想是有缘由的.当时所有数学家结合了希望与犹太人的传统,深信上帝才是最伟大的数学家,世界就是他按数学规律设计的,而且以完美性为原则.数学家的任务是找出这些完美性之所在,以寻求与上帝的沟通.因此,那一时期的数学家总是将自己发现的荣誉归于上帝,在著作里对上帝大加赞美.笛卡儿本人就深信,圆的等周性质作为圆完美性的一部分,上帝决不会欺骗他.

因此，我们也就可以理解，即使到了18世纪英雄辈出的年代，这个古代的定理仍未被证明，以当时的数学水准，只需简单地沿着芝诺多罗斯道路，轻而易举就可给出一个基本的证明，但欧拉他们的主要兴趣集中到劈荆斩棘，发现新的数学真理上去了. 显然对这类一望而知成立的历史遗留问题兴趣不是很大.

§4 斯坦纳的几何证明

19世纪初期，几何学在沉默了两个世纪后又以新的形式（射影几何学）再次引起人们的注意，其中有一位为这次几何学复兴做出重要贡献的德国数学家斯坦纳，他在当时即被誉为“自欧几里得以来最伟大的几何学家”. 这位自学成才的数学家具有惊人的几何直观能力和技巧地处理几何问题的才能. 他对几何学的偏爱到了如此程度，以至于他威胁一份著名的数学刊物如果再发分析学的文章，他就拒绝给其投稿.

斯坦纳在1839年一下子就为等周定理找了几个几何直观证明，这几个证明在后来经人们严密化后就成了等周定理的形式证明，其中一个证明是这样的：

证明分三步：

（一）等周问题中若最大面积存在，则闭合曲线一定是上凸的.

所谓上凸的，是指经曲线上任意两点作一割线，割线两点间部分或在曲线上，或在曲线内.

此命题的证明如图2所示：

（二）用割线将此闭合曲线分为等长的两段，则两

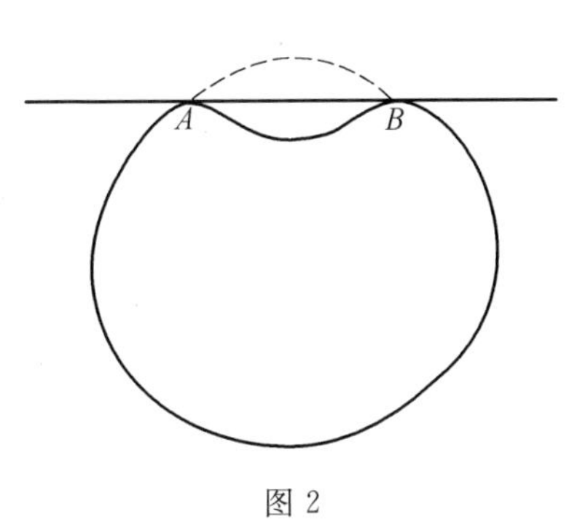

图 2

边面积相等.

如图3,若不然,不妨设 $S_1 > S_2$,将 S_1 沿割线作对称反演,会有 $S_1 + S_1 > S_1 + S_2$,矛盾.

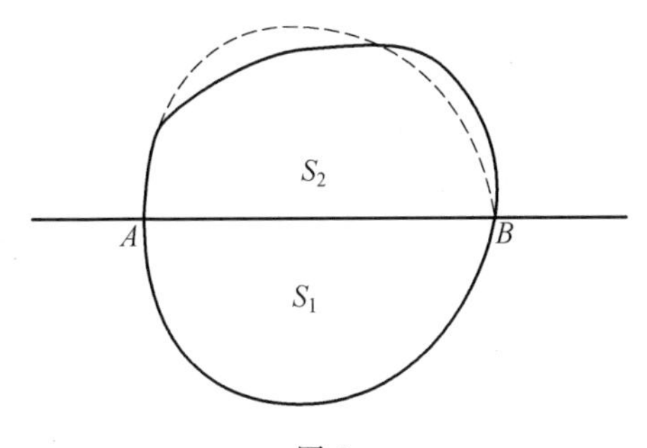

图 3

(三) 两端点在一直线上的定长的上凸曲线与直线所成的面积若具最大值,则必是半圆.

证明是这样的:如图4(a)取 AB 曲线上任一点 C,作 $\triangle ABC$,若 $\angle ACB$ 非直角,则依图14(b)将 $\angle ACB$ 移成是直角,这时显然 $S_{\triangle A'C'B'} > S_{\triangle ABC}$,这样(b)比(a)面积更大,从而与(a)具最大面积矛盾.由 C 的任意性,满足 $\angle ABC$ 是直角的只有半圆.

因此,依(二)(三),满足等周问题的只有圆曲线.

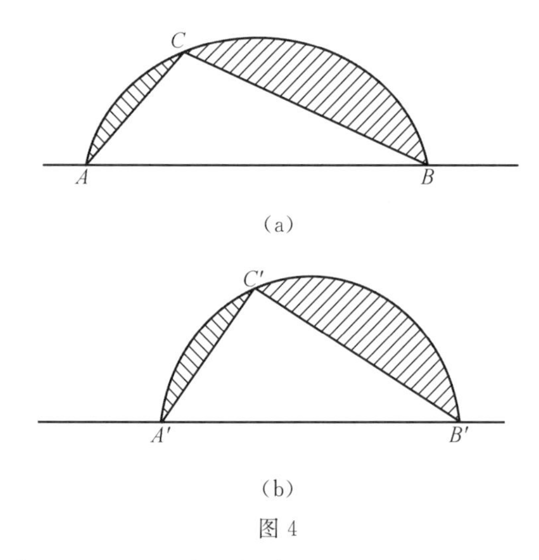

(a)

(b)

图 4

斯坦纳还用这类几何直观方法引申出许多与等周定理有关的结论.

斯坦纳的所有证明都使用了一个假设:最大面积的存在性.斯坦纳坚持认为这是毋庸置疑的.但分析学者不这样认为,而且他们正忙于整理十七八世纪以来精芜并杂的数学,因而格外追求数学的严密性,加之当时几何学者与分析学者存在一些对立情绪,因此,他们指责斯坦纳的证明是不完全的,还有待于进一步改进.

§5　等周定理的严格证明

19 世纪是数学分析严密化的时代,德国出了一个分析学大师魏尔斯特拉斯,这位大器晚成的数学家在数学史上以善举反例而著称,在 1870 年一次数学演讲中,他用变分法证明了等周定理,至此为止,历时两千

年的等周定理有了一个大家公认的严格证明，这个证明我们可在目前变分法的著作中找到.（如钱伟长《变分法与有限元》）

在 1884 年，柏林数学家施瓦兹给出了三维等周问题的严格证明.

数学家对等周问题的兴趣并没有到此为止，在 1902 年德国数学家赫尔维茨（Hurwitiz）（他是希尔伯特（Hilbert）和闵可夫斯基（Minkowski）的老师与朋友）给出了一个用傅里叶（Fourier）级数所作的证明.

赫尔维茨的证明方法如下：

不妨设闭合曲线 P 的周长为 2π，以某一点为起点，弧长为 s，设 P 以参数 s 表示的函数为

$$x=x(s),y=y(s)$$

显然有

$$x(0)=x(2\pi),y(0)=y(2\pi)$$

将其作傅里叶展开

$$x(s)=\sum_{k=1}^{\infty}a_k\sin ks+b_k\cos ks$$

$$y(s)=\sum_{k=1}^{\infty}a'_k\sin ks+b'_k\cos ks$$

则

$$x'(s)=\sum_{k=1}^{\infty}k(a_k\cos ks-b_k\sin ks$$

$$y'(s)=\sum_{k=1}^{\infty}k(a'_k\cos ks+b'_k\sin ks$$

又

$$\int_0^{2\pi}[x'(s)^2+y'(s)^2]\mathrm{d}s=2\pi$$

根据帕塞瓦尔（Parseval）等式

$$\frac{2\pi}{\pi}=\frac{2\pi}{\pi}\int_0^{2\pi}[x'(s)^2+y'(s)^2]\mathrm{d}s$$

$$=\sum_{k=1}^{\infty}k^2(a_k^2+a_k'^2+b_k^2+b_k'^2)$$

$$A=\int_0^{2\pi}x(s)y'(s)\mathrm{d}s=\pi\sum_{k=1}^{\infty}k(a_kb'_k-b_ka'_k)$$

因此：$\pi-A=\frac{\pi}{2}\sum_{k=1}^{\infty}[(ka_k-b'_k)^2+(ka'_k+b_k)^2+(k^2-1)(b_k^2+b_k'^2)]$，故有：$\pi-A\geqslant 0$，$A\leqslant\pi$ 等号当且仅当

$a_1=b'_1$，$a'_1=-b_1$，$a_k=a'_k=b_k=b'_k=0\quad(k>1)$

时成立.

而此时

$$P=(a\sin t+b\cos t,-b\sin t+a\sin t)$$

正好这是一个圆.

1903 年，卡拉凯渥铎利(Caratheodory) 和斯达蒂(Study) 严格化了斯坦纳的证明，最后在 1939 年，施米特(Schmidt) 给出了一个迄今为止最简单的证明，这个证明就是我们目前通常见到的用微分几何方式所给出的证明.

我们看到，作为一个古老的数学定理，等周定理差不多贯穿了整个数学史，也是西方最早输入东方的数学内容之一，各个时期，一些重要的数学家都在这一问题上留下了自己的足迹.通过这个定理的证明历史，几乎看到了一部浓缩的数学史，我们也看到，一个时代的观念是怎样影响数学家的创造性行为的.

均值不等式的重要应用——等周问题的一个简洁证明

第五章

1996 年,成都师范高等专科学校的汪遐昌教授利用均值不等式,给出了等周问题的一个简洁证明. 中间仅用到了初等微积分.

下面这个结果是众所周知的:

定理 1 设 $\alpha_1,\alpha_2,\cdots,\alpha_n\geqslant 0$,则有

$$\sqrt[n]{\prod_{i=1}^{n}\alpha_i}\leqslant\frac{1}{n}\cdot\sum_{i=1}^{n}\alpha_i \qquad (1)$$

当且仅当 $\alpha_1=\alpha_2=\cdots=\alpha_n$ 时,等号成立.

推论 设 $\alpha_1,\alpha_2,\cdots,\alpha_n\geqslant 0$,则

$$\sum_{i=1}^{n}\alpha_i=S(\text{const})\Rightarrow(\prod_{i=1}^{n}\alpha_i)_{\max}\xlongequal{(\alpha_1=\cdots=\alpha_n)}[S/n]^n$$

$$\prod_{i=1}^{n}\alpha_i=P(\text{const})\Rightarrow(\sum_{i=1}^{n}\alpha_i)_{\min}\xlongequal{(\alpha_1=\cdots=\alpha_n)}n[\sqrt[n]{P}]$$

我们以等周问题为例，来揭示它的精妙的应用.

定理 2(等周不等式) 长度为 2π 的平面可求长封闭曲线 Γ 所围区域面积不大于 π. 等号仅对圆成立.

证明 设

$$\Gamma:\begin{cases}x=x(s)\\ y=y(s),0\leqslant s\leqslant 2\pi\end{cases}，参数\ s\ 为弧长$$

$x(s),y(s)$ 有连续导数. 并假设点 $(x(0),y(0))$，$(x(\pi),y(\pi))$ 在 x 轴上. 亦即

$$y(0)=0=y(\pi) \tag{2}$$

由定积分理论知道，曲线所围成面积为

$$A=\int_0^{2\pi}|y\dot{x}|\mathrm{d}s \tag{3}$$

这里，'·' 表示关于 s 的导数. 用 A_1,A_2 分别表示参数 s 从 0 到 π、从 π 到 2π 的积分. 我们将证明 $A_i\leqslant\frac{\pi}{2}$，$i=1,2$.

事实上，由式(1) 知

$$A_1=\int_0^{\pi}|y\dot{x}|\mathrm{d}s\leqslant\frac{1}{2}\int_0^{\pi}(y^2+\dot{x}^2)\mathrm{d}s$$

$$\xlongequal{(\dot{x}^2+\dot{y}^2=1)}\frac{1}{2}\int_0^{\pi}(y^2+1-\dot{y}^2)\mathrm{d}s \tag{4}$$

据式(2)，可以将 y 表示成

$$y(s)=u(s)\sin s \tag{5}$$

这里，$u(s)$ 有界且可微. 微分式(5)，得

$$\dot{y}=\dot{u}\sin s+u\cos s \tag{6}$$

将(5)(6) 两式代入式(4)，得到

$$A_1\leqslant\frac{1}{2}\int_0^{\pi}[u^2\sin^2 s+1-(\dot{u}\sin s+u\cos s)^2]\mathrm{d}s$$

$$=\frac{1}{2}\int_0^{\pi}[u^2(\sin^2 s-\cos^2 s)-2u\dot{u}\sin s\cdot\cos s-$$

$$\dot{u}^2\sin^2 s+1]\mathrm{d}s$$

注意到

$$\int_0^{\pi}[-2u\dot{u}\sin s\cos s]\mathrm{d}s$$
$$=\int_0^{\pi}[-\sin s\cos s]\mathrm{d}u^2$$
$$=-u^2\sin s\cos s\mid_0^{\pi}+\int_0^{\pi}u^2(\cos^2 s-\sin^2 s)\mathrm{d}s$$
$$=\int_0^{\pi}u^2(\cos^2 s-\sin^2 s)\mathrm{d}s$$

这样

$$A_1\leqslant\frac{1}{2}\int_0^{\pi}(1-\dot{u}^2\sin^2 s)\mathrm{d}s$$

显然有 $A_1\leqslant\frac{\pi}{2}$. 仅当 $\dot{u}=0$ 时等号成立. 于是,$u=$ 常数,$y(s)=\mathrm{const}\cdot\sin s$. 因为式(4)中等号成立仅当 $y=\dot{x}=\sqrt{1-\dot{y}^2}$,即仅当 $y^2+\dot{y}^2=1$. 此时,$(u\sin s)^2+(u\cos s)^2=u^2=1$. 故 $u=\pm 1$. 于是

$$y(s)=\pm\sin s$$
$$x(s)=\int\dot{x}(s)\mathrm{d}s=\int(\pm\sin s)\mathrm{d}s=\mp\cos s+c$$

这恰好是一个半圆.

等周不等式问题的直接证明与推广

第六章

1992年，湖北师范学院的程功祥教授对等周不等式的赫尔维茨证法的一般性首先给出一个直接证明，然后将等周不等式定理从两方面推广：(1)将光滑曲线推广到分段光滑曲线；(2)将简单闭曲线推广到任意闭曲线.

当曲线 $\vec{r}(t)(a \leqslant t \leqslant b)$ 的起点 $\vec{r}(a)$ 和终点 $\vec{r}(b)$ 重合时，叫作闭曲线. 如果曲线 $\vec{r}(t)$ 自身不相交，即当 $t_1 \neq t_2$(t_1，t_2 分别为 a，b 除外)时就有 $\vec{r}(t_1) \neq \vec{r}(t_2)$，叫作简单曲线. 其方程中的函数都具有连续导函数的曲线称为光滑曲线，现在的问题是：所有等周长的平面简单光滑闭曲线中，什么曲线所围成的面积最大？下述所谓等周不等式定理回答了这个问题.

定理1　在具有定长的一切平面简单光滑闭曲线中以圆的面积为最大.换句话说:若A是一条长为L的平面简单光滑闭曲线C围成的面积,则有

$$A \leqslant \frac{L^2}{4\pi}$$

即

$$L^2 - 4\pi A \geqslant 0 \qquad (1)$$

式中等号当且仅当C为圆时成立.

本证法需要用到下列引理.

威廷格尔(Wirtinger)引理　设$f(t)$是周期为2π的连续周期函数,而且导函数$f'(t)$也连续.若$\int_0^{2\pi} f(t)\mathrm{d}t = 0$,则

$$\int_0^{2\pi} [f'(t)]^2 \mathrm{d}t \geqslant \int_0^{2\pi} [f(t)]^2 \mathrm{d}t$$

式中当且仅当

$$f(t) = a\cos t + b\sin t \quad (a,b \text{ 是常数})$$

时等号成立.

这个引理的证明,见[1]或[2].下面给出定理1的两种一般证法.

证法1　使y轴过曲线C的重心建立坐标系xOy,并设长为L的曲线C以弧长s为参数的方程是

$$\vec{r} = \{x(s), y(s)\} \quad (0 \leqslant s \leqslant L) \qquad (2)$$

因曲线C是光滑的,所以函数$x = x(s)$,$y = y(s)$都具有连续导函数,对方程(2)作参数变换

$$s = \frac{L}{2\pi}\bar{s} \quad (0 \leqslant \bar{s} \leqslant 2\pi)$$

得曲线C的方程为

$$\begin{cases} x = x\left(\dfrac{L}{2\pi}\bar{s}\right) = \bar{x}(\bar{s}) \\ y = y\left(\dfrac{L}{2\pi}\bar{s}\right) = \bar{y}(\bar{s}) \end{cases} \quad (0 \leqslant \bar{s} \leqslant 2\pi)$$

因为 $\bar{x}(\bar{s}+2\pi) = x\left(\dfrac{L}{2\pi}(\bar{s}+2\pi)\right) = x(s) = \bar{x}(\bar{s})$，所以 $\bar{x}(\bar{s})$ 是以 2π 为周期的函数. 且具有连续导函数，又因为曲线 C 的重心在 y 轴上，由计算重心坐标的公式可知

$$\int_0^{2\pi} \bar{x}(\bar{s})\,\mathrm{d}\bar{s} = 0$$

由威廷格尔引理得

$$\int_0^{2\pi} [\bar{x}'(\bar{s})]^2\,\mathrm{d}\bar{s} \geqslant \int_0^{2\pi} [\bar{x}(\bar{s})]^2\,\mathrm{d}\bar{s} \tag{3}$$

式中当且仅当

$$\bar{x} = a\cos\bar{s} + b\sin\bar{s}$$

时等号成立.

因为

$$[\bar{x}'(\bar{s})]^2 = \left(\frac{\mathrm{d}x}{\mathrm{d}s}\,\frac{L}{2\pi}\right)^2 = \left(\frac{\mathrm{d}x}{\mathrm{d}s}\right)^2\left(\frac{L}{2\pi}\right)^2$$

$$[\bar{y}'(\bar{s})]^2 = \left(\frac{\mathrm{d}y}{\mathrm{d}s}\,\frac{L}{2\pi}\right)^2 = \left(\frac{\mathrm{d}y}{\mathrm{d}s}\right)^2\left(\frac{L}{2\pi}\right)^2$$

$$\sqrt{\left(\frac{\mathrm{d}x}{\mathrm{d}s}\right)^2 + \left(\frac{\mathrm{d}y}{\mathrm{d}s}\right)^2} = |\dot{r}(s)| = 1$$

所以

$$\left(\frac{L}{2\pi}\right)^2 = [\bar{x}'(\bar{s})]^2 + [\bar{y}'(\bar{s})]^2$$

$$\frac{L^2}{2\pi} = \int_0^{2\pi}\left(\frac{L}{2\pi}\right)^2\mathrm{d}\bar{s} = \int_0^{2\pi}(\bar{x}'^2 + \bar{y}'^2)\,\mathrm{d}\bar{s} \tag{4}$$

由面积公式得

$$A=\int_0^{2\pi}\bar{x}\,\bar{y}'\mathrm{d}\bar{s} \tag{5}$$

式(4) 减去 $2\times(5)$,再由式(3) 得

$$\frac{L^2}{2\pi}-2A=\int_0^{2\pi}(\bar{x}'^2-\bar{x}^2)\mathrm{d}\bar{s}+\int_0^{2\pi}(\bar{x}-\bar{y}')^2\mathrm{d}\bar{s}\geqslant 0 \tag{6}$$

所以

$$L^2-4\pi A\geqslant 0$$

由式(3) 和式(6) 可知,要上式等号成立,当且仅当

$$\bar{x}(\bar{s})=a\cos\bar{s}+b\sin\bar{s},\bar{y}'=\bar{x}$$

即

$$\begin{cases}x=a\cos\bar{s}+b\sin\bar{s}\\ y=a\sin\bar{s}-b\cos\bar{s}+c\quad(c\text{ 是任意常数})\end{cases}$$

所以 $x^2+(y-c)^2=a^2+b^2$,可见曲线 C 是圆.

证法 2　在进行证法 2 之前我们先叙述拟星形线的概念.

定义　若平面简单闭曲线 C 围成的区域 D 内存在一点.对于曲线 C 上的任意点 P,线段 $\overline{OP}$ 都整个地位于 D 内,则称曲线 C 为拟星形线.点 O 称为拟星形线的中心(图 1).

当曲线 C 是拟星形线时,有下列证法 2.

以拟星形线的中心 O 为位似中心作 C 的位似曲线 $\overline{C}$,使得

$$\overline{OP}:\overline{O\overline{P}}=\overline{OP_0}:\overline{O\overline{P_0}}=\frac{L}{2\pi}$$

其中 $\overline{P_0}$,P_0 分别为 $\overline{C}$,C 上 O,$\overline{P_0}$,P_0 共线的固定点,$\overline{P}$,P 分别为 $\overline{C}$,C 上 O,$\overline{P}$,P 共线的任意点(图 2).显然有

$$\frac{s}{\bar{s}}=\frac{\overset{\frown}{P_0P}}{\overset{\frown}{\overline{P_0}\,\overline{P}}}=\frac{\overline{OP_0}}{\overline{O\overline{P_0}}}=\frac{L}{2\pi}$$

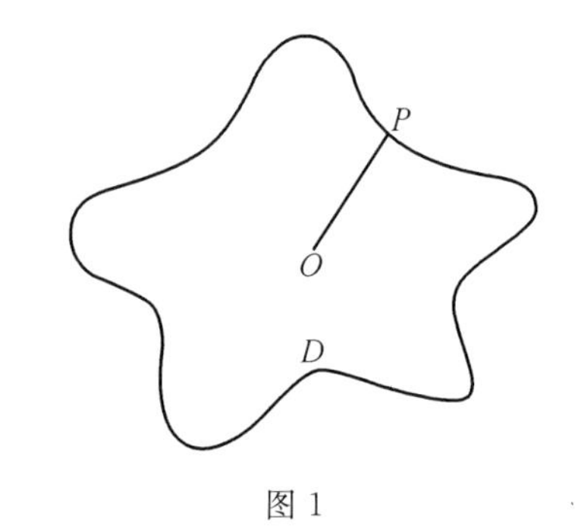

图 1

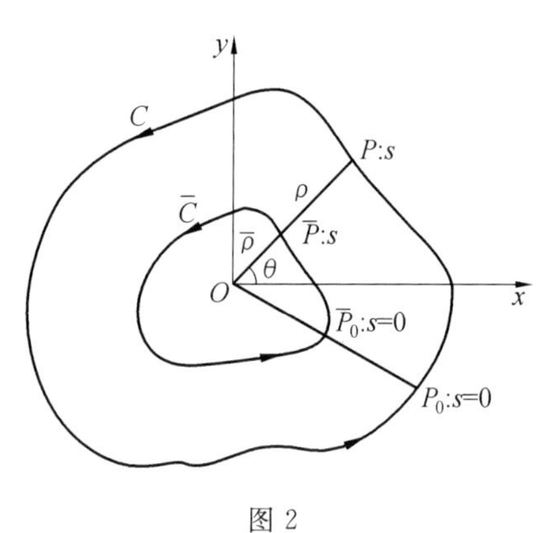

图 2

所以
$$\bar{s}=\frac{2\pi}{L}s$$
可见当曲线 C 的弧长参数 s 由 O 变到 L 时，曲线 $\overline{C}$ 的弧长参数 $\bar{s}$ 由 O 变到 2π，即曲线 $\overline{C}$ 的长是 2π.

使 y 轴过曲线 $\overline{C}$ 的重心建立直角坐标系 xOy. 设 $\overline{C}$ 在这个坐标系下的方程为
$$\vec{r}=\{\overline{x}(\bar{s}),\overline{y}(\bar{s})\}\quad(0\leqslant\bar{s}\leqslant 2\pi)$$
由重心坐标的计算公式可知
$$\int_0^{2\pi}\overline{x}(\bar{s})\mathrm{d}\bar{s}=0$$

$\overline{C}$ 的长和围成的面积分别为

$$2\pi=\int_0^{2\pi}(\dot{\overline{x}}^2+\dot{\overline{y}}^2)\mathrm{d}\overline{s}$$

$$\overline{A}=\int_0^{2\pi}\overline{x}\,\dot{\overline{y}}\mathrm{d}\overline{s}$$

由此得

$$2(\pi-\overline{A})=\int_0^{2\pi}(\dot{\overline{x}}^2-\overline{x}^2)\mathrm{d}\overline{s}+\int_0^{2\pi}(\overline{x}-\dot{\overline{y}})^2\mathrm{d}\overline{s} \quad (7)$$

根据威廷格尔引理，上式右端第一个积分大于或等于零，而第二个积分显然大于或等于零，所以有

$$\overline{A}\leqslant\pi \quad 8)$$

由曲线 C 和 $\overline{C}$ 在极坐标系下的面积公式得

$$\begin{aligned}A&=\frac{1}{2}\int_0^{2\pi}\rho^2\mathrm{d}\theta=\frac{1}{2}\int_0^{2\pi}\left(\frac{L}{2\pi}\overline{\rho}\right)^2\mathrm{d}\theta\\&=\frac{L^2}{4\pi^2}\left(\frac{1}{2}\int_0^{2\pi}\overline{\rho}^2\mathrm{d}\theta\right)\\&=\frac{L^2}{4\pi^2}\overline{A}\end{aligned}$$

由式(8) 和上式得

$$A\leqslant\frac{L^2}{4\pi} \quad (9)$$

式(9) 就是等周不等式(1)，由(8) 和(7) 两式可知式(9) 中等号成立，当且仅当

$$\overline{x}=a\cos\overline{s}+b\sin\overline{s},\dot{\overline{y}}=\overline{x}$$

即当且仅当

$$\overline{x}=a\cos\overline{s}+b\sin\overline{s}$$

$$\overline{y}=a\sin\overline{s}-b\cos\overline{s}+c\quad(c\text{ 是任意常数})$$

所以

$$\overline{x^2}+(\overline{y}-c)^2=a^2+b^2 \tag{10}$$

若设曲线 C 在坐标系 xOy 下的方程为 $\vec{r}=\{x,y\}$，则

$$x=\rho\cos\theta=\frac{L}{2\pi}\bar{\rho}\cos\theta=\frac{L}{2\pi}\bar{x}$$

$$y=\rho\sin\theta=\frac{L}{2\pi}\bar{\rho}\sin\theta=\frac{L}{2\pi}\bar{y}$$

代入式(10)得

$$x+\left(y-\frac{LC}{2\pi}\right)^2=\frac{L^2}{4\pi^2}(a^2+b^2)$$

可见曲线 C 是一圆.

定理 2　若 A 是一条长为 L 的平面简单分段光滑闭曲线 C(C 在非光滑点是连续的) 围成的面积，则有

$$L^2-4\pi A\geqslant 0$$

式中等号当且仅当 C 是圆时成立.

证明　设 C 由 n 段光滑曲线 $C_1,\cdots,C_n$ 所组成(图 3)，其弧长分别为 $L_1,\cdots,L_n$，所以 $L=L_1+\cdots+L_n$. 设 $A_1(i=1,\cdots,n-1)$ 为两光滑线段 C_i 和 C_{i+1} 的交点，A_n 为 C_n 和 C_1 的交点. 在每一交点 A_i 的邻近取点 $P_i\in C_i$，$Q_i\in C_{i+1}$(当 $i=n$ 时，$Q_n\in C_i$)，作一条在点 P_i，Q_i 与曲线 C 相切的光滑曲线段 $\widehat{P_iQ_i}$ 使得

$$\overline{P_iQ_i}\leqslant \widehat{P_iQ_i}\text{ 的长}\leqslant \widehat{P_iA_i}\text{ 的长}+\widehat{A_iQ_i}\text{ 的长} \tag{11}$$

并用 $\widehat{P_iQ_i}$ 代替 $\widehat{P_iA_i}+\widehat{A_iQ_i}$，且简记 C_i 中的弧 $\widehat{Q_{i-1}P_i}$ 为 $\widetilde{C_i}(i=2,\cdots,n)$，$C_1$ 中的弧 $\widehat{Q_nP_1}$ 为 $\widetilde{C_1}$. 于是简单分段光滑闭曲线 C 被简单光滑闭曲线

$$\widetilde{C}:\widetilde{C_1}+\widehat{P_1Q_1}+\widetilde{C_2}+\cdots+\widetilde{C_i}+\widehat{P_iQ_i}+\cdots+\widetilde{C_n}+\widehat{P_nQ_n}$$

所代替. 设 $\widetilde{C_i}$ 的长为 $\widetilde{L_i}(i=1,\cdots,n)$，$\widehat{P_iQ_i}$ 的长为 L_i'，

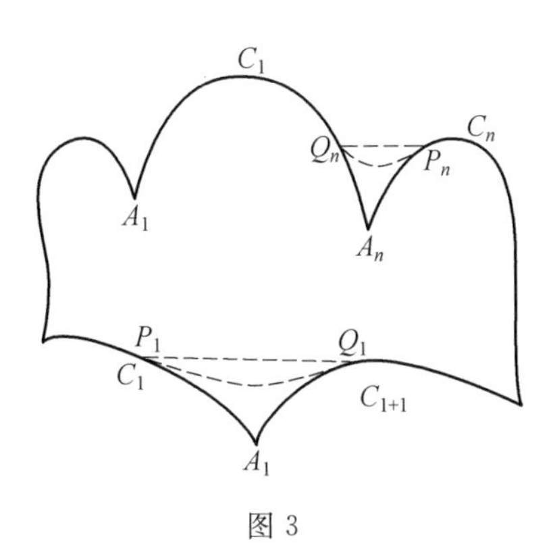

图 3

曲线$\widetilde{C}$所围成的面积为$\widetilde{A}$，则关于曲线$\widetilde{C}$应用定理1得

$$\left[\sum^{n}(\widetilde{L_i}+L_i{}')\right]^2 \geqslant 4\pi\widetilde{A} \tag{12}$$

式中等号当且仅当$\widetilde{C}$为圆时成立.

当点P_i，Q_i沿曲线C趋于点$A_i(i=1,\cdots,n)$时，显然有$\widetilde{L_i}\to L_1$，$L_1{}'\to 0$(因式(11)成立)，$\widetilde{C}\to C$，$\widetilde{A}\to A$. 可见由式(12)取极限得

$$L^2=(\sum_{i=1}^{n}L_i)^2 \geqslant 4\pi A$$

式中等号当且仅当C为圆时成立.

推论　若A是一条长为L的非简单的分段光滑平面闭曲线C围成的面积，则有

$$A<\frac{L^2}{4\pi}$$

即

$$L^2-4\pi A>0$$

证明　当C围成n个两两不重叠的区域时：

设这n个区域的面积分别为$A_1,\cdots,A_n$；周长分别为$L_1,\cdots,L_n$，则

$$L = L_1 + \cdots + L_n$$
$$A = A_1 + \cdots + A_n$$

由定理 2 可知

$$L_1^2 \geqslant 4\pi A_1, L_2^2 \geqslant 4\pi A_2, \cdots, L_n^2 \geqslant 4\pi A_n$$

所以

$$L_1^2 + L_2^2 + \cdots + L_n^2 \geqslant 4\pi A_1 + 4\pi A_2 + \cdots + 4\pi A_n = 4\pi A$$

又因为

$$L^2 = (L_1 + \cdots + L_n)^2 > L_1^2 + \cdots + L_n^2$$

所以

$$L^2 > 4\pi A$$

当 C 围成的区域有重叠时，重叠部分不管重叠多少次，面积只算一次，将重叠部分摊开就是上面的情况，可见 C 围成的区域有重叠时，面积更小，因而 $L^2 - 4\pi A > 0$ 成立.

参考文献

[1] 苏步青. 微分几何五讲[M]. 上海：上海科技出版社，1979.

[2] 熊全治. 微分几何教程[M]. 熊一奇，杨文茂，译. 武汉：武汉大学出版社，1983.

等周问题的一个初等证明

第七章

为庆贺苏步青教授百岁华诞，著名华人数学家项武义教授在2002年把欧氏平面、半球面和非欧面之中，不含给定边界、含有给定边界和含有边界而且在其上给定端点这样三种等周问题，给以初等、统一的证明. 其要点在于把它们的存在性和唯一性简明扼要地归结到下述初等引理，即一个给定四边边长的四边形的面积以四顶点共圆时为其唯一的极大面积.

§1 等周问题简介

设Ω是平面(或半球面或非欧面)上的一个区域，$\partial\Omega$是它的周边，通常以$|\Omega|$和$|\partial\Omega|$分别表示其面积和长度. 等周问题所研讨的是在所有周长取某一定值的各种各样区域之中，以哪种区域的面积为极大？其实，还有另外两种等周问题，亦即下述具有给

定边界的等周问题和具有给定边界而且固定其端点或端点之一的等周问题，而原先则称之为无边界的等周问题.

具有给定边界的等周问题

设β是一条给定的边界，如图 1 所示，Ω 是一个位于β的给定一侧，借用β为其部分周边的区域.（例如当年希腊神话中的公主狄多，在北非以地中海的一段海岸为自然屏障构筑城墙所围成的城区.）

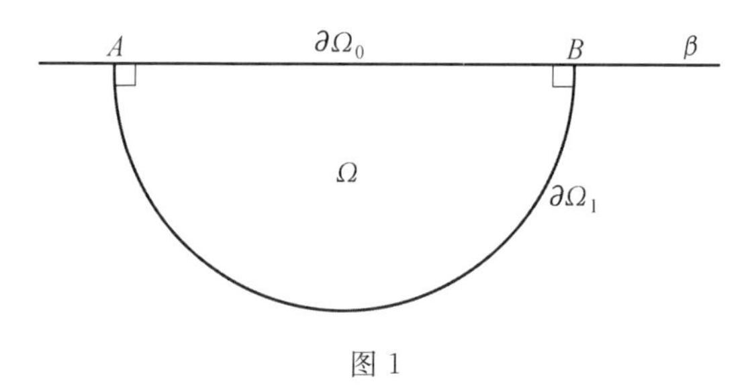

图 1

令 $\partial\Omega_0$ 和 $\partial\Omega_1$ 分别是 $\partial\Omega$ 中属于和不属于β的. 求解 $|\partial\Omega_1|$ 取某一定值的区域之中，$|\Omega|$ 取极大值.

具有给定边界和端点的等周问题

假如在上述极值问题之中，我们还加以 $\partial\Omega_1$ 的两个端点（或其中之一）为某两（或某一）取定点的限制，则称之为具有给定边界和端点的等周问题.（设想当年狄多所在的北非地中海海岸，恰好有一个或两个相距适中的小山丘，则基于有利于防守的考量，很自然会选用它们作为构筑城墙（亦即 $\partial\Omega_1$）的端点，是不？）

总之，等周问题很自然地有三种情形，亦即平面、半球面和非欧面这三种情形；而且在每一种情形下，又具有三种类形，亦即无边界，具有给定边界和具有给定边界和端点这样三种提法. 由此可见，总共有九个类同

但是各异的等周问题，它们都是几何学中自然而且重要的极值问题.

平面、球面和非欧面乃是三种具有同样的对称性的二维空间，亦即它们对于其中任给一点皆具有旋转对称性，而圆则是上述旋转对称之下的轨道. 归根究底，上述三种二维空间所共有的对称性在其上的等周问题的反映就是它们三种等周问题的解答都具有下述共性，亦即 Ω 是第一类（或第二类，第三类）等周问题之解的充要条件乃是 $\partial\Omega$（或 $\partial\Omega_1$）是给定周长的圆（或给定长度的圆弧），而且第二类的等周解 $\partial\Omega_1$ 还必须和给定边界 β 正交.

既然上述九个等周问题的解答都具有“圆弧”周界这种共性，它们是否也具有“统一的证法”呢？自古以来，等周问题一直是一个引人入胜的课题，所以有不少数学家对它提出各种各样的证明，不胜枚举，而且它们所适用的广度和所需要的假设也各有不同，但是大家所追寻的，乃是那种既简朴、初等又具有普遍适用性的统一证法. 本文所讨论的初等证明，乃是一个普遍适用于上述九种等周问题的统一证法，而这个证明的关键就是下述十分初等的极值问题之解的共圆性.

§2　一个初等的基本引理

在欧氏、球面和非欧几何中，一个三角形的三边边长业已构成其一组叠合条件，所以三角形的面积当然业已由其三边边长所唯一确定，而用其边长去表达面积的公式也就是秦九韶公式（亦即海伦公式）. 但是给定四边边长的四边形，还可以如图 2 所示，作那种变更其对角线长的变形，所以它们的面积并非由给定边长所唯一确定；而是由给定边长和一条选定的对角线长所唯一确定(例如图 2 所示的 $d=\overline{AC}$).

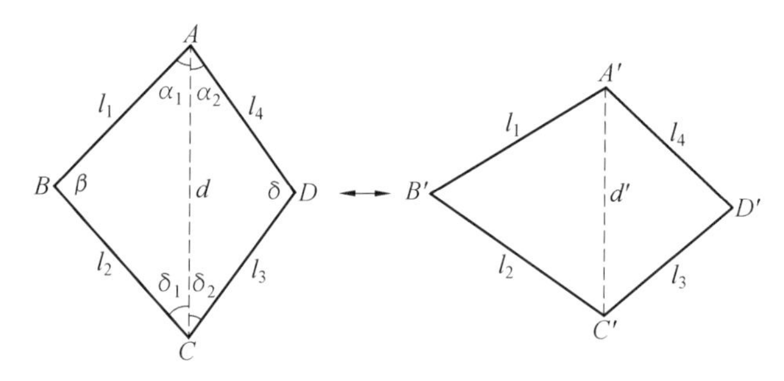

图 2

由此可见，上述四边边长取定不变的四边形的面积乃是其一条选定的对角线长的函数. 这个函数在什么情形之下得极大值呢？这乃是欧氏、球面和非欧几何学中一个既初等又基本的极值问题.

注 在半径为 R 的球面上，一个位于半球之内的凸多边形的周长总是小于 $2\pi R$；反之，一个周长小于 $2\pi R$ 的多边形总是包含在一个半球之内. 在以后对于球面的情形的讨论中，我们总是设所涉及的区域或多边形的周长小于 $2\pi R$，而不再另作声明.

基本引理 在四边边长给定的四边形中，其面积在内接于圆时为极大(亦即其四个顶点共圆).

证明 (1) 先证欧氏平面的情形：

令 Δ_1 和 Δ_2 分别为 $\triangle ABC$ 和 $\triangle ACD$ 的面积，β 和 δ 分别为顶点 B 和 D 的内角. 再者，以 $x=d^2$ 为自变数，则有

$$2l_1l_2\cos\beta=l_1^2+l_2^2-x$$

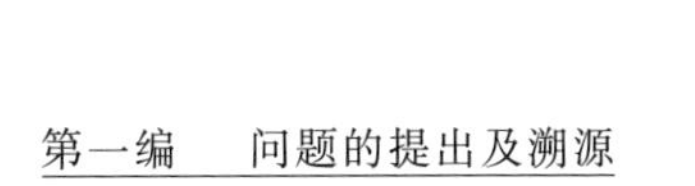

$$2l_3l_4\cos\delta = l_3^2 + l_4^2 - x$$

$$\Delta_1 = \frac{1}{2}l_1l_2\sin\beta$$

$$\Delta_2 = \frac{1}{2}l_3l_4\sin\delta$$

将以上各式分别对于 x 求微分，即得

$$2l_1l_2\sin\beta\frac{\mathrm{d}\beta}{\mathrm{d}x} = 1 \Rightarrow \frac{\mathrm{d}\beta}{\mathrm{d}x} = \frac{1}{2l_1l_2\sin\beta}$$

$$2l_3l_4\sin\delta\frac{\mathrm{d}\delta}{\mathrm{d}x} = 1 \Rightarrow \frac{\mathrm{d}\delta}{\mathrm{d}x} = \frac{1}{2l_3l_4\sin\delta}$$

$$\frac{\mathrm{d}\Delta_1}{\mathrm{d}x} + \frac{\mathrm{d}\Delta_2}{\mathrm{d}x} = \frac{1}{2}l_1l_2\cos\beta\frac{\mathrm{d}\beta}{\mathrm{d}x} + \frac{1}{2}l_3l_4\cos\delta\frac{\mathrm{d}\delta}{\mathrm{d}x}$$

$$= \frac{1}{4}(\cot\beta + \cot\delta)$$

由此即见 $\Delta_1 + \Delta_2$ 取极大值的条件是

$$\cot\beta + \cot\delta = 0 \Leftrightarrow \beta + \delta = \pi$$

亦即四边形 $ABCD$ 内接于圆.

(2) 再证球面的情形：

因为半径不同的球面可以用放大或缩小相互变换，所以上述引理的球面情形可以归于单位球面加以论证. 单位球面上的点一一对应于其位置向量，所以单位球面的几何对应于单位长向量的几何. 下面将采用这种观点，用向量代数来证明基本引理的球面情形. 设图 2 所示是一个周长小于 2π 的单位球面凸四边形. 令 $\boldsymbol{a},\boldsymbol{b},\boldsymbol{c},\boldsymbol{d}$ 分别是 A,B,C,D 的位置向量，则有

$$\boldsymbol{a}\cdot\boldsymbol{b} = \cos l_1, \boldsymbol{b}\cdot\boldsymbol{c} = \cos l_2$$

$$\boldsymbol{c}\cdot\boldsymbol{d} = \cos l_3, \boldsymbol{d}\cdot\boldsymbol{a} = \cos l_4$$

再者，令

$$x = 1 + \cos d = 1 + \boldsymbol{a}\cdot\boldsymbol{c}$$

$$D_1 = \boldsymbol{a}\cdot(\boldsymbol{b}\times\boldsymbol{c}) > 0, D_2 = \boldsymbol{a}\cdot(\boldsymbol{c}\times\boldsymbol{d}) > 0$$

$$u_1=x+\cos l_1+\cos l_2, u_2=x+\cos l_3+\cos l_4$$

则可以用球面几何的正、余弦定律的向量形式和球面三角形的面积公式,亦即

$$\Delta_1=\alpha_1+\beta+\gamma_1-\pi, \Delta_2=\alpha_2+\gamma_2+\delta-\pi$$

得出下述三角形面积的向量代数表达式,即

$$\tan\frac{\Delta_1}{2}=\frac{D_1}{u_1}, \tan\frac{\Delta_2}{2}=\frac{D_2}{u_2} \tag{1}$$

再由式(1) 对 x 求微分,即可得出

$$\frac{\mathrm{d}\Delta_1}{\mathrm{d}x}=\frac{\cos l_1+\cos l_2-x}{xD_1}$$

$$\frac{\mathrm{d}\Delta_2}{\mathrm{d}x}=\frac{\cos l_3+\cos l_4-x}{xD_2}$$

由此可见,四边形 $ABCD$ 的面积为极大的条件是

$$\frac{\mathrm{d}\Delta_1}{\mathrm{d}x}+\frac{\mathrm{d}\Delta_2}{\mathrm{d}x}=\frac{\cos l_1+\cos l_2-x}{xD_1}+\frac{\cos l_3+\cos l_4-x}{xD_2}=0 \tag{2}$$

所以我们尚需加以证明的是:条件式(2) 的几何意义就是 A,B,C,D 四点共圆,亦即单位球面在上述四点的切平面共交于一点. 兹再用向量代数证之如下:

以 T_A,T_B,T_C,T_D 分别表示 A,B,C,D 各点的切面,用向量表达,即为

$$T_A=\{\overrightarrow{OX}; \overrightarrow{OX}\cdot\boldsymbol{a}=1\}$$

等. 易见 T_A 和 T_C 的交线乃是一条和$\{O,A,C\}$ 所张的平面正交的直线. 令 Q 为其交点,则有

$$\overrightarrow{OQ}=\frac{\boldsymbol{a}+\boldsymbol{c}}{1+\boldsymbol{a}\cdot\boldsymbol{c}}$$

因为它是唯一满足$\overrightarrow{OQ}\cdot\boldsymbol{a}=\overrightarrow{OQ}\cdot\boldsymbol{c}=1$ 的“$\boldsymbol{a},\boldsymbol{c}$ 的线性组合”. 令 P 为 $T_A\cap T_C$ 上的任意一点,则有$\overrightarrow{QP}=k(\boldsymbol{a}\times\boldsymbol{c})$,亦即

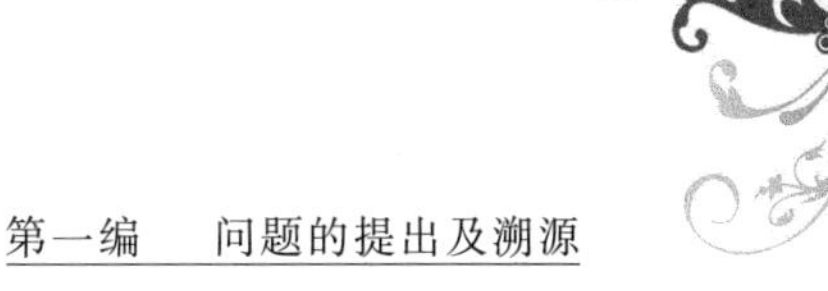

$$\overrightarrow{OP}=\overrightarrow{OQ}+\overrightarrow{QP}=\frac{\boldsymbol{a}+\boldsymbol{c}}{1+\boldsymbol{a}\cdot\boldsymbol{c}}+k(\boldsymbol{a}\times\boldsymbol{c})$$

再者，令 $V_1=T_B\cap T_A\cap T_C$，$V_1=T_D\cap T_A\cap T_C$，则有

$$\overrightarrow{OV_1}=\frac{\boldsymbol{a}+\boldsymbol{c}}{1+\boldsymbol{a}\cdot\boldsymbol{c}}+k_1(\boldsymbol{a}\times\boldsymbol{c}),\overrightarrow{OV_1}\cdot\boldsymbol{b}=1$$

$$\overrightarrow{OV_2}=\frac{\boldsymbol{a}+\boldsymbol{c}}{1+\boldsymbol{a}\cdot\boldsymbol{c}}+k_2(\boldsymbol{a}\times\boldsymbol{c}),\overrightarrow{OV_2}\cdot\boldsymbol{d}=1 \quad (3)$$

由式(3) 可算得

$$k_1=\frac{\cos l_1+\cos l_2-x}{xD_1}$$

$$k_2=\frac{x-\cos l_3-\cos l_1}{xD_2}$$

由此可见 V_1 和 V_2 相重的充要条件就是 $k_1-k_2=0$，这也就是条件式(2)，亦即(2) 的几何意义就是四边形内接于一圆.

(3) 非欧面的情形：

我们可以把上述对于球面的情形的向量证法作一系统地更改，即可得出非欧面的情形的证明. 从向量的观点来看，球面几何乃是三维正定内积空间之中，单位长向量的几何，而非欧面的几何则是三维非定内积空间之中，单位长向量的几何. 所以只要把原先的正定内积改为下述非定内积

$$\boldsymbol{a}\cdot\boldsymbol{b}=a_1b_2+a_2b_2-a_3b_3$$

$$\boldsymbol{a}=(a_1,a_2,a_3),\quad \boldsymbol{b}=(b_1,b_2,b_3)$$

则上述对于球面的情形的基本引理的向量证法就可以依样照搬地得出非欧面的情形的证明. 此留给读者自行验算.

§3　等周问题的一个初等证明

如上所述,等周问题有三种几何的情形(亦即欧氏、球面和非欧),而每种情形又有三种类型(即无边界,给定边界和给定边界和端点),所以总共有九种等周问题.相应的也有九种等周解,它们就是在给定的二维几何中,满足给定条件下达到极大面积的区域.关于上述九种等周解,它们都具有简洁完美的共性,那就是其边界的"非给定"部分(亦即 $\partial\Omega$ 或 $\partial\Omega_1$)乃是给定长度的圆弧.本节所要讨论的就是等周解所共有的上述共性的一个统一的初等证明.等周解"圆性"的证明,其实含有下述唯一性和存在性这样两个方面,即:

唯一性　在 Ω 是某一种的等周解的假设之下,证明 $\partial\Omega$(或 $\partial\Omega_1$)必须是给定长度的圆弧.

存在性　证明某一种的等周问题的极大面积解是的确存在的.

唯一性的证明　设 Ω 是前述九种之中某一种的等周解,如图3所示,设 Ω 是欧氏平面中给定边界和端点的等周解.

在 $\partial\Omega_1$ 上任取邻近四点 $\{P_i,1\leqslant i\leqslant 4\}$.易见四边形内接于 Ω.假若不然,则可用反射对称把位于四边形内部的 $\partial\Omega_1$ 之弧段,改用其对称弧段.如此所得的区间 Ω' 显然有 $|\partial\Omega'_1|=|\partial\Omega_1|$,但是 $|\Omega'|>|\Omega|$,所以和 Ω 本身是一个等周解之所设矛盾! 再者,$\{P_i,1\leqslant i\leqslant 4\}$ 四点必须是共圆的! 假若不然,则可以把 Ω 作下述变形,它把 Ω 中位于 $P_1P_2P_3P_4$ 之外的部分

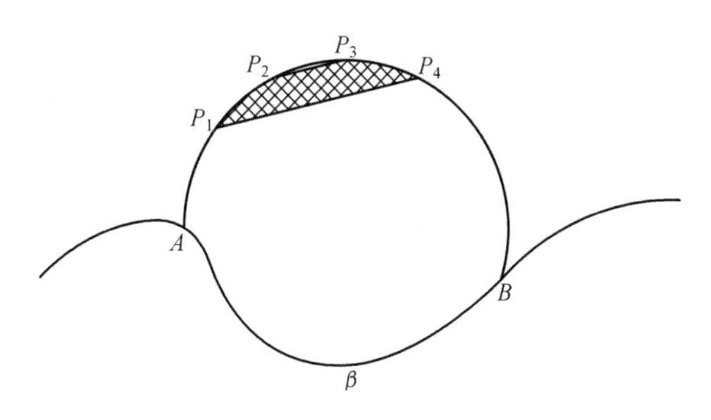

图 3

保持原样，而把 $P_1P_2P_3P_4$ 改用具有同样边长但是其四顶点共圆的 $P'_1P'_2P'_3P'_4$. 如此所得的 Ω' 显然保持 $|\partial\Omega'_1|=|\partial\Omega_1|$，但是由基本引理，又有

$$|\Omega'|-|\Omega|=P'_1P'_2P'_3P'_4-P_1P_2P_3P_4>0$$

这是和 Ω 本身是等周解之所设相矛盾的. 再者，因为 $\{P_i,1\leqslant i\leqslant 4\}$ 是 $\partial\Omega_1$ 上任选的邻近四点，所以它们总是共圆，只有在 $\partial\Omega_1$ 本身就是一个圆弧才可能. 这也就是用基本引理，直截了当地证明了等周解的唯一性.

存在性的证明　让我们先来讨论具有给定边界和端点的等周解的存在性的证明. 设 F 是所有满足条件 $|\partial\Omega_1|=l_0$ 而且 $\partial\Omega_1$ 以 β 上的给定点 A,B 为其端点的区域 Ω 所组成的集合. 令

$$M=\text{l. u. b.}\{|\Omega|;\Omega\in F\}$$

存在性的证明要点在于论证 F 中的确存在着一个 Ω^*，其面积等于上述极小上限 M. 我们将再用 §2 中所证的基本引理来证上述存在性如下：

由 M 的定义，F 中显然存在一个序列 $\{\Omega_n\}$ 使得

$$\lim_{n\to\infty}|\Omega_n|=M \tag{4}$$

再者，由所设 $|\partial\Omega_{n,1}|=l_0$. 我们可以把 $\partial\Omega_{n,1}$ 用其上的

2^n-1 点$\{p_{n,i},1\leqslant i\leqslant 2^n-1\}$分隔成长度为$\frac{l_0}{2^n}$的分段. 在 n 相当大时, 上述分段是十分微短的, 所以可以用上述唯一性的证明中所用的变形, 把原给的 Ω_n 变换成上述 2^n — 等分点共圆的区域 Ω'_n, 它显然还是属于 F 的, 而且 $|\Omega'_n|\geqslant|\Omega_n|$ (等号只有在 $\Omega'_n\cong\Omega_n$ 时才成立). 总之, 我们将改用序列$\{\Omega'_n\}$, 显然有(4). 再者, 令 Γ_n 为以 A,B 两点为其端点而且和 Ω'_n 相交于其所有 2^n — 等分点的圆弧, 不难看到

$$\lim_{n\to\infty}|\Gamma_n|=l_0$$

再者, $\{\Gamma_n\}$ 趋于那个弧长为 l_0, 以 A,B 为端点, 而且和 Ω'_n 居于β的同侧的唯一圆弧Γ^* 为其极限. 令 Ω^* 为以 Γ^* 为 $\partial\Omega_1^*$ 的区域, 易见 $|\Omega^*|=M$. 这也就证明了第三类型的等周解的存在性.

其实, 上面这种证法是很容易直接推广成第一、第二类等周解的存在性的证明的. 例如, 我们只要把 β 取成一条测地线, A,B 取成十分靠近的两点, 然后再把上述业已证明其存在性的第三类等周解, 求其在 A,B 的距离趋于 0 的极限, 即可得出第一类等周解的存在性. 再者, 第二类等周解的存在性是有赖于边界 β 的某种几何性质的. 此事可以用第三类等周解, 再让端点 A,B 在β 上任意变动, 去求解其极大值. 这也就是 $\partial\Omega_1$ 和 β 正交这个必要条件的来由.

上述证明把九种等周问题的论证简明扼要地归结到 §2 所证的基本引理, 亦即给定边长的四边形以内接于圆的面积为极大. 由上述简短的论证, 直截了当地说明了等周解的待定周边的"圆性"是上述初等极值解的顶点共圆性的自然简朴的推论.

第二编
等周问题中的矩阵方法

多边形等周问题的矩阵证明

第八章

1981年,郑玉美教授在发表的论文《等周问题的矩阵证明》(数学通讯. 1981(1))中对最简单的等周问题给出了矩阵证明,但鉴于求特征根、特征向量及求逆矩阵的繁杂性,因而该文中所采用的一类升等周变换(即周长保持不变而面积增加的变换)难以解决郑玉美教授所提出的猜测.1984年,合肥工业大学的苏化明教授采用另一类升等周变换,仍借助于矩阵来解决平面上任意 n 边形的等周问题.

定理1 周长相同的一切 n 边形中,凸等边 n 边形具有最大面积.

先看几个引理.

引理1 具有最大面积的 n 边形必须是凸 n 边形.

引理2 任何凸 n 边形可以交换两邻边的位置而不改变它的周长和面积.

引理3 设两个三角形的底边长及两侧边之和分别相等,那么,两侧边之差的绝对值较小者具有较大的面积.

以上三个引理的证明可参阅蔡宗熹的著作《等周问题》(人民教育出版社,1964).

引理 3 也可以用代数方法证明.

由已知条件可设 $\triangle ABC$ 和 $\triangle A'B'C'$ 的三边分别为 a,b,c 及 a',b',c',它们满足 $a=a',b+c=b'+c'$,且 $|c-b|>|c'-b'|$.

显然

$$(c-b)^2>(c'-b')^2,a^2-(c-b)^2<a'^2-(c'-b')^2$$

即

$$(a+c-b)(a+b-c)<(a'+c'-b')(a'+b'-c')$$

令

$$p=\frac{1}{2}(a+b+c),p'=\frac{1}{2}(a'+b'+c')$$

则上式可写为 $(p-b)(p-c)<(p'-b')(p'-c')$.

又

$$p'=p,p-a=p'-a'$$

故

$$\sqrt{p(p-a)(p-b)(p-c)}$$
$$<\sqrt{p'(p'-a')(p'-b')(p'-c')}$$

即 $\triangle ABC$ 的面积 $<\triangle A'B'C'$ 的面积.

特别地,取 $b'=c'$,则得:

引理 3′ 在底边及两侧边的长度之和为一定的所有三角形中,以等腰三角形的面积最大.

定理 1 的证明 由引理 1,我们可以考虑凸 n 边形 $A_1A_2\cdots A_n$,设 $A_1A_2=x_1,A_2A_3=x_2,\cdots,A_{n-1}A_n=x_{n-1},A_nA_1=x_n,x_1+x_2+\cdots+x_n=L$(定值).由引理 2,不妨假定 $x_1\geqslant x_2\geqslant\cdots\geqslant x_n$.

取新的顶点 $A_2^{(1)}$（图 1），使 $A_1A_2^{(1)}=A_2^{(1)}A_3=\frac{1}{2}(x_1+x_2)$，由引理 3′，凸 n 边形 $A_1A_2^{(1)}A_3\cdots A_n$ 的面积 $\geqslant$ 凸 n 边形 $A_1A_2A_3\cdots A_n$ 的面积.

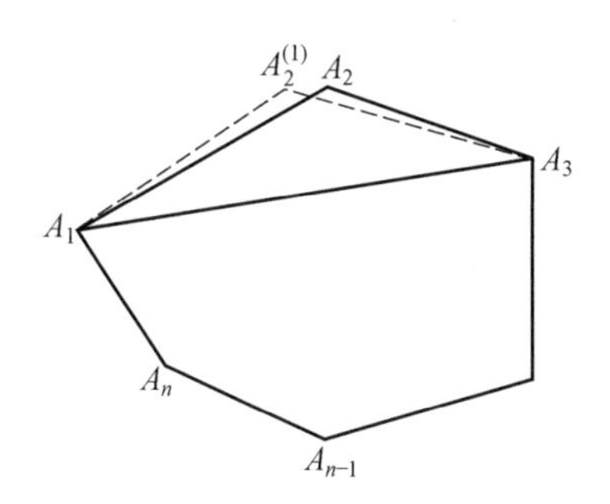

图 1

再取新的顶点 $A_3^{(1)}$，如图 2，使 $A_2^{(1)}A_3^{(1)}=\frac{1}{2}(x_2+x_3)$，$A_3^{(1)}A_4=\frac{1}{2}(x_1+x_3)$，由

$$\frac{1}{2}(x_1+x_3)-\frac{1}{2}(x_2+x_3)\leqslant\frac{1}{2}(x_1+x_2)-x_3$$

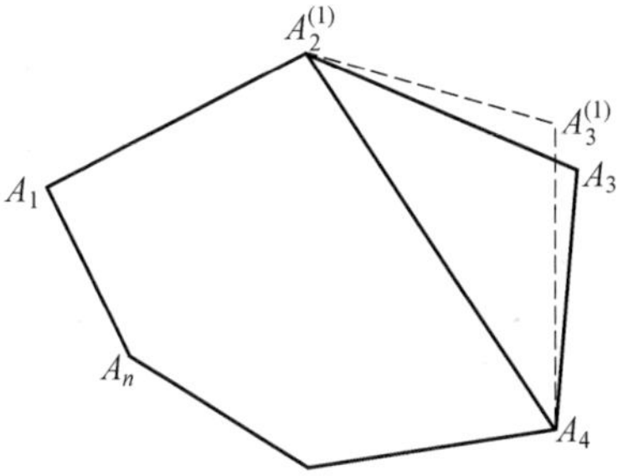

图 2

及引理 3 知,凸 n 边形 $A_1A_2^{(1)}A_3^{(1)}A_4\cdots A_n$ 的面积$\geqslant$凸 n 边形 $A_1A_2^{(1)}A_3A_4\cdots A_n$ 的面积.

重复以上步骤,最后取新的顶点 $A_n^{(1)}$,使

$$A_{n-1}^{(1)}A_n^{(1)}=\frac{1}{2}(x_{n-1}+x_n)$$

$$A_n^{(1)}A_1^{(1)}(A_n^{(1)}A_1)=\frac{1}{2}(x_n+x_1)$$

由

$$\frac{1}{2}(x_n+x_1)-\frac{1}{2}(x_{n-1}+x_n)\leqslant\frac{1}{2}(x_1+x_{n-1})-x_n$$

及引理 3 知,凸 n 边形 $A_1^{(1)}A_2^{(1)}\cdots A_n^{(1)}$ 的面积$\geqslant$凸 n 边形 $A_1A_2^{(1)}\cdots A_{n-1}^{(1)}A_n$ 的面积.

综合以上各步,凸 n 边形 $A_1^{(1)}A_2^{(1)}\cdots A_n^{(1)}$ 的面积$\geqslant$凸 n 边形 $A_1A_2\cdots A_n$ 的面积,又显然它们的周长相等.因此,变换 $x_1^{(1)}=\frac{1}{2}(x_1+x_2),x_2^{(1)}=\frac{1}{2}(x_2+x_3),\cdots,$ $x_n^{(1)}=\frac{1}{2}(x_n+x_1)$ 为升等周变换.

用矩阵表示上述变换

$$\begin{pmatrix}x_1^{(1)}\\x_2^{(1)}\\\vdots\\x_n^{(1)}\end{pmatrix}=\frac{1}{2}\begin{pmatrix}1&1&0&\cdots&0&0\\0&1&1&\cdots&0&0\\\vdots&\vdots&\vdots&&\vdots&\vdots\\0&0&0&\cdots&1&1\\1&0&0&\cdots&0&1\end{pmatrix}\begin{pmatrix}x_1\\x_2\\\vdots\\x_n\end{pmatrix}$$

记

$$\boldsymbol{X}^{(i)}=\begin{pmatrix}x_1^{(i)}\\x_2^{(i)}\\\vdots\\x_n^{(i)}\end{pmatrix},i=1,2,\cdots,\boldsymbol{X}=\begin{pmatrix}x_1\\x_2\\\vdots\\x_n\end{pmatrix}$$

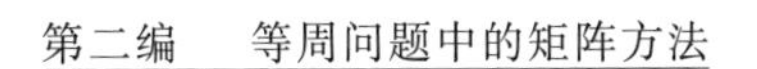

$$A=\frac{1}{2}\begin{pmatrix}1 & 1 & 0 & \cdots & 0 & 0\\ 0 & 1 & 1 & \cdots & 0 & 0\\ \vdots & \vdots & \vdots & & \vdots & \vdots\\ 0 & 0 & 0 & \cdots & 1 & 1\\ 1 & 0 & 0 & \cdots & 0 & 1\end{pmatrix}=\frac{1}{2}(\boldsymbol{I}+\boldsymbol{G})$$

其中,$\boldsymbol{I}$ 为 n 阶单位方阵,$\boldsymbol{G}$ 为 n 阶移位方阵 $(\delta_{p+1\ q})$($\delta_{p+1\ q}$ 为克罗内克(Kronecker)符号,即 $p+1=q$ 时为 1,否则为 0).

这时前式可写成 $\boldsymbol{X}^{(1)}=\boldsymbol{AX}=\frac{1}{2}(\boldsymbol{I}+\boldsymbol{G})\boldsymbol{X}$.

将上述升等周变换进行 m 次,则有

$$\begin{aligned}\boldsymbol{X}^{(m)}&=\boldsymbol{AX}^{(m-1)}=\boldsymbol{A}^2\boldsymbol{X}^{(m-2)}=\cdots=\boldsymbol{A}^m\boldsymbol{X}\\ &=2^{-m}(\boldsymbol{I}+\boldsymbol{G})^m\boldsymbol{X}=2^{-m}\left[\sum_{r=0}^{m}\binom{m}{r}\boldsymbol{G}^r\right]\boldsymbol{X}\end{aligned}$$

考虑 $\boldsymbol{A}^m=2^{-m}\sum\limits_{r=0}^{m}\binom{m}{r}\boldsymbol{G}^r$.

由于 $\boldsymbol{G}^n=\boldsymbol{I}$,若令 $r=kn+l$,其中 $0\leqslant l\leqslant n-1$, $0\leqslant k\leqslant\left[\frac{m-l}{n}\right]$,这里$\left[\frac{m-l}{n}\right]$表示不超过$\frac{m-l}{n}$的整数,则有

$$\boldsymbol{A}^m=2^{-m}\sum_{l=0}^{n-1}\left[\sum_{k=0}^{\left[\frac{m-l}{n}\right]}\binom{m}{kn+l}\right]\boldsymbol{G}^l$$

因为

$$\sum_{k=0}^{\left[\frac{m-l}{n}\right]}\binom{m}{kn+l}=\frac{1}{n}\sum_{j=0}^{n-1}\left(2\cos\frac{j\pi}{n}\right)^m\cos\frac{j(m-2l)\pi}{n}$$

或

$$2^{-m}\sum_{k=0}^{\left[\frac{m-l}{n}\right]}\binom{m}{kn+l}$$

$$=\frac{1}{n}\left[1+\sum_{j=1}^{n-1}\left(\cos\frac{j\pi}{n}\right)^{m}\cos\frac{j(m-2l)\pi}{n}\right]$$

故$\lim\limits_{m\to\infty}\boldsymbol{A}^{m}=\frac{1}{n}\sum\limits_{l=0}^{n-1}\boldsymbol{G}^{l}=\frac{1}{n}\boldsymbol{J}$,其中$\boldsymbol{J}$为$n$阶元素全为1的方阵.从而$\lim\limits_{m\to\infty}\boldsymbol{X}^{(m)}=\frac{1}{n}\boldsymbol{JX}$,即有$\lim\limits_{m\to\infty}x_1^{(m)}=\lim\limits_{m\to\infty}x_2^{(m)}=\cdots=\lim\limits_{m\to\infty}x_n^{(m)}=\frac{1}{n}(x_1+x_2+\cdots+x_n)=\frac{\boldsymbol{L}}{n}$

设进行第m次变换后的凸n边形$A_1^{(m)}A_2^{(m)}\cdots A_n^{(m)}$的面积为$\triangle_m$,由于我们所作的变换是升等周变换,所以有$\triangle_1\leqslant\triangle_2\leqslant\cdots\leqslant\triangle_m\leqslant\cdots$,因此我们得到,当凸$n$边形的每条边长均相等时,其面积最大.

定理2 周长相同的一切n边形中,以正n边形的面积为最大.

由定理1和定理2可得:

定理3 周长相同的一切n边形中,以正n边形的面积为最大.

一类二重随机矩阵的幂极限

第九章

构造矩阵 $\boldsymbol{A},\boldsymbol{B}$，这里

$$
\boldsymbol{A}=\frac{1}{4}\begin{pmatrix}
1+3\varepsilon & 1-\varepsilon & 0 & \cdots & \cdots & 0 & 1-\varepsilon & 1-\varepsilon \\
1-\varepsilon & 1+3\varepsilon & 1-\varepsilon & 1-\varepsilon & 0 & 0 & 0 & 0 \\
1-\varepsilon & 1-\varepsilon & 1+3\varepsilon & 1-\varepsilon & 0 & 0 & 0 & 0 \\
0 & 0 & 1-\varepsilon & 1+3\varepsilon & 1-\varepsilon & 1-\varepsilon & 0 & 0 \\
0 & 0 & 1-\varepsilon & 1-\varepsilon & 1+3\varepsilon & 1-\varepsilon & 0 & 0 \\
\vdots & \vdots & \vdots & \vdots & \vdots & \vdots & \vdots & \vdots \\
0 & 0 & 0 & & 1-\varepsilon & 1+3\varepsilon & 1-\varepsilon & 1-\varepsilon \\
0 & 0 & 0 & & 1-\varepsilon & 1-\varepsilon & 1+3\varepsilon & 1-\varepsilon \\
1-\varepsilon & 1-\varepsilon & 0 & & & 0 & 1-\varepsilon & 1+3\varepsilon
\end{pmatrix}_{2k\times 2k}
$$

$(k>1)$

$$
\boldsymbol{B}=\frac{1}{4}\begin{pmatrix}
1+3\varepsilon & 1-\varepsilon & 0 & \cdots & \cdots & \cdots & 0 & 2-2\varepsilon \\
1-\varepsilon & 1-\varepsilon & 1+3\varepsilon & 1-\varepsilon & 0 & \cdots & \cdots & 0 \\
1-\varepsilon & 1-\varepsilon & 1+3\varepsilon & 1-\varepsilon & 0 & \cdots & \cdots & 0 \\
0 & 0 & 1-\varepsilon & 1+3\varepsilon & 1-\varepsilon & 1-\varepsilon & 0 & 0 \\
0 & 0 & 1-\varepsilon & 1-\varepsilon & 1+3\varepsilon & 1-\varepsilon & 0 & 0 \\
\vdots & \vdots & \vdots & \vdots & \vdots & \vdots & \vdots & \vdots \\
0 & 0 & 0 & 1-\varepsilon & 1+3\varepsilon & 1-\varepsilon & 1-\varepsilon & 0 \\
0 & 0 & 0 & & 1-\varepsilon & 1-\varepsilon & 1+3\varepsilon & 1-\varepsilon \\
0 & & & & 0 & 2-2\varepsilon & 2+2\varepsilon & 0 \\
1-\varepsilon & 1-\varepsilon & 0 & \cdots & \cdots & \cdots & 0 & 2+2\varepsilon
\end{pmatrix}_{(2k+1)\times(2k+1)}
$$

$$(k\geqslant 1)$$

其中，$-\frac{1}{3}\leqslant\varepsilon\leqslant 1$. 当 $\varepsilon=1$ 时，$\boldsymbol{A},\boldsymbol{B}$ 均为单位矩阵. 显然矩阵 $\boldsymbol{A},\boldsymbol{B}$ 均为二重随机矩阵. 在马尔科夫(Markov)链的研究中，可以看到此类矩阵的应用.

华中农学院的叶盛标，杨宇火两位教授在 1986 年就给出了 $\varepsilon\neq 1$ 时这类二重随机矩阵的幂极限.

引理 1 $\boldsymbol{A}=(a_{ij})_{2k\times 2k}$，若 k 为奇数，则 $\boldsymbol{A}$ 有 k 重特

征根 ε,其余的 k 个特征根均为单实根,均属于$(\varepsilon,1]$,1 为最大特征根;若 k 为偶数,则 $\boldsymbol{A}$ 有 $k+1$ 重特征根 ε,其余的 $k-1$ 个特征根均为单实根,均属于$(\varepsilon,1]$,1 为最大特征根.$\boldsymbol{B}=(b_{ij})_{(2k+1)\times(2k+1)}$,$\boldsymbol{B}$ 有 k 重特征根 ε,其余的特征根均为单实根,属于$(\varepsilon,1]$,1 为最大特征根.

证明　$|\boldsymbol{A}-\lambda\boldsymbol{E}|=0$,即

$$
\frac{1}{4^{2k}}\begin{vmatrix}
1+3\varepsilon-4\lambda & 1-\varepsilon & 0 & \cdots & 0 & 1-\varepsilon \\
1-\varepsilon & 1+3\varepsilon-4\lambda & 1-\varepsilon & 1-\varepsilon & 0 & \vdots \\
1-\varepsilon & 1-\varepsilon & 1+3\varepsilon-4\lambda & 1-\varepsilon & 0 & \vdots \\
\vdots & \vdots & \vdots & \vdots & \vdots & \vdots \\
0 & \cdots & 0 & 1-\varepsilon & 1+3\varepsilon-4\lambda & 1-\varepsilon \\
0 & \cdots & 0 & 1-\varepsilon & 1-\varepsilon & 1+3\varepsilon-4\lambda \\
1-\varepsilon & 1-\varepsilon & 0 & \cdots & 0 & 1-\varepsilon
\end{vmatrix}_{2k\times 2k}=0
$$

由行列式性质及拉普拉斯(Laplace)定理可得

$$
\frac{1}{4^{2k}}(4\varepsilon-4\lambda)^{k}\begin{vmatrix}
2+2\varepsilon-4\lambda & 1-\varepsilon & 0 \\
1-\varepsilon & 2+2\varepsilon-4\lambda & 1-\varepsilon \\
0 & 1-\varepsilon & 2+2\varepsilon-4\lambda \\
\vdots & \vdots & \vdots \\
0 & \cdots & \cdots \\
1-\varepsilon & 0 & \cdots
\end{vmatrix}
$$

$$\begin{array}{cccc|}
\cdots & \cdots & 0 & 1-\varepsilon \\
0 & \cdots & \cdots & 0 \\
1-\varepsilon & 0 & \cdots & 0 \\
\vdots & \vdots & \vdots & \vdots \\
0 & 1-\varepsilon & 2+2\varepsilon-4\lambda & 1-\varepsilon \\
\cdots & 0 & 1-\varepsilon & 2+2\varepsilon-4\lambda
\end{array}_{k\times k} = 0$$

于是有

$$(4\varepsilon-4\lambda)^k=0 \tag{1}$$

$$\begin{vmatrix}
2+2\varepsilon-4\lambda & 1-\varepsilon & 0 & \cdots & 0 & 1-\varepsilon \\
1-\varepsilon & 2+2\varepsilon-4\lambda & 1-\varepsilon & 0 & \cdots & 0 \\
0 & 1-\varepsilon & 2+2\varepsilon-4\lambda & 1-\varepsilon & 0 & 0 \\
\vdots & \vdots & \vdots & \vdots & \vdots & \vdots \\
0 & \cdots & 0 & 1-\varepsilon & 2+2\varepsilon-4\lambda & 1-\varepsilon \\
1-\varepsilon & 0 & \cdots & 0 & 1-\varepsilon & 2+2\varepsilon-4\lambda
\end{vmatrix}_{k\times k}=0 \tag{2}$$

对于式(2)中的行列式，若划去全部(-4λ)，其$(k-1)\times(k-1)$阶主子阵是三对角矩阵，三对角矩阵的特征根为单实根[1]，又根据实对称矩阵特征根的分隔定理[2]可得，式(2)有k个单实根. 再根据Gerschgorin圆盘定理，我们可以估计这k个特征根，即

$$|2+2\varepsilon-4\lambda|\leqslant\sum_{\substack{j=1\\ j\neq i}}^{k}|a_{ij}|=2-2\varepsilon$$

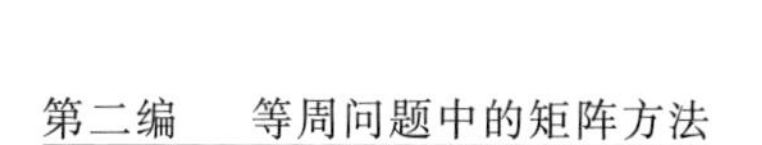

所以 $\varepsilon \leqslant \lambda \leqslant 1$.

可以验证 1 是式(2) 的根，可以证明当 k 为奇数时，ε 不是式(2) 的根，当 k 为偶数时，ε 是式(2) 的根[4]. 于是对于矩阵 $\boldsymbol{A}$，引理 1 成立.

再对矩阵 $\boldsymbol{B}$ 进行证明.

$$|\boldsymbol{B}-\lambda\boldsymbol{E}|=0$$

即

$$\frac{1}{4^{2k+1}}\begin{vmatrix} 1+3\varepsilon-4\lambda & 1-\varepsilon & 0 & \cdots & \cdots & \cdots & 0 & 2-2\varepsilon \\ 1-\varepsilon & 1+3\varepsilon-4\lambda & 1-\varepsilon & 1-\varepsilon & 0 & \cdots & \cdots & 0 \\ 1-\varepsilon & 1-\varepsilon & 1+3\varepsilon-4\lambda & 1-\varepsilon & 0 & \cdots & & 0 \\ \vdots & \vdots & \vdots & \vdots & \vdots & \vdots & \vdots & \vdots \\ 0 & \cdots & 0 & 1-\varepsilon & 1+3\varepsilon-4\lambda & 1-\varepsilon & 1-\varepsilon & 0 \\ 0 & \cdots & 0 & 1-\varepsilon & 1-\varepsilon & 1+3\varepsilon-4\lambda & 1-\varepsilon & 0 \\ 0 & \cdots & \cdots & \cdots & 0 & 2-2\varepsilon & 2+2\varepsilon-4\lambda & 0 \\ 1-\varepsilon & 1-\varepsilon & 0 & \cdots & \cdots & \cdots & 0 & 2+2\varepsilon-4\lambda \end{vmatrix}_{(2k+1)\times(2k+1)}=0$$

运用行列式的性质及拉普拉斯定理，可得

$$\frac{1}{4^{2k+1}}(4\varepsilon-4\lambda)^k\begin{vmatrix}2+2\varepsilon-4\lambda & 1-\varepsilon & 0 & \cdots & \cdots & 0 & 1-\varepsilon\\ 1-\varepsilon & 2+2\varepsilon-4\lambda & 1-\varepsilon & 0 & \cdots & \cdots & 0\\ 0 & 1-\varepsilon & 2+2\varepsilon-4\lambda & 1-\varepsilon & 0 & 0 & 0\\ \vdots & \vdots & \vdots & \vdots & \vdots & \vdots & \vdots\\ 0 & \cdots & 0 & 1-\varepsilon & 2+2\varepsilon-4\lambda & 1-\varepsilon & 0\\ 0 & \cdots & \cdots & 0 & 2-2\varepsilon & 2+2\varepsilon-4\lambda & 0\\ 1-\varepsilon & 0 & \cdots & \cdots & \cdots & 0 & 3+\varepsilon-4\lambda\end{vmatrix}_{(k+1)\times(k+1)}=0 \quad (3)$$

于是有

$$(4\varepsilon-4\lambda)^k=0 \quad (3)$$

$$\begin{vmatrix}2+2\varepsilon-4\lambda & 1-\varepsilon & 0 & \cdots\\ 1-\varepsilon & 2+2\varepsilon-4\lambda & 1-\varepsilon & 0\\ 0 & 1-\varepsilon & 2+2\varepsilon-4\lambda & 1-\varepsilon\\ \vdots & \vdots & \vdots & \vdots\\ 0 & \cdots & 0 & 1-\varepsilon\\ 0 & \cdots & \cdots & 0\\ 1-\varepsilon & 0 & \cdots & \cdots\end{vmatrix}$$

$$
\begin{array}{ccc|}
\cdots & 0 & 1-\varepsilon \\
\cdots & \cdots & 0 \\
0 & 0 & 0 \\
\vdots & \vdots & \vdots \\
2+2\varepsilon-4\lambda & 1-\varepsilon & 0 \\
2+2\varepsilon & 2+2\varepsilon-4\lambda & 0 \\
\cdots & 0 & 3+\varepsilon-4\lambda
\end{array}_{(k+1)\times(k+1)} = 0 \quad (4)
$$

对于式(4) 中的行列式，若划去全部(-4λ)，其$(k-1)\times(k-1)$阶主子阵是三对角矩阵，我们亦将证明式(4) 有$(k+1)$ 个单实根. 为此下面先引入符号$p_k(\lambda)$ 和有关的一个等式.

$$
p_k(\lambda)=\begin{vmatrix}
2+2\varepsilon-4\lambda & 1-\varepsilon & 0 & \cdots & \cdots & 0 \\
1-\varepsilon & 2+2\varepsilon-4\lambda & 1-\varepsilon & 0 & \cdots & 0 \\
0 & 1-\varepsilon & 2+2\varepsilon-4\lambda & 1-\varepsilon & 0 & 0 \\
\vdots & \vdots & \vdots & \vdots & \vdots & \vdots \\
0 & \cdots & 0 & 1-\varepsilon & 2+2\varepsilon-4\lambda & 1-\varepsilon \\
0 & \cdots & \cdots & 0 & 1-\varepsilon & 2+2\varepsilon-4\lambda
\end{vmatrix} \quad (5)
$$

对式(5) 运用行列式的按行按列展开法则，即可得

$$
p_k(\lambda)=(2+2\varepsilon-4\lambda)p_{k-1}(\lambda)-(1-\varepsilon)^2 p_{k-2}(\lambda) \quad (6)
$$

对式(4) 中行列式的后两行运用拉普拉斯定理得

$4(\lambda-1)[(1-\varepsilon)^2 p_{k-2}(\lambda)+(4\lambda-1-3\varepsilon)p_{k-1}(\lambda)]=0$ 即 $-4(\lambda-1)[(2+2\varepsilon-4\lambda)p_{k-1}(\lambda)-(1-\varepsilon)^2 \cdot p_{k-2}(\lambda)-(1-\varepsilon)p_{k-1}(\lambda)]=0$,由式(6)即可得

$$-4(\lambda-1)[p_k(\lambda)-(1-\varepsilon)p_{k-1}(\lambda)]=0 \quad (4')$$

显然 1 是式(4′)的根. 可以求出 $p_k(\varepsilon)=(1-\varepsilon)^k\cdot(k+1)$,$(1-\varepsilon)p_{k-1}(\varepsilon)=(1-\varepsilon)^k k$,因此 ε 不是式(4′)的根.

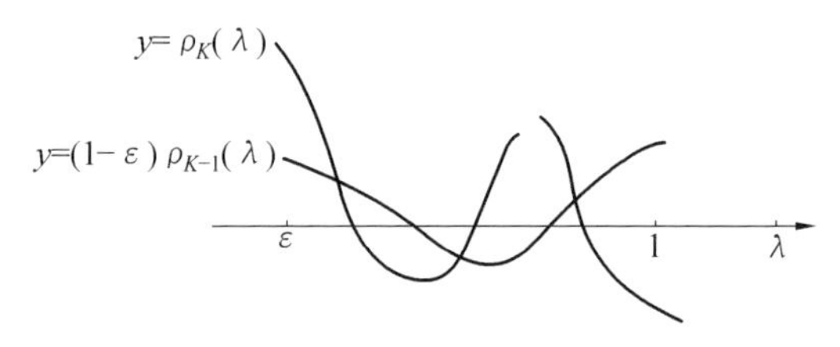

图 1　$K=3$ 时的情形

由 Gerschgorin 圆盘定理可知,$p_k(\lambda)=0$ 的根均大于 ε 而小于 1,且 $p_k(\lambda)=0$ 的根全是单根,$p_{k-1}(\lambda)=0$ 的根把 $p_k(\lambda)=0$ 的根严格地隔离开来[1],于是曲线 $y=p_k(\lambda)$ 与曲线 $y=(1-\varepsilon)p_{k-1}(\lambda)$ 必有 k 个交点,因而 $p_k(\lambda)-(1-\varepsilon)p_{k-1}(\lambda)=0$ 有 k 个单实根,如图所示.

于是 $|\boldsymbol{B}-\lambda\boldsymbol{E}|=0$ 有 $(2k+1)$ 个实根:k 重根 ε,一个单实根为 1,其余 k 个单实根属于 $(\varepsilon,1)$,即对于 $\boldsymbol{B}$,引理 1 成立.

引理 2　$\boldsymbol{A},\boldsymbol{B}$ 均相似于对角形矩阵.

证明　可以验证对于 $\boldsymbol{A}$ 的 μ_i 重特征根 λ_i,特征矩阵 $(\boldsymbol{A}-\lambda_i\boldsymbol{E})$ 的秩为 $(2k-\mu_i)$;对于 $\boldsymbol{B}$ 的 μ_i 重特征根 λ_i,特征矩阵 $(\boldsymbol{B}-\lambda_1\boldsymbol{E})$ 的秩为 $(2k+1-\mu_i)$,因而 $\boldsymbol{A},\boldsymbol{B}$ 均相似于对角形矩阵[3].

定理

$$\lim_{n\to\infty}\boldsymbol{A}^n=\begin{pmatrix}\frac{1}{2k} & \frac{1}{2k} & \cdots & \frac{1}{2k}\\ \frac{1}{2k} & \frac{1}{2k} & \cdots & \frac{1}{2k}\\ \vdots & \vdots & & \vdots\\ \frac{1}{2k} & \frac{1}{2k} & \cdots & \frac{1}{2k}\end{pmatrix}$$

$$\lim_{n\to\infty}\boldsymbol{B}^n=\begin{pmatrix}\frac{1}{2k+1} & \frac{1}{2k+1} & \cdots & \frac{1}{2k+1}\\ \frac{1}{2k+1} & \frac{1}{2k+1} & \cdots & \frac{1}{2k+1}\\ \vdots & \vdots & & \vdots\\ \frac{1}{2k+1} & \frac{1}{2k+1} & \cdots & \frac{1}{2k+1}\end{pmatrix}$$

证明　对于矩阵 $\boldsymbol{A}$，不难求出对应于特征根 1 的特征向量(1,1,…,1)，对应于特征根 ε 的特征向量可以求出，对于其余的特征根存在相应的特征向量，于是有

$$\boldsymbol{T}=\begin{pmatrix}1 & x_{12} & \cdots & x_{1,2k}\\ 1 & x_{22} & \cdots & x_{2,2k}\\ \vdots & \vdots & & \vdots\\ 1 & x_{2k,2} & \cdots & x_{2k,2k}\end{pmatrix}$$

且这 $(2k-1)$ 个特征向量 $(x_{1i},x_{2i},\cdots,x_{2k,i})$ 的分量之和为零.

事实上，由 $(\boldsymbol{A}-\lambda_i\boldsymbol{E})\boldsymbol{x}=0$ 得

$$\begin{cases}(1+3\varepsilon-4\lambda_i)x_{1i}+\\(1-\varepsilon)x_{2i}+0+\cdots+0+\\(1-\varepsilon)x_{2k-1,i}+(1-\varepsilon)x_{2k,i}=0\\(1-\varepsilon)x_{1i}+\\(1+3\varepsilon-4\lambda_i)x_{2i}+(1-\varepsilon)x_{3i}+\\(1-\varepsilon)x_{4i}+0+\cdots+0=0\\(1-\varepsilon)x_{1i}+\\(1-\varepsilon)x_{2i}+(1+3\varepsilon-4\lambda_i)x_{3i}+\\(1-\varepsilon)x_{4i}+0+\cdots+0=0\\\qquad\vdots\\(1-\varepsilon)x_{1i}+\\(1-\varepsilon)x_{2i}+0+\cdots+0+\\(1-\varepsilon)x_{2k-1,i}+(1+3\varepsilon-4\lambda_i)x_{2k,i}=0\end{cases}$$

这 $2k$ 个等式相加得

$$(4-4\lambda_i)(x_{1i}+x_{2i}+\cdots+x_{2k,i})=0$$

而 $\lambda_i\neq1$，所以 $x_{1i}+x_{2i}+\cdots+x_{2k,i}=0(i=2,3,\cdots,2k)$. $\boldsymbol{T}$ 中元素尚未全部求出，求 $\boldsymbol{T}^{-1}$ 根本不可能，但根据 $\boldsymbol{T}$ 中各个列向量的特点，我们很容易地求出 $\boldsymbol{T}^{-1}$ 的第一行元素均为 $\frac{1}{2k}$，其余元素无法求出，也无需求出.

记

$$\boldsymbol{T}^{-1}=\begin{pmatrix}\frac{1}{2k} & \frac{1}{2k} & \cdots & \frac{1}{2k}\\ x'_{21} & x'_{22} & \cdots & x'_{2,2k}\\ \vdots & \vdots & & \vdots\\ x'_{2k,1} & x'_{2k,2} & \cdots & x'_{2k,2k}\end{pmatrix}$$

所以

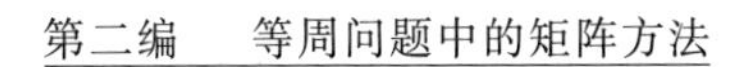

$$\boldsymbol{A}=\boldsymbol{T}\begin{pmatrix}1 & & & \\ & \lambda_2 & & \\ & & \ddots & \\ & & & \lambda_{2k}\end{pmatrix}\boldsymbol{T}^{-1}$$

$$\boldsymbol{A}^n=\boldsymbol{T}\begin{pmatrix}1^n & & & \\ & \lambda_2^n & & \\ & & \ddots & \\ & & & \lambda_{2k}^n\end{pmatrix}\boldsymbol{T}^{-1}=(\delta_{ij})_{2k\times 2k}$$

其中，$\delta_{ij}=\dfrac{1}{2k}+\sum\limits_{m=2}^{2k}x_{im}x'_{mj}\lambda_m^n(i,j=1,2,\cdots,2k)$. 通过上面的计算就可知道 $\lim\limits_{n\to\infty}\delta_{ij}=\dfrac{1}{2k}(i,j=1,2,\cdots,2k)$. 所以

$$\lim_{n\to\infty}\boldsymbol{A}^n=\begin{pmatrix}\frac{1}{2k} & \frac{1}{2k} & \cdots & \frac{1}{2k}\\ \frac{1}{2k} & \frac{1}{2k} & \cdots & \frac{1}{2k}\\ \vdots & \vdots & & \vdots\\ \frac{1}{2k} & \frac{1}{2k} & \cdots & \frac{1}{2k}\end{pmatrix}$$

对 $\boldsymbol{B}$ 亦可类似地证明.

对于 $\boldsymbol{A}=(a_{ij})_{2k\times 2k}$，上述讨论假定 $k>1$. 若 $k=1$，构造

$$\boldsymbol{A}=(a_{ij})_{2\times 2}=\frac{1}{4}\begin{pmatrix}2+2\varepsilon & 2-2\varepsilon\\ 2-2\varepsilon & 2+2\varepsilon\end{pmatrix}$$

$$=\frac{1}{2}\begin{pmatrix}1+\varepsilon & 1-\varepsilon\\ 1-\varepsilon & 1+\varepsilon\end{pmatrix}$$

显见其特征根为 ε，1. 亦可得出上述结果.

参考文献

[1] 曹志浩，张玉德，李瑞遐. 矩阵计算和方程求根[M]. 北京：人民教育出版社，1979：139-141.

[2] 南京大学数学系计算数学专业. 线性代数[M]. 科学出版社，1978：149.

[3] 张远达. 线性代数原理[M]. 上海：上海教育出版社，1980：234.

[4] 李天林. 循环矩阵的几个性质[J]. 数学通报，1982(2)：31.

多边形等周问题的又一个矩阵证明

第十章

郑玉美教授曾在《等周问题的矩阵证明》(数学通讯,1981(1))一文中运用一类升等周变换(即周长保持不变而面积增加的变换),对最简单的多边形等周问题给出了矩阵证明,提出了运用这类变换也可对任意多边形给出矩阵证明的猜测,第八章中借助组合数学知识给出了一个矩阵证明,华中农业大学的叶盛标,杨宇火两位教授给出一个纯矩阵证明.

引理1　具有最大面积的 n 边形必须是凸 n 边形.

引理2　在底边及两侧边的长度之和分别给定的所有三角形中,以等腰三角形面积最大.

以上两个引理的证明可参阅蔡宗熹的著作《等周问题》(人民教育出版社,1964).

定理1 任意周长为 L 的不等边 n 边形的面积一定小于某一周长为 L 的等边 n 边形的面积.

证明 由引理1,我们只考虑凸不等边 n 边形 $A_1A_2\cdots A_n$. 设其边长分别为 $x_1^{(0)},x_2^{(0)},\cdots,x_n^{(0)}$, 且 $x_1^{(0)}+x_2^{(0)}+\cdots+x_n^{(0)}=L$(定值).

当 $n=2k$ 时,作变换

$$\begin{pmatrix} x_1^{(1)} \\ x_2^{(1)} \\ \vdots \\ x_{2k-1}^{(1)} \\ x_{2k}^{(1)} \end{pmatrix}=\begin{pmatrix} \frac{1}{2} & \frac{1}{2} & 0 & \cdots & \cdots & 0 \\ \frac{1}{2} & \frac{1}{2} & 0 & \cdots & \cdots & 0 \\ 0 & 0 & \frac{1}{2} & \frac{1}{2} & \cdots & 0 \\ 0 & 0 & \frac{1}{2} & \frac{1}{2} & \cdots & 0 \\ \vdots & \vdots & \vdots & \vdots & & \vdots \\ 0 & \cdots & \cdots & 0 & \frac{1}{2} & \frac{1}{2} \\ 0 & \cdots & \cdots & 0 & \frac{1}{2} & \frac{1}{2} \end{pmatrix}\begin{pmatrix} x_1^{(0)} \\ x_2^{(0)} \\ \vdots \\ x_{2k-1}^{(0)} \\ x_{2k}^{(0)} \end{pmatrix}$$

$$\begin{pmatrix} x_1^{(2)} \\ x_2^{(2)} \\ \vdots \\ x_{2k-1}^{(2)} \\ x_{2k}^{(2)} \end{pmatrix}=\begin{pmatrix} \frac{1}{2} & 0 & \cdots & \cdots & \cdots & 0 & \frac{1}{2} \\ 0 & \frac{1}{2} & \frac{1}{2} & 0 & \cdots & \cdots & 0 \\ 0 & \frac{1}{2} & \frac{1}{2} & 0 & \cdots & \cdots & 0 \\ \vdots & \vdots & \vdots & \vdots & & & \vdots \\ 0 & \cdots & \cdots & 0 & \frac{1}{2} & \frac{1}{2} & 0 \\ 0 & \cdots & \cdots & 0 & \frac{1}{2} & \frac{1}{2} & 0 \\ \frac{1}{2} & 0 & \cdots & \cdots & \cdots & 0 & \frac{1}{2} \end{pmatrix}\begin{pmatrix} x_1^{(1)} \\ x_2^{(1)} \\ \vdots \\ x_{2k-1}^{(1)} \\ x_{2k}^{(1)} \end{pmatrix}$$

因而有

$$\begin{pmatrix} x_1^{(2)} \\ x_2^{(2)} \\ \vdots \\ x_{2k-1}^{(2)} \\ x_{2k}^{(2)} \end{pmatrix} = \boldsymbol{A} \begin{pmatrix} x_1^{(0)} \\ x_2^{(0)} \\ \vdots \\ x_{2k-1}^{(0)} \\ x_{2k}^{(0)} \end{pmatrix}$$

$$\begin{pmatrix} x_1^{(2m)} \\ x_2^{(2m)} \\ \vdots \\ x_{2k-1}^{(2m)} \\ x_{2k}^{(2m)} \end{pmatrix} = \boldsymbol{A} \begin{pmatrix} x_1^{(2m-2)} \\ x_2^{(2m-2)} \\ \vdots \\ x_{2k-1}^{(2m-2)} \\ x_{2k}^{(2m-2)} \end{pmatrix}$$

其中

$$\boldsymbol{A} = \frac{1}{4}\begin{pmatrix} 1 & 1 & 0 & \cdots & \cdots & \cdots & 0 & 1 & 1 \\ 1 & 1 & 1 & 1 & 0 & \cdots & \cdots & \cdots & 0 \\ 1 & 1 & 1 & 1 & 0 & \cdots & \cdots & \cdots & 0 \\ \vdots & \vdots & \vdots & \vdots & \vdots & & & & \vdots \\ 0 & \cdots & \cdots & \cdots & 0 & 1 & 1 & 1 & 1 \\ 0 & \cdots & \cdots & \cdots & 0 & 1 & 1 & 1 & 1 \\ 1 & 1 & 0 & \cdots & \cdots & \cdots & 0 & 1 & 1 \end{pmatrix}_{2k\times 2k}$$

显然,上述变换为升等周变换,事实上

$$\sum_{i=1}^{2k} x_i^{(2m)} = \sum_{i-1}^{2k} x_i^{(2m-1)} = \cdots$$

$$= \sum_{i=1}^{2k} x_i^{(1)} = \sum_{i=1}^{2k} x_i^{(0)} = L(\text{定值})$$

又

$$x_1^{(1)} = x_2^{(1)}, x_3^{(1)} = x_4^{(1)}, \cdots, x_{2k-1}^{(1)} = x_{2k}^{(1)}$$

和

$$x_2^{(2)} = x_3^{(2)}, x_4^{(2)} = x_5^{(2)}, \cdots$$

$$x_{2k-2}^{(2)} = x_{2k-1}^{(2)}, x_{2k}^{(2)} = x_1^{(2)}$$

根据引理 2,边长分别为 $x_1^{(1)}, x_2^{(1)}, \cdots, x_{2k}^{(1)}$ 的凸多

边形的面积比边长分别为 $x_1^{(0)},x_2^{(0)},\cdots,x_{2k}^{(0)}$ 的凸多边形的面积大，边长分别为 $x_1^{(2)},x_2^{(2)},\cdots,x_{2k}^{(2)}$ 的凸多边形的面积比边长分别为 $x_1^{(1)},x_2^{(1)},\cdots,x_{2k}^{(1)}$ 的凸多边形的面积大，边长分别为 $x_1^{(2m)},x_2^{(2m)},\cdots,x_2^{(2m)}$ 的凸多边形的面积比边长分别为 $x_1^{(2m-1)},x_2^{(2m-1)},\cdots,x_{2k}^{(2m-1)}$ 的凸多边形的面积大.

当 $n=2k+1$ 时，作变换

$$\begin{pmatrix} x_1^{(1)} \\ x_2^{(1)} \\ \vdots \\ x_{2k}^{(1)} \\ x_{2k+1}^{(1)} \end{pmatrix} = \begin{pmatrix} \frac{1}{2} & \frac{1}{2} & 0 & \cdots & \cdots & \cdots & \cdots & 0 \\ \frac{1}{2} & \frac{1}{2} & 0 & \cdots & \cdots & \cdots & \cdots & 0 \\ 0 & 0 & \frac{1}{2} & \frac{1}{2} & 0 & \cdots & \cdots & 0 \\ 0 & 0 & \frac{1}{2} & \frac{1}{2} & 0 & \cdots & \cdots & 0 \\ 0 & \cdots & \cdots & \cdots & \cdots & \frac{1}{2} & \frac{1}{2} & 0 \\ 0 & \cdots & \cdots & \cdots & \cdots & \frac{1}{2} & \frac{1}{2} & 0 \\ 0 & \cdots & \cdots & \cdots & \cdots & \cdots & 0 & 1 \end{pmatrix} \begin{pmatrix} x_1^{(0)} \\ x_2^{(0)} \\ \vdots \\ x_{2k}^{(0)} \\ x_{2k+1}^{(0)} \end{pmatrix}$$

$$\begin{pmatrix} x_1^{(2)} \\ x_2^{(2)} \\ \vdots \\ x_{2k}^{(2)} \\ x_{2k+1}^{(2)} \end{pmatrix} = \begin{pmatrix} \frac{1}{2} & 0 & \cdots & \cdots & \cdots & \cdots & \frac{1}{2} \\ 0 & \frac{1}{2} & \frac{1}{2} & 0 & \cdots & \cdots & 0 \\ 0 & \frac{1}{2} & \frac{1}{2} & 0 & \cdots & \cdots & 0 \\ 0 & \cdots & \cdots & 0 & \frac{1}{2} & \frac{1}{2} & 0 \\ 0 & \cdots & \cdots & 0 & \frac{1}{2} & \frac{1}{2} & 0 \\ 0 & \cdots & \cdots & \cdots & 0 & 1 & 0 \\ \frac{1}{2} & 0 & \cdots & \cdots & \cdots & \cdots & 0 \end{pmatrix} \begin{pmatrix} x_1^{(1)} \\ x_2^{(1)} \\ \vdots \\ x_{2k}^{(1)} \\ x_{2k+1}^{(1)} \end{pmatrix}$$

因而有

$$\begin{pmatrix} x_1^{(2)} \\ x_2^{(2)} \\ \vdots \\ x_{2k}^{(2)} \\ x_{2k+1}^{(2)} \end{pmatrix} = \boldsymbol{B} \begin{pmatrix} x_1^{(0)} \\ x_2^{(0)} \\ \vdots \\ x_{2k}^{(0)} \\ x_{2k+1}^{(0)} \end{pmatrix}$$

$$\begin{pmatrix} x_1^{(2m)} \\ x_2^{(2m)} \\ \vdots \\ x_{2k}^{(2m)} \\ x_{2k+1}^{(2m)} \end{pmatrix} = \boldsymbol{B} \begin{pmatrix} x_1^{(2m-2)} \\ x_2^{(2m-2)} \\ \vdots \\ x_{2k}^{(2m-2)} \\ x_{2k+1}^{(2m-2)} \end{pmatrix}$$

其中

$$\boldsymbol{B}=\frac{1}{4}\begin{pmatrix}1&1&0&&&&&&&0&2\\1&1&1&1&0&&&&&&0\\1&1&1&1&0&&&&&&0\\0&0&1&1&1&1&0&&&&0\\0&0&1&1&1&1&0&&&&0\\&&&&&&&&&&\\0&&&&&0&1&1&1&1&0\\0&&&&&0&1&1&1&1&0\\0&&&&&&&0&2&2&0\\1&1&0&&&&&&&0&2\end{pmatrix}_{(2k+1)\times(2k+1)}$$

显然,上述变换亦为升等周变换.

此外,叶盛标,杨宇火两位教授还在《一类二重随机矩阵的幂极限》(数学的实践与认识,1986(2))一文中研究了一类二重随机矩阵,本章的 $\boldsymbol{A},\boldsymbol{B}$ 则是其特例($\varepsilon=0$),且有

$$\lim_{m\to\infty}\boldsymbol{A}^m=\begin{pmatrix}\frac{1}{2k}&\frac{1}{2k}&\cdots&\frac{1}{2k}\\\frac{1}{2k}&\frac{1}{2k}&\cdots&\frac{1}{2k}\\\vdots&\vdots&&\vdots\\\frac{1}{2k}&\frac{1}{2k}&\cdots&\frac{1}{2k}\end{pmatrix}_{2k\times 2k}$$

于是有

$$\lim_{m\to\infty}\begin{pmatrix}x_1^{(2m)}\\x_2^{(2m)}\\\vdots\\x_{2k}^{(2m)}\end{pmatrix}=\lim_{m\to\infty}\boldsymbol{A}^m\begin{pmatrix}x_1^{(0)}\\x_2^{(0)}\\\vdots\\x_{2k}^{(0)}\end{pmatrix}$$

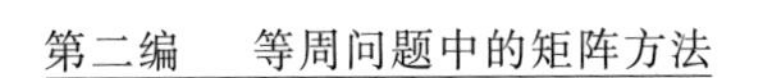

$$=\begin{pmatrix}\frac{1}{2k} & \frac{1}{2k} & \cdots & \frac{1}{2k}\\ \frac{1}{2k} & \frac{1}{2k} & \cdots & \frac{1}{2k}\\ \vdots & \vdots & & \vdots\\ \frac{1}{2k} & \frac{1}{2k} & \cdots & \frac{1}{2k}\end{pmatrix}\begin{pmatrix}x_1^{(0)}\\ x_2^{(0)}\\ \vdots\\ x_{2k}^{(0)}\end{pmatrix}$$

所以

$$\begin{aligned}\lim_{m\to\infty} x_1^{(2m)} &= \lim_{m\to\infty} x_2^{(2m)} = \cdots = \lim_{m\to\infty} x_{2k}^{(m)}\\ &=\frac{1}{2k}(x_1^{(0)}+x_2^{(0)}+\cdots+x_{2k}^{(0)})\\ &=\frac{L}{2k}\end{aligned}$$

由引理2可知，在这一极限过程中，面积序列是一单调递增有界序列，故有极限，即周长为L的不等边n边形的面积一定小于某一周长为L的等边n边形的面积.

对于$n=2k+1$的情形亦可类似地给出证明.

定理2　周长相同的一切等边n边形中，以正n边形的面积为最大.

由定理1和定理2可得

定理3　周长相同的一切n边形中，以正n边形的面积为最大.

三角形等周问题的一个矩阵证明

第十一章

我们知道:在所有周长相等的三角形中,等边三角形具有最大的面积,关于此结论的证明有很多的方法,在本章中,南昌高等专科学校教务处的胡少文教授在2003年用矩阵为工具证明周长相等的三角形中,等边三角形具有最大的面积,这一初等数学命题.

设$\triangle ABC$的周长L是常数,分别记其边与面积为a_0,b_0,c_0和$S_0=S_0(a_0,b_0,c_0)$.这样,$L=a_0+b_0+c_0$.现在保持$\triangle ABC$的周长L不变的情况下,对其三边a_0,b_0,c_0作变换如下

$$a_1=a_0,b_1=c_1=\frac{b_0+c_0}{2} \tag{1}$$

显然,如记以a_1,b_1,c_1为边的新的三角形的面积为$S_1=S_1(a_1,b_1,c_1)$,那么有$S_1\geqslant S_0$.

事实上,该问题等价于在以 a_0 所在直线为一条轴,且以 a_0 的两端点为焦点的某椭圆上寻求一点,以使该点与两焦点构成的三角形的面积最大.很清楚,此点必须是在另一轴上的椭圆顶点,故有 $S_1 \geqslant S_0$.

类似地,令

$$b_2 = b_1, a_2 = c_2 = \frac{a_1 + c_1}{2} \tag{2}$$

那么有 $S_2 \geqslant S_1$,这里 $S_2 = S_2(a_2, b_2, c_2)$ 是以 a_2, b_2, c_2 为边的三角形的面积.再一次令

$$c_3 = c_2, a_3 = b_3 = \frac{a_2 + b_2}{2} \tag{3}$$

则有 $S_3(a_3, b_3, c_3) \geqslant S_2(a_2, b_2, c_2)$.

现让我们用矩阵来描述上述变换(1)—(3).关于变换(1)有

$$\begin{pmatrix} a_1 \\ b_1 \\ c_1 \end{pmatrix} = \begin{pmatrix} 1 & 0 & 0 \\ 0 & \frac{1}{2} & \frac{1}{2} \\ 0 & \frac{1}{2} & \frac{1}{2} \end{pmatrix} \begin{pmatrix} a_0 \\ b_0 \\ c_0 \end{pmatrix} = \mathbf{A}_1 \begin{pmatrix} a_0 \\ b_0 \\ c_0 \end{pmatrix}$$

变换(2)有

$$\begin{pmatrix} a_2 \\ b_2 \\ c_2 \end{pmatrix} = \begin{pmatrix} \frac{1}{2} & 0 & \frac{1}{2} \\ 0 & 1 & 0 \\ \frac{1}{2} & 0 & \frac{1}{2} \end{pmatrix} \begin{pmatrix} a_1 \\ b_1 \\ c_1 \end{pmatrix} = \mathbf{A}_2 \begin{pmatrix} a_1 \\ b_1 \\ c_1 \end{pmatrix}$$

而变换(3)为

$$\begin{pmatrix} a_3 \\ b_3 \\ c_3 \end{pmatrix} = \begin{pmatrix} \frac{1}{2} & \frac{1}{2} & 0 \\ \frac{1}{2} & \frac{1}{2} & 0 \\ 0 & 0 & 1 \end{pmatrix} \begin{pmatrix} a_2 \\ b_2 \\ c_2 \end{pmatrix} = \mathbf{A}_3 \begin{pmatrix} a_2 \\ b_2 \\ c_2 \end{pmatrix}$$

如上述变换步骤进行 $3(n+1)$ 次,则

$$\begin{pmatrix} a_{3n+1} \\ b_{3n+1} \\ c_{3n+1} \end{pmatrix} = \mathbf{A}_1 \begin{pmatrix} a_{3n} \\ b_{3n} \\ c_{3n} \end{pmatrix}$$

$$\begin{pmatrix} a_{3n+2} \\ b_{3n+2} \\ c_{3n+2} \end{pmatrix} = \mathbf{A}_2 \begin{pmatrix} a_{3n+1} \\ b_{3n+1} \\ c_{3n+1} \end{pmatrix} = \mathbf{A}_2\mathbf{A}_1 \begin{pmatrix} a_{3n} \\ b_{3n} \\ c_{3n} \end{pmatrix}$$

$$\begin{pmatrix} a_{3(n+1)} \\ b_{3(n+1)} \\ c_{3(n+1)} \end{pmatrix} = \mathbf{A}_3 \begin{pmatrix} a_{3n+2} \\ b_{3n+2} \\ c_{3n+2} \end{pmatrix} = \mathbf{A}_3\mathbf{A}_2\mathbf{A}_1 \begin{pmatrix} a_{3n} \\ b_{3n} \\ c_{3n} \end{pmatrix}$$

现记

$$\mathbf{A} = \mathbf{A}_3\mathbf{A}_2\mathbf{A}_1$$

那么

$$\begin{pmatrix} a_{3n} \\ b_{3n} \\ c_{3n} \end{pmatrix} = \mathbf{A}^n \begin{pmatrix} a_0 \\ b_0 \\ c_0 \end{pmatrix} \tag{4}$$

另外,如记第 m 次变换后所得的三角形的面积为 $S_m = S_m(a_m, b_m, c_m)$,则

$$S_m \geqslant S_{m-1}, m = 1, 2, \cdots$$

$$a_m + b_m + c_m = L, m = 1, 2, \cdots$$

由海伦公式,对任意的 m 有

$$S_m = \frac{1}{4}\sqrt{L(L-2a_m)(L-2b_m)(L-2c_m)} < \frac{1}{4}L^2$$

由此可知,通过上述变换所获得的三角形的面积构成的数列 $\{S_m(a_m, b_m, c_m)\}$ 是单调非减且有上界的序列.因此,极限

$$\lim_{m\to\infty} a_m = \lim_{m\to\infty} b_m = \lim_{m\to\infty} c_m = \frac{1}{3}L \tag{5}$$

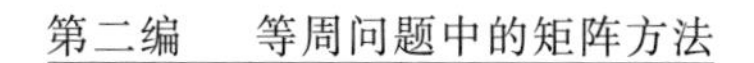

首先,我们证明

$$\lim_{m\to\infty} a_{3n}=\lim_{m\to\infty} b_{3n}=\lim_{m\to\infty} c_{3n}=\frac{1}{3}L \tag{6}$$

其中:$\{a_{3n}\}$,$\{b_{3n}\}$ 和 $\{c_{3n}\}(n\in\mathbf{Z})$ 分别为 $\{a_m\}$,$\{b_m\}$ 和 $\{c_m\}(m\in\mathbf{Z})$ 的子序列. 以下,将通过矩阵理论证明式(6). 由式(4),得到

$$\begin{pmatrix}\lim\limits_{n\to\infty} a_{3n}\\ \lim\limits_{n\to\infty} b_{3n}\\ \lim\limits_{n\to\infty} c_{3n}\end{pmatrix}=\lim_{n\to\infty}\mathbf{A}^n\begin{pmatrix}a_0\\ b_0\\ c_0\end{pmatrix} \tag{7}$$

为了从式(7) 得到式(6),需要计算 $\mathbf{A}^n$. 由矩阵乘法有

$$\mathbf{A}=\mathbf{A}_3\mathbf{A}_2\mathbf{A}_1=\begin{pmatrix}\frac{1}{4} & \frac{3}{8} & \frac{3}{8}\\ \frac{1}{4} & \frac{3}{8} & \frac{3}{8}\\ \frac{1}{2} & \frac{1}{4} & \frac{1}{4}\end{pmatrix}$$

如记 $\mathbf{A}$ 的特征多项式为 $f(\lambda)=|\lambda\mathbf{I}-\mathbf{A}|$,那么通过计算可得,$\mathbf{A}$ 的特征值为 $\lambda_1=1$,$\lambda_2=-\frac{1}{8}$ 及 $\lambda_3=0$,且其相应的特征向量分别是

$$\begin{pmatrix}1\\1\\1\end{pmatrix},\begin{pmatrix}1\\1\\-2\end{pmatrix},\begin{pmatrix}0\\1\\-1\end{pmatrix}$$

现令

$$\boldsymbol{T}=\begin{pmatrix}1 & 1 & 0\\ 1 & 1 & 1\\ 1 & -2 & -1\end{pmatrix}$$

那么 $\boldsymbol{T}$ 的逆矩阵为

$$T^{-1}=\frac{1}{3}\begin{pmatrix}1 & 1 & 1\\ 2 & -1 & -1\\ -3 & 3 & 0\end{pmatrix}$$

且

$$T^{-1}AT=\begin{pmatrix}1 & 0 & 0\\ 0 & -\frac{1}{8} & 0\\ 0 & 0 & 0\end{pmatrix}=D$$

因此

$$\begin{aligned}A^n &= TD^nT^{-1}\\ &=\frac{1}{3}\begin{pmatrix}1 & 1 & 0\\ 1 & 1 & 1\\ 1 & -2 & -1\end{pmatrix}\begin{pmatrix}1 & 0 & 0\\ 0 & \left(-\frac{1}{8}\right)^n & 0\\ 0 & 0 & 0\end{pmatrix}\cdot\\ &\quad\begin{pmatrix}1 & 1 & 1\\ 2 & -1 & -1\\ -3 & 3 & 0\end{pmatrix}\\ &=\frac{1}{3}\begin{pmatrix}\frac{1+(-1)^n2}{8^n} & \frac{1+(-1)^{n+1}}{8^n} & \frac{1+(-1)^{n+1}}{8^n}\\ \frac{1+(-1)^n2}{8^n} & \frac{1+(-1)^{n+1}}{8^n} & \frac{1+(-1)^{n+1}}{8^n}\\ \frac{1+(-1)^{n+1}4}{8^n} & \frac{1+(-1)^n2}{8^n} & \frac{1+(-1)^n2}{8^n}\end{pmatrix}\end{aligned}$$

通过取极限,得到

$$\lim_{n\to\infty}A^n=\frac{1}{3}\begin{pmatrix}1 & 1 & 1\\ 1 & 1 & 1\\ 1 & 1 & 1\end{pmatrix}=M$$

这样

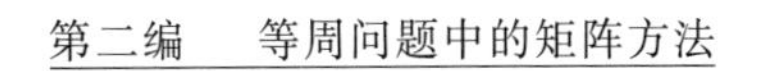

$$\begin{pmatrix}\lim\limits_{n\to\infty}a_{3n}\\ \lim\limits_{n\to\infty}b_{3n}\\ \lim\limits_{n\to\infty}c_{3n}\end{pmatrix}=\lim_{n\to\infty}\boldsymbol{A}^n\begin{pmatrix}a_0\\ b_0\\ c_0\end{pmatrix}=\boldsymbol{M}\begin{pmatrix}a_0\\ b_0\\ c_0\end{pmatrix}$$

$$=\frac{1}{3}\begin{pmatrix}1&1&1\\1&1&1\\1&1&1\end{pmatrix}\begin{pmatrix}a_0\\ b_0\\ c_0\end{pmatrix}=\frac{1}{3}\begin{pmatrix}1\\1\\1\end{pmatrix}$$

此即为式(6).运用同样的方法,可以证明

$$\lim_{n\to\infty}a_{3n+1}=\lim_{n\to\infty}b_{3n+1}=\lim_{n\to\infty}c_{3n+1}=\frac{1}{3}L \tag{8}$$

和

$$\lim_{n\to\infty}a_{3n+2}=\lim_{n\to\infty}b_{3n+2}=\lim_{n\to\infty}c_{3n+2}=\frac{1}{3}L \tag{9}$$

这样,由(6),(8)和(9)三式以及极限理论可知,式(5)成立,从而完成了结论的证明.

第三编

几类等周不等式

第十二章 平面庞涅森型不等式

2007年,西南大学数学与统计学院的周家足教授用积分几何方法给出平面等周不等式以及庞涅森(Bonnesen)型不等式,平面区域D的面积、周长、最大内接圆半径及最小外接圆半径的一些几何不等式的简单证明.

§1 引言及定理

或许最早最著名的几何不等式是以下等周不等式.

定理1 欧氏平面$\mathbf{R}^2$中面积为A,周长为L的域D满足不等式

$$L^2-4\pi A\geqslant 0 \tag{1}$$

等号成立的充分必要条件是D为圆盘.

n维欧氏空间$\mathbf{R}^n$中的任意子集合K称为凸集,如果K中的任意两点必然是K中的某直线段的端点.对于$\mathbf{R}^2$中任意的非空子集A,满足

$$A^* = \bigcup_{x,y\in A}\{\overline{xy}\}$$

称为 A 的凸包.

对于欧氏平面 $\mathbf{R}^2$ 中的任意域 D,若我们取它的凸包 D^*,则 D^* 的面积增加而周长缩小,因而有

$$L^2 - 4\pi A \geqslant L^{*2} - 4\pi A^*$$

因此通常对于等周不等式我们可只考虑凸域的情形[1-9]. 本章的结论对一般的域皆成立.

关于平面等周不等式的一个加强的结果是著名的庞涅森等周不等式.

定理 2 欧氏平面 $\mathbf{R}^2$ 中面积为 A,周长为 L 的域 D 满足不等式

$$L^2 - 4\pi A \geqslant \pi^2(r_e - r_i)^2 \qquad (2)$$

其中 r_i 及 r_e 分别为 D 的最大内接圆半径及最小外接圆半径. 等号成立当且仅当 D 为圆盘.

另一个与等周不等式密切相关的问题是包含问题:给定欧氏空间 $\mathbf{R}^n$ 中的两域 $D_k(k=i,j)$,什么时候其中一域可以“移动”到另一域内? 更精确地说:是否存在欧氏空间 $\mathbf{R}^n$ 中的等距 $g\in G$,使得 $gD_j\subset D_i$ 或 $gD_j\supset D_i$? 一般地,我们问 D_i 能否包含 D_j? 我们希望的答案是包含所给邻域 D_k 的几何不变量的几何不等式或等式. 平面的情形我们希望得到的条件是仅与域 D 的面积和周长有关的几何不等式或等式. 1942 年,哈德维格尔(Hadwiger) 得到了一平面区域 D_i 包含另一平面区域 D_j 的充分条件(参见文[6-7]). 但是哈德维格尔包含问题的高维推广的许多情形(即使是凸域情形) 仍然未解决,虽然最近某些结果已经得到(参见文[3-7,9-17]).

本章将用积分几何方法得到 $\mathbf{R}^2$ 中一域包含另一

域的一个充分条件,平面等周不等式,以及庞涅森等周不等式的简单证明. 我们给出关于平面区域 D 的面积、周长、最大内接圆半径 r_i 及最小外接圆半径 r_e 的一些庞涅森型不等式的简单证明.

§2　预备知识

设 $D_k(k=i,j)$ 为 $\mathbf{R}^n$ 中连通且道路连通的域,其边界 ∂D_k 为简单光滑超曲面,设 G 为 $\mathbf{R}^n$ 中的等距群,$\mathrm{d}g$ 为 G 的运动测度(测度论中的哈尔(Haar) 测度),则我们有以下的包含测度

$$\begin{aligned}&m\{g \in G: gD_j \subset D_i \text{ 或 } gD_j \supset D_i\}\\&=m\{g \in G: D_i \cap gD_j \neq \varnothing\}\\&\quad -m\{g \in G: \partial D_i \cap g\partial D_j \neq \varnothing\}\end{aligned} \tag{3}$$

如果我们能够估计测度

$$m\{g \in G: D_i \cap gD_j \neq \varnothing\}$$

囿于下和(或者) 估计测度

$$m\{g \in G: \partial D_i \cap g\partial D_j \neq \varnothing\}$$

囿于上,把它们用 D_i 和 D_j 的几何不变量表示出来,则我们得到一个包含测度不等式

$$\begin{aligned}&m\{g \in G: gD_j \subset D_i \text{ 或 } gD_j \supset D_i\}\\&\geqslant f(A_i^1,\cdots,A_i^l;A_j^1,\cdots,A_j^l)\end{aligned} \tag{4}$$

其中 $A_k^\alpha(k=i,j;\alpha=1,\cdots,l)$ 为 D_k 的(积分) 几何不变量(例如,体积、表面积的中曲率积分).

因此我们可立即得到以下结论:

(1) 若 $f(A_i^1,\cdots,A_i^l,A_j^1,\cdots,A_j^l)>0$,则存在欧氏空间中的等距 $g \in G$,使得 $gD_j \subset D_i$ 或 $gD_j \supset D_i$,即

$f(A_i^1,\cdots,A_i^l;A_j^1,\cdots,A_j^l)>0$ 是 gD_j 包含，或者被包含于 D_i 的一个充分条件.

(2) 若 $D_i\equiv D_j\equiv D$，则不存在 $g\in G$，使得 $gD\subset D$ 或 $gD\supset D$，即

$$m\{g\in G:gD\subset D \text{ 或 } gD\supset D\}=0$$

这将导致一个关于域 D 的几何不等式

$$f(A^1(D),\cdots,A^l(D))\leqslant 0 \tag{5}$$

(3) 若 D_i 分别为 $D_j(\equiv D)$ 内半径为 r_i 最大内接球和含 D 的半径为 r_e 最小外接球，则不存在 $g\in G$，使得 $gD\subset D_i$ 或 $gD\supset D_i$，即

$$m\{g\in G:gD\subset D_i \text{ 或 } gD\supset D_i\}=0$$

这将导致关于域 D 的几何不等式

$$\begin{cases}f(A^1(D),\cdots,A^l(D);r_i)\leqslant 0\\ f(A^1(D),\cdots,A^l(D);r_e)\leqslant 0\end{cases} \tag{6}$$

由此不等式组就可推出庞涅森等周不等式(2).

(4) 若 D_i 分别为介于 $D_j(\equiv D)$ 的最大内接球和最小外接球之间的半径为 r 的球，则不存在 $g\in G$，使得 $gD\subset D_i$ 或 $gD\supset D_i$，即

$$m\{g\in G:gD\subset D_i \text{ 或 } gD\supset D_i\}=0$$

这也将导致关于域 D 的一个几何不等式

$$f(A^1(D),\cdots,A^l(D);r)\leqslant 0,r_i\leqslant r\leqslant r_e \tag{7}$$

§3 主要结果及其证明

设 $g\in G$，为 $\mathbf{R}^2$ 中的等距群，$D_k(k=i,j)$ 为 $\mathbf{R}^2$ 中连通且道路连通面积为 A_k 的域，其边界 ∂D_k 为简单光滑闭曲线，其周长为 L_k. 在积分几何中，称 $\mathrm{d}g$ 为G 的不

变运动密度，设 $\chi(D)$ 为域 D 的欧拉－庞加莱(Poincaré)示性数，设 D_i 固定，gD_j 为在等距 g 作用下的动区域. 对交 $D_i \cap gD_j$ 的欧拉－庞加莱示性数 $\chi(D_i \cap gD_j)$ 取 G 的平均值则得到以下布拉施克(Blashké)基本运动公式(参见文[3,7－8])

$$\int_{\{g: D_i \cap gD_j \neq \varnothing\}} \chi(D_i \cap gD_j) \mathrm{d}g = 2\pi(A_i + A_j) + L_i L_j \tag{8}$$

若记 $\partial D_i \cap g\partial D_j$ 的交点数为 $\#\{\partial D_i \cap g\partial D_j\}$，则有以下的庞加莱公式[3,7-8]

$$\int_{\{g: \partial D_i \cap g\partial D_j \neq \varnothing\}} \#\{\partial D_i \cap g\partial D_j\} \mathrm{d}g = 4L_i L_j \tag{9}$$

因为我们假定域 $D_k(k=i,j)$ 是连通且道路连通且其边界 ∂D_k 为简单光滑闭曲线，因此 $\chi(D_i \cap gD_j) = n(g) =$ 交 $D_i \cap gD_j$ 的连通分支，布拉施克基本运动公式现可改写成

$$\int_{\{g: D_i \cap gD_j \neq \varnothing\}} n(g) \mathrm{d}g = 2\pi(A_i + A_j) + L_i L_j \tag{10}$$

若记 μ 为 D_j 所有使 $gD_j \subset D_i$ 或 $gD_j \supset D_i$ 的 g 的集合，则式(10)可写成

$$\int_{\mu} \mathrm{d}g + \int_{\{g: \partial D_i \cap g\partial D_j \neq \varnothing\}} n(g) \mathrm{d}g = 2\pi(A_i + A_j) + L_i L_j \tag{11}$$

当 $\partial D_i \cap g\partial D_j \neq \varnothing$ 时，$D_i \cap gD_j$ 的每一连通分支至少由 ∂D_i 和 $g\partial D_j$ 的一段弧组成，因此

$$n(g) \leqslant \frac{\#\{\partial D_i \cap g\partial D_j\}}{2}$$

由公式(9)和(11)即得

$$\int_{\mu} \mathrm{d}g \geqslant 2\pi(A_i + A_j) - L_i L_j \tag{12}$$

由不等式(12) 立即可得(参见文[7－8]) 如下定理.

定理 3 设 $D_k(k=i,j)$ 为欧氏平面 $\mathbf{R}^2$ 中面积为 A_k,周长为 L_k 的域,则域 D_i 包含,或被包含于域 D_j 的充分条件是

$$2\pi(A_i+A_j)-L_iL_j>0 \tag{13}$$

并且,再由 $A_i \geqslant A_j$,即知域 D_i 包含域 D_j.

若取 $D_i \equiv D_j \equiv D$,则 D 不可能包含本身,因此式(12) 左边的积分为零,我们立即可得定理 1,即等周不等式(1).

若我们设 D_i 分别为 $D_j(\equiv D)$ 内半径为 r_i 的最大内接圆和含 D_j 的半径为 r_e 的最小外接圆,则同理 gD_j 不能包含,或被包含于 D_i 内,因此式(13) 的左边非正,则我们得到

$$\pi r_i^2-Lr_i+A \leqslant 0, \pi r_e^2-Lr_e+A \leqslant 0 \tag{14}$$

再由以上的两个不等式,以及另一个基本不等式

$$x^2+y^2 \geqslant \frac{(x+y)^2}{2}$$

我们立即得到庞涅森等周不等式(定理 2)

$$L^2-4\pi A \geqslant \pi^2(r_e-r_i)^2 \tag{15}$$

等式成立当且仅当 $r_i=r_e$,即 D 为圆盘.

若我们设 $D_j \equiv D, D_i$ 为半径为 r 的圆盘,其半径满足条件

$$r_i \leqslant r \leqslant r_e \tag{16}$$

则由不等式(12) 或(13) 立即得到以下的庞涅森不等式.

定理 4 欧氏平面 $\mathbf{R}^2$ 中面积为 A,周长为 L 的域 D 满足不等式

$$\pi r^2-Lr+A \leqslant 0, r_i \leqslant r \leqslant r_e \tag{17}$$

其中 r_i 及 r_e 分别为 D 的最大内接圆半径及最小外接圆半径，等号成立当且仅当 D 为圆盘.

不等式(17)可以写成以下几个等价形式.

定理 5　欧氏平面 $\mathbf{R}^2$ 中面积为 A，周长为 L 的域 D 满足不等式

$$\begin{cases} Lr \geqslant A + \pi r^2 \\ L^2 - 4\pi A \geqslant (L - 2\pi r)^2 \\ L^2 - 4\pi A \geqslant \left(L - \dfrac{2A}{r}\right)^2 \\ L^2 - 4\pi A \geqslant \left(\dfrac{A}{r} - \pi r\right)^2 \end{cases} \tag{18}$$

其中 r_i 及 r_e 分别为 D 的最大内接圆半径及最小外接圆半径，$r_i \leqslant r \leqslant r_e$. 等号成立当且仅当 D 为圆盘.

注意到式(18)的第 3 个不等式隐含

$$\begin{cases} \sqrt{L^2 - 4\pi A} \geqslant \dfrac{2A}{r_i} - L \\ \sqrt{L^2 - 4\pi A} \geqslant L - \dfrac{2A}{r_e} \end{cases} \tag{19}$$

把以上两个不等式相加即得

$$L^2 - 4\pi A \geqslant A^2 \left(\frac{1}{r_i} - \frac{1}{r_e}\right)^2 \tag{20}$$

分别乘以 r_i, r_e 后再相加即得

$$L^2 - 4\pi A \geqslant L^2 \left(\frac{r_e - r_i}{r_e + r_i}\right)^2 \tag{21}$$

因此我们立即得到：

定理 6　欧氏平面 $\mathbf{R}^2$ 中面积为 A，周长为 L 的域 D 满足下列庞涅森型不等式

$$L^2 - 4\pi A \geqslant A^2 \left(\frac{1}{r_i} - \frac{1}{r_e}\right)^2$$

$$L^2-4\pi A\geqslant L^2\left(\frac{r_e-r_i}{r_e+r_i}\right)^2$$

$$L^2-4\pi A\geqslant A^2\left(\frac{1}{r_i}-\frac{1}{r}\right)^2$$

$$L^2-4\pi A\geqslant L^2\left(\frac{r-r_i}{r+r_i}\right)^2$$

$$L^2-4\pi A\geqslant A^2\left(\frac{1}{r}-\frac{1}{r_e}\right)^2$$

$$L^2-4\pi A\geqslant L^2\left(\frac{r_e-r}{r_e+r}\right)^2$$

其中 r_i 及 r_e 分别为 D 的最大内接圆半径及最小外接圆半径，$r_i\leqslant r\leqslant r_e$. 等号成立当且仅当 D 为圆盘.

注意到若 $L^2-4\pi A>0$，则方程 $\pi r^2-Lr+A=0$ 有两个根

$$\frac{L-\sqrt{L^2-4\pi A}}{2\pi},\frac{L+\sqrt{L^2-4\pi A}}{2\pi}$$

而不等式 $\pi r^2-Lr+A\leqslant 0$ 对于任何

$$r\in\left[\frac{L-\sqrt{L^2-4\pi A}}{2\pi},\frac{L+\sqrt{L^2-4\pi A}}{2\pi}\right]$$

都成立. 因此我们立即得到以下不等式.

定理 7 欧氏平面 $\mathbf{R}^2$ 中面积为 A，周长为 L 的域 D 满足不等式

$$\frac{L-\sqrt{L^2-4\pi A}}{2\pi}\leqslant r_i\leqslant r_e\leqslant\frac{L+\sqrt{L^2-4\pi A}}{2\pi}\tag{22}$$

其中 r_i 及 r_e 分别为 D 的最大内接圆半径及最小外接圆半径，等号成立当且仅当 D 为圆盘.

若 $L^2-4\pi A=0$，则方程 $\pi r^2-Lr+A=0$ 有唯一解 $\frac{L}{2\pi}$，因此不等式(22) 给出了等周不等式的另一解

释,即 D 必为圆盘.

注 1　在 n 维情形,关于 Willmore 亏格的庞涅森型不等式与闵可夫斯基积分有关(参见文[9,18-19]).随着维数 n 的增加,将会涉及更多的中曲率积分,因此将可能得到更多有趣的庞涅森型不等式.

注 2　本章的所有结果都可以推广到具有常曲率 ε 的平面 X_ε^2,即欧氏平面 $\mathbf{R}^2$,当 $\varepsilon=0$;射影平面 PR^2,当 $\varepsilon>0$;双曲平面 H^2,当 $\varepsilon<0$(参见文[3,17]).

参考文献

[1] BONNESEN T. Les problémes des isopérimétres at des isépiphanes[M]. Paris:Gauthie-Villars,1920.

[2] BURAGO YV D,ZALGALLER V A. Geometric inequalities,Berlin[M]. Heidelberg:Springer-Verlag,1998.

[3] GRINBERG E,REN D,ZHOU J. The symmetric isoperimetric deficit and the containment problem in a plan of constant curvature,preprint.

[4] GRINBERG E,LI S,ZHANG G,ZHOU J. Integral geometry and Convexity[M]. Singapore:World Scientific,2006.

[5] OSSERMAN R. The isoperimetric inequality[J]. Bull. Amer. Math. Soc.,1978,84:1182-1238.

[6] OSSERMAN R. Bonnesen-style isoperimetric inequality[J]. Amer. Math. Monthly,1979,86:1-29.

[7] REN D. Topics in integral geometry[M]. Sigapore: World Scientific, 1994.

[8] SANTALÓ L A. Integral geometry and geometric probability[M]. Reading Mass: Addison-Wesley, 1976.

[9] ZHOU J. On the Willmore deficit of convex surfaces[J]. Lectures in Applied Mathematics of Amer. Math. Soc., 1994, 30: 279-287.

[10] HSIANG W Y. An elementary proof of the isoperimetric problem[J]. Ann. of Math., 2002, 23A(1): 7-12.

[11] ZHANG G. A. Sufficient condition for one convex body containing another[J]. Chin. Ann. of Math., 1988, 4: 447-451.

[12] ZHANG G, ZHOU J. Containment measures in integral geometry, Integral geometry and Convexity[M]. Singapore: World Scientific, 2006, 153-168.

[13] ZHOU J. A kinematic formula and analogous of Hadwiger's theorem in space[J]. Contemporary Mathematics, 1992, 140: 159-167.

[14] ZHOU J. The sufficient condition for a convex domain to contain another in R^4[J]. Proc. Amer. Math. Soc., 1994, 212: 907-913.

[15] ZHOU J, Kinematic formulas for mean curvature powers of hypersurfaces and Hadwiger's theorem in R^{2n}[J]. Trans. Amer. Math. Soc., 1994, 345: 243-262.

[16] ZHOU J. When can one domain enclose another in R^3? [J]. J. Austral. Math. Soc. Series A,1995,59:266-272.

[17] ZHOU J,Chen F. The Bonnesen-type inequalities in a plane of constant curvature,to appear in the Journal of Korean Math. Soc.

[18]ZHOU J. On Willmore inequality for Submanifolds,to appear in Canadian Mathematical Bulletin.

[19] ZHOU J. The Willmore functional and the containment problem in R^4[J]. Science in China Series A:Mathematics,2007,50(3):325-333.

[20] ZHOU J. Sufficient conditions for one domain to contain another in a space of constant curvature[J]. Proc. Amer. Math. Soc. ,1998,126:2797-2803.

体积差的等周不等式

第十三章

2011 年，赵长健教授首次提出并建立了凸体的体积差函数的等周不等式，它是经典等周不等式的推广. 作为应用，对星体建立了体积差函数的对偶等周不等式和广义对偶等周不等式.

§1 引 言

经典的闵可夫斯基不等式和布鲁恩(Brunn)- 闵可夫斯基不等式可分别叙述如下：

若 K 与 L 是 $\mathbf{R}^n$ 上的凸体，则 $V_1(K,L)^n \geqslant V(K)^{n-1}V(L)$，等号成立当且仅当 K 与 L 是相似的

$$V(K+L)^{\frac{1}{n}} \geqslant V(K)^{\frac{1}{n}}+V(L)^{\frac{1}{n}}$$

等号成立当且仅当 K 与 L 是相似的，其中"+"是通常的闵可夫斯基和 $V_1(K,L)=V(K,\cdots,K,L)$ 表示凸体 K 与 L 的混合体积[1].

若 K 与 L 是 $\mathbf{R}^n$ 上的星体，则对偶闵可夫斯基不等式和对偶布鲁恩 - 闵可夫斯基不等式可分别叙述如下

$$\widetilde{V}_1(K,L)^n \leqslant V(K)^{n-1}V(L)$$

等号成立当且仅当 K 与 L 是相互膨胀的

$$V(K\,\widetilde{+}\,L)^{\frac{1}{n}} \leqslant V(K)^{\frac{1}{n}}+V(L)^{\frac{1}{n}}$$

等号成立当且仅当 K 与 L 是相互膨胀的[2]，其中"$\widetilde{+}$"是极径和，$\widetilde{V}_1(K,L)=\widetilde{V}(K,\cdots,K,L)$ 表示星体 K 与 L 的对偶混合体积.

若 K,L 是星体，且 $\lambda,\mu\in\mathbf{R}$，则极径闵可夫斯基线性组合 $\lambda K\,\widetilde{+}\,\mu L$ 被定义为 $\lambda K\,\widetilde{+}\,\mu L=\{\lambda x\,\widetilde{+}\,\mu y: x\in K, y\in L\}$. 这个和 $K\,\widetilde{+}\,L$ 被称为星体 K 与 L 的极径和[3-4].

对于星体 K 与 L，对偶混合体积 $\widetilde{V}_1(K,L)$ 被定义为

$$\widetilde{V}_1(K,L)=\frac{1}{n}\int_{S^{n-1}}\rho(K,u)^{n-1}\rho(L,u)\mathrm{d}S(u)$$

其中 S^{n-1} 表示 $\mathbf{R}^n$ 上的单位球面. 对于任意 $u\in S^{n-1}$，$\rho(K,u)=\max\{\lambda\geqslant 0:\lambda x\in K\}$ 表示星体 K 的极径函数.

2004 年，冷岗松教授在文[5]中首次引进凸体(或紧域) K 与 L 的下列体积差函数

$$Dv(K,D)=v(K)-v(D), D\subseteq K$$

体积差函数的闵可夫斯基不等式和布鲁恩 - 闵可夫斯基不等式也被建立.

定理 1　若 K,L 和 D 是 $\mathbf{R}^n$ 上的紧域，$D\subseteq K$，

$D' \subseteq L$，且 D' 是 D 一个相似的复本，则

$$(V_1(K,L)-V_1(D,D'))^n \geqslant (V(K)-V(D))^{n-1}(V(L)-V(D')) \tag{1}$$

等号成立当且仅当 K 与 L 是相似的且 $(V(K),V(D))=\mu(V(L),V(D'))$，其中 μ 是一个常数.

$$(V(K+L)-V(D+D'))^{\frac{1}{n}} \geqslant (V(K)-V(D))^{\frac{1}{n}}+(V(L)-V(D'))^{\frac{1}{n}} \tag{2}$$

等号成立当且仅当 K 与 L 是相似的且 $(V(K),V(D))=\mu(V(L),V(D'))$，其中 μ 是一个常数.

对于 $\mathbf{R}^n$ 上的紧域 K 与 L，它们的混合体积 $V_1(K,L)$ 被定义为

$$V_1(K,L)=\frac{1}{n}\int_{S^{n-1}} h(L,u)\mathrm{d}S(K,u)$$

其中 $h(L,u)=\max\{\mu\cdot x : x\in L,\mu\in S^{n-1}\}$ 表示 L 的支撑函数，且 $\mathrm{d}S(K,u)$ 是 K 的表面积微元[6].

众所周知，经典的凸体等周不等式可叙述为：

若 K 是 $\mathbf{R}^n$ 上的凸体，则

$$\left(\frac{V(K)}{V(B)}\right)^{n-1} \leqslant \left(\frac{S(K)}{S(B)}\right)^n \tag{3}$$

等号成立当且仅当 K 是一个球，其中 $S(K)$ 是 K 的表面积且 B 是质心在原点的单位球.

本章的第 1 个目标是建立下列凸体体积差的等周不等式.

定理 2 若 K 是 $\mathbf{R}^n$ 上的紧域（或凸体），D 是一个球，且 $D\subseteq K$，令 B 与 B' 是 $\mathbf{R}^n$ 上质心在原点的球，$B'\subset B$ 且它们的半径分别为 r 和 r'，则

$$\left(\frac{V(K)-V(D)}{V(B)-V(B')}\right)^{n-1} \leqslant \left(\frac{rS(K)-r'S(D)}{rS(B)-r'S(B')}\right)^n \tag{4}$$

等号成立当且仅当 K 是一个球且 $(V(K),V(D))=\mu(V(B),V(B'))$,其中 μ 是一个常数.

在式(4)中,令 D 与 B' 为单个的点,那么式(4)变成凸体的等周不等式(3). 另外,定理2正是定理7的一个特殊情况,定理7将在第3节中被证明.

有趣的是,星体的对偶体积差函数在文[7]中引入,且对偶体积差函数的闵可夫斯基不等式和布鲁恩-闵可夫斯基不等式在文[7]中被建立.

定理3　若 K,D 与 D' 是 $\mathbf{R}^n$ 上的星体,$D\subseteq K$,$D'\subseteq L$,且 L 是 K 的一个膨胀的复本,则

$$(\widetilde{V}_1(K,L)-\widetilde{V}_1(D,D'))^n \geqslant (V(K)-V(D))^{n-1}(V(L)-V(D')) \tag{5}$$

等号成立当且仅当 K 与 L 是相互膨胀的且 $(K,D)=\mu(L,D')$,其中 μ 是一个常数.

定理4　若 K,D 与 D' 是 $\mathbf{R}^n$ 上的星体,$D\subseteq K$,$D'\subseteq L$,且 L 是 K 的一个膨胀的复本,则

$$(V(K\widetilde{+}L)-V(D\widetilde{+}D'))^{\frac{1}{n}} \geqslant (V(K)-V(D))^{\frac{1}{n}}+(V(L)-V(D'))^{\frac{1}{n}} \tag{6}$$

等号成立当且仅当 D 与 D' 是相互膨胀的且 $(V(K),V(D))=\mu(V(L),V(D'))$,其中 μ 是一个常数.

熟知的广义对偶等周不等式可叙述为:

若 K 是 $\mathbf{R}^n$ 上的星体,且 $1\leqslant i\leqslant n-1$,则

$$\left(\frac{V(K)}{V(B)}\right)^i \geqslant \left(\frac{\widetilde{V}_i(K)}{\widetilde{V}_i(B)}\right)^n \tag{7}$$

等号成立当且仅当 K 是一个球[3].

本章的另一个工作是建立了下列星体的对偶体积差的广义对偶等周不等式.

定理 5 若 D 是 $\mathbf{R}^n$ 上的星体，K 是一个球，且 $D\subseteq K$，令 B 与 B' 是 $\mathbf{R}^n$ 上质心在原点的球且 $B'\subset B$，$0\leqslant i\leqslant n-1$，则

$$\left(\frac{V(K)-V(D)}{V(B)-V(B')}\right)^i\geqslant\left(\frac{\widetilde{V}_i(K)-\widetilde{V}_i(D)}{\widetilde{V}_i(B)-\widetilde{V}_i(B')}\right)^n \quad (8)$$

等号成立当且仅当 D 是一个球且 $(K,D)=\mu(B,B')$，其中 μ 是一个常数.

把 $i=n-1$ 代入式(8)，式(8)变成体积差的对偶等周不等式. 令 D 与 B' 为单个的点，那么式(8)变成 Lutwak 建立的星体的对偶等周不等式[8].

§2 准备工作

本章的讨论均在 n 维欧氏空间 $\mathbf{R}^n$ 中. 令 K^n 表示 $\mathbf{R}^n$ 上的凸体(含非空内点的紧凸集). 用 $\boldsymbol{u}$ 表示单位向量，B 表示质心在原点的单位球，S^{n-1} 表示单位球 B 的表面.

令 $V(K)$ 表示凸体 K 的 n 维体积，且 $h(K,\cdot)$：$S^{n-1}\rightarrow\mathbf{R}$ 表示凸体 K 的支撑函数，即

$$h(K,\boldsymbol{u})=\max\{\boldsymbol{u}\cdot\boldsymbol{x}:\boldsymbol{x}\in K\}\quad(\boldsymbol{u}\in S^{n-1})$$

其中 $\boldsymbol{u}\cdot\boldsymbol{x}$ 表示 $\boldsymbol{u}$ 和 $\boldsymbol{x}$ 在 $\mathbf{R}$ 上的通常内积.

令 δ 表示在 K^n 上的豪斯道夫(Hausdorff)距离，即设 $K,L\in K^n$

$$\delta(K,L)=|h_K-h_L|_\infty$$

其中 $|\cdot|_\infty$ 表示在连续函数空间 $C(S^{n-1})$ 上的最大范数.

与 $\mathbf{R}^n$ 中的一个紧子集 K 连带，它相对于原点是星

形的，它的极径函数$\rho(K,\cdot):S^{n-1}\to\mathbf{R}$，被定义为对于$\boldsymbol{u}\in S^{n-1}$

$$\rho(K,\boldsymbol{u})=\max\{\lambda\geqslant 0:\lambda\boldsymbol{u}\in K\}$$

若$\rho(K,\cdot)$是正的、连续的，K被称为星体. 令S^n表示$\mathbf{R}^n$中所有星体的集合. 另外，令$\bar{\delta}$表示极径豪斯道夫距离，若$K,L\in S^n$，则

$$\tilde{\delta}(K,L)=|\rho_K-\rho_L|_\infty$$

1. 混合体积

若$K_i\in K^n(i=1,2,\cdots,r)$，$\lambda_i(i=1,2,\cdots,r)$是非负实数，则一个重要的事实是$\lambda_1K_1+\cdots+\lambda_rK_r$的体积是$\lambda_i$的齐次多项式

$$V(\lambda_1K_1+\cdots+\lambda_rK_r)=\sum_{i_1,\cdots,i_n}\lambda_{i_1}\cdots\lambda_{i_n}V_{i_1\cdots i_n}\quad(9)$$

系数$V_{i_1\cdots i_n}$仅依赖于凸体$K_{i_1},\cdots,K_{i_n}$，且被式(9)唯一确定. $V_{i_1\cdots i_n}$被称作$K_{i_1},\cdots,K_{i_n}$的混合体积，并且被记为$V(K_{i_1},\cdots,K_{i_n})=V(K_1,\cdots,K_n)$. 若$K_1=\cdots=K_{n-i}=K$且$K_{n-i+1}=\cdots=K_n=L$，则混合体积$V(K_1,\cdots,K_n)$通常被记为$V_i(K,L)$. 设$L=B$，则$V_i(K,B)$被称为$K$的$i$次均质积分，并记为$W_i(K)$. K的i次均质积分$W_i(k)$可以由斯坦纳公式来定义[1,3]

$$V(K+\lambda B)=\sum_{i=0}^{n}\binom{n}{i}\lambda^iW_i(K)\quad(10)$$

若$K,L\in K^n$，则[4]

$$\lim_{\varepsilon\to 0^+}\frac{V(K+\varepsilon L)-V(K)}{\varepsilon}=nV_1(K,L)\quad(11)$$

2. 对偶混合体积

若$K_1,\cdots,K_n\in S^n$，则对偶混合体积$\widetilde{V}(K_1,\cdots,K_n)$定义为[2]

$$\widetilde{V}(K_1,\cdots,K_n)=\frac{1}{n}\int_{S^{n-1}}\rho(K_1,u)\cdots\rho(K_n,u)\mathrm{d}S(u) \tag{12}$$

若 $K_1=\cdots=K_{n-i}=K,K_{n-i+1}=\cdots=K_n=L$,则对偶混合体积 $\widetilde{V}(K_1,\cdots,K_n)$ 记作 $\widetilde{V}_i(K,L)$. 若 $L=B$,则对偶混合体积 $\widetilde{V}_i(K,L)=\widetilde{V}_i(K,B)$ 写成 $\widetilde{W}_i(K)$,并称为星体 K 的对偶均值积分.

§3 凸体与星体的体积差的等周不等式

首先给出凸体体积差的等周不等式.

定理 6 若 K 是 $\mathbf{R}^n$ 上的紧域(或凸体),D 是一个球,且 $D\subseteq K$,令 B 与 B' 是 $\mathbf{R}^n$ 上质心在原点的球,$B'\subset B$ 且它们的半径分别为 r 和 r',则

$$\left(\frac{V(K)-V(D)}{V(B)-V(B')}\right)^{n-1}\leqslant\left(\frac{rS(K)-r'S(D)}{rS(B)-r'S(B')}\right)^n \tag{13}$$

等号成立当且仅当 K 是一个球且 $(V(K),V(D))=\mu(V(B),V(B'))$,其中 μ 是一个常数.

为了证明定理 6,我们需要下面的引理 1.

引理 1[5] 若 K,L 与 D 是紧域,$D\subseteq K,D'\subseteq L$,且 D' 是 D 的一个相似的复本,则

$$(V_1(K,L)-V_1(D,D'))^n \geqslant(V(K)-V(D))^{n-1}(V(L)-V(D')) \tag{14}$$

等号成立当且仅当 K 与 L 是相似的且 $(V(K),V(D))=\mu(V(L),V(D'))$,其中 μ 是一个常数.

定理 6 的证明 将 $L=B$ 与 $D'=B'$ 代入式(14),

则

$$(nV_1(K,B)-nV_1(D,B'))^n$$
$$\geqslant n^n(V(K)-V(D))^{n-1}(V(B)-V(B'))$$

等号成立当且仅当 K 是一个球且 $(V(K),V(D))=\mu(V(B),V(B'))$，其中 μ 是一个常数.

由(9)～(11)各式，有

$$nV_1(K,B)=rS(K)$$
$$rS(B)=nV(B) \tag{15}$$

其中 B 是 $\mathbf{R}^n$ 上的质心在原点的球.

另外，注意到

$$\begin{aligned}&rS(K)-r'S(D)\\ &\geqslant n(V(K)-V(D))^{\frac{n-1}{n}}(V(B)-V(B'))^{\frac{1}{n}}\\ &=(rS(B)-r'S(B'))(V(K)-\\ &\quad V(D))^{\frac{n-1}{n}}(V(B)-V(B'))^{\frac{1-n}{n}}\end{aligned}$$

因此

$$\left(\frac{rS(K)-r'S(D)}{rS(B)-r'S(B')}\right)^n\geqslant\left(\frac{V(K)-V(D)}{V(B)-V(B')}\right)^{n-1}$$

等号成立当且仅当 K 是一个球且 $(V(K),V(D))=\mu(V(B),V(B'))$，其中 μ 是一个常数.

在式(13)中令 D 与 B' 是单个的点，式(13)变成凸体的等周不等式.

凸体 K 的内蕴体积 $V_i(K)$[3] 被定义为当 $0\leqslant i\leqslant n$

$$V_i(K)=\frac{1}{c_{n,i}}W_{n-i}(K)=\frac{1}{c_{n,i}}V(\underbrace{K,\cdots,K}_{i},\underbrace{B,\cdots,B}_{n-i}) \tag{16}$$

其中

$$c_{n,i}=\frac{\omega_{n-i}}{\binom{n}{i}}$$

因为$\binom{n}{0}=1$,所以 $c_{n,0}=\omega_n$,其中 ω_n 是 B 的体积.

凸体的内蕴体积最先由 McMullen 在文[9]中引入,当 $i=n$ 时,显然

$$V_n(K)=W_0(K)=V(K,\cdots,K)=V(K)$$

众所周知,凸体的广义等周不等式可叙述为:

若 $K\in K^n$,则

$$\left(\frac{V(K)}{V(B)}\right)^i\leqslant\left(\frac{V_i(K)}{V_i(B)}\right)^n\quad(i\leqslant i\leqslant n-1)$$

等号成立当且仅当 K 是一个球[3].

定理 7 若 $K\in K^n$,D 是一个球,且 $D\subseteq K$,令 B 与 B' 是 $\mathbf{R}^n$ 上质心在原点的球,且 $B'\subset B$,则

$$\left(\frac{V(K)-V(D)}{V(B)-V(B')}\right)^i\leqslant\left(\frac{V_i(K)-V_i(D)}{V_i(B)-V_i(B')}\right)^n$$
$$(0\leqslant i\leqslant n-1)\tag{17}$$

等号成立当且仅当 K 是一个球且$(V(K),V(D))=\mu(V(B),V(B'))$,其中 μ 是一个常数.

为了证明定理 7,需要下面的引理 2.

引理 2 若 $K,L,D\in K^n$,$D\subseteq K$,$D'\subseteq L$,$0\leqslant i<n$,且 D' 是 D 的一个相似的复本,则

$$(V_i(K,L)-V_i(D,D'))^n$$
$$\geqslant(V(K)-V(D))^{n-i}(V(L)-V(D'))^i\tag{18}$$

等号成立当且仅当 K 与 L 是相似的且$(V(K),V(D))=\mu(V(L),V(D'))$,其中 μ 是一个常数.

为了证明引理 2,需要下面的引理 3.

引理 3[10] 若 $a,b,c,d>0$,$0<\alpha<1$,$0<\beta<$

1 且 $\alpha+\beta=1$，令 $a>b, c>d$，则

$$a^{\alpha}c^{\beta}-b^{\alpha}d^{\beta}\geqslant(a-b)^{\alpha}(c-d)^{\beta} \tag{19}$$

等号成立当且仅当 $\frac{a}{b}=\frac{c}{d}$.

引理 2 的证明　对于凸体 K 与 L，注意 $V_i(K,L)^n\geqslant V(K)^{n-i}V(L)^i$，等号成立当且仅当 K 与 L 是相似的，则有

$$\begin{aligned}&V_i(K,L)-V_i(D,D')\\&\geqslant V(K)^{\frac{n-i}{n}}V(L)^{\frac{i}{n}}-V(D)^{\frac{n-i}{n}}V(D')^{\frac{i}{n}}\end{aligned}$$

等号成立当且仅当 K 与 L 是相似的.

结合引理 3 中的不等式，引理 2 得证.

定理 7 的证明　由式(18)，得

$$\begin{aligned}&(W_{n-i}(K)-W_{n-i}(D))^n\\&\geqslant(V(K)-V(D))^i(V(B)-V(B'))^{n-i}\end{aligned}$$

等号成立当且仅当 K 是一个球且 $(V(K),V(D))=\mu(V(B),V(B'))$，其中 μ 是一个常数. 因此

$$\left(\frac{W_{n-i}(K)-W_{n-i}(D)}{V(B)-V(B')}\right)^n\geqslant\left(\frac{V(K)-V(D)}{V(B)-V(B')}\right)^i$$

由式(16)，有

$$\left(\frac{c_{n,i}V_i(K)-c_{n,i}V_i(D)}{V(B)-V(B')}\right)^n\geqslant\left(\frac{V(K)-V(D)}{V(B)-V(B')}\right)^i$$

即

$$\left(\frac{V_i(K)-V_i(D)}{V_i(B)-V_i(B')}\right)^n\geqslant\left(\frac{V(K)-V(D)}{V(B)-V(B')}\right)^i$$

等号成立当且仅当 K 是一个球且 $(V(K),V(D))=\mu(V(B),V(B'))$，其中 μ 是一个常数.

把 $i=n-1$ 代入式(17) 并注意到式(16)，则式(17) 变成式(13).

若 K 是星体，对偶混合体积 $\widetilde{V}_i(K)$，$i\in\mathbf{R}$，定义

为[3]

$$\begin{aligned}\widetilde{V}_i(K)&=\widetilde{W}_{n-i}(K)\\&=V(\underbrace{K,\cdots,K}_{i},\underbrace{B,\cdots,B}_{n-i})\\&=\frac{1}{n}\int_{S^{n-1}}\rho(K,\boldsymbol{u})^i\mathrm{d}S(\boldsymbol{u})\end{aligned}\tag{20}$$

因此 $\widetilde{V}_i(K)=\widetilde{V}_i(B,K)$. 当 $i=n$ 时,有

$$\widetilde{V}_n(K)=\frac{1}{n}\int_{S^{n-1}}\rho(K,\boldsymbol{u})^n\mathrm{d}S(\boldsymbol{u})=V(K)$$

众所周知,星体的对偶等周不等式可陈述为:

若 $K\in S^n$,则

$$\left(\frac{V(K)}{V(B)}\right)^{n-1}\geqslant\left(\frac{\widetilde{V}(K,B,\cdots,B)}{V(B)}\right)^n\tag{21}$$

等号成立当且仅当 K 是一个球.

定理 8 若 $D\in S^n$,K 是一个球,且 $D\subseteq K$,令 B 与 B' 是 $\mathbf{R}^n$ 上质心在原点的球,且 $B'\subset B$,则

$$\left(\frac{V(K)-V(D)}{V(B)-V(B')}\right)^i\geqslant\left(\frac{\widetilde{V}_i(K)-\widetilde{V}_i(D)}{\widetilde{V}_i(B)-\widetilde{V}_i(B')}\right)^n\quad(0\leqslant i\leqslant n-1)\tag{22}$$

等号成立当且仅当 D 是一个球且 $(K,D)=\mu(B,B')$,其中 μ 是一个常数.

为了证明定理 8,我们需要下面的引理 4.

引理 4 若 K,D 与 D' 是 $\mathbf{R}^n$ 上的星体,$D\subseteq K$,$D'\subseteq L$,$0\leqslant i<n$,且 L 是 K 的一个膨胀的复本,则

$$\begin{aligned}&(\widetilde{V}_i(K,L)-\widetilde{V}_i(D,D'))^n\\&\geqslant(V(K)-V(D))^{n-i}(V(L)-V(D'))^i\end{aligned}\tag{23}$$

等号成立当且仅当 D 与 D' 是相互膨胀的且 $(K,D)=\mu(L,D')$,其中 μ 是一个常数.

引理 4 的证明 对于星体 D 和 D'，注意到下列事实

$$\widetilde{V}_i(D,D')^n \leqslant V(D)^{n-i}V(D')^i$$

等号成立当且仅当 D 与 D' 是相互膨胀的，则有

$$\begin{aligned}&\widetilde{V}_i(K,L)-\widetilde{V}_i(D,D')\\ \geqslant\ &V(K)^{\frac{n-i}{n}}V(L)^{\frac{i}{n}}-V(D)^{\frac{n-i}{n}}V(D')^{\frac{i}{n}}\end{aligned}$$

等号成立当且仅当 D 与 D' 是相互膨胀的.

再由引理 3 中的不等式，可得引理 4.

定理 8 的证明 令 $K=B,D=B',L=K$ 与 $D'=D$，由式(23)，得

$$\begin{aligned}&(\widetilde{W}_{n-i}(K)-\widetilde{W}_{n-i}(D))^n\\ \geqslant\ &(V(K)-V(D))^i(V(B)-V(B'))^{n-i}\end{aligned}$$

等号成立当且仅当 D 是一个球且$(K,D)=\mu(B,B')$，其中 μ 是一个常数. 因此

$$\left(\frac{\widetilde{W}_{n-i}(K)-\widetilde{W}_{n-i}(D)}{V(B)-V(B')}\right)^n \geqslant \left(\frac{V(K)-V(D)}{V(B)-V(B')}\right)^i \tag{24}$$

结合(24)与(20)两式，则

$$\left(\frac{\widetilde{V}_i(K)-\widetilde{V}_i(D)}{\widetilde{V}_i(B)-\widetilde{V}_i(B')}\right)^n \geqslant \left(\frac{V(K)-V(D)}{V(B)-V(B')}\right)^i$$

等号成立当且仅当 D 是一个球且$(K,D)=\mu(B,B')$，其中 μ 是一个常数.

最后值得注记的是，体积差的布鲁思 - 闵可夫斯基不等式(2)的一个等价形式已在参考文献[11]中被建立. 体积差的Aleksandrov-Fenchel不等式在参考文献[12]中被证明. 体积和函数的不等式在参考文献[13－14]中被分别建立. 其他的体积差的相关不等式

可参见参考文献[5,7].

参考文献

[1] SCHNEIDER R. Convex bodies: the Brunn-Minkowski theory[M]. Cambridge: Cambridge University Press, 1993.

[2] LUTWAK E. Dual mixed volumes[J]. Pacific J Math, 1975, 58: 531-538.

[3] GARDNER R J. Geometric tomography[M]. New York: Cambridge University Press, 1995.

[4] LUTWAK E. Intersection bodies and dual mixed volumes[J]. Adv Math, 1988, 71: 232-261.

[5] LENG G S. The Brunn-Minkowski inequality for volume differences[J]. Adv Appl Math, 2004, 32: 615-624.

[6] ZHANG G. The affine Sobolev inequality[J]. J Differ Geom, 1999, 53: 183-202.

[7] LV S J. Dual Brunn-Minkowski inequality for volume differences[J]. Geom Dedicata, 2010, 145: 169-180.

[8] LUTWAK E. A dual of the isepiphanic inequality[J]. Arch Math, 1976, 27: 206-208.

[9] MCMULLEN P. Non-linear angle-sum relations for polyhedral cones and polytopes[J]. Math Proc Camb Phi Soc, 1975, 78: 247-261.

[10] ZHAO C J, CHEUNG W S. On p-quermassintegral differences function[J]. Proc Indian Acad Sci(Math

Sci),2006,116:221-231.

[11]ZHAO C J,CHEUNG W S. An equivalence form of the Brunn-Minkowski inequality for volume differences[J]. J Korean Math Soc,2007,44:1373-1381.

[12]ZHAO C J. Mihály M. The Aleksabdrov-Fenchel type inequalities for volume differences[J]. Balkan J Geom Appl,2010,15:163-172.

[13]ZHAO C J,LENG G S. Inequalities for dual quermassintegrals of mixed intersection bodies[J]. Proc Indian Acad Sci(Math Sci),2006,116:221-231.

[14]ZHAO C J. L_p-dual quermassintegrals sums[J]. Sci China,2007,50:1347-1360.

两平面凸域的对称混合等周不等式

第十四章

设 $K_k(k=i,j)$ 为欧氏平面 $\mathbf{R}^2$ 中面积为 A_k，周长为 P_k 的域，它们的对称混合等周亏格为 $\sigma(K_i,K_j)=P_i^2P_j^2-16\pi^2A_iA_j$. 2012 年，曾春娜教授，周家足教授，岳双珊三位教授，用积分几何方法，得到了两平面凸域的庞涅森型对称混合不等式及对称混合等周不等式，给出了两域的对称混合等周亏格的一个上界估计. 还得到了两平面凸域的离散庞涅森型对称混合不等式及两凸域的对称混合等周亏格的一个上界估计，并应用这些对称混合(等周)不等式估计第二类完全椭圆积分.

§1　引　言

经典的等周不等式是最早用基本的几何不变量来刻画平面几何图形的几何不等式.即平面上固定周长的简单闭曲线中,圆所围的面积最大.也即平面上固定面积的区域中,圆盘的周长最小.它的数学表述为:

命题1　欧氏平面 $\mathbf{R}^2$ 中域 K 的面积 A,周长 P 满足不等式

$$P^2-4\pi A\geqslant 0 \tag{1}$$

等号成立的充分必要条件是 K 为圆盘.

因此可定义一域 K 的等周亏格为

$$\Delta_2(K)=P^2-4\pi A \tag{2}$$

$\Delta_2(K)$ 刻画了平面上某域 K 与一圆盘的差别程度.1921年,庞涅森发现了一系列形如

$$\Delta_2(K)=P^2-4\pi A\geqslant B_K \tag{3}$$

的不等式,其中 B_K 是与 K 有关的几何量,非负且当 K 为圆盘时 B_K 为0.这些不等式是等周不等式的加强,称为庞涅森型不等式[3-16].最著名的是如下庞涅森等周不等式:

命题2　欧氏平面 $\mathbf{R}^2$ 中域 K 的面积 A,周长 P 满足不等式

$$P^2-4\pi A\geqslant \pi^2(R-r)^2 \tag{4}$$

其中 r 及 R 分别为 K 的最大内接圆半径及最小外接圆半径.等号成立当且仅当 $R=r$,即 K 为圆盘.

分析中与等周不等式等价的是著名的索伯列夫(Sobolev)不等式.关于等周不等式及庞涅森型不等

式的一些巧妙证明及在常曲率平面，空间，流形上的推广可见文[17－34].

周家足[1] 首先定义了欧氏平面 $\mathbf{R}^2$ 中两域 K_i,K_j 的对称混合等似亏格. 并且利用积分几何方法得到了欧氏平面 $\mathbf{R}^2$ 中对称混合等似不等式及庞涅森型对称混合等似不等式，并且还给出了等似亏格的上界估计. 这些都是古典的等周亏格，等周不等式及庞涅森不等式的自然推广.

命题 3[1,11]　设 $K_k(k=i,j)$ 为欧氏平面 $\mathbf{R}^2$ 中面积为 A_k 的域，其边界 ∂K_k 是简单闭曲线，周长为 P_k，且 K_i 是凸的. 对于 $\mathbf{R}^2$ 上的刚体运动群 G_2，设 K_j 固定，K_i 在平面刚体运动 $g\in G_2$ 下运动，设 $t_m=\max\{t:t(gK_i)\subseteq K_j,g\in G_2\}$，$t_M=\min\{t:t(gK_i)\supseteq K_j,g\in G\}$，则有

$$P_i^2P_j^2-16\pi^2A_iA_j\geqslant 4\pi^2A_i^2(t_M-t_m)^2 \tag{5}$$

等号成立当且仅当 K_i 和 K_j 为圆盘.

三位教授利用积分几何方法和技巧，给出类似于不等式(5) 的一个庞涅森对称混合等周不等式的加强. 还给出了两域 K_i,K_j 的对称混合等周亏格(下节定义 1)$\sigma(K_i,K_j)$ 的一个上界估计，最后利用这些不等式给出了第二类完全椭圆积分的一些估计.

§2　预备知识

引理 1[1,27]　设 A 和 P 分别是欧氏平面 $\mathbf{R}^2$ 中凸域 K 的面积和周长，r 和 R 分别是 K 的最大内接圆半径和最小外接圆半径，则成立不等式

$$r \leqslant \frac{2A}{P} \leqslant \sqrt{\frac{A}{\pi}} \leqslant \frac{P}{2\pi} \leqslant R \tag{6}$$

等号成立当且仅当 K 为圆盘.

定义 1　设 $K_k(k=i,j)$ 为欧氏平面 $\mathbf{R}^2$ 中面积为 A_k 的域,其边界 ∂K_k 是简单闭曲线,周长为 P_k,则 K_i 与 K_j 的对称混合等周亏格定义为

$$\sigma(K_i,K_j)=P_i^2P_j^2-16\pi^2A_iA_j \tag{7}$$

因为欧氏平面 $\mathbf{R}^2$ 中任意域 K 的凸包 K^* 的周长 P^* 减小而面积 A^* 增大,即 $P^*\leqslant P,A^*\geqslant A$. 从而有

$$\begin{aligned}\sigma(K_i,K_j)&=P_i^2P_j^2-16\pi^2A_iA_j\\&\geqslant P_i^{*2}P_j^{*2}-16\pi^2A_i^*A_j^*\\&=\sigma(K_i^*,K_j^*)\end{aligned}$$

因此考虑 K_i,K_j 的对称混合等周亏格 $\sigma(K_i,K_j)$ 的下界时,仅需考虑凸集即可.

当 K_i,K_j 为凸集时,若 K_i 与 K_j 互为位似(homothety),即若有 $x\in R^2,t>0$,使得 $K_j=x+tK_i$,则 $A_i=t^2A_i,P_j=tP_i$,于是

$$\sigma(K_i,K_j)=t^2(P_i^2+4\pi A_i)\Delta_2(K_i)$$

因此立即得到如下两凸域的对称混合等周不等式.

定理 1　设 K_i,K_j 为欧氏平面中面积分别为 A_i, A_j,周长分别为 P_i,P_j 的域,则如下对称混合等周不等式成立

$$\sigma(K_i,K_j)=P_i^2P_j^2-16\pi^2A_iA_j\geqslant 0 \tag{8}$$

等号成立当且仅当 K_i,K_j 为圆盘.

因此,对称混合等周不等式是经典的等周不等式的自然推广.

设 K_i,K_j 为欧氏平面中面积分别为 A_i,A_j,周长分别为 P_i,P_j 的域,令 G_2 为 $\mathbf{R}^2$ 中的等距群,$\mathrm{d}g$ 为 G_2

的运动密度. 如 K_i 是凸的, $tK_i(t\in(0,+\infty))$ 表示 K_i 的位似,则由庞加莱运动公式[35,19]

$$\int_{\partial K_j\cap\partial(t(gK_i))\neq\varnothing} n(\partial K_j\cap\partial(t(gK_i)))\mathrm{d}g=4tP_iP_j \tag{9}$$

其中 $n(\partial K_j\cap\partial(t(gK_i)))$ 为 $\partial K_j\cap\partial(t(gK_i))$ 的交点数.

设 $\chi(K_j\cap t(gK_i))$ 为 $K_j\cap t(gK_i)$ 的欧拉—庞加莱示性数,因为域 K_k 是连通的,且为道路连通,其边界曲线是简单的闭曲线,所以 $\chi(K_j\cap t(gK_i))=n(g)\equiv K_j\cap t(gK_i)$ 的连通分支,由布拉施克运动公式有

$$\begin{aligned}&\int_{K_j\cap t(gK_i)\neq\varnothing}\chi(K_j\cap t(gK_i))\mathrm{d}g\\=&\int_{K_j\cap t(gK_i)\neq\varnothing}n(g)\mathrm{d}g\\=&2\pi(t^2A_i+A_j)+tP_iP_j\end{aligned} \tag{10}$$

若记 μ 为所有使得 $K_j\subset t(gK_i)$ 或 $K_j\supset t(gK_i)$ 的 g 的集合,即 $\mu=\{g\in G:K_j\subset t(gK_i)$ 或 $K_j\supset t(gK_i)\}$,则式(10) 可写成

$$\begin{aligned}&\int_{\mu}n(g)\mathrm{d}g+\int_{\partial K_j\cap\partial(t(gK_i))\neq\varnothing}n(g)\mathrm{d}g\\=&2\pi(t^2A_i+A_j)+tP_iP_j\end{aligned} \tag{11}$$

当 $\partial K_j\cap\partial(t(gK_i))\neq\varnothing$ 时, $K_j\cap t(gK_i)$ 的每一连通分支至少由 ∂K_j 和 $\partial(t(gK_i))$ 的一段弧组成,因此 $n(g)\leqslant n(\partial K_j\cap\partial(t(gK_i)))/2$. 由庞加莱运动公式(9) 和布拉施克运动公式(11) 立即得到

$$\int_{\mu}n(g)\mathrm{d}g\geqslant 2\pi(t^2A_i+A_j)-tP_iP_j \tag{12}$$

由式(12) 可得如下结论.

引理 2[1,19-20]　设 K_i 为欧氏平面 $\mathbf{R}^2$ 上的凸域，则 tK_i 包含或被包含于域 K_j 的一个充分条件是

$$2\pi(t^2A_i+A_j)-tP_iP_j>0 \tag{13}$$

如还有 $t^2A_i>A_j$，则 tK_i 包含 K_j.

§3　主要结果

与平面上的庞涅森型不等式类似，如果存在与 K_i,K_j 有关的几何不变量 B_{ij}，使得 $\sigma(K_i,K_j)\geqslant B_{ij}$，其中 B_{ij} 非负，且当 K_i,K_j 为圆盘时 B_{ij} 为 0. 这种类型的不等式称为庞涅森型对称混合不等式(事实上，庞涅森没有研究过两凸域的对称混合不等式，我们还是习惯地称这种类型的不等式为庞涅森型(对称混合)不等式).

定理 2　设 $K_k(k=i,j)$ 为欧氏平面 $\mathbf{R}^2$ 中面积为 A_k 的凸域，其边界 ∂K_k 是简单闭曲线，周长为 P_k. 设 G_2 为欧氏平面 $\mathbf{R}^2$ 中的等距群，$t_m=\max\{t:t(gK_i)\subseteq K_j,g\in G_2\}$，$t_M=\min\{t:t(gK_i)\supseteq K_j,g\in G_2\}$，则我们有

$$P_i^2P_j^2-16\pi^2A_iA_j\geqslant 4\pi^2A_i^2(t_M-t_m)^2+(2\pi A_it_m+2\pi A_it_M-P_iP_j)^2 \tag{14}$$

等号成立当且仅当 K_i 和 K_j 为圆盘.

证明　显然有 $t_m\leqslant t_M$. 因此，若 $t\in[t_m,t_M]$，则 tK_i 既不能包含 K_j，也不能被包含于 K_j，则由引理 2，我们有

$$2\pi(t^2A_i+A_j)-tP_iP_j\leqslant 0 \tag{15}$$

特别地

$$2\pi(t_m^2 A_i + A_j) - t_m P_i P_j \leqslant 0 \tag{16}$$

$$2\pi(t_M^2 A_i + A_j) - t_M P_i P_j \leqslant 0 \tag{17}$$

由(16)和(17)两式,我们有

$$-8\pi^2 A_i A_j \geqslant 8\pi^2 A_i^2 t_m^2 - 4\pi A_i t_m P_i P_j \tag{18}$$

$$-8\pi^2 A_i A_j \geqslant 8\pi^2 A_i^2 t_M^2 - 4\pi A_i t_M P_i P_j \tag{19}$$

于是

$$\begin{aligned} & P_i^2 P_j^2 - 16\pi^2 A_i A_j \\ \geqslant & P_i^2 P_j^2 + 8\pi^2 A_i^2 t_m^2 + 8\pi^2 A_i^2 t_M^2 - 4\pi A_i t_m P_i P_j - \\ & 4\pi A_i t_M P_i P_j \end{aligned} \tag{20}$$

而

$$\begin{aligned} & P_i^2 P_j^2 + 8\pi^2 A_i^2 t_m^2 + 8\pi^2 A_i^2 t_M^2 - 4\pi A_i t_m P_i P_j - 4\pi A_i t_M P_i P_j \\ = & 4\pi^2 A_i^2 t_m^2 + 4\pi^2 A_i^2 t_M^2 - 8\pi^2 A_i^2 t_m t_M + P_i^2 P_j^2 + 4\pi^2 A_i^2 t_m^2 + \\ & 4\pi^2 A_i^2 t_M^2 + 8\pi^2 A_i^2 t_m t_M - 4\pi A_i t_m P_i P_j - 4\pi A_i t_M P_i P_j \\ = & 4\pi^2 A_i^2 (t_M - t_m)^2 + (2\pi A_i t_m + 2\pi A_i t_M - P_i P_j)^2 \end{aligned}$$

于是,我们有 $P_i^2 P_j^2 - 16\pi^2 A_i A_j \geqslant 4\pi^2 A_i^2 (t_M - t_m)^2 + (2\pi A_i t_m + 2\pi A_i t_M - P_i P_j)^2$. 等号成立当且仅当 $t_m = t_M$ 及 $2\pi A_i t_m + 2\pi A_i t_M - P_i P_j = 0$,即 K_i 和 K_j 均为圆盘. 定理 2 证毕.

取 K_i 为圆盘,我们可立即得到如下著名的庞涅森等周不等式(4)的一个加强[1-2].

推论 1 欧氏平面 $\mathbf{R}^2$ 中域 K 的面积 A,周长 P 满足不等式

$$P^2 - 4\pi A \geqslant \pi^2 (R - r)^2 + [\pi(R + r) - P]^2$$

其中 r 及 R 分别为 K 的最大内接圆半径及最小外接圆半径. 等号成立当且仅当 $R = r$,即 K 为圆盘.

同理,我们可以考虑与平面上的庞涅森型逆向等周不等式类似的所谓庞涅森型逆向对称混合不等式[2,28,37-39],即如果存在与 K_i,K_j 有关的几何不变量

U_{ij}，使得$\sigma(K_i,K_j)\leqslant U_{ij}$，当$K_i,K_j$为圆盘时$U_{ij}$为0. 这种类似的不等式我们称为庞涅森型逆向对称混合不等式.

为了得到庞涅森型逆向对称混合不等式，我们要用到以下不等式.

定理 3　设$K_k(k=i,j)$为欧氏平面$\mathbf{R}^2$中面积为A_k的凸域，其边界∂K_k是简单闭曲线，周长为P_k. 设G_2为欧氏平面$\mathbf{R}^2$中的等距群，$t_m=\max\{t:t(gK_i)\subseteq K_j,g\in G_2\}$，$t_M=\min\{t:t(gK_i)\supseteq K_j,g\in G\}$，$r_i$和$R_i$分别是$K_i$的最大内接圆半径和最小外接圆半径，则我们有

$$t_m r_i^2\leqslant\frac{4A_iA_j}{P_iP_j}\leqslant\sqrt{\frac{A_iA_j}{\pi^2}}\leqslant\frac{P_iP_j}{4\pi^2}\leqslant t_M R_i^2 \quad (21)$$

等号成立当且仅当K_i和K_j为圆盘.

证明　由$P_i^2P_j^2-16\pi^2A_iA_j\geqslant 0$，我们有

$$\frac{4A_iA_j}{P_iP_j}\leqslant\sqrt{\frac{A_iA_j}{\pi^2}}\leqslant\frac{P_iP_j}{4\pi^2}$$

由引理 1 可知

$$\frac{4A_iA_j}{P_iP_j}=\frac{2A_i}{P_i}\ \frac{2A_j}{P_j}=\frac{1}{t_m}\ \frac{2t_m^2A_i}{t_mP_i}\ \frac{2A_j}{P_j}\geqslant t_m r_i^2$$

同理$\frac{P_iP_j}{4\pi^2}=\frac{P_i}{2\pi}\ \frac{P_j}{2\pi}=\frac{1}{t_M}\ \frac{t_MP_i}{2\pi}\ \frac{P_j}{2\pi}\leqslant t_M R_i^2$. 因此定理 3 得证.

根据不等式

$$t_m r_i^2\leqslant\frac{4A_iA_j}{P_iP_j}\leqslant\frac{P_iP_j}{4\pi^2}\leqslant t_M R_i^2$$

我们有

$$P_i^2P_j^2-16\pi^2A_iA_j\leqslant 4\pi^2P_iP_j(t_MR_i^2-t_mr_i^2)$$

于是我们得到了如下对称混合等周亏格的一个上界估计.

定理 4 设 $K_k(k=i,j)$ 为欧氏平面 $\mathbf{R}^2$ 中面积为 A_k 的凸域,其边界 ∂K_k 是简单闭曲线,周长为 P_k. 设 G_2 为欧氏平面 $\mathbf{R}^2$ 中的等距群,$t_m=\max\{t:t(gK_i)\subseteq K_j,g\in G_2\}$,$t_M=\min\{t:t(gK_i)\supseteq K_j,g\in G\}$,$r_i$ 和 R_i 分别是 K_i 的最大内接圆半径和最小外接圆半径,则有

$$P_i^2P_j^2-16\pi^2A_iA_j\leqslant 4\pi^2P_iP_j(t_MR_i^2-t_mr_i^2) \tag{22}$$

等号成立当且仅当 K_i 和 K_j 为圆盘.

根据不等式 $t_mr_i^2\leqslant\frac{4A_iA_j}{P_iP_j}\leqslant\sqrt{\frac{A_iA_j}{\pi^2}}\leqslant t_MR_i^2$,我们有

$$P_i^2P_j^2-16\pi^2A_iA_j\leqslant\frac{\pi^2P_i^2P_j^2}{A_iA_j}(t_M^2R_i^4-t_m^2r_i^4)$$

根据不等式

$$t_mr_i^2\leqslant\sqrt{\frac{A_iA_j}{\pi^2}}\leqslant\frac{P_iP_j}{4\pi^2}\leqslant t_MR_i^2$$

我们有

$$P_i^2P_j^2-16\pi^2A_iA_j\leqslant 16\pi^4(t_M^2R_i^4-t_m^2r_i^4)$$

于是我们得到如下对称等周亏格的另外两个上界估计:

定理 5 设 $K_k(k=i,j)$ 为欧氏平面 $\mathbf{R}^2$ 中面积为 A_k 的凸域,其边界 ∂K_k 是简单闭曲线,周长为 P_k,设 G_2 为欧氏平面 $\mathbf{R}^2$ 中的等距群,$t_m=\max\{t:t(gK_i)\subseteq K_j,g\in G_2\}$,$t_M=\min\{t:t(gK_i)\supseteq K_j,g\in G\}$,$r_i$ 和 R_i 分别是 K_i 的最大内接圆半径和最小外接圆半径,则有

$$P_i^2P_j^2-16\pi^2A_iA_j\leqslant\frac{\pi^2P_i^2P_j^2}{A_iA_j}(t_M^2R_i^4-t_m^2r_i^4)\quad(23)$$

$$P_i^2P_j^2-16\pi^2A_iA_j\leqslant16\pi^4(t_M^2R_i^4-t_m^2r_i^4)\quad(24)$$

等号成立当且仅当 K_i 和 K_j 为圆盘.

注　因为 $P_i^2P_j^2-16\pi^2A_iA_j\geqslant0$,故 $\frac{\pi^2P_i^2P_j^2}{A_iA_j}\geqslant16\pi^4$,则定理 5 中的第二个上界值强于第一个上界值,即

$$16\pi^4(t_M^2R_i^4-t_m^2r_i^4)\leqslant\frac{\pi^2P_i^2P_j^2}{A_iA_j}(t_M^2R_i^4-t_m^2r_i^4)$$

而又由于 $\frac{P_iP_j}{4\pi^2}\leqslant t_MR_i^2$,故

$$\frac{16\pi^4(t_M^2R_i^4-t_m^2r_i^4)}{4\pi^2P_iP_j(t_MR_i^2-t_mr_i^2)}=\frac{4\pi^2(t_MR_i^2+t_mr_i^2)}{P_iP_j}\geqslant1+\frac{4\pi^2t_mr_i^2}{P_iP_j}\geqslant1$$

于是 $4\pi^2P_iP_j(t_MR_i^2-t_mr_i^2)\leqslant16\pi^4(t_M^2R_i^4-t_m^2r_i^4)$. 因此定理 4 中的对称混合等周亏格 $\sigma(K_i,K_j)$ 的上界强于定理 5 中的所有上界.

§4　一些应用

当 K_i 取为边长为 1 的正 n 边形时,$P_i=n$,$A_i=\frac{n}{4}\cot\frac{\pi}{n}$,最大内接圆半径 $r_i=\frac{1}{2}\cot\frac{\pi}{n}$,最小外接圆半径 $R_i=\frac{1}{2\sin\frac{\pi}{n}}$,此时 t_M,t_m 为包含和包含在 K_j 中的最小和最大正 n 边形的边长,由定理 2 和定理 4 可得到如

下离散庞涅森型不等式[6] 和离散等周亏格的一个上界估计：

定理 6 设欧氏平面 $\mathbf{R}^2$ 中域 K 的面积和周长分别为 A 和 P，设 a_n 为包含在 K 中的最大正 n 边形的边长，A_n 为包含 K 的最小正 n 边形的边长，则

$$P^2-4\pi A\frac{\pi}{n}\cot\frac{\pi}{n}\geqslant\frac{\pi^2}{4}\cot^2\frac{\pi}{n}(A_n-a_n)^2+\left(\frac{\pi}{2}\cot\frac{\pi}{n}a_n+\frac{\pi}{2}\cot\frac{\pi}{n}A_n-P\right)^2\tag{25}$$

$$P^2-4\pi A\frac{\pi}{n}\cot\frac{\pi}{n}\leqslant\frac{\pi^2 P}{n}\left(\frac{A_n}{\sin^2\frac{\pi}{n}}-\frac{a_n}{\tan^2\frac{\pi}{n}}\right)\tag{26}$$

若我们将 K_i 取为椭圆，设椭圆方程为$\frac{x^2}{a^2}+\frac{y^2}{b^2}=1$. 设此椭圆的长半轴为 a，短半轴为 b. 由定积分的理论可知[40-41] 椭圆的面积 $A_i=\pi ab$，椭圆的周长 P_i 为

$$P_i=4a\int_0^{\frac{\pi}{2}}\sqrt{1-e^2\sin^2\theta}\,\mathrm{d}\theta$$

其中 $e=\frac{\sqrt{a^2-b^2}}{a}$，即为椭圆的离心率. 令 $E(e)=\int_0^{\frac{\pi}{2}}\sqrt{1-e^2\sin^2\theta}\,\mathrm{d}\theta$，此积分称为第二类完全椭圆积分，它的被积函数的原函数不能用初等函数表示. 此时 $A_0=t_M a$，$a_0=t_m a$，其中 a_0 为包含在 K_j 中的离心率为 e 的最大椭圆的长半轴长，A_0 为包含 K_j 的离心率为 e 的最小椭圆的长半轴长，由定理 2 和定理 4，我们有

推论 2 设欧氏平面 $\mathbf{R}^2$ 中域 K 的面积和周长分

别为 A 和 P，设 a_0 为包含在 K 中的离心率为 e 的最大椭圆的长半轴长，A_0 为包含 K 的离心率 e 的最小椭圆的长半轴长，则

$$E(e) \geqslant \frac{\pi^2 \sqrt{1-e^2}\,(A_0^2 + a_0^2) + 2\pi A}{2P(A_0 + a_0)} \tag{27}$$

$$E(e) \leqslant \lambda_1 + \sqrt{\lambda_1^2 + 4\lambda_2} \tag{28}$$

其中 $\lambda_1 = \frac{\pi^2}{P}\sqrt{1-e^2}\left(\frac{A_0}{\sqrt{1-e^2}} - a_0\sqrt{1-e^2}\right)$，$\lambda_2 = \frac{\pi^2}{P}\sqrt{1-e^2}\ \frac{\pi A}{P}$.

若再将推论 2 中的 K 取为单位圆盘，则 $P=2\pi$，$A=\pi$，$a_0=1$，$A_0=\frac{1}{\sqrt{1-e^2}}$，代入(27)和(28)两式，我们有：

推论 3　设欧氏平面 $\mathbf{R}^2$ 中椭圆 $E(a,b)$ 的长半轴长为 a，短半轴长为 b，椭圆 E 的离心率为 $e=\frac{\sqrt{a^2-b^2}}{a}$，设 $E(e)=\int_0^{\frac{\pi}{2}}\sqrt{1-e^2\sin^2\theta}\,\mathrm{d}\theta$，为第二类完全椭圆积分，则

$$E(e) \geqslant \frac{\pi(a+b)}{4a}, E(e) \leqslant \frac{\pi a}{2b} \tag{29}$$

等号成立当且仅当 $a=b$，即 E 为一半径为 a 的圆盘. 得出了第二类完全椭圆积分的上界和下界的估计值，这是不等式在估计第二类完全椭圆积分的一个应用.

参考文献

[1] ZHOU J, REN D. Gometric inequalities-from integral

geometry point of view[J]. Acta Mathematatica Scientia, 2010,30A(5):1322-1339.

[2] ZHOU J Z,YUE J. On the isohomothetic inequalities, 2009,preprint.

[3] BONNESEN T. Les Problémes des Isopérimétres at des Isépiphanes[M]. Paris:Gauthie-Villars,1920.

[4] BONNESEN T. Uber eine Verschärfung der isoperimetrischen Ungleichheit des Kreises in der Ebene und aufder Kugeloberfláche nebst einer Anwendung auf eine Minkowskische Ungleichheit für konvexe Körper [J]. Math. Annalen,1921,84:216-227.

[5] BONNESEN T. Uber das isoperimetrische Defizit ebener Figuren[J]. Math. Annalen,1924,91:252-268.

[6] BONNESEN T. Quelques problèms isopérimetriques[J]. Acta Mathematica,1926,48:123-178.

[7] BURAGO YU D,ZALGALLER V A. Geometric Inequalities [M]. Berlin, Heidelberg: Springer-Verlag, 1998.

[8] OSSERMAN R. The isoperimetric inequality[J]. Bull. Amer. Math. Soc. ,1978,84:1182-1238.

[9] OSSERMAN R. Bonnesen-style isoperimetric inequality [J]. Amer. Math. Monthly,1979,86:1-29.

[10] BANCHOFF T F. Pohl W F. Ageneralization of the isoperimetric inequality[J]. J. Diff. Geo. ,1971,6:175-213.

[11] BOKOWSKI J, HEIL E. Integral representation of quermassintegrals and Bonnesen-style inequalities[J]. Arch. Math. ,1986,47:79-89.

[12] CROKE C. A sharp four-dimensional isoperimetric inequality[J]. Comment. Math. Helv. ,1984,59(2):187-192.

[13] DISKANT V. A generalization of Bonnesen's inequalities[J]. Soviet Math. Dokl. , 1973, 14: 1728-1731(Transl. of Dokl. Akad. Nauk SSSR, 1973,213).

[14] KOTLYAR B D. On a Geometricheski inequality, Ukrainski Geometricheski Sbornik,1987,30:49-52.

[15] GRINBERG E, REN D, ZHOU J. The symmetric isoperimetric deficit and the containment problem in a plan of constant curvature,1994,preprint.

[16] GRINBERG E,LI S,ZHANG G,ZHOU J. Integral geometry and Convexity [M]. Sigapore: World Scientific,2006.

[17] GRINBERG E. Isoperimetric inequalities and identities for k-dimensional cross-sections of convex bodies,Math. Ann. ,1991,291:75-86.

[18] ENOMOTO K. A generalization of the isoperimetric inequality on S^2 and flat tori in S^3 [J]. Proc. Amer. Math. Soc. ,1994,120(2):553-558.

[19] REN D. Topics in Integral Geometry[M]. Sigapore: World Scientific,1994.

[20] SANTALÓ L A. Integral Geometry and Geometric Probability [M]. Addison-Wesley, Reading, Mass, 1976.

[21] GYSIN L. The isoperimetric inequality for nonsimple closed curves[J]. P. A. M. S. ,1993,118(1):197-203.

[22] HADWIGER H. Die isoperimetrische Ungleichung in Raum[J]. Elemente Math. , 1948, 3: 25-38.

[23] HOWARD R. The sharp sobolev inequality and the Banchoff-Pohl inequality on surfaces [J]. Proc. Amer. Math. Soc. ,1998,126:2779-2787.

[24] HSIUNG C C. Isoperimetric inequalities for two-dimensinal Riemannian manifolds with boundary[J]. Ann of Math,1961,73(2):213-220.

[25] HSIUNG W Y. An elementary proof of the isoperimetric problem [J]. Chin. Ann. Math. , 2002,23A(1):7-12.

[26] KU H, KU M, ZHANG X. Isoperimetric inequalities on surfaces of constant curvature[J]. Canadian J. of Math. ,1997,49:1162-1187.

[27] ZHOU J Z. On Bonnesen-type inequalities[J] Acta Mathematica Sinica, Chinese Series, 2007, 50(6):1397-1402.

[28] ZHOU J, MA L. Upper bound of the isoperimetric defict, preprint.

[29] LI M, ZHOU J. An upper limit for the isoperimetric deficit of convex set in a plane of constant curvature[J]. Sci. in China, 2010, 53(8): 1941-1946.

[30] ZHOU J, XIA Y, ZENG C. Some new Bonnesen-style inequalities[J]. J. Korean Math. Soc. , 2011, 48(2): 421-430.

[31] ZHOU J, CHEN F. The Bonnesen-type inequal-

ities in a plane of constant curvature[J]. Journal of Korean Math. Sco. ,2007,44(6):1363-1372.

[32] KLAIN D. Bonnesen-type inequalities for surfaces of constant curvature[J]. Adv. in Appl. Math. ,2007,39(2):143-154.

[33] ZHOU J. Integral geometry and the isoperimetric inequality [J]. J. Guizhou Normal Univ. (Natural Science),2002,20(2):1-5.

[34] ZHOU J. A kinematic formula and analogous of Hadwiger's theorem in space[J]. Contemporary Mathematics,1992,140:159-167.

[35] SCHNEIDE R. Convex Bodies:The Brunn-Minkowski Theory[M]. Cambridge:Cambridge University Press, 1993.

[36] REN D. Introduction to Integral Geometry[M]. Shanghai:Scientific Technical Publishers,1998.

[37] ZHOU J, ZHOU C, MA F. Isoperimetric deficit upper limit of a planar convex set[J]. Rendiconti del Circolo Matematico di Palermo (Serie II, Suppl), 2009,81:363-367.

[38] BOTTEMA O. Eine obere Grenze für das isoperimetrische Defizit ebener Kurven[J]. Nederl. Akad. Wetenscr Proc. ,1933,A66:442-446.

[39] PLEIJEL A. On konvexa kurvor[J]. Nordisk Math. Tidskr. ,1955,3:57-64.

[40] BERGER M. Geometry[M]. Berlin: Springer-Verlag,World Publishing Corporation,1989.

[41] ZHOU Z. The approximative formula for circum length of an ellipse[J]. Shuxue Tongbao, 1996, 6: 45-47.

涉及椭圆的一个等周不等式链的最佳常数

第十五章

2018 年,成都大学信息科学与工程学院的文家金教授借助于级数理论,证明了如下的等周不等式链

$$1+K_1\frac{e^4}{\sqrt[4]{1-e^2}}<\frac{|\Gamma|}{2\pi\sqrt{ab}}<1+K_2\frac{e^4}{\sqrt[4]{1-e^2}}$$

成立,当且仅当

$$K_1\leqslant\frac{3}{64}=0.046\ 875$$

$$K_2\geqslant\frac{2}{\pi}=0.636\ 619\ 772\ 367\ 581\ 4\cdots$$

这里,$\frac{3}{64}$ 和 $\frac{2}{\pi}$ 是最佳常数,$\Gamma\triangleq\left\{(x,y)\in\mathbf{R}^2\left|\frac{x^2}{a^2}+\frac{y^2}{b^2}=1,a>b>0\right.\right\}$ 是一个椭圆,$|\Gamma|$ 和 $e\triangleq\frac{\sqrt{a^2-b^2}}{a}\in(0,1)$ 分别表示椭圆 Γ 的周长和离心

率.我们还推广了上述结果,并且获得了椭圆周长 $|\Gamma|$ 的一个近似计算公式如下

$$|\Gamma| \approx 2\pi\sqrt{ab} + 2\pi a e^4\left[\sum_{n=0}^{N} u_n e^{2n} + \frac{1}{2}\left(\frac{2}{\pi} + u_{N+1} - \sum_{n=0}^{N} u_n\right)e^{2(N+1)}\right]$$

§1 引 言

在文家金教授的文章《问题研究 B》(数学爱好者通讯,2018,4) 中,提出了如下问题:

问题 1 分别用 $|\Gamma|$ 和 e 表示椭圆

$$\Gamma \triangleq \left\{(x,y)\in\mathbf{R}^2 \,\middle|\, \frac{x^2}{a^2}+\frac{y^2}{b^2}=1, a>b>0\right\}$$

的周长和离心率.试求出使不等式

$$1+K_1\frac{e^4}{\sqrt[4]{1-e^2}} < \frac{|\Gamma|}{2\pi\sqrt{ab}} < 1+K_2\frac{e^4}{\sqrt[4]{1-e^2}} \quad (1)$$

成立的正实数 K_1 的最大值 K_1^* 和正实数 K_2 的最小值 K_2^*,这里,$0<e<1$.

上述问题 1 有重要的理论意义和应用价值.众所周知,椭圆 Γ 的周长 $|\Gamma|$ 没有初等表达式.然而,我们却有如下的等周不等式

$$\pi ab = \text{Area } D(\Gamma) \leqslant \frac{|\Gamma|^2}{4\pi} \Leftrightarrow \frac{|\Gamma|}{2\pi\sqrt{ab}} \geqslant 1 \quad (2)$$

不等式(2) 取等号当且仅当 $a=b$,即椭圆 Γ 是一个圆.如果问题 1 得以解决,那么我们有

$$|\Gamma| \approx 2\pi\sqrt{ab}\left(1+\frac{K_1^*+K_2^*}{2}\times\frac{e^4}{\sqrt[4]{1-e^2}}\right) \quad (3)$$

换言之，我们能够获得椭圆周长的一个简明的近似计算公式(3).

本章将圆满地解决上述问题1.我们的主要结果是如下的定理1.

定理1　在问题1的假设下，使不等式链(1)成立的正实数 K_1 的最大值为

$$K_1^* = \frac{3}{64} = 0.046\ 875 \tag{4}$$

而使不等式链(1)成立的正实数 K_2 的最小值为

$$K_2^* = \frac{2}{\pi} = 0.636\ 619\ 772\ 367\ 581\ 4\cdots \tag{5}$$

在第3节里，我们将定理1推广到一般情形；在第4节里，我们将建立椭圆周长的一个近似计算公式，并且展示了该公式的具体应用.

§2　定理1的证明

设椭圆 Γ 的参数方程为 $\Gamma: x = a\cos\theta, y = b\cos\theta$，$\theta \in [0, 2\pi)$，则 Γ 的离心率 $e = \frac{\sqrt{a^2 - b^2}}{a} \in (0,1)$.根据牛顿(Newton)公式

$$(1+x)^{\mu} = 1 + \sum_{n=1}^{\infty} \frac{1}{n!} x^n \prod_{k=0}^{n-1} (\mu - k)$$

$$\forall x \in (-1,1), \forall \mu \in \mathbf{R} \triangleq (-\infty, +\infty) \tag{6}$$

和公式

$$\int_0^{\frac{\pi}{2}} \cos^{2n}\theta \, d\theta = \frac{(2n-1)!!}{(2n)!!} \times \frac{\pi}{2}, \forall n = 1,2,3,\cdots,m,\cdots \tag{7}$$

这里

$$(2n-1)!! = (2n-1)\times(2n-3)\times\cdots\times3\times1$$
$$(-1)!! = 1$$
$$(2n)!! = 2n\times(2n-2)\times\cdots\times4\times2$$
$$0!! = 1$$

我们有

$$
\begin{aligned}
&|\Gamma| \\
&=\oint_{\Gamma}\mathrm{d}s \\
&=\int_0^{2\pi}\sqrt{\left(\frac{\mathrm{d}x}{\mathrm{d}\theta}\right)^2+\left(\frac{\mathrm{d}x}{\mathrm{d}\theta}\right)^2}\,\mathrm{d}\theta \\
&=\int_0^{2\pi}\sqrt{(-a\sin\theta)^2+(b\cos\theta)^2}\,\mathrm{d}\theta \\
&=\int_0^{2\pi}\sqrt{a^2-(a^2-b^2)\cos^2\theta}\,\mathrm{d}\theta \\
&=a\int_0^{2\pi}(1-e^2\cos^2\theta)^{\frac{1}{2}}\,\mathrm{d}\theta \\
&=a\int_0^{2\pi}\left[1+\sum_{n=1}^{\infty}\frac{1}{n!}(-e^2\cos^2\theta)^n\prod_{k=0}^{n-1}\left(\frac{1}{2}-k\right)\right]\mathrm{d}\theta \\
&=a\int_0^{2\pi}\left[1+\sum_{n=1}^{\infty}(-1)^{2n-1}e^{2n}\cos^{2n}\theta\,\frac{(2n-3)!!}{(2n)!!}\right]\mathrm{d}\theta \\
&=4a\left[\frac{\pi}{2}-\sum_{n=1}^{\infty}e^{2n}\,\frac{(2n-3)!!}{(2n)!!}\int_0^{\frac{\pi}{2}}\cos^{2n}\theta\,\mathrm{d}\theta\right] \\
&=4a\left[\frac{\pi}{2}-\sum_{n=1}^{\infty}e^{2n}\,\frac{(2n-3)!!}{(2n)!!}\times\frac{(2n-1)!!}{(2n)!!}\times\frac{\pi}{2}\right] \\
&=2\pi a\left[1-\sum_{n=1}^{\infty}e^{2n}\,\frac{(2n-3)!!\ (2n-1)!!}{(2n)!!^{\ 2}}\right] \\
&=2\pi a\left[1-\frac{1}{4}e^2-\sum_{n=2}^{\infty}e^{2n}\,\frac{(2n-3)!!\ (2n-1)!!}{(2n)!!^{\ 2}}\right]
\end{aligned}
$$

$$=2\pi a\left[1-\frac{1}{4}e^{2}-e^{4}\sum_{n=0}^{\infty}e^{2n}\frac{(2n+1)!!\ (2n+3)!!}{(2n+4)!!^{\ 2}}\right]$$

即有

$$|\Gamma|$$

$$=2\pi a\left[1-\frac{1}{4}e^{2}-e^{4}\sum_{n=0}^{\infty}e^{2n}\frac{(2n+1)!!\ (2n+3)!!}{(2n+4)!!^{\ 2}}\right] \tag{8}$$

另外，根据公式(6)，我们有

$$\begin{aligned}
\sqrt[4]{1-e^{2}}&=(1-e^{2})^{\frac{1}{4}}\\
&=1+\sum_{n=1}^{\infty}\frac{1}{n!}(-e^{2})^{n}\prod_{k=0}^{n-1}\left(\frac{1}{4}-k\right)\\
&=1-\frac{1}{4}e^{2}+\sum_{n=1}^{\infty}\frac{1}{n!}(-e^{2})^{n}\prod_{k=0}^{n-1}\left(\frac{1}{4}-k\right)\\
&=1-\frac{1}{4}e^{2}-\sum_{n=2}^{\infty}e^{2n}\frac{3\times 7\times\cdots\times(4n-5)}{4^{n}n!}\\
&=1-\frac{1}{4}e^{2}-\sum_{n=2}^{\infty}e^{2n}\frac{(4n-5)!!!!}{(4n)!!!!}\\
&=1-\frac{1}{4}e^{2}-e^{4}\sum_{n=0}^{\infty}e^{2n}\frac{(4n+3)!!!!}{(4n+8)!!!!}
\end{aligned}$$

即有

$$\sqrt[4]{1-e^{2}}=1-\frac{1}{4}e^{2}-e^{4}\sum_{n=0}^{\infty}e^{2n}\frac{(4n+3)!!!!}{(4n+8)!!!!} \tag{9}$$

这里

$$(4n+8)!!!!=(4n+8)\times(4n+4)\times\cdots\times 8\times 4\quad \forall\, n\geqslant 0$$

$$(4n+3)!!!!=(4n+3)\times(4n-1)\times\cdots\times 7\times 3\quad \forall\, n\geqslant 0$$

根据公式(8)和(9)，我们有

$$\frac{|\Gamma|}{2\pi\sqrt{ab}}$$

$$=\frac{|\Gamma|}{2\pi\sqrt{a\sqrt{a^2-(a^2-b^2)}}}$$

$$=\frac{|\Gamma|}{2\pi a\sqrt[4]{1-e^2}}$$

$$=\frac{2\pi a\left[1-\frac{1}{4}e^2-e^4\sum_{n=0}^{\infty}e^{2n}\frac{(2n+1)!!\ (2n+3)!!}{(2n+4)!!^{\ 2}}\right]}{2\pi a\left[1-\frac{1}{4}e^2-e^4\sum_{n=0}^{\infty}\mathrm{e}^{2n}\frac{(4n+3)!!!!}{(4n+8)!!!!}\right]}$$

$$=1+\frac{e^4\sum_{n=0}^{\infty}e^{2n}\frac{(4n+3)!!!!}{(4n+8)!!!!}-e^4\sum_{n=0}^{\infty}e^{2n}\frac{(2n+1)!!\ (2n+3)!!}{(2n+4)!!^{\ 2}}}{\sqrt[4]{1-e^2}}$$

$$=1+\frac{e^4}{\sqrt[4]{1-e^2}}\sum_{n=0}^{\infty}e^{2n}\left[\frac{(4n+3)!!!!}{(4n+8)!!!!}-\frac{(2n+1)!!\ (2n+3)!!}{(2n+4)!!^{\ 2}}\right]$$

即有

$$\frac{|\Gamma|}{2\pi\sqrt{ab}}=1+\frac{e^4}{\sqrt[4]{1-e^2}}\sum_{n=0}^{\infty}u_n e^{2n} \tag{10}$$

这里

$$\{u_n\}_{n=0}^{\infty}:u_n\triangleq\frac{(4n+3)!!!!}{(4n+8)!!!!}-\frac{(2n+1)!!\ (2n+3)!!}{(2n+4)!!^{\ 2}} \tag{11}$$

往证

$$u_n>0,\quad \forall n\geqslant 0 \tag{12}$$

事实上

$$u_0=\frac{3}{8\times 4}-\frac{3}{(4\times 2)^2}=\frac{3}{64}>0 \tag{13}$$

$$u_1=\frac{7\times 3}{12\times 8\times 4}-\frac{3\times 5\times 3}{(6\times 4\times 2)^2}=\frac{9}{256}>0 \tag{14}$$

$$u_2=\frac{11\times 7\times 3}{16\times 12\times 8\times 4}-\frac{5\times 3\times 7\times 5\times 3}{(8\times 6\times 4\times 2)^2}=\frac{441}{16\ 384}>0 \tag{15}$$

$$u_3=\frac{15\times 11\times 7\times 3}{20\times 16\times 12\times 8\times 4}-\frac{7\times 5\times 3\times 9\times 7\times 5\times 3}{(10\times 8\times 6\times 4\times 2)^2}$$

$$=\frac{1\ 407}{65\ 536}>0 \tag{16}$$

$$u_4=\frac{19\times 15\times 11\times 7\times 3}{24\times 20\times 16\times 12\times 8\times 4}-$$

$$\frac{9\times 7\times 5\times 3\times 11\times 9\times 7\times 5\times 3}{(12\times 10\times 8\times 6\times 4\times 2)^2}$$

$$=\frac{18\ 557}{1\ 048\ 576}>0 \tag{17}$$

一般地，当 $n\geqslant 0$ 时，不等式(11) 等价于

$$v_n\triangleq\frac{(4n+3)!!!!}{(4n+8)!!!!}\times\frac{(2n+4)!!^{\ 2}}{(2n+1)!!\ (2n+3)!!}>1$$

$$\forall\, n\geqslant 0 \tag{18}$$

因为 $v_n>0,\forall\, n\geqslant 0$，并且

$$\frac{v_{n+1}}{v_n}=\frac{\dfrac{(4n+7)!!!!}{(4n+12)!!!!}\times\dfrac{(2n+6)!!^{\ 2}}{(2n+3)!!\ (2n+5)!!}}{\dfrac{(4n+3)!!!!}{(4n+8)!!!!}\times\dfrac{(2n+4)!!^{\ 2}}{(2n+1)!!\ (2n+3)!!}}$$

$$=\frac{4n+7}{4n+12}\times\frac{(2n+6)^2}{(2n+3)(2n+5)}$$

$$=\frac{252+312n+124n^2+16n^3}{180+252n+112n^2+16n^3}>1,\forall\, n\geqslant 0$$

所以数列 $\{v_n\}_{n=0}^{\infty}$ 严格递增. 于是

$$v_n\geqslant v_0=\frac{\dfrac{3}{8\times 4}}{\dfrac{3}{(4\times 2)^2}}=2>1\Rightarrow v_n>1,\forall\, n\geqslant 0$$

这就是说，不等式(18) 和(11) 被证明.

定义函数

$$\varphi:(0,1)\to\mathbf{R},\varphi(e)=\sum_{n=0}^{\infty}u_ne^{2n} \tag{19}$$

$$\begin{aligned}\varphi(e)&=\frac{\sqrt[4]{1-e^2}}{e^4}\left(\frac{|\Gamma|}{2\pi\sqrt{ab}}-1\right)\\&=\frac{\sqrt[4]{1-e^2}}{e^4}\left(\frac{a\int_0^{2\pi}(1-e^2\cos^2\theta)^{\frac{1}{2}}\mathrm{d}\theta}{2\pi a\sqrt[4]{1-e^2}}-1\right)\\&=\frac{1}{e^4}\left[\frac{2}{\pi}\int_0^{\frac{\pi}{2}}(1-e^2\cos^2\theta)^{\frac{1}{2}}\mathrm{d}\theta-\sqrt[4]{1-e^2}\right]\end{aligned}$$

即有

$$\begin{aligned}\varphi(e)&=\sum_{n=0}^{\infty}u_ne^{2n}\\&=\frac{1}{e^4}\left[\frac{2}{\pi}\int_0^{\frac{\pi}{2}}(1-e^2\cos^2\theta)^{\frac{1}{2}}\mathrm{d}\theta-\sqrt[4]{1-e^2}\right]\end{aligned} \tag{20}$$

由式(12)和式(20)知,函数 $\varphi:(0,1)\to\mathbf{R}$ 是严格递增的.于是,由式(13)和式(20)知

$$\inf_{0<e<1}\{\varphi(e)\}=\lim_{e\to0^+}\varphi(e)=u_0=\frac{3}{64} \tag{21}$$

$$\begin{aligned}\sup_{0<e<1}\{\varphi(e)\}&=\lim_{e\to1^-}\varphi(e)=\sum_{n=0}^{\infty}u_n\\&=\frac{2}{\pi}\int_0^{\frac{\pi}{2}}(1-\cos^2\theta)^{\frac{1}{2}}\mathrm{d}\theta=\frac{2}{\pi}\end{aligned} \tag{22}$$

所以,由(10),(19),(21)和(22)各式知

$$1+\frac{3}{64}\times\frac{e^4}{\sqrt[4]{1-e^2}}<\frac{|\Gamma|}{2\pi\sqrt{ab}}<1+\frac{2}{\pi}\times\frac{e^4}{\sqrt[4]{1-e^2}}$$
$$\forall e\in(0,1) \tag{23}$$

并且,不等式链(23)中的系数 $K_1^*=\frac{3}{64}$ 和 $K_2^*=\frac{2}{\pi}$ 是

最佳常数. 这就是说，定理 1 被证明. 证毕.

§3　定理 1 的推广

定理 2　对于任意的非负整数 N，使不等式

$$\frac{|\Gamma|}{2\pi\sqrt{ab}}>1+\frac{e^4}{\sqrt[4]{1-e^2}}\left(\sum_{n=0}^{N}u_ne^{2n}+K_1e^{2(N+1)}\right) \tag{24}$$

成立的正实数 K_1 的最大值为 $K_1^*=u_{N+1}$，并且使不等式

$$\frac{|\Gamma|}{2\pi\sqrt{ab}}<1+\frac{e^4}{\sqrt[4]{1-e^2}}\left(\sum_{n=0}^{N}u_ne^{2n}+K_2e^{2(N+1)}\right) \tag{25}$$

成立正实数 K_2 的最小值为 $K_2^*=\frac{2}{\pi}-\sum_{n=0}^{N}u_n$. 这里，数列 $\{u_n\}_{n=0}^{\infty}$ 由式(11) 定义.

证明　对于任意的非负整数 N，定义函数

$$\psi:(0,1)\to\mathbf{R},\psi(e)=\sum_{n=N+1}^{\infty}u_ne^{2(n-N-1)} \tag{26}$$

则由定理 1 的证明可知

$$\psi_{\inf}\triangleq\inf_{0<e<1}\{\psi(e)\}=\lim_{e\to0^+}\psi(e)=u_{N+1}$$

$$\psi_{\sup}\triangleq\sup_{0<e<1}\{\psi(e)\}=\lim_{e\to1^-}\varphi(e)=\sum_{n=N+1}^{\infty}u_n=\frac{2}{\pi}-\sum_{n=0}^{N}u_n$$

$$\frac{|\Gamma|}{2\pi\sqrt{ab}}=1+\frac{e^4}{\sqrt[4]{1-e^2}}\left[\sum_{n=0}^{N}u_ne^{2n}+e^{2(N+1)}\psi(e)\right]$$

$$\frac{|\Gamma|}{2\pi\sqrt{ab}}>1+\frac{e^4}{\sqrt[4]{1-e^2}}\left(\sum_{n=0}^{N}u_ne^{2n}+u_{N+1}e^{2(N+1)}\right)$$

$$\frac{|\Gamma|}{2\pi\sqrt{ab}}<1+\frac{e^4}{\sqrt[4]{1-e^2}}\left[\sum_{n=0}^{N}u_n e^{2n}+e^{2(N+1)}\left(\frac{2}{\pi}-\sum_{n=0}^{N}u_n\right)\right]$$

并且,这里的系数 $K_1^*=u_{N+1}$ 和 $K_2^*=\frac{2}{\pi}-\sum_{n=0}^{N}u_n$ 是最佳常数.这就是说,定理 2 被证明.证毕.

§4 椭圆周长 $|\Gamma|$ 的一个近似计算公式

由定理 2 知

$$\frac{|\Gamma|}{2\pi\sqrt{ab}}\approx 1+\frac{e^4}{\sqrt[4]{1-e^2}}\left(\sum_{n=0}^{N}u_n e^{2n}+\frac{K_1^*+K_2^*}{2}e^{2(N+1)}\right)$$

即有

$$|\Gamma|\approx 2\pi\sqrt{ab}+2\pi a e^4\left[\sum_{n=0}^{N}u_n e^{2n}+\frac{1}{2}\left(\frac{2}{\pi}+u_{N+1}-\sum_{n=0}^{N}u_n\right)e^{2(N+1)}\right] \tag{27}$$

由定理 1 和定理 2 的证明知

$$\frac{|\Gamma|}{2\pi\sqrt{ab}}=1+\frac{e^4}{\sqrt[4]{1-e^2}}\left[\sum_{n=0}^{N}u_n e^{2n}+e^{2(N+1)}\psi(e)\right]$$

即有

$$|\Gamma|=2\pi\sqrt{ab}+2\pi a e^4\left[\sum_{n=0}^{N}u_n e^{2n}+e^{2(N+1)}\Psi(e)\right] \tag{28}$$

于是

$r(N)$

$$\triangleq \left| |\Gamma| - \left\{ 2\pi\sqrt{ab} + \right.\right.$$

$$\left.\left. 2\pi a e^4 \left[\sum_{n=0}^{N} u_n e^{2n} + \frac{1}{2}\left(\frac{2}{\pi} + u_{N+1} - \sum_{n=0}^{N} u_n\right) e^{2(N+1)} \right] \right\} \right|$$

$$= 2\pi a e^{4+2(N+1)} \left| \psi(e) - \frac{1}{2}(\psi_{\sup} + \psi_{\inf}) \right|$$

$$\leqslant 2\pi a e^{4+2(N+1)} \left| \frac{1}{2}(\psi_{\sup} - \psi_{\inf}) \right|$$

$$= \pi a e^{2(N+3)} \left(\frac{2}{\pi} - \sum_{n=0}^{N+1} u_n \right)$$

$$< 2 a e^{2(N+3)}$$

这里，$r(N)$ 为近似计算的绝对误差，即有

$$r(N) \leqslant \pi a e^{2(N+3)} \left(\frac{2}{\pi} - \sum_{n=0}^{N+1} u_n \right) < 2 a e^{2(N+3)} \tag{29}$$

例 1　计算椭圆

$$\Gamma = \left\{ (x, y) \in \mathbf{R}^2 : \left| \frac{x^2}{25} + \frac{y^2}{16} = 1 \right. \right\}$$

的周长 $|\Gamma|$ 的近似值.

解法　这里，$a = 5, b = 4, e = \dfrac{\sqrt{a^2 - b^2}}{a} = \dfrac{3}{5}$. 令 $N = 3$.

由(13)－(17) 和(29) 各式，我们有

$$r(N) \leqslant \pi a e^{2(N+3)} \left(\frac{2}{\pi} - \sum_{n=0}^{N+1} u_n \right)$$

$$= 5\pi \times \left(\frac{3}{5} \right)^{2(N+3)} \left(\frac{2}{\pi} - \sum_{n=0}^{N+1} u_n \right)$$

$$r(3)$$

$$\leqslant 5\pi \left(\frac{3}{5} \right)^{12} \left(\frac{2}{\pi} - \frac{3}{64} - \frac{9}{256} - \frac{441}{16\ 384} - \frac{1\ 407}{65\ 536} - \frac{18\ 557}{1\ 048\ 576} \right)$$

$$= 0.016\ 703\ 381\ 477\ 143\ 713\cdots < 0.02$$

由式(27)知

$$
\begin{aligned}
&|\Gamma| \\
&\approx 2\pi\sqrt{ab}+ \\
&\quad 2\pi a e^4\left[\sum_{n=0}^{N}u_n e^{2n}+\frac{1}{2}\left(\frac{2}{\pi}+u_{N+1}-\sum_{n=0}^{N}u_n\right)e^{2(N+1)}\right] \\
&=2\pi\sqrt{20}+10\pi\left(\frac{3}{5}\right)^4\left[\frac{3}{64}+\frac{9}{256}\left(\frac{3}{5}\right)^2+\frac{441}{16\ 384}\left(\frac{3}{5}\right)^4+\right. \\
&\quad \frac{1\ 407}{65\ 536}\left(\frac{3}{5}\right)^6+\frac{1}{2}\left(\frac{2}{\pi}+\frac{18\ 557}{1\ 048\ 576}-\frac{3}{64}-\frac{9}{256}-\frac{441}{16\ 384}-\frac{1\ 407}{65\ 536}\right)\cdot \\
&\quad \left.\left(\frac{3}{5}\right)^8\right] \\
&=28.377\ 835\ 500\ 557\ 104\cdots
\end{aligned}
$$

即有

$$|\Gamma|\approx 28.377\ 835\ 500\ 557\ 104\cdots \tag{30}$$

由以上分析知,公式(30)中的每一位数均为准确值.

另外

$$
\begin{aligned}
|\Gamma| &= a\int_0^{2\pi}(1-e^2\cos^2\theta)^{\frac{1}{2}}\mathrm{d}\theta \\
&=5\int_0^{2\pi}\left(1-\frac{9}{25}\cos^2\theta\right)^{\frac{1}{2}}\mathrm{d}\theta \\
&=28.361\ 667\ 888\ 969\ 485\cdots
\end{aligned}
$$

即有

$$|\Gamma|=28.361\ 667\ 888\ 969\ 485\cdots \tag{31}$$

由(30)和(31)两式知,该近似计算的绝对误差

$$
\begin{aligned}
r(N)=|&28.361\ 667\ 888\ 969\ 485\cdots - \\
&28.377\ 835\ 500\ 557\ 104\cdots|<0.02
\end{aligned}
$$

这是对上述结果的一个有效的检验. 解毕.

注 1 以上计算基于 Mathematica 数学软件.

注 2 作者在带中心的环绕系统 $S^{(2)}\{P,\Gamma\}$ 中建

立了如下的等周不等式

$$\begin{aligned}&\left(1+\frac{5}{2\pi}\cdot\frac{e^2}{1-e^2}\right)\left(\frac{2\pi}{|\Gamma|}\right)^2\\ \leqslant&\oint_{\Gamma}\frac{1}{\|A-P\|^2}\\ \leqslant&\left(1+\frac{16-\pi}{4\pi}\cdot\frac{e^2}{1-e^2}\right)\left(\frac{2\pi}{|\Gamma|}\right)^2\end{aligned}$$

这里,Γ 为一个椭圆,点 P 为椭圆 Γ 的一个焦点,并将这个不等式用于估计在一个行星上的平均温度,特别是地球.

第四编
等周亏格上界估计

$\mathbf{R}^3$ 中卵形闭曲面的等周亏格的上界的注记

第十六章

2011 年,黔南民族师范学院数学系的戴勇和广东石油化工学院高州师范学院的马磊二位教授利用 $\mathbf{R}^3$ 中卵形结果的高斯(Gauss)曲率不等式以及著名的等周不等式,将 $\mathbf{R}^3$ 中卵形闭曲面的高斯曲率 K 应用到空间曲面的等周亏格的上界估计中,得到了 $\mathbf{R}^3$ 中卵形闭曲面的等周亏格的一个新的上界,并给出其简单证明.

§1 引 言

众所周知,空间中固定表面积的紧致 C^2 类单连通闭曲面中,球面所围成的体积最大. 即 C^2 类单连通闭曲面 Σ 所围成的体积 V 与其表面积 A 满足

$$A^3 - 36\pi V^2 \geqslant 0 \qquad (1)$$

当且仅当 Σ 为一标准球面时等号成立.

$\mathbf{R}^3$ 中紧致 C^2 类单连通闭曲面 Σ 的重要几何量除了它的面积,所围成的体积外,还有它的平均曲率 H 和高斯曲率 K.

一般地,在 $\mathbf{R}^3$ 中,设 Σ 为嵌入在 $\mathbf{R}^3$ 中的紧致 C^2 光滑曲面,Σ 围成一个体积为 V,表面积为 A 的域 D,定义

$$\Delta(D) = A^3 - 36\pi V^2$$

为 D 的等周亏格.由等周不等式(1)可知,等周亏格刻画了面积为 A,体积为 V 的空间区域 D 与球的差别程度.

目前关于平面等周亏格的研究已经有了很多很好的结果[1-4].最经典的平面等周亏格的上界估计应该是以下两个不等式[1-4]:

1933 年,Bottema 得到:设 D 为 $\mathbf{R}^2$ 中的凸域,∂D 有光滑的曲率 $\kappa \neq 0$,其半径为 $\rho = \frac{1}{\kappa}$,并设 $\rho_M = \max\left\{\frac{1}{\kappa}\right\}$,$\rho_m = \min\left\{\frac{1}{\kappa}\right\}$,则

$$L^2 - 4\pi F \leqslant \pi^2(\rho_M - \rho_m)^2 \tag{2}$$

其中 F 为 D 的面积,L 为 D 的周长.等号成立当且仅当 $\rho_M = \rho_m$,即 D 为圆盘.

1955 年,Pleijel 得到一个比 Bottema 更好的不等式

$$L^2 - 4\pi F \leqslant \pi(4-\pi)(\rho_M - \rho_m)^2 \tag{3}$$

其中 F 为 D 的面积,L 为 D 的周长.等号成立当且仅当 $\rho_M = \rho_m$,即 D 为圆盘.

历史上许多著名数学家,特别是庞涅森估计了等周亏损的下界,得到了一系列非常重要的庞涅森型不等式[1-4].用积分几何方法得到庞涅森型不等式的是

周家足教授.他的这一方法可用于常曲率平面,还得到了许多重要的几何不等式[5-8].最近周家足还估计了等周亏格的上界估计,把这些重要的不等式推广到了空间情形[9-11].

我们在寻找庞涅森型不等式或者在寻找等周等亏格的上界估计时,都是利用传统的积分几何方法:用域 D 的最大内接圆半径及最小外接圆半径.能把卵形区域 D 的高斯曲率 K 应用到庞涅森型等周不等式或者应用在等周等亏格的上界估计中的研究的确很少看到.本章利用 $\mathbf{R}^3$ 中卵形区域的高斯曲率不等式[10],以及著名的等周不等式

$$A^3-36\pi V^2\geqslant 0$$

得到一个新的关于 $\mathbf{R}^3$ 中卵形区域的等周亏格的上界估计.并给出其简单证明.

在本章中,所研究的曲面 Σ 都是紧致 C^2 类单连通闭曲面.

§2 主要结论与证明

定义1 一般地,我们把 $\mathbf{R}^3$ 中紧致 C^2 类单连通闭曲面所围成的区域称为卵形区域.

定理1 设 Σ 为 $\mathbf{R}^3$ 中一体积为 V,表面积为 A 的域 D,若该曲面的高斯曲率 K 恒大于零,则

$$A^3-36\pi V^2\leqslant 4\pi A\left(\int_\Sigma \frac{1}{K}\mathrm{d}A-\frac{9V^2}{A}\right)$$

其中 $\mathrm{d}A$ 为 Σ 的体积元,等号成立当且仅当 Σ 为一标准球面.

首先有以下引理[10-11]：

引理1[10]　设Σ为$\mathbf{R}^n$中的紧致光滑凸超曲面，面积为A且高斯－克罗内克曲率H_{n-1}恒大于零，则

$$\int_{\Sigma}\frac{1}{H_{n-1}}\mathrm{d}A \geqslant \frac{A^2}{O_{n-1}} \tag{4}$$

其中$\mathrm{d}A$为Σ的体积元

$$O_{n-1}=\frac{2\pi^{\frac{n}{2}}}{\Gamma\left(\frac{n}{2}\right)}\text{（其中 }\Gamma\text{ 为 Gamma 函数）}$$

为$\mathbf{R}^n$中单位球面S^{n-1}的面积，等号成立当且仅当Σ为一标准球面.

特别地，当Σ为$\mathbf{R}^3$中的紧致光滑凸曲面时，H_2就是Σ的高斯曲率K，于是就有如下引理

引理2[10]　设Σ为$\mathbf{R}^3$中一体积为V，表面积为A的域D，若Σ的高斯曲率K恒大于零，则

$$\int_{\Sigma}\frac{1}{K}\mathrm{d}A \geqslant \frac{A^2}{4\pi} \tag{5}$$

其中$\mathrm{d}A$为Σ的体积元，等号成立当且仅当Σ为一标准球面.

由引理2及著名的等周不等式$A^3-36\pi V^2\geqslant 0$，立即可得如下引理：

引理3[10]　设Σ为$\mathbf{R}^3$中一体积为V，表面积为A的域D，若Σ的高斯曲率K恒大于零，则

$$\int_{\Sigma}\frac{1}{K}\mathrm{d}A \geqslant \frac{9V^2}{A} \tag{6}$$

其中$\mathrm{d}A$为Σ的体积元，等号成立当且仅当Σ为一标准球面.

定理1的证明　由引理2以及著名的等周不等式$A^3-36\pi V^2\geqslant 0$，可得

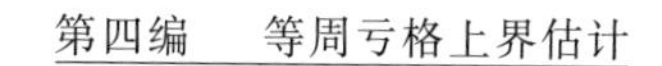

$$\int_{\Sigma}\frac{1}{K}\mathrm{d}A\geqslant\frac{A^{2}}{4\pi}=\frac{A^{3}}{4\pi A}=\frac{A^{3}-36\pi V^{2}}{4\pi A}+\frac{9V^{2}}{A}\quad(7)$$

由式(7)及引理3,立即可得

$$A^{3}-36\pi V^{2}\leqslant 4\pi A\left(\int_{\Sigma}\frac{1}{K}\mathrm{d}A-\frac{9V^{2}}{A}\right)$$

等号成立当且仅当式(7)中等号成立(即Σ为一标准球面).定理1得证.

注1　设Σ为$\mathbf{R}^{3}$中一体积为V,表面积为A的域D,如果Σ的高斯曲率K恒大于零,可能还会得到

$$A^{3}-36\pi V^{2}\leqslant 4\pi A\left(\int_{\Sigma}\frac{1}{K}\mathrm{d}A-\frac{A^{2}}{4\pi}\right)$$

等号成立当且仅当Σ为一标准球面.

注2　设Σ为$\mathbf{R}^{3}$中一体积为V,表面积为A的域D,如果Σ的高斯曲率K恒大于零,可能还会得到

$$A^{3}-36\pi V^{2}\leqslant 4\pi A\left(\int_{\Sigma}\frac{1}{K}\mathrm{d}A-\sqrt{\frac{9AV^{2}}{4\pi}}\right)$$

等号成立当且仅当Σ为一标准球面.

参考文献

[1] BURAGO Y D,ZALGALLER V A. Geometric Inequalities[M]. Berlin Heidelberg:Springer-Verlag,1988.

[2] OSSERMAN R. Bonnesen-style isoperimetric inequality[J]. Amer. Math. Monthly,1979,86:1-29.

[3] SANTALO L A. Integral Geomtry and Geomtric Probabiliy[M]. Reading,MA:Addison-Wesley,1976.

[4] REN D L. Topics in Integral Geometry[M].

Singapore: Word Scientific, 1994.

[5] ZHOU J Z. Plan Bonnesen-type Inequalities[J]. Acta. Math. Sinica, Chinese Series, 2007, 50(6): 1397-1402.

[6] DAI Y, XU W X, ZHOU J Z. Some bonnesen-Style Inequalities and Planar Isoperilnetric Deficit Upper Limit[C] // Proc. of The 14th International Workshop on Diff. Geom. Deagu Korea: Kyungpook National University, 2010, 14: 69-76.

[7] LI M, ZHOU J Z. An upper limit for the isoperimetric deficit of convex set of a plan of constant curvature[J]. Science China Mathematics, 2010, 53(8): 1941-1946.

[8] ZHOU J Z. Curvature Inequalities for Curves[J]. Inter. Comp. Math. Sci. Appl., 2007, (2—4): 145-147.

[9] YUE S S, XU W X, ZHOU J Z. The Isoperimetric Deficit Upper Limit for the Convex Body in $\mathbf{R}^n$[C] // Proc. of the 14th International Workshop on Diff. Geom.. Deagu Korea: Kyungpook National University, 2010, 14: 77-85.

[10] CHENG F, ZHOU J Z. The nonconvex surface with positive mean curvature[J]. Journal of Math., 2009, 29(6): 359-362.

[11] ZHOU J Z, REN D L. Geometric inequalities-form integral geometry point of view[J]. Acta. Mathematica Scientia, 2010, 30(5): 1322-1339.

关于 $\mathbf{R}^3$ 中卵形区域的等周亏格的上界估计

第十七章

2013 年,黔南民族师范学院数学系的戴勇和西南大学数学与统计学院的邓玲芳二位教授研究了空间曲面的等周亏格问题. 利用 $\mathbf{R}^3$ 中卵形区域的高斯曲率 K 及著名的等周不等式,得到 $\mathbf{R}^3$ 中卵形区域的等周亏格的几个上界估计.

定理 设 $\mathbf{R}^3$ 中的曲面 Σ 围成一体积为 V,表面积为 A 的域 D,若该曲面的高斯曲率 K 恒大于零,则

$$A^3-36\pi V^2\leqslant\frac{16\pi^2}{A}\left(\left(\int_\Sigma\frac{1}{K}\mathrm{d}A\right)^2-\frac{81V^4}{A^2}\right)\tag{1}$$

$$A^3-36\pi V^2\leqslant\frac{9V^2A^4}{4\pi}\left(\frac{A^2}{81V^4}-\frac{1}{(\int_\Sigma\frac{1}{K}\mathrm{d}A)^2}\right)\tag{2}$$

其中 $\mathrm{d}A$ 为 Σ 的面积元，等号成立当且仅当 Σ 为一标准球面.

首先我们有以下引理：

引理 设 Σ 为 $\mathbf{R}^n$ 中的紧致光滑凸超曲面，面积为 A 且高斯-克罗内克曲率 H_{n-1} 恒大于零，则

$$\int_{\Sigma} \frac{1}{H_{n-1}} \mathrm{d}A \geqslant \frac{A^2}{O_{n-1}}$$

其中 $\mathrm{d}A$ 为 Σ 的面积元

$$O_{n-1} = \frac{2\pi^{\frac{n}{2}}}{\Gamma\left(\frac{n}{2}\right)} \text{（}\Gamma\text{ 为 Gamma 函数）}$$

为 $\mathbf{R}^n$ 中单位球面 S^{n-1} 的面积，等号成立当且仅当 Σ 为一标准球面.

推论 1 设 $\mathbf{R}^3$ 中的曲面 Σ 围成一体积为 V，表面积为 A 的域 D，若 Σ 的高斯曲率 K 恒大于零，则

$$\int_{\Sigma} \frac{1}{K} \mathrm{d}A \geqslant \sqrt{\frac{9AV^2}{4\pi}} \tag{4}$$

其中 $\mathrm{d}A$ 为 Σ 的面积元，等号成立当且仅当 Σ 为一标准球面.

推论 2 设 $\mathbf{R}^3$ 中的曲面 Σ 围成一体积为 V，表面积为 A 的域 D，若 Σ 的高斯曲率 K 恒大于零，则

$$\int_{\Sigma} \frac{1}{K} \mathrm{d}A \geqslant \frac{9V^2}{A} \tag{5}$$

其中 $\mathrm{d}A$ 为 Σ 的面积元，等号成立当且仅当 Σ 为一标准球面.

定理的证明 由引理、推论 1、推论 2 以及著名的等周不等式

$$A^3 - 36\pi V^2 \geqslant 0$$

可得

$$\int_{\Sigma}\frac{1}{K}\mathrm{d}A \geqslant \frac{A^2}{4\pi} \geqslant \sqrt{\frac{9AV^2}{4\pi}} \geqslant \frac{9V^2}{A} \tag{6}$$

由式(6) 可得

$$\left(\int_{\Sigma}\frac{1}{K}\mathrm{d}A\right)^2 - \left(\frac{9V^2}{A}\right)^2 \geqslant \left(\frac{A^2}{4\pi}\right)^2 - \left(\sqrt{\frac{9AV^2}{4\pi}}\right)^2$$

经化简整理，即得

$$A^3 - 36\pi V^2 \leqslant \frac{16\pi^2}{A}\left(\left(\int_{\Sigma}\frac{1}{K}\mathrm{d}A\right)^2 - \frac{81V^4}{A^2}\right)$$

又由式(6) 可得如下不等式

$$\frac{1}{\int_{\Sigma}\frac{1}{K}\mathrm{d}A} \leqslant \frac{4\pi}{A^2} \leqslant \sqrt{\frac{4\pi}{9AV^2}} \leqslant \frac{A}{9V^2} \tag{7}$$

由式(7) 可得

$$\frac{4\pi}{9AV^2} - \frac{16\pi^2}{A^4} \leqslant \frac{A^2}{81V^4} - \frac{1}{\left(\int_{\Sigma}\frac{1}{K}\mathrm{d}A\right)^2}$$

经化简整理，即得

$$A^3 - 36\pi V^2 \leqslant \frac{9V^2A^4}{4\pi}\left[\frac{A^2}{81V^4} - \frac{1}{\left(\int_{\Sigma}\frac{1}{K}\mathrm{d}A\right)^2}\right]$$

以上不等式中等号成立当且仅当式(5) 中等号都成立(即 Σ 为一标准球面). 定理得证.

第十八章

关于平面常宽凸集等周亏格的注记

2013 年，贵州凯里学院数学科学学院的张洪，西南大学数学与统计学院的徐文学，贵州毕节学院数学与计算机科学学院的李泽清三位教授研究了平面常宽凸集 K 的等周亏格，验证了平面常宽等腰梯形 K 的布拉施克-勒贝格(Lebesgue)定理，即当 K 为 Reuleaux 三角形时等周亏格最大.

§1 引　言

经典的等周不等式是最基本的几何不等式，它可表述为：平面上固定周长的简单闭曲线中圆所围成的面积最大，即：欧氏平面 $\mathbf{R}^2$ 中域 K 的面积 S，周长 L 满足不等式

$$L^2 - 4\pi S \geqslant 0$$

等号成立的充分必要条件是 K 为圆盘. 域 K 的等周亏格

$$\Delta(K)=L^2-4\pi S$$

刻画了面积为 S,周长为 L 的域 K 与一半径为 $\frac{L}{2\pi}$ 的圆的差别程度. 在 1920 年前后,庞涅森证明了一系列具有如下形式 的不等式(称为庞涅森型等周不等式)

$$L^2-4\pi S\geqslant B$$

其中 B 是满足下列条件的几何不变量

(1)$B\geqslant 0$;

(2)$B=0$ 当且仅当 K 为圆盘.

最著名的庞涅森等周不等式是[1-2]

$$L^2-4\pi S\geqslant \pi^2(r_e-r_i)^2 \tag{1}$$

其中 r_e 和 r_i 分别是 K 的最小外接圆半径和最大内切圆半径,等号成立的充分必要条件是 $r_e=r_i$,即 K 为圆盘.

同样,也可以考虑逆庞涅森型不等式,即:是否存在关于 K 的几何不变量 U,使得

$$\Delta(K)\leqslant U$$

Bottema 于 1933 年得到了关于 K 的等周亏格的一个上界[3],即:设欧氏平面 $\mathbf{R}^2$ 中凸集 K 的边界 ∂K 具有连续的曲率半径 ρ,ρ_M 和 ρ_m 分别表示 ρ 的最大值和最小值,则有

$$L^2-4\pi S\leqslant \pi^2(\rho_M-\rho_m)^2$$

等号成立的充分必要条件是 $\rho_m=\rho_M$,即 K 为圆盘. 1955 年 Pleijel 改进 Bottema 的结果为[4]

$$L^2-4\pi S\leqslant \pi(4-\pi)(\rho_M-\rho_m)^2$$

等号成立的充分必要条件是 K 为圆盘.

关于等周亏格的研究有悠久的历史，近几年来，周家足利用积分几何中包含测度的思想，得到很多新的庞涅森型等周不等式及等周亏格的上界估计[5-7]，如

$$L^2-4\pi S\leqslant 2\pi L(r_e-r_i)$$

$$L^2-4\pi S\leqslant 4\pi^2(r_e^2-r_i^2)$$

$$L^2-4\pi S\leqslant \frac{\pi L^2}{S}(r_e^2-r_i^2)$$

以上每一个不等式的等号成立的充分必要条件是 K 为圆盘. 这些结果不需要凸集 K 的边界具有连续的曲率半径，因此更具一般性.

积分几何与几何分析研究的对象是凸体，球与椭球是最特殊的凸体，此外常宽凸集是一类特殊的凸集. 若凸集 K 所有方向上两条平行支持线间的距离都相等，则称 K 为常宽凸集，称其边界 ∂K 为常宽曲线. 关于常宽凸集的研究，有很长很丰富的历史和内容[8-18]. 显然圆是常宽凸集，德国工程师 Reuleaux 在 1876 年发现了非圆的常宽凸集，即 Reuleaux 三角形，其构造为：等边三角形 $\triangle A_1A_2A_3$ 中分别以 A_1,A_2,A_3 为圆心，A_1A_2,A_2A_3,A_3A_1 为半径作弧$\overset{\frown}{A_2A_3},\overset{\frown}{A_3A_1},\overset{\frown}{A_1A_2}$，由这三段圆弧围成的凸域是非圆的常宽凸集. 然后又类似地由正 $2n+1(n\geqslant 2)$ 边形的每个顶点向“对边”作圆弧构造出非圆的常宽凸集，即 Reuleaux 多边形.

在所有的常宽曲线中，Barbier 于 1860 年首次证明了[11]：所有宽度为 d 的平面常宽曲线的周长都等于直径为 d 的圆的周长，即 πd.

由等周不等式可得平面常宽凸集中圆所围成的面积最大，而布拉施克和勒贝格[12-13] 分别独立证明了如下著名的布拉施克 - 勒贝格定理.

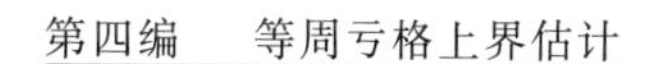

命题 1　所有宽度为 d 的平面常宽凸集中，Reuleaux 三角形的面积最小，为

$$\frac{\pi-\sqrt{3}}{2}d^2$$

本章中我们研究徐文学，周家足，陈方维三位教授得到的常宽等腰梯形的等周亏格的上、下界估计，即讨论庞涅森型不等式及逆庞涅森型不等式，同时也验证关于这类常宽等腰梯形的布拉施克-勒贝格定理.

§2　预备知识

欧氏空间中一点集 K 称为凸的，如果对于任意的 $x\in K, y\in K$，连接 x, y 的线段 $\overline{xy}$ 完全包含于 K 内.

如图 1，在平面直角坐标系 XOY 中，任意一条直线 G 可用原点到它的距离 p 和从 X 正半轴到它法线的角 ϕ 来确定，这样 G 的方程为

$$G(p,\phi): x\cos\phi+y\sin\phi-p=0$$

其中 $$0\leqslant p<+\infty, 0\leqslant\phi<2\pi$$

当直线 G 过原点时 $p=0$.

设 K 为有界闭凸集，它沿 ϕ 方向的支持函数定义为

$$p=\sup\{p_1\mid G_1(p_1,\phi)\cap K\neq\varnothing\} \tag{2}$$

与式(1)中 p 相应的直线 $G(p,\phi)$ 称为 K 沿 ϕ 方向的支持线，支持线把平面分成两个部分，使 K 完全包含在其中的一个半平面内.

支持函数在积分几何与凸几何中占有非常重要的地位，凸集的一些基本量能用它来表示，平面凸集的周

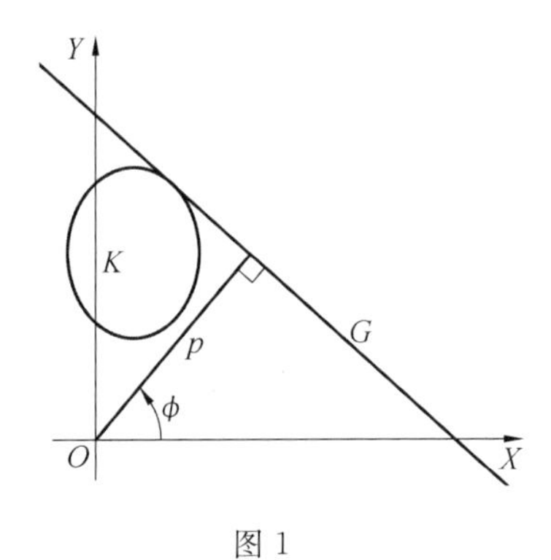

图 1

长 L 和面积 S 可分别表示为[17]

$$L=\int_0^{2\pi} p(\phi)\mathrm{d}\phi \tag{3}$$

$$S=\frac{1}{2}\int_0^{2\pi} p(\phi)(p(\phi)+p''(\phi))\mathrm{d}\phi$$

凸集 K 的宽度函数定义为

$$w(\phi)=p(\phi)+p(\phi+\pi) \tag{4}$$

由式(4) 可见,$w(\phi)$ 是对应于方向 $\phi,\phi+\pi$ 的二平行支持线间的距离,称之为凸集 K 沿 ϕ 方向的宽度. 由式(3) 可得

$$L=\int_0^{\pi} \omega(\phi)\mathrm{d}\phi$$

若 $w(\phi)\equiv d$(常数),则称 K 为常宽凸集,其边界曲线 ∂K 称为常宽曲线.

§3 常宽等腰梯形的等周亏格的上界估计

在文献[19] 中,徐文学、周家足、陈方维由对角线等于底边长的一类等腰梯形构造了一类新的常宽凸

集一常宽等腰梯形.

在等腰梯形 $ABCD$ 中(图 2),设 $AC=BD=CD=d$,AC 与 BD 相交于点 O,则

(a) 以 O 为圆心,分别以 OA 为半径作弧$\overset{\frown}{AB}$,以 OC 为半径作弧$\overset{\frown}{CD}$;

(b) 以 C 为圆心,以 d 为半径作弧$\overset{\frown}{AD}$;

(c) 以 D 为圆心,以 d 为半径作弧$\overset{\frown}{BC}$.

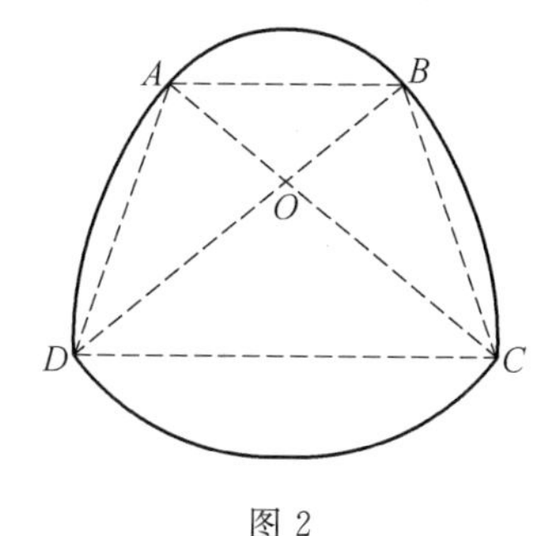

图 2

引理 1[19]　由以上四段圆弧组成的曲线是宽度为 d 的常宽曲线,所围凸域为常宽凸集,即常宽等腰梯形.

这类常宽等腰梯形的面积由两对角线的夹角 $\theta=\angle COD$ 及宽度 d 决定.

引理 2[19]　宽度为 d 的常宽等腰梯形的面积为

$$S(\theta)=\frac{d^2}{2}\cdot\left(\frac{\theta-2\theta\sin\frac{\theta}{2}-\sin\theta}{2\sin^2\frac{\theta}{2}}+\pi\right),\frac{\pi}{3}\leqslant\theta\leqslant\pi$$

由以上引理,我们可以得到这类常宽等腰梯形的等周亏格的上下界估计.

定理 1　设 K 为宽度为 d 的常宽等腰梯形,周长

和面积分别为 L 和 S,则

$$0 \leqslant L^2 - 4\pi S \leqslant \pi(2\sqrt{3} - \pi) d^2$$

第一个等号成立当且仅当 K 为圆盘,而第二个等号成立当且仅当 K 为 Reuleaux 三角形.

证明 由引理2及Barbier定理,宽度为 d 的常宽等腰梯形的等周亏格为

$$\Delta(K) = L^2 - 4\pi S = \pi d^2 \cdot \left(\frac{2\theta \sin\frac{\theta}{2} + \sin\theta - \theta}{\sin^2\frac{\theta}{2}} - \pi \right)$$

令

$$f(\theta) = \frac{2\theta \sin\frac{\theta}{2} + \sin\theta - \theta}{\sin^2\frac{\theta}{2}} - \pi$$

当 $\frac{\pi}{3} \leqslant \theta \leqslant \pi$ 时,有

$$\begin{aligned}
& f'(\theta) \\
= & \frac{\sin\frac{\theta}{2}\cos\frac{\theta}{2}}{\sin^4\frac{\theta}{2}} \left[\left(2\sin\frac{\theta}{2} + \theta\cos\frac{\theta}{2} + \cos\theta - 1 \right) \tan\frac{\theta}{2} - \right. \\
& \left. \left(2\theta\sin\frac{\theta}{2} + \sin\theta - \theta \right) \right] \\
= & -\frac{\cos\frac{\theta}{2}}{\sin^3\frac{\theta}{2}} \left(2\tan\frac{\theta}{2} - 2\sin\frac{\theta}{2}\tan\frac{\theta}{2} + \theta\sin\frac{\theta}{2} - \theta \right) \\
= & -\frac{2\cos\frac{\theta}{2}}{\sin^3\frac{\theta}{2}} \left(1 - \sin\frac{\theta}{2} \right) \left(\tan\frac{\theta}{2} - \frac{\theta}{2} \right) \leqslant 0
\end{aligned}$$

即 $\Delta(K)$ 随 θ 的增大而减小，故 $\Delta(K)$ 分别在 $\frac{\pi}{3}$ 和 π 处取得最大值和最小值，即

$$L^2-4\pi S\geqslant \pi d^2\cdot f(\pi)=0 \tag{5}$$

及

$$L^2-4\pi S\leqslant \pi d^2\cdot f\left(\frac{\pi}{3}\right)=\pi(2\sqrt{3}-\pi)d^2 \tag{6}$$

不等式(5)中等号成立的充分必要条件是 K 为圆盘，式(6)中等号成立当且仅当 K 为 Reuleaux 三角形.

设 K 为宽度为 d 的常宽等腰梯形，当 $\theta=\pi$ 时，常宽等腰梯形的等周亏格的下界最小为 0，即常宽等腰梯形为圆盘，其面积为

$$S(\pi)=\pi\cdot\left(\frac{d}{2}\right)^2$$

当 $\theta=\frac{\pi}{3}$ 时，常宽等腰梯形的等周亏格的上界最大，即常宽等腰梯形为 Reuleaux 三角形，其面积为

$$S\left(\frac{\pi}{3}\right)=\frac{\pi-\sqrt{3}}{2}d^2$$

因此，我们也证明了关于常宽等腰梯形的布拉施克-勒贝格定理.即如下定理.

定理 2　宽度为 d 的常宽等腰梯形中，极限情形的圆的面积最大，Reuleaux 三角形的面积最小.

对于常宽等腰梯形，我们得到了如下的庞涅森型等周不等式.

定理 3　设常宽等腰梯形 K 的宽度为 d，K 的周长和面积分别为 L 和 S，则

$$L^2-4\pi S\geqslant \pi^2\left(\frac{d\left(1-\sin\frac{\theta}{2}\right)\left(1-\cos\frac{\theta}{2}\right)}{\sin\frac{\theta}{2}\left(2\sin\frac{\theta}{2}+\cos\frac{\theta}{2}-1\right)}\right)^2$$

$$\frac{\pi}{3} \leqslant \theta \leqslant \pi$$

等号成立的充分必要条件是 K 为圆盘.

证明 在宽度为 d 的常宽等腰梯形 K(图 3) 中,设 $AC=BD=CD=d$,两对角线 AC 与 BD 相交于点 E,$\angle CED=\theta$,以 DC 的中点 O 为圆心,以 DC 为 x 轴建立直角坐标系,设 y 轴与 K 交于点 P,则常宽等腰梯形 K 的最小外接圆与 K 交于点 D,C,P,有

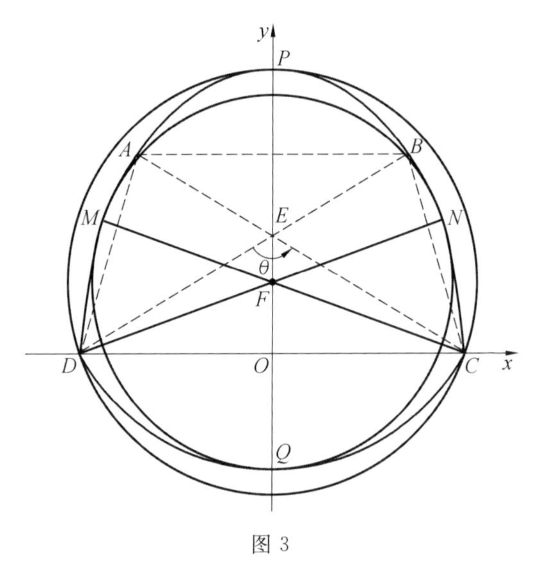

图 3

$$DE=\frac{d}{2\sin\frac{\theta}{2}}$$

$$EP=EB=d-\frac{d}{2\sin\frac{\theta}{2}}$$

$$OE=\frac{d}{2}\cot\frac{\theta}{2}$$

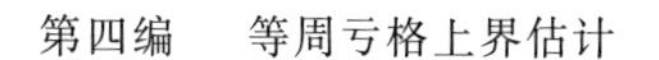

所以

$$OP = OE + EP = d\left(\frac{\cot\frac{\theta}{2}}{2} + 1 - \frac{1}{2\sin\frac{\theta}{2}}\right)$$

设K的最小外接圆的圆心为F(F在线段OE上),半径为r_e,则$OF = OP - FP = OP - r_e$. 在$\mathrm{Rt}\triangle DOF$中有

$$r_e^2 = \left(\frac{d}{2}\right)^2 + (OP - r_e)^2$$

整理得

$$r_e = \frac{d\left(\sin^2\frac{\theta}{2} + \sin\frac{\theta}{2}\cos\frac{\theta}{2} - \sin\frac{\theta}{2} - \frac{1}{2}\cos\frac{\theta}{2} + \frac{1}{2}\right)}{\sin\frac{\theta}{2}\left(2\sin\frac{\theta}{2} + \cos\frac{\theta}{2} - 1\right)}$$

由$\frac{\pi}{3} \leqslant \theta \leqslant \pi$,得$\frac{d}{2} \leqslant r_e \leqslant \frac{\sqrt{3}}{3}d$. K的最大内切圆的圆心也为F,由$r_e + r_i = d$可得

$$r_i = \frac{d\left(\sin^2\frac{\theta}{2} + \frac{1}{2}\cos\frac{\theta}{2} - \frac{1}{2}\right)}{\sin\frac{\theta}{2}\left(2\sin\frac{\theta}{2} + \cos\frac{\theta}{2} - 1\right)}$$

$$r_e - r_i = \frac{d\left(1 - \sin\frac{\theta}{2}\right)\left(1 - \cos\frac{\theta}{2}\right)}{\sin\frac{\theta}{2}\left(2\sin\frac{\theta}{2} + \cos\frac{\theta}{2} - 1\right)}$$

由式(1)得到了这类常宽等腰梯形的庞涅森型不等式.

当$\theta = \frac{\pi}{3}$时,宽度为d的常宽等腰梯形K为Reuleaux三角形,其等周亏格的下界最大,为

$$\frac{(7-4\sqrt{3})\pi^2 d^2}{3}$$

当 $\theta=\pi$ 时，r_e-r_i，常宽等腰梯形即圆盘的等周亏格最小为 0.

参考文献

[1] BONNESEN T. Les Problèmes des Isopèrimètres at des Isèpiphanes[M]. Paris:Gauthie-Villars,1929.

[2]BONNESEN T,FENCHEL W. Theorie der konvexen Köeper[M]. Berlin,New York:Springer-Verlag,1974.

[3]BOTTEMA O. Elne obere Grenze für das isoperitrische Defizit ebener Kurven[J]. Nederl Akad wetensch,Proc,1933,A66:442-446.

[4]PLEIJEL A. On konvexa Kurvor[J]. Nordisk Math Tidskr,1955,3:57-64.

[5] 周家足. 平面 Bonnessn 型不等式[J]. 数学学报，2007,50(6):1397-1402.

[6] 周家足，任德麟. 从积分几何的观点看几何不等式[J]. 数学物理学报，2010,30A(5):1322-1339.

[7]LI M,ZHOU J Z. An isoperimetyic deficit upper bound of the convex domain in a surface of constant curvature[J]. Science in China: Mathematics,2010,53(8):1941-1046.

[8] 潘生亮. 切线极坐标的一个应用[J]. 华东师范大学学报(自然科学版),2003,1:13-16.

[9]Martini H,Mustafaev Z. A new construction of

curves of constant width[J]. Computer Aided Geometric Design, 2008, 25(9): 751-755.

[10] LACHAND-ROBERT T, QUDET E. Bodies of constant width in arbitrary dimentional[J]. Math Nachr, 2007, 280: 740-750.

[11] BARBIER E. Note le problème de l'aiguille et lejeu du joint couvert[J]. J de Math Pures Appel, 1860, 5: 273-286.

[12] BLASCHKE W. Konvexe Bereiche gegebener konstanter Breite und kleinsten Inhalts[J]. Math Ann, 1915, 76: 504-513.

[13] LEBESGUE H. Sur le problème des isopérimètres et sur les domaines de largeur constante[J]. Bull Soc Math, 1914, 7: 72-76.

[14] Besicovich A. Minimum area of a set of constant width[J]. Proc Symp Pure Math, 1963, 7: 13-14.

[15] FUJIWARA M, KAKAYA S. On some problems of maxima and minima for the curve of constant breadth and the irresolvable curve of the equilateral triangle[J]. Tohoku Math J, 1917, 11: 92-110.

[16] HARRELL E. A direct proof of a theorem of Blaschke and Lebesgue[J]. J Geom Analysis, 2002, 12(1): 81-88.

[17] Santaló L. Integral Geometry and Geometric Probability[J]. Canada: Addison-Wesley Publishing Company, 1976.

[18]REN D L. Topics in Integral Geometry[M]. Sigapore:World Scientific,1994.

[19]徐文学,周家足,陈方维.一类常宽“等腰梯形”[J].中国科学(数学),2011,41(10):855-860.

第五编

几何不等式与积分几何

从积分几何的观点看几何不等式

第十九章

西南大学数学与统计学院的周家足教授和武汉科技大学理学院的任德麟教授为纪念李国平院士、吴新谋教授诞辰100周年而撰文介绍了一些中国数学家在几何不等式方面的工作.并且还用积分几何中著名的庞加莱公式及布拉施克公式估计一随机凸域包含另一域的包含测度,得到了经典的等周不等式和庞涅森型不等式.还得到了一些诸如对称混合等周不等式、闵可夫斯基型和庞涅森型对称混合等似不等式在内的一些新的几何不等式.最后还研究了Gago-型等周不等式以及Ros-型等周不等式.

§1 引言及预备知识

积分几何,曾称为几何概率,起源

于 1733 年的蒲丰(Buffon)投针实验. 自那以后,Crofton,祖伯(Czuber),庞加莱,Deltheil 等作出了许多重要的贡献. 20 世纪 30 年代,布拉施克和他在德国汉堡大学的数学讨论班以"积分几何"为题,发表一系列论文. 他们所研究的问题大都与几何概率、凸体理论及整体微分几何有关. 后来韦伊(Weil)和陈省身将不变密度引入齐性空间.

积分几何中所研究的问题有很基本的理论背景,且广泛应用于随机过程、冶金、采矿、金属、材料、生物科学、医学(肿瘤切片)、信息、航空航天、核物理等方面.

积分几何在中国的开拓者包括陈省身先生、苏步青先生、吴大任先生、严志达先生等. 早期几何不等式方面典型的代表工作是吴大任和任德麟的关于凸集的弦幂积分不等式. 任德麟还引入了广义支持函数的概念,并研究推广了的蒲丰投针问题及其他几何概率不等式问题. 自 20 世纪 80 年代以来,任德麟在武汉指导了周家足、张高勇、吴良成、谢鹏、祭炎、李德宜、熊革、谢凤繁等一批研究生. 其中纽约大学科技学院的张高勇在凸几何与凸几何分析方面作出了许多杰出的工作,例如他解决了著名的布塞曼-佩瑞(Busemann-Petty)猜想中最后($n=4$)部分,为彻底解决布塞曼-佩瑞猜想作出了重要贡献. 周家足用积分几何的方法估计一随机凸域包含另一域的包含测度,得出许多新的几何不等式. 是研究几何不等式的新的有效方法. 周家足定义并研究了两凸域的对称混合等周亏格及对称混合等似亏格,是经典的等周亏格的自然推广. 谢鹏、李德宜、谢凤繁还研究了凸集的双弦幂

积分不等式及一些几何概率不等式. 最近熊革在凸几何与几何不等式方面有很好的工作.

积分几何研究的基本对象是几何元素的集合，如直线，线性子空间，紧子流形，凸体的集合. 对这些几何元素的集合引入几何测度是很自然的. 我们也关心这些几何元素的几何不变量，如体积，表面积，曲率等之间的关系. 通常这些几何不变量满足一些等式或不等式关系，我们称为几何等式或几何不等式. 几何不等式自 19 世纪 50 年代就已成为几何中非常重要的分支，与其他数学分支密切相关，应用非常广泛.

欧氏空间 $\mathbf{R}^n$ 中的点集 K 称为凸的，如果对于 x，$y \in K$ 及 $0<\lambda<1$，$\lambda x+(1-\lambda)y \in K$. K 的凸包 K^* 是 $\mathbf{R}^n$ 中所有包含 K 的凸集的交. 两凸集 K 与 L 的闵可夫斯基加及数乘分别定义为 $K+L=\{x+y \mid x \in K, y \in L\}$ 及 $\lambda K=\{\lambda x \mid x \in K\}$ $(\lambda \geqslant 0)$. 凸集 K 的位似是 $x+\lambda K$，其中 $x \in \mathbf{R}^n$，$\lambda>0$. 欧氏空间 $\mathbf{R}^n$ 中具有非空内点的点集称为域，具有非空内点的紧凸集称为凸体.

最早的几何不等式应该是著名的等周不等式，即欧氏空间 $\mathbf{R}^n$ 中表面积固定的域中球所包围的体积最大：

命题 1　设 K 为欧氏空间 $\mathbf{R}^n$ 中表面积为 A、体积为 V 的域，则有不等式

$$A^n-n^n \omega_n V^{n-1} \geqslant 0 \tag{1}$$

等号成立的充分必要条件是 K 为 $\mathbf{R}^n$ 中的标准球. 其中 ω_n 为 $\mathbf{R}^n$ 中单位球的体积，其计算公式为

$$\omega_n=\frac{2 \pi^{\frac{n}{2}}}{n \Gamma\left(\frac{n}{2}\right)} \tag{2}$$

这里 Γ 是 Gamma 函数.

K 的等周亏格

$$\Delta_n(K)=A^n-n^n\omega_n V^{n-1} \tag{3}$$

给出了表面积为 A 体积为 V 的域 K 与一半径为 $\left(\frac{A}{n\omega_n}\right)^{\frac{1}{n-1}}$ 的球的差别程度(这里 n 是欧氏空间 $\mathbf{R}^n$ 的维数).

数学家或许对以下形式的不等式(称为庞涅森型不等式)更有兴趣

$$\Delta_n(K)=A^n-n^n\omega_n V^{n-1}\geqslant B_K \tag{4}$$

其中的 B_K 是满足下列条件的含义深刻的几何不变量

(1) B_K 非负;

(2) B_K 为零当且仅当 K 为球.

因为对欧氏平面 $\mathbf{R}^2$ 中的域 K,它的凸包 K^* 的面积增大而周长减小,即 $A^*\geqslant A, P^*\leqslant P$,从而 $P^2-4\pi A\geqslant P^{*2}-4\pi A^*$,即 $\Delta_2(K)\geqslant\Delta_2(K^*)$. 因此对于平面情形,只需要对凸域情形证明庞涅森型不等式即可. 但在高维 $\mathbf{R}^n(n\geqslant 3)$ 中,域 K 的凸包并不能同时保证体积增大而表面积减小. 因此对于空间 $\mathbf{R}^n$ 中的域,凸性要求是基本的.

等周不等式(1)可等价地写成

$$\frac{nV}{A}\leqslant\sqrt[n]{\frac{V}{\omega_n}}\leqslant\sqrt[n-1]{\frac{A}{n\omega_n}} \tag{5}$$

因此,庞涅森型不等式

$$A^n-n^n\omega_n V^{n-1}\geqslant B_K \tag{6}$$

可写成

$$\left(\frac{A}{n\omega_n}\right)^n-\left(\frac{V}{\omega_n}\right)^{n-1}\geqslant B'_K \tag{7}$$

或

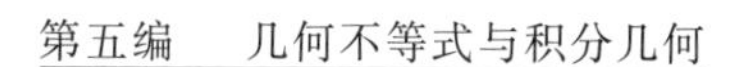

$$\left(\frac{A}{n\omega_n}\right)^{\frac{n}{n-1}}-\frac{V}{\omega_n}\geqslant B''_K \tag{8}$$

或

$$\left(\frac{A}{n\omega_n}\right)-\left(\frac{nV}{A}\right)^{n-1}\geqslant B'''_K \tag{9}$$

自20世纪以来，已经得到很多的不变量 B_K，数学家们还在继续不懈努力寻求那些仍然未知的庞涅森型不等式(参见文献[7,36-37]).

当数学家在努力寻求那些等周亏格的下界 B_K 时，另一个自然的问题是：是否存在几何意义深刻的不变量 U_K 使得

$$\Delta_n(K)=A^n-n^n\omega_nV^{n-1}\leqslant U_K? \tag{10}$$

我们当然期望当 K 为球时等号成立.

关于等周亏格的研究有很长的历史，它依然是几何和分析中的一个重要问题. 遗憾的是我们还没有发现一般的上界估计，目前仅知道的几个结果是关于欧氏平面 $\mathbf{R}^2$ 中的极为特殊的域，即卵形区域的结果. 一般凸域及高维等周亏格的上界估计是几何中没有解决的问题，周家足和他的研究生马磊、岳双珊得到了一些新的结果(参见文献[6,19,38,42-43,53,67,69-70]).

如果假设欧氏平面 $\mathbf{R}^2$ 中域 K 的边界 ∂K 具有连续的曲率半径 ρ(即假设 K 为卵形区域)，设 ρ_m 和 ρ_M 分别为 ρ 的最小值和最大值. Bottema 于1933年(参见文献[6,42]) 发现了 K 的等周亏格的一个上限

$$\Delta_2(K)=P^2-4\pi A\leqslant \pi^2(\rho_M-\rho_m)^2 \tag{11}$$

其中 P 和 A 分别为 ∂K 的长度和 K 的面积. 等号成立的充分必要条件是 $\rho_M=\rho_m$，即 K 为圆盘.

1955年 Pleijel(参见文献[38,42]) 得到

$$\Delta_2(K) = P^2 - 4\pi A \leqslant \pi(4-\pi)(\rho_M - \rho_m)^2 \quad (12)$$

这改进了 Bottema 的结果.

本章中,我们用积分几何方法,由著名的庞加莱公式及布拉施克公式估计一随机凸域包含,或被包含于另一域的包含测度,给出经典的等周不等式和一些庞涅森型不等式的简化证明.介绍了 $\mathbf{R}^2$ 中凸域 K_i,K_j 的对称混合等周亏格 $\Delta_2(K_i,K_j)$,及域 K_i,K_j 的对称混合等似亏格 $\sigma(K_i,K_j)$.并且还讨论了 $\mathbf{R}^n$ 中凸体 $K_1,\cdots,K_n$ 的对称混合等似亏格 $\sigma(K_1,\cdots,K_n)$,我们还讨论了 $\sigma(K_1,\cdots,K_n)$ 的上界和下界.这些都是 $\mathbf{R}^2$ 的等周亏格以及闵可夫斯基等似亏格的自然推广.关于常曲率平面上卵形区域的等周亏格的上界估计的最新结果也将被介绍.最后我们介绍一些关于 Gage- 型等周不等式以及 Ros- 型等周不等式的最新进展.

§2 积分几何预备知识

设 $K_k(k=i,j)$ 为 $\mathbf{R}^2$ 中面积为 A_k 的具有简单边界的域,其周长为 P_k.设 $\mathrm{d}g$ 为平面等距运动群 G 的不变运动密度(参见文献[40,42]).假设 K_i 是凸的,而 $tK_i(t\in(0,+\infty))$ 为 K_i 的位似,则有庞加莱公式

$$\int_{\{g:\partial K_j \cap g\partial(tK_i)\neq\varnothing\}} n\{\partial K_j \cap g\partial(tK_i)\}\mathrm{d}g = 4tP_iP_j \quad (13)$$

其中 $n\{\partial K_i \cap g\partial(tK_i)\}$ 为 ∂K_j 与 $g\partial(tK_i)$ 的交 $\partial K_j \cap g\partial(tK_i)$ 的交点数.

设 m_n 为使 $g\partial(tK_i)$ 与 ∂K_j 相交 n 个点的那些 g 的

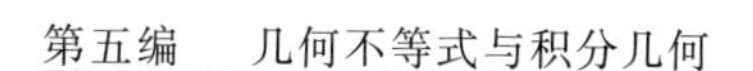

测度，即 $m_n=m\{g\in G:\#\{\partial K_j\cap g\partial(tK_i)\}=n\}$. 注意到，当 n 为奇数时，$m_n=0$，则庞加莱公式可改写成

$$\sum_{n=1}^{\infty}(2n)m_{2n}=4tP_iP_j \tag{14}$$

设 $\chi(K_j\cap g(tK_i))$ 为 $g(tK_i)$ 与 K_j 的交 $K_j\cap g(tK_i)$ 的欧拉 - 庞加莱示性数，则由布拉施克公式

$$\begin{aligned}&\int_{\{g:K_j\cap g(tK_i)\neq\varnothing\}}\chi(K_j\cap g(tK_i))\mathrm{d}g\\&=2\pi(t^2A_i+A_j)+tP_iP_j\end{aligned} \tag{15}$$

我们有

$$\sum_{n=1}^{\infty}m_{2n}=2\pi(t^2A_i+A_j)+tP_iP_j \tag{16}$$

因此可得

$$\sum_{n=2}^{\infty}m_{2n}(n-1)=tP_iP_j-2\pi(t^2A_i+A_j)$$

定义 1[71]　设 K_i,K_j 为欧氏平面 $\mathbf{R}^2$ 中面积分别为 A_i,A_j，周长分别为 P_i,P_j 的域，则 K_i 与 K_j 的对称混合等周亏格定义为

$$\Delta_2(K_i,K_j)=P_i^2P_j^2-16\pi^2A_iA_j \tag{17}$$

另外，因我们假定 $K_k(k=i,j)$ 是单连通且边界为简单闭曲线，因此，$\chi(K_j\cap g(tK_i))=n(g)=K_j$ 与 $g(tK_i)$ 的交 $K_j\cap g(tK_i)$ 的连通分支个数. 布拉施克公式将可写成

$$\int_{\{g:K_j\cap g(tK_i)\neq\varnothing\}}n(g)\mathrm{d}g=2\pi(t^2A_i+A_j)+tP_iP_j \tag{18}$$

若以 μ 表示所有使得 $g(tK_i)\subset K_j$ 或 $g(tK_i)\supset K_j$ 的那些 g 的集合，则以上布拉施克公式可写成

$$\int_{\mu}\mathrm{d}g+\int_{\{g:\partial K_j\cap g\partial(tK_i)\neq\varnothing\}}n(g)\mathrm{d}g=2\pi(t^2A_i+A_j)+tP_iP_j$$

(19)

当 $\partial K_j \cap g\partial(tK_i) \neq \varnothing$ 时，$K_j \cap g(tK_i)$ 的每一分支至少含有 ∂K_j 及 $g\partial(tK_i)$ 的一段弧，因此 $n(g) \leqslant \frac{n\{\partial K_j \cap g\partial(tK_i)\}}{2}$. 由庞加莱公式和布拉施克公式立即得到

$$\int_{\mu} \mathrm{d}g \geqslant 2\pi(t^2 A_i + A_j) - tP_i P_j \tag{20}$$

这一不等式立即导致以下类似的哈德维格尔包含定理和任德麟包含定理(参见文献[18,22-23,40,42,54,59-67,71]).

定理1 设 K_i 为欧氏平面 $\mathbf{R}^2$ 中的凸域，则 tK_i 包含，或被包含于另一域 K_j 的充分条件是

$$2\pi(t^2 A_i + A_j) - tP_i P_j > 0 \tag{21}$$

此外，若还有 $t^2 A_i \geqslant A_j$，则 tK_i 包含 K_j.

定理2 设 $K_k(k=i,j)$ 为欧氏平面 $\mathbf{R}^2$ 中面积为 A_k，周长为 P_k 的域，其中 K_i 为凸域，$\Delta_2(K_k) = P_k^2 - 4\pi A_k$ 为 K_k 的等周亏格，则 tK_i 包含域 K_j 的充分条件是

$$tP_i - P_J > \sqrt{t^2 \Delta_2(K_i) + \Delta_2(K_j)} \tag{22}$$

§3 经典的等周不等式及其他等周不等式

关于欧氏平面 $\mathbf{R}^2$ 中面积为 A，周长为 P 的域 K 的经典的等周不等式为

$$P^2 - 4\pi A \geqslant 0 \tag{23}$$

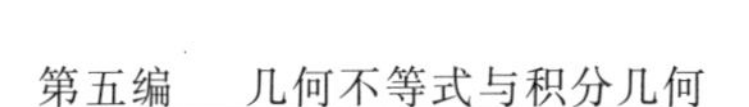

等号成立的充分必要条件是 K 为圆盘.

关于经典的等周不等式的证明可追溯到几个世纪以前.许多的精彩的简化证明以及它的推广及与其他数学分支的应用可参见文献[1,3,7-9,11-12,18-22,25-27,29-33,36-40,42-51,54,56-57,59-60].

设 $t_m=\max\{t:tK_i\subseteq K_j\}$,$t_M=\min\{t:tK_i\supseteq K_j\}$,则显然 $t_m\leqslant t_M$.因此,对 $t\in(t_m,t_M)$,tK_i 既不包含 K_j 也不能被 K_j 所包含.因此由式(21)可得[71]如下定理.

定理 3　设 $K_k(k=i,j)$ 为欧氏平面 $\mathbf{R}^2$ 中面积为 A_k,周长为 P_k 的域,其中 K_i 为凸域,设 $t_m=\max\{t:tK_i\subseteq K_j\}$,$t_M=\min\{t:tK_i\supseteq K_j\}$,则

$$2\pi A_it^2-P_iP_jt+2\pi A_j\leqslant 0\quad(t_m\leqslant t\leqslant t_M)\tag{24}$$

当 K_i 为单位圆盘时,我们立即得到(参见文献[4,36,40,42,67])如下推论.

推论(庞涅森)　设 K 为欧氏平面 $\mathbf{R}^2$ 中面积为 A,周长为 P 的域,K 的最大内接圆半径和最小外接圆半径分别为 r 和 R,则

$$\pi t^2-Pt+A\leqslant 0,r\leqslant t\leqslant R\tag{25}$$

特别由

$$\begin{cases}2\pi A_it_m^2-P_iP_jt_m+2\pi A_j\leqslant 0\\2\pi A_it_M^2-P_iP_jt_M+2\pi A_j\leqslant 0\end{cases}\tag{26}$$

及不等式 $x^2+y^2\geqslant\dfrac{(x+y)^2}{2}$,我们立即得到[29,71]如

下庞涅森对称混合等周不等式①

定理 4 设 $K_k(k=i,j)$ 为欧氏平面 $\mathbf{R}^2$ 中面积为 A_k，周长为 P_k 的域，其中 K_i 为凸域，则

$$\begin{aligned}\Delta_2(K_i,K_j)&=P_i^2P_j^2-16\pi^2A_iA_j\\&\geqslant(2\pi A_i(t_M-t_m))^2\end{aligned}\tag{27}$$

等号成立的充分必要条件是 K_i 与 K_j 均为圆盘.

定理 4 的一个直接推论是以下对称混合等周不等式.

推论 设 $K_k(k=i,j)$ 为欧氏平面 $\mathbf{R}^2$ 中面积为 A_k 周长为 P_k 的域，则

$$P_i^2P_j^2-16\pi^2A_iA_j\geqslant 0$$

等号成立的充分必要条件是 K_i,K_j 为圆盘.

设 K_i 为单位圆盘，由定理 4 立即可得如下著名的庞涅森等周不等式.

定理 5(庞涅森) 设 K 为欧氏平面 $\mathbf{R}^2$ 中面积为 A，周长为 P 的域，K 的最大内接圆半径和最小外接圆半径分别为 r 和 R，则

$$\Delta_2(K)=P^2-4\pi A\geqslant\pi^2(R-r)^2\tag{28}$$

等号成立的充分必要条件是 $R=r$，即 K 为圆盘.

对欧氏平面 $\mathbf{R}^2$ 中的域 K，它的凸包 K^* 的面积增大而周长减小，即 $A^*\geqslant A,P^*\leqslant P$，因此

$$\begin{aligned}\Delta_2(K_i,K_j)&=P_i^2P_j^2-16\pi^2A_iA_j\\&\geqslant P_i^{*2}P_j^{*2}-16\pi^2A_i^*A_j^*\\&=\Delta_2(K_i^*,K_j^*)\end{aligned}$$

① 事实上庞涅森没有研究这类对称混合等周亏格的下界估计，我们称为庞涅森对称混合等周不等式是为了与经典的庞涅森等周不等式比较.

因而对庞涅森型对称混合等周不等式，我们可只考虑凸域情形即可. 由不等式(24) 可得[71]

定理 6　设 $K_k(k=i,j)$ 为欧氏平面 $\mathbf{R}^2$ 中面积为 A_k，周长为 P_k 的域，其中 K_i 为凸的，设 $t_m=\max\{t: tK_i\subseteq K_j\}$，$t_M=\min\{t: tK_i\supseteq K_j\}$，则有

$$P_i^2P_j^2-16\pi^2A_iA_j\geqslant(P_iP_j-4\pi A_it_m)^2$$

$$P_i^2P_j^2-16\pi^2A_iA_j\geqslant\left(\frac{4\pi A_i}{t_m}-P_iP_j\right)^2$$

$$P_i^2P_j^2-16\pi^2A_iA_j\geqslant4\pi^4\left(\frac{A_j}{t_m}-A_it_m\right)^2$$

$$P_i^2P_j^2-16\pi^2A_iA_j\geqslant(P_iP_j-4\pi A_it)^2$$

$$P_i^2P_j^2-16\pi^2A_iA_j\geqslant\left(P_iP_j-\frac{4\pi A_i}{t}\right)^2$$

$$(t_m\leqslant t\leqslant t_M)\tag{29}$$

$$P_i^2P_j^2-16\pi^2A_iA_j\geqslant4\pi^4\left(\frac{A_j}{t}-A_it\right)^2$$

$$P_i^2P_j^2-16\pi^2A_iA_j\geqslant(4\pi A_it_M-P_iP_j)^2$$

$$P_i^2P_j^2-16\pi^2A_iA_j\geqslant\left(P_iP_j-\frac{4\pi A_i}{t_M}\right)^2$$

$$P_i^2P_j^2-16\pi^2A_iA_j\geqslant4\pi^4\left(\frac{A_j}{t_M}-A_it_M\right)^2$$

$$\frac{P_iP_j-\sqrt{\Delta_2(K_i,K_j)}}{4\pi A_i}\leqslant t_m\leqslant t_M\leqslant\frac{P_iP_j+\sqrt{\Delta_2(K_i,K_j)}}{4\pi A_i}\tag{30}$$

这些不等式中等号成立的充分必要条件是 K_i 与 K_j 均为圆盘.

比较这些对称混合等周亏格并找出最佳对称混合等周亏格是一个有意义但复杂的问题. 至今未有很好的方法和结论.

设 K_i 为单位圆盘,如下周知的庞涅森型不等式(参见文献[7,18,26,36-37,40,42,67])是定理6的直接推论.

推论 设 K 为欧氏平面 $\mathbf{R}^2$ 中面积为 A,周长为 P 的域,K 的最大内接圆半径和最小外接圆半径分别为 r 和 R,则有如下庞涅森型不等式

$$\Delta_2(K) \geqslant (P-2\pi t)^2$$

$$\Delta_2(K) \geqslant \left(P-\frac{2A}{t}\right)^2, \Delta_2(K) \geqslant \left(\frac{A}{r}-\pi t\right)^2$$

$$\Delta_2(K) \geqslant A^2\left(\frac{1}{r}-\frac{1}{R}\right)^2, \Delta_2(K) \geqslant P^2\left(\frac{R-r}{R+r}\right)^2$$

$$\Delta_2(K) \geqslant A^2\left(\frac{1}{r}-\frac{1}{t}\right)^2, \Delta_2(K) \geqslant P^2\left(\frac{t-r}{t+r}\right)^2$$

$$\Delta_2(K) \geqslant A^2\left(\frac{1}{t}-\frac{1}{R}\right)^2, \Delta_2(K) \geqslant P^2\left(\frac{R-t}{R+t}\right)^2$$

$$\frac{P-\sqrt{\Delta_2(K)}}{2\pi} \leqslant r \leqslant t \leqslant R \leqslant \frac{P+\sqrt{\Delta_2(K)}}{2\pi} \tag{31}$$

这些不等式中等号成立的充分必要条件是 K 为圆盘.

以下庞涅森型不等式是最近得到的(参见文献[10,68]).

定理7 设 K 为欧氏平面 $\mathbf{R}^2$ 中面积为 A,周长为 P 的域,其凸包 K^* 的面积为 A^*,周长为 P^*,则有如下庞涅森型不等式

$$\begin{cases} P^2-4\pi A \geqslant (P-P^*)^2 \\ P^2-4\pi A \geqslant 2\pi(A^*-A) \end{cases} \tag{32}$$

当 K 为圆盘时等号成立.

定理8 设 K 为欧氏平面 $\mathbf{R}^2$ 中面积为 A,周长为 P 的域,K 的最大内接圆半径和最小外接圆半径分别

为 r 和 R，则

$$\begin{cases} P^2-4\pi A\geqslant \pi^2\left(R-\sqrt{\dfrac{A}{\pi}}\right)^2 \\ P^2-4\pi A\geqslant \pi^2\left(\sqrt{\dfrac{A}{\pi}}-r\right)^2 \end{cases} \tag{33}$$

等号成立的充分必要条件是 K 为圆盘.

§4　欧氏空间 $\mathbf{R}^n$ 中域的庞涅森型不等式

张高勇得到以下庞涅森型不等式[53-54].

定理 9　对于欧氏空间 $\mathbf{R}^n$ 中表面积为 A，体积为 V 的凸体 K，设 K 的最大内接圆半径和最小外接圆半径分别为 r 和 R，则有

$$\left(\frac{A}{n\omega_n}\right)^{\frac{n}{n-1}}-\frac{V}{\omega_n}\geqslant\left[\left(\frac{V}{\omega_n}\right)^{\frac{1}{n}}-r\right]^n \tag{34}$$

$$\left(\frac{W}{2}\right)^{\frac{n}{n-1}}-\left(\frac{V}{\omega_n}\right)^{\frac{1}{n-1}}\geqslant\left(\frac{V}{\omega_n}\right)^{\frac{n}{n-1}}\left[\left(\frac{V}{\omega_n}\right)^{-\frac{1}{n}}-R^{-1}\right]^n \tag{35}$$

其中，W 为 K 的平均宽度.

庞涅森证明了一些二维情形下形如式(34)的不等式(参见文献[36-37])，但他未能得到高维的结果，高维的结果很久以后才被发现. 庞涅森型不等式(34)首先由哈德维格尔得到，然后等价形式由丁哈斯(Dinghas)(参见文献[22-23])得到，凸体的情形由张高勇[53-54]得到. 估计凸体的包含测度，张高勇得到了庞涅森型不等式(34)和(35). 其中式(35)是新的. 当 n

$=2$ 时,不等式(34) 就是庞涅森最先的不等式

$$P^2-4\pi A\geqslant (P-2\pi r)^2 \tag{36}$$

定理 7 中的庞涅森型不等式的高维推广是(参见文献[73])

定理 10 对于欧氏空间 $\mathbf{R}^n$ 中表面积为 A,体积为 V 的域 K,其凸包 K^* 的表面积为 A^*,体积为 V^*,若 $A\geqslant A^*$,则有

$$\begin{cases} A^n-n^n\omega_n V^{n-1}\geqslant (A-A^*)^n \\ A^n-n^n\omega_n V^{n-1}\geqslant C\omega_n(V^*-V)^{n-1} \end{cases} \tag{37}$$

其中,常数 $C\leqslant \frac{n^n}{2^{n-2}}$. 当 K 为球时等号成立.

§5 对称混合等周亏格的上界

一个很自然的问题是:是否存在一个有意义的几何不变量 U_{K_i,K_j},使得

$$\Delta_2(K_i,K_j)\leqslant U_{K_i,K_j} \tag{38}$$

关于凸体 K_i 与 K_j 的对称混合等周亏格的上界 U_{K_i,K_j} 估计,我们最近取得了一些进展(参见文献[69,71,75]).

定理 11 设 K 是欧氏平面 $\mathbf{R}^2$ 中面积为 A,周长为 P 的凸域,设 K 的最大内接圆半径和最小外接圆半径分别为 r 和 R,则

$$r\leqslant \frac{2A}{P}\leqslant \sqrt{\frac{A}{\pi}}\leqslant \frac{P}{2\pi}\leqslant R \tag{39}$$

当 K 内接于一圆盘时不等式中等号成立.

定理 12 设 $K_k(k=i,j)$ 是欧氏平面 $\mathbf{R}^2$ 中面积为

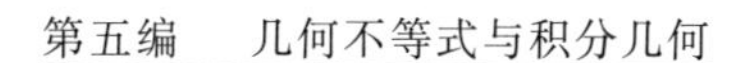

A_k,周长为 P_k 的凸域,设 K_k 的最大内接圆半径和最小外接圆半径分别为 r_k 和 R_k,则有

$$r_ir_j \leqslant \frac{4A_iA_j}{P_iP_j} \leqslant \sqrt{\frac{A_iA_j}{\pi^2}} \leqslant \frac{P_iP_j}{4\pi^2} \leqslant R_iR_j \quad (40)$$

每一不等式的等号成立的充分必要条件是 K_i,K_j 均为圆盘.

定理 13　设 $K_k(k=i,j)$ 为欧氏平面 $\mathbf{R}^2$ 中面积为 A_k 周长为 P_k 的凸域,设 K_k 的最大内接圆半径和最小外接圆半径分别为 r_k 和 R_k,则有如下对称混合等周亏格的上界

$$\begin{cases}\Delta_2(K_i,K_j)=P_i^2P_j^2-16\pi^2A_jA_j \\ \qquad \leqslant 4\pi^2P_iP_j(R_iR_j-r_ir_j) \\ \Delta_2(K_i,K_j)=P_i^2P_j^2-16\pi^2A_iA_j \\ \qquad \leqslant 16\pi^4(R_i^2R_j^2-r_i^2r_j^2) \\ \Delta_2(K_i,K_j)=P_i^2P_j^2-16\pi^2A_iA_j \\ \qquad \leqslant \dfrac{\pi^2P_i^2P_j^2}{A_iA_j}(R_i^2R_j^2-r_i^2r_j^2)\end{cases} \quad (41)$$

每一不等式的等号成立的充分必要条件是 K_i,K_j 均为圆盘.

注意定理 13 中的对称混合等周亏格的上界 $4\pi^2P_iP_j(R_iR_j-r_ir_j)$ 是3个上界中最好的.当 K_i 为单位圆盘时,定理13的直接推论是如下比 Bottema 更基本的结果(参见文献[3,69-70]).

定理 14　设 K 为欧氏平面 $\mathbf{R}^2$ 中面积为 A,周长为 P 的凸域,设 K_k 的最大内接圆半径和最小外接圆半径分别为 r 和 R,则有如下等周亏格的上界

$$\begin{cases}\Delta_2(K) \leqslant 2\pi P(R-r) \\ \Delta_2(K) \leqslant 4\pi^2(R^2-r^2) \\ \Delta_2(K) \leqslant \dfrac{\pi P^2}{A}(R^2-r^2)\end{cases} \tag{42}$$

每一不等式的等号成立的充分必要条件是 K 为圆盘.

定理 15 设 Γ 为欧氏平面 $\mathbf{R}^2$ 中面积为 A,周长为 P 的凸多边形,设 Γ 的最大内接圆半径和最小外接圆半径分别为 r 和 R,则

$$\Delta_2(\Gamma) = P^2 - 4n\tan\frac{\pi}{n}A < 4\pi R(R-r) \tag{43}$$

因一凸体总能用凸多边形逼近,由以上定理立即可得到以下等周亏格的上界[69].

定理 16 设 K 为欧氏平面 $\mathbf{R}^2$ 中面积为 A,周长为 P 的凸域,设 K_k 的最大内接圆半径和最小外接圆半径分别为 r 和 R,则有

$$\Delta_2(K) = P^2 - 4\pi A \leqslant 4\pi^2 R(R-r) \tag{44}$$

等号成立的充分必要条件是 K 为圆盘.

关于常曲率平面 X_ε^2(欧氏平面 $\mathbf{R}^2$,$\varepsilon=0$;射影平面 RP^2,$\varepsilon>0$;双曲平面 H^2,$\varepsilon\leqslant 0$)中域的庞涅森型不等式有 Klain[28] 的结果

$$\begin{aligned}\Delta_2(K) &= P^2 - 4\pi A + \varepsilon A^2 \\ &\geqslant \frac{(\varepsilon\Delta_2(K)+4\pi^2)^2}{4(\varepsilon A-2\pi)^2}(\mathrm{sn}_\varepsilon r_e - \mathrm{sn}_\varepsilon r_i)^2\end{aligned} \tag{45}$$

其中,r_e 和 r_i 分别为 K 的最小外接圆半径和最大内接圆半径.

周家足和陈方维得到常曲率平面 X_ε^2 中域的一些庞涅森型不等式(参见文献[58]),以下是其中之一

$$\Delta_2(K) = P^2 - 4\pi A + \varepsilon A^2$$

$$\geqslant \left(2\pi - \frac{\varepsilon}{2}A\right)^2 \left(\operatorname{tn}_\varepsilon \frac{r_e}{2} - \operatorname{tn}_\varepsilon \frac{r_i}{2}\right)^2 \quad (46)$$

等号成立的充分必要条件是 K 为测地圆盘[58].

常曲率平面 X_ε^2 中域的等周亏格的上界估计由李明和周家足得到[31].

定理 17　设 X_ε 为完备的单连通二维常曲率平面,K 为 X_ε 中的凸域,∂K 为 C^2 光滑的,假定当 $\varepsilon<0$ 时 ∂K 的测地曲率 $\kappa_g>\sqrt{-\varepsilon}$.若 ∂K 具有连续的曲率半径 ρ,则

$$\Delta(K) = P^2 - 4\pi A + \varepsilon A^2$$

$$\leqslant \left(2\pi - \frac{\varepsilon}{2}A\right)^2 \left(\operatorname{tn}_\varepsilon \frac{\rho_M}{2} - \operatorname{tn}_\varepsilon \frac{\rho_m}{2}\right)^2 \quad (47)$$

其中 ρ_M 和 ρ_m 分别为 ρ 的最大值和最小值.等号成立的充分必要条件是 K 为测地圆盘.其中

$$\operatorname{sn}_\varepsilon(r) = \begin{cases} \dfrac{1}{\sqrt{\varepsilon}}\sin(\sqrt{\varepsilon}r) & \varepsilon>0 \\ r & \varepsilon=0 \\ \dfrac{1}{\sqrt{-\varepsilon}}\sinh(\sqrt{-\varepsilon}r) & \varepsilon<0 \end{cases}$$

$$\operatorname{cn}_\varepsilon(r) = \begin{cases} \cos(\sqrt{\varepsilon}r) & \varepsilon>0 \\ 1 & \varepsilon=0 \\ \cosh(\sqrt{-\varepsilon}r) & \varepsilon<0 \end{cases}$$

$$\operatorname{tn}_\varepsilon = \frac{\operatorname{sn}_\varepsilon}{\operatorname{cn}_\varepsilon}, \operatorname{ct}_\varepsilon = \frac{1}{\operatorname{tn}_\varepsilon}$$

§6　闵可夫斯基等似不等式及庞涅森型对称混合等似不等式

欧氏平面 $\mathbf{R}^2$ 上的一条直线可表为

$$G(p,\phi): x\cos\phi + y\sin\phi - p = 0$$
$$(0 \leqslant p < \infty, 0 \leqslant \phi \leqslant 2\pi) \tag{48}$$

若 K 为 $\mathbf{R}^2$ 中有界凸集，则以 2π 为周期的周期函数 $p = p(\phi)$ 称为 K 的支持函数.

一个周知的结论是，以 2π 为周期的周期函数 $p = p(\phi)$ 是某个凸集 K 的支持函数的充分必要条件是

$$p(\phi) + p''(\phi) > 0 \quad (0 \leqslant \phi < 2\pi) \tag{49}$$

由关于凸集的柯西公式知，凸集 K 的周长为

$$P = \int_0^{2\pi} p(\phi)\mathrm{d}\phi \tag{50}$$

凸集 K 的面积也可由它的支持函数决定，即

$$A = \frac{1}{2}\int_{\partial K} p\,\mathrm{d}s = \frac{1}{2}\int_0^{2\pi}(p^2 - p'^2)\mathrm{d}\phi \tag{51}$$

设 K_i, K_j 为紧致凸集，其支持函数分别为 p_i, p_j，由 $p_i + p_j$ 所决定的凸集记为 K_{ij}，称为 K_i 与 K_j 的混合凸集，其周长和面积分别为

$$P_{\partial K_{ij}} = \int_0^{2\pi}(p_i + p_j)\mathrm{d}\phi = P_i + P_j \tag{52}$$

$$\begin{aligned} A_{K_{ij}} &= \frac{1}{2}\int_0^{2\pi}[(p_i + p_j)^2 - (p_i + p_j)'^2]\mathrm{d}\phi \\ &= A_i + A_j + 2A_{ij} \end{aligned} \tag{53}$$

其中的 A_k, P_k 分别为 $K_k(k = i, j)$ 的周长、面积. 凸集 K_i 与 K_j 的对称混合面积定义为

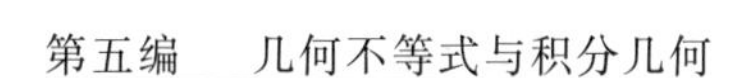

$$A_{ij}=\frac{1}{2}\int_0^{2\pi}(p_ip_j-p'_ip'_j)\mathrm{d}\phi \tag{54}$$

注意 $A_{K_{ij}}$ 和 A_{ij} 是等距不变的. 我们立即可得以下结果[40,42]

引理 1　对凸集 K_i,有

$$A_{ii}=A_i \tag{55}$$

引理 2　凸集 K_i 与 K_j 的对称混合面积 A_{ij} 是单调的,即对凸集 K_i,K_j,K_l,如 $K_j\subseteq K_l$,则

$$A_{ij}<A_{il} \tag{56}$$

引理 3　设凸集 K_i 的周长、面积分别为 P_i,A_i. 若 K_j 是半径为 r 的圆盘,则

$$A_{ij}=\frac{r}{2}P_i \tag{57}$$

引理 4　设凸集 $K_k(k=i,j)$ 的周长和面积分别为 A_k 和 P_k,A_{ij} 为凸集 K_i 与 K_j 的对称混合面积,则

$$A_{ij}^2\geqslant A_iA_j \tag{58}$$

等式成立的充分必要条件是 K_i 与 K_j 位似.

闵可夫斯基等似不等式[42]

$$A_{ij}^2-A_iA_j\geqslant 0 \tag{59}$$

(等式成立的充分必要条件是 K_i 与 K_j 位似)足可保证以下等似亏格是有意义的.

定义 1　设凸集 $K_k(k=i,j)$ 的面积为 A_k,A_{ij} 为凸集 K_i 与 K_j 的对称混合面积. 凸集 K_i 与 K_j 的闵可夫斯基对称混合等似亏格定义为

$$\sigma_2(K_i,K_j)=A_{ij}^2-A_iA_j \tag{60}$$

显然 $\sigma_2(K_i,K_j)$ 刻画了 K_i 与 K_j 的等似程度. 当其中的一个凸集是圆盘时,$\sigma_2(K_i,K_j)$ 就是传统的等周亏格,而闵可夫斯基等似不等式就是经典的等周不等式.

我们自然会想:是否存在与凸集 K_i,K_j 有关的意义深刻的几何不变量 $B(K_i,K_j)$,使得

$$\sigma_2(K_i,K_j) \geqslant B(K_i,K_j) \qquad (61)$$

其中的 B 要求是非负的,当且仅当 K_i 与 K_j 位似时为零.我们称这种形式的不等式为庞涅森型对称混合等似不等式.我们容易得以下诸结论.

定理 18 设凸集 $K_k(k=i,j)$ 的面积为 A_k,A_{ij} 为凸集 K_i 与 K_j 的对称混合面积,对于欧氏平面 $\mathbf{R}^2$ 上的等距群 G,令 $t_m=\max\{t:g(tK_i)\subseteq K_j;g\in G\}$,$t_M=\min\{t:g(tK_i)\supseteq K_j;g\in G\}$,则

$$\sigma_2(K_i,K_j)=A_{ij}^2-A_iA_j \geqslant \frac{A_i^2}{4}(t_M-t_m)^2 \qquad (62)$$

等式成立的充分必要条件是 K_i 与 K_j 位似.

此不等式首先由庞涅森得到[4],后来布拉施克[2]和 Flanders[13] 分别独立给出了初等的简化证明.周家足,岳双珊,艾万君最近给出了新的简化证明.周家足,岳双珊,艾万君还证明了以下庞涅森型对称混合等似不等式[72]①.

定理 19(Zhou,Yue,Ai) 设凸集 $K_k(k=i,j)$ 的面积为 A_k,A_{ij} 为凸集 K_i 与 K_j 的对称混合面积,对于欧氏平面 $\mathbf{R}^2$ 上的等距群 G,令 $t_m=\max\{t:g(tK_i)\subseteq K_j;g\in G\}$,$t_M=\min\{t:g(tK_i)\supseteq K_j;g\in G\}$,则

$$A_it^2-2A_{ij}t+A_j \leqslant 0 \quad (t_m\leqslant t\leqslant t_M) \qquad (63)$$

当 K_i 为单位圆盘时,不等式(63)就是著名的庞涅森不等式(25)(参见文献[4,7,42,67]).

---

① 事实上除了不等式(62)外,庞涅森没有研究这类对称混合等似不等式,我们还是习惯性称这类不等式为庞涅森型不等式.

定理 20　设凸集 $K_k(k=i,j)$ 的面积为 A_k，A_{ij} 为凸集 K_i 与 K_j 的闵可夫斯基对称混合面积，对于欧氏平面 $\mathbf{R}^2$ 上的等距群 G，令 $t_m=\max\{t:g(tK_i)\subseteq K_j;g\in G\}$，$t_M=\min\{t:g(tK_i)\supseteq K_j;g\in G\}$，则对 $t(t_m\leqslant t\leqslant t_M)$，有

$$\begin{cases}A_{ij}\geqslant\dfrac{A_it_m^2+A_j}{2t_m}\\A_{ij}\geqslant\dfrac{A_it^2+A_j}{2t}\\A_{ij}\geqslant\dfrac{A_it_M^2+A_j}{2t_M}\end{cases}\tag{64}$$

定理 21　设凸集 $K_k(k=i,j)$ 的面积为 A_k，A_{ij} 为凸集 K_i 与 K_j 的闵可夫斯基对称混合面积，对于欧氏平面 $\mathbf{R}^2$ 上的等距群 G，令 $t_m=\max\{t:g(tK_i)\subseteq K_j;g\in G\}$，$t_M=\min\{t:g(tK_i)\supseteq K_j;g\in G\}$，则对 $t(t_m\leqslant t\leqslant t_M)$，有

$$\begin{cases}\sigma_2(K_i,K_j)\geqslant\dfrac{(A_it_m^2-A_i)^2}{4t_m^2}\\\sigma_2(K_i,K_j)\geqslant\dfrac{(A_it^2-A_i)^2}{4t^2}\\\sigma_2(K_i,K_j)\geqslant\dfrac{(A_it_M^2-A_i)^2}{4t_M^2}\\\sigma_2(K_i,K_j)\geqslant\dfrac{1}{8}\left[\dfrac{1}{t_m^2}(A_it_m^2-A_i)^2+\dfrac{1}{t^2}(A_it^2-A_i)^2\right]\\\sigma_2(K_i,K_j)\geqslant\dfrac{1}{8}\left[\dfrac{1}{t^2}(A_it^2-A_i)^2+\dfrac{1}{t_M^2}(A_it_M^2-A_i)^2\right]\\\sigma_2(K_i,K_j)\geqslant\dfrac{1}{8}\left[\dfrac{1}{t_m^2}(A_it_m^2-A_i)^2+\dfrac{1}{t_M^2}(A_it_M^2-A_i)^2\right]\end{cases}\tag{65}$$

其中任一不等式的等号成立的充分必要条件是 K_i 与

K_j 位似.

取 K_i 为单位圆盘,定理 21 中这些不等式就是那些庞涅森型不等式(31)(参见文献[7,42,67-68]).

§7 欧氏空间 $\mathbf{R}^n$ 中凸体的对称混合等似亏格

设 $K_1,\cdots,K_m$ 是欧氏空间 $\mathbf{R}^n$ 中的紧致凸集,对 $\lambda_1,\cdots,\lambda_m \geqslant 0$,$\lambda_1 K_1+\cdots+\lambda_m K_m$ 的体积是关于 $\lambda_1,\cdots,\lambda_m$ 的 n 次齐次多项式(参见文献[15,43,55]),即

$$V(\lambda_1 K_1+\cdots+\lambda_m K_m)=\sum_{i_1,\cdots,i_n=1}^{m} V(K_{i_1},\cdots,K_{i_n})\lambda_{i_1}\cdots\lambda_{i_n}$$

其中 $V(K_{i_1},\cdots,K_{i_n})$ 是非负的,关于指标对称的,且仅依赖于凸集 $K_1,\cdots,K_m$.

系数 $V(K_1,\cdots,K_n)$ 称为凸集 $K_1,\cdots,K_n$ 的对称混合体积,对称混合体积 $V(K_1,\cdots,K_n)$ 满足以下性质

性质 1

$$V(K,\cdots,K)=V(K)$$

性质 2 凸集 $K_1,\cdots,K_n$ 的对称混合体积 $V(K_1,\cdots,K_n)$ 满足单调性,即若 $L_1\subset L_2$,则

$$V(L_1,K_2,\cdots,K_n)\leqslant V(L_2,K_2,\cdots,K_n)$$

性质 3 对称混合体积 $V(K_1,\cdots,K_n)$ 关于 $K_1,\cdots,K_n$ 是连续的.

性质 4

$$V(K,\cdots,K,L)=\frac{1}{n}\lim_{t\to 0^+}\frac{V(K+tL)-V(K)}{t}$$

性质 5(闵可夫斯基等似不等式)

$$V(K_1,\cdots,K_n)^n - V(K_1)\cdots V(K_n) \geqslant 0$$

等号成立的充分必要条件是 $K_1,\cdots,K_n$ 等似.

定义 2　凸体 $K_1,\cdots,K_n$ 的闵可夫斯基对称混合等似亏格定义为

$$\sigma_n(K_1,\cdots,K_n) = V(K_1,\cdots,K_n)^n - V(K_1)\cdots V(K_n)$$

他刻画了 $K_1,\cdots,K_n$ 的等似程度.

性质 6(闵可夫斯基-斯坦纳公式)　对于凸体 K 和 L,有

$$V(K+tL) = \sum_{i=0}^{n}\binom{n}{i}V_i(K,L)t^i \tag{66}$$

其中

$$V_i(K,L) = (\underbrace{K,\cdots,K}_{n-i}\underbrace{L,\cdots,L}_{i})$$

性质 7(斯坦纳,1840)　对于凸体 K,单位球 B,有

$$V(K+\lambda B) = \sum_{i=0}^{n}\binom{n}{i}W_i(K)\lambda^i \tag{67}$$

其中 $W_i(K) = (\underbrace{K,\cdots,K}_{n-i}\underbrace{B,\cdots,B}_{i})$ 为 K 的第 i 阶均质积分.

性质 8(Alexandrov-Fenchel 不等式)　对于凸体 K 和 L,有

$$V_i(K,L)^2 \geqslant V_{i-1}(K,L)V_{i+1}(K,L)$$

等号成立的充分必要条件是 K 和 L 均为球.

由斯坦纳公式(67)我们有

$$\begin{aligned}&\sigma_n(K,\cdots,K,B)\\&=V(K,\cdots,K,B)^n - V(K)\cdots V(K)\cdot V(B)\\&=W_1(K)^n - \omega_n V(K)^{n-1}\end{aligned}$$

$$=\frac{1}{n^n}(A(K)^n-n^n\omega_nV(K)^{n-1})\tag{68}$$

这里的 $A(K)$ 是凸体 K 的表面积.

式(68)就是等周亏格,由此我们可立即得到等周不等式(1).

由闵可夫斯基对称混合等似亏格的单调性知

引理 设 $B_{r(K)}$ 是半径为 $r(K)$ 的 K 的最大内接球,则有

$$V(K,\cdots,K,K)\geqslant V(K,\cdots,K,B_{r(K)})$$

即

$$r(K)\leqslant\frac{nV(K)}{A(K)}$$

以下结果是周家足,李明,马磊得到的(参见文献[70]).

定理 22 设 P 为 $\mathbf{R}^n$ 中的凸多面体,其表面积为 A,体积为 V,P 的直径为 d,最大内接球半径 r,及最小外接球半径 R 满足不等式

$$r\leqslant\frac{nV}{A}\leqslant\sqrt[n]{\frac{V}{\omega_n}}\leqslant\sqrt[n-1]{\frac{A}{n\omega_n}}\leqslant\frac{d}{2}\leqslant R\tag{69}$$

当 P 内接于某个球时等号成立.

我们同样想找到与凸体 $K_1,\cdots,K_n$ 有关的,意义深刻的几何不变量 $U_n(K_1,\cdots,K_n)$ 和 $B_n(K_1,\cdots,K_n)$,使得

$$B_n(K_1,\cdots,K_n)\leqslant\sigma_n(K_1,\cdots,K_n)\leqslant U_n(K_1,\cdots,K_n)\tag{70}$$

我们当然要求这些 $U_n(K_1,\cdots,K_n)$,$B_n(K_1,\cdots,K_n)$ 非负,当且仅当 $K_1,\cdots,K_n$ 位似时为零.周家足等人最近在这些对称混合等似亏格的上限及下限方面得到了一些结果(参见文献[59-74]).

定理 23　设 P_m 为 $\mathbf{R}^n$ 中的凸 m- 面体，其表面积为 A，体积为 V，最大内接球半径为 r，最小外接球半径为 R，则我们有以下等周亏格的上限

$$\Delta_n(P) < \frac{\omega_n A^n}{V}(R^n - r^n)$$

$$\Delta_n(P) < n\omega_n A^{n-1}(R^{n-1} - r^{n-1})$$

$$\Delta_n(P) < n^n\omega_n(R^{n(n-1)} - r^{n(n-1)})$$

因 $\mathbf{R}^n$ 中的凸体可以由凸多面体来逼近，我们有以下关于凸体的等周亏格的上限.

定理 24　设 K 为 $\mathbf{R}^n$ 中的凸体，其表面积为 A，体积为 V，最大内接球半径为 r，最小外接球半径为 R，则我们有以下 K 的等周亏格的上限

$$\Delta_n(K) \leqslant \frac{\omega_n A^n}{V}(R^n - r^n)$$

$$\Delta_n(K) \leqslant n\omega_n A^{n-1}(R^{n-1} - r^{n-1})$$

$$\Delta_n(K) \leqslant n^n\omega_n(R^{n(n-1)} - r^{n(n-1)})$$

每一个不等式中等号成立的充分必要条件是 K 为球.

§8　凸集的弦幂积分不等式及其他等周不等式

欧氏空间 $\mathbf{R}^n$ 中表面积为 A，体积为 V 的凸体 K 的弦幂积分定义为

$$I_k(K) = \int_{K\cap G\neq\varnothing} \sigma^k \mathrm{d}G \quad (k = 0, 1, 2, \cdots) \tag{71}$$

其中 σ 为凸体 K 与随机直线 G 的交 $K \cap G$ 的长度，即 $|K \cap G|$.

设 K 为欧氏平面 $\mathbf{R}^2$ 中面积为 A，周长为 P 的凸

集,由克罗夫顿(Crofton)公式

$$I_0(K)=P,I_1(K)=\pi A \tag{72}$$

则经典的等周不等式可写成

$$I_0(K)^2\geqslant 4I_1(K) \tag{73}$$

弦幂积分 $I_k(K)$ 的研究吸引了众多数学家的极大兴趣,这些弦幂积分 $I_k(K)$ 之间的等式或不等式关系是[40,54] 布拉施克($\mathbf{R}^2$ 中的凸集),吴大任($\mathbf{R}^3$ 中的凸集)及任德麟($\mathbf{R}^n$ 中的凸集)的工作.

定理 25 设 K 为欧氏空间 $\mathbf{R}^n$ 中的凸集,则

$$\begin{cases}I_k(K)\leqslant I_k(B) & (1<k<n+1)\\ I_k(K)\geqslant I_k(B) & (k>n+1)\end{cases} \tag{74}$$

其中 B 为与 K 有相同体积的球.每一等式成立的充分必要条件是 K 为球.

设 K 为欧氏平面 $\mathbf{R}^2$ 中面积为 A,周长为 P 的卵形凸集,即 K 的边界 ∂K 的曲率 $\kappa\neq 0$.以下不等式称为 Gage 等周不等式[14]

$$\int_{\partial K}\kappa^2\mathrm{d}s\geqslant\frac{\pi P}{A} \tag{75}$$

等式成立的充分必要条件是 K 为圆盘.

值得注意的是:经典的等周不等式以及庞涅森型不等式均与域 K 的表面积 A,体积 V,直径 d,最大内接球半径 r,及最小外接球半径 R 等内蕴不变量有关. Gage 等周不等式与外蕴不变量(曲率)κ 有关,这类与外蕴不变量有关的 Gage- 型等周不等式在数学物理,力学中应用广泛. 以下的 Gage- 型等周不等式属于 Green 和 Osher[16]

$$\int_{\partial K}\kappa^3\mathrm{d}s\geqslant\frac{\pi(P^2-2\pi A)}{A^2}$$

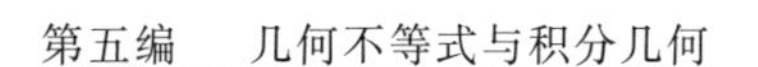

$$\int_{\partial K}\kappa^4\mathrm{d}s\geqslant\frac{\pi P(P^2-3\pi A)}{A^3}\tag{76}$$

等式成立的充分必要条件是 K 为圆盘.

周家足,马磊得到下列 Ros- 型等周不等式[34,74].

定理 26　设平面 $\mathbf{R}^2$ 中 K 是面积为 A,周长为 P 的卵形区域,则

$$\int_{\partial K}\frac{1}{\kappa}\mathrm{d}s\geqslant\frac{P^2}{2\pi}\tag{77}$$

等式成立的充分必要条件是 K 为圆盘.

定理 27　设平面 $\mathbf{R}^2$ 中 K 是面积为 A,周长为 P 的卵形区域,则

$$\int_{\partial K}\frac{1}{\kappa}\mathrm{d}s\geqslant\frac{7P^2-20\pi A}{4\pi}\tag{78}$$

等式成立的充分必要条件是 K 为圆盘.

这些结果强于 Ros 等周不等式,即平面 $\mathbf{R}^2$ 上的 Ros 定理[74]

$$\int_{\partial K}\frac{1}{\kappa}\mathrm{d}s\geqslant 2A\tag{79}$$

设 K 为平面 $\mathbf{R}^2$ 中面积为 A,周长为 P 的卵形区域,κ 为其边界 ∂K 的曲率,K 的曲率幂积分,倒曲率幂积分分别定义为

$$\begin{cases}\alpha_n(K)=\displaystyle\int_{\partial K}\kappa^n\mathrm{d}s\\ \beta_n(K)=\displaystyle\int_{\partial K}\frac{1}{\kappa^n}\mathrm{d}s\end{cases}\tag{80}$$

周家足,马磊对 Gage- 型等周不等式和 Ros- 型等周不等式作了深入研究[35].

定理 28　设 K 为平面 $\mathbf{R}^2$ 中面积为 A,周长为 P 的卵形区域,κ 为其边界 ∂K 的曲率,则

$$\alpha_n(K) \geqslant \frac{(2\pi)^n}{P^{n-1}} \quad (n \geqslant 2)$$

$$\alpha_i(K)^2 \leqslant \alpha_{i-1}(K)\alpha_{i+1}(K) \quad (i \geqslant 1)$$

每一等号成立的充分必要条件是 K 为圆盘.

定理 29 设 K 为平面 $\mathbf{R}^2$ 中面积为 A,周长为 P 的卵形区域,κ 为其边界 ∂K 的曲率,则

$$\beta_n(K) \geqslant \frac{P^{n+1}}{(2\pi)^n} \quad (n \geqslant 1)$$

$$\beta_i(K)^2 \leqslant \beta_{i-1}(K)\beta_{i+1}(K) \quad (i \leqslant 1)$$

每一等号成立的充分必要条件是 K 为圆盘.

参考文献

[1] BANCHOFF T F,POHL W F. A generalization of the isoperimetric inequality[J]. J Diff Geo, 1971,6:175-213.

[2] BLASCHKE W. Vorlesungen über Intergralgeometrie [M]. Berlin:Deutsch Verlag Wiss,1955.

[3] BOKOWSKI J,HEIL E. Integral representation of quermassintegrals and Bonnesen-style inequalities [J]. Arch Math,1986,47:79-89.

[4] BONNESEN T. Les Probléms des Isopérimétres et des Isépiphanes[M]. Paris:Gauthier-Villars, 1929.

[5] BONNESEN T,FENCHEL W. Theorie der Konvexen Köeper[M]. Berlin,New York:Springer-Verlag,1974.

[6] BOTTEMA O. Eine obere Grenze für das isoperimetrische Defizit ebener Kurven[J].

Nederl Akad Wetensch Proc,1933,A66:442-446.

[7]BURAGO YU D,ZALGALLER V A. Geometric Inequalities[M]. Berlin,Heidelberg:Springer-Verlag,1988.

[8]CHEN W,HOWARD R,LUTWARK E,et al. A generalized affine isoperimetric inequality[J]. J Geom Anal,2004,14(4):597-612.

[9]CROKE C. A sharp four-dimensional isoperimetric inequality[J]. Comment Math Helv,1984,59(2):187-192.

[10] DAI Y,ZHOU J. Two new Bonnesen type inequalities preprint.

[11]DISKANT V. A generalization of Bonnesen's inequalities[J]. Soviet Math Dokl,1973,14:1728-1731.

[12]ENOMOTO K. A generalization of the isoperimetric inequality on S^2 and flat tori in S^3. Proc Amer Math Soc,1994,120(2):553-558.

[13]FLANDERS H. A Proof of Minkowski's inequality for convex curves[J]. Amer Math Monthly,1968,75:581-593.

[14]GAGE M. An isoperimetric inequality with applications to curve shortening[J]. Duke Math J,1983,50(4):1225-1229.

[15]GARDNER R. Geometric Tomography[M]. New York:Cambridge Univ Press,1995.

[16]GREEN M,OSHER S. Steiner polynomials,

Wulff flows and some new isoperimetric inequalities for convex plane curves[J]. Asian J Math,1999,3(3):659-676.

[17]GRINBERG E,LI S,ZHANG G,et al. Integral Geometry and Convexity,Proceedings of the International Conference[M]. Singapore: World Scientific,2006.

[18]GRINBERG E,REN D,ZHOU J. The symetric isoperimetric deficit and the containment problem in a plan of constant curvature. preprint.

[19]GRINBERG E. Isoperimetric inequalities and identities for k-dimensional cross-sections of convex bodies[J]. Math Ann,1991,291:75-86.

[20]GRINBERG E,ZHANG G. Convolutions, transforms,and convex bodies[J]. Proc London Math Soc,1999,78:7-115.

[21]GYSIN L. The isoperimetric inequality for nonsimple closed curves[J]. Proc Amer Math Soc,1993,118(1):197-203.

[22]HADWIGER H. Die isoperimetrische Ungleichung in Raum[J]. Elemente Math,1948,3:25-38.

[23]HADWIGER H. Vorlesungen über Inhalt, Oberfl ache und Isoperimetrie[M]. Berlin: Springer,1957.

[24]HARDY G,LITTLEWOOD J E,POLYA G. Inequalities [M]. Cambradge,New York:Cambradge Univ Press,1951.

[25]HOWARD R. The sharp Sobolev inequality and the Banchoff-Pohl inequality on surfaces[J]. Proc Amer Math Soc,1998,126:2779-2787.

[26]HSIUNG C C. Isoperimetric inequalities for two-dimensional Riemannian manifolds with boundary[J]. Ann of Math,1961,73(2):213-220.

[27]HSIANG W Y. An elementary proof of the isoperimetric problem[J]. Chin Ann Math, 2002,23A(1):7-12.

[28]KLAIN D. Bonnesen-type inequalities for surfaces of constant curvature[J]. Advances in Applied Mathematics,2007,39(2):143-154.

[29]KOTLYAR B D. On a geometric inequality[J]. (UDC 513:519. 21) Ukrainskii Geometricheskii Sbornik,1987,30:49-52.

[30]KU H,KU M,ZHANG X. Isoperimetric inequalities on surfaces of constant curvature[J]. Canadian J of Math,1997,49:1162-1187.

[31]LI M,ZHOU J. An upper limit for the isoperimetric deficit of convex set in a plane of constant curvature [J]. Science China Mathematics,2010,53(8):1941-1946.

[32]LI P,YAU S T. A new conformal invariant and its applications to the Willmore conjecture and the first eigenvalue of compact surfaces[J]. Invent Math,1982,69:269-291.

[33]LUTWAK E,YANG D,ZHANG G. Sharp affine L_p Sobolev inequality[J]. J Diff Geom,2002,62:17-38.

[34]MA L,ZHOU J. On Ros' type isoperimetric

inequalities. preprint.

[35]MA L,ZHOU J. On the curvature integrals of the plane oval. preprint.

[36]OSSERMAN R. The isoperimetric inequality[J]. Bull Amer Math Soc,1978,84:1182-1238.

[37]OSSERMAN R. Bonnesen-style isoperlimetric inequality[J]. Amer Math Monthly,1979,86:1-29.

[38]PLEIJEL A. On Konvexa kurvor[J]. Nordisk Math Tidskr,1955,3:57-64.

[39]POLYA G,SZEGO G. Isoperimetric inequalities in mathematical physics. Ann of Math Studies[M]. Princeton:Princeton Univ,1951:27.

[40]REN D. Topics in Integral Geometry[M]. Singapore:World Scientific,1994.

[41]SANGWINE-YAGER J R. Mixe Volumes,Handbook of Covex Geometry[M]. North-Holland:Wills,1993:43-71.

[42]SANTALÓ L A. Integral Geometry and Geometric Probability[M]. Reading,MA:Addison-Wesley,1976.

[43]SCHNEIDER R. Convex Bodies:The Brunn-Minkowski Theory[M]. Cambridge:Cambridge Univ Press,1993.

[44]STONE A. On the isoperimetric inequality on a minimal surface[J]. Calc Var Partial Diff Equaltions,2003,17(4):369-391.

[45]TANG D. Discrete Wirtinger and isoperimetric type inequalities[J]. Bull Austral Math Soc,

1991,43:467-474.

[46]TEUFEL E. A Generalization of the isoperimetric inequality in the hyperbolic plane[J]. Arch Math, 1991,57(5):508-513.

[47]TEUFEL E. Isoperimetric inequalities for closed curves in spaces of constant curvature[J]. Results Math,1992,22:622-630.

[48]WEI S,ZHU M. Sharp isoperimetric inequalities and sphere theorems[J]. Pacific J Math,2005, 220(1):183-195.

[49]WEINER J L. Isoperimetric inequalities for immersed closed spherical curves[J]. Proc Amer Math Soc,1994,120(2):501-506.

[50]WEINER J L. Isoperimetric inequalities for immersed closed spherical curves[J]. Proc Amer Math Soc,1994,120(2):501-506.

[51]YAU S T. Isoperimetric constants and the first eigenvalue of a compact manifold[J]. Ann Sci Ec Norm Super,1975,8(4):487-507.

[52]ZHANG G. The affine Sobolev inequality[J]. J Diff Geom,1999,53:183-202.

[53]ZHANG G. Geometric inequalities and inclusion measures of convex bodies[J]. Mathematika, 1994,41:95-116.

[54]ZHANG G,ZHOU J. Containment Measures in Integral Geometry. Integral Geometry and Convexity[M]. Singapore:World Scientific, 2006:153-168.

[55]ZHANG G. Convex Geometric Analysis preprint.

[56]ZHANG X M. Bonnesen-style inequalities and Pseudo-perimeters for polygons[J]. J Geom, 1997,60:188-201.

[57]ZHANG X M. Schur-convex functions and isoperimetric inequalities[J]. Proc Amer Math Soc,1998,126(2):461-470.

[58]ZHOU J,CHEN F. The Bonneesen-type inequality in a plane of constant cuvature[J]. J Korean Math Soc, 2007,44(6):1363-1372.

[59]ZHOU J. A kinematic formula and analogous of Hadwiger's theorem in space[J]. Contemporary Math,1992,140:159-167.

[60]ZHOU J. The suffcient condition for a convex domain to contain another in $\mathbf{R}^4$[J]. Proc Amer Math Soc,1994,121:907-913.

[61]ZHOU J. Kinematic formulas for mean curvature powers of hypersurfaces and Hadwiger's theorem in $\mathbf{R}^{2n}$[J]. Trans Amer Math Soc,1994,345:243-262.

[62]ZHOU J. Sufficient conditions for one domain to contain another in a space of constant curvature[J]. Proc Amer Math Soc,1998,126: 2797-2803.

[63]ZHOU J. Sufficient conditions for one domain to contain another in a space of constant curvature[J]. Proc Amer Math Soc,1998,126: 2797-2803.

[64]ZHOU J. On Willmore Inequality for Submanifolds[J]. Canadian Math Bul, 2007, 50(3):474-480.

[65]ZHOU J. On the Willmore deficit of convex surfaces[J]. Lectures in Appl Math Amer Math Soc, 1994, 30:279-287.

[66]ZHOU J. The Willmore functional and the containment problem in $\mathbf{R}^4$[J]. Science in China(Ser A), 2007, 50(3):325-333.

[67]ZHOU J. Plan Bonnesen-type inequalities[J]. Acta Math Sinica(Chinese Series), 2007, 50(6):1397-1402.

[68]ZHOU J, XIA Y, ZENG C. Some New Bonnesen-style inequalities to appear in J Korean Math Soc.

[69]ZHOU J, MA L. The discrete isoperimetric deficit upper bound preprint.

[70]ZHOU J, LI M, MA L. The isoperimetric deficit upper bound for convex set in space preprint.

[71]ZHOU J, YUE S, AI W. On the isohomothetic inequalityies preprint.

[72]ZHOU J, ZENG C, XIA Y. On Minkowski style isohomothetic inequalities preprint.

[73]ZHOU J, DU Y, CHENG F. Some Bonnesen-style inequalities for higher dimensions to appear in Acta Math Sinica.

[74]ZHOU J. Curvature inequalities for curves[J]. Inter J Comp Math Sci Appl, 2007, 1(2-4):

145-147.

[75]ZHOU J,ZHOU C,MA F. Isoperimetric deficit upper limit of a planar convex set[J]. Rendiconti del Circolo Matematico di Palermo(Serie II,Suppl),2009,81:363-367.

第二十章 积分几何不等式

早在1991年，纽约大学的张高勇教授就研究了 n 维欧氏空间中随机凸集同固定有界凸集相交的体积矩. 在运用限弦投影的新方法和对称化原理对凸体内随机线段的运动测度和凸体内随机点偶的分布的极值性质做了深入讨论之后，建立了体积矩同凸集的体积之间的一系列积分几何不等式，经典的等周不等式同时获得新证明.

积分几何起源于几何概率，建立在群论的基础上，它同凸体论、整体微分几何紧密相关，涉及数论、偏微分方程和积分方程等. 现在已成为随机几何、体视学等学科的基础([3][8][10]). 其应用深入到医学、生物学、材料科学、冶金和采矿等学科. 本章通过研究积分几何中的矩问题来揭示积分几何与凸体论更深刻的联系.

设 K 是 n 维欧氏空间 E_n 中的一个固定的有界凸集；H 表示 E_n 中三种基本随机凸集之一：随机有界凸集，随机 q 维平面，随机凸柱体；$\mathrm{d}H$ 表示 H 在运动群下的不变密度. 设 W 是定义在有界凸集类上的某一均质积分泛函，即闵可夫斯基泛函，如体积泛函，表面积泛函等，积分几何最重要的结果是建立了关于积分

$$I_1(K,H)=\int_{K\cap H\neq\varnothing}W(K\cap H)\mathrm{d}H$$

的积分公式，$I_1(K,H)$ 可由 K 和 H 的某些均质积分表示. 这实际上是建立了 $W(K\cap H)$ 的平均值公式. 自然地，我们必须进一步考虑 $W(K\cap H)$ 的二阶矩

$$I_2(K\cap H)=\int_{K\cap H\neq\varnothing}W^2(K\cap H)\mathrm{d}H$$

以及其他高阶矩，这是积分几何进一步发展的主要方向之一. 遗憾的是 $I_2(K\cap H)$ 涉及一些复杂的积分，它不能由 K 和 H 的均质积分表示，与凸集的某些新的整体不变量有关. 唯一的特例是克罗夫顿－哈德维格尔公式

$$\int_{K\cap L_1\neq\varnothing}\sigma^{n+1}\mathrm{d}L_1=\frac{1}{2}n(n+1)V^2$$

其中 K 是有界凸体，L_1 是随机直线，σ 是 $K\cap L_1$ 的长度，V 是 K 的体积. 文中的有界凸体是指有非空内部的紧凸集，简称凸体. 当 m 为正整数时

$$\int_{K\cap L_1\neq\varnothing}\sigma^m\mathrm{d}L_1$$

与 K 的体积 V 之间存在不等式关系，这组不等式称为弦幂积分不等式. 积分几何的主要创始人布拉施克发现了平面情形[8]；空间情形被吴大任完整地得到[11]；高维空间情形被任德麟首先解决[6]. P. Davy 和 R.

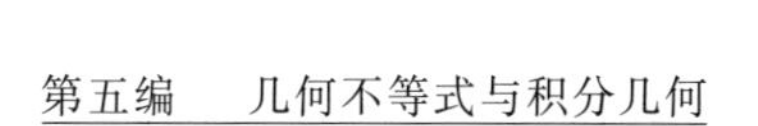

Schneider[9] 分别在1984年和1985年再次导出了弦幂积分不等式.

本章一般地考虑如下的矩问题：

对体积泛函 $v(\cdot)$，令

$$I_\lambda(K,H)=\int_{K\cap H\neq\varnothing}v^\lambda(K\cap H)\mathrm{d}H\quad(\lambda\geqslant 0)$$

(i) 类似于 $\lambda=0,1$，建立 $I_\lambda(K,H)$ 的积分公式；

(ii) $I_\lambda(K\cap H)$ 同凸集的体积之间是否存在不等式关系？

当 $\lambda=0$ 时，(i) 是运动基本公式，(ii) 是等周问题；当 $\lambda=1$ 时，(i) 是 Santaló 公式. 在 $\lambda\geqslant 2$ 的情形，我们建立了 $I_\lambda(K\cap H)$ 同凸体内随机线段的运动测度之间的积分公式和 $I_\lambda(K\cap H)$ 同凸体体积之间的一系列的积分几何不等式.

在第一、二节，我们运用凸集的限弦投影的新方法和对称化原理对随机线段在凸体内的运动测度的性质做了深入的研究，为后面建立积分几何不等式作准备. 随机线段在凸体内的运动测度是凸体最重要的整体不变量，它是凸体的体积、表面积以及直径的统一和深化. 在第三、四、五节，将 $I_2(K\cap H)$ 及部分高阶矩用凸体内随机线段的运动测度表示了出来，并且建立了 $I_2(K,H)$ 以及其他高阶矩同凸体的体积之间的积分几何不等式. 这些几何不等式可视为等周型不等式，古典的等周不等式在此作为特例，第一次用积分几何方法（尽管是部分地）导出了高维空间的等周不等式. 在随机 q 维平面情形推广了弦幂积分不等式；在随机有界凸集和随机凸柱体情形，结果是全新的.

§1　随机线段在凸体内的运动测度与凸集的限弦投影

随机线段在凸体内的运动测度或随机凸体覆盖线段的运动测度在研究矩问题时起着主要作用，它是凸体的新的整体不变量，同凸体的体积、表面积密切相关．下面给出其定义并讨论几条基本性质．

设 S 是 E_n 中长度为 s 的固定线段，K，Z 分别表示 E_n 中的随机有界凸体和随机凸柱体，定义函数 $m_K(s)$，$m_Z(s)$：$[0,+\infty)\to[0,+\infty)$

$$m_K(s)=\int_{S\subset K}\mathrm{d}K \tag{1}$$

$$m_Z(s)=\int_{S\subset Z}\mathrm{d}Z \tag{2}$$

即 K，Z 覆盖 S 的运动测度．由 $\mathrm{d}K$ 和 $\mathrm{d}Z$ 的运动不变性，$m_K(s)$，$m_Z(s)$ 与线段 S 的位置无关．若让 K 固定，S 在 K 内运动，则

$$m_K(s)=\int_{S\subset K}\mathrm{d}S$$

其中 $\mathrm{d}S$ 表示 S 的运动密度．

由于长线段一定覆盖住短线段，下面的引理 1 是明显的事实．

引理 1　$m_K(s)$ 或 $m_Z(s)$ 分别在 $[0,d_K]$ 或 $[0,+\infty)$ 中是严格递减的，d_K 表示 K 的直径，并且在 $s\geqslant d_K$ 时，$m_K(s)=0$．

为了进一步讨论 $m_K(s)$ 或 $m_Z(s)$ 的性质，我们需要引入凸集的限弦投影的概念．众所周知，研究凸集的

一个基本思想是研究凸集在子空间中的正交投影. 凸集的均质积分这些最重要的整体不变量是以正交投影为基础的. 在文[7](见文[11])中任德麟与张高勇将凸集的正交投影这一基本概念发展为凸集的限弦投影的概念,为更深入地研究凸集开辟了新的方向.

设 K 为 E_n 中的 $n-q+1$ 维凸体,$L_{n-q[0]}$ 是过原点的固定 $n-q$ 维平面,L_q 表示任何与 K 相交的 q 维平面,对 $\sigma\geqslant 0$,定义

$$K'_{n-q}(\sigma)=\{L_q\cap L_{n-q[0]}:L_q\perp L_{n-q[0]},|L_q\cap K|\geqslant\sigma\} \tag{3}$$

$K'_{n-q}(\sigma)$ 称为有界凸集 K 在 $L_{n-q[0]}$ 上的按弦长 σ 的限弦投影. 显然,当 $\sigma=0$ 时 $K'_{n-q}(0)$ 是正交投影. $K'_{n-q}(\sigma)$ 在 $L_{n-q[0]}$ 中的 $n-q$ 维体积记为 $A_K(\sigma,L_{n-q[0]})$,称为凸集 K 的限弦投影函数,它关于 σ 是递减的.

当 $q=1$ 时,令 $A_K(\sigma,L_{n-1[0]})=A_K(\sigma,\boldsymbol{u})$,其中 $\boldsymbol{u}$ 是 $L_{n-1[0]}$ 的单位法向量,它是 $n-1$ 维单位球面 U_{n-1} 上的点. 显然

$$A_K(\sigma,\mathbf{u})=0,\sigma>\sigma_M(\boldsymbol{u}) \tag{4}$$

其中 $\sigma_M(\boldsymbol{u})$ 表示 K 沿方向 $\boldsymbol{u}$ 的最大弦长,即

$$\sigma_M(\boldsymbol{u})=\max_{L_1}\{\sigma:\sigma=|L_1\cap\operatorname{int}K|,L_1/\!/\boldsymbol{u}\}$$

注意到式(4),我们在文[7]中得到了下述公式

$$\begin{aligned}m_K(s)&=O_1\cdots O_{n-1}V-O_0O_1\cdots O_{n-2}\int_{\frac{1}{2}U_{n-1}}\mathrm{d}u\int_0^s A_K(\sigma,\boldsymbol{u})\mathrm{d}\sigma\\&=O_0O_1\cdots O_{n-2}\int_{\frac{1}{2}U_{n-1}}\mathrm{d}u\int_s^{+\infty}A_K(\sigma,\boldsymbol{u})\mathrm{d}\sigma\end{aligned} \tag{5}$$

其中 O_i 表示 i 维单位球面的 i 维体积,V 表示 K 的体积. 文中的 b_j 表示 j 维单位球体的 j 维体积.

若凸柱体 Z 的母平面是 r 维平面，则过原点的 $n-r$ 维平面 $L_{n-r[0]}$ 与凸柱体的母平面正交时，$Z \cap L_{n-r[0]}$ 是横截面，它是 $n-r$ 维有界凸体，记为 D. 根据密度公式

$$\mathrm{d}Z=\mathrm{d}L_{n-r[0]}^{*}\mathrm{d}K^{n-r}$$

其中 $\mathrm{d}K^{n-r}$ 表示 $L_{n-r[0]}$ 上的运动密度，星号表示 $L_{n-r[0]}$ 考虑为有向平面，我们有

$$m_{Z}(s)=2\int_{G_{n,n-r}} m_{D}(s\cos\theta)\mathrm{d}L_{n-r[0]} \tag{6}$$

其中 θ 表示线段 S 与平面 $L_{n-r[0]}$ 的夹角，$G_{n,n-r}$ 是 Grassman 流形.

引理 1′ 导函数 $m'_{K}(s)$，$m'_{Z}(s)$ 分别在 $[0,d_{K}]$，$[0,+\infty)$ 中是严格增加的，且

$$m_{K}(0)=O_{1}\cdots O_{n-1}V(K)$$

$$m_{Z}(0)=O_{r}\cdots O_{n-1}V(D)$$

$$m'_{K}(0)=-\frac{1}{2}O_{0}O_{1}\cdots O_{n-2}b_{n-1}F(K)$$

$$m'_{Z}(0)=cF(D)$$

一般地

$$m'_{K}(s)=-O_{0}O_{1}\cdots O_{n-2}\int_{\frac{1}{2}U_{n-1}} A_{K}(s,\boldsymbol{u})\mathrm{d}u \tag{7}$$

其中 V，F 分别表示凸体的体积和表面积.

上述引理的证明由(5)(6)两式立即可得. 凸体的体积和表面积可看作随机线段在凸体内的运动测度及其导数在零点处的取值. 式(7)是凸体的柯西公式的推广. 凸集的限弦投影比正交投影更深地观察了凸集本身，随机线段在凸体内的运动测度蕴涵了凸体丰富的性质.

定理 1 设 K，Z 分别是 E_{n} 中的有界凸体的凸柱

体，B 是与 K 有相等直径的球体，C 是圆柱体，C 与 Z 的母平面维数相同且横截面的直径相等，则

$$m_K(s) \leqslant m_B(s) \tag{8}$$

$$m_Z(s) \leqslant m_C(s) \tag{9}$$

若有某 $s \in [0, d_K)$ 或 $s \in [0, +\infty)$ 使式(8)或式(9)的等号成立，则 K 为球体或 Z 为圆柱体

$$m'_K(s) \geqslant m'_B(s) \tag{10}$$

$$m'_Z(s) \geqslant m'_C(s) \tag{11}$$

证明　由于有界凸体的直径一定时，其体积当且仅当凸体为球体时达到最大值，而 $K'_{n-1}(\sigma)$ 的直径不大于$(d_K^2 - \sigma^2)^{\frac{1}{2}}$，于是

$$A_K(\sigma, u) \leqslant A_B(\sigma, u) \tag{12}$$

等号成立的条件是 $K'_{n-1}(\sigma)$ 是直径等于$(d_K^2 - \sigma^2)^{\frac{1}{2}}$ 的 $n-1$ 维球体且长为 σ 的弦 $K \cap L_1$ 的端点在平行于 L_{n-1} 的 $n-1$ 维平面上. 由式(5)和(12)便得式(8)，由式(6)和(8)便得式(9)，由式(7)和(12)便得式(10)及(11).

对特殊的凸体计算 $m_K(s)$ 是一件不容易的事情，球体时有公式

$$\begin{aligned} m_B(s) &= 2O_1 \cdots O_{n-1} b_{n-1} R^n \int_{\arcsin\frac{s}{2R}}^{\frac{\pi}{2}} \cos^n \theta \, \mathrm{d}\theta \qquad (*) \\ &= 2O_1 \cdots O_{n-1} b_{n-1} R^n \times \end{aligned}$$

$$
\begin{cases}
\dfrac{(n-1)!!}{n!!}\arccos\dfrac{s}{2R}-\dfrac{s}{2R}\Bigg\{\dfrac{1}{n}\left[1-\left(\dfrac{s}{2R}\right)^2\right]^{\frac{n-1}{2}}+ \\
\dfrac{n-1}{n}\,\dfrac{1}{n-2}\left[1-\left(\dfrac{s}{2R}\right)^2\right]^{\frac{n-3}{2}}+\cdots+ \\
\dfrac{n-1}{n}\cdots\dfrac{3}{4}\times\dfrac{1}{2}\left[1-\left(\dfrac{s}{2R}\right)^2\right]^{\frac{1}{2}}\Bigg\}\ (n\text{ 为偶数}) \\
\dfrac{(n-1)!!}{n!!}\left(1-\dfrac{s}{2R}\right)-\dfrac{s}{2R}\Bigg\{\dfrac{1}{n}\left[1-\left(\dfrac{s}{2R}\right)^2\right]^{\frac{n-1}{2}}+ \\
\dfrac{n-1}{n}\,\dfrac{1}{n-2}\left[1-\left(\dfrac{s}{2R}\right)^2\right]^{\frac{n-3}{2}}+\cdots+ \\
\dfrac{n-1}{n}\cdots\dfrac{4}{5}\times\dfrac{1}{3}\left[1-\left(\dfrac{s}{2R}\right)^2\right]^{\frac{1}{2}}\Bigg\}\ (n\text{ 为奇数})
\end{cases}
$$

其中 R 是 B 的半径.

特别,当 $n=1$ 时,$m_B(s)=2R-s$;

当 $n=2$ 时

$$m_B(s)=4\pi R^2\arccos\frac{s}{2R}-2\pi Rs\left[1-\left(\frac{s}{2R}\right)^2\right]^{\frac{1}{2}}$$

当 $n=3$ 时

$$m_B(s)=\frac{8}{3}\pi^3\left(4R^3-3R^2s+\frac{1}{4}s^3\right)$$

一般地,当 n 为奇数时,$m_B(s)$ 是 s 的 n 次多项式.

§2　凸体内的随机点偶

为了进一步研究随机线段在凸体内的运动测度的性质,我们考虑凸体内的随机点偶.先建立下面的不等式,它是后面建立矩不等式的基础.

定理2　设 K 是 E_n 中的有界凸体,$f:\mathbf{R}^+\to\mathbf{R}$ 是连

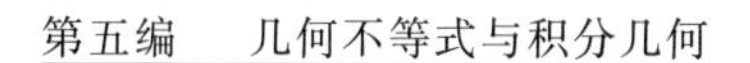

续的减函数，并且在某小区间$(0,\delta)(\delta>0)$中是严格减的. 令

$$J_f(K)=\int_{P_1,P_2\in K} f(|P_1P_2|)\mathrm{d}P_1\mathrm{d}P_2 \tag{13}$$

则

$$J_f(K)\leqslant J_f(B)$$

其中B是与K有相同体积的球体，等号当且仅当K为球体时成立.

证明　我们用凸体论中的对称化原理分三步来证明.

(1) 设S_1,S_2是平行于x_n轴的两条线段，其长度分别等于σ_1,σ_2. S_i上的点记为$P_i=(p_{i1},p_{i2},\cdots,p_{in})$，上下端点记为$\overline{P}_i,\underline{P}_i$，中点记为

$$M_i=\frac{1}{2}(\underline{P}_i+\overline{P}_i),i=1,2$$

先证明积分

$$F=\int_{P_i\in S_i} f(|P_1P_2|)\mathrm{d}p_{1n}\mathrm{d}p_{2n} \tag{14}$$

在$\overrightarrow{M_1M_2}$垂直于x_n轴时取最大值；当$|\overline{P}_1\overline{P}_2|<\delta$，$|\underline{P}_1\underline{P}_2|<\delta$时，式(14)仅当$\overrightarrow{M_1M_2}$垂直于$x_n$轴时取最大值.

不妨假定S_1的中点M_1的p_{1n}分量等于零，S_2的中点M_2的p_{2n}分量等于$t\geqslant 0$，所考虑的积分变为

$$F(t)=\int_{t-\frac{\sigma_2}{2}}^{t+\frac{\sigma_2}{2}}\mathrm{d}p_{2n}\int_{-\frac{\sigma_1}{2}}^{\frac{\sigma_1}{2}} f(|\underline{P}_1\underline{P}_2|)\mathrm{d}p_{1n}$$

对t求导数

$$F'(t)=\int_{-\frac{\sigma_1}{2}}^{\frac{\sigma_1}{2}}(f|P_1\overline{P}_2|)-f(|P_1\underline{P}_2|))\mathrm{d}p_{1n}$$

令 $Q_1=(p_{11},\cdots,p_{1n-1},p_{1n})$，则 $|P_1\overline{P}_2|\geqslant|Q_1\underline{P_2}|$ 等号仅当 $t=0$ 时成立. 从而

$$F'(t)=\int_{-\frac{\sigma_1}{2}}^{\frac{\sigma_1}{2}}f(|P_1\overline{P}_2|)\mathrm{d}p_{1n}-\int_{\frac{\sigma_1}{2}}^{-\frac{\sigma_1}{2}}f(|Q_1\underline{P_2}|)\mathrm{d}(-p_{1n})$$

$$=\int_{-\frac{\sigma_1}{2}}^{\frac{\sigma_1}{2}}(f(|P_1\overline{P}_2|)-f(|Q_1P_2|))\mathrm{d}p_{1n}\leqslant 0$$

于是 $F(t)\leqslant F(0)$.

当 $|\overline{P}_1\overline{P}_2|<\delta$，$|\underline{P_1}\underline{P_2}|<\delta$ 时，让 P_1 与 $\overline{P}_1$ 充分靠近，成立 $|P_1\overline{P}_2|<\delta$，$|Q_1P_2|<\delta$，由 f 的严格减，有

$$f(|P_1\overline{P}_2|)-f(|Q_1\underline{P_2}|)<0$$

于是

$$F(t)<F(0)\quad(t>0)$$

(2) 令 Σ 是过原点且垂直于 x_n 轴的超平面，将 K 关于 Σ 对称化：G 是与 K 相交且垂直于 Σ 的直线，将弦 $G\cap K$ 沿直线 G 平移，使 $G\cap K$ 的中点在 Σ 上，所有平移后的弦构成凸体 K^*，K^* 关于 Σ 对称，称之为 K 关于 Σ 的对称化.

令 $P_i=(p_{i1},\cdots,p_{in})=(p_i,p_{in})$，将点密度（体积元）$\mathrm{d}P_i$ 写为 $\mathrm{d}p_i\mathrm{d}p_{in}$. 设 $G_i(i=1,2)$ 是两条与 K 相交且与 Σ 垂直的直线，令 $G_i\cap K=S_i$，K 在 Σ 上的正交投影记为 K'，则

$$J_f(K)=\int_{P_1,P_2\in K}f(|P_1P_2|)\mathrm{d}p_1\mathrm{d}p_{1n}\mathrm{d}p_2\mathrm{d}p_{2n}$$

$$=\int_{p_i\in K'}\left(\int_{P_i\in S_i}f(|P_1P_2|)\mathrm{d}p_{1n}\mathrm{d}p_{2n}\right)\mathrm{d}p_1\mathrm{d}p_2\tag{15}$$

将 S_i 沿直线 G_i 平移得到 S_i^* 使得 S_i^* 的中点在 Σ

上.据式(1)得

$$\int_{P_i \in S_i} f(|P_1 P_2|) \mathrm{d}p_{1n} \mathrm{d}p_{2n}$$

$$\leqslant \int_{P_i^* \in S_i^*} f(|P_1^* P_2^*|) \mathrm{d}p_{1n}^* \mathrm{d}p_{2n}^* \tag{16}$$

由(15)(16)两式得到

$$J_f(K) \leqslant J_f(K^*) \tag{17}$$

下面说明式(17)的等号仅当 K 与 K^* 全等时成立.将 K' 用有限个小区域 $D'_i(i=1,2,\cdots,N)$ 覆盖住.令 G_i 是垂直于 Σ 的直线且 $G_i \cap D'_i \cap (\text{int}\, K) \neq \varnothing$，$i=1,2,\cdots,N$.令 $G_i \cap K = S_i$，线段 S_i 的上下端点记为 $\overline{P}_i, \underline{P}_i, i=1,2,\cdots,N$.根据有界凸体边界的连续性，总存在覆盖 $K' \subset \bigcup\limits_{i=1}^{N} D'_i$ 使得当 D'_{i_1} 与 D'_{i_2} 相交时，成立

$$|\overline{P}_{i_1} \overline{P}_{i_2}| < \delta, \ |\underline{P}_{i_1} \underline{P}_{i_2}| < \delta$$

于是，由式(1)得

$$\int_{\substack{P_{i_1} \in S_{i_1} \\ P_{i_2} \in S_{i_2}}} f(|P_{i_1} P_{i_2}|) \mathrm{d}p_{i_1 n} \mathrm{d}p_{i_2 n}$$

$$\leqslant \int_{\substack{P_{i_1}^* \in S_{i_1}^* \\ P_{i_2}^* \in S_{i_2}^*}} f(|P_{i_1}^* P_{i_2}^*|) \mathrm{d}p_{i_{1n}}^* \mathrm{d}p_{i_{2n}}^*$$

的等号仅当 S_{i_1} 与 S_{i_2} 的中点的连线平行于 Σ 时成立.由此可知式(17)的等号成立时，D'_{i_1} 和 D'_{i_2} 上 K 的弦的中点全在平行于 Σ 的某超平面上，从而全体线段 $K \cap G$ 的中点在平行于 Σ 的超平面上，即 K 与 K^* 全等.

(3) 作 K 的对称化序列 $K=K_1, K_2, \cdots, K_i, \cdots$ 使得此凸体序列收敛到球体 B，由式(17)得

$$J_f(K) \leqslant J_f(K_2) \leqslant \cdots \leqslant J_f(K_i) \leqslant \cdots \leqslant \lim J_f(K_i)$$

由于 f 是连续函数，$J_f(\cdot)$ 是连续泛函

$$\lim J_f(K_i) = J_f(\lim K_i) = J_f(B)$$

于是

$$J_f(K) \leqslant J_f(B)$$

等号当且仅当 K 关于任何方向都存在对称超平面时成立，即当且仅当 K 是球体时成立. $n=2$ 时，在较强的条件下，定理 1 是 Carlemann 定理[11].

利用类似于定理 2 的证明步骤，我们有：

定理 3 设 K_1, K_2 是 E_n 中的有界凸体，$f: \mathbf{R}^+ \to \mathbf{R}$ 是连续的严格减函数，令

$$J_f(K_1, K_2) = \int_{P_i \in K_i} f(|P_1P_2|) \mathrm{d}P_1 \mathrm{d}P_2$$

则

$$J_f(K_1, K_2) \leqslant J_f(B_1, B_2)$$

其中 B_1, B_2 是与 K_1, K_2 有相同体积的同心球体，等号当且仅当 K_1, K_2 是同心球体时成立.

引理 2 设 K 是 E_n 中的有界凸体，对任何连续函数 $f: \mathbf{R}^+ \to \mathbf{R}$ 成立

$$\begin{aligned}&\int_{P_1, P_2 \in K} f(|P_1P_2|) \mathrm{d}P_1 \mathrm{d}P_2 \\ &= \left(\frac{1}{2} O_0 O_1 \cdots O_{n-2}\right)^{-1} \int_0^{+\infty} f(s) m_K(s) s^{n-1} \mathrm{d}s\end{aligned}$$

证明 应用球坐标 $P_2 = P_1 + s u_{n-1}$，其中 u_{n-1} 是 $n-1$ 维单位球面上的点，s 是 P_1, P_2 之间的距离，于是

$$\mathrm{d}P_1 \mathrm{d}P_2 = s^{n-1} \mathrm{d}s \mathrm{d}u_{n-1} \mathrm{d}P_2$$

从而

$$\begin{aligned}&\int_{P_1, P_2 \in K} f(|P_1P_2|) \mathrm{d}P_1 \mathrm{d}P_2 \\ &= \int_{P_1, P_2 \in K} f(s) s^{n-1} \mathrm{d}s \mathrm{d}u_{n-1} \mathrm{d}P_2\end{aligned}$$

将单位向量 $\boldsymbol{u}_{n-1}$ 扩充为正交标架 $\boldsymbol{u}_{n-1}, \boldsymbol{u}_{n-2}, \cdots, \boldsymbol{u}_1, \boldsymbol{u}_0$，

且 u_i 是 i 维单位球面上的点，则

$$J_f(K)=\left(\frac{1}{2}O_0O_1\cdots O_{n-2}\right)^{-1}\cdot$$

$$\int_{P_1,P_2\in K}f(s)s^{n-1}\mathrm{d}s\mathrm{d}u_{n-1}\cdots\mathrm{d}u_1\mathrm{d}P_2$$

注意到 $\mathrm{d}P_2\mathrm{d}u_{n-1}\cdots\mathrm{d}u_1$ 是 E_n 中的运动密度，故

$$J_f(K)=\left(\frac{1}{2}O_0O_1\cdots O_{n-2}\right)^{-1}\int_0^{+\infty}f(s)m_K(s)s^{n-1}\mathrm{d}s$$

由定理 2 和引理 2，立即可得 $m_k(s)$ 的一条重要性质：

定理 4　设 k 是 E_n 中的有界凸体，$f:\mathbf{R}^+\to\mathbf{R}$ 是连续的减函数，并且在某小区间 $(0,\delta)(\delta>0)$ 中是严格减的，则

$$\int_0^{+\infty}f(s)m_k(s)s^{n-1}\mathrm{d}s\leqslant\int_0^{+\infty}f(s)m_B(s)s^{n-1}\mathrm{d}s$$

或

$$\int_{\frac{1}{2}U_{n-1}}\mathrm{d}u\int_s^{+\infty}A_K(\sigma,u)F(\sigma)\mathrm{d}\sigma$$

$$\leqslant\int_{\frac{1}{2}U_{n-1}}\mathrm{d}u\int_s^{+\infty}A_B(\sigma,u)F(\sigma)\mathrm{d}\sigma$$

其中 $F(\sigma)=\int_0^{\sigma}f(s)s^{n-1}\mathrm{d}s$，$B$ 是与 K 有相同体积的球体，且等号当且仅当 K 为球体时成立.

推论 1　设 K 和 B 分别是 E_n 中的有界凸体和球体，若存在正数 $\delta>0$ 使当 $s<\delta$ 时，$m_K(s)=m_B(s)$，则 K 与 B 全等.

下面的引理由文献[1][2][5][12]综合得到，我们完整地叙述出来，以备后用.

引理 3　设 K 是 E_n 中的有界凸体，$P_0,P_1,\cdots,P_k(1\leqslant k\leqslant n)$ 是 $k+1$ 个随机点，Δ_k 表示凸包

$\operatorname{conv}\{P_0, P_1, \cdots, P_k\}$ 的 k 维体积，令

$$J_{\lambda,k}(K)=\int_{P_i\in K}\Delta_k^{\lambda}\mathrm{d}P_0,\mathrm{d}P_1,\cdots,\mathrm{d}P_k,\lambda\in\mathbf{R}$$

其中 $\mathrm{d}P_i$ 表示 P_i 的点密度，则成立不等式

$$J_{\lambda,k}(K)\begin{cases}\leqslant J_{\lambda,k}(B') & (\lambda<0)\\ \equiv J_{\lambda,k}(B') & (\lambda=0)\\ \geqslant J_{\lambda,k}(B') & (\lambda>0)\end{cases}$$

其中 B' 是与 K 有相同体积的球体，当 $1\leqslant k<n$ 时，等号仅当 K 为球体时成立；当 $k=n$ 时，等号仅当 K 为椭球体时成立.

§3 随机有界凸集情形

定理 5 设 K_1 是 E_n 中的 r 维有界凸集，K_2 是 q 维随机有界凸集，$r+q-n\geqslant 1$，令

$$I_2(K_1,K_2)=\int_{K_1\cap K_2\neq\varnothing}v_{r+q-n}^2(K_1\cap K_2)\mathrm{d}K_2$$

$v(k)(\cdot)$ 表示 k 维体积，则下述结论成立：

(1) $$I_2(K_1,K_2)=\frac{2O_0O_1\cdots O_{n-2}}{O_0O_1\cdots O_{r-2}\cdot O_0O_1\cdots O_{q-2}}\cdot\frac{(r-1)!\ (q-1)!}{(r+q-n-1)!\ (n-1)!}\cdot\int_0^{+\infty}m_{K_1}(s)m_{K_2}(s)s^{r+q-n-1}\mathrm{d}s$$

(2) 若 B_1 是与 K_1 同体积的 r 维球体，成立

$$I_2(K_1,K_2)\leqslant I_2(B_1,K_2)$$

等号当且仅当 K_1 为球体时成立；

(3) 若 $r=q=n$，则

$$I_2^2(K_1,K_2) \leqslant I_2(K_1,K_1)I_2(K_2,K_2)$$

等号当且仅当 $m_{K_1}(s)$ 与 $m_{K_2}(s)$ 成比例时成立，特别在 K_1 为球体且 K_1,K_2 的体积相等时，等号当且仅当 K_2 是与 K_1 全等的球体时成立；

(4) $$I_2(K_1,K_2) \leqslant 2O_0O_1\cdots O_{n-2}b_{r-1}b_{q-1}V_1V_2 \cdot \frac{r!\ q!}{(r+q-n-1)!\ (n-1)!} \cdot \int_0^{2R} s^{r+q-n-1}t_r\left(\frac{s}{2R_1}\right)t_q\left(\frac{s}{2R_2}\right)\mathrm{d}s$$

其中 V_1,V_2 分别是 K_1,K_2 的体积，$R_1=\left(\frac{V_1}{b_r}\right)^{\frac{1}{r}}$，$R_2=\left(\frac{V_2}{b_q}\right)^{\frac{1}{q}}$，$R=\min(R_1,R_2)$，$t_k(x)=\int_{\arcsin x}^{\frac{\pi}{2}}\cos^k\theta\,\mathrm{d}\theta$，等号当且仅当 K_1,K_2 均为球体时成立.

证明　设 P_1,P_2 是随机点偶，则

$$I_2(K_1,K_2)=\int_{P_1,P_2\in K_1\cap K_2\neq\varnothing}\mathrm{d}P_2^{(r+q-n)}\mathrm{d}P_2^{(r+q-n)}\mathrm{d}K_2 \tag{18}$$

$\mathrm{d}P_i^{(r+q-n)}(i=1,2)$ 表示 $r+q-n$ 维子空间中的点密度.

设 L_r 是过 K_1 的 r 维平面，L_q 是过 K_2 的 q 维平面，$\mathrm{d}K_2^{(q)}$ 表示 K_2 在 L_q 中的运动密度，对 $x\in K_2$，有密度公式[8]

$$\mathrm{d}K_2=\mathrm{d}K_2^{(q)}\mathrm{d}L_q^*\,\mathrm{d}K_{[x]}^{n-q} \tag{19}$$

其中 * 表示考虑有向平面，$\mathrm{d}K_{[x]}^{n-q}$ 表示在与 L_q 正交的 $n-q$ 维平面中绕 x 的运动密度. 将式(19)代入式(18)并对 $\mathrm{d}K_{[x]}^{n-q}$ 积分

$$I_2(K_1,K_2)=c_1\int_{P_1,P_2\in K_1\cap K_2\neq\varnothing}\mathrm{d}P_1^{(r+q-n)}\mathrm{d}P_2^{(r+q-n)}\mathrm{d}K_2^{(q)}\mathrm{d}L_q^* \tag{20}$$

其中

$$c_1=\begin{cases}\frac{1}{2}O_0O_1\cdots O_{n-q-1} & (q\leqslant n-1)\\ 1 & (q=n)\end{cases}$$

对式(20)中的 $\mathrm{d}K_2^{(q)}$ 积分,积分限是在 L_q 中包含 P_0,P_1 的所有 K_2 的集合,若 s 为 P_1,P_2 之间的距离,则式(20)变为

$$I_2(K_1,K_2)=c_1\int_{P_1,P_2\in K_1\cap L_q\neq\varnothing}m_{K_2}(s)\mathrm{d}P_1^{(r+q-n)}\mathrm{d}P_2^{(r+q-n)}\mathrm{d}L_q^* \tag{21}$$

其中 $m_{K_2}(s)$ 是 L_q 中凸体 K_2 包含点偶 P_1,P_2 的运动测度.

根据密度公式[8]

$$\mathrm{d}L_q=\Delta^{r+q-n+1}\mathrm{d}L_{r+q-n}^{(r)}\mathrm{d}L_{q[r+q-n]} \tag{22}$$

Δ 是 L_r 与 L_q 的夹角的正弦函数,$L_{r+q-n}=L_r\cap L_q$,$\mathrm{d}L_{q(r+q-n)}$ 是 L_q 绕 L_{r+q-n} 的密度,式(21)化为

$$\begin{aligned}&I_2(K_1,K_2)\\&=2c_1c_2\int_{P_1,P_2\in K_1\cap L_{r+q-n}\neq\varnothing}m_{K_2}(s)\mathrm{d}P_1^{r+q-n}\mathrm{d}P_2^{(r+q-n)}\mathrm{d}L_{r+q-n}^{(r)}\end{aligned} \tag{23}$$

$$c_2=\int_{\mathrm{Total}}\Delta^{r+q-n+1}\mathrm{d}L_{q|r+q-n|}$$

设 B_r 是 L_r 中的单位球体,将式(22)应用于集合 $\{L_q:B_r\cap L_q\neq\varnothing\}$,并对 $\mathrm{d}L_{q[r+q-n]}$ 积分,得

$$\int_{B_r\cap L_q\neq\varnothing}\mathrm{d}L_q=c_2\int_{B_r\cap L_{r+q-n}\neq\varnothing}\mathrm{d}L_{r+q-n}^{(r)}$$

两端积分后得[8]

$$\frac{nO_{n-2}O_{n-3}\cdots O_{n-q-1}}{(n-q)O_{q-1}\cdots O_1O_0}W_q(B_r)$$

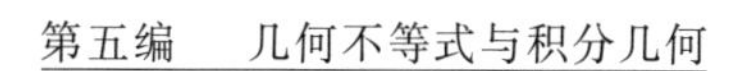

$$= c_2 \frac{rO_{r-2}O_{r-3}\cdots O_{n-q-1}}{(n-q)O_{r+q-n-1}\cdots O_1 O_2} W^{(r)}_{r+q-n}(B_r)$$

其中 $W_q(B_r)$ 表示 B_r 在 E_n 中的均质积分，$W^{(r)}_{r+q-n}(B_r)$ 表示 B_r 在 E_r 中的均质积分. 将球的均质积分代入上式有

$$\frac{O_{n-2}O_{n-3}\cdots O_{n-q-1}}{(n-q)O_{q-1}\cdots O_1 O_0} \frac{\binom{r-1}{q-n+r-1} O_{r-1}O_{q-1}}{\binom{n-1}{q-1} O_{r+q-n-1}}$$

$$= c_2 \frac{rO_{r-2}O_{r-3}\cdots O_{n-q-1}}{(n-q)O_{r+q-n-1}\cdots O_1 O_0} \frac{O_{r-1}}{r}$$

整理后得

$$c_2 = \begin{cases} \dfrac{O_{n-2}\cdots O_r O_{r-1}}{O_{q-2}\cdots O_{r+q-n} O_{r+q-n-1}} \dfrac{(r-1)!\ (q-1)!}{(r+q-n-1)!\ (n-1)!} & (r < n) \\ 1 & (r = n) \end{cases} \tag{24}$$

根据文[3]中的密度公式(参见文[8])，我们有

$$s^{n-q} \mathrm{d}P_1^{(r+q-n)} \mathrm{d}P_2^{(r+q-n)} \mathrm{d}L^{(r)}_{r+q-n} = \mathrm{d}P_1^{(r)} \mathrm{d}P_2^{(r)} \mathrm{d}L^{(r)}_{r+q-n[1]}$$

代入式(23)，并对 $\mathrm{d}L^{(r)}_{r+q-n[1]}$ 积分，得

$$I_2(K_1, K_2) = 2c_1 c_2 c_3 \int_{P_1, P_2 \in K_1} m_{K_2}(s) s^{q-n} \mathrm{d}P_1^{(r)} \mathrm{d}P_2^{(r)} \tag{25}$$

$$c_3 = \begin{cases} \displaystyle\int_{\text{Total}} \mathrm{d}L^{(r)}_{r+q-n[1]} = \frac{O_{r-2}O_{r-3}\cdots O_{n-q}}{O_{r+q-n-2}\cdots O_1 O_0} & (r+q-n > 1) \\ 1 & (r+q-n = 1) \end{cases}$$

最后根据引理 2，我们得到

$$I_2(K_1, K_2) = \frac{4c_1 c_2 c_3}{O_0 O_1 \cdots O_{r-2}} \int_0^{+\infty} m_{K_1}(s) m_{K_2}(s) s^{r+q-n-1} \mathrm{d}s \tag{26}$$

将 c_1, c_2, c_3 的值代入上式得(1)；将定理 4 应用于上式

得(2).

根据式(*)

$$\begin{cases} m_{B_1}(s)=2O_1\cdots O_{r-1}b_{r-1}R_1^r t_r\left(\dfrac{s}{2R_1}\right)(s\leqslant 2R_1) \\ m_{B_2}(s)=2O_1\cdots O_{q-1}b_{q-1}R_2^q t_q\left(\dfrac{s}{2R_2}\right)(s\leqslant 2R_2) \end{cases} \tag{27}$$

B_1,B_2 分别是 r 维和 q 维球体,半径分别等于 R_1,R_2. 显然

$$\begin{cases} m_{B_1}(s)=0 \quad (s>2R_1) \\ m_{B_2}(s)=0 \quad (s>2R_2) \end{cases} \tag{28}$$

将式(27)(28)代入(1)得

$$I_2(B_1,B_2)=\frac{2r!\ q!}{(r+q-n-1)!\ (n-1)!}\cdot O_0O_1\cdots O_{n-2}b_{r-1}b_{q-1}V_1V_2\cdot \int_0^{2R} s^{r+q-n-1}t_r\left(\frac{s}{2R_1}\right)t_q\left(\frac{s}{2R_2}\right)\mathrm{d}s \tag{29}$$

其中 $V_1=b_rR_1^r,V_2=b_qR_2^q$. 再根据(2)

$$\begin{aligned} I_2(K_1,K_2) &\leqslant I_2(B_1,K_2)=I_2(K_2,B_1) \\ &\leqslant I_2(B_2,B_1)=I_2(B_1,B_2) \end{aligned}$$

将式(29)代入上式即得(4).

根据式(26),柯西不等式和推论 1 可得(3).

推论 2 若 K_1,K_2 是 E_n 中具有相同体积 V 的有界凸体,则成立不等式

$$I_2(K_1,K_2)\leqslant I_2(B,B)\left(\frac{V}{b_3}\right)^3$$

等号当且仅当 K_1,K_2 均为球体时成立,其中 b_n 是单位球体 B 的体积,且

$$I_2(B;B)=2O_0O_1\cdots O_{n-2}b_{n-1}^2b_n^2n^2 2^n\int_0^1 x^{n-1}t_n^2(x)\mathrm{d}x$$

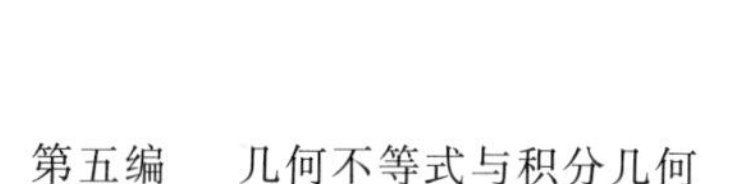

特别

当 $n=3$ 时，$I_2(K_1,K_2)\leqslant\frac{272}{105}\pi^2V^3$；

当 $n=2$ 时，$I_2(K_1,K_2)\leqslant 2\left(\pi-\frac{16}{3\pi}\right)V^3$.

如果 K_1,K_2 的交集 $K_1\cap K_2$ 是一维的，我们可以考虑高阶矩.

定理6　设 K_1,K_2 分别是 E_n 中的 r 维和 q 维有界凸集，且 $r+q-n=1$，令

$$I_\lambda(K_1,K_2)=\int_{K_1\cap K_2\neq\varnothing}v_1^\lambda(K_1\cap K_2)\mathrm{d}K_2\quad(\lambda\geqslant 0)\tag{30}$$

则下述结论正确

(1)　$I_\lambda(K_1,K_2)$

$$=\frac{\lambda(\lambda-1)(r-1)!\ (q-1)!\ O_0O_1\cdots O_{n-2}}{(n-1)!\ O_0O_1\cdots O_{r-2}\cdot O_0O_1\cdots O_{q-2}}\cdot\int_0^{+\infty}m_{K_1}(s)m_{K_2}(s)s^{\lambda-2}\mathrm{d}s\quad(\lambda>1)$$

(2) 若 $r\geqslant 2$，B_1 是与 K_1 同体积的 r 维球体，则成立不等式

$$I_\lambda(K_1,K_2)-I_\lambda(B_1,K_2)\begin{cases}\geqslant 0 & (\lambda=0,\text{等周不等式})\\ \geqslant 0 & (0<\lambda<1,\text{等号当 }K_1\text{ 是球体时成立})\\ \equiv 0 & (\lambda=1,\text{Santaló 公式})\\ \leqslant 0 & (1\leqslant\lambda\leqslant r+1,\text{等号仅当 }K_1\text{ 是球体时成立})\end{cases}$$

(3)

$$I_\lambda(K_1,K_2)\leqslant\frac{\lambda(\lambda-1)r!\ q!}{(n-1)!}\cdot$$

$$O_0O_1\cdots O_{n-2}b_{r-1}b_{q-1}V_1V_2\int_0^{2R}t_r\left(\frac{s}{2R_1}\right)t_q\left(\frac{s}{2R_2}\right)s^{\lambda-2}\,\mathrm{d}s$$

$$(1<\lambda\leqslant\max(r,q)+1)$$

等号仅当 K_1,K_2 为球体时成立,其中 V_1,V_2 是 K_1,K_2 的体积

$$R_1=\left(\frac{V_1}{b_r}\right)^{\frac{1}{r}},R^2=\left(\frac{V_2}{b_q}\right)^{\frac{1}{q}}$$

$$R=\min(R_1,R_2),t_k(x)=\int_{\arcsin x}^{\frac{\pi}{2}}\cos^k\theta\,\mathrm{d}\theta$$

证明 对 $\lambda>1,\sigma>0$ 成立恒等式

$$\sigma^\lambda=\frac{\lambda(\lambda-1)}{2}\int_0^\sigma\mathrm{d}t_1\int_0^\sigma|t_2-t_1|^{\lambda-2}\mathrm{d}t_2\qquad(31)$$

令 $\sigma=v_1(K_1\cap K_2)$,t_1,t_2 看作线段 $K_1\cap K_2$ 上的点 P_1,P_2,则 $|t_2-t_1|$ 是 P_1,P_2 之间的距离,记为 s,$\mathrm{d}t_1=\mathrm{d}P_1^{(1)},\mathrm{d}t_2=\mathrm{d}P_2^{(1)}$,于是由(30)和(31)两式知

$$I_2(K_1,K_2)=\frac{\lambda(\lambda-1)}{2}\int_{P_1,P_2\in K_1\cap K_1\neq\varnothing}s^{\lambda-2}\mathrm{d}P_1^{(1)}\mathrm{d}P_2^{(1)}\mathrm{d}K_2$$

$$\lambda>1\qquad(32)$$

类似于定理 5 中(18)—(22)各式之间的步骤,可将式(32)转化为

$$I_2(K_1,K_2)=\lambda(\lambda-1)c_1c_2\int_{P_1,P_2\in K_1}m_{K_2}(s)s^{\lambda-r-1}\mathrm{d}P_1^{(r)}\mathrm{d}P_2^{(r)}$$

$$(\lambda>1)\qquad(33)$$

根据引理 2,式(33)化为

$$I_\lambda(K_1,K_2)=\frac{2\lambda(\lambda-1)c_1c_2}{O_0O_1\cdots O_{r-2}}\int_0^{+\infty}m_{K_1}(s)m_{K_2}(s)s^{\lambda-2}\mathrm{d}s$$

$$(\lambda>1)\qquad(34)$$

此即为(1).

若 $r\geqslant2$,由引理 1,定理 2 和式(34),当 $1<\lambda\leqslant r+1$ 时

$$I_\lambda(K_1,K_2)\leqslant I_\lambda(B_1,K_2)$$

其中 B_1 是与 K_1 有相同体积的 r 维球体，且等号当且仅当 K_1 为球体时成立，(2) 的最后一个不等式得证.

为了证明(2) 的 $0\leqslant\lambda<1$ 的情形，对 $\varepsilon>0,\sigma>0$ 利用恒等式

$$(\sigma+\varepsilon)^\lambda-\varepsilon^\lambda-\lambda\varepsilon^{\lambda-1}\sigma$$
$$=\frac{\lambda(\lambda-1)}{2}\int_0^\sigma \mathrm{d}t_1\int_0^\sigma(|\ t_2-t_1\ |+\varepsilon)^{\lambda-2}\mathrm{d}t_2$$

和式(30) 得到

$$\int_{K_1\cap K_2\neq\varnothing}[v_1(K_1\cap K_2)+\varepsilon]^\lambda \mathrm{d}K_2-$$
$$\varepsilon^\lambda I_0(K_1,K_2)-\lambda\varepsilon^{\lambda-1}I_1(K_1,K_2)$$
$$=\frac{\lambda(\lambda-1)}{2}\int_{P_1,P_2\in K_1\cap K_2\neq\varnothing}(s+\varepsilon)^{\lambda-2}\mathrm{d}P_1^{(1)}\mathrm{d}P_2^{(1)}\mathrm{d}K_2$$
$$(\varepsilon>0)$$

此式可以转化为

$$\int_{K_1\cap K_2\neq\varnothing}[v_1(K_1\cap K_2)+\varepsilon]^\lambda \mathrm{d}K_2-\varepsilon^\lambda I_0(K_1,K_2)-$$
$$\lambda\varepsilon^{\lambda-1}I_1(K_1,K_2)$$
$$=\lambda(\lambda-1)c_1c_2\int_{P_1,P_2\in K_1}m_{K_2}(s)(s+\varepsilon)^{\lambda-2}s^{q-n}\mathrm{d}P_1^{(r)}\mathrm{d}P_2^{(r)} \tag{35}$$

若 $r\geqslant 2,0<\lambda<1$，由定理 2，当 K_1 的体积固定时，式(35) 的右端当且仅当 K_1 为球体时达到最小值，注意到 $I_1(K_1,K_2)=I_1(B_1,K_2)$，我们有

$$\int_{K_1\cap K_2\neq\varnothing}[v_1(K_1\cap K_2)+\varepsilon]^\lambda \mathrm{d}K_2-\varepsilon^\lambda I_0(K_1,K_2)$$
$$\geqslant\int_{B_1\cap K_2\neq\varnothing}[v_1(B_1\cap K_2)+\varepsilon]^\lambda \mathrm{d}K_2-\varepsilon^\lambda I_0(B_1,K_2)$$

令 $\varepsilon\to 0$，得到

$$I_\lambda(K_1,K_2)\geqslant I_\lambda(B_1,K_2)\quad(0<\lambda<1)\tag{36}$$

再令 $\lambda\to 0$ 得到

$$I_0(K_1,K_2)\geqslant I_0(B_1,K_2)\tag{37}$$

根据陈省身－严志达运动基本公式[11]

$$I_0(K_1,K_2)$$
$$=O_1\cdots O_{n-2}\left[\frac{O_{n-r-1}O_{r-1}}{2(n-r)\binom{n-1}{r-1}}V_1F_2+\frac{O_{n-r}O_{r-2}}{2(n-r+1)\binom{n-1}{r-2}}F_1V_2\right]$$

其中 V_1,F_1 是 K_1 的 r 维体积和 $r-1$ 维表面积，V_2,F_2 是 K_2 的 q 维体积和 $q-1$ 维表面积，因此，式(37) 正是经典的等周不等式.

将式(27) 代入(1) 并利用(2)，立即得到(3).

当随机有界凸集是随机线段时，所考虑的随机模型是重要的探针随机模型，此时我们有

定理 7 设 K 是 E_n 中的体积等于 V 的有界凸体，N 是 E_n 中长为 l 的线段，则

$$I_\lambda(K,N)-I_\lambda(B,N)\begin{cases}\geqslant 0 & (\lambda=0,\text{等周不等式})\\ \geqslant 0 & (0<\lambda<1,\text{等号当 }K\text{ 是球体时成立})\\ \equiv 0 & (\lambda=1,\text{Santaló 公式})\\ \leqslant 0 & (1<\lambda\leqslant n+1,\text{等号仅当 }K\text{ 是球体时成立})\\ \geqslant 0 & \left(n+1<\lambda,\text{且 }l\geqslant\left(1+\dfrac{1}{\lambda-n-1}\right)d\text{ 等号}\right.\\ & \quad\text{仅当 }K\text{ 是球体时成立})\end{cases}$$

其中 B 是与 K 同体积的球体，d 是 K 的直径，并且

$$I_\lambda(B,N)$$
$$=\lambda(\lambda-1)nO_0O_1\cdots O_{n-2}b_{n-1}V\int_0^{\min(2R,l)}s^{\lambda-2}(l-s)t_n\left(\frac{s}{2R}\right)\mathrm{d}s$$

其中 $R=\left(\frac{V}{b_n}\right)^{\frac{1}{n}}$，$t_n\left(\frac{s}{2R}\right)=\int_{\arcsin\frac{s}{2R}}^{\frac{\pi}{2}}\cos^n\theta\,\mathrm{d}\theta$.

证明　我们仅须证明最后一个不等式. 在式(33)中取 $K_2=N$，则有

$$I_\lambda(K,N)=\frac{\lambda(\lambda-1)}{2}c_1c_2\int_{P_1,P_2\in K_1}(l-s)s^{\lambda-n-1}\mathrm{d}P_1\mathrm{d}P_2 \tag{38}$$

当 $\lambda>n+1$，$l\geqslant\left(1+\frac{1}{\lambda-n-1}\right)d$ 时，$(l-s)s^{\lambda-n-1}$ 是关于 s 的单调递增函数. 由定理 2，此时 $I_\lambda(K,N)$ 当且仅当 K 为球体时达到最小值.

推论 3　设 K 是 E_n 中体积等于 V 的有界凸体，N 是 E_n 中长为 l 的线段，若 $l\geqslant 2\left(\frac{V}{b_n}\right)^{\frac{1}{n}}$，则对正整数 m 成立不等式

$$I_m(K,N)-nO_0O_1\cdots O_{n-2}b_{n-1}V(2R)^{m-1}\cdot$$
$$[lmJ(n,m-1)-2R(m-1)J(n,m)]$$
$$\begin{cases}\leqslant 0 & (1<m\leqslant n+1)\\ \geqslant 0 & \left(n+1<m \text{ 且 } l\geqslant\left(1+\frac{1}{m-n-1}\right)d\right)\end{cases}$$

等号当且仅当 K 为球体时成立，其中 d 是 K 的直径，

$$R=\left(\frac{V}{b_n}\right)^{\frac{1}{n}},J(n,m)=\int_0^{\frac{\pi}{2}}\cos^n\theta\cdot\sin^m\theta\,\mathrm{d}\theta$$

当 m 为奇数时

$$J(n,m)=\frac{(m-1)!!}{(n+1)\cdots(n+m)}$$

当 m,n 均为偶数时

$$J(n,m)=\frac{(m-1)!!\ (n-1)!!}{(m+n)!!}\ \frac{\pi}{2}$$

特别,当 $n=3$ 时

$$I_m(K,N)-2^{m+4}\pi^3\left(\frac{3V}{4\pi}\right)^{\frac{m+2}{3}}\cdot$$

$$\left[\frac{l}{m+2}-\frac{2(m-1)}{(m+1)(m+3)}\left(\frac{3V}{4\pi}\right)^{\frac{1}{3}}\right]$$

$$\begin{cases}\leqslant 0 & (m=2,3,4)\\ \geqslant 0 & \left(m>4\text{ 且 }l\geqslant\left(1+\frac{1}{m-4}\right)d\right)\end{cases}$$

$$I_m(K,N)-2^{m+2}\pi^{\frac{1-m}{2}}V^{\frac{m+1}{2}}\left[\frac{\pi b_{m-1}}{(m+1)b_m}l-\frac{\pi^{-\frac{1}{2}}(m-1)b_m}{(m+2)b_{m-1}}V^{\frac{1}{2}}\right]$$

$$\begin{cases}\leqslant 0 & (m=2,3)\\ \geqslant 0 & \left(m>3\text{ 且 }l\geqslant\left(1+\frac{1}{m-3}\right)d\right)\end{cases}$$

当 $m=2$ 时

$$I_2(K,N)-2O_0O_1\cdots O_{n-1}R^{n+1}\left(\frac{2l}{n+1}b_{n-1}-\frac{R}{n+2}b_n\right)\leqslant 0$$

证明 当 $l\leqslant 2R$ 时

$$\int_0^{\min(2R,l)}s^{m-2}(l-s)\mathrm{d}s\int_{\arcsin\frac{s}{2R}}^{\frac{\pi}{2}}\cos^n\theta\,\mathrm{d}\theta$$

$$\xlongequal{t=\arcsin\frac{s}{2R}}\int_0^{\frac{\pi}{2}}(2R\sin t)^{m-2}$$

$$(l-2R\sin t)2R\cos t\mathrm{d}t\int_t^{\frac{\pi}{2}}\cos^n\theta\,\mathrm{d}\theta$$

$$=\int_0^{\frac{\pi}{2}}\cos^n\theta\,\mathrm{d}\theta\int_0^{\theta}G(2R\sin t)^{m-2}$$

$$(l-2R\sin t)2R\cot t\mathrm{d}t$$

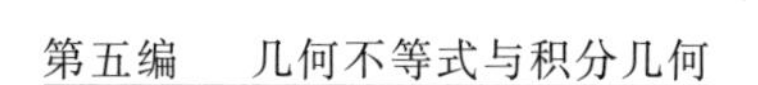

$$=(2R)^{m-1}\int_0^{\frac{\pi}{2}}\cos^n\theta\left(\frac{l}{m-1}\sin^{m-1}\theta-\frac{2R}{m}\sin^m\theta\right)\mathrm{d}\theta$$

$$=(2R)^{m-1}\left[\frac{l}{m-1}J(n,m-1)-\frac{2R}{m}J(n,m)\right]$$

再利用关系式

$$J(n,1)=\frac{1}{n+1}$$

$$J(n,2)=\frac{1}{n+2}\int_0^{\frac{\pi}{2}}\cos^n\theta\,\mathrm{d}\theta=\frac{1}{n+2}\,\frac{b_n}{2b_{n-1}}$$

$$J(n,3)=\frac{2}{(n+1)(n+3)}$$

和

$$b_{n+1}=\frac{2\pi}{n+1}b_{n-1}$$

便得特例.

§4　随机 q 维平面情形

定理 8　设 K 是 E_n 中的 r 维有界凸体，其 r 维体积等于 V，L_q 是 E_x 中的 q 维随机平面，B 是 r 维单位球体，$r+q-n\geqslant 1$. 令

$$I_\lambda(K;L_q)=\int_{K\cap L_q\neq\varnothing}v_{r+q-n}^{\lambda}(K\cap L_q)\mathrm{d}L_q\quad(\lambda\geqslant 0)$$

则成立不等式

$$I_\lambda(K;L_q)-I_\lambda(B;L_q)V^{(\lambda-1)(r+q-n)r^{-1}}+1$$

$$\begin{cases}\geqslant 0 & (\lambda=0,\text{等周不等式}) \\ \equiv 0 & (\lambda=1,\text{Santaló 公式}) \\ \leqslant 0 & \left(k+1\leqslant\lambda\leqslant\dfrac{r}{r+q-n}k+1,\right. \\ & \lambda\neq r+1\ \text{等号仅当 } K \text{ 为球体时成立} \\ & \left.(k=1,2,\cdots,r+q-n)\right) \\ \equiv 0 & (\lambda=r+l,r+q-n=1, \\ & \text{推广的克罗夫顿 - 哈德维格尔公式}) \\ \leqslant 0 & (\lambda=r+1,r+q-n\geqslant 2, \\ & \text{等号仅当 } K \text{ 为椭球体时成立})\end{cases}$$

且

$$I_\lambda(B;L_q)$$

$$=\pi^{\frac{n-q}{2}}b_{r+q-n}^{\lambda}\frac{O_{r+q-n}O_n\cdots O_{n-q}\Gamma\left(\dfrac{\lambda(r+q-n)}{2}+1\right)}{O_rO_q\cdots O_0\Gamma\left(\dfrac{(\lambda-1)(r+q-n)+r}{2}+1\right)}$$

$$(\lambda\geqslant 0)$$

当 λ 为非负整数 m 时

$$I_m(B;L_q)=b_{r+q-n}^{m}\frac{O_{r+q-n}O_n\cdots O_{n-q}b_{m(r+q-n)+n-q}}{O_rO_q\cdots O_0b_{m(r+q-n)}}$$

证明 在 K 内取 $k+1$ 个随机点 $P_0,P_1,\cdots,P_k$，$k\leqslant r+q-n$，根据文[4]中的密度公式(参见文[8])，在 E_r 中我们有密度公式

$$\mathrm{d}P_0^{(r)}\cdots\mathrm{d}P_k^{(r)}\mathrm{d}L_{r+q-n[k]}^{(r)}=(k!\ \Delta_k)^{n-q}\mathrm{d}P_0^{(r+q-n)}\cdots\mathrm{d}P_k^{(r+q-n)}\mathrm{d}L_{r+q-n}^{(r)}$$

其中 Δ_k 是凸包 $\mathrm{conv}\{P_0,\cdots,P_k\}$ 的 k 维体积. $L_{r+q-n}=L_r\cap L_q$，L_r 是 K 所在的 r 维平面. 两端在凸集 K 上积分

$$c_4\int_{p_i\in K}(k!\ \Delta_k)^{\lambda-n}\mathrm{d}P_0^{(r)}\cdots\mathrm{d}P_k^{(r)}$$

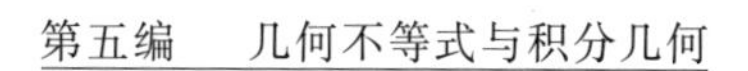

$$=\int_{K\cap L_{r+q-n}\neq\varnothing}(k!\ \Delta_k)^{\lambda-q}\mathrm{d}P_0^{(r+q-n)}\cdots\mathrm{d}P_k^{(r+q-n)}\mathrm{d}L_{r+q-n}^{(r)}$$

根据引理3和引理4，当$\lambda\leqslant n$时

$$\begin{aligned}&\int_{P_i\in K}(k!\ \Delta_k)^{\lambda-n}\mathrm{d}P_0^{(r)}\cdots\mathrm{d}P_k^{(r)}\\ \leqslant&\int_{P_i\in B'}(k!\ \Delta_k)^{\lambda-n}\mathrm{d}P_0^{(r)}\cdots\mathrm{d}P_k^{(r)}\\ =&c_5V^{(\lambda-n+r)r^{-1}k+1}\end{aligned}\tag{39}$$

其中B'是与K同体积的r维球体，在$\lambda<n$时，等号当且仅当K为球体时成立.

当$\lambda\geqslant q$时，再由陈省身积分公式

$$\begin{aligned}&\int_{P_i\in K\cap L_{r+q-n}\neq\varnothing}(k!\ \Delta_k)^{\lambda-q}\mathrm{d}P_0^{(r+q-n)}\cdots\mathrm{d}P_k^{(r+q-n)}\mathrm{d}L_{r+q-n}^{(r)}\\ \geqslant&c_6\int_{K\cap L_q\neq\varnothing}v_{r+q-n}^{\mu}(K\cap L_{r+q-n})\mathrm{d}L_{r+q-n}^{(r)}\\ =&c_7\int_{K\cap L_q\neq\varnothing}v_{r+q-n}^{\mu}v_{r+q-n}^{\mu}(K\cap L_q)\mathrm{d}L_q\end{aligned}\tag{40}$$

其中$\mu=\left(\dfrac{\lambda-q}{r+q-n}+1\right)k+1$，在$\lambda=q$或$r+q-n=1$时，等号对任何凸集成立；在$\lambda>q,k<r+q-n\leqslant 2$时，等号仅在$K$为球体时成立；在$\lambda>q,k=r+q-n\geqslant 2$时，等号仅在$K$为椭球体时成立. 综合(30)和(40)两式知

$$\int v_{r+q-n}^{\mu}(K\cap L_q)\mathrm{d}L_q\leqslant c_8V^{(\lambda-n+r)r^{-1}(k+1)}\quad(q\leqslant\lambda\leqslant n)\tag{41}$$

其中$\mu=\left(\dfrac{\lambda-q}{r+q-n}+1\right)k+1,k=1,2,\cdots,r+q-n$，在$\lambda=n,r+q-n=1$时为恒等式；在$\lambda=n,k=r+q-n\geqslant 2$时，等号仅在$K$为椭球体时成立；其他情形等号仅在$K$为球体时成立，即

$$\int_{K\cap L_q\neq\varnothing} v_1^{r+1}(K\cap L_q)\mathrm{d}L_q = c_8 V^2 \quad (r+q-n=1)$$

(42)

此推广了克罗夫顿 - 哈德维格尔公式

$$\int_{K\cap L_q\neq\varnothing} v_{r+q-n}^{r+1}(K\cap L_q)\mathrm{d}L_q \leqslant c_8 V^{r+q-n+1}$$

$$(r+q-n\geqslant 2) \tag{43}$$

等号仅在 K 为椭球体时成立

$$\int_{K\cap L_q\neq\varnothing} v_{r+q-n}^{\mu}(K\cap L_q)\mathrm{d}L_q \leqslant c_8 V^{(\mu-1)(r+q-n)r^{-1}+1}$$

(44)

其中 $k+1\leqslant\mu\leqslant\frac{r}{r+q-n}k+1, k=1,2,\cdots,r+q-n$,等号仅当 K 为球体时成立.

若 B' 是半径为 R 的 r 维球体,来计算 $I_\lambda(B';L_q)$.

先考虑 $r=n$ 的情形.此时 $B'\cap L_q$ 是 q 维球体,设 ρ 为 $B'\cap L_q$ 的半径,则其体积为 $b_q\rho^q$,故

$$I_\lambda(B';L_q)=b_q^\lambda\int_{\rho_{B'\cap L_q\neq\varnothing}}\rho^{\lambda q}\mathrm{d}L_q \tag{45}$$

利用密度公式[8] $\mathrm{d}L_q=\mathrm{d}\sigma_{n-q}\mathrm{d}L_{n-q[0]}$,$L_{n-q[0]}$ 是过原点且与 L_q 垂直的 $n-q$ 维平面,$\mathrm{d}\sigma_{n-q}$ 是 $L_{n-q[0]}$ 中的点密度,式(45) 化为

$$I_\lambda(B';L_q)=b_q^\lambda\int_{B'\cap L_q\neq\varnothing}\rho^{\lambda q}\mathrm{d}\sigma_{n-q}\mathrm{d}L_{n-q[0]} \tag{46}$$

不妨设 B' 的中心在原点,则原点到 L_q 的距离为 $(R^2-\rho^2)^{\frac{1}{2}}$.根据球坐标

$$\mathrm{d}\sigma_{n-q}=(R^2-\rho^2)^{\frac{n-q-1}{\lambda}}\mathrm{d}u_{n-q-1}\mathrm{d}(R^2-\rho^2)^{\frac{1}{2}} \tag{47}$$

$\mathrm{d}u_{n-q-1}$ 是 $n-q-1$ 维单位球面的体积元.将式(47) 代入式(46) 得

$$\begin{aligned}&I_{\lambda}(B';L_q)\\&=b_q^{\lambda}\int_{B'\cap L_q\neq\varnothing}\rho^{\lambda q}(R^2-\rho^2)^{\frac{n-q-1}{2}}\mathrm{d}u_{n-q-1}\mathrm{d}(R^2-\rho^2)^{\frac{1}{2}}\mathrm{d}L_{n-q[0]}\\&=\frac{1}{2}b_q^{\lambda}O_{n-q-1}c_{n-q[0]}\int_0^R\rho^{\lambda q}(R^2-\rho^2)^{\frac{n-q}{2}-1}\mathrm{d}\rho^2\\&=\frac{1}{2}b_q^{\lambda}O_{n-q-1}c_{n-q[0]}R^{(\lambda-1)q+n}\frac{\Gamma\left(\frac{n-q}{2}\right)\Gamma\left(\frac{\lambda q}{2}+1\right)}{\Gamma\left(\frac{(\lambda-1)q+n}{2}+1\right)}\end{aligned}\tag{48}$$

其中

$$c_{n-q[0]}=\int_{\text{Total}}\mathrm{d}L_{n-q[0]}=\frac{O_{n-1}O_{n-2}\cdots O_{n-q}}{O_{q-1}\cdots O_1O_0}$$

对于 $r\leqslant n$ 的一般情形，由陈省身积分公式[11] 知

$$\begin{aligned}&I_{\lambda}(B';L_q)\\&=\int_{B'\cap L_q\neq\varnothing}v_{r+q-n}^{\lambda}(B'\cap L_q)\mathrm{d}L_q\\&=\frac{O_n\cdots O_{r+1}}{O_q\cdots O_{r+q-n+1}}\int_{B'\cap L_{r+q-n}\neq\varnothing}v_{r+q-n}^{\lambda}(B'\cap L_{r+q-n})\mathrm{d}L_{r+q-n}^{(r)}\end{aligned}\tag{49}$$

其中 $L_{r+q-n}=L_r\cap L_q$，L_r 是 B' 所在的 r 维平面. 根据(48) 和(49) 两式知

$$I_{\lambda}(B';L_q)=\frac{O_n\cdots O_{r+1}}{O_q\cdots O_{r+q-n+1}}\frac{\frac{1}{2}b_{r+q-n}^{\lambda}O_{n-q-1}c_{n-q[0]}^{(r)}R^{(\lambda-1)(r+q-n)+r}}{\Gamma\left(\frac{(\lambda-1)(r+q-n)+r}{2}+1\right)}\cdot$$

$$\Gamma\left(\frac{n-q}{2}\right)\Gamma\left(\frac{\lambda(r+q-n)}{2}+1\right)$$

其中 $c_{n-q[0]}^{(r)}=\frac{O_{r-1}\cdots O_{n-1}}{O_{r+q-n-1}\cdots O_1O_0}$. 注意到

$$\frac{1}{2}O_{n-q-1}\Gamma\left(\frac{n-q}{2}\right)=\pi^{\frac{n-q}{2}}$$

$$I_\lambda(B';L_q)$$

$$=\pi^{\frac{n-q}{2}}b_{r+q-n}^{\lambda}\frac{O_{r+q-n}O_n\cdots O_{n-q}}{O_rO_q\cdots O_0}\cdot$$

$$\frac{\Gamma\left(\frac{\lambda(r+q-n)}{2}+1\right)}{\Gamma\left(\frac{(\lambda-1)(r+q-n)+r}{2}+1\right)}\cdot$$

$$R^{(\lambda-1)(r+q-n)+r} \tag{50}$$

于是

$$I_\lambda(B';L_q)=I_\lambda(B;L_q)V^{(\lambda-1)(r+q-n)r^{-1}+1}$$

定理 9 设 K 是 E_n 中的 r 维有界凸体，其体积等于 V，L_q 是 E_n 中的 q 维随机平面，B 是 r 维单位球体，$r+q-n=1$，令

$$I_\lambda(K;L_q)=\int_{K\cap L_q\neq\varnothing}v_1^\lambda(K\cap L_q)\mathrm{d}L_q\quad(\lambda\geqslant 0)$$

则(1) $I_\lambda(K;L_q)$

$$=\frac{\lambda(\lambda-1)O_{n-2}\cdots O_{n-q}}{O_0O_1\cdots O_{r-2}O_0O_1\cdots O_{q-1}}\int_0^{+\infty}m_K(s)s^{\lambda-2}\mathrm{d}s\quad(\lambda>1)$$

(2) $I_\lambda(K;L_q)-I_\lambda(B;L_q)V^{(\lambda-1)r^{-1}+1}$

$$\begin{cases}\geqslant 0 & (\lambda=0,\text{等周不等式})\\ \geqslant 0 & (0<\lambda<1,\text{等号当 }K\text{ 为球体时成立})\\ \equiv 0 & (\lambda=1,\text{Santaló 公式})\\ \leqslant 0 & (1<\lambda<r+1,\text{等号仅当 }K\text{ 为球体时成立})\\ \equiv 0 & (\lambda=r+1,\text{推广的克罗夫顿 - 哈德维格尔公式})\\ \geqslant 0 & (\lambda>r+1,\text{等号仅当 }K\text{ 为球体时成立})\end{cases}$$

且

$$I_\lambda(B;L_q)=2^\lambda\pi^{\frac{n-q}{2}}\frac{O_1\cdot O_n\cdots O_{n-q}\Gamma\left(\frac{\lambda}{2}+1\right)}{O_r\cdot O_q\cdots O_0\Gamma\left(\frac{\lambda+r+1}{2}\right)}$$

当 λ 为非负整数时

$$I_m(B;L_q)=2^m\frac{O_1O_n\cdots O_{n-q}b_{m+r-1}}{O_rO_q\cdots O_0b_m}$$

证明　对 $\varepsilon\geqslant 0,\lambda>1$ 或 $\varepsilon>0,0<\lambda<1$ 成立恒等式

$$\begin{aligned}&(\sigma+\varepsilon)^\lambda-\varepsilon^\lambda-\lambda\varepsilon^{\lambda-1}\sigma\\&=\frac{\lambda(\lambda-1)}{2}\int_0^\sigma dt_1\int_0^\sigma(|t_2-t_1|+\varepsilon)^{\lambda-2}dt_2\quad(\sigma>0)\end{aligned}$$

若令 $\sigma=v_1(K\cap L_q)$，对上式两端积分

$$\begin{aligned}&\int_{K\cap L_q\neq\varnothing}[v_1(K\cap L_q)+\varepsilon]^\lambda dL_q-\varepsilon^\lambda I_0(K;L_q)-\lambda\varepsilon^{\lambda-1}I_1(K;L_q)\\&=\frac{\lambda(\lambda-1)}{2}\int_{P_1,P_2\in K\cap L_q\neq\varnothing}(s+\varepsilon)^{\lambda-2}dP_1^{(1)}dP_2^{(1)}dL_q\quad(s=|P_1P_2|)\\&=\frac{1}{2}\lambda(\lambda-1)c_2\int_{P_1,P_2\in K\cap L_1\neq\varnothing}(s+\varepsilon)^{\lambda-2}dP_1^{(1)}dP_2^{(1)}dL_1^{(r)}\text{（类似(21)—(23)）}\\&=\frac{1}{2}\lambda(\lambda-1)c_2\int_{P_1,P_2\in K}(s+\varepsilon)^{\lambda-2}s^{1-r}dP_1^{(r)}dP_2^{(r)}\text{（类似式(25)）}\end{aligned}\tag{51}$$

将引理 2 应用于式(51)的右端，并令 $\varepsilon=0$，则

$$I_\lambda(K;L_q)=\frac{\lambda(\lambda-1)c_2}{O_0O_1\cdots O_{r-2}}\int_0^{+\infty}m_K(s)s^{\lambda-2}ds\quad(\lambda>1)\tag{52}$$

由式(24)，(1)得证.

由定理 2，在式(51)中取 $\varepsilon=0$，得(2)的 $\lambda>1$ 的情形；在 $0<\lambda<1,\varepsilon>0$ 时

$$\begin{aligned}&\int_{K\cap L_q\neq\varnothing}[v_1(K\cap L_q)+\varepsilon]^\lambda dL_q-\varepsilon^\lambda I_0(K;L_q)\\&\geqslant\int_{B'\cap L_q\neq\varnothing}[v_1(B'\cap L_q)+\varepsilon]^\lambda dL_q-\varepsilon^\lambda I_0(B';L_q)\end{aligned}$$

其中 B' 是与 K 同体积的 r 维球体. 令 $\varepsilon \to 0$,得(2) 中第二式;再令 $\lambda \to 0$,得等周不等式.

在定理 9 中取 $q=1$,λ 为非负整数,得到 E_n 中的弦幂积分不等式[6].

§5 随机凸柱体情形

设 $L_{n-q[0]}$ 是 E_n 中过原点的 $n-q$ 维平面,D_{n-q} 是 $L_{n-q[0]}$ 中的有界凸体,定义

$$Z_q = \{L_q : D_{n-q} \cap L_q \neq \varnothing, L_{n-q_0} \perp L_q\}$$

Z_q 称为 E_n 中的凸柱体. Z_q 的密度定义为

$$\mathrm{d}Z_q = \mathrm{d}L^*_{n-q_0}\,\mathrm{d}K^{n-q}$$

其中 $\mathrm{d}K^{n-q}$ 是 $L_{n-q[0]}$ 中的运动密度,星号表示有向平面.

定理 10 设 K 是 E_n 中的有界凸体,令

$$I_2(K;Z_q) = \int_{K\cap Z_q\neq\varnothing} v_n^2(K \cap Z_q)\,\mathrm{d}Z_q$$

则成立不等式

(1) $I_2(K;Z_q) \leqslant I_2(B';Z_q)$

等号仅当 K 为球体时成立,其中 B' 是与 K 同体积的球体;

(2) $I_2(K;Z_q) \leqslant I_2(B';C_q)$

等号仅当 K 为球体 Z_q 为圆柱体时成立,其中 C_q 是与 Z_q 有相同维数横截面和相同横截面积的圆柱体.

证明

$$I_2(K;Z_q) = \int_{P_1,P_2\in K\cap Z_q} \mathrm{d}P_1\,\mathrm{d}P_2\,\mathrm{d}Z_q$$

$$=\int_{P_1,P_2\in K} mZ_q(s)\mathrm{d}P_1\mathrm{d}P_2 \qquad (53)$$

由定理 2 和引理 1 得(1).

在 $B'\cap Z_q$ 中取点偶 P_1,P_2,距离为 s,线段 P_1P_2 与 $L_{n-q[0]}$ 的夹角为 θ,由(6),(53) 两式得

$$I_2(B';Z_q)$$

$$=\int_{P_1,P_2\in B'}\left[2\int G_{n,n-q}m_{D_{n-q}}(s\cos\theta)\mathrm{d}L_{n-q[0]}\right]\mathrm{d}P_1\mathrm{d}P_2$$

$$=2\int_{G_{n,n-q}}\left[\int_{P_1,P_2\in B'}m_{D_{n-q}}(s\cos\theta)\mathrm{d}P_1\mathrm{d}P_2\right]\mathrm{d}L_{n-q[0]}$$

$$=2\int_{G_{n,n-q}}\left\{\int_{p_1^{(q)},p_2^{(q)}\in B'_q}\left[\int_{p_1^{(n-q)}\in B'_{n-q}p_2^{(n-q)}\in B''_{n-q}}\right.\right.$$

$$\left.\left.m_{D_{n-q}}(s\cos\theta)\mathrm{d}P_1^{(n-q)}\cdot\mathrm{d}P_2^{(n-q)}\right]\mathrm{d}P_1^{(q)}\mathrm{d}P_2^{(q)}\right\}\mathrm{d}L_{n-q[0]}$$

其中 B'_q 是 B' 在 $L_{q[0]}$ 上的正交投影;B'_{n-q},B''_{n-q} 是过 $P_1^{(q)}$,$P_2^{(q)}$ 的与 $L_{q[0]}$ 垂直的两个 L_{n-q} 平面同 B' 的交集在 $L_{n-q[0]}$ 上的投影.

由运动测度的不变性

$$\int_{\substack{p_1^{(n-q)}\in B'_{n-q}\\ p_2^{(n-q)}\in B''_{n-q}}} m_{D_{n-q}}(s\cos\theta)\mathrm{d}P_1^{(n-q)}\mathrm{d}P_2^{(n-q)}$$

$$=\int_{p_1^{(n-q)},p_2^{(n-q)}\in D_{n-q}} m_{B'_{n-q},B''_{n-q}}(s\cos\theta)\mathrm{d}P_1^{(n-q)}\mathrm{d}P_2^{(n-q)} \quad (54)$$

其中

$$m_{B'_{n-q},B''_{n-q}}(s\cos\theta)=\int_{\substack{p_1^{(n-q)}\in B'_{n-q}\\ p_2^{(n-q)}\in B''_{n-q}}}\mathrm{d}K^{n-q} \qquad (55)$$

即是 $L_{n-q[0]}$ 中 B'_{n-q} 覆盖 $P_1^{(n-q)}$ 且 B''_{n-q} 覆盖 $P_2^{(n-q)}$ 的运动测度.

由于 B'_{n-q},B''_{n-q} 是 $L_{n-q[0]}$ 中的同心球体,于是式(55) 单调减. 由定理 2,式(54) 当且仅当 D_{n-q} 为球体时达到最大值,(2) 得证.

参考文献

[1] GIGENA, S. Integral invariants of convex cones[J]. J. Diff. Geom, 1978, 13, 191-222.

[2] GROEMER H. On the mean value of the volume of a random polytope in a convex set[J]. Arch. Math., 1974, 25: 86-90.

[3] GRUBER P M. Convexity and Its Applications[M]. Birkhäuser Verlag, 1983.

[4] MILES, R E. Some new integral geometric formulae, with stochastic applications[J]. J. Appl. Prob., 1979, 16: 592-606.

[5] PRIEFER R E. The Extrema of geometric mean values[M]. Thesis, university of california.

[6] REN D L.（任德麟）, Two Topics in integral geometry, DD_2-Symposium, Beijing, 1981.

[7] REN D L., ZHANG G Y.（任德麟，张高勇）. On a type of integral geometric method in the study of geometric probability, DD_6 Symposium, 1985.

[8] SANTALÓ, L A. Integral geometry and geometric probability[M]. Addison-Wesley, 1976.

[9] SCHNEIDER R. Inequalities for random flats meting a convex body[J]. J. Appl. Prob. 1985, 22: 710-716.

[10] STOYAN, D. Stochastic geometry and its applications[M]. Berlin: Akademic-verlag, 1987.

[11] 任德麟.积分几何学引论[M].上海科学技术出版社,1988.
[12] 张高勇.凸体内的随机单形[J].科学通报,1989,5:393.

第六编

盖尔方德积分几何

非欧空间的克罗夫顿公式与运动基本公式

第二十一章

§1　克罗夫顿公式

我们要把等周公式推广到具有曲率 εK 的非欧空间. 设 P_1,P_2 为两点, L_1 表示直线 P_1P_2. 设 t_1,t_2 为 P_1,P_2 在 L_1 上的坐标. 假定 P_1 是一个极坐标的原点,则 P_2 的体元可以写成

$$\mathrm{d}P_2=\frac{\sin^{n-1}((\varepsilon K)^{\frac{1}{2}}\mid t_2-t_1\mid)}{(\varepsilon K)^{\frac{n-1}{2}}}\mathrm{d}t_2\wedge\mathrm{d}u_{n-1}\tag{1}$$

取两边和体元 $\mathrm{d}P_1$ 的外积(其中 $\mathrm{d}v$ 现在用 $\mathrm{d}P_\Sigma$ 表示),得

$$\mathrm{d}P_1 \wedge \mathrm{d}P_2 = \frac{\sin^{n-1}((\varepsilon K)^{\frac{1}{2}} \mid t_2 - t_1 \mid)}{(\varepsilon K)^{\frac{n-1}{2}}} \mathrm{d}t_1 \wedge \mathrm{d}t_2 \wedge \mathrm{d}L_1 \tag{2}$$

设 Q 为凸体,并对于一切点偶 $P_1, P_2 (\in Q)$ 取式(2)的积分.在右边,得积分

$$\Phi_{n-1}(\sigma, \varepsilon K) = \int_0^\sigma \int_0^\sigma \frac{\sin^{n-1}((\varepsilon K)^{\frac{1}{2}} \mid t_2 - t_1 \mid)}{(\varepsilon K)^{\frac{n-1}{2}}} \mathrm{d}t_2 \wedge \mathrm{d}t_1 \tag{3}$$①

当 n 是奇数时

$$\begin{aligned}
&\Phi_{n-1}(\sigma, \varepsilon K) \\
&= -\frac{2}{(n-1)(\varepsilon K)^{\frac{n+1}{2}}} \Big(\frac{1}{n-1} \sin^{n-1}((\varepsilon K)^{\frac{1}{2}} \sigma) + \\
&\sum_{i=1}^{\frac{n-3}{2}} \frac{(n-2)\cdots(n-2i)}{(n-3)\cdots(n-1-2i)} \sin^{n-1-2i}((\varepsilon K)^{\frac{1}{2}} \sigma) \Big) + \\
&\frac{(n-2)\cdots 1}{(n-1)\cdots 2} (\varepsilon K)^{-\frac{n-1}{2}} \sigma^2
\end{aligned} \tag{4}$$

而当 n 为偶数且 $n > 2$ 时

$$\begin{aligned}
&\Phi_{n-1}(\sigma, \varepsilon K) \\
&= -\frac{2}{(n-1)(\varepsilon K)^{\frac{n+1}{2}}} \Big(\frac{1}{n-1} \sin^{n-1}((\varepsilon K)^{\frac{1}{2}} \sigma) + \\
&\sum_{i=1}^{\frac{n-2}{2}} \frac{(n-2)\cdots(n-2i)}{(n-3)\cdots(n-1-2i)} \sin^{n-1-2i}((\varepsilon K)^{\frac{1}{2}} \sigma) - \\
&\frac{(n-2)\cdots 2}{(n-3)\cdots 1} (\varepsilon K)^{\frac{1}{2}} \sigma \Big)
\end{aligned} \tag{5}$$

当 $n = 2$ 时

---

① σ 表示弦 $L_1 \cap Q$ 的长.

$$\Phi_1(\sigma,\varepsilon K)=2((\varepsilon K)^{\frac{1}{2}}\sigma-\sin((\varepsilon K)^{\frac{1}{2}}\sigma))(\varepsilon K)^{-\frac{3}{2}} \tag{6}$$

于是取式(2)两边的积分,得

$$\int_{L_1\cap Q\neq\varnothing}\Phi_{n-1}(\sigma,\varepsilon K)\mathrm{d}L_1=V^2 \tag{7}$$

而这就是所要求的推广.例如 $n=2$ 时,就有

$$\frac{1}{\varepsilon K}\int_{L_1\cap Q\neq\varnothing}\left(\sigma-\frac{\sin((\varepsilon K)^{\frac{1}{2}}\sigma)}{(\varepsilon K)^{\frac{1}{2}}}\right)\mathrm{d}L_1=\frac{1}{2}F^2 \tag{8}$$

而 $n=3$ 时

$$\frac{1}{\varepsilon K}\int_{L_1\cap Q\neq\varnothing}\left(\sigma^2-\frac{1}{\varepsilon K}\sin^2((\varepsilon K)^{\frac{1}{2}}\sigma)\right)\mathrm{d}L_1=2V^2 \tag{9}$$

由式(8),可见 $\varepsilon=1$ 时(椭圆平面上)

$$\int_{Q\cap L_1\neq\varnothing}\sigma\mathrm{d}L_1=\pi F$$

$$\int_{Q\cap L_1\neq\varnothing}\sin\sigma\mathrm{d}L_1=\pi F-\frac{1}{2}F^2 \tag{10}$$

而 $\varepsilon=-1$ 时(双曲平面上)

$$\int_{Q\cap L_1\neq\varnothing}\sigma\mathrm{d}L_1=\pi F$$

$$\int_{Q\cap L_1\neq\varnothing}\sin h\sigma\mathrm{d}L_1=\pi F+\frac{1}{2}F^2 \tag{11}$$

§2　椭圆空间的对偶公式

在椭圆空间($\varepsilon=1$)里,所谓的对偶原则是适用的.这个原则指出:若在每个定理中,把“点”和“超平面”互换,同时对词语作相应的改动(如“含有”和“含在……内”互换,“r 维”和“$n-r-1$ 维”互换),则所得定理仍然正确.对应于每一个 L_r,有一个 L_{n-r-1}^P,称

为 L_r 的对偶. 我们下面就把一些公式"翻译"成它们的对偶公式.

假定 Q 为凸体. 直线 L_1 的对偶是一个 L_{n-2}^P，而弦 $Q\cap L_1$ 的长 λ 则对应于角 $\pi-\phi^P$，其中 ϕ^P 是经过 L_{n-2}^P 而和 Q 的对偶 Q^P 相切的两个超平面之间的角. 于是得

$$\int_{Q^P\cap L_{n=2}^P\neq\varnothing}(\pi-\phi^P)\mathrm{d}L_{n-2}^P=\frac{1}{2}O_{n-1}V_a \qquad (12)$$

和 Q^P 不相交的一切 L_{n-2}^P 的测度等于和 Q 相交的一切 L_1 的测度；因此，它等于 $\left(\frac{O_n}{4\pi}\right)F$. 于是由式(12)，得

$$\int_{Q^P\cap L_{n=2}^P\neq\varnothing}\phi^P\mathrm{d}L_{n-2}^P=\left(\frac{O_n}{4}\right)F-\left(\frac{O_{n-1}}{2}\right)V \qquad (13)$$

或者，把 Q 和 Q^P 互换，得

$$\int_{Q\cap L_{n-2}\neq\varnothing}\phi\mathrm{d}L_{n-2}=\left(\frac{O_n}{4}\right)F^P-\left(\frac{O_{n-1}}{2}\right)V^P \qquad (14)$$

其中 F^P 和 V^P 是 Q^P 的表面积和体积，它们的值可以从相应的公式推得.

例如 $n=2$ 时，式(14) 化为

$$\int_{P\notin Q}\phi\,\mathrm{d}P=\pi(L-F) \qquad (15)$$

其中 ϕ 是从 Q 外一点到 Q 的两条切线之间的角. $n=3$ 时，就有

$$\int_{Q\cap L_1\neq\varnothing}\phi\mathrm{d}L_1=2\pi(M_1+V)-\frac{1}{2}\pi^2F \qquad (16)$$

我们还要通过对偶原则翻译公式(7). 注意当 n 是偶数时，根据式(5)，有($n>2$ 时)

$$\begin{aligned}&\Phi_{n-1}(\pi-\phi,1)\\=&\Phi_{n-1}(\phi,1)+\frac{2(n-2)\cdots2}{(n-1)\cdots1}\pi-\frac{4(n-2)\cdots2}{(n-1)\cdots1}\phi\end{aligned} \qquad (17)$$

因此，利用(12) 和(7) 两式就得

$$\int_{Q\cap L_{n-2}\neq\varnothing}\Phi_{n-1}(\phi,1)\mathrm{d}L_{n-2}$$

$$=(V^P)^2+\frac{(n-2)\cdots 2}{2(n-1)\cdots 1}(O_nF^P-4O_{n-1}V^P) \tag{18}$$

其中 ϕ 是经过 L_{n-2} 而和 Q 相切的两个超平面间的角，而 $\Phi_{n-1}(\phi,1)$ 则可从式(5) 推得.

与此类似，n 为奇数时

$$\int_{Q\cap L_{z-2}\neq\varnothing}\Phi_{n-1}(\phi,1)\mathrm{d}L_{n-2}$$

$$=(V^P)^2+\frac{(n-2)\cdots 1}{(n-1)\cdots 2}\frac{\pi}{4}(O_nF^P-4O_{n-1}V^P) \tag{19}$$

例 当 $n=2$ 时，由式(6) 可得

$$\Phi_1(\pi-\phi,1)=\Phi_1(\phi,1)+2(\pi-2\phi)$$

而式(18) 化为

$$\int_{P\notin Q}(\phi-\sin\phi)\mathrm{d}P=\frac{1}{2}L^2-\pi F \tag{20}$$

这是克罗夫顿的经典结果在椭圆平面的推广. 由(20) 和(14) 两式，得

$$\int_{P\notin Q}\sin\phi\mathrm{d}P=\pi L-\frac{1}{2}L^2 \tag{21}$$

当 $n=3$ 时，由式(19) 可得

$$\frac{1}{2}\int_{L_1\cap Q\neq\varnothing}(\phi^2-\sin^2\phi)\mathrm{d}L_1=(M_1+V)^2-\frac{\pi^3}{4}F \tag{22}$$

这是 Herglotz 公式到三维椭圆空间的推广.

§3 非欧空间的运动基本公式

对于曲率为 εK 的 n 维非欧空间里具有充分光滑

的边界的域，n 维欧氏空间中的公式也是正确的. 这是因为，证明公式的一切步骤都是根据关于超曲面的局部微分几何公式，而这些公式(例如穆斯尼尔(Meusnier)，欧拉，罗德里古斯(Rodrigues) 公式) 对于欧氏空间和非欧空间都有相同的形状. 作为补充，还有($q=n$ 时)

$$\begin{aligned}&\int_{D_0\cap D_1\neq\varnothing}M_{n-1}(\partial(D_0\cap D_1))\mathrm{d}K_1\\&=O_{n-1}\cdots O_1\Big[M_{n-1}^0V_1+M_{n-1}^1V_0+\\&\quad\frac{1}{n}\sum_{h=0}^{n-2}\binom{n}{h+1}M_h^0M_{n-2-h}^1\Big]\end{aligned}\tag{23}$$

这个公式对于曲率为 εK 的非欧空间里任意一对具有充分光滑边界的域 D_0，D_1 都是正确的.

作了这些准备之后，就容易得到非欧空间的基本运动公式了. 我们分别考虑 n 为偶数和 n 为奇数两种情况.

(1)n 为偶数. 我们把高斯-邦尼特(Bonnet) 公式应用于交集 $D_0\cap D_1$，并对一切 D_1 的位置取积分. 体积 $V(D_0\cap D)$ 的积分是可以直接得到的

$$\int_{D_0\cap D_1\neq\varnothing}V(D_0\cap D_1)\mathrm{d}K_1=O_{n-1}\cdots O_1V_0V_1\tag{24}$$

然后，由式(23)，经过一些调整，得

$$\begin{aligned}&\int_{D_0\cap D_1\neq\varnothing}\chi(D_0\cap D_1)\mathrm{d}K_1\\&=-\frac{2O_{n-1}\cdots O_1}{O_n}(\varepsilon K)^{\frac{n}{2}}V_0V_1+\\&\quad O_{n-1}\cdots O_1(V_1\chi_0+V_0\chi_1)+\\&\quad O_{n-2}\cdots O_1\frac{1}{n}\sum_{h=0}^{n-2}\binom{n}{h+1}M_h^0M_{n-2-h}^1+\end{aligned}$$

$$O_{n-2}\cdots O_1\left\{\sum_{i=0}^{\frac{n}{2}-2}\binom{n-1}{2i+1}\frac{n-2i-2}{O_{n-2i-3}}\cdot\right.$$

$$\frac{2}{O_{n-2i-2}}(\varepsilon K)^{\frac{n-2i-2}{2}}\cdot$$

$$\sum_{h=n-2i-2}^{n-2}\frac{\binom{2i+1}{n-h-1}O_{2n-h-2i-2}}{(h+1)O_{n-h}}\frac{O_h}{O_{2i+h-n+2}}\cdot$$

$$\left.M_{n-2-h}^{1}M_{h+2i+2-n}^{0}\right\}\tag{25}$$

(2)n 为奇数.应用于 $D_0\cap D_1$ 并对 D_1 的一切位置取积分,则经过一些调整,得

$$\int_{D_0\cap D_1\neq\varnothing}\chi(D_0\cap D_1)\mathrm{d}K_1$$

$$=O_{n-1}\cdots O_1(V_1\chi_0+V_0\chi_1)+$$

$$O_{n-2}\cdots O_1\frac{1}{n}\sum_{h=0}^{n-2}\binom{n}{h+1}M_h^0M_{n-2-h}^1+$$

$$O_{n-2}\cdots O_1\left\{\sum_{i=0}^{\frac{n-3}{2}}\binom{n-1}{2i}\frac{2}{O_{n-2i-1}}\cdot\right.$$

$$\frac{n-2i-1}{O_{n-2i-2}}(\varepsilon K)^{\frac{n-1-2i}{2}}\cdot$$

$$\sum_{h=n-2i-1}^{n-2}\binom{2i}{n-h-1}\frac{O_h}{O_{2i+h-n+1}}\frac{O_{2n-h-2i-1}}{(h+1)O_{n-h}}\cdot$$

$$\left.M_{n-2-h}^{1}M_{h+2i+1-n}^{0}\right\}\tag{26}$$

当 $n=2$ 时,公式(25)必须写成

$$\int_{D_0\cap D_1\neq\varnothing}\chi(D_0\cap D_1)\mathrm{d}K_1$$

$$=-(\varepsilon K)F_0F_1+2\pi(F_1\chi_0+F_0\chi_1)+L_0L_1\tag{27}$$

而 $n=3$ 时

$$\int_{D_0 \cap D_1 \neq \varnothing} \chi(D_0 \cap D_1) \mathrm{d}K_1$$
$$= 8\pi^2 (V_1 \chi_0 + V_0 \chi_1) + 2\pi(F_0 M_1 + F_1 M_0) \quad (28)$$

注意根据(25)和(26)两式,只有当 $n=3$ 时,运动基本公式和空间曲率无关.

§4 非欧空间的斯坦纳公式

考虑 D_1 为半径等于 ρ 的球体而 D_0 为一个凸集的特例.这时,若 $Q \cap D_1 \neq \varnothing$,则 $\chi(Q \cap D_1)=1$,否则 $\chi(Q \cap D_1)=0$.利用关于 $\mathrm{d}K_1$ 的表达式,选取球体 D_1 的中心为动标原点,对于 D_1 的每个位置,可以积分 $\mathrm{d}u_{n-1} \wedge \cdots \wedge \mathrm{d}u_1$,而运动基本公式就给出平行于 Q 的凸体 Q_ρ(距离为 ρ)的体积(即非欧空间的斯坦纳公式).所得结果是颇为复杂的,我们将只写出 $n=2,3$ 两例的公式.

(1)$n=2$.经过记号的自然变动:$V_0 \to F_0, V_1 \to F_1, M_0^0 \to L_0, M_0^1 \to L_1$,其中 L_0, F_0 为 Q 的周长和面积,而 L_1, F_1 为半径等于 ρ 的圆盘的周长面积,即

$$\begin{cases} L_1 \subset \left(\dfrac{2\pi}{(\varepsilon K)^{\frac{1}{2}}}\right) \sin((\varepsilon K)^{\frac{1}{2}} \rho) \\ F_1 = \left(\dfrac{2\pi}{\varepsilon K}\right)(1-\cos((\varepsilon K)^{\frac{1}{2}} \rho)) \end{cases} \quad (29)$$

就得 Q_ρ 面积的表达式

$$F_\rho = F\cos((\varepsilon K)^{\frac{1}{2}} \rho) + \frac{L_0}{(\varepsilon K)^{\frac{1}{2}}} \sin((\varepsilon K)^{\frac{1}{2}} \rho) + \frac{2\pi}{\varepsilon K}(1-\cos((\varepsilon K)^{\frac{1}{2}} \rho)) \quad (30)$$

Q_ρ 的周长可以从公式 $L_\rho = \frac{\mathrm{d}F_\rho}{\mathrm{d}\rho}$ 计算.

(1)$n=3$. 对于半径为 ρ 的球体,得

$$V_1 = \frac{2\pi}{(\varepsilon K)^{\frac{3}{2}}}((\varepsilon K)^{\frac{1}{2}}\rho - \sin((\varepsilon K)^{\frac{1}{2}}\rho)\cos((\varepsilon K)^{\frac{1}{2}}\rho))$$

$$F_1 = M_0^1 = \frac{4\pi}{\varepsilon K}\sin^2((\varepsilon K)^{\frac{1}{2}}\rho)$$

$$M_1 = M_1^1 = \frac{4\pi}{(\varepsilon K)^{\frac{1}{2}}}\sin((\varepsilon K)^{\frac{1}{2}}\rho)\cos((\varepsilon K)^{\frac{1}{2}}\rho)$$

$$\chi_1 = 1 \tag{31}$$

代入式(26),除以 $8\pi^2$,得

$$V_\rho = V_0 + \frac{F_0}{(\varepsilon K)^{\frac{1}{2}}}\sin((\varepsilon K)^{\frac{1}{2}}\rho)\cos((\varepsilon K)^{\frac{1}{2}}\rho) + M_1\frac{\sin^2((\varepsilon K)^{\frac{1}{2}}\rho)}{\varepsilon K} + \frac{2\pi}{(\varepsilon K)^{\frac{3}{2}}}((\varepsilon K)^{\frac{1}{2}}\rho - \sin((\varepsilon K)^{\frac{1}{2}}\rho)\cos((\varepsilon K)^{\frac{1}{2}}\rho)) \tag{32}$$

Q_ρ 的表面积 F_ρ 可以从公式 $F_\rho = \frac{\mathrm{d}V_\rho}{\mathrm{d}\rho}$ 计算.

§5　关于椭圆空间凸体的一个积分公式

考虑 n 维椭圆空间($\varepsilon=1,K=1$). 我们知道,直线是闭的,长度为 π. 设 L_1 为这样一条直线. 可以把 L_1 看成一个退化的体,对于它

$$\chi_1 = 0, V_1 = 0, M_0 = M_1 = \cdots = M_{n-3} = M_{n-1} = 0$$

$$M_{n-2} = \left[\frac{\pi}{n-1}\right]O_{n-2} \tag{33}$$

然后应用基本公式(25)或(26)于 $D_1 = L_1, D_0 = Q_0$ 的,

其中 Q_0 为固定凸体. 这时 $\chi(Q_0 \cap L_1)=1$. 设 P 为 L_1 上一点,而取以 P 为动标原点的运动密度. 左边的积分等于

$$Q_{n-1}\cdots O_1 V_0 + 2O_{n-2}\cdots O_1 \int_{P\notin Q_0} \Omega \mathrm{d}P \qquad (34)$$

其中 Ω 是从 P(在 Q_0 外) 所看到的,Q_0 所含的立体角. 在左边第二项前出现因子 2,是因为(由于 L_1 是闭的)P 是 Q_0 所含的两个立体角的共同顶点. 根据式(33),右边简化为

$$O_{n-2}\cdots O_1 O_{n-2}\left(\frac{\pi}{n-1}\right) M_0^1$$

因此,令 $M_0^1 = F_0$,即 ∂Q_0 的面积,就有公式

$$\int_{P\notin Q_0} \Omega \mathrm{d}P = \frac{\pi}{2(n-1)} O_{n-2} F_0 - \frac{1}{2} O_{n-1} V_0 \qquad (35)$$

当 $n=2$ 时,又一次得式(15).

§6 注 记

(1) 非欧空间里关于流形交集的积分公式. 在欧氏空间里已证明的公式,对于非欧空间也适用,不需作任何变动. 即:

设 M^q 为 n 维非欧空间里一个固定紧致 r 维流形而 M^r 为作运动的紧致 r 维流形,其运动密度是 $\mathrm{d}K$. 假定 $r+q-n \geqslant 0$,并令 $\sigma_{r+q-n}(M^q \cap M^r)$ 表示交集 $M^q \cap M^r$ 的 $r+q-n$ 维体积. 则

$$\int_{M^q \cap m^r \neq \varnothing} \sigma_{r+q-n}(M^q \cap M^r)\mathrm{d}K$$
$$= \frac{O_n O_{n-1} \cdots O_1 O_{r+q-n}}{O_q O_r} \sigma_q(M^q)\sigma_r(M^r) \qquad (36)$$

其中 $\sigma_q(M^q)$ 和 $\sigma_r(M^r)$ 依次是 M^q 和 M^r 的体积.

若 $r+q-n=0$，则 $\sigma_{r+q-n}(M^q \cap M^r)$ 表示 M^q 和 M^r 的交点数. 例如，若 Γ_0, Γ_1 为非欧平面上的两条曲线，则

$$\int_{\Gamma_0 \cap \Gamma_1 \neq \varnothing} n \mathrm{d}K_1 = 4L_0L_1 \tag{37}$$

其中 L_0, L_1 为两曲线的长，n 为交点数. 这表明庞加莱公式与空间的曲率无关.

(2) 等周不等式. 设 D_0, D_1 为非欧平面上两个全等的域，它们的面积是 F，边界是周长为 L 的单一闭线. 假定 D_0 固定而 D_1 作运动，其运动密度是 $\mathrm{d}K_1$，则 $\chi(D_0 \cap D_1) = \upsilon =$ 交集 $D_0 \cap D_1$ 的块数. 由于 $\chi(D_0) = \chi(D_1) = 1$，基本公式(27)可以写成

$$\int_{D_0 \cap D_1 \neq \varnothing} \upsilon \mathrm{d}K_1 = 4\pi F + L^2 - (\varepsilon K)F^2 \tag{38}$$

由于 $\upsilon \leqslant \frac{n}{2}$，由(37)和(38)两式可知

$$L^2 + \varepsilon K F^2 - 4\pi F \geqslant 0 \tag{39}$$

这就是曲率为 εK 的非欧平面里的等周不等式. 我们还可以证明下面(关于凸域的)更强的不等式：

① 对于椭圆平面($\varepsilon=1, K=1$)，令 $\Delta = L^2 + F^2 - 4\pi F$，则有

$$\Delta \geqslant 4\pi^2 \sin^2\left(\frac{r_M - r_m}{2}\right)$$

$$\Delta \geqslant 4\pi^2 \tan^2\left(\frac{r_M - r_m}{2}\right)$$

$$\Delta \geqslant \left[F\cot\left(\frac{r_m}{2}\right) - L\right]^2$$

$$\Delta \geqslant \left[L - F\cot\left(\frac{r_M}{2}\right)\right]^2$$

② 对于双曲平面($\varepsilon=-1,K=1$),令 $\Delta=L^2-F^2-4\pi F$,则

$$\Delta\geqslant\left(L-F\coth\left(\frac{r_m}{2}\right)\right)^2$$

$$\Delta\geqslant\left(F\coth\left(\frac{r_M}{2}\right)-L\right)^2$$

在两例中,r_M 都是含凸域 D 在内的最小圆半径而 r_m 则是含在 D 内的最大圆半径.

(3)非欧平面上的哈德维格尔定理.

① 对于椭圆平面($\varepsilon=1,K=1$):若 D_0 和 D_1 为逐段光滑的简单闭曲线所包围的两个域,不等式

$$L_0L_1-F_1(4\pi-F_0)$$
$$\geqslant(L_0^2L_1^2-F_0F_1(4\pi-F_0)(4\pi-F_1))^{\frac{1}{2}}$$

和

$$F_0(4\pi-F_1)-L_0L_1$$
$$\geqslant(L_0^2L_1^2-F_0F_1(4\pi-F_0)(4\pi-F_1))^{\frac{1}{2}}$$

是 D_1 可以含在 D_0 内的两个充分(但不必要)条件.

② 对于双曲平面($\varepsilon=-1,K=1$):其对应的条件是

$$L_0L_1-F_1(4\pi+F_0)$$
$$\geqslant(L_0^2L_1^2-F_0F_1(4\pi+F_0)(4\pi+F_1))^{\frac{1}{2}}$$
$$F_0(4\pi+F_1)-L_0L_1$$
$$\geqslant(L_0^2L_1^2-F_0F_1(4\pi+F_0)(4\pi+F_1))^{\frac{1}{2}}$$

特殊地,若 D_1 是幺球面上一个半径为 r 的圆,则 $L_1=2\pi\sin r,F_1=2\pi(1-\cos r)$,因此,由于椭圆平面局部和幺球面相同,可知:

在幺球面上,以一条简单闭曲线为边界的一个域 D_1 可以含一个角半径为 r 的球冠在内的充分条件是

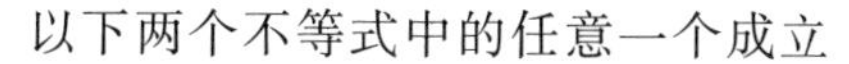

以下两个不等式中的任意一个成立

$$\tan\left(\frac{r}{2}\right)<\frac{L_0-\Delta_0^{\frac{1}{2}}}{4\pi-F_0}$$

$$\cot\left(\frac{r}{2}\right)>\frac{L_0+\Delta_0^{\frac{1}{2}}}{F_0}$$

其中 $\Delta_0=L_0^2-4F_0+F_0^2$. 与此类似,下面条件中任意一个是 D_0 含于一个角半径为 R 的球冠内的充分条件

$$\cot\left(\frac{R}{2}\right)<\frac{L_0-\Delta_0^{\frac{1}{2}}}{F_0}$$

$$\tan\left(\frac{R}{2}\right)>\frac{L_0+\Delta_0^{\frac{1}{2}}}{4\pi-F_0}$$

下面是另一个同类的结果:设 D 为一个域,它不一定是凸的,面积为 F,周长为 L,而且它的边界是含在二维幺球面的一个半球面里的一条简单闭曲线. 这样,含在 D 内就存在一个球冠,其角半径 $\rho\geqslant\frac{F}{L}$. 这个不等式可能是最好的,即它不能用 $\rho\geqslant c\left(\frac{F}{L}\right)(c>0)$ 代替. 若 D 是凸的,则 D 内最大球冠的角半径满足 $\rho\geqslant\frac{F}{4}$. 这个不等式是怀特(D. J. White) 的结果,它可以推广到 n 维幺球面的凸域. 这时,不等式可以写作 $F\leqslant\left(\frac{\rho}{\pi}\right)O_n$,其中 O_n 是 n 维幺球面积. 这个不等式可能是最好的,取 D 为两个半球面的交集,就可以看出这一点.

(4) 一些覆盖问题. 椭圆空间几何与球面几何局部相同. 在一些基本公式中令 $\varepsilon=1,K=1$,就得到 n 维幺球面的运动基本公式. 下面我们把它应用于二维幺球面上的一些覆盖问题.

设 K_0 为二维幺球面 U 上固定凸域,它的面积是 F_0,周长是 L_0. 设 $K_1,K_2,\cdots,K_n$ 为在 U 上运动的全等凸域,面积是 F,周长是 L;设 $\mathrm{d}K_i$ 表示其对应的运动密度. 设 $F_{01\cdots n}$ 和 $L_{01\cdots n}$ 表示 $K_0\cap K_1\cap\cdots\cap K_n$ 的面积和周长. 这样,就可以证明

$$\int F_{01\cdots n}\mathrm{d}K_1\wedge \mathrm{d}K_2\wedge\cdots\wedge \mathrm{d}K_n=(2\pi)^n FF_0 \tag{40}$$

$$\int L_{01\cdots n}\mathrm{d}K_1\wedge \mathrm{d}K_2\wedge\cdots\wedge \mathrm{d}K_n$$
$$=(2\pi)^n F^n L_0+n(2\pi)^n F^{n-1}F_0 L \tag{41}$$

其中积分范围是 $K_i(i=1,2,\cdots,n)$ 的一切位置.

于是有以下中值

$$E(F_{01\cdots n})=F^n F_0(4\pi)^{-n}$$
$$E(L_{01\cdots n})=(F^n L_0+nF^{n-1}F_0L)(4\pi)^{-n} \tag{42}$$

此外,多次应用式(27)($\varepsilon=1,K=1$),就得

$$I_{12\cdots n}=\int \mathrm{d}K_1\wedge \mathrm{d}K_2\wedge\cdots\wedge \mathrm{d}K_n$$
$$=(2\pi)^n(F^n+nF_0F^{n-1})+$$
$$(2\pi)^{n-1}\left[nF^{n-1}L_0L+\binom{n}{2}F_0L^2F^{n-2}-nF_0F^n\right] \tag{43}$$

其中积分范围是令 $K_0\cap K_1\cap\cdots\cap K_n\neq\varnothing$ 的一切 $K_1,\cdots,K_n$ 的位置.

这个结果可以叙述如下:

在二维幺球面上,已给一个固定凸集 K_0,n 个全等的随机凸集 $K_1,K_2,\cdots,K_n$ 在 K_0 内有非空交集的概率是

$$p=(8\pi^2)^{-n}I_{12\cdots n} \tag{44}$$

其中 $I_{12\cdots n}$ 的值为式(43)所确定.

假定在幺球面上随机地选取 $n+1$ 个点.我们要求它们可以用一个半径为 r 的球冠覆盖的概率.若把每一点看作一个半径为 r 的球冠的中心,则所求概率等于 n 个半径为 r 的球冠同一个固定的半径为 r 的球冠有非空交集的概率.在式(44)中,令 $L_0=L=2\pi\sin r$, $F_0=F=2\pi(1-\cos r)$,就得所求概率.

特殊地,令 $r=\frac{\pi}{2}$,就得:

二维幺球面上 $n+1$ 个点属于同一个半球面的概率是

$$p^{*}=\frac{1}{2^{n}}\left((n+1)+\frac{n(n-1)}{2}\right) \tag{45}$$

通过对偶原则,可知这个公式也确定 $n+1$ 个随机半球面有非空交集的概率.若这 $n+1$ 个半球面有一个公共点 P,则 P 的反映点(和 P 在同一条直径上的点) P^{*} 就不属于这些半球面中的任何一个,因而这些半球面不覆盖 U.所以, $n+1$ 个随机半球面覆盖整个幺球面的概率是 $1-p^{*}$.

Wendel 证明了更一般的结果: m 维欧氏空间幺球面上的 n 个随机点属于同一个半球面的概率,当 $n>m$ 时是

$$p_{n,m}=2^{-(n-1)}\sum_{h=0}^{m-1}\binom{n-1}{h} \tag{46}$$

而当 $n\leqslant m$ 时, $p_{n,m}=1$. n 个随机半球面覆盖整个 $m-1$ 维球面的概率是 $1-p_{n,m}$.

下面是更困难而尚未解决的一个问题:求幺球面 U 上 N 个半径为 $r<\frac{\pi}{2}$ 的随机球冠覆盖 U 的概率.

Moran 与 Fazekas de St. Groth 给出了一个近似解，Gilbert 给出了概率的一些界值.

Miles 考虑了下面的一般问题. 取一个点集 X 的 n 个随机子集. 假定点 $x \in X$ 在其中 $H(x)$ 个子集内，对于 $x \in X$，令 $H_* = \min H(x)$，$H^* = \max H(x)$. 换句话说，X 中的区域最少被 H_* 个子集覆盖，最多被 H^* 个子集覆盖，$0 \leqslant H_* \leqslant H^* \leqslant n$. 假定每一个子集都是 X 的一个固定子集的均匀随机象，即它们是 X 的一个固定子集的 n 个不同位置，而这 n 个位置又是独立地选取的. 求 $n \to \infty$ 时，概率 $p(H_* \leqslant m)$ 和 $p(H^* \geqslant n-m)$ 的渐近值. 假定 X 是 E_3 里的幺球面 U，而 Y 是一个球面多边形，即 U 上以大圆弧构成的简单闭曲线为边界的一个点集. 设 F 和 L 为 Y 的面积和周长. 设 $Y_1, \cdots, Y_n$ 为 Y 的 n 个独立随机位置. 这样，Miles 证明了：$n \to \infty$ 时

$$p\left(\bigcup_{j=1}^{n} Y_j \neq X\right) \sim n(n-1)L^2(4\pi - F)^{n-2}(4\pi)^{-n}$$

$$p\left(\bigcap_{i=1}^{n} Y_i \neq \varnothing\right) \sim n(n-1)L^2 F^{n-2}(4\pi)^{-n}$$

$$p(H_* \leqslant m)$$

和

$$p(H_* = m) \sim \binom{n}{m+2}(m+1)(m+2) \cdot L^2 F^m (4\pi - F)^{n-m-2}(4\pi)^{-n}$$

$$p(H^* \geqslant n-m)$$

和

$$p(H^* = n-m) \sim \binom{n}{m+2}(m+1)(m+2) \cdot L^2 F^{n-m-2}(4\pi - F)^m (4\pi)^{-n}$$

最后两结果可以推广到$Y(\subset X)$的边界是一条具有有界(球面)曲率的简单闭曲线的情况. 它们也可以推广到m维幺球面.

(5) 球面上的嵌球. 二维幺球面上,一组n个处于一般位置的大圆把U分割成$a_n=n(n-1)+2$个球面凸多边形. 这样一个多边形集合叫作球面上的一个嵌装,它有$v_n=n(n-1)$个顶点和$e_n=2n(n-1)$条棱. 若那几个大圆是随机地独立选取的,Miles考虑了以下问题:求所得多边形(嵌装的面)的面积F,周长L,以及顶点数N的矩E_n^*. 一阶矩是可以立刻写出的:对于一切$n\geqslant 2$

$$\begin{cases} E_n^*(F)=\dfrac{4\pi}{a_n} \\ E_n^*(L)=\dfrac{4\pi n}{a_n} \\ E_n^*(N)=\dfrac{4n(n-1)}{a_n} \end{cases} \tag{47}$$

二阶矩是

$$E_n^*(F^2)=\frac{8\pi^2\gamma_n}{a_n}\quad(n\geqslant 1)$$

$$E_n^*(L^2)=\frac{2\pi^2(4+\beta_{n,2})}{a_n}\quad(n\geqslant 2)$$

$$E_n^*(N^2)=\frac{12n(n-1)+\dfrac{\beta_{n,4}}{2}}{a_n}\quad(n\geqslant 4)$$

$$E_n^*(LN)=\frac{\pi(8n+\beta_{n,3})}{a_n}\quad(n\geqslant 3)$$

$$E_n^*(NF)=\frac{2\pi\beta_{n,2}}{a_n}\quad(n\geqslant 2)$$

$$E_n^*(LF)=\frac{4\pi^2\beta_{n,1}}{a_n}\quad(a\geqslant 1)$$

其中

$$a_n = n(n-1)+2$$

$$\beta_{n,i} = n(n-1)\cdots(n-i+1)\gamma_{n-i}$$

$$\gamma_j = 1-\frac{j(j-1)}{\pi^2}+\frac{j(j-1)(j-2)(j-3)}{\pi^4}-\cdots+$$

$$\begin{cases}(-1)^{\frac{j}{2}}2(j!)\pi^{-j} & (j\text{ 为偶数})\\(-1)^{\frac{(j-1)}{2}}(j!)\pi^{-j} & (j\text{ 为奇数})\end{cases}$$

例如，当 $n=3$ 时（三个大圆所确定的三角形）

$$E_3^*(F^2)=\pi^2-6$$

$$E_3^*(L^2)=\left(\frac{5}{2}\right)\pi^2$$

$$E_3^*(FL)=\left(\frac{3}{2}\right)\pi^2-6$$

若这些三角形是由三个随机点而不是由随机大圆所产生，则通过对偶原则，得

$$E_3(F^2)=\frac{\pi^2}{2}$$

$$E_3(L^2)=3\pi^2-6$$

$$E_3(LF)=E_3^*(LF)$$

这些以及类似的结果是 Miles 的.

(6) 随机多面凸维. 若 E_n 里已给 N 个超平面，它们中每 n 个有公共点，而任何 $n+1$ 个没有公共点，则空间被它们分割成

$$f(N,n)=\binom{N}{0}+\binom{N}{1}+\cdots+\binom{N}{n} \tag{48}$$

个区域.

若所给 N 个超平面都经过原点 O，但“具有一般位置”，则它们把空间分割成

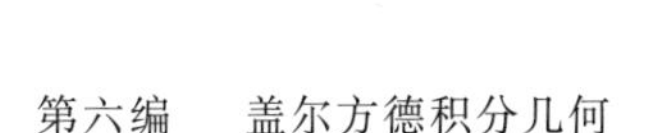

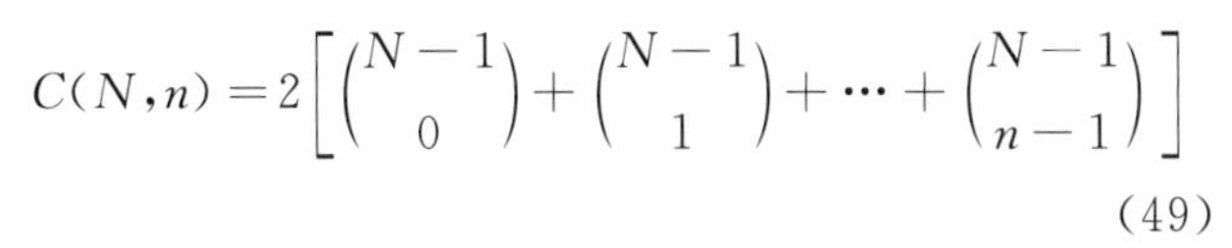

$$C(N,n)=2\left[\binom{N-1}{0}+\binom{N-1}{1}+\cdots+\binom{N-1}{n-1}\right] \tag{49}$$

个多面凸锥. 在 E_n 里,若一组 N 个矢量中每 n 个线性无关,它们就叫作“具有一般位置”;若一组经过原点的 N 个超平面的法矢组具有一般位置,则这一组超平面叫作具有一般位置.

公式(48)和(49)是 Schläfli 的结果. 利用式(49),Cover 与 Efron 得到了下面的结果:

① 设 W 为 N 条随机半线所张成的一个随机多面凸锥. 若 W 是一个正常锥(即 N 条半线都含在某个半空间里),则 W 的 r 维面的个数的期望值是

$$E(R_r(W))=2^r\binom{N}{r}\frac{C(N-r,n-r)}{C(N,n)} \tag{50}$$

而

$$\lim_{N\to\infty}E(R_r(W))=2^r\binom{n-1}{r} \tag{51}$$

② 在 E_n 里,设 W^* 是一个随机多面凸锥,是 N 个经过原点的随机半空间的交集. 在 $W^*\neq\varnothing$ 的条件下,W^* 的 r 维面的期望值 $R_r(W^*)(r=1,2,\cdots,n-1)$ 是

$$E(R_r(W^*))=2^{n-r}\binom{n}{n-r}\frac{C(N-n+r,r)}{C(N,n)} \tag{52}$$

而

$$\lim_{N\to\infty}E(R_r(W^*))=2^{n-r}\binom{n-1}{n-r} \tag{53}$$

若用 $n-1$ 维球面 U_{n-1} 去截:① 中的随机半线或 ② 中的随机半空间,由 ① 和 ② 中的定理就得到关于 U_{n-1} 上随机多边区域的期望值定理. 特殊地,由定理

① 可知，若在 U_{n-1} 上取 N 个随机点，使它们都在某个半球面上，则它们的凸包（由 $n-2$ 维大球面构成）的顶点平均数是

$$E(R_1(W))=\frac{2NC(N-1,n-1)}{C(N,n)}$$

因而

$$\lim_{N\to\infty} E(R_1(W))=2(n-1) \tag{54}$$

Cover 与 Efron 指出：在 E_3 里的幺球面上，若取 N 个随机点，使它们都在某个半球面上，则当 N 增大时，它们的凸包的顶点平均数并不无限制地增加而趋于极限 4. 但在平面上，这个极限却变成无穷大. 另外，由式(54) 可知，若在二维幺球面上随机地选取 N 个大圆，则它们把球面分割成的区域的边数，当 N 变成无穷大时，有平均值 4（从式(47) 最后的公式也可以看出）. 这和平面上随机直线所构成多边形的款一致，和双曲平面上随机直线所构成多边形的款也一致.

积分几何与叶层空间
积分几何动向

第二十二章

§1 叶层空间

在上一章,我们是从齐性空间的角度来考虑积分几何的,这种空间的特征是它上面有一个可迁变换群 $\mathscr{S}$. 嵌入这种空间里的几何对象集合的测度是以它们在 $\mathscr{S}$ 下不变为条件来确定的,而这样的条件使测度除一个常数因子外完全确定了. 在曲率不等于常数的黎曼(Riemann) 空间里,积分几何不能以这样的原则为基础,因为这种空间一般地既没有保持其度量不变的可迁群,也没有把短程线变为短程线的可迁群. 这样,短程线集合的密度就不能用它在某个群下不变的性质来确定.

但是,可以从另一个角度出发来给出短程线集合和点集测度的定义,这种测度虽然在任何群下都不是不变的,却具有某些不变性质,因而具有几何意义.这种方法是以叶层空间理论为依据而为赫尔曼(Hermann)和 Vidal Abascal 所发展的.我们将扼要地说明这个方法,并把它应用于黎曼流形的积分几何.

设 X 为 $m+n$ 维可微流形.设 F 是切空间的一个 m 维线性子空间 F_x 所构成的场,即一个映射 $F:x\to F_x\subset T_x$,($T_x=X$ 在点 x 的切空间).假定 F 是完全可积的.这就是说,在每一点 $x\in X$ 邻近有坐标系(x_1,x_2,$\cdots$,x_{n+m}),在这个坐标系下,方程组 $x_{m+1}=$ 常数,$\cdots$,$x_{m+n}=$ 常数,局部地代表 X 的一些可微子流形 L,而 L 的切空间就是子空间 F_x.这时,F 就叫作 X 上的一个叶层而诸子流形 L 就叫作这个(m 维)叶层的一叶.用 X/F 表示 X 上叶层的叶的集合.这个集合的整体研究一般是不容易的.为达到我们的目的,我们假定 X/F 是一个 n 维可微流形,而且存在着从 X 每一个开子集 U 到 X/F 内的一个映射 $\theta:U\to X/F$,它在叶上有常值,即对于属于一个叶的一切 $x\in U$,$\theta(x)$ 是 X/F 的同一点.

X 上的一个微分齐式 ω,若具有以下两性质,就叫作叶层 F 的一个不变齐式:(1) 它在 X 的局部坐标变换下不变;(2) 它对于叶层的叶上位移不变.后一个性质的意义是:ω 成为 X/F 上的一个齐式,或者更具体些,对于每个映射 $\theta:U\to X/F$,X/F 上就有一个对应的微分齐式 ω_θ,满足 $\theta^*(\omega_\theta)=\omega$.

已给叶层的每一个非零不变齐式 ω,把 ω_θ 在 X/F 上积分,就得到叶的集合的一个测度.我们将把这些定

义应用到 n 维黎曼流形的短程线的特例上.

§2　黎曼流形里的短程线集合

设 M 为 n 维黎曼流形,其基本二次齐式(在一个局部坐标系中)是

$$\mathrm{d}s^2=\sum_{i,j=1}^{n} g_{ij}\,\mathrm{d}x_i\,\mathrm{d}x_j \tag{1}$$

令

$$\Gamma=\Big(\sum_{i,j=1}^{n} g_{ij}\dot{x}_i\dot{x}_j\Big)^{\frac{1}{2}}$$

$$p_i=\frac{\partial\Gamma}{\partial x_i}\quad(i=1,2,\cdots,n) \tag{2}$$

就有

$$\begin{cases}\displaystyle\sum_{i=1}^{n} p_i\dot{x}_i=\Gamma\\ \displaystyle\sum_{i,j=1}^{n} g_{ij}p_ip_j=1\end{cases} \tag{3}$$

其中 g^{ij} 是逆方阵 $(g_{ij})^{-1}$ 的元素,而 $\dot{x}_i$ 是对于一个参数 t 的导数. 由于 g_{ij} 是一个共变张量而 $\dot{x}_i$ 是一个切矢,由式(2)可知 Γ 是纯量不变量,而式(3)表明 p_i 是 M 的一个幺余矢[量].

取 M 的一切幺余矢所构成的丛为流形 X. X 的一个局部坐标系是 $(x_1,\cdots,x_n,p_1,\cdots,p_n)$,其中坐标 p 满足式(3)中的第二条件. 因此,X 是 $2n-1$ 维的. 根据定义,M 的短程线是欧拉方程组

$$\frac{\mathrm{d}}{\mathrm{d}t}\Big(\frac{\partial\Gamma}{\partial\dot{x}_i}\Big)-\frac{\partial\Gamma}{\partial x_i}=0\quad(i=1,2,\cdots,n) \tag{4}$$

的积分曲线.

这组二阶微分方程的任何积分曲线都决定于一点 $(x_1,\cdots,x_n)$ 和一个方向 $(p_1,\cdots,p_n)$；也就是，经过 X 的每一点有唯一的一条积分曲线. 由此可见，M 的短程线确定 X 的一叶层 F_G. 短程线 G 是这个叶层的一叶，而由 $\dim G=1$ 可知 $\dim X/F_G=2n-2$.

取 X 的二次式

$$\mathrm{d}G^1=\sum_{i=1}^{n}\mathrm{d}p_i\wedge\mathrm{d}x_i \tag{5}$$

我们要证明 $\mathrm{d}G^1$ 是叶层 F_G 的一个不变齐式. 为此，需要证明下面两个不变性.

(1) 对于坐标变换的不变性. 设 $x'_1,\cdots,x'_n$ 为另一坐标系，它为 $x_i=x_i(x'_1,\cdots,x'_n)$ 所确定 $(i=1,2,\cdots,n)$，其中函数 $x_i(x'_1,\cdots,x'_n)$ 以及反函数 $x'_i(x_1,\cdots,x_n)$ 都是可微函数，其雅可比(Jacobi)行列式不等于零. 由于 p_h 是一个余矢，可知

$$p'_h=\sum_{i=1}^{n}\frac{\partial x_i}{\partial x'_k}p_i$$

$$\mathrm{d}p'_k=\sum_{i=1}^{n}\frac{\partial x_i}{\partial x'_h}\mathrm{d}p_i+\sum_{i,k=1}^{n}\frac{\partial^2 x_i}{\partial x'_h\partial x'_k}p_i\mathrm{d}x'_k \tag{6}$$

因而

$$\sum_{k=1}^{n}\mathrm{d}p'_h\wedge\mathrm{d}x'_h=\sum_{k,i,j=1}^{n}\frac{\partial x_k}{\partial x_j}\frac{\partial x_i}{\partial x'_k}\mathrm{d}p_i\wedge\mathrm{d}x_j+\sum_{i,k,h=1}^{n}\frac{\partial^2 x_i}{\partial x'_h\partial x'_k}p_i\mathrm{d}x'_k\wedge\mathrm{d}x'_k \tag{7}$$

利用关系 $\mathrm{d}x'_k\wedge\mathrm{d}x'_h=-\mathrm{d}x'_h\wedge\mathrm{d}x'_k$ 和

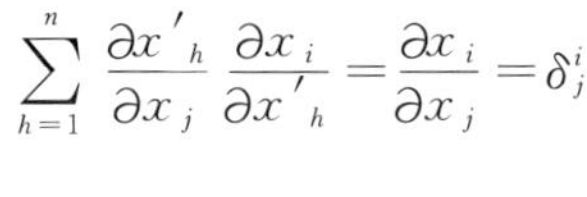

$$\sum_{h=1}^{n}\frac{\partial x'_h}{\partial x_j}\frac{\partial x_i}{\partial x'_h}=\frac{\partial x_i}{\partial x_j}=\delta_j^i$$

就得

$$\sum_{i=1}^{n} \mathrm{d}p'_i \wedge \mathrm{d}x'_i = \sum_{i=1}^{n} \mathrm{d}p_i \wedge \mathrm{d}x_i \tag{8}$$

而这就证明了第一个不变性.

(2) 对于叶上位移的不变性. 我们必须证明:$\mathrm{d}G^1$ 在短程线的任意二维集上的积分,对于短程线上的位移是不变的. 下面是 Firey 的证明.

设 S 为双参数短程线族. 短程线方程可以写成 $x_i = x_i(\alpha,\beta;t)(i=1,2,\cdots,n)$ 的形状,其中参数 α,β 确定族 S 中的具体短程线,而 t 是短程线上的参数. 根据式(2),$p_i(\alpha,\beta;t)=\partial\Gamma(x_i(\alpha,\beta;t),\dot{x}_i(\alpha,\beta,t))/\partial\dot{x}_i$. 设 R 为族 S 中的短程线的 (α,β) 值所构成的集合. 我们要证明,对于一切 R,均有

$$\begin{aligned} m(S) &= \int_S \mathrm{d}G^1 = \int_S \sum_{i=1}^{n} \mathrm{d}p_i \wedge \mathrm{d}x_i \\ &= \int_R \sum_{i=1}^{n} \frac{\partial(p_i,x_i)}{\partial(\alpha,\beta)} \mathrm{d}\alpha \wedge \mathrm{d}\beta \end{aligned} \tag{9}$$

与 t 无关.

根据 Stokes 定理

$$m(S) = -\int_\sigma \sum_{i=1}^{n} p_i(\sigma;t)\frac{\partial x_i(\sigma;t)}{\partial\sigma}\mathrm{d}\sigma \tag{10}$$

其中 $C:\alpha=\alpha(\sigma),\beta=\beta(\sigma)$ 是 R 的边界,而且已经令

$$p_i(\sigma;t)=p_i(\alpha(\sigma),\beta(\sigma);t)$$
$$x_i(\sigma;t)=x_i(\alpha(\sigma),\beta(\sigma);t)$$

这样

$$\frac{\mathrm{d}m(S)}{\mathrm{d}t} = -\int_C \sum_{i=1}^{n}\left(\frac{\partial p_i}{\partial t}\frac{\partial x_i}{\partial\sigma} + p_i\frac{\partial^2 x_i}{\partial\sigma\partial t}\right)\mathrm{d}\sigma$$

利用(2)和(4)两式，就得

$$\frac{\mathrm{d}m(S)}{\mathrm{d}t}=-\int_C\left(\sum_{i=1}^{n}\left(\frac{\partial\Gamma}{\partial x_i}\frac{\partial x_i}{\partial\sigma}+\frac{\partial\Gamma}{\partial\dot{x}_i}\frac{\partial\dot{x}_i}{\partial\sigma}\right)\right)\mathrm{d}\sigma$$

$$=-\int_C\mathrm{d}\Gamma=0\tag{11}$$

由于这对于短程线的任意集合 S 都是正确的，$\mathrm{d}G^1$ 与 t 无关.

注意：为了应用 Stokes 定理，我们保留了 $\mathrm{d}G^1$ 的符号. 但若像在积分几何中通常的作法那样，取绝对值 $|\mathrm{d}G^1|$，它对于 t 仍然无关. 为了证明这一点，我们把 $\mathbf{R}$ 划分成 $\mathbf{R}^+$ 和 $\mathbf{R}^-$，使得在 t，$\dfrac{\sum_l^n\partial(p_i,x_i)}{\partial(\alpha,\beta)}$ 在 $\mathbf{R}^+$ 上 $\geqslant 0$ 而在 $\mathbf{R}^-$ 上则 <0，并且假设这两个点集的边界都是由有限多条逐段光滑的简单闭曲线所构成. 于是

$$\int_{\mathbf{R}}|\mathrm{d}G^1|=\int_{\mathbf{R}^+}\mathrm{d}G^1-\int_{\mathbf{R}^-}\mathrm{d}G^1$$

后面两个测度都分别和 t 的选取无关，因而左边的也是如此.

这样，就证明了不变性 1 与 2. 由于 $\mathrm{d}G^1$ 是叶层 F_G 的不变式，外积幂

$$\mathrm{d}G^h=(\mathrm{d}G^1)^h=\sum_{(i_1,\cdots,i_h)}\mathrm{d}p_{i_1}\wedge\mathrm{d}x_{i_1}\wedge\cdots\wedge\mathrm{d}p_{i_h}\wedge\mathrm{d}x_{i_h}$$

$$(h=1,2,\cdots,n-1)\tag{12}$$

也都是不变式. 它们确定对于短程线的 $2h$ 维集合的测度. 我们将讨论最有兴趣的两种情况 $h=1$ 和 $h=n-1$.

§3　短程线的二维集合的测度

设 M 为 $n(>2)$ 维黎曼流形. 取它上面一个二维族的短程线,并假定,存在着一个横截曲面 B,和族中每条短程线相交于唯一的一点. 这样的一个短程线集合叫作一个短程线汇. 若选取一个直角坐标系,使得 B 的方程(局部地)是 $x_3=0,x_4=0,\cdots,x_n=0$,则

$$\mathrm{d}s^2=\sum_{i=1}^{n}g_{ii}\mathrm{d}x_i^2,p_i=g_{ii}\frac{\mathrm{d}x_i}{\mathrm{d}s} \tag{13}$$

短程线 G 和 x_i 线所作的角 α_i 确定于 $\cos\alpha_i=(g_{ii})^{\frac{1}{2}}\left(\frac{\mathrm{d}x_i}{\mathrm{d}s}\right)$,故

$$p_i=(g_{ii})^{\frac{1}{2}}\cos\alpha_i$$

$$\mathrm{d}p_i=-(g_{ii})^{\frac{1}{2}}\sin\alpha_i\mathrm{d}\alpha_i+\sum_{h=1}^{n}\frac{\partial(g_{ii})^{\frac{1}{2}}}{\partial x_h}\cos\alpha_i\mathrm{d}x_h \tag{14}$$

根据第二个不变性,可以用 G 和 B 的交点 $P(x_1,x_2,0,\cdots,0)$ 来确定 G. 于是得

$$\begin{aligned}\mathrm{d}G^1&=\mathrm{d}p_1\wedge\mathrm{d}x_1+\mathrm{d}p_2\wedge\mathrm{d}x_2\\&=-(g_{11})^{\frac{1}{2}}\sin\alpha_1\mathrm{d}\alpha_1\wedge\mathrm{d}x_1-(g_{22})^{\frac{1}{2}}\sin\alpha_2\mathrm{d}\alpha_2\wedge\mathrm{d}x_2+\\&\quad\left(\frac{\partial(g_{22})^{\frac{1}{2}}}{\partial x_1}\cos\alpha_2-\frac{\partial(g_{11})^{\frac{1}{2}}}{\partial x_2}\cos\alpha_1\right)\mathrm{d}x_1\wedge\mathrm{d}x_2\end{aligned} \tag{15}$$

我们考虑一个短程线束,它和 B 的交点是一个域 R,而 R 的边界 ∂R 是一条逐段光滑的闭曲线. 为了应用 Stokes 定理,与通常取绝对值为密度的办法相反,

我们保留 dG^1 中的符号，而把 dG^1 的积分作为短程线束的测度. 我们得

$$m_1(G)=\int_R dG^1$$
$$=\int_{\partial R}(g_{11})^{\frac{1}{2}}\cos\alpha_1 dx_1+(g_{22})^{\frac{1}{2}}\cos\alpha_2 dx_2 \tag{16}$$

若 ϕ 表示在 G 和 ∂R 的交点，G 同 ∂R 的切线所作的角，则由于 G 的幺切矢有分量 $\frac{(\cos\alpha_i)}{(g_{ii})^{\frac{1}{2}}}$，$\partial R$ 的幺切矢有分量 $\frac{dx_i}{ds}$

$$\cos\phi=(g_{11})^{\frac{1}{2}}\cos\alpha_1\frac{dx_1}{ds}+(g_{22})^{\frac{1}{2}}\cos\alpha_2\frac{dx_2}{ds} \tag{17}$$

于是

$$m_1(G)=\int_R dG^1=\int_{\partial R}\cos\phi ds \tag{18}$$

E. Cartan 所发现的这个积分具有颇为有趣的性质. 注意 $\cos\phi ds$ 是 ds 在相应短程线上的投影. 因此，若取一切经过一个闭线上的点的短程线所构成的一个管状曲面，而 AEA' 是在该曲面上，这些短程线的正交轨线，则 $m_1(G)$ 等于弧 AA'（图 1).

考虑 $n=3$ 的款. 这时，若短程线汇中的短程线都和一个曲面 B 正交，则它就叫一个法汇. 对于法汇，$A=A'$ 而 $m_1(G)=0$. 倒转来，对于已给线汇的任意一束短程线都有 $m_1(G)=0$，则从一点 A 出发的一切正交轨线就产生一个曲面 B，汇中的短程线都和 B（在 A 邻近）正交. 因此，该线汇是法汇，即：一个三维黎曼空间的一个短程线汇为法汇的一个充要条件是，对于它里面每

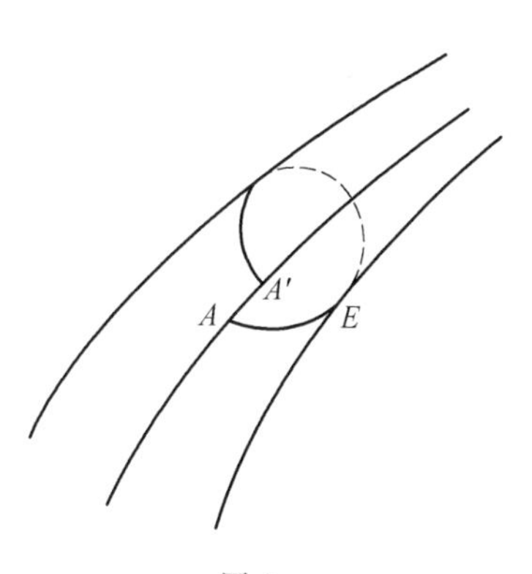

图 1

一束短程线，$m_1(G)=0$，这也就是说，$dG_1=0$.

测度 $m_1(G)$ 的另一个性质是它经过对一个曲面的折射后的变化. 若一条短程线在经过一个曲面 B 时是按照物理学中的折射定律 $\sin t=n\sin i'$ 变化的(其中 n 是折射指数，图 2)，由于 $i=\frac{\pi}{2}-\phi$. $i'=\frac{\pi}{2}-\phi'$，就有 $\cos\phi=n\cos\phi'$，因而 $m_1(G)=nm_1(G')$，其中 G' 表示折射后的短程线. 于是，当一个短程线汇经过一个折射指数为 n 的介质时，测度 $m_1(G)$ 变成 $nm_1(G')$. 特殊地，法汇经过折射仍为法汇.

E_3 中直线的款. 若黎曼流形 M 是欧氏空间 E_3，则短程线是直线，而密度 dG^1 和密度 dG^* 一致. 事实上，若横截曲面 B 是一个平面 E，则

$$ds^2=dx^2+dy^2, g_{11}=g_{22}=1$$

而式(15) 化为

$$dG^1=-\sin\alpha_1 d\alpha_1\wedge dx-\sin\alpha_2 d\alpha_2\wedge dy$$

显然这里所得到的关于短程线汇的性质对于 E_3 里(直) 线汇都是正确的. 特殊地，$dG^*=0$ 是一个线汇成为对于一个曲面的法汇的充要条件.

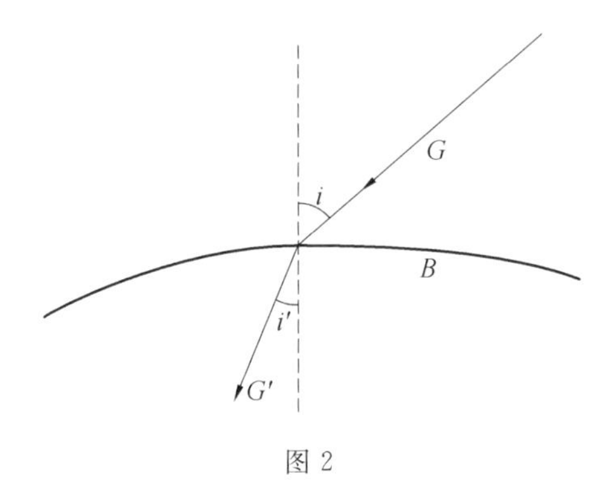

图 2

§4 短程线的 $2n-2$ 维集合的测度

依赖于 $2h$ 个参数的短程线集合可以通过密度 $\mathrm{d}G^h$(12) 来求其测度. 我们已经讨论了 $h=1$ 的情况，现在要讨论 $h=n-1$ 的情况. 关于当中 $h=2,3,\cdots,n-2$ 诸情况，人们了解甚少.

当 $h=n-1$ 时，所考虑的密度是

$$\mathrm{d}G^{n-1}=\sum_{i=1}^{n}\mathrm{d}p_1\wedge\mathrm{d}x_1\wedge\cdots\wedge\mathrm{d}p_{i-1}\wedge\mathrm{d}x_{i-1}\wedge\mathrm{d}p_{i+1}\wedge\mathrm{d}x_{i+1}\wedge\cdots\wedge\mathrm{d}p_n\wedge\mathrm{d}x_n \tag{19}$$

为了得到这个密度的一种几何意义，取一个和所给 $2n-2$ 维集合中每一条短程线都相交的超曲面 S_{n-1}. 设 G 为集合中一条短程线而 P 为 G 和 S_{n-1} 的交点. 在 P 的一个邻域里，可以假定 S_{n-1} 用方程 $x_n=0$ 确定，而且坐标系是正交系，这样，方程(13) 和(14) 都适用. 为了确定 G，可以选取 P，使 $x_n=0$，$\mathrm{d}x_n=0$，于是式(19) 化为

$$dG^{n-1}=dp_1\wedge dx_1\wedge\cdots\wedge dp_{n-1}\wedge dx_{n-1}\quad(20)$$

或者，根据式(14)，除了符号外

$$dG^{n-1}=(g_{11}\cdots g_{n-1,n-1})^{\frac{1}{2}}\sin\alpha_1\cdots\sin\alpha_{n-1}dx_1\wedge\cdots\wedge dx_{n-1}\wedge d\alpha_1\wedge\cdots\wedge d\alpha_{n-1}\quad(21)$$

若 $d\sigma$ 表示 S_{n-1} 上的 $n-1$ 维面元，则

$$d\sigma=(g_{11}\cdots g_{n-1,n-1})^{\frac{1}{2}}dx_1\wedge\cdots\wedge dx_{n-1}$$

而在以 P 为中心的 $n-1$ 维幺球面上，对应于 G 在 P 的切线方向的面元则是

$$du_{n-1}=\frac{\sin\alpha_1\cdots\sin\alpha_{n-1}}{\cos\alpha_n}d\alpha_1\wedge\cdots\wedge d\alpha_{n-1}$$

因此，式(21) 可以写成(取绝对值)

$$dG^{n-1}=|\cos\alpha_n|\,d\sigma\wedge du_{n-1}\quad(22)$$

其中 a_n 是短程线和 S_{n-1} 在交点 P 的法线之间的角.

这个表达式(22) 直接给出一个很普通的积分公式. 设 $f(\sigma,\alpha_n)$ 为在 S_{n-1} 上确定的可积函数，它依赖于点 $P(\sigma)$ 和在 P 的方向 α_n. 用 f 乘式(22) 两边，然后在 S_{n-1} 上和在 $n-1$ 维幺半球面上(考虑无向短程线) 取积分，则在左边，对每条短程线 G，dG^{n-1} 是总和 $\sum f(\sigma_i,\alpha_{n,i})$ 的公因子，其中 $f(\sigma_i,\alpha_{n,i})$ 是 $f(\sigma,\alpha_n)$ 在 G 和 S_{n-1} 的 N 个交点的值. 于是

$$\int\sum_{i=1}^{N}f(\sigma_i,\alpha_{n,i})dG^{n-1}=\int_{S_{n=1}}\int_{U_{n=\frac{1}{2}}}f(\sigma,\alpha_n)\,|\cos\alpha_n|\,d\sigma\wedge du_{n-1}\quad(23)$$

例如，若 $f=1$，则 $|\cos\alpha_n|\,du_{n-1}$ 的积分是 $n-1$ 维幺球面在一个直径面上的投影的一半，因而

$$\int NdG^{n-1}=\left[\frac{O_{n-2}}{n-1}\right]F\quad(24)$$

其中 N 是 G 和 S_{n-1} 的交点数，而 F 是 S_{n-1} 的面积.

§5 短程线段集合

设 t 表示短程线 G 上的弧长. 由式(22) 得

$$\mathrm{d}G^{n-1} \wedge \mathrm{d}t = |\cos \alpha_n| \mathrm{d}\sigma \wedge \mathrm{d}u_{n-1} \wedge \mathrm{d}t \quad (25)$$

乘积 $|\cos \alpha_n| \mathrm{d}t$ 等于弧元 $\mathrm{d}t$ 到超曲面 S_{n-1} 在 P 的法线上的投影. 因此 $|\cos \alpha_n| \mathrm{d}t \wedge \mathrm{d}P$ 代表所给黎曼流形在 P 的体元 $\mathrm{d}P$. 于是式(25) 可以写成

$$\mathrm{d}G^{n-\lambda} \wedge \mathrm{d}t = \mathrm{d}P \wedge \mathrm{d}u_{n-1} \quad (26)$$

一段有向短程线 S 可以用 G 与 t 确定(其中 G 是含 S 在内的短程线，t 是 S 的原点在 G 上的坐标)，也可以用 P, u_{n-1} 确定(其中 P 是线段 S 的原点，u_{n-1} 是 $n-1$ 维幺球面上对应于 S 的方向的点). 式(26) 中两个等价齐式中的任意一个都可以作为短程线段的密度. 例如，让我们考虑一个固定域 D 以及原点在 D 内的“有向”短程线 S^* 的集合的测度. 式(26) 左边的积分是 $2\lambda \mathrm{d}G^{n-1}$，其中 λ 表示 G 在 D 内那段弧长(因子 2 出现是因为 $\mathrm{d}G^{n-1}$ 是无向短程线的密度). 式(26) 右边的积分等于 $O_{n-1}V$，其中 V 是 D 的体积. 于是得积分公式

$$\int_{D \cap G \neq \varnothing} \lambda \mathrm{d}G = \frac{1}{2} O_{n-1} V \quad (27)$$

§6 复空间积分几何

复空间积分几何的研究尚未充分，可能值得进一

步探索.我们将扼要地论述其中的诸密度以及关于 n 维复射影空间 $P_n(C)$ 和作用于它上面的酉群 U 的一些公式.

设 $z_i(i=0,1,\cdots,n)$ 为一点 $z\in P_n(C)$ 的齐次坐标,因而 $z=(z_0,\cdots,z_n)$ 和 $\lambda z=(\lambda z_0,\cdots,\lambda z_n)$ 确定同一点($\lambda\neq 0$).设 $\overline{z}_i$ 表示 z_i 的共轭复数.我们引进埃尔米特(Hermite)内积

$$(z,\overline{y})=\sum_{i=1}^{n}z_i\overline{y}_i \tag{28}$$

并假定把齐次坐标 z_i 标准化,使得

$$(z,\overline{z})=\sum_{i=1}^{n}z_i\overline{z}_i=1 \tag{29}$$

这个条件把坐标 z_i 确定到一个具有形状 $\exp(i\alpha)$($i=\sqrt{-1}$,α 为实数)的因子.考虑一切令式(29)不变的线性变换 $z'=\boldsymbol{A}z$ 所构成的群 $U(n+1)$,它叫作酉群.这样,$(n+1)\times(n+1)$ 阶复方阵 $\boldsymbol{A}$ 满足

$$\boldsymbol{A}\overline{\boldsymbol{A}}^{i}=\boldsymbol{E},\boldsymbol{A}^{-1}=\overline{\boldsymbol{A}}^{i},\overline{\boldsymbol{A}}^{i}\boldsymbol{A}=\boldsymbol{E} \tag{30}$$

其中 $\boldsymbol{E}$ 是$(n+1)\times(n+1)$ 幺方阵.这些关系表明,$\mathfrak{U}(n+1)$ 依赖于 $(n+1)^2$ 个实参数.由于 z 和 $z\exp(i\alpha)$ 表示同一点,$\boldsymbol{A}$ 和 $\boldsymbol{A}\exp(i\alpha)$ 确定同一个线性变换 $z'=\boldsymbol{A}z$;因此,可以把 $\boldsymbol{A}$ 标准化,使 $\det\boldsymbol{A}$ 成为实数,而由方程(30),就得 $\det\boldsymbol{A}=1$.

如果 $\mathfrak{R}\subset\mathfrak{U}(n+1)$ 表示方阵 $\exp(i\alpha)\boldsymbol{E}$ 所构成的群,则商群 $\dfrac{\mathfrak{U}(n+1)}{\mathfrak{R}}$ 叫作埃尔米特椭圆群 $\mathfrak{H}(n+1)$,它在 $P_n(C)$ 里确定所谓的埃尔米特椭圆几何.$\mathfrak{H}(n+1)$ 的元素 $\boldsymbol{A}$ 满足式(30),因而 $\det\boldsymbol{A}=1$;故 $\mathfrak{H}(n+1)$ 的维数是 $n(n+2)$.容易证明 $\mathfrak{U}(n+1)$ 和 $\mathfrak{H}(n+1)$ 都是

紧致群.

$\mathfrak{U}(n+1)$ 的 Maurer-Cartan 齐式用方阵

$$\Omega=\boldsymbol{A}^{-1}\mathrm{d}\boldsymbol{A}=\overline{\boldsymbol{A}}^{t}\mathrm{d}\boldsymbol{A}\quad(\text{因而 }\Omega+\overline{\Omega}^{t}=0)\tag{31}$$

确定.因此,一组 Maurer-Cartan 式是

$$\omega_{jk}=\sum_{h=0}^{n}\overline{a}_{hj}\,\mathrm{d}a_{hk}=(\overline{a}_{j},\mathrm{d}a_{k})$$

$$\omega_{jk}+\overline{\omega}_{kj}=0\tag{32}$$

其中 a_{hk} 是方阵 $\boldsymbol{A}$ 的元素.

$\mathfrak{U}(n+1)$ 的运动密度等于一切独立的 ω_{jk},$\overline{\omega}_{jk}$ 的外积,即除一个常数因子外

$$\mathrm{d}\mathfrak{U}=\wedge\,(\omega_{jk}\ \wedge\ \overline{\omega}_{jk})\ \wedge\ \omega_{hh}\quad(j<k,0\leqslant j,k,h\leqslant n)\tag{33}$$

由于 $\mathfrak{U}(n+1)$ 是紧致的,因而是幺模群,这个密度是左右不变式.结构方程是

$$\mathrm{d}\omega_{jk}=-\sum_{i=0}^{n}\omega_{ji}\ \wedge\ \omega_{ik}\tag{34}$$

$\mathfrak{H}(n+1)$ 有相同的不变式(32)和相同的结构方程(34).唯一的区别是:对于 $\mathfrak{H}(n+1)$,关系 $\omega_{00}+\omega_{11}+\cdots+\omega_{nn}=0$ 成立,这是对关系 $\det\boldsymbol{A}=1$ 微导就可以得到的.因此,$\mathfrak{H}(n+1)$ 的运动密度是去掉一个 ω_{ii} 以后的一切 ω_{ij} 的外积.若令 ω^{ii} 为从式(33)去掉 ω_{ii} 以后所得的外积,就可以把 $\mathrm{d}\mathfrak{H}(n+1)$ 写成对称式

$$\mathrm{d}\mathfrak{H}(n+1)=\omega^{00}+\omega^{11}+\cdots+\omega^{nn}\tag{35}$$

线性子空间和正规链的密度.我们要对 $P_n(C)$ 里的线性子空间和正规链给出在 $\mathfrak{H}(n+1)$ 下的不变密度.除一个常数因子外,它们和在 $\mathfrak{U}(n+1)$ 下的不变密度相同.

设 L_r^0 为 $P_n(C)$ 的一个固定的 r 维平面,而 h_r 表示

令 L_r^0 不变的 $\mathfrak{H}(n+1)$ 的子群. r 维平面的不变密度是齐性空间 $\frac{\mathfrak{H}(n+1)}{h_r}$ 的不变体元. 由于 h_r 是紧致群 $\mathfrak{H}(n+1)$ 的闭子群,它也是紧致的,因而 $\frac{\mathfrak{H}(n+1)}{h_r}$ 有不变体元. 为了求它,设 $a_k(k=0,1,\cdots,n)$ 是以方阵 $\mathbf{A}$ 的第 k 列元素为坐标的点. 由条件(30) 可知 $(a_j,\overline{a}_k)=\delta_{jk}$,而由式(32) 就得 $\mathrm{d}a_k=\sum_0^n\omega_{jk}a_j$. 假定 L_r^0 为 $a_0,a_1,\cdots,a_r$ 诸点所确定,则 $0\leqslant k\leqslant r,r+1\leqslant j\leqslant n$ 时,$\omega_{jk}=0$. 由于 ω_{jk} 是复齐式,由 $\omega_{jk}=0$ 得 $\overline{\omega}_{jk}=0$;于是在 $\mathfrak{H}(n+1)$ 下 r 维平面的不变密度是

$$\mathrm{d}L_r=\wedge\ (\omega_{jk}\ \wedge\ \overline{\omega}_{jk})\quad(0\leqslant k\leqslant r,r+1\leqslant j\leqslant n)\tag{36}$$

而这个密度除一个常数因子外是完全确定的. 注意 $\mathrm{d}L_r$ 是一个 $2(r+1)(n-r)$ 次微分齐式,而这是可以预料的,因为 $P_n(C)$ 的 r 维平面依赖于 $2(r+1)(n-r)$ 个实参数.

当 $r=0$ 时,所得的是点密度,即 $P_n(C)$ 对于埃尔米特(椭圆) 几何的体元,它和从所谓埃尔米特度量

$$\mathrm{d}s^2=(\mathrm{d}z,\mathrm{d}\overline{z})-(z,\mathrm{d}\overline{z})(\overline{z},\mathrm{d}z)\tag{37}$$

推得的体元一致,在式(37) 里,z 是按照式(29) 标准化了的. 为了证实这一点,我们把式(37) 应用于点 a_0,就得

$$\mathrm{d}s^2=(\mathrm{d}a_0,\mathrm{d}\overline{a}_0)-(a_0,\mathrm{d}\overline{a}_0)(\overline{a}_0,\mathrm{d}a_0)=\sum^n\omega_{j_0}\overline{\omega}_{j_0}$$

而体元是 $\wedge\ \omega_{j_0}\ \wedge\ \overline{\omega}_{j_0}\,(j=1,2,\cdots,n)$,和 $\mathrm{d}L_0$ 一致.

在复空间 $P_n(C)$ 里,除线性子空间外,还有所谓的正规链. 一个 n 维正规链 K_n 是一个点集,它的点可

以具有参数表达式

$$z=\sum_{i=0}^{n}\lambda_i a_i \tag{38}$$

其中 λ_i 为满足 $\sum_{0}^{n}\lambda_i^z=1$ 的实参数. 一个正规链依赖于 $\frac{(n+1)(n+2)}{2}$ 个实参数. 为了求正规链的密度，令 $\omega_{rs}=\alpha_{rs}+\mathrm{i}\beta_{rs}$，其中 α_{rs}，β_{rs} 是实齐式，根据式(32)，它们满足关系 $\alpha_{rs}+\alpha_{sr}=0$，$\beta_{rs}-\beta_{sr}=0$. 我们有

$$\begin{aligned}\mathrm{d}z&=\sum_{h=0}^{n}\lambda_h\,\mathrm{d}a_h\\&=\sum_{h=0}^{n}\lambda_h a_{jh}a_j+\mathrm{i}\sum_{j,h=0}^{n}\lambda_h\beta_{jh}a_j\end{aligned} \tag{39}$$

因此，若 K_n 固定，则 $j,h=0,1,\cdots,n$ 时，$\beta_{jh}=0$. 于是在 $\mathfrak{H}(n+1)$ 下，正规链的密度是去掉一个 β_{ii} 以后，一切 β_{jh} 的外积(因为由关系 $\omega_{00}+\cdots+\omega_{nn}=0$ 可知 $\beta_{11}+\cdots+\beta_{nn}=0$). 用 β^{ii} 表示去掉 β_{ii} 以后一切 β_{jh} 的外积，则正规链的密度化为

$$\mathrm{d}K_n=\beta^{11}+\beta^{22}+\cdots+\beta^{nn} \tag{40}$$

正规链 $K_r(r<n)$ 的密度等于 K_r 作为子空间 L_r 内的正规链密度和 L_r 的密度 $\mathrm{d}L_r$ 的外积.

我们将叙述埃尔米特空间积分几何的若干积分公式结果而略去证明. $\mathfrak{U}(n+1)$ 和 $\mathfrak{H}(n+1)$ 两个群都具有有限体积；根据(33) 和(35) 两式，它们的体积依次是

$$m(\mathfrak{U}(n+1))=\mathrm{i}^{\frac{(n+1)(n+2)}{2}}\prod_{k=1}^{n+1}\frac{(2\pi i)^k}{(h-1)!} \tag{41}$$

和

$$m(\mathfrak{H}(n+1))=\mathrm{i}^{\frac{n(n+3)}{2}}\prod_{k=2}^{n+1}\frac{(2\pi i)^{k}}{(h-1)!} \tag{42}$$

其中添上了 i 的相应的幂作为因子，以便得到实值的测度.

n 维埃尔米特空间的一切 r 维平面的测度也是有限的，它的值是

$$m(L_{r})=\frac{(2\pi)^{(n-r)(r+1)}1!\ 2!\ \cdots r!}{n!\ (n-1)!\ \cdots(n-r)!} \tag{43}$$

令 $r=0$，就得 n 维埃尔米特(椭圆)空间的体积

$$m(L_{0})=\frac{(2\pi)^{n}}{n!} \tag{44}$$

设 C_h 是 $P_n(C)$ 里复 h 维的一个解析流形，这样的一个流形可以分段地用一组 $n+1$ 个含 h 个复变量 $t_1,\cdots,t_h$ 的解析函数 $z_i=z_i(t_1,\cdots,t_h)(i=0,1,\cdots,n)$ 来确定，其中$(t_1,\cdots,t_h)$属于一个域 D. 假定 z_i 是按式(29)标准化了的，我们考虑 $2h$ 次微分齐式

$$\Omega_{h}=\sum_{(i_1,\cdots,i_h)}\mathrm{d}z_{i_1}\wedge\mathrm{d}\bar{z}_{i_1}\wedge\cdots\wedge\mathrm{d}z_{i_h}\wedge\mathrm{d}\bar{z}_{i_h} \tag{45}$$

其中总和的范围是一切组合 $i_1,i_2,\cdots,i_h=0,1,\cdots,n$. 这个齐式在 $\mathfrak{U}(n+1)$ 下是不变式(它实际上是在 $\mathfrak{U}(n+1)$ 下唯一的 $2h$ 次不变齐式，而 Ω_h 在一个复 h 维平面上的积分是

$$\int_{L_h}\Omega_{h}=\frac{(2\pi\mathrm{i})^{h}}{h!} \tag{46}$$

对于一个复 h 维解析流形 C_h. 令

$$J_{h}(C_{h})=\frac{h!}{(2\pi\mathrm{i})^{h}}\int_{C_h}\Omega_{h} \tag{47}$$

若 C_h 为代数流形，$J_h(C_h)$ 等于 C_h 的阶.

假定 C_h 固定而 L_r 是作运动的 r 维平面，其密度是 $\mathrm{d}L_r$. 这时有积分公式(假定 $h+r-n\geqslant 0$)

$$\int_{C_h \cap L_r \neq \varnothing} J_{h+r-n}(C_h \cap L_r) \mathrm{d}L_r = m(L_r) J_h(C_h) \tag{48}$$

其中 $m(L_r)$ 的值见式(43). 特殊地, 若 $h+r-n=0$, $J_0(C_h \cap L_r)$ 表示 C_h 和 L_r 的交点数.

对于代数(紧致)流形, $J_0(C_h \cap L_{n-r})$ 是常数, 等于流形的阶 $J_h(C_h)$. 对于非紧致流形, 则 $J_h(C_h)$ 和一个一般 $n-h$ 维平面同 C_h 的交点数(每个交点按其重数计算)之差, 可以用一个在 C_h 边界上的积分表达.

若 C_r 是另一个 r 维解析流形, $r+h-n \geqslant 0$, 而 uC_r 表示 C_r 在 $u \in \mathfrak{U}(n+1)$ 下的象, 则

$$\begin{aligned} &\int_{\mathfrak{U}(n+1)} J_{r+h-n}(C_h \cap uC_r) \mathrm{d}\mathfrak{U}(n+1) \\ &= m(\mathfrak{U}(n+1)) J_h(C_h) J_r(C_r) \end{aligned} \tag{49}$$

同样的公式对于 $\mathfrak{H}(n+1)$ 也是正确的, 只须用 $m(\mathfrak{H}(n+1))$ 代替 $m(\mathfrak{U}(n+1))$. (48) 和(49) 两式的证明这里略去. 运用流技巧, Schiffman 给出了一个推广和另一种证法.

公式(48) 和(49) 涉及不变量(47). 若考虑埃尔米特度量(37) 所导出的 C_h 的体积来代替 $J_h(C_h)$, 所得公式不那么简单. 由那些公式可以推得一些有趣的不等式, 这些不等式和威廷格尔所得到的那些有关, 而后者则尚未全部求出.

关于代数流形, $J_{r+h-n}(C_h \cap uC_r)$ 与 u 无关, 而式(49) 是贝祖(Bezout) 定理. 对于非紧致流形, 式(49) 可以看作一个平均贝祖定理. 把贝祖定理推广到非紧致流形的想法导致了重复的结果. 令 $C_h(\rho) = C_h \cap S(\rho)$, 其中 $S(\rho) = \{z; |z| \leqslant \rho\}$, 并令

$$N(C_h,\rho)=\int_0^{\rho} J_h(C_h(t))\left(\frac{\mathrm{d}t}{t}\right)$$

贝祖问题就是通过 $\rho, N(C_h,\rho)$ 和 $N(C_r,\rho)$ 来估计 $N(C_h\cap C_r,\rho)$.

Chern 把积分几何应用于一个复射影空间的子流形几何.

全纯曲线. 复积分几何已经成功地应用于复射影空间的亚纯曲线和全纯曲线理论. 考虑在复射影空间 $P_n(C)$ 里一条半纯曲线 $C_1: y=y(t)$,它用 $n+1$ 个 t 的全纯函数 $y^i=y^i(t)\ (i=0,1,\cdots,n)$ 确定,其中 t 是复变量,在一个已给黎曼面上变动. 和 C_1 相联系,我们可以取 C_1 的 $r-1$ 维密切线性空间所产生的流形 $C_r(r=1,2,\cdots,n)$. 设 $Y_r(r=0,1,\cdots,n)$ 表示多重矢 $y\wedge y'\wedge y''\wedge\cdots\wedge y^{(r-1)}$,这个多重矢的分量是 $r\times(n+1)$ 阶矩阵$(y^{k(i)})$的 r 阶行列式,其中 i 表示导数$(i=0,1,\cdots,r)$ 而 $k=0,1,\cdots,n$. 这样,不变式 $J_r(C_r)$ 可以写成

$$J_r(C_r)=\frac{1}{2\pi\mathrm{i}}\int_{C_i}\frac{|Y_{r-1}|^2\,|Y_{r+1}|^2}{|Y_r|^4}\mathrm{d}t\wedge\mathrm{d}\bar{t}\quad(50)$$

其中 $|Y|^2$ 表示数积 $Y\cdot\bar{Y}$,例如,$r=1$ 时

$$J_1(C_1)=\frac{1}{2\pi\mathrm{i}}\int_{C_1}\frac{|y\wedge y'|^2}{|y|^4}\mathrm{d}t\wedge\mathrm{d}\bar{t}\quad(51)$$

其中 $y\wedge y'$ 表示具有分量 $y'y'^h-y^hy'^i$ 的二重矢.

对于一条平面代数曲线 $C_1: y^0=y^0(t), y^1=y^1(t), y^2=y^2(t)$,除符号外,$J_2(C_1)$ 是 C_1 的级

$$J_2(C_1)=\frac{1}{2\pi\mathrm{i}}\int_{C_1}\frac{|y|^2\,|yy'y''|^2}{|y\wedge y'|^2}\mathrm{d}t\wedge\mathrm{d}\bar{t}\quad(52)$$

其中 $|yy'y''|$ 表示以 y,y',y'' 为元素的行列式的绝对值.

关于代数曲线的经典普吕克(Plücker)公式是不

变量 J_h 之间的线性关系，即 $s+J_{r-1}-2J_r+J_{r+1}=-\chi$，其中 s 是所谓平稳指数（依赖于 C_1 的临界点）而 χ 是 C_1 的参数 t 的值所以的黎曼面的欧拉-庞加莱示性数. 积分公式(48)和(49)给出"类"的一项几何意义，显示了它和密切 h 维平面的轨迹同随机 $n-h$ 维平面或随机 $n-h$ 维解析流形的平均交点数的关系.

§7 辛积分几何

设 $\boldsymbol{Z}=(z_{hk})$ 为具有复元素的 $n\times n$ 阶对称方阵，而 $\overline{\boldsymbol{Z}}=(\overline{z}_{hk})$ 表示 $\boldsymbol{Z}$ 的复共轭方阵. 令 $\boldsymbol{Z}=\boldsymbol{X}+\mathrm{i}\boldsymbol{Y}$，其中 $\boldsymbol{X}=\frac{1}{2}(\boldsymbol{Z}+\overline{\boldsymbol{Z}})$，$\boldsymbol{Y}=\left(\frac{1}{2\mathrm{i}}\right)(\boldsymbol{Z}-\overline{\boldsymbol{Z}})$，并令 H 为不等式 $Y>0$ 所确定的域. $\boldsymbol{H}$ 的实维数是 $n(n+1)$. 若 $\boldsymbol{A},\boldsymbol{B},\boldsymbol{C},\boldsymbol{D}$ 为 $n\times n$ 阶实方阵，而 $2n\times 2n$ 阶实方阵

$$\boldsymbol{M}=\begin{pmatrix}\boldsymbol{A} & \boldsymbol{B}\\ \boldsymbol{C} & \boldsymbol{D}\end{pmatrix} \tag{53}$$

满足关系

$$\boldsymbol{M}^t\boldsymbol{J}\boldsymbol{M}=\boldsymbol{J},\boldsymbol{J}=\begin{pmatrix}0 & \boldsymbol{E}\\ -\boldsymbol{E} & 0\end{pmatrix} \tag{54}$$

其中 $\boldsymbol{E}$ 是 $n\times n$ 幺方阵而 0 表示零方阵，则一切方阵 $\boldsymbol{M}$ 所构成的群 $\mathfrak{S}_0$ 叫作齐次辛群. 由于 $\boldsymbol{M}^t\boldsymbol{J}\boldsymbol{M}$ 是反称方阵，$\mathfrak{S}_0$ 的维数是 $2n^2+n$.

容易证明变换

$$\boldsymbol{Z}'=(\boldsymbol{A}\boldsymbol{Z}+\boldsymbol{B})(\boldsymbol{C}\boldsymbol{Z}+\boldsymbol{D})^{-1} \tag{55}$$

把域 H 变为自己. 它们构成辛群 $\mathfrak{S}$，它可迁地作用于 H 上，而且可以从 $\mathfrak{S}_0$ 把 $\boldsymbol{M}$ 同 $-\boldsymbol{M}$ 粘合得到. 辛群 $\mathfrak{S}$ 在

H 上确定所谓的辛几何. 二次微分齐式

$$\begin{aligned} ds^2 &= \mathrm{Tr}(Y^{-1}dZY^{-1}d\overline{Z}) \\ &= \mathrm{Tr}(Y^{-1}dXY^{-1}dX + Y^{-1}dYY^{-1}dY) \end{aligned} \tag{56}$$

在 $\mathfrak{S}$ 下不变,它在 H 上确定一个黎曼度量. 这个度量所确定的体元是辛几何中的点密度. 除一个常数因子外,这个密度可以写成

$$dP = [\mathrm{Tr}(Y^{-1}dZ \wedge Y^{-1}d\overline{Z})]^{\frac{n(n+1)}{2}} \tag{57}$$

其中的幂应当理解为外积.

联系到短程线,可以证明,辛度量(56) 在 H 任意两点之间正好确定唯一的一条联结它们的短程线,而且一切短程线都是 $Z=i\exp(sG)$ 所代表的曲线的辛象(即辛群下的象曲线),其中 s 是弧长而 G 是对角方阵 $(\delta_{jk}g_k)$ 而 $0 < g_1 \leqslant g_2 \leqslant \cdots \leqslant g_n$ 是满足 $\sum g_i^2 = 1$ 的任意常数. 这就证明了,H 的一切短程线划分为 $n-1$ 维的辛等价类,其中每一类确定于满足 $\sum g_i^2 = 1$ 的实数$(g_1, g_2, \cdots, g_n)$. 每一类的短程线以及经过一个定点的短程线都各有其密度. Legrady 研究了这些密度,并把它们应用于同一个固定超曲面相交的短程线集合的一种克罗夫顿公式.

§8　盖尔方德积分几何

盖尔方德和其他作者曾用积分几何这个名词来代表与本章意义不同的几何. 他们考虑了下面的一般性问题.

设 X 为一个微分流形，在其中已经给定了一些子流形 $M(u)=M(u_1,\cdots,u_k)$，它们解析地依赖于参数 $u_1,\cdots,u_k$. 对于 X 上的一个已给函数 $f(x)$，取每个 $M(u)$ 上的积分

$$\hat{f}(u)=\int_{M(n)} f(x)\mathrm{d}\sigma(u) \tag{58}$$

其中 $\mathrm{d}\sigma$ 是 $M(u)$ 上一个适当的微分齐式. 这样，就得到在子流形集上确定的一个新函数 $\hat{f}$. 问题是把"兰登(Radon) 变换" $f\to\hat{f}$ 逆转，即由 $\hat{f}(u)$ 确定 $f(x)$. 1966 年以前关于这个问题的结果，盖尔方德，Graev 与 Vilenkin 均有系统的阐述.

经典的款是：X 在 $\mathbf{R}^n$ 内而流形 $M(u)$ 则是 $\mathbf{R}^n$ 中的超平面. 当 $n=2$ 和 $n=3$ 时，这个问题 1917 年为兰登所解决，而约翰(John) 则把结果推广到任意 n.

约翰的结果可以叙述如下：对于超平面 $(u,x)=u_1x_1+\cdots+u_nx_n=p$，其中 u 为幺矢，p 为实数，我们取微分齐式

$\mathrm{d}\sigma=(-1)^{h-1}u_h^{-1}\mathrm{d}x_1\wedge\cdots\wedge\mathrm{d}x_{h-1}\wedge\mathrm{d}x_{h+1}\wedge\cdots\wedge\mathrm{d}x_n$ (超平面上的有向面元)，它与 h 无关. 这样，对于无穷次可微而急减(即迅速递减) 的任意函数 $f(x)$(这个条件可以减弱)，考虑兰登变换

$$\hat{f}(u,p)=\int_{(u,s)=p} f(x)\mathrm{d}\sigma \tag{59}$$

用 $\hat{f}(u,p)$ 来表达 $f(x)$ 的公式与空间维数是奇是偶有关. 若 n 为奇数，兰登变换的逆是

$$f(x)=\frac{(-1)^{\frac{n-1}{2}}}{2(2\pi)^{n-1}}\int_{\Sigma}\hat{f}_p^{(n-1)}(u,(u,x))\mathrm{d}\sigma_1 \tag{60}$$

其中

$$d\sigma_1 = \sum_{h=1}^{n} (-1)^{h-1} u_h du_1 \wedge \cdots \wedge du_{h-1} \wedge du_{h+1} \wedge \cdots \wedge du_n$$

为幺球 S^{n-1} 上的面元，而 $\hat{f}_p^{(n-1)}$ 表示 $\hat{f}(u,p)$ 对于 p 的 $n-1$ 阶导函数. 积分范围是把 u 空间的原点包在里面的任意超曲面 Σ.

若 n 为偶数，兰登变换的逆是

$$f(x) = \frac{(-1)^{\frac{n}{2}}(n-1)!}{(2\pi)^n} \int_{\Sigma} \left(\int_{-\infty}^{+\infty} \hat{f}(u,p)(p-(ux))^{-n} dp \right) d\sigma_1 \tag{61}$$

其中对 p 的积分是用其正则化式表达的.

若 f 是一个空间上的函数，如何通过关于 f 在空间的某些子集上积分的了解来确定该函数本身，这个问题是 Funk 首先提出的，他证明了，二维球面上一个对称于中心的函数 f 可以通过 f 在球面大圆的积分来确定. 兰登探讨了在非欧单面上，从一个函数在各短程线上的积分求平面上的该函数的问题.

Helgason 把兰登的和约翰的公式(60)，(61) 推广到双曲空间；对于每一个具有界支集的函数 $f(x)$，他取该函数在一切可能超曲面(短程流形) 上的积分. 盖尔方德，Graev 与 Vilenkin 从另一角度来处理同一个问题，他们对于每个那样的函数，取它在极限球面上的积分；由于双曲空间的极限球面上的内蕴几何是欧氏几何，它们形成同欧氏空间超平面可以类比的一种图形. 盖尔方德与 Graev 把上述结果推广到具有一个复等距群的非紧致对称空间，而 Helgason 则把兰登公式推广到一切非紧致对称空间.

Helgason 指出，如果把公式(59)考虑在内，公式(60)包含两个互相对偶的积分：先在一个经过 x 的已给超平面上积分，然后再对这个积分在经过 x 的超平面集合上积分. 在这个对偶性指引下，Helgason 采取了下面非常一般性步骤.

设 G 为一个局部紧致拓扑群. 设 H_X，H_Z 为 G 的两个闭子群，并考虑左旁系 $X=\frac{G}{H_X}$，$\Xi=\frac{G}{H_\Xi}$. 假定：(1)G，H_X，H_Ξ，$H_X \cap H_\Xi$ 都是幺模群；(2) 若 $h_X \in H_X$，$H_X H_\Xi \subset H_\Xi H_X$，则 $h_X \in H_\Xi$；若 $h_\Xi \in H_\Xi$，$h_\Xi H_X \subset H_X H_\Xi$，则 $h_\Xi \in H_X$.

若 X 和 Ξ 里的两个元素，作为 G 里的旁系有公共点，则这两个元素称为互相关联. 然后，对于 $x \in X$，令 $\check{x}=\{\xi \in \Xi; x,\xi$ 互相关联$\}$ 而对于 $\xi \in \Xi$，令 $\hat{\xi}=\{x \in X, x,\xi$ 互相关联$\}$. 这些集合构成 G 的某些子群的旁系，它们有不变密度，依次可用 $\mathrm{d}\mu$ 和 $\mathrm{d}m$ 表示. 这样，若 f 和 ϕ 依次是在 X 和 Ξ 上适当限制了的函数，并令

$$\hat{f}(\xi)=\int_{\hat{\xi}} f(x)\mathrm{d}m(x)$$

$$\phi(x)=\int_{\check{x}} \phi(\xi)\mathrm{d}\mu(\xi) \tag{62}$$

Helgason 提出了下面一般性课题：

(1) 通过积分变换 $f \to \hat{f}$ 和 $\phi \to \check{\phi}$ 把 X 和 Ξ 上的函数空间相联系起来；

(2) 把 X 上的函数 f 与 $(\hat{f})^{\vee}$ 和 Ξ 上的函数 ϕ 与 $(\check{\phi})^{\wedge}$ 直接联系起来.

Helgason 证明了，对于依次在 X 上和 Ξ 上适当标准化了的不变测度 $\mathrm{d}x$ 和 $\mathrm{d}\xi$，公式

$$\int_X f(x)\phi(x)\mathrm{d}x=\int_\Xi \hat{f}(\xi)\phi(\xi)\mathrm{d}\xi \qquad (63)$$

对于一切具有紧致支集的连续函数 f 和 ϕ 成立.

作为一个例,设 G 为 $\mathbf{R}^n$ 的一切刚体运动所构成的群. 设 H_X 为 G 中令一个已给 h 维平面 L_h 固定的子群而 H_Ξ 为 G 中令含 L_h 在内的一个 r 维平面 L_r 固定的子群($h<r,L_h\subset L_r$). 这样,则 $X=\frac{G}{H_X}$ 是 $\mathbf{R}^n$ 里 h 维平面集合而 $\Xi=\frac{G}{H_Z}$ 是 r 维平面集合. 密度 $\mathrm{d}\mu(\xi)=\mathrm{d}L_{r[h]}$ 是经过 L_h 的 r 维平面的不变密度,而 $\mathrm{d}m(x)=L_h^{(r)}$ 是 L_r 里的 h 维平面密度. 于是公式(63) 是一个推论.

公式(60) 和(61) 显示出,对于 $\mathbf{R}^n$,在反演公式之间,n 为奇数的情况同 n 为偶数的情况有着鲜明的对立. 在前一情况,公式(59) 是通过一个微分算子的反演,而在后一情况则是通过一个积分算子. 对于对称空间,对立仍然存在,但决定性因素不是奇偶性,而是等距群的 Cartan 子群是否都互相共轭.

约翰和 Borovikov 给出了 $\mathbf{R}^n$ 上的兰登变换对 $\mathbf{R}^n$ 里常系数微分方程的应用. Helgason 给出了对称空间上的兰登变换对解这些空间里的微分方程的应用.

关于对称空间上兰登变换作了进一步工作的有 Helgaso(一秩紧致对称空间反格拉斯曼流形);Petrov 和 Sibasov(格拉斯曼流形), 以及 Morimoto 和 Kelly(关于较低维的极限圆).

Ramanov 给出了关于积分几何的一些唯一性定理. 例如,他考虑了以下课题:设有一族回转椭球,它们的一个焦点固定,设经过固定焦点的一个固定平面上有一个点集，而令另一个焦点则在该点集上变动，问题是由一个函数在椭球族上的积分求函数本身. 这个问题对于从地震学数据来地球内部结构有应用.

§9 注 记

(1) 赫尔曼的两个公式：① 设 X 为 $m+n$ 维可微流形，它有叶层 F. 设 n 为叶的维而 X/F 为叶的集合. 设 Y 为 $m+p$ 维流形而 $a:Y\to X$ 是可微映射. 设 $\theta^{(p)}$ 为 Y 上一个 p 次齐式而 $\omega^{(m)}$ 为 X 上叶层 F 的一个不变 m 次齐式. 假定对于每一个 $L\in\dfrac{X}{F}$(除了一个测度为零的 $\omega^{(m)}$ 的集合外)，$a^{(-1)}(L)$ 是 Y 的一个 p 维子流形. 用公式

$$N(L)=\int_{a^{(-1)}(L)}\theta^{(p)} \tag{64a}$$

在$\dfrac{X}{F}$ 上几乎处处确定函数 N. 则

$$\int_{Y}a^{*}(\omega^{(m)})\wedge\theta^{(p)}=\int_{\frac{X}{F}}N\omega^{(m)} \tag{64b}$$

作为这个公式的一项应用，假定 $X\to Z$ 是由 X 到一个流形 Z 的映射，而 $S(\subset Z)$ 是 Z 的一个子流形，它的维 $\dim S=\dim Z-\dim F$. 设 $Y=q^{(-1)}(S)$，而 $a:Y\to X$ 的包含映射. 这时，在公式(64a) 里，对于 $L\left(\in\dfrac{X}{F}\right)$，$N(L)$ 变成 L 在 Z 里的投影同 S 相交的次数，而(64a) 的右边则是 F 的一切和 S 相交的叶的测度，都按其相重数计算.

② 设$\mathfrak{S}$为连通李群而$\mathfrak{L}$为其闭子群. 设$\frac{\mathfrak{S}}{\mathfrak{L}}$为$\mathfrak{L}$的左旁系空间,而$p:\mathfrak{S}\to\frac{\mathfrak{S}}{\mathfrak{L}}$为投影$g\to g\mathfrak{L}$. 设$K,K_0$为$\frac{\mathfrak{S}}{\mathfrak{L}}$的子流形,而且$\dim K+\dim K_0=\dim\frac{\mathfrak{S}}{\mathfrak{L}}$. 设$gK$表示在$g(\in\mathfrak{S})$下$K$的像,而$N(g)$表示$gK\cap K_0$的点的数目. 假定有截影$\theta:K\to\mathfrak{S}$和$\psi:K_n\to\mathfrak{S}$,并且对于$y\in K_0,s\in\mathfrak{L},x\in K$,用下面关系确定映射

$$a:K_0\times\mathfrak{L}\times K\to\mathfrak{S}$$

$$a(y,s,x)=\psi(y)s\theta(x)^{-1}$$

则

$$\int_{\mathfrak{S}}N\mathrm{d}g=\int_{K_0\times\mathfrak{L}\times K}a^*(\mathrm{d}g)$$

其中$\mathrm{d}g$表示$\mathfrak{S}$上的左不变测度. $a^*(\mathrm{d}g)$的计算与$\mathfrak{S}$作为李群的结构有关.

(2) 短程线的 $2h$ 维集合. 考虑公式 $\mathrm{d}G^h=(\mathrm{d}G^1)^h$(12). 假定$M_1$和$M_2$为黎曼流形$M$的两个$h$维子流形,而且每两点$P_1(\in M_1)$和$P_2(\in M_2)$确定唯一的一条短程线$G$. 令$\mathrm{d}\sigma_i$为$M_i$在$P_i$的体元,$r$为短程弧$P_1P_2$的长,$a_i$为$G$和$M_i$在$P_i$的切空间$T_i$所作的角,而$\theta$为含$T_i(i=1,2)$在内的$h+1$维短程流形和$G$之间的角. 这样,除去一个常数因子外

$$\mathrm{d}G^h=r^{-h}\cos\theta\sin\alpha_1\sin\alpha_2\mathrm{d}\sigma_1\wedge\mathrm{d}\sigma_2$$

(3) 矢量积分几何. 设K是E_n里一个凸体,它的边界是∂K,H_r表示∂K的$n-1$个主曲率的第r个初等对称函数. K的矢量截测积分的定义是

$$q_i(K)=\left(n\binom{n-1}{i-1}\right)^{-1}\int_{\partial K}xH_{i-1}\mathrm{d}\sigma\quad(i=1,2,\cdots,n)$$

$$q_0(K)=\int_K x\,\mathrm{d}v$$

其中 $\mathrm{d}v$ 是 E_n 的体元，$\mathrm{d}\sigma$ 为 ∂K 的面元，而 x 表示从原点到有关点的矢量. 因此，可以推得所谓曲率形心 $p_i=\frac{q_i}{W_i}(i=0,1,\cdots,n)$，其中 W_i 为普通截痕积分. 特殊地，p_n 是 K 的斯坦纳点 $s(K)$，它具有重要性质. 哈德维格尔与 Schneider 把 q_i，p_i 的定义推广到凸环的点集 D(即 D 是可以用有尽多个凸体的并集表示的点集)并且证明了，若用 q_i 来代替纯量截测积分 W_i，则普通积分几何的许多公式都有其对应的公式. 例如，若 D_1 和 D_0 是同一个凸环的点集，$\mathrm{d}K_1$ 为域 D_1 的运动密度，而 D_0 为固定域，则

$$\int q_h(D_0\cap D_1)\mathrm{d}K_1=\sum c_{nhi}W_{h-i}(D_0)q_i(D_1)$$

其中 c_{nhi} 是某些常数.

(4) 曲面上的积分几何. 设 $\mathrm{d}s^2=e\mathrm{d}u^2+g\mathrm{d}v^2$ 为一个曲面 Σ 在局部正交坐标系下的第一基本齐式. 若 ϕ 表示在点 (u,v)，短程线 G 和 u 线所作的角，则短程线密度(15) 可以写成

$$\mathrm{d}G=-\sqrt{e}\sin\phi\mathrm{d}\phi\wedge\mathrm{d}u+\sqrt{g}\cos\phi\mathrm{d}\phi\wedge\mathrm{d}v+\left[\left(\frac{\partial\sqrt{g}}{\partial u}\right)\sin\phi-\left(\frac{\partial\sqrt{e}}{\partial v}\right)\cos\phi\right]\mathrm{d}u\wedge\mathrm{d}v\quad(65)$$

特殊地，若 (u,v) 是短程坐标系(即 $v=$常数是短程线，而 u 是这些短程线上的弧长)，则 $e=1$，而式(65) 化为

$$\mathrm{d}G=\left(\frac{\partial\sqrt{g}}{\partial u}\right)\sin\phi\mathrm{d}u\wedge\mathrm{d}v-\sin\phi\mathrm{d}\phi\wedge\mathrm{d}u+\sqrt{g}\cos\phi\mathrm{d}\phi\wedge\mathrm{d}v\quad(66)$$

若短程线集合中，每一条都和一条线 u 垂直，则根据第二不变性，可以在每条短程线上取 $\phi=\frac{\pi}{2}$ 的点而密度 $\mathrm{d}G$ 化简为

$$\mathrm{d}G=\left(\frac{\partial\sqrt{g}}{\partial u}\right)\mathrm{d}u\wedge\mathrm{d}v \tag{67}$$

对于短程极坐标，u 表示由原点 O 到短程线 G 的距离，而 v 为由 O 出发而垂直于 G 的短程线和经过 O 的一个固定方向所作的角.

设 Γ 为曲面 Σ 上一条长度为 L 的曲线. 这时公式(24) 是

$$\int_{G\cap L\neq\varnothing}N\mathrm{d}G=2L \tag{68}$$

而对于一条长度为 L_0 的短程线段 S^*，若用 N 表示 $S^*\cap\Gamma$ 的交点数，则

$$\int_{\Gamma\cap S^*\neq\varnothing}N\mathrm{d}S^*=4LL_0 \tag{69}$$

其中 $\mathrm{d}S^*=\mathrm{d}P\wedge\mathrm{d}\theta=\mathrm{d}G^*\wedge\mathrm{d}s$ 是 Σ 上的运动密度 ($\mathrm{d}P$ 是线段 S^* 的始点 P 的密度，而 θ 是 S^* 和在点 P 一个固定方向所作的角(26)).

我们给出这些公式的一项应用. 设 Σ 为 E_3 一个凸曲面，在它上面的一切短程线都是闭曲线. 这时，容易证明，一切短程线都有相同长度 L，而且每两条短程线相交于 $N\geqslant 2$ 点. 若 G_1 为固定短程线，而把一条作运动的短程线看成长度为 L 的短程线段，则根据式(69)，有

$$4L^2=\int N\mathrm{d}P\wedge\mathrm{d}\theta\geqslant 2\int\mathrm{d}P\wedge\mathrm{d}\theta=4\pi F \tag{70}$$

其中 F 是 Σ 的面积. 若 $\frac{1}{R_0^2}$ 是 Σ 的高斯曲率 K 的最大

值,则 $F=\int K^{-1}\mathrm{d}u_2 \geqslant 4\pi R_0^2$,而由式(70)可知 $L \geqslant 2\pi R_0$. 这是 Zoll 得到的不等式.

设在 Σ 上取一条固定短程线,在和它相交于不多于一点的短程线中,有一条最长的,设其长为 λ. 于是由式(69)可知

$$4\lambda L=\int N\mathrm{d}P \wedge \mathrm{d}\theta \leqslant \int \mathrm{d}P \wedge \mathrm{d}\theta=2\pi F \qquad (71)$$

而由于 $\lambda \leqslant \frac{L}{2}$,就得 $4\lambda^2 \leqslant \pi F$. 若经过 P,取角 θ 所确定的短程线,设沿该短程线第一次遇到的共轭点是 P',我们用 $f(P,\theta)$ 表示 P,P' 的距离,并且对于 $P(\in \Sigma)$,$0 \leqslant \theta \leqslant 2\pi$,令 $a=\inf f(P,\theta)$,则 $a \leqslant \lambda$,而由最后的不等式得 $4a^2 \leqslant \pi F$. 对于紧致可定向曲面,这个不等式可推广为 $2a^2\chi \leqslant \pi F$(这是 Berger 的结果),其中 χ 为曲面的欧拉-庞加莱示性数.

第七编

布拉施克论圆与球

引子：切线极坐标的一个应用

2003年，华东师范大学数学系的潘生亮教授利用平面闭凸曲线的切线极坐标(闵可夫斯基支撑函数)给出一类新的光滑常宽曲线.

第二十三章

§1 引　言

在平面闭凸曲线的整体理论中，常宽曲线是备受关注的，对这种曲线，人们得到了许多性质(参见文[1]，[2]，[4]，[5]和[8])，而且常宽曲线在机械设计中也有重要的应用价值(参见文[6]和[7]). 然而，到目前为止，所给出的常宽曲线的具体例子并不很多，人们比较熟悉的例子有Reuleaux三角形和Reuleaux多边形等一些分段光滑的常宽曲线，当然，亦可用Reuleaux三角形(或Reuleaux多边形)的外平行线构造出光滑性稍好的常宽曲线的例子(这种外平行线是C^1

的，但不是 C^2 的). 为了得到 C^∞ 或者 C^ω 的常宽曲线，文[9] 和[10] 采用了逼近的方法，而这种方法仅仅是理论上可行，在实际操作中连它们的参数方程或者解析表达式写起来也并不是一件容易的事情，这就使得初学者对常宽曲线感到困惑，一方面，常宽曲线具有较好的性质，另一方面，常宽曲线的例子又不容易构造.

本章的目的是利用平面闭凸曲线的切线极坐标构造一类新的光滑常宽曲线，其参数方程很容易给出. 为此，我们将先回顾平面闭凸曲线的切线极坐标的定义，随后再给出常宽曲线的定义.

值得注意的是，关于 x,y 的二次方程 $(x-a)^2+(y-b)^2=r^2$ 表示平面上一个圆，它显然是一条常宽曲线，其参数方程也很容易给出. 一个有趣的问题是：能否给出除圆以外的多项式常宽曲线？本章是想回答这个问题，但我们没有完全成功，下面的公式(8) 和(9) 是我们的常宽曲线的参数方程，还不知道它们是否为(或者含有) 多项式曲线，即能否从这些参数方程出发消去参数 θ 得到关于 x,y 多项式方程？这是有待进一步研究的问题.

§2 平面闭凸曲线的切线极坐标

除非特别声明，本章所讨论的平面曲线都是正定向的闭凸曲线.

设 α 是平面上一条卵形线，即光滑闭凸曲线. 在 α 所围的区域内任取一点 O 作为平面 $\mathbf{R}^2$ 的坐标原点，建立正定向直角坐标系 xOy. 用 θ 表示 Ox 轴正方向到 α

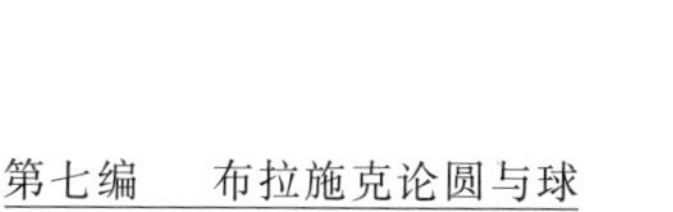

的切向量 T 的有向角（这里的 θ 可取为连续可微函数），用 $p(\theta)$ 表示点 O 到 α 上切线 Γ 的定向垂直距离，则 $p(\theta)$ 是 θ 的单值函数，而且 $p(\theta)$ 是一个以 2π 为周期的周期函数. 原点 O 在 Γ 上的垂足的坐标为 $(p(\theta)\sin\theta, -p(\theta)\cos\theta)$，于是切线 Γ 的方程为

$$x\sin\theta - y\cos\theta = p(\theta) \tag{1}$$

α 的所有切线形成一个单参数直线族，式(1) 就是其族方程，θ 为参数. 这时曲线 α 可以看成是这个切线族的包络. 按包络线的求法，可得 α 的参数方程为

$$\begin{cases} x = p(\theta)\sin\theta + p'(\theta)\cos\theta \\ y = -p(\theta)\cos\theta + p'\sin\theta \end{cases} \tag{2}$$

如果 θ 和 $p(\theta)$ 已知，我们就能够确定 α 上唯一一点 (x, y)，而且反过来也对. 称如上引进的 $(\theta, p(\theta))$ 为凸曲线 α 的切线极坐标，$p(\theta)$ 也称为 α 的闵可夫斯基支撑函数.

用闵可夫斯基支撑函数可以表示平面闭凸曲线的曲率，面积和长度等，例如，对式(2) 求导，并利用平面曲线曲率的计算公式可得曲线 α 的相对曲率为

$$k_r(\theta) = \frac{1}{p(\theta) + p'(\theta)} \tag{3}$$

由于正定向闭凸曲线的相对曲率非负，故 $p(\theta) + p''(\theta) > 0$，即 α 的相对曲率半径满足

$$\rho_r(\theta) = \frac{1}{k_r(\theta)} = p(\theta) + p''(\theta) > 0 \tag{4}$$

利用闵可夫斯基支撑函数容易验证下列关于平面凸曲线的“闭条件”（这个条件在构造平面闭凸曲线时是需要验证的）.

引理 1　以 2π 为周期的正周期函数 $k_r(\theta)$ 表示平面上一闭凸曲线的相对曲率的充分必要条件是

$$\int_0^{2\pi} \frac{e^{i\theta}}{k_r(\theta)} d\theta = 0 \tag{5}$$

证明可参见布拉施克的著作[3].

§3　一类新的常宽曲线

设 α 是平面 $\mathbf{R}^2$ 上一条闭凸曲线，α 沿某一方向的宽度是 α 的与这个方向平行的两条平行切线之间的距离. 显然，沿不同方向，α 的宽度不一定相等. 若 α 沿任何方向的宽度都相等，则称 α 为一条常宽曲线. 很显然，圆是常宽曲线，但是，除圆以外还有别的常宽曲线的例子，然而，它们犹如凤毛麟角，这方面的进一步研究无疑是有价值的. 在常宽曲线中，最有名的当推 Reuleaux 三角形，遗憾的是它并不光滑. 作 Reuleaux 三角形的外平行线可得一条新的常宽曲线，它是 C^1 的，但并不是 C^2 的，而且其参数方程或者解析表达式写起来也不简洁. 下面，我们利用闵可夫斯基支撑函数 $p(\theta)$ 来构造一类新的常宽曲线，其参数方程很容易给出.

很明显，闭凸曲线沿方向 θ 的宽度为

$$w(\theta) = p(\theta) + p(\theta + \pi) \tag{6}$$

因此，如果能够找到函数 $p(\theta)$ 使得 $p(\theta) + p(\theta + \pi)$ 是一个与 θ 无关的常数，那么，我们就得到了一条新的常宽曲线. 取

$$p(\theta) = a\cos^2 \frac{k}{2}\theta + b\sin \frac{l}{2}\theta + c \tag{7}$$

其中 k, l 是任何不相等的奇数，a, b, c 均为常数，且 $a \geq 0, b \geq 0, c > 0$，则可以认为 $p(\theta)$ 是以 2π 为周期的函

数. 由于 $p(\theta)>0, p(\theta)+p(\theta+\pi)=a+b+2c(>0)$ 为常数. 为了使如上所取的 $p(\theta)$ 能够作为某闭凸曲线的闵可夫斯基支撑函数，还必须验证条件 $p(\theta)+p''(\theta)>0$ 和引理. 由于

$$\begin{aligned}&p(\theta)+p''(\theta)\\=&\frac{a+b+2c}{2}+\frac{a}{2}(1-k^2)\cos k\theta+\frac{b}{2}(l^2-1)\cos l\theta\\=&\frac{a}{2}(1+(1-k^2)\cos k\theta)+\frac{b}{2}(1+(l^2-1)\cos l\theta)+c\end{aligned}$$

所以，a,b,c,k,l 还应该满足如下关系

$$\frac{a}{2}(1+(1-k^2)\cos k\theta)+\frac{b}{2}(1+(l^2-1)\cos l\theta)+c>0$$

$$(0\leqslant\theta\leqslant 2\pi) \tag{8}$$

至于引理 1 的验证是很简单的. 因此，我们就得到如下命题：

命题 1　如果闭凸曲线 α 的闵可夫斯基支撑函数为

$$p(\theta)=a\cos^2\frac{k}{2}\theta+b\sin^2\frac{l}{2}\theta+c$$

其中 k,l 是任何不相等的奇数，a,b,c 均为常数，且 $a\geqslant 0, b\geqslant 0, c>0$，而且 a,b,c,k,l 满足式(8)，则 α 为常宽曲线.

特别地，在上面的命题中，若取 $a=b=0$，则 $p(\theta)=c$. 显然，由式(3) 或者式(4) 知，此时曲线 α 是一个圆，其参数方程（利用式(2)）为

$$\begin{cases}x=c\sin\theta\\y=-c\cos\theta\end{cases}$$

其解析表达式为 $x^2+y^2=c^2$. 若取 $a=0, l=1$，则

$$p(\theta)=b\sin^2\frac{\theta}{2}+c=\frac{b}{2}+c-\frac{b}{2}\cos\theta$$

$$p(\theta)+p(\theta+\pi)=b+2c$$

$$p(\theta)+p''(\theta)=\frac{b}{2}+c>0$$

此时，α 也是圆（一条宽度为 $b+2c$ 的常宽曲线），其参数方程为

$$\begin{cases}x=\left(\frac{b}{2}+c\right)\sin\theta\\ y=-\left(\frac{b}{2}+c\right)\cos\theta+\frac{b}{2}\end{cases}$$

其解析表达式为

$$x^2+y^2-by-bc-c^2=0$$

同样，若取 $b=0,k=1$，则（读者可以验证）α 仍然为圆．由于圆是最简单的常宽曲线，下面利用命题 1 给出非圆的常宽曲线的例子．

除了上面的三种情形，一种最简单的取法或许是取 $b=0,k=3$，即

$$p(\theta)=a\cos^2\frac{3}{2}\theta+c=\frac{a}{2}+c+\frac{a}{2}\cos 3\theta \tag{9}$$

$$p(\theta)+p(\theta+\pi)=a+2c \tag{10}$$

$$p(\theta)+p''(\theta)=\frac{a}{2}+c-4a\cos 3\theta \tag{11}$$

因此，这时必须有

$$c>\frac{7}{2}a \tag{12}$$

这时，α 的参数方程为

$$\begin{cases}x=\left(\frac{a}{2}+c\right)\sin\theta-a\sin 2\theta-\frac{a}{2}\sin 4\theta\\ y=-\left(\frac{a}{2}+c\right)\cos\theta-\frac{a}{2}\cos 4\theta\end{cases} \tag{13}$$

其中 $0\leqslant\theta\leqslant 2\pi$．从式(11)知，这时的曲线 α 肯定不是

圆周.于是我们得到如下命题:

命题 2 设 $p(\theta)=a\cos^2\dfrac{3}{2}\theta+c$,其中 $a>0$,$c>\dfrac{7}{2}a$,则以此 $p(\theta)$ 为闵可夫斯基支撑函数的平面闭凸曲线 α 是以 $a+2c$ 为宽度的非圆的常宽曲线,其参数方程由式(13)给出.

由于从式(13)消去参数 θ 并不容易,我们将式(13)改写成

$$\begin{cases}x=\left(\dfrac{a}{2}+c\right)\sin\theta-4a\sin\theta\cos^2\theta\\y=-\left(\dfrac{a}{2}+c\right)\cos\theta-4a\cos^4\theta+4a\cos^2\theta-\dfrac{a}{2}\end{cases}\tag{14}$$

其中 $0\leqslant\theta\leqslant 2\pi$.从理论上讲,由式(14)可以消去参数 θ 得到一个关于 x,y 的方程,但实际作起来并不容易,甚至在 $a=1$,$c=4$ 或者 $a=2$,$c=8$ 的情形,也没有成功地消掉参数 θ.

参考文献

[1] BARBIER E. Note surle probleme del' aiguille et al. Jet du joint courvent[J]. J Math Pur Appl, 1886,5:273-286.

[2]BLASCHKE W. Konvexe gegebener konstanter Breite und kleinsten Inhalts[J]. Math Ann, 1915,76:504-513.

[3]BLASCHKE W,KREIS UND KUGEL. Chelsea

reprint[M]. New York:1949(有中译本).

[4]FUJIWARA M,KAKEYA S. On some problems of maxima and minima for the curve of constant breadth and the in-resolvable curve of the equilateral triangle[J]. Tohoku Math J, 1917,11:92-110.

[5]HAMMER P C. Constant breath curves in the plane[J]. Proc Amer Math Soc,1955,6:333-334.

[6]HSIUNG C C. A first course in differential geometry[M]. New York:John Wiley & Sons, Inc 1981(有中译本).

[7]LAY S R. Convex sets and their application[M]. Ney York:John Wiley & Sons,1982.

[8]ROSENTHAL A,SZASZ O. Eine extremaleigenschaft der kurven konstanter breite[J]. Jahrb Dtsch Math Verein,1916,25:278-282.

[9]TANNO S. C^{∞} — approximation of continuous ovals of constant width[J]. J Math Soc Japan, 1976,28:384-395.

[10] WEGNER B. Analytic approximation of continuous ovals of constant width[J]. J Math Soc Japan,1977,29:537-540.

第二十四章 圆的极小性质

§1 斯坦纳的四连杆法

斯坦纳(实际上1782年和华沙S. Lhuilier合作)创造出一种简单作图,使我们有可能把任何非圆的闭平曲线K变成一个等周的,但有较大面积的闭平曲线K^*. 从这作图可能性立即得出结论:K不是"等周"问题的解,就是说,在所有闭平曲线中,要使围成尽可能大的面积,这样,除了圆,没有别的曲线能够具备这个性质.

所提的斯坦纳作图称"四连杆法",作法如下. 在非圆的K上找出这样两点A和B,使得K在A和B被平分为等长弧K_1和K_2(图1). 我们可以适当地选取记法,以至那两块由AB线段界成的面积F_1和F_2之间成立关系$F_1 \geqslant F_2$. 现在,削掉K_2这段弧而代

之以一条 K_1 关于直线 AB 的对称弧 K'_2. 这样，由 K_1 和 K'_2 组成的闭曲线 K' 关于轴 AB 是对称的，而且显然和 K 有同一周长. 两块面积

$$F = F_1 + F_2$$

和

$$F' = 2F_1$$

之间成立关系

$$F \leqslant F'$$

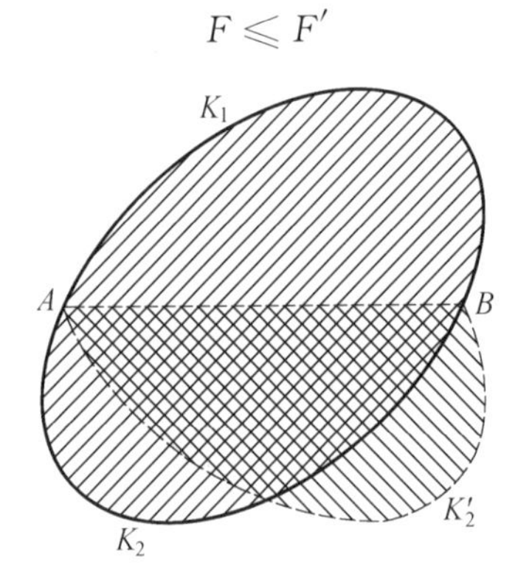

图 1

可是我们还不能就此得出结论，因为等式可能要成立. 我们首先指出：K 根据假设原来不是圆. 所以我们可以这样选取分点 A 和 B，使得部分弧 K_1 和 K_2 都不是半圆. 因此，K' 也就不是圆了.

于是我们在对称曲线 K' 上可以如此选出不同于 A 和 B 的一点 C，使 $\triangle ABC$ 在 C 的角 γ 不是直角. 设 D 为 C 关于直线 AB 的对称点. 如果从 K' 所围成的面积割开四边形 $ACBD$，那么留下了如图 2(a) 所示的四块“半月形”阴影. 我们把这四块半月形看作被粘贴在硬纸板上的，而且在四角处 $ACBD$ 都被配上铆钉的连杆. 这样，每块的外境界是 K' 的部分弧，内境界则是四

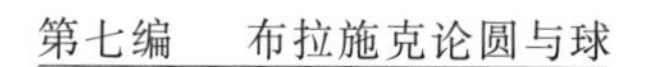

边形的一边.这样,我们获得了“四连杆”.

现在,把这个四连杆变动为 $A^*C^*B^*D^*$,如图 2(b) 所示,使新四边形在 C^* 和 D^* 都构成直角.这样得来的新四边形的对称外围曲线 K^* 就是所求.实际上,K^* 的全周是由四部分连成的曲线,而且各弧和 K' 的对应弧等同.所以 K^* 是和 K',K 等周的.至于 K^* 和 K' 的面积 F^* 和 F' 则不相等,它们之差因为各半月形始终不变而等于两个四边形 $A^*C^*B^*D^*$ 和 $ACBD$ 的面积 Φ^* 和 Φ 之差,即

$$F^*-F'=\Phi^*-\Phi$$

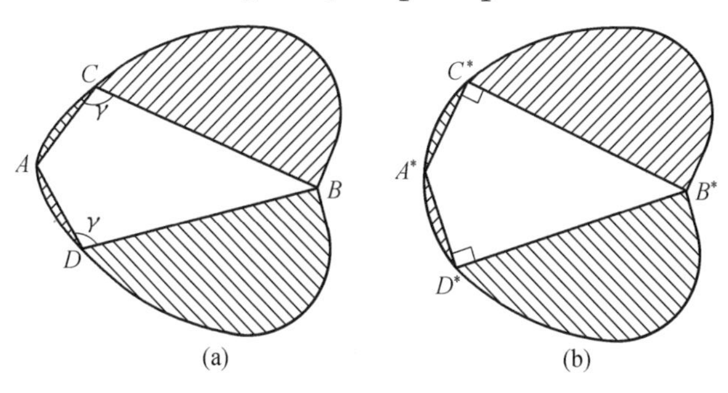

图 2

设 a 和 b 为 $\triangle ABC$ 中 $\angle A$ 和 $\angle B$ 的对边,而且 γ 是 $\angle C$,那么

$$\Phi^*-\Phi=ab(1-\sin\gamma)>0$$

因此,$F^*>F'$,于是

$$F^*>F$$

就是说,K^* 的面积确实大于 K 的面积.

§2　存在问题

据上所述,关于其中所引用的一些概念,如:“闭平曲线”“弧长”“面积”,都被看作全无限制的(对此,即将予以考虑),这姑且不论,是不是通过斯坦纳的作法实际上完成了对圆的等周性质的证明呢? 重复地讲,我们已经阐明了的是:如果 K 是一条闭平曲线,但不是圆,那么我们一定可作一条闭平曲线 K^*,使它有等周而较大的面积.因此,K 不能是等周问题的解.

假如在等周的所有闭平曲线中存在这样一条,它的面积大于或等于其他各条的面积的话,那么它必须是一个圆.

可是所提问题的这样一个解事实上存在着——这个假设从开始就被我们看作自明的.但是,经过深入地探讨,问题的主要难点就在于此.

凡具有一定周长 L 的闭平曲线,它的面积 F 是在有限的界限之下的,比方说

$$F < L^2$$

对此不等式不在这里详述而将在下文(§5)加以回顾.所有数 F 的集合,也就是具有周长 L 的所有曲线的面积的集合简称为“有界”集合.为了避免引起误解,许多数学家也使用“界限”的称呼.如波尔查诺(B.

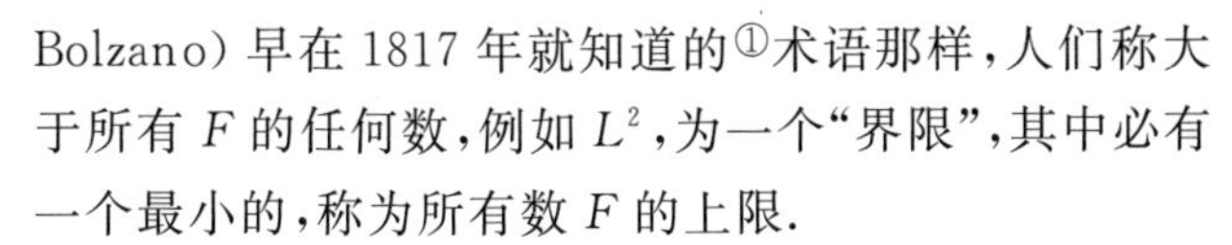

Bolzano）早在 1817 年就知道的[①]术语那样，人们称大于所有 F 的任何数，例如 L^2，为一个“界限”，其中必有一个最小的，称为所有数 F 的上限.

例如，我们取数列

$$\frac{1}{2},\frac{2}{3},\frac{3}{4},\frac{4}{5},\cdots$$

便知道它是以 1 为上限的. 从这个例子已经看出，在一个有界的无穷集合中不一定包括上限，也就是说，一个有界的无穷集合不一定包含一个最大数.

因此，我们必须证明：在所有数 F 的集合中存在一个最大数 F_0，然后通过四连杆法才能完全证明圆的极大性质.

斯坦纳对存在问题的立场起因于他的论文的不明确. Geiser 在其对斯坦纳的非常值得一读的追悼演讲[②]中说过，他或许可以说是一个思考多端的奇人，以致狄利克堚（Dirichlet）尝试说服斯坦纳去认识所作结论的缺陷而以失败告终. 尽管这样，斯坦纳有过某些踌躇不安，也就是大概由于他把存在性看作自明的缘故吧，他在某处曾这样写道：“……，而实际上，如果假定必有一个最大的图形存在，那么证明就会变为非常简短的了”. [③]

后来，人们把这些和存在证明相对立的困难看作

---

① “Rein analytische Beweis，dass zwischenje zwei Werten，die ein entgegengesetztes Resultat gewähren，wenigstens eine reelle Wurzel der Gleichung liege”（41 页）. 关于实数理论可参照 O. Hölder，Die Arithmetik in strenger Begründung，Leipzig，1914.

② C. F. Geiser：Zur Erinnerung an J. Steiner，Zürich，1874.

③ 论文全集 Ⅱ，197 页. 注记.

是不可克服的，而且魏尔斯特拉斯首次在19世纪70年代在柏林大学所作的讲义中，应用自己引进于变分法的一般方法，以严密地奠定圆的极大性质的基础.

在这里，我们却把证明移到另一途径去，就是：先集中力量去对付多边形，用以代替任意闭曲线，然后通过多角形来逼近曲线. 这个证法就是关于多角形等周性质的预测法，是属于古代研究这个问题的工作，即古希腊人 Zenodor 大约公元前150年的著书：περὶ ἰσοπερι-μέτρων σχημάτων.

这样，不用变分法，也不用高等分析法，而单靠斯坦纳的四连杆法，便可圆满达到目的. 为了多边形的场合的存在证明，我们需要关于连续函数的魏尔斯特拉斯存在定理，而对此将在所论的特殊情况下详细地给予奠基(§5). 以后，我们还要阐明如何放弃这个方法而可以把多边形存在证明归结到初等基础去(§6).

§3　多边形的面积

在平面上设立直角坐标系. 设 O 是坐标原点，T_1，T_2 是坐标为 (x_1, y_1)，(x_2, y_2) 的两点[①]. 我们定义 $\triangle OT_1T_2$ 的面积公式为

$$\text{面积}\{OT_1T_2\}=\frac{1}{2}(x_1y_2-y_1x_2)$$

如人们容易验算的那样，这个表达式对于坐标系的

① 这里“点”意味着欧氏空间里的实点而且是真正(即在有限处的)点. 无限远点和虚点的引进，在这里并不起作用.

旋转

$$x = x^{*}\cos\varphi - y^{*}\sin\varphi$$
$$y = x^{*}\sin\varphi + y^{*}\cos\varphi$$

是不变的.故有

$$x_1 y_2 - y_1 x_2 = x_1^{*} y_2^{*} - y_1^{*} x_2^{*}$$

而且在特殊位置下,比方当 T_1 落在 x 轴上时,我们知道这个表达式的几何意义.当 $\triangle OT_1T_2$ 具有正回转方向时(图 3(a)),所定义的面积是正的,而当 $\triangle OT_1T_2$ 具有负回转方向时(图 3(b)),则是负的.

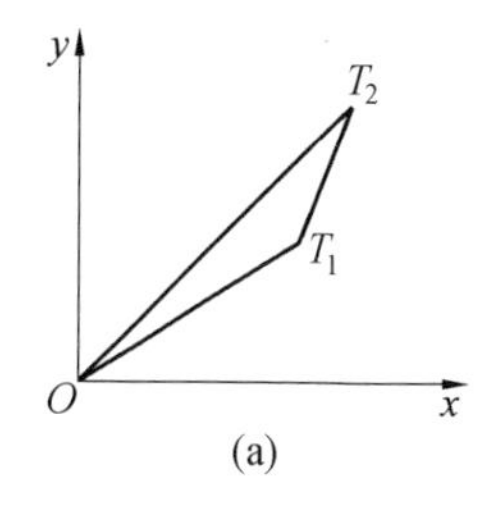

(a)

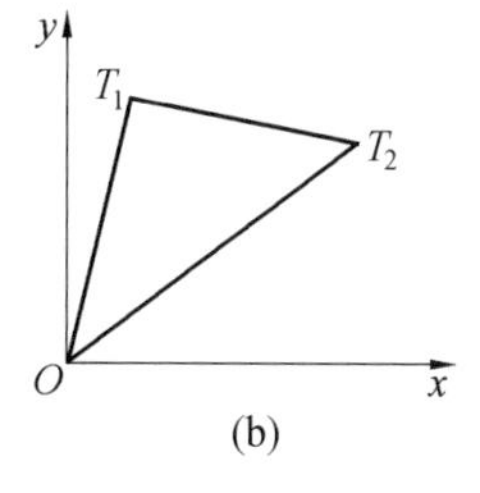

(b)

图 3

现在我们取有限个分别以(x_1, y_1),(x_2, y_2),…,(x_{n+1}, y_{n+1})为坐标的点.以 $O, T_1, T_2, \cdots, T_{n+1}$ 为顶点的多角形的面积是指各三角形面积之总和,即

$$\begin{aligned}&\text{面积}\{OT_1T_2\cdots T_{n+1}\}\\ =&\text{面积}\{\triangle OT_1T_2\}+\text{面积}\{\triangle OT_2T_3\}+\cdots+\\ &\text{面积}\{\triangle OT_nT_{n+1}\}\\ =&\frac{1}{2}\sum_{k=1}^{n}(x_k y_{k+1} - y_k x_{k+1})\end{aligned}$$

我们现在特别假定 T_{n+1} 与 T_1 相一致($x_{n+1} = x_1$, $y_{n+1} = y_1$).那么这个面积和坐标原点 O 的选择没有关系.因为,当我们令

$$\begin{cases} x_k = x_k^* + \xi \\ y_k = y_k^* + \eta \end{cases}$$

时，便有

$$\begin{aligned} &\sum_{k=1}^{n}(x_k y_{k+1} - y_k x_{k+1}) \\ = &\sum_{k=1}^{n}(x_k^* y_{k+1}^* - y_k^* x_{k+1}^*) + \\ &\xi\sum_{k=1}^{n}(y_{k+1}^* - y_k^*) - \eta\sum_{k=1}^{n}(x_{k+1}^* - x_k^*) \end{aligned}$$

而且最后两个和式由于 T_{n+1} 与 T_1 的一致而消失了. 因此，我们将这个表达式定义为以 $T_1, T_2, \cdots, T_n$ 为顶点的闭多边形的面积. 标志如下

$$\begin{aligned} &\text{面积}\{OT_1T_2\cdots T_nT_1\} \\ = &\text{面积}\{T_1T_2\cdots T_nT_1\} \\ = &\frac{1}{2}\sum_{k=1}^{n}(x_k y_{k+1} - y_k x_{k+1}) \end{aligned} \tag{1}$$

这里，多边形是指有限个数 n 的点 $T_1, T_2, \cdots, T_n$, $T_{n+1} = T_1$，而这些点不一定是互异的，但必须是在循环顺序下排成的.

如果实施坐标系的上述两种变更即旋转与平移，我们便可看出：每一同向的坐标变更

$$\begin{cases} x = x^*\cos\varphi - y^*\sin\varphi + \xi \\ y = x^*\sin\varphi + y^*\cos\varphi + \eta \end{cases} \tag{2}$$

必使面积的表达式保留着或仍旧不变.

我们对公式(2)做别样解释，就是在固定的坐标系下对所论多边形的一个运动

$$T_1T_2\cdots T_n \to T_1^*T_2^*\cdots T_n^*$$

于是我们看出：两个同向而等同的多边形有相等的面积. 如果改变一个坐标的符号，同样可见：两个异向而

等同的多边形，尤其是两个对称多边形，有相等而异号的面积.

另一个来自我们的面积公式的推论曾经是这样：如果改变多边形的前进方向，那么面积便改变符号

$$面积\{T_1T_2\cdots T_nT_1\}+面积\{T_1T_n\cdots T_2T_1\}=0$$

可是对各顶点在保持原有的循环顺序下的改变并没有什么意义

$$面积\{T_1T_2\cdots T_nT_1\}-面积\{T_2T_3\cdots T_1T_2\}=0$$

如果两个多边形具有一个共同的而顺序相反的顶点连续序列，那么如上述公式(1)所示，我们很简单地把它们的面积加起来. 例如(参照图 4)成立

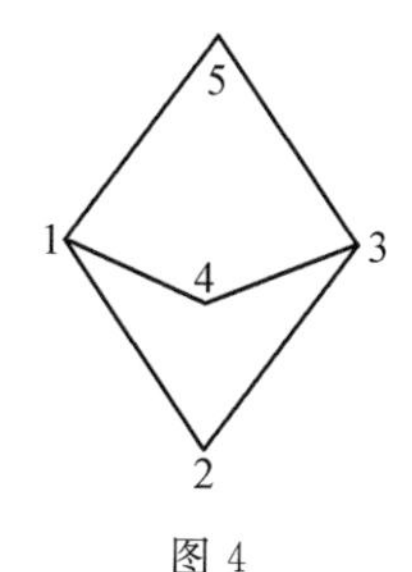

图 4

$$面积\{T_1T_2T_3T_4T_1\}+面积\{T_1T_4T_3T_5T_1\}$$
$$=面积\{T_1T_2T_3T_5T_1\}$$

面积的这个加法性质显示了与符号有关的约定的适合性，它在四连杆法中起着重要的作用.

根据定义，面积可以是正的，也可以是负的，但是多边形的周长总是被取为正的，即

$$周长\{T_1T_2\cdots T_nT_1\}=\sum_{k=1}^{n}\overline{T_kT_{k+1}}$$

式中，边长在计算里总是看作正数.

§4 四连杆法对于多边形的应用

我们现在提出下列课题:决定一个已定偶数 n($n=6,8,10,\cdots$)个顶点而具有定周长的等边多边形,使其面积为极大.

当一个等边多边形的顶点都在一个圆上而且在圆的一次回旋中按顺序仅一次回旋时,称它为正多边形.我们根据在§1应用过的方法有可能证明:只有正(正向回转的)多边形才能成为上述课题的解.

就是说,任何别样的等边 n 边形经过四连杆法有可能使它的面积在保持边长下扩大.为了有一个摆在眼前的具体例子,比如我们假设 $n=6$(图5).让我们这样对顶点编号码(当然,只有回旋方向是已定的,但定哪一顶点为 T_1 还是自由的),使成立关系

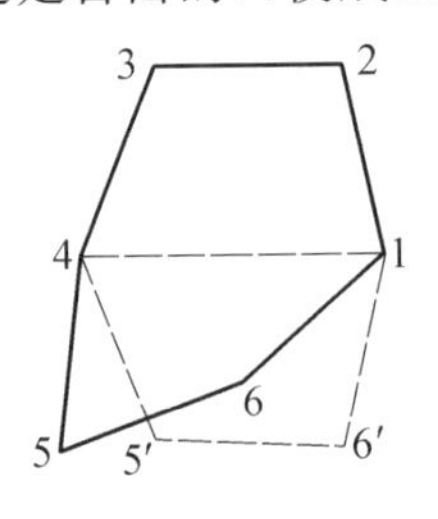

图 5

$$面积\{T_1T_2T_3T_4T_1\}\geqslant 面积\{T_4T_5T_6T_1T_4\}$$

现在,我们把所论的等边六边形 V 换作新六边形 V',后者关于连线 T_1T_4 是对称的.设其顶点为 $T_1T_2T_3T_4T'_5T'_6$,其中,T'_5 与 T'_6 分别对称于 T_5 与 T_6(在 T_1 与 T_4 一致的特殊场合下,过这点的任何直线

可以看为连线而且用作 V' 的对称轴).

注意到符号无论在反射下还是在回旋方向变更下的改变,我们便有

$$\begin{aligned}&\text{面积}\{T_1T_2T_3T_4T_1\}\\=&-\text{面积}\{T_1T'_6T'_5T_4T_1\}\\=&\text{面积}\{T_1T_4T'_5T'_6T_1\}\end{aligned}$$

又从面积的加法性质得知

$$\text{面积}\{T_1T_2T_3T_4T_1\}+\text{面积}\{T_1T_4T'_5T'_6T_1\}=\text{面积}\{V'\}$$

而且从前面的不等式便看出

$$\text{面积}\{V\}\leqslant\text{面积}\{V'\}$$

可是显然成立

$$\text{周长}\{V\}=\text{周长}\{V'\}$$

我们在线段 T_1T_4 上引圆而且假定 T_2 不在这个半圆上;这里 T_2 就是从 T_1 向正方向回旋而到达的点.换言之,有向线段 $\overrightarrow{T_1T_2}$ 和 $\overrightarrow{T_2T_4}$ 不构成正直角.这样一来,只要在 $T_1T_2T_4T'_6$ 上作连杆,就可应用四连杆法了.

如同在 §1 中叙述过的方式一样,我们在面积的加法性质的基础上断定:人们从 V' 经过四连杆过程而得来的六边形 V^*,也就是 $\overrightarrow{T_1^*T_2^*}$ 和 $\overrightarrow{T_2^*T_4^*}$ 在 T_2^* 构成直角的六边形比 V' 有更大的面积.这样,我们有

$$\text{面积}\{V\}\leqslant\text{面积}\{V'\}<\text{面积}\{V^*\}$$

$$\text{周长}\{V\}=\text{周长}\{V'\}=\text{周长}\{V^*\}$$

因此,V 不能是所论极大问题的解.

什么时候不能应用这个四连杆法呢?那只限于:当 T_2 和 T_3 都不在那个从 T_1 向 T_4 以正向回旋的半圆上时,我们的扩大过程将失去效用,当且仅当首先每对对顶点($T_1,T_4;T_2,T_5;T_3,T_6$)的连线平分面积而且

此外所有的顶点都在一个圆上并要有正回旋方向的时候.可是,这样一来,六边形是正的了.同一结论对于任何偶数 n 都成立.

因此,我们推导了所主张的结果.

§5 多边形的存在证明

为了彻底证明正 n 边形是 §4 的课题的解,我们还必须在 §2 中反复树立的基础上作出存在性证明:在所有等周长 Λ 的等边 n 边形中,一定存在这样一个多边形,它的面积大于或等于其他任何多边形的面积.

首先我们按照极粗糙的估值容易判断:所有这类可容许的 n 边形的面积都在有限的界限 $\Lambda^2:4$ 之下.

实际上,我们把一个顶点 T_1 放到原点 O.那么各距离 $\overline{OT_k}\leqslant\Lambda:2$,这是由于:$O$ 与 T_k 是由两条折线联结着而且两条线的长度之和等于 Λ;从而总有一条线的长小于或等于 $\Lambda:2$;此外,三角形两边之和大于第三边,所以联结线段 $\overline{OT_k}$ 的长也是小于或等于 $\Lambda:2$ 的.又因为 $\overline{T_kT_{k+1}}=\Lambda:n$,所以有

$$|\text{三角形面积}\{OT_kT_{k+1}\}|<\frac{1}{4n}\Lambda^2$$

另外,由于

$$\begin{aligned}|\Phi|=&|\text{面积}\{T_1T_2\cdots T_nT_1\}|\\&<n\cdot\text{最大}\,|\text{面积}\{OT_kT_{k+1}\}|\end{aligned}$$

所以我们得到上述估值

$$|\Phi|<\frac{1}{4}\Lambda^2\qquad(*)$$

而且还可不费力地把它精密化[①].

由此可知,所有可容许的多边形的面积 Φ 构成一个有界集合,从而它有一个最小的上界限或"上限"Φ_0,并且我们仅须证明,这个集合至少有一个可容许的多边形,面积恰恰是这个值 Φ_0. 为此,进行证明如下.

因为在可容许的多边形中存在这样一个多边形,使各个面积与上限 Φ_0 相差任意小量,所以我们可作可容许多边形 $V_1,V_2,V_3,\cdots$ 的序列,使得它们的面积 $\Phi_1,\Phi_2,\Phi_3,\cdots$ 随着脚标 k 的无限增大而无限靠近数值 Φ_0,或者用公式表达时,便有

$$\lim_{k\to\infty}\Phi_k=\Phi_0$$

这里,我们通过适当的平移而达到所有这些多边形 $V_1,V_2,V_3,\cdots$ 都有一个公共顶点 O 的目的.

我们将阐明,从这个多边形序列 $V_1,V_2,V_3,\cdots$ 可以选出多边形的一个子序列使它收敛于一个以 Φ_0 为面积的可容许多边形.

为此,设 n 边形 V_k 的顶点都从 O 出发且在正回旋顺序下的顶点表示为 $O=T_{k1},T_{k2},\cdots,T_{kn}$. 无限点集 $T_{12},T_{22},T_{32},\cdots$ 全落在中心 O 和直径 Λ 的圆内,所以必然至少有一个凝聚点 T_{02},就是在这点的任意近处必有点集的无限多点存在,这里 T_{02} 可以属于,也可以不属于点集 $T_{12},T_{22},T_{32},\cdots$. 接着,我们从多边形序列 $V_1,V_2,V_3,\cdots$ 中选出这样的子序列,使属于这个子序列的顶点 T_{k2} 有唯一的凝聚点 T_{02},从而如经常所说,

---

① 众所周知,$|\Phi|$ 表示一个正数而且按照 $\Phi>0$ 或 $\Phi<0$ 而等于 Φ 或 $-\Phi$.

收敛于 T_{02}. 为了不使记号复杂化,对所选出的 $V_1, V_2, V_3, \cdots$ 的子序列仍旧用 $V_1, V_2, V_3, \cdots$ 来表达,只要当作从原先序列删掉不需要的多边形 V 就可以了. 新序列的顶点 $T_{13}, T_{23}, T_{33}, \cdots$ 仍旧落在中心 O 和直径 Λ 的圆内,从而也有一个凝聚点 T_{03},而且通过适当的删去仍旧如前所述,以至仅有一个凝聚点. 把这个删去方法重复进行 $n-1$ 次后,我们最后得到一个多边形序列 $V_1, V_2, V_3, \cdots$,它具有性质:每个点列 $T_{1k}, T_{2k}, T_{3k}, \cdots$ 都有唯一的凝聚点 T_{0k}

$$\lim_{j\to\infty} T_{jk} = T_{0k} \quad (k=1,2,\cdots,n)$$

这个以 $T_{01}, T_{02}, \cdots, T_{0n}$ 为顶点的极限多边形 V_0 充当了我们所求的多边形. 实际上,从

$$\overline{T_{jk}T_{jk+1}} = \Lambda : n$$

得出

$$\overline{T_{0k}T_{0k+1}} = \Lambda : n$$

也成立,就是说,V_0 也是等边而且有周长 Λ 的.

现在,我们还须从

$$\lim_{j\to\infty} \Phi_j = \Phi_0$$

导出:V_0 具有面积 Φ_0. 对于每个(任意小)正数 ε,我们总是可以这样挑选一个自然数 N,使得所有距离 $\overline{T_{jk}T_{0k}} < \varepsilon$,只要是 $k=1,2,3,\cdots,n$,而且所有 $j > N$. 设 Φ_0^* 是 V_0 的面积,Φ_j 是 V_j 的面积,那么我们有下列公式

$$\Phi_0^* = \frac{1}{2}\sum_{k=1}^{n}(x_{0k}y_{0k+1} - y_{0k}x_{0k+1})$$

$$\Phi_j = \frac{1}{2}\sum_{k=1}^{n}(x_{jk}y_{jk+1} - y_{jk}x_{jk+1})$$

通过减法和两项相抵消的插入法,便有

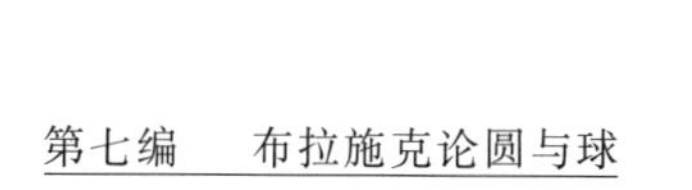

$$\Phi_0^* - \Phi_j$$
$$= \frac{1}{2}\sum_{k=1}^{n}((x_{0k}y_{0k+1} - y_{0k}x_{0k+1}) - (x_{0k}y_{jk+1} - y_{0k}x_{jk+1}) + (x_{0k}y_{jk+1} - y_{0k}x_{jk+1}) - (x_{jk}y_{jk+1} - y_{jk}x_{jk+1}))$$

如果注意到

$$|x_j| < \frac{1}{2}\Lambda,\ |y_i| < \frac{1}{2}\Lambda$$
$$|x_{0k} - x_{jk}| < \varepsilon,\ |y_{0k} - y_{jk}| < \varepsilon$$

我们就得出

$$|\Phi_0^* - \Phi_j| < n\Lambda\varepsilon$$

可是从此得到所求的结果

$$\Phi_0^* = \lim_{j\to\infty}\Phi_j = \Phi_0$$

所以 V_0 属于可容许多边形而且具有面积 Φ_0. 这样,完成了上述的存在证明.

上述的证明无非是从

$$V_0 = \lim_{j\to\infty} V_j$$

导出

$$\text{面积}\{V_0\} = \lim_{j\to\infty}\text{面积}\{V_j\}$$

或者,也可写成

$$\text{面积}\lim_{j\to\infty}\{V_j\} = \lim_{j\to\infty}\text{面积}\{V_j\}$$

而证明的根据在于,面积是顶点各坐标的连续函数. 我们就这样在所论的特例中找到了著名定理的验证:对于一个连续函数来说,极限记号和函数记号是可交换的.

我们这里彻底证明了的事实,是魏尔斯特拉斯关于单变量的连续函数的存在定理在上述特殊场合的内容,而这个存在定理可以表达如下:如果一个函数在一条包括两端点在内的线段上是连续的,那么它一定取到其最大值和最小值.

按照 §4 和本节的结果,我们完全证明下列定理:

设 Φ 为一个有偶数边的等边非正多边形的面积,Φ_0 为等周长和同边数的正回旋的正多边形的面积,那么成立

$$\Phi < \Phi_0$$

当然,对多边形添上偶数边和顶点这一限制完全不是主要的并且以后将被取消掉.

在本节里我们应用了极限过程,从而跳出了初等数学的范围,目的是为了后来在空间几何里将做出类似的发展. 如同在下一节即将叙述的一样,不仅是上述的一些推导并不需要高等方法,我们还将再度用初等方法推导同一结果.

§6 等边多边形和三角法的表示式

用几何方法导出的关于等边多边形的结果,现在还可以用计算来推导,而其实是不用任何极限过程,只凭完全初等方式进行的. 为此,我们将采用(有限)三角法的表示式,即如下形式的表示式

$$f(\varphi)=c_0+c_1\cos\varphi+c_2\cos 2\varphi+\cdots+c_m\cos m\varphi+ c_1^*\sin\varphi+c_2^*\sin 2\varphi+\cdots+c_m^*\sin m\varphi$$

我们要使 φ 取等距值

$$\varphi=\frac{2\pi}{n},2\,\frac{2\pi}{n},3\,\frac{2\pi}{n},\cdots,n\,\frac{2\pi}{n}$$

而且记 $f(\varphi)$ 的对应值为

$$f(\varphi)=z_1,z_2,z_3,\cdots,z_n$$

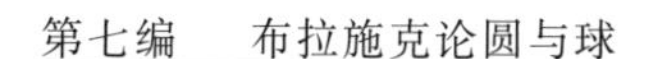

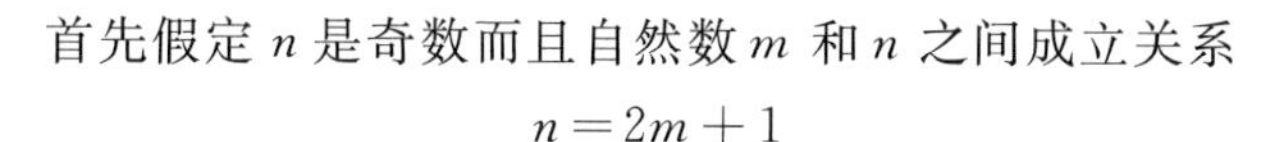

首先假定 n 是奇数而且自然数 m 和 n 之间成立关系

$$n=2m+1$$

那么 z 的个数等于系数 c 的个数. 把这些 z 写出来，就得到关于 n 个未知数 c 的 n 个线性方程

$$z_p=c_0+\sum_{k=1}^{m}\left(c_k\cos kp\,\frac{2\pi}{n}+c_k^*\sin kp\,\frac{2\pi}{n}\right)$$
$$(p=1,2,3,\cdots,n) \tag{3}$$

这个方程组的行列式是由其第 p 列的元素

$$1,\cos p\,\frac{2\pi}{n},\cos 2p\,\frac{2\pi}{n},\cdots,\cos mp\,\frac{2\pi}{n}$$

$$\sin p\,\frac{2\pi}{n},\sin 2p\,\frac{2\pi}{n},\cdots,\sin mp\,\frac{2\pi}{n}$$

构成的，如果能证明这个行列式不等于零，那么这就等于证明：这个方程组有一个而且只有一个关于各系数 c 的解. 我们把这个行列式和它本身按列相乘，便由此得知，乘积行列式只有主对角线上的元素不等于零.

实际上，我们即将证明，首先成立下列方程

$$\sum_{p=1}^{n}\cos kp\,\frac{2\pi}{n}=0\quad(k=1,2,\cdots,m) \tag{4}$$

最方便的是，按照欧拉公式

$$\mathrm{e}^{\mathrm{i}\omega}=\cos\omega+\mathrm{i}\sin\omega\quad(\mathrm{i}^2=-1)$$

进行对式(4)的证明，令

$$\varepsilon=\mathrm{e}^{\mathrm{i}k\frac{2\pi}{n}}$$

就有

$$\varepsilon^n=1 \tag{5}$$

另外，我们还有

$$\sum_{p=1}^{n}\cos kp\,\frac{2\pi}{n}=R\sum_{p=1}^{n}\varepsilon^p$$

其中，$R(\alpha+\mathrm{i}\beta)=\alpha$ 表示实部分. 可是成立关于几何级数的总和公式

$$\sum_{p=1}^{n}\varepsilon^{p}=\varepsilon\frac{1-\varepsilon^{n}}{1-\varepsilon} \tag{6}$$

而且按照式(5)必等于零. 这样，证完了式(4). 同样，如果我们观察所述几何级数的虚部分，便得到

$$\sum_{p=1}^{n}\sin kp\frac{2\pi}{n}=0\quad(k=1,2,\cdots,m) \tag{7}$$

式(4)和式(7)还有更广泛的成立范围：只要(6)中的分母 $1-\varepsilon$ 不是零，也就是 k 非 n 的倍数，对它的推导仍旧有效.

在乘积行列式的元素中，还出现了别的总和式，可是它们通过加法原理

$$\begin{cases}\cos(\alpha+\beta)=\cos\alpha\cos\beta-\sin\alpha\sin\beta\\ \sin(\alpha+\beta)=\sin\alpha\cos\beta+\cos\alpha\sin\beta\end{cases} \tag{8}$$

都可归纳到总和式(4)和式(7).

实际上，从式(8)得出

$$\begin{cases}\cos kp\frac{2\pi}{n}\cos lp\frac{2\pi}{n}=\frac{1}{2}\left(\cos(k+l)p\frac{2\pi}{n}+\cos(k-l)p\frac{2\pi}{n}\right)\\ \cos kp\frac{2\pi}{n}\sin lp\frac{2\pi}{n}=\frac{1}{2}\left(\sin(k+l)p\frac{2\pi}{n}-\sin(k-l)p\frac{2\pi}{n}\right)\\ \sin kp\frac{2\pi}{n}\sin lp\frac{2\pi}{n}=\frac{1}{2}\left(-\cos(k+l)p\frac{2\pi}{n}+\cos(k-l)p\frac{2\pi}{n}\right)\end{cases} \tag{9}$$

所以按照式(4)和式(7)得知

$$\begin{cases}\sum_{p=1}^{n}\cos kp\,\frac{2\pi}{n}\cos lp\,\frac{2\pi}{n}=\begin{cases}0 & (k\neq l)\\ \frac{n}{2} & (k=l)\end{cases}\\ \sum_{p=1}^{n}\cos kp\,\frac{2\pi}{n}\sin lp\,\frac{2\pi}{n}=0\\ \sum_{p=1}^{n}\sin kp\,\frac{2\pi}{n}\sin lp\,\frac{2\pi}{n}=\begin{cases}0 & (k\neq l)\\ \frac{n}{2} & (k=l)\end{cases}\end{cases}\tag{10}$$

式中,k 和 l 取值 $1,2,3,\cdots,m$.

这样一来,在乘积行列式中,事实上,只有主对角线上的元素不是零,而等于 n 或 $n:2$. 因此,方程组(3)的行列式平方等于这些元素的乘积,于是不等于零. 从而存在关于 c 的唯一一组解. 所述的公式(4)(7)(10)使我们容易获得这组解 —— 这些解以后没有用处. 这样,我们得到

$$\begin{cases}c_0=\frac{1}{n}\sum_{p=1}^{n}z_p\\ c_k=\frac{2}{n}\sum_{p=1}^{n}z_p\cos kp\,\frac{2\pi}{p} & (k=1,2,\cdots,m)\\ c_k^*=\frac{2}{n}\sum_{p=1}^{n}z_p\sin kp\,\frac{2\pi}{p}\end{cases}\tag{11}$$

公式(3)的内容是所谓将一些 c 和一些 z 联系起来的线性置换. 置换系数表格或者人们称为矩阵的是

$$\begin{pmatrix} 1 & \cos 1\cdot 1\cdot \frac{2\pi}{n}, \sin 1\cdot 1\cdot \frac{2\pi}{n} & \cdots & \cos m\cdot 1\cdot \frac{2\pi}{n}, \sin m\cdot 1\cdot \frac{2\pi}{n} \\ 1 & \cos 1\cdot 2\cdot \frac{2\pi}{n}, \sin 1\cdot 2\cdot \frac{2\pi}{n} & \cdots & \cos m\cdot 2\cdot \frac{2\pi}{n}, \sin m\cdot 2\cdot \frac{2\pi}{n} \\ \vdots & \vdots \quad \vdots & & \vdots \quad \vdots \\ 1 & \cos 1\cdot n\cdot \frac{2\pi}{n}, \sin 1\cdot n\cdot \frac{2\pi}{n} & \cdots & \cos m\cdot n\cdot \frac{2\pi}{n}, \sin m\cdot n\cdot \frac{2\pi}{n} \end{pmatrix}$$

公式(4)(7)(10)中所包括的各系数之间的关系可用语言表达如下:当我们把系数矩阵的各列和它本身组合起来时,结果不等于零(即等于n或$n:2$),而当把两个异列组合起来时,总是等于零的.实质上,这就是所谓正交矩阵的特征.

如果作z的平方和,那么我们按照正交性特点(4)(7)(10)便得出所有的基本公式如下

$$\frac{1}{n}\sum_{p=1}^{n} z_p^2 = c_0^2 + \frac{1}{2}\sum_{k=1}^{m}(c_k^2 + c_k^{*2}) \tag{12}$$

这个恒等关系也是置换(3)成为正交的特征,因为我们不难从式(12)反过来推出正交关系式(4)(7)(10)的成立.

从式(12)还可以推导一个更一般的公式,其中包含两个不同的数列.令

$$z_p = c_0 + \sum_{k=1}^{m}\left(c_k \cos kp\,\frac{2\pi}{n} + c_k^* \sin kp\,\frac{2\pi}{n}\right)$$

$$\zeta_p = \gamma_0 + \sum_{k=1}^{m}\left(\gamma_k \cos kp\,\frac{2\pi}{n} + \gamma_k^* \sin kp\,\frac{2\pi}{n}\right)$$

而且应用式(10)到$z_p + \lambda\zeta_p$,那么通过对λ的一次项的比较,我们便有

$$\frac{1}{n}\sum_{p=1}^{n} z_p \zeta_p = c_0\gamma_0 + \frac{1}{2}\sum_{k=1}^{m}(c_k\gamma_k + c_k^*\gamma_k^*) \tag{13}$$

当 n 是偶数, $n=2m$ 时，这些公式将变为其他公式.

这时，我们令

$$
\begin{aligned}
z_p = & c_0 + c_1\cos p\frac{\pi}{m} + c_2\cos 2p\frac{\pi}{m} + \cdots + \\
& c_{m-1}\cos(m-1)p\frac{\pi}{m} + c_m\cos mp\frac{\pi}{m} + \\
& c_1^*\sin p\frac{\pi}{m} + c_2^*\sin 2p\frac{\pi}{m} + \cdots + \\
& c_{m-1}^*\sin(m-1)p\frac{\pi}{m}
\end{aligned}
$$

这样, z 的个数 n 仍旧和系数 c 的个数相等. 方程(4) 和(7) 成立如前，但式(10) 则需少量的改变，那就是

$$
\sum_{p=1}^{n}\cos kp\frac{\pi}{m}\cos lp\frac{\pi}{m} = \begin{cases} m & (k<m) \\ n & (k=m) \end{cases} \tag{14}
$$

从而，现在代入式(13) 而成立新公式

$$
\frac{1}{n}\sum_{p=1}^{n} z_p\zeta_p = c_0\gamma_0 + c_m\gamma_m + \frac{1}{2}\sum_{k=1}^{m-1}(c_k\gamma_k + c_k^*\gamma_k^*) \tag{15}
$$

我们现在必须应用所获得的公式到多边形去. 先假设顶点 $x_p, y_p(p=1,2,\cdots,n)$ 的个数 n 是奇数. 那么，如同上面证明的那样，我们可选取系数 a 和 b 使各坐标被表示为

$$
\begin{cases}
x_p = a_0 + \sum_{k=1}^{m}\left(a_k\cos kp\frac{2\pi}{n} + a_k^*\sin kp\frac{2\pi}{n}\right) \\
y_p = b_0 + \sum_{k=1}^{m}\left(b_k\cos kp\frac{2\pi}{n} + b_k^*\sin kp\frac{2\pi}{n}\right)
\end{cases}
$$

$$
(p=1,2,\cdots,n; n=2m+1) \tag{16}
$$

我们将算出多边形的周长和面积由这些常数 a 和

b 所表达的式子.

首先,作 $x_{p+1}-x_p$ 而且把它改写成为像 z_p 一样的形式为止.我们获得

$$\begin{aligned}&x_{p+1}-x_p\\&=\sum_{k=1}^{m}a_k\left[\cos k(p+1)\frac{2\pi}{n}-\cos kp\frac{2\pi}{n}\right]+\\&\quad a_k^*\left[\sin k(p+1)\frac{2\pi}{n}-\sin kp\frac{2\pi}{n}\right]\\&=\sum_{k=1}^{m}\left[a_k\left(\cos k\frac{2\pi}{n}-1\right)+a_k^*\sin k\frac{2\pi}{n}\right]\cos kp\frac{2\pi}{n}+\\&\quad -a_k\left[\sin k\frac{2\pi}{n}+a_k^*\left(\cos k\frac{2\pi}{n}-1\right)\right]\sin kp\frac{2\pi}{n}\end{aligned}$$

把各中括号里的式子看成式(12)的系数一样而应用同公式,结果是

$$\frac{1}{n}\sum_{p=1}^{n}(x_{p+1}-x_p)^2=\sum_{k=1}^{m}(a_k^2+a_k^{*2})\left(1-\cos k\frac{2\pi}{n}\right)$$

若交换 x,a 与 y,b,则有

$$\frac{1}{n}\sum_{p=1}^{n}(y_{p+1}-y_p)^2=\sum_{k=1}^{m}(b_k^2+b_k^{*2})\left(1-\cos k\frac{2\pi}{n}\right)$$

而且通过边边相加

$$\begin{aligned}&\frac{1}{n}\sum_{p=1}^{n}((x_{p+1}-x_p)^2+(y_{p+1}-y_p)^2)\\&=\sum_{k=1}^{n}(a_k^2+a_k^{*2}+b_k^2+b_k^{*2})2\sin^2 k\frac{\pi}{n}\end{aligned}$$

如果多边形的所有边都等长,那么这个表示式等于各边的平方,或者等于 $\Lambda^2:n^2$,其中 Λ 表示周长.

这样,我们获得了一个等边 $(2m+1)$ 边形的周长公式

$$\Lambda^2=n^2\sum_{k=1}^{m}(a_k^2+a_k^{*2}+b_k^2+b_k^{*2})2\sin^2 k\frac{\pi}{n}\quad(17)$$

让我们现在来计算面积 Φ,有

$$2\Phi=\sum_{p=1}^{n}(x_py_{p+1}-y_px_{p+1})$$

$$=\sum_{p=1}^{n}x_p(y_{p+1}-y_p)-\sum_{p=1}^{n}y_p(x_{p+1}-x_p)$$

把上述的表示式应用到这里来而且将 $y_{p+1}-y_p$ 代入,通过以 x,a 代 y,b 获得的类似式,那么两次反复应用式(12)的结果是

$$2\Phi=n\sum_{k=1}^{n}(a_kb_k^*-b_ka_k^*)\sin k\frac{2\pi}{n} \tag{18}$$

在正 n 边形里,以 R 表示它的外接圆半径,那么

$$\Lambda=2nR\sin\frac{\pi}{n}$$

$$\Phi=nR^2\sin\frac{\pi}{n}\cos\frac{\pi}{n}$$

于是成立关系式

$$\Lambda^2-4n\tan\frac{\pi}{n}\cdot\Phi=0$$

如果我们对其他任何等边多边形证明不等式

$$\Lambda^2-4n\tan\frac{\pi}{n}\cdot\Phi>0$$

那么正多边形的极小性质就得到证明了.

从式(17)和式(18)并通过简单变形便得到

$$\Lambda^2-4n\tan\frac{\pi}{n}\cdot\Phi$$

$$=2n^2\sum_{k=1}^{m}\left(\left(a_k\sin k\frac{\pi}{n}-b_k^*\cos k\frac{\pi}{n}\tan\frac{\pi}{n}\right)^2+\left(a_k^*\sin k\frac{\pi}{n}+b_k\cos k\frac{\pi}{n}\tan\frac{\pi}{n}\right)^2+(b_k^2+b_k^{*2})\cos^2k\frac{\pi}{n}\left(\tan^2k\frac{\pi}{n}-\tan^2\frac{\pi}{n}\right)\right) \tag{19}$$

然而，当 $k=1,2,\cdots,m$ 时，有

$$\tan k\frac{\pi}{n}-\tan\frac{\pi}{n}\geqslant 0\quad(n=2m+1)$$

式(19)右边全是由非负的各项构成的，所以事实上，式(19)已蕴涵了关系式

$$\Lambda^2-4n\tan\frac{\pi}{n}\cdot\Phi\geqslant 0$$

而且只需断定什么时候等号才成立.

先从第三个总和的观察便得知，在等号成立时对于 $k>1$ 的所有 b_k 和 b_k^* 都必须消失. 又从前两个总和的消失得出，当 $k>1$ 时，所有的 $a_k=0$，$a_k^*=0$ 而且 $a_1-b_1^*=0$，$a_1^*+b_1=0$. 这样，我们获得各顶点的坐标表示为

$$\begin{cases}x_p-a_0=a_1\cos p\dfrac{2\pi}{n}-b_1\sin p\dfrac{2\pi}{n}\\ y_p-b_0=a_1\sin p\dfrac{2\pi}{n}+b_1\cos p\dfrac{2\pi}{n}\end{cases}\quad(p=1,2,\cdots,n)\tag{20}$$

可见以这些顶点坐标组成的 n 边形就是正多边形.

迄今为止，我们假定了顶点个数 n 是奇数 $n=2m+1$，还须研究当 n 是偶数 $n=2m$ 时，如何变更那些公式的问题. 人们从式(15)看出，对于偶数 n 只要在式(17)～(19)里把 a_m,a_m^*,b_m,b_m^* 按次序换作 $\sqrt{2}a_m,0,\sqrt{2}b_m,0$，便容易导出相应的公式. 这样一来，和前面完全一样，我们得到关系

$$\Lambda^2-4n\tan\frac{\pi}{n}\cdot\Phi\geqslant 0$$

并认识到等号成立当且仅当各顶点坐标可写成式(20)，也就是多边形为正多边形的时候. 因此，证完了

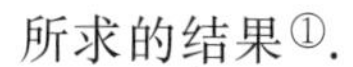
所求的结果①.

§7　曲线的弧长

现在,我们准备从两种对正多角形极大性质的不同证明出发,给圆的等周性作出证明,首先必须彻底树立“弧长”和“面积”等概念.这里需要克服某些困难,而这其实是问题的所在之处.为此而作的对这些概念的探讨,如人们在阿基米德(Archimedes)直到勒贝格的工作中所学到的,形成了微积分的支柱.

在区间 $a \leqslant t \leqslant b$ 里的两个连续函数 $x(t)$,$y(t)$ 给定了起点为 A 和终点为 B 的一条“连续曲线”K 的参数表示

$$x = x(t), y = y(t)$$

我们对这些函数 $x(t)$,$y(t)$ 总是要假定:不存在子区间 $\alpha \leqslant t \leqslant \beta$ 使其中这两个函数都是常数;从而这样假定,没有参数 t 的一个整个区间对应于唯一的曲线点.

在 K 上取若干个点 $T_1, T_2, \cdots, T_{n-1}$,并假定它们的参数值 $t_1, t_2, \cdots, t_{n-1}$ 被列成如下的顺序

$$a < t_1 < t_2 < \cdots < t_{n-1} < b$$

我们对这些点 $A, T_1, T_2, \cdots, T_{n-1}, B$ 按次序用线段联结起来,于是获得一条“内接于曲线 K 的折线”.设 Λ

① 当我们考虑极限 $n \to \infty$ 时,这些公式(12)(13)和(14)变为 A. Hurwitz 所获得的一些关系式. Sur quelques applications géométriques de séries de Fourier. Annales de l'école normale supérieure,1902,19(3):357-408.

是这样的折线段，即所作的一切正线段 $\overline{AT_1}$，$\overline{T_1T_2}$，…，$\overline{T_{n-1}B}$ 的总和的长度.

如果所有内接于 K 的折线的长度 Λ 都在一个有限的界限之下，称 K 为可求长的. 所有 Λ 的上限称为 K 的弧长 L.

弧长概念的这个定义立足于三角形两边之和大于第三边这一事实，它其实起源于阿基米德. 到近代，则由皮亚诺(G. Peano)作出.

从"上限"的定义便得知所有的长 Λ 必满足

$$\Lambda \leqslant L$$

而且对于任何正 ε 总有值 Λ 使下面不等式成立

$$\Lambda > L - \varepsilon$$

当我们在 K 的两点 A 和 B 之间插进第三点 M 时，设对应的参数值 $t = m\ (a < m < b)$，那么 K 被 M 所隔开的两部分弧长和全弧长之间的关系可用容易理解的记号表示为

$$L_a^b = L_a^m + L_m^b$$

实际上，首先从弧长的定义立即知道

$$L_a^b \geqslant L_a^m + L_m^b$$

因为人们在 K 的逼近过程中也利用到不以 M 为角点的折线. 另外，对于任意给定的正 ε 我们一定能够这样确定一个内接于 K 的折线 V 使它的长 Λ 满足不等式

$$L_a^b - \Lambda_a^b < \varepsilon$$

如果取 M 作为添到 V 的一个角点，那么我们获得新折线，它的长为 $\Lambda_a^m + \Lambda_m^b \geqslant \Lambda_a^b$，所以又有

$$L_a^b - \Lambda_a^m - \Lambda_m^b < \varepsilon$$

因此，对于任何正 ε 就必须同样成立

$$L_a^b - L_a^m - L_m^b < \varepsilon$$

这给出了

$$L_a^b \leqslant L_a^m + L_m^b$$

并且根据前面证明过的不等式仅仅留下了一个可能性

$$L_a^b = L_a^m + L_m^b$$

这样，弧长的这个累加性质就成立了.

弧长定义的一个直接推论是直线为最短：设 K 是联结点 A 和 B 的一条连续的可求长而非连接线段$\overline{AB}$的曲线，那么它的长度大于这线段.

实际上，如果 K 包含不在线段$\overline{AB}$ 上的点M，那么对于 K 的长 L 必成立

$$L \geqslant \overline{AM} + \overline{MB}$$

而且右侧根据三角形两边之和有关的定理大于$\overline{AB}$. 这样，证明了

$$L > \overline{AB}$$

如果相反，K 整个或局部地多重遮盖了线段$\overline{AB}$，那么定理是自明的.

现在让我们观察一条闭的连续曲线 K

$$x = x(t), y = y(t) \quad (a \leqslant t \leqslant b)$$

$$x(a) = x(b), y(a) = y(b)$$

我们可以放弃对 t 在区间 $a \leqslant t \leqslant b$ 的限制，只要规定函数 $x(t), y(t)$ 须有周期 $b - a$，就是说：对于 t 的所有值必须成立

$$x(t + b - a) = x(t), y(t + b - a) = y(t)$$

我们通过线性置换

$$\varphi = pt + q$$

还可到达：区间 $a \leqslant t \leqslant b$ 变换为区间 $0 \leqslant \varphi \leqslant 2\pi$. 如以 φ 代 t，便获得周期为 2π 的两个连续函数

$$x = x(\varphi), y = y(\varphi)$$

此外,令

$$\xi=\cos\varphi,\eta=\sin\varphi$$

点(ξ,η)画成单位圆.这圆的每一点对应于参数φ除2π的倍数外唯一的数值而且K上有唯一点对应于这个φ的数值.所以我们可以如下更加几何地把握我们对连续闭曲线的定义:一条连续而闭的曲线意味着一个圆的唯一而且连续的映射.

这种曲线当然不一定是一个圆的一对一映射,比如:它可以有“8”字形,从而具有一个二重点(节点),或者也可整个重合在一条(多重遮盖的)直线上(例如,$x=\cos\varphi,y=0$).

现在我们必须定义什么叫作一条闭曲线的周长.为此,将所论的闭曲线K可看成这样的曲线弧,它是参数值$t=a,b$所对应的起点A和终点B合而为一的曲线弧.这曲线弧的长度L_a^b被定义了,并且应该把它称为K的周长L

$$L=L_a^b$$

L是和K上的点$A=B$的选取无关,或者用记号表之

$$L_a^b=L_{a+c}^{b+c}$$

实际上,我们按照弧长加法有关的前述法则把左右两侧分为两部分,那么所要证明的是

$$L_a^{a+c}+L_{a+c}^b=L_{a+c}^b+L_b^{b+c}$$

或者

$$L_a^{a+c}=L_b^{b+c}$$

可是后一方程因为周期性而事实上成立.

人们还可给出周长定义的另一个变形:引任一内接于K的多边形,就是其顶点按正循环方向的顺序落在K上的一个多边形.如果这种所有内接多边形V的

周长 Λ 的上限 L 是有限的，那么我们说，K 是可求长的，而且 L 是 K 的周长.

§8　曲线按多边形的逼近

我们现在仍旧取一条可求长的曲线 K

$$x=x(t),y=y(t)\quad(a\leqslant t\leqslant b)$$

它的起点 A 和终点 B 不一定要一致. 我们阐明，K 通过内接折线长 Λ 的对弧长 L 的逼近，在某种意义下要求均匀性. 就是说，设 V 是这样一条内接折线，它的角点对应于参数值

$$a=t_0<t_1<t_2<\cdots<t_n=b$$

于是成立下列定理：

给定了任何正数 ε，必可确定这样一个正数 δ，以至任何内接于长为 L 的 K 的折线 V 的长 Λ 比 L 稍小于 ε，即

$$L-\Lambda<\varepsilon$$

只要是所有的参数差异

$$t_k-t_{k-1}<\delta\quad(k=1,2,\cdots,n)$$

简括地但稍少严密地表示如下：只要折线的角点充分密布，周长通过内接折线的逼近是任意精确的.

我们可以这样证明. 根据 L 的定义得知，有内接于 K 的折线 V' 存在，使其长 Λ' 任意逼近 L

$$L-\Lambda'<\frac{\varepsilon}{2}$$

设 V' 的角点为 $T_0=A,T'_1,T'_2,\cdots,T'_m=B$. 我们先选取小于所有参数差异的 δ

$$\delta < t'_k - t'_{k-1} \quad (k=1,2,\cdots,m)$$

以至至少有 V 的一个角点 T_r 落在 V' 的两联结角点 T'_{k-1}，T'_k“之间”. 包括 V 的角点和 V' 的角点一起在内的折线 V'' 有其长 Λ''，且对此成立

$$\Lambda'' \geqslant \Lambda'$$

从而

$$L - \Lambda'' < \frac{\varepsilon}{2}$$

现在设 T'_k 落在角点 T_r 和 T_{r+1} 之间. 那么，从 K 的连续性得知，通过 δ 的适当选取，便可使距离 $\overline{T_rT'_k}$ 和 $\overline{T'_kT_{r+1}}$ 都小于事先任意给定的正数 η. 这样一来

$$\begin{aligned}\Lambda'' - \Lambda &= \sum (\overline{T_rT'_k} + \overline{T'_kT_{r+1}} - \overline{T_rT_{r+1}}) \\ &< \sum (\overline{T_rT'_k} + \overline{T'_kT_{r+1}}) < 2\eta m\end{aligned}$$

由此可见

$$L - \Lambda < \frac{\varepsilon}{2} + 2\eta m$$

我们只需选取这样的 δ，以至

$$\eta < \frac{\varepsilon}{4m}$$

且从而成立所欲证明的结果，即

$$L - \Lambda < \varepsilon$$

其次，让我们特别考察曲线通过等边折线的逼近情况. 以 K 的起点为中心作半径为 ρ 的圆周而把 A 围进这个圆周里并选取这么小 ρ，不至于 K 整个被包含在这圆内. K 的第一点，即对应于最小的 t 值而且落在圆周上的点，称为 T_1. 以 T_1 为中心作同一半径为 ρ 的圆周，并最初接 T_1 之后而在第二圆周上的点，称为 T_2. 以下依此类推，终于获得一条边长为 ρ 且内接于 K

的等边折线. 由于这条折线的长必须小于被假设为可求长曲线弧 K 的长 L，所以我们在有限次步骤后必然到达一个具有下述性质的点 $T_p(p<L:\rho)$，就是：K 在 T_p 与 B 间的部分弧落在这个中心为 T_p 和半径为 ρ 的圆内. 把这些点 $A,T_1,T_2,\cdots,T_p,B$ 按这个顺序并通过直线联结起来，所获得的内接于 K 的折线 V_*，最初 p 边都是有长度 ρ 的，但最后一边则小于或等于 ρ.

我们即将证明下述的事实：可以选取这么小的 ρ，以至那些属于各角点 $A=T_0,T_1,\cdots,T_p,T_{p+1}=B$ 的参数差异 $t_{k+1}-t_k$ 都小于一个任意给定的正数 δ

$$t_{k+1}-t_k<\delta \quad (k=0,1,2,\cdots,p)$$

人们或可这样阐明它：引角点 $A=T'_0,T'_1,\cdots,T'_{m+1}=B$ 的折线 V'，使所属参数差异 $t'_{k+1}-t'_k<\delta:2$. 然而我们已经假定不存在部分区间 $\alpha\leqslant t\leqslant\beta$ 对应于 K 的唯一点的，所以我们可这样选取 V'，使得两接连同角点 T'_k 和 T'_{k+1} 不相一致. 于是只要采取 2ρ 小于 V' 的最小边，那么在两个接连角点 T' 之间至少有一个角点 T，从而所有差值 $t_{k+1}-t_k<\delta$，即所欲证明的结果.

折线 V_* 因为 $\overline{T_pB}\leqslant\rho$ 而一般不是等边的. 但是，如果把最后一边换作长为 ρ 的两边或三边，便可获得一条等边折线 V^* 以取代 V_*，而且在这里可以假定边的总数是偶数. 这时，V^* 在以前的意义下不再内接于 K 了，这是因为，V^* 在 T_p 和 B 之间必有一个或两个角点一般不落在 K 上的. 若我们取 $A=B$，于是 K 是闭曲线时，多边形 V_* 和 V^* 的面积只不过相差以 T_p,B 和 V^* 的其他一个或两个新角点为角点的三角形或四边形的面积，所以按 §5 的估值公式(*)得知差值小于 $4\rho^2$，而且它们的周长之差则小于 3ρ.

从本节开篇所述的定理我们立即可作结论：设 ε 为任意给定的小正数，我们总是可以这样选取边长 ρ 和偶数个角点的逼近 K 的等边多边形 V^*，以至所对应的周长之间成立不等式

$$L - \Lambda^* < \varepsilon$$

现在我们已经结束了有关弧长或周长的预备工作，而将转到概念“面积”的研究中去. 为此，我们还须做一个预备.

§9 有界跳跃函数

设连续曲线 K

$$x = x(t), y = y(t) \quad (a \leqslant t \leqslant b)$$

是可求长的. 那么，这些函数 $x(t)$ 和 $y(t)$ 该满足什么条件呢？和式①

$$\sum_{k=1}^{n} \sqrt{[x(t_k) - x(t_{k-1})]^2 + [y(t_k) - y(t_{k-1})]^2}$$

对于所有区间划分

$$a = t_0 < t_1 < t_2 < \cdots < t_n = b$$

必须是有界的. 可是

$$\begin{aligned} &\sqrt{[x(t_k) - x(t_{k-1})]^2 + [y(t_k) - y(t_{k-1})]^2} \\ &\geqslant | x(t_k) - x(t_{k-1}) | \\ &\geqslant | y(t_k) - y(t_{k-1}) | \end{aligned}$$

因此，我们见到：函数 $x(t)$ 必须具有这一性质，以至和式

① 平方根总是取正值的.

$$\sum_{k=1}^{n} | x(t_k) - x(t_{k-1}) |$$

对于所有区间划分是有界的. 这种函数最初为舍费尔(L. Scheeffer) 所观察并且由若尔当(C. Jordan) 命名为有界跳跃函数.

这样,成立了定理:设一条连续曲线

$$K: x = x(t), y = y(t) \quad (a \leqslant t \leqslant b)$$

是可求长的,那么连续函数 $x(t)$, $y(t)$ 都必须是有界跳跃的.

可是人们考察到不等式

$$\sqrt{[x(t_k) - x(t_{k-1})]^2 + [y(t_k) - y(t_{k-1})]^2}$$
$$\leqslant | x(t_k) - x(t_{k-1}) | + | y(t_k) - y(t_{k-1}) |$$

的成立,便得知:这个条件也是充分的.

我们现在证明下述著名定理:任何有界跳跃连续函数 $f(t)$ 可以表示成两个连续而非递减函数之差

$$f(t) = \varphi(t) - \psi(t)$$

设 $\alpha \leqslant t \leqslant \beta$ 是 $a \leqslant t \leqslant b$ 的任意部分区间. 我们划分它为任意多部分

$$\alpha = t_0 < t_1 < t_2 < \cdots < t_n = \beta$$

并且作总和

$$\sum_{k=1}^{n} | f(t_k) - f(t_{k-1}) |$$

根据关于 f 的上述假设,我们知道所有这些划分而作成的一切总和有一个有限的上限,记为

$$S_{\alpha}^{\beta} f$$

这不外乎是整个落在 x 轴上的连续曲线

$$x = f(t), y = 0$$

在两点 $t = \alpha$ 与 $t = \beta$ 之间的弧长.

显然

$$S_a^t=\varphi(t)$$

是递增的连续函数.其实,这个递增性直接来自与弧长有关的、证明过的累加性质

$$S_a^t+S_t^{t+h}=S_a^{t+h}$$

又从 §8 第一段证明的定理看出,当 $h<\delta$ 时,有

$$S_t^{t+h}-|f(t+h)-f(t)|<\varepsilon$$

这是因为,左边第一项表示一段弧长而且第二项表示单边内接折线的长度.这样,我们有

$$\varphi(t+h)-\varphi(t)=S_t^{t+h}<\varepsilon+|f(t+h)-f(t)|$$

并且通过 h 充分小的选取可把右边变为任意小.所以 $\varphi(t)$ 实际上是连续的.

可是人们容易看出,连续函数

$$\psi(t)=\varphi(t)-f(t)$$

同样是非递减的.这是由于,按照 φ 的定义就有:当 $\alpha<\beta$ 时,有

$$\varphi(\beta)-\varphi(\alpha)=S_\alpha^\beta\geqslant|f(\beta)-f(\alpha)|$$

所以我们获得了所求的表示

$$f(t)=\varphi(t)-\psi(t)$$

上面证的定理之逆是不言而喻的:单调函数的线性组合是有界跳跃函数.

§10 闭曲线的面积

设 K 是闭的连续可求长曲线

$$x=x(t),y=y(t)\quad(a\leqslant t\leqslant b)$$

$$x(a)=x(b),y(a)=y(b)$$

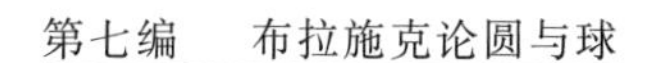

我们可引曲线的一个内接多边形，它的顶点 $A=T_0$，$T_1,T_2,\cdots,T_n=B=A$ 对应于参数值

$$a=t_0<t_1<t_2<\cdots<t_n=b$$

这些参数值必须满足不等式

$$t_k-t_{k-1}<\delta \quad (k=1,2,\cdots,n)$$

我们证明：对于充分小的 δ 所作的内接于 K 的多边形，它的面积 Φ 和一个数 F 相差任意小量，而 F 称为 K 的面积.

从 §3 得出

$$\begin{aligned}2\Phi&=\sum_{k=1}^{n}[x(t_{k-1})y(t_k)-y(t_{k-1})x(t_k)]\\&=\sum_{k=1}^{n}x(t_{k-1})[y(t_k)-y(t_{k-1})]-\\&\quad\sum_{k=1}^{n}y(t_{k-1})[x(t_k)-x(t_{k-1})]\end{aligned}$$

我们对右边各项本身分别处理. 因为 K 是可求长的，函数 $y(t)$ 是有界跳跃的，所以我们按 §9 可划分它为两单调部分

$$y(t)=\varphi(t)-\psi(t)$$

从而得出

$$\begin{aligned}&\sum_{k=1}^{n}x(t_{k-1})[y(t_k)-y(t_{k-1})]\\=&\sum_{k=1}^{n}x(t_{k-1})[\varphi(t_k)-\varphi(t_{k-1})]-\\&\sum_{k=1}^{n}x(t_{k-1})[\psi(t_k)-\psi(t_{k-1})]\end{aligned}$$

如同对黎曼的定积分(这将在 §13 加以回顾) 有关的普通存在和证明时一样，人们从右边两和式可以证明它们在更精密划分下，即在递减 δ 的情况下，趋近一定

的极限值.这对于上述2Φ的表示中的第二项完全同样成立,从而证明了我们的定理.

从以上所述和§8的一些结果便可断定:如果ε是一个任意小但是正的给定数,那么我们可以这样选取一个逼近K的等边(边长为ρ)多边形V^*,以至K和V^*的面积F和Φ^*满足不等式

$$|F-\Phi^*|<\varepsilon$$

这时,我们可以像这样改善使得V^*的顶点个数放弃掉偶数的限制.

在如上对一条连续闭的可求长曲线的面积定义中,主要的仍是曲线的回转方向,即对应于参数值t的增加方向.回转方向的改变带来了面积的变号.与多角形面积的场合(§3)相类似地,我们也可建立弯曲境界线的情况下有关面积的累加性质:设有两条连续闭的可求长曲线K_1和K_2共有一段方向相反的曲线弧,而且它们的面积分别为F_1和F_2,那么从K_1和K_2的联合和对公共曲线弧的取消所获得的曲线K的面积,必等于

$$F=F_1+F_2$$

这就是对应的多角形性质(参看§3,图4)的直接推论.

§11　平面等周问题的解

一个正向回转的正n边形的周长Λ和面积Φ之间,正如容易计算出的并且在§6曾利用过的一样,存在着关系

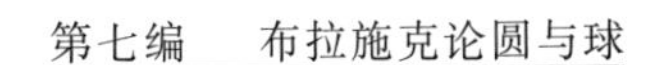

$$\Lambda^2-4n\tan\frac{\pi}{n}\cdot\Phi=0$$

又如从 §5 所给出的并且在 §6 曾证明过的，对于别的 n 边形来说，至少当 n 是偶数时必有

$$\Lambda^2-4n\tan\frac{\pi}{n}\cdot\Phi>0$$

所以在任何情况下，我们有

$$\Lambda^2-4n\tan\frac{\pi}{n}\cdot\Phi\geqslant 0$$

现在，对这个不等式可以改为一个较弱的新不等式，但它具有顶点个数 n 不再出现其中的优点. 在因子 $4n\tan\frac{\pi}{n}$ 中，暂且令

$$\frac{\pi}{n}=p$$

于是我们有

$$4n\tan\frac{\pi}{n}=4\pi\frac{\tan p}{p}$$

可是，当 $0<p<\frac{\pi}{2}$ 时，显然有(图 6)

$$\tan p>p$$

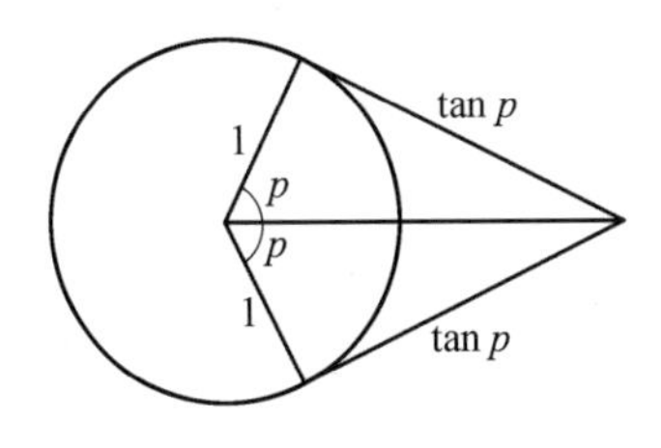

图 6

所以得出

$$4n\tan\frac{\pi}{n}>4\pi$$

而且我们的不等式变为新的一个

$$\Lambda^2-4\pi\Phi>0 \qquad (*)$$

设 K 为闭的可求长连续曲线,L 为其周长,而且 F 为其面积.从上面书写的不等式可证明这时也必有

$$L^2-4\pi F\geqslant 0$$

我们可以按 §8 的末段中所描述的方式引一个偶数角点而逼近 K 的等边多边形 V^*,并且根据那里证明的定理和 §10 的结果选取这么小的 V^* 的边长 ρ,以至 V^* 的周长 Λ^* 和面积 Φ^* 同时和 L,F 相差任意小.若

$$L^2-4\pi F<0$$

就一定可选取 V^* 使得也成立

$$\Lambda^{*2}-4\pi\Phi^*<0$$

从而与等边多边形有关的上述不等式(*)发生了矛盾.

剩下的仅仅是如何确定,在关系式

$$L^2-4\pi F\geqslant 0$$

中,什么时候等号会成立.如果 K 是正回转的圆,那么

$$L=2\pi r$$

和

$$F=\pi r^2$$

式中,r 表示半径.

因此实际上

$$L^2-4\pi F=0$$

如果相反,K 是别的闭连续可求长曲线,那么人们就通过在 §1 所描述的四连杆法可以找出这样的新曲

线 K',使它的周长 L' 和面积 F' 满足关系

$$L=L',F<F'$$

从而导致

$$L^2-4\pi F>L'^2-4\pi F'$$

可是我们已经证明

$$L'^2-4\pi F'\geqslant 0$$

所以由此得出

$$L^2-4\pi F>0$$

这样一来,我们已经最后推导了下列结果:

设 K 为连续闭的可求长的平面曲线,L 为它的周长而且 F 为它的面积.那么一定成立

$$L^2-4\pi F\geqslant 0$$

而且当且仅当 K 是正向回转的圆时等号才成立.

这就是对圆的等周性质有关定理的严密处理.其实,从此立即得出:

在所有等周的可容许曲线 K 中,正向回转的圆有最大的面积.

换言之:在给定面积的所有可容许曲线中,圆有最小的周长.

我们已经在最大的一般性下证明了这个定理,因为对于对照曲线 K 仅仅做了这么一点必要的假设,使得"弧长"和"面积"等概念恰好有了意义.证明的指导思想实质上起源于斯坦纳的旧方法.我们仅把它如此转变过来,使存在问题在这里得到完成,并且毫不踌躇地打进"弧长"和"面积"等概念的秘密之中去.当然,对原先的方法在这里必须压进数学分析到无可救药的状态里,使原先的单纯性受到巩固.并不过分谦逊而感到欢欣的斯坦纳,对于这种处理该会讲些什么呢? 他

恰如其分地引用了《浮士德》:

是啊,要使恶魔欧许很好地就范,
就得把它套进西班牙式的长靴之内来绑绊,
让它今后如此深思远虑,
缓慢地走向思维的道路上去……
谁要想理解和描述生活嘛,
谁就得先牵出恶魔,
然后他把那部分在他的手中抓住,
不幸失误!仅仅是恶魔的枷锁.

§12 一些应用

如果给定了四线段 s_1, s_2, s_3, s_4,其中任何一个小于其他三个之和,那么一定存在四边形,使它按这个顺序具有这些长度的四边.人们还可找出一个内接于圆的四边形,也简称"弦四边形",它具有按这顺序的预先给定值的边长而且它的角点在一个圆上并在圆的一回正回转中按正确顺序进行着.从(图 7)$\triangle ABE$ 和 $\triangle CDE$ 的相似性实际上成立

$$x:(s_4+y)=s_3:s_1$$

$$y:(s_2+x)=s_3:s_1$$

式中已令

$$\overline{CE}=x, \overline{DE}=y$$

从此得到

$$x=s_3\frac{s_1s_4+s_2s_3}{s_1^2-s_3^2}$$

$$y=s_3\frac{s_1s_2+s_3s_4}{s_1^2-s_3^2}$$

这样,一旦给定了四边形的边 s,人们便知道 $\triangle CDE$ 的各边而且可以作出这个三角形和其有关的弦四边形.

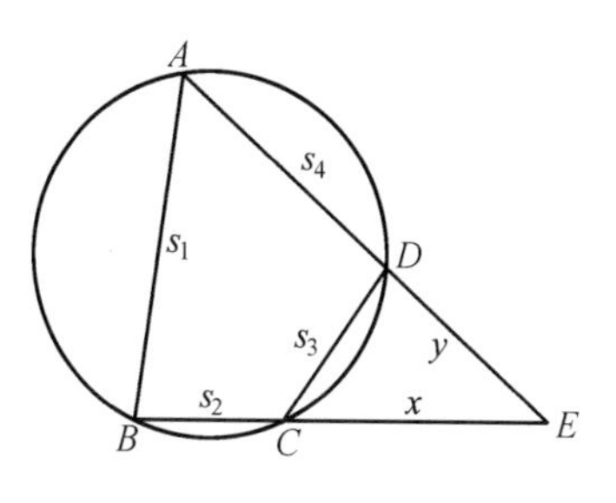

图 7

现在我们将证明:在有预定边长的所有四边形中,所作的弦四边形具有最大的面积.

这是斯坦纳通过四连杆法的逆性质并从已证明了的圆的极大性质直接得来的.实际上,设 $A'B'C'D'$ 为同一边长的其他四边形,我们便可以把那四块由四边 s_1,s_2,s_3,s_4 与 $ABCD$ 的外接圆 K 围成的扇形等同而同向地移动过来,使贴附在 $A'B'C'D'$ 的对应边上,它们在那里互相接成一条四处曲折的曲线 K'(图 8).按照圆的等周定理得知 K' 的面积小于 K 的面积.因为四块扇形始终不变,所以新的四边形面积一定小于旧的四边形面积(证毕).

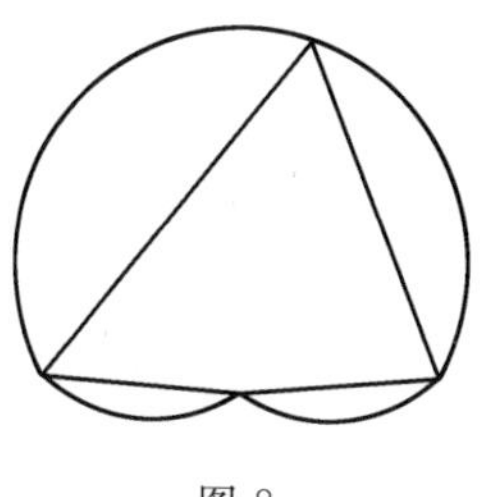

图 8

自然,人们也可直接计算而不借助于极其复杂化的圆性质这一弯路来推导,比方说,用如下的方式.关于面积 F 成立下列公式

$$F^2=(s-s_1)(s-s_2)(s-s_3)(s-s_4)-s_1s_2s_3s_4\cos^2\theta$$

式中已令

$$s_1+s_2+s_3+s_4=2s$$

而且 θ 表示两相对外角的算术平均[①].从这公式得知,F^2 在

$$\theta=\frac{\pi}{2}$$

时,也即在弦四边形时有极大的面积.

如果人们把弦四边形的极大性质看作已证明的,那么便可将 §1 中所定义的四连杆法稍许扩充一下,用任意的四边形连杆代替那里应用过的对称四边形.这种一般化的四连杆法的应用有一个优点,就是节省掉闭曲线的对称化.与此相反,§1 的特殊方法事先却能使那个导致 F^2 的上述公式的冗长计算得以避免.

人们用一般化四连杆法立即可证:在按顺序有预定边长的所有 n 边形中,具有最大面积的只有这样的 n 角形,它的顶点都在一个圆上,而且循着圆上按正回转方向并以正确的先后顺序进行着.

可是在这个课题里有一个极大的实际上存在的事,人们对此要通过 §5 中完全同一的考虑给出证明.这样也就产生了一个具有预定边长的弦 n 边形的存在.

---

① 关于这个公式的推导,读者可参照 G. Hessenberg:《平面和球面三角》(德文)一书,Göschen 丛书,Berlin 和 Leipzig,1914,96 页.

从圆的等周性质还得出下述稍许一般问题的解：设两个不同点 A 和 B 通过一条已知的可求长曲线 K_1 联结着.我们要确定一条联结 A 和 B 且有定长的可求长曲线 K_2，以至闭曲线 $K_1+K_2=K$ 尽可能有最大的面积.

人们发现，K_2 是一段圆弧.

§13　关于积分概念

我们在 §7 ～ §10 中曾经完全互相独立地处理了弧长和面积等概念，并且导出所谓“积分不变量”的一些性质.可是，如我们现在即将简括分析的那样，人们通过黎曼积分概念的适当拓广可把这些概念纳入一个寄托之中.

让我们取两个函数 f 和 g 吧！设函数 $f(t)$ 依赖于单变数而且在区间 $a\leqslant t\leqslant b$ 里有着定义，$g(s,t)$ 则含有双变数并且在三角形 $a\leqslant s\leqslant b, s\leqslant t\leqslant b$ 有其定义.我们对这些函数做了下列假设：

Ⅰ. $f(t)$ 是连续的.

Ⅱ. $g(s,t)$ 是非负函数

$$g(s,t)\geqslant 0$$

Ⅲ. 从 $t_1<t_2<t_3$ 必须得出

$$g(t_1,t_2)+g(t_2,t_3)\geqslant g(t_1,t_3)$$

Ⅳ. 对于区间 $a\leqslant t\leqslant b$ 的任意多部分的每一划分

$$a=t_0<t_1<t_2<\cdots<t_n=b$$

必须成立

$$g(t_0,t_1)+g(t_1,t_2)+\cdots+g(t_{n-1},t_n)\leqslant G$$

式中,G 表示有限的限界.

Ⅴ. $g(s,t)$ 是连续的,而且当 $s=t$ 时消失.

在这些假设之下一定成立下列的存在定理:

如果人们对于一个区间划分 $\mathfrak{z}$

$$a=t_0<t_1<t_2<\cdots<t_n=b$$

作总和式

$$S_{\mathfrak{z}}=\sum_{k=1}^{n}f(\tau_k)g(t_{k-1},t_k)$$

式中

$$t_{k-1}\leqslant\tau_k\leqslant t_k$$

那么,只要 $\mathfrak{z}$ 的最大部分区间是充分小的话,这个总和式与一个极限值 J 之差就可以变得要多么小就多么小.当 $|t_k-t_{k-1}|<\delta$ 时,有

$$|S_{\mathfrak{z}}-J|<\varepsilon$$

证明是与普通积分的场合基本上相同的.我们将简述如下.

首先,我们以特殊方式选择中间值 τ_k,就是 $f(t)$ 在这点取它在部分区间 $t_{k-1}\leqslant t\leqslant t_k$ 的最小值 $\varphi(t_{k-1},t_k)$.设 $\sum_{\mathfrak{z}}$ 表示对应的总和式

$$\sum\nolimits_{\mathfrak{z}}=\sum_{k=1}^{n}\varphi(t_{k-1},t_k)g(t_{k-1},t_k)$$

如果人们再引进已存在的划分点 t_k 以外的新点,按照 Ⅲ 的结论知道 $\sum_{\mathfrak{z}}$ 并不减少.

对于所有划分 $\mathfrak{z}$ 的所有 $\sum_{\mathfrak{z}}$ 的上界,根据 Ⅰ 和 Ⅳ 是有限的,设它为 J.我们将阐明,这个 J 具有上述性质.

首先人们按上界的定义必可找出一个划分 $\mathfrak{z}'$

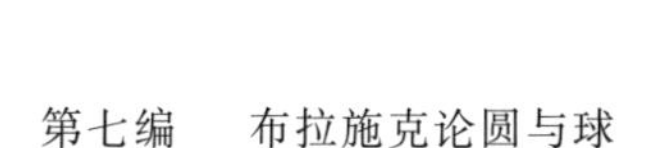

$$a=t'_0<t'_1<t'_2<\cdots<t'_{n'}=b$$

使得

$$J-\sum_{\mathfrak{z}'}<\frac{\varepsilon}{2}$$

式中 $\varepsilon>0$ 是给定的任意小量. 设 $\mathfrak{z}$ 是这样调整的第二划分

$$a=t_0<t_1<t_2<\cdots<t_n=b$$

以至 $\mathfrak{z}$ 的所有部分划分都小于 δ，这里 $\delta>0$ 是可使之小于 $\mathfrak{z}'$ 的任何部分区间而确定的，于是至少只有 $\mathfrak{z}'$ 的一个划分点 t'_k 介于 $\mathfrak{z}$ 的两个接连 t_{p-1},t_p 之间

$$t_{p-1}\leqslant t'_k\leqslant t_p$$

现在让我们作划分 $\mathfrak{z}+\mathfrak{z}'$，即把 $\mathfrak{z}$ 的划分点和 $\mathfrak{z}'$ 的划分点统统包括在内，于是

$$\sum_{\mathfrak{z}+\mathfrak{z}'}\geqslant\sum_{\mathfrak{z}'}$$

从而也成立

$$J-\sum_{\mathfrak{z}+\mathfrak{z}'}<\frac{\varepsilon}{2} \tag{21}$$

这样就有了差式

$$\sum_{\mathfrak{z}+\mathfrak{z}'}-\sum_{\mathfrak{z}'}$$

的估值. 那就是

$$\begin{aligned}&\sum_{\mathfrak{z}+\mathfrak{z}'}-\sum_{\mathfrak{z}}\\ =&\sum[\varphi(t_{p-1},t'_k)g(t_{p-1},t'_k)+\\ &\varphi(t'_k,t_p)g(t'_k,t_p)-\varphi(t_{p-1},t_p)g(t_{p-1},t_p)]\end{aligned}$$

然而，按 V 可以选取 δ 如此之小，使满足所有的关系

$$g(t_{p-1},t'_k),g(t'_k,t_p),g(t_{p-1},t_p)<\rho$$

于是我们有

$$\sum_{\mathfrak{z}+\mathfrak{z}'}-\sum_{\mathfrak{z}}<3\rho\, n'\cdot\max|f(t)|$$

由于通过δ的适当选择可任意缩小ρ，所以我们能把这个差式变为任意小

$$\sum_{\mathfrak{z}+\mathfrak{z}'} - \sum_{\mathfrak{z}} < \frac{\varepsilon}{2} \tag{22}$$

由 Ⅰ 和 Ⅳ 可见，我们通过充分小量δ也可得出

$$S_{\mathfrak{z}} - \sum_{\mathfrak{z}} < \varepsilon \tag{23}$$

因此，从式(21)，式(22)和式(23)便得到所欲求的结果

$$| J - S_{\mathfrak{z}} | < \varepsilon$$

对于如此定义起来的极限值J，如同对于弧长的特殊情况所做的一样，成立容易验证的累加性质

$$J_a^b + J_b^c = J_a^c$$

其实，前面定义的弧长概念是上述“积分概念”J的特别情况. 就是说，当人们采取两函数f和g为

$$f(t) = 1$$

和

$$g(s,t) = \sqrt{[x(t) - x(s)]^2 + [y(t) - y(s)]^2}$$

时，式中$x(t)$，$y(t)$是有界跳跃函数，那么前述的所有Ⅰ～Ⅴ假设全部满足而且刚才一般证明的定理通过特殊化而变成弧长有关的前述定理. 倘若我们从一开始就讲刚才所得到的积分概念的话，便可以说是系统地前进了吧. 可是我们所采用的次序可能有较易于理解的优点，不然的话，从头就罗列出Ⅰ～Ⅴ的要求，必然会产生威吓，好像这些都是从天而降似的.

如何将面积的概念纳入我们的积分概念之中呢？我们仍取任意的连续函数作为$f(t)$，而对$g(s,t)$则取代以

$$g(s,t) = \varphi(t) - \varphi(s)$$

式中,φ 表示连续的非递减函数.于是我们的 Ⅰ ~ Ⅴ 条件仍旧成立了.在这场合,人们仿效斯蒂吉斯(Stieltjes)把

$$J_a^b = \lim \sum_{k=1}^{n} f(\tau_k) g(t_{k-1}, t_k) = \lim \sum_{k=1}^{n} f(\tau_k) [\varphi(t_k) - \varphi(t_{k-1})]$$

简写为

$$J_a^b = \int_a^b f(t) \mathrm{d} g(t)$$

我们在 §10 曾经将面积的概念引导到这种斯蒂吉斯积分.

§14　历史性的文献

“等周学”的历史远溯到古希腊神话狄多女王的时代而且必须记载直到柏林的许瓦兹先生为止.我们并不想过于广泛地固执于我们的目标:为了总结这第一章必须搜集仅仅一节简短文献记录,而不去提高对完备性的最低要求.

在古代,如前所述,希腊人 Zenodor 掌握了圆的极大性质.阿基米德也为此而被说为完成了工作,但是在他的研究工作中,什么也找不到.关于最古老的文献可参考施米特的一篇注记,*Zur Geschichte der Isoperimetrie im Altertum*(论古代等周问题的历史),刊在 *Bibliotheca mathematica*,1901,2(3).

自从变分法被发现以来,那里的指导思想被掌握到所述的“特殊”的等周问题以及密切相联的解析的

拓广之中. 最初 J. 伯努利(Jakob Bernoulli) 就这样在 1697 年5 月出版的 *Acta eruditorum* 发表了,还有他的兄弟 Johann. 这里,两兄弟之间发生了严酷的和极不愉快的优先权问题. 接着就有最著名的巴士尔(Basle) 数学家欧拉在他的变分法例题集的工作:*Methodus inveniendi lineas curvas maximi mimimive proprietate gaudentes, sive solutio problematis isoperimetrici latissimo sensu accepti. Lausanne* 与 Genf 1744 年版. 部分摘录在 P. Stäckel 的 Ostwald 古典丛书中(Leipzig 1894 年版),最后还有拉格朗日 1762 年(Misc. Soc. Taur. 2) 的工作.

所有这些解析发展如我们前面所提到的,有一个共同的缺陷,即没有存在性证明,而对此魏尔斯特拉斯首先完成了. 人们可参阅许瓦兹的贡献,见数学论文全集卷 Ⅱ,柏林 1890 年版,232 页. 按照三角级数的新证明见于赫尔维茨的工作(参照 23 页).

比解析证明更为重要的是上述的从特殊的几何学出发的观点. 从事于这个问题工作的要算 G. Cramer(柏林科学院 1752 年),S. Lhuilier(De relatione mutua capacitatiset terminorum figurarum... 华沙 1782 年) 和特别是斯坦纳. 迄今为止,我们利用斯坦纳证明中的"四连杆法". 还有他的第二方法,即"对称化",将见于本书关于球的等周性质的第二章.

斯坦纳把他的方法写进三篇论文里,一部分较为广泛,而三篇全收进他的论文全集第二卷(柏林 1882 年版) 之中,而且按照魏尔斯特拉斯的判断被认为这是属于这位富有成果的几何学家最有意义的功绩. 第一篇论表题:*Einfache Beweise der isoperimetrischen*

Hauptsätze，而且从 1836 年开始，其余两篇“*Über Maximum und Minimum bei den Figuren in der Ebene, auf der Kugelfläche und in Raume Überhaupt*”是斯坦纳 1841 年寄给巴黎科学院的. 四连杆法见于这两篇同表题论文的第一篇里，特别是 193 页和 194 页. 斯图姆在斯坦纳的意义下写了一本书 *Maxima und Minima*, Leipzig 与 Berlin 1910 年版.

在斯坦纳证法的完备化工作，有多方面. 特别是 F. Edler 按照后文中（§15，Ⅱ）叙述的对称化而以无任何无限过程地完全初等的方法作出了正多角形极值性质的证明（Vervollständigung der Steinerschen elementargeometrischen Beweise…, Göttinger Nachrichten 1882, 73 ～ 80 页）. 现今 C. Carathéodory 和斯达蒂的两个通过无限过程的不同证明补充并完备化了斯坦纳的证法（Mathematische Annalen 1909, 68, 133 ～ 140 页：Zwei Beweise der Satzes, dass der Kreis unter allen Figuren gleichen Umfangs den grössten Inhalt hat）.

C. Carathéodory 无限次应用了四连杆法到闭曲线并阐明了，这个过程在适当变更下导致极限下的圆. 在这里与我们的研究的不同之处在于：他作了所谓“凸”曲线的限制. 斯达蒂的方法则由许瓦兹拓广到球面几何去. 斯达蒂先生还给出了一个基本上同这里所用的一致的证明，仅以一种收敛的方法代替了魏尔斯特拉斯关于连续函数的极限存在性的定理的应用.

正多角形的极大性质是魏尔斯特拉斯在他的讲义里，以一个创造性的解析方法推导出来的. 人们见到它的重现于斯达蒂：*Geradlinige Polygone extremen*

Inhalts,*Archiv für Mathematik*,1907,11(3).还可参考同一表题的拙著,刊于同杂志,1914,22(3).人们还可在 H. Weber 和 J. Wellstein 合著的初等数学百科全书中参考 Weber 写的第二卷第一版中的一篇关于多角形的文章.也可参看 F. Enriques 的(意大利文)著作:*Questioni riguardanti la geometria elementare*,Bologna 1914 年版.其中有 O. Chisini 的一文 *Sulla teoria elementare degli isoperimetri* 和 Enriques 的一文 *Massimie Minimi nell' Analisi moderna*.

伯恩斯坦曾通过平行曲线的考察把圆周的等周性质拓广到球面上而且按照球面趋近平面的极限过程解决了平面几何问题(Mathematische Annalen,1905,60,117 页).

为了拓广四连杆法到球面几何去,人们可应用 C. W. Baur 关于球面多角形作为 § 12 中对应公式的一个三角公式.Baur 公式曾由 G. Hessenberg 以创造性方法推导出来,刊在许瓦兹纪念文集,柏林(1914),76 ~ 83 页.

斯坦纳的四连杆法亦适用于别的课题而获得成果.例如,人们能借助于此法去发现那些"凸"平曲线,使它在其两平行切线之间的距离中的最小者被预先给定条件下具有最小面积(参阅本书著者论文 *Konvexe Bereiche gegebener konstanter Breite und kleinsten Inhalts*,Mathem. Annalen,1915,76,507 ~ 513 页和 *Einige Bemerkungen über Kurven und Flächen konstanter Breite*,Leipziger Berichte(1915),290 ~ 297 页).

闵可夫斯基曾作出圆的等周性质的一个新扩充.

虽然我们将在后文中回到这个事物上，但在这里必须指出，把前述的不等式 $L^2-4\pi F\geqslant 0$ 作为特殊情况包括于其中的关于“混合面积”的闵可夫斯基不等式，是可以容易证明的. 比方说，人们可把斯坦纳的四连杆法且从这里叙述的整个证明对偶地搬移过去，如同我所做的那样(*Beweise zu Sätzen von Brunn und Minkowski über die Minimaleigenschaft des Kreises*, Jahresberichte der D. Mathematiker Vereinigung, 1914, 23, 210 ~ 234 页). 其中打下了 §12 中所列公式的一个对偶类似的基础. 就是，设 s_1,s_2,s_3,s_4 表示一个四角形的四边长而且 φ_1, $\varphi_2,\varphi_3,\varphi_4$ 表示半外角，那么在一定的符号规定下成立四边面积的公式

$$F=\frac{(s_1+s_2+s_3+s_4)^2}{\tan\varphi_1+\tan\varphi_2+\tan\varphi_3+\tan\varphi_4}-\frac{(s_1-s_2+s_3-s_4)^2}{\cot\varphi_1+\cot\varphi_2+\cot\varphi_3+\cot\varphi_4}$$

G. Frobenius 曾作出另外一个较简的证明：*Über den gemischten Flächeninhalt zweier Ovale*, Berliner Berichte, 1915, 28, 387 ~ 304 页.

关于初等几何极大极小问题的详尽文献报告可参照 M. Zacharias 在数学科学百科全书中的 Artikel Ⅲ A B9，特别是 28 节.

以这里所应用的形式出现的“弧长”概念，是 G. Peano，L. Scheeffer 和若尔当所开发的. 人们可参照这个和其他文献资料于 H. C. F. von Mangoldt 在百科全书中写的一文：*Anwendung der Differential-und Integralrechnung*, Enzyklopädie der Math. Wissenschaften. Ⅲ. D. 1, 2, 20 ~ 23 页. 另一个在勒贝格所开创的测度概念的基础上对长度概念进一步的精

密化工作是由 C. Carathéodory 导进的：*Über das lineare Mass von Punktmengen, eine Verallgemeinerung des Längenbegriffs*. Göttinger Nachrichten 1914. 因此，与前面（§13）叙述的积分概念的拓广有着最密切的联系. 关于初等性的更加同类的问题如圆测度和弧长、面积的近似性确定等，可参阅 Th. Vahlen 的内容丰富的著书：*Konstruktionen und Approximationen*, Leipzig. Teubner1911 和 Bieberbach 著书：Theorie geometrischer Konstruktionen. Birkhäuser, Basel 和 Stuttgart.

"面积"则相反地是按照与黎曼和勒贝格的积分，以及若尔当和勒贝格的测度概念等直接联系以外的另一种方式定义的. 这里所用的定义和斯蒂吉斯发表于 *Annales de Toulouse*, 1894, 8 的积分相联系. M. Fréchet 在 *Nouvelles Annales de Mathématiques*, 1910, 10(4), 241～256 页里发表了对有界跳跃函数和多元函数的斯蒂吉斯积分的研究，还在 *Transactions of the American Mathematical Society*, 1915, 16, 215～234 页里也发表了. 更可参照 J. Radon, *Theorie und Anwendung der absolut additiven Mengenfunktionen*, *Sitzungsberichte der Akademie, math. nat.* Klasse, 1913, 122, 1～144 页. 关于实变函数论的知识，人们最好是去钻研一本 C. Carathéodory 在 Basel 和 Stüttgart 的 Birkhäuser 出版的综合著作，即 *Vorlesungen über reelle Funktionen*.

为了结束本章，或许有必要再度指出这一事件：圆线或圆面还是许多其他极大问题或极小问题的解. 这里仅指明两个著名问题，而其中只有第一个是完全被解答了的.

设一个"单连通"域,即圆面的(1—1)连续映射被共形地映照到另一个同类域去,使得歪度(Verzerrungsverhältnis)在一预定位置是单位,而且使象域尽可能有最小面积.这个极小是存在的,而且象域是圆域.这是追溯到黎曼(Göttingen 1851)学位论文中提出的问题之一,参阅 L. Bieberbach 在 Circolo matematico di Palermo,1914,38, 98~112 页和 Mathem. Ann. 1916,77,153 ~ 172 页的论文.

如何确定表面积已给定的一个周围框架着的薄膜形状,使得振动薄膜的主调音尽可能变低.这个课题是 Lord Rayleigh 所提出来的,而 J. Hadamard 对此做了研究,*Équilibre des plaques élastiques encastrées*, *Mémoires présentés par divers savants à l'Académie des Sciences*,1908,33(2).

在圆的等周主要性质为数甚多的新证明中,首先必须陈述的是那些来自"积分几何"的,而基本上起源于 L. A. Santaló 的证明.对此请参照布拉施克,Integral geometrie, 出版(1955/56)于 Deutschen Verlag der Wissenschaften Berlin 第三版.其他著作:*T. Bonnesen*,*Les problèmes des isopérimètres et des isépiphanes*,*GauthierVillars*,Paris 1929;E. Steinitz,*Raumeinteilungen*…,*Enzyklopädie der Math*. *W*,Ⅲ AB 12,Nr. 16;在本书前言中提到的庞涅森和 Fenchel 的书,111 ~ 113 页,以及 Fejes Tóth,8 页;最后,布拉施克,*Einführung in die Differential geometrie*, Springer-Verlag 1950,32 ~ 35 页.

球的极小性质

第二十五章

§1　斯坦纳的证法

1. 问题的提出

我们现在转到球在所有一定体积的"体"中具有最小表面积，也就是在所有一定表面积的体中具有最大体积——这一球的极值性质上来. 这里，为了表示方便，也为了更广泛取得所述方法的应用①，我们将限于采取所谓"凸"体作为球的对照体. 有时也用简称"卵形体"以代"凸体".

同我们的目的相应地，我们对这种比起往往会发生的想法更为狭隘的对象做出如下的规定：一个空间点集之所以被说成构造一个凸体，是当它：1. 是有界的；2. 是闭的；3. 有凸性，即

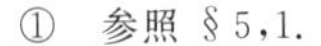

① 参照 §5,1.

它和相交直线总是在一线段被截断的时候，当然，这线段也可能退缩为一点.

这第三而主要的性质也可用等价的条件来代替，就是点集的任意两点的联结线段也被包括在其中. 一个球或椭球内部和面上的点，一个立方体的内部和面上的点，都是构成凸体的简单例子. 然而在表达上必须指出，比方说我们也把圆域、线段，最后甚至把一个点也列进凸“体”之中. 形如牛角或救命圈的体都是非凸物体的简单例子.

当人们以 J 和 O 表示一个球的体积和表面积，又以 r 表示它的半径时，那么就可将阿基米德的一个发现表成为公式

$$J=\frac{4\pi}{3}r^3, O=4\pi r^2$$

从而得出

$$O^3-36\pi J^2=0$$

这两个公式都被认为已经明确了的空间体积和表面积等概念，它们之间的每个非球形凸体成立关系

$$O^3-36\pi J>0$$

这个凸体有关的不等式就是上面引用的球的极值性质，我们在本章将加以掌握.

2. 斯坦纳的对称化

斯坦纳曾创造出一个方法，简便上或许称“对称化”，它可能对一个非球的凸体造出另一个新凸体，使后者有等体积而较小表面积. 由此可见：如果在有给定体积的所有凸体中一概存在一个最小表面积的凸体，那只能是球：通过这里取代平面问题上应用过的四连杆法而造出的对称化，我们可把所提的课题引导到单

单是一个存在证明.

在叙述对称化法之前,还先要插进一个相当平凡的注记:如果一个凸体总有一张与任何平面平行的对称平面,那么它必须是球.

实际上,这种凸体首先要有三张两两正交的对称平面,而且因为关于这三张平面交递反射的结果必然导致关于三平面交点 M 的反射,所以 M 必须是凸体的中心. 这样,我们的第一结果是:所论的凸体有一个中心 M.

一个有界点集不可能有两个不同中心 M_1 和 M_2. 这是由于:假如有之,关于这两点的两反射的乘积就会带来沿线段 $2\,\overline{M_1M_2}$ 的平移,而且所论点集里的各点必然被移到点集里的一点. 在多次反复施行反射下,每一点就会被推移到任意远的地方去而与有界假设相矛盾. 所以我们获得第二个结果:一个凸体的任何对称平面通过它的中心 M(不然,便会存在第二中心,即 M 关于这对称平面的反射点),因此过 M 的任何平面都是对称平面.

如果 P 是所论凸体的任何点,那么从 M 与它等距的各点 Q 同样被包含在凸体之中,因为过 M 且垂直于 $\overline{PQ}$ 的平面也是对称平面,它把 P 导致到 Q. 所以凸体只要包含点 P,就必然要包含以 M 为中心且过 P 的球面,并且按其凸性也包括这球的内部. 然而,设 P 为凸体里离 M 最远的点(这种点按照它的有界性和闭集必须存在),那么它必须和上面所作的球合而为一了. 这样一来,凸体的球形就自然而然地明确了.

现在设 $\mathfrak{K}$ 是非球形的凸体而且设想选择了任意一张平面看作为"水平面",使 $\mathfrak{K}$ 不具有和它平行的对称

平面.于是 $\mathfrak{K}$ 关于这水平面的对称化可述之如下.我们把 $\mathfrak{K}$ 看作全是细长铅直小棒所拼成的东西.我们把每根铅直细棒沿铅直方向平移这么长使它的中点落在所取的水平面上.这样被平移了的这些细棒构成一个关于水平面的对称体 $\tilde{\mathfrak{K}}$,而我们对此即将阐明,它仍旧是凸的.几何学的表达是:我们这样确定对称于所取水平面的 $\tilde{\mathfrak{K}}$,以至 $\mathfrak{K}$ 和 $\tilde{\mathfrak{K}}$ 同每根铅直线都相交于等长的线段①.

从所谓B. Cavalieri的原理立刻得知 $\mathfrak{K}$ 和 $\tilde{\mathfrak{K}}$ 的体积相等

$$J_{\mathfrak{K}} = J_{\tilde{\mathfrak{K}}}$$

另外,当 $\mathfrak{K}$ 是由有限张平面所围成时,也就是当 $\mathfrak{K}$ 和 $\tilde{\mathfrak{K}}$ 都是多面体时,如同斯坦纳通过初等几何思考所阐明的那样,对应的表面积之间成立不等式

$$O_{\mathfrak{K}} > O_{\tilde{\mathfrak{K}}}$$

斯坦纳从这个不等式在多面体的情况成立得出在一般情况也成立的结论,因为他认为一般凸体是可由多面体来逼近的.

3.对斯坦纳证法的批判

为了要从对称化作出关于球的最小性质完备的证明,如前所述,必须有存在性证明,即证明:在有给定体积的所有凸体中确实存在这样一个凸体,它的表面积小于或等于其他所有凸体的表面积,这是自然的.如同上面对类似的平面问题探讨那样,完全一样的观察会引起我们对这个存在性证明必要性的认识.然而,在空

① 平面上类似的作图见后文图5,一个多面体的对称化则可参照后文图1.

间的课题里还有比平面上更复杂的事情，那就是对称化本身对于斯坦纳说来，还不是完整无缺的.

这个方法具备三个性质：

1. 从 $\mathfrak{K}$ 的凸性导致 $\widetilde{\mathfrak{K}}$ 的凸性；

2.

$$J_{\mathfrak{K}} = J_{\tilde{\mathfrak{K}}}$$

3.

$$O_{\mathfrak{K}} > O_{\tilde{\mathfrak{K}}}$$

其中，主要的第 3 点仍未完成. 从这个不等式对多面体的成立，通过极限而得到任何凸体有关的不等式

$$O_{\mathfrak{K}} \geqslant O_{\tilde{\mathfrak{K}}}$$

而且接下来是证明：仅当 $\mathfrak{K}$ 和假设相反地具有对称水平面时，等号才成立. 在这一平凡场合，对称化变为简单的平移.

如果我们于此想完备化斯坦纳的证明，摆在面前的途径是明显的：为后文的需要，首先必须搞清楚“凸体”的概念，说明“体积”和“表面积”，再巩固对称化的三项性质的基础，而最后完成存在课题.

正如对平面问题所作那样，在这里我们必须通晓关于连续函数的魏尔斯特拉斯普遍存在定理，而且首先是仅限于多面体证明不等式 $O^3 - 36\pi J^2 > 0$. 然而事实表明，这些对称化方法从根本上是行不通的，因为在多面体对称化的场合，顶点个数和侧面个数一般都要增加，而多边形的四连杆法在适当选取下却保留着顶点个数不变. 人们可对照图 1 来理解一个四面体怎样经过对称化而变为六面体. 总之，我们明确了空间问题比起平面问题隐藏着较大的难度.

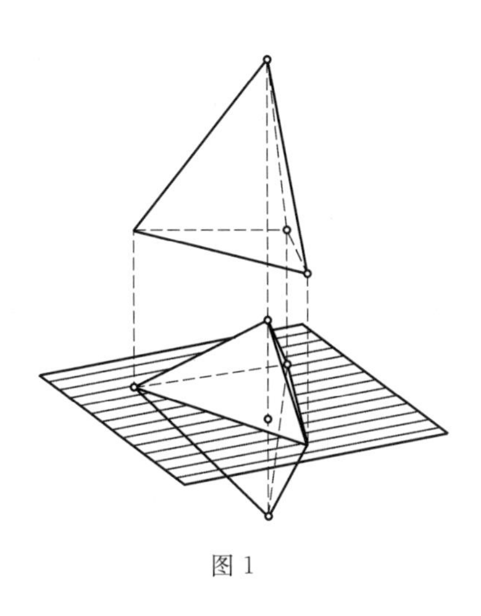

图 1

§2　凸体和凸函数

1. 双变量的凸函数

从上述凸体的定义(§1,1)得知,两凸体如相交,它们的交体也是凸体.

在凸体内的一点,如果能作以它为中心的球使之被包含在凸体之中,便称这点为凸体的内点.没有内点的凸体必定落在平面上,因为,倘若包含了一个四面体的四顶点的话,就该包含四面体的内点.这样没有内点的凸体也简称凸域.凸域的例子有圆域、线段和单个点.凸体的非内点的点称界点,界点全体构成凸体的凸界面.

容易证明:凸体如与一平面相交,交集必是凸域.一个凸体在一平面上的正投影,或按谬勒(E. Müller)

简称凸体的垂足形成了一个凸域.凡与一个凸体 $\mathfrak{K}$ 的距离[①]不大于 ρ 的所有点也构成一个凸体 $\mathfrak{K}_\rho$,称 $\mathfrak{K}$ 的一个"平行体".

现设 $\mathfrak{K}$ 是某凸体.我们取任一平面作为 (x,y) 平面,或者通称直交坐标系的"基平面".

$\mathfrak{K}$ 的任一点 (x,y,z) 的"基足" $(x,y,0)$ 落在基平面上的一个凸域 $\mathfrak{G}$ 里,$\mathfrak{G}$ 可称 $\mathfrak{K}$ 的基足.由于每根铅直线,即 z 轴的平行线与 $\mathfrak{K}$ 一般相交于一线段,所以我们看出 $\mathfrak{K}$ 的点的 z 坐标满足下面不等式

$$g(x,y) \leqslant z \leqslant f(x,y)$$

这两个函数在 $\mathfrak{G}$ 里被唯一确定了.如果拼三小组 x,y,z 满足上列两个关系式中的一个等号,那么它所对应的是 $\mathfrak{K}$ 的一个界点.

设 (x_1,y_1,z_1) 和 (x_2,y_2,z_2) 是 $\mathfrak{K}$ 的两点.我们可把它们的连线段上各点的坐标表成形式

$$x=\lambda_1 x_1+\lambda_2 x_2, y=\lambda_1 y_1+\lambda_2 y_2, z=\lambda_1 z_1+\lambda_2 z_2$$

式中

$$\lambda_1+\lambda_2=1$$

而且

$$\lambda_1 \geqslant 0, \lambda_2 \geqslant 0$$

可是 $\mathfrak{K}$ 的凸性表明,这样的点 (x,y,z) 也必须落在 $\mathfrak{K}$ 上,所以函数 f 和 g 必须满足下列不等式

$$f(\lambda_1 x_1+\lambda_2 x_2, \lambda_1 y_1+\lambda_2 y_2)$$
$$\geqslant \lambda_1 f(x_1,y_1)+\lambda_2 f(x_2,y_2)$$
$$g(\lambda_1 x_1+\lambda_2 x_2, \lambda_1 y_1+\lambda_2 y_2)$$
$$\leqslant \lambda_1 g(x_1,y_1)+\lambda_2 g(x_2,y_2)$$

① 参照本节第 2 段.

因此,我们便首先作出下述的确定:设 $f(x,y)$ 是在(x,y)平面的一个凸域 $\mathfrak{G}$ 上定义的函数.如果对于 $\mathfrak{G}$ 内的所有(x_1,y_1),(x_2,y_2)和所有 $\lambda_1+\lambda_2=1$,$\lambda_1\geqslant 0$,$\lambda_2\geqslant 0$ 成立

$$f(\lambda_1x_1+\lambda_2x_2,\lambda_1y_1+\lambda_2y_2)$$
$$\geqslant\lambda_1f(x_1,y_1)+\lambda_2f(x_2,y_2)$$

而且此外 $f(x,y)$ 在 $\mathfrak{G}$ 内是有下限的,即

$$f(x,y)\geqslant m$$

那么称 $f(x,y)$ 为(向上)凸函数.

最后这一条件根据 $\mathfrak{K}$ 有界性的假设无疑是必须为以前面确定的方式而从凸体 $\mathfrak{K}$ 产生的那个凸函数 f 所满足.同 $f(x,y)$ 一样,上面引进的函数 $-g(x,y)$ 也是(向上)凸函数.人们也可称 g 本身是向下凸的.

从凸函数的定义立刻得知:如果 $f_1(x,y)$ 和 $f_2(x,y)$ 是在 $\mathfrak{G}$ 内定义的两个(向上)凸函数,那么,只要是 $c_1\geqslant 0$ 和 $c_2\geqslant 0$,所作的函数

$$f(x,y)=c_1f_1(x,y)+c_2f_2(x,y)$$

也就必须是(向上)凸函数.换言之:用正系数的线性组合决不能超出凸函数整体之外.特别是,例如函数

$$\frac{1}{2}f(x,y)-\frac{1}{2}g(x,y)$$

是凸的.

2.一个凸体通过一些不等式的确定

在上述的意义下,一个凸域 $\mathfrak{G}$ 作为空间凸体在平面 $z=0$ 上的点集来看,它只有界点而无内点.但是,如果我们仅局限于 $z=0$ 上的平面几何着眼,那么就要按照 $\mathfrak{G}$ 的一点是否被包含在 $\mathfrak{G}$ 内的一个圆里而分别称它为内点和界点.我们在这个意义下假定所论的域 $\mathfrak{G}$

具有内点，换言之，我们现在把 $\mathfrak{G}$ 重合单根线段的情况除外. 对 $\mathfrak{G}$ 的内部，即内点的全体记作 $\mathfrak{G}_0$.

设在 $\mathfrak{G}_0$ 内定义了在上述意义下的(向上)凸函数 $f(x,y)$，还设 $f(x,y)\geqslant m$. 于是我们按条件

$$\mathfrak{M}\begin{cases}x,y & (\text{在 } \mathfrak{G}_0 \text{ 内})\\ m\leqslant z\leqslant f(x,y)\end{cases}$$

定义空间点 x,y,z 的集合，而且主张：如果把这个点集的所有凝聚点加进集里，那么我们便得到一个凸体 $\mathfrak{M}$.

为了证明，首先要有这样的见解，即：$\mathfrak{M}$ 是有界的，或者换句话说，函数 $f(x,y)$ 也是向上有界的

$$f(x,y)\leqslant n$$

我们为了简便暂且假定 $m=0$，于是 $f(x,y)\geqslant 0$. 这桩事可由无关紧要的沿 z 方向的平移来实现.

现在设 $(x_0,y_0,0)$ 是 $\mathfrak{G}_0$ 的一点而且 $\mathfrak{S}$ 是以点 (x_0,y_0) 为中心而被包含在 $\mathfrak{G}_0$ 之中的一个圆域. 我们通过直线段把坐标为 $(x_0,y_0,z_0)=f(x_0,y_0)$ 的点 P_0 和圆域 $\mathfrak{S}$ 的所有点联结起来. 于是这些线段充实了一个截断圆锥体 $\mathfrak{D}$，它是以 $\mathfrak{S}$ 为底，以 P_0 为顶点而且如 f 的凸性所示，它是被包含在 $\mathfrak{M}$ 之中的. 人们把 $\mathfrak{D}$ 从其顶点 P_0 延长出去，便获得第二圆锥体 $\mathfrak{D}^*$，它的内部再也不含有 $\mathfrak{M}$ 的点了. 实际上，假如 $\mathfrak{M}$ 的一点 $\mathfrak{D}$ 在 $\mathfrak{D}^*$ 的内部的话，那么 $\mathfrak{M}$ 必将包含那个以 $\mathfrak{S}$ 为底且以 $\mathfrak{D}$ 为顶点的圆锥体，从而引起 $f(x_0,y_0)>z_0$ 的矛盾.

可是，$\mathfrak{D}^*$ 和 $\mathfrak{M}$ 无公共点这一事实立刻给出了 $\mathfrak{M}$ 的有界性. 同样，从“曲面”$z=f(x,y)$ 分布在锥面 $\mathfrak{D}$ 和 $\mathfrak{D}^*$ 之间这桩事得知凸函数 $f(x,y)$ 在位置 (x_0,y_0) 的连续性：

在一个凸域上定义的凸函数，在这域的每一内点是连续的.

从 f 的凸性也立即得出，有界的闭点集 $\mathfrak{M}$ 同样具有凸性. 所以我们可以确立：

设 $\mathfrak{G}_0$ 为 $z=0$ 上的一个凸域内部，而且在 $\mathfrak{G}_0$ 里定义了两个凸函数 $f(x,y)$ 和 $-g(x,y)$，此外还假定

$$f(x,y)-g(x,y)\geqslant 0$$

那么通过条件

$$\mathfrak{K}\begin{cases}x,y\quad(\text{在 }\mathfrak{G}_0\text{ 内})\\ g(x,y)\leqslant z\leqslant f(x,y)\end{cases}$$

定义点(x,y,z)的集合，并把它扩大成闭集，我们便获得凸体 $\mathfrak{K}$. 反过来，分析上都可以这样定义以前(本节，1) 定义过那样的凸体，只要它不退缩成一线段.

事实上，这个凸体 $\mathfrak{K}$ 不外乎是满足下列条件的凸体 $\mathfrak{M}$ 和 $\mathfrak{N}$ 的交集

$$\mathfrak{M}\begin{cases}x,y\quad(\text{在 }\mathfrak{G}_0\text{ 内})\\ m\leqslant z\leqslant f(x,y)\end{cases},\mathfrak{N}\begin{cases}x,y\quad(\text{在 }\mathfrak{G}_0\text{ 内})\\ g(x,y)\leqslant z\leqslant n\end{cases}$$

式中函数 f 和 g 都介于阶界 m 和 n 之间

$$m<f(x,y)<n,m<g(x,y)<n$$

3. 单变量的凸函数

迄今我们假定了凸函数的定义域 $\mathfrak{G}$ 是有内点的；因此留下的问题是考虑 $\mathfrak{G}$ 是线段的场合，比方说，取它作为 x 轴上的一线段. 于是我们有

$$\mathfrak{K}\begin{cases}a\leqslant x\leqslant b,y=0\\ g(x)\leqslant z\leqslant f(x)\end{cases}$$

而且函数 f 和 $-g$ 在 $a<x<b$ 里是凸的，就是

$$f(\lambda_1x_1+\lambda_2x_2)\geqslant\lambda_1f(x_1)+\lambda_2f(x_2)\qquad(1)$$

其中

$$\lambda_1+\lambda_2=1;\lambda_1\geqslant 0,\lambda_2\geqslant 0$$

而且

$$f(x)>m$$

令 $\lambda_1=1-\theta,\lambda_2=\theta$,我们也可表示为

$$f((1-\theta)x_1+\theta x_2)\geqslant(1-\theta)f(x_1)+\theta f(x_2)\quad(0\leqslant\theta\leqslant 1)\tag{2}$$

现在要证明下列事实:在定义区间 $a<x<b$ 的各内点 x 必存在(有限的)极限值

$$\lim_{h\to 0}\frac{f(x+h)-f(x-h)}{2h}=f^*(x)\tag{3}$$

人们比如可以这样证明:函数

$$\varphi(x,h)=\frac{f(x+h)-f(x)}{h}\tag{4}$$

在固定 x 之下是 h 的递减函数,或至少是 h 的非增函数.实际上,当 $0<\theta<1$ 时,有

$$\varphi(x,h)-\varphi(x,\theta h)=\frac{(1-\theta)f(x)+\theta f(x+h)-f(x+\theta h)}{\theta h}\tag{5}$$

式中分子按式(2)是非正的.

如所知,从 $\varphi(x,h)$ 的单调性得知极限值 $\varphi(x,\pm 0)$,即所谓 f 的右侧导数和左侧导数的存在.从此我们断定

$$f^*(x)=\frac{\varphi(x,+0)+\varphi(x,-0)}{2}\tag{6}$$

的存在.如果说,$f(x)$ 在普通意义下是可导函数,就是

$$\varphi(x,+0)=\varphi(x,-0)=f'(x)$$

那么

$$f^*(x)=f'(x)$$

所以我们可称 $f^*(x)$ 为凸函数 $f(x)$ 的一般化导数. f

的连续性也为左右两导数的存在性所包括了.

从 φ 的单调性得知,对于 $h>0$ 成立

$$\varphi(x,-h)\geqslant\varphi(x,-0)\geqslant f^*(x)$$
$$\geqslant\varphi(x,+0)\geqslant\varphi(x,h) \tag{7}$$

或者当我们代入 φ 的值时,便有

$$\frac{f(x)-f(x-h)}{h}\geqslant f^*(x)\geqslant\frac{f(x+h)-f(x)}{h} \tag{8}$$

这两式对于 $h>0$ 都是有效的.如果我们前后两次改写记号,对 x_1 和 x_2 代之 $x-h$ 和 x,并接着又代之以 x 和 $x+h$,便有

$$f^*(x_1)\geqslant\frac{f(x_2)-f(x_1)}{x_2-x_1}\geqslant f^*(x_2) \tag{9}$$

式中 $x_1<x_2$.这就是说,$f^*(x)$ 也是单调的.

设 $f(x)$ 是在区间 $a<x<b$ 定义的凸函数,那么在区间的各点 x 必存在一般化导数

$$f^*(x)=\lim_{h\to 0}\frac{f(x+h)-f(x-h)}{2h}$$

而且它是 x 的非增函数.

4.支持直线、支持平面

从关系式(8)得出:对于 $h\geqslant 0$ 或 $h\leqslant 0$ 都成立

$$f(x+h)\leqslant f(x)+hf^*(x) \tag{10}$$

从几何学上说,就是:曲线 $\zeta=f(\xi)$ 完全落在直线

$$\zeta=f(x)+(\xi-x)f^*(x)$$

的"下侧".从此导出:过凸域的各界点[①]至少有平面上的一根直线完全落在域的一侧.

---

① "界点"是在平面几何意义下称呼的.参照本节2最初一段.

实际上，倘若这域没有内点的话，这个事实是自明的，而在相反的场合，我们仅须取一个内点并作它与所论界点的连线，用后者作正的 z 方向，于是我们的定理便由上述公式(10)得到证实. 按照闵可夫斯基的命名称这样至少过域的一点而其平面上不再和域相交的直线为域的支持直线.

相类似地我们对空间几何将证明：过一凸体 $\mathfrak{K}$ 的各界点 R 至少有一张支持平面，即使凸体落在其一侧的平面.

为证明这个定理，我们过 R 作平面 $\mathfrak{E}$ 使与 $\mathfrak{K}$ 相交于凸域 $\mathfrak{B}$(图 2). 于是过 R 就是 $\mathfrak{B}$ 的一根支持直线 $\mathfrak{z}$，我们取 $\mathfrak{z}$ 为 z 轴. 我们求出 $\mathfrak{K}$ 在 $z=0$ 上的基足 $\mathfrak{G}$；设 R' 是 R 的垂足，$\mathfrak{E}$ 和 $z=0$ 的交线为 $\mathfrak{e}$. 然而，在 $\mathfrak{E}$ 上，支持直线 $\mathfrak{z}$ 必有一侧，使其上没有 $\mathfrak{B}$ 的内点，从而也没有 $\mathfrak{K}$ 的内点. 所以 $\mathfrak{e}$ 上以 R' 为终点的二半直线中的一根也没有 $\mathfrak{K}$ 的内点. 因此，R' 是 $\mathfrak{G}$ 的界点. 这样一来，过 R' 必有 $\mathfrak{G}$ 的一根支持直线 $\mathfrak{s}$. 可是在 $z=0$ 上而且 $\mathfrak{s}$ 的一侧没有 $\mathfrak{G}$ 的内点，所以过 R 和 $\mathfrak{s}$ 的平面 $\mathfrak{S}$ 必有一侧使其不包含 $\mathfrak{K}$ 的内点. 就是说，$\mathfrak{S}$ 是过 R 的支持平面(证毕).

5. 一个点集的凸包、凸多面体

设 $\mathfrak{M}$ 为我们空间的有界闭点集. 那么一定有凸点集包含 $\mathfrak{M}$ 于其中，例如：包 $\mathfrak{M}$ 的充分大球就是其中之一. 在所有这些凸体中一定存在最小的一个，记作 $\mathfrak{K}$，就是一个被其他所有凸体所包含的凸体. 我们将称 $\mathfrak{K}$ 为 $\mathfrak{M}$ 的凸包.

为了明确这个事实，我们首先考察一些和 $\mathfrak{M}$ 既不相交而又不把它分成两部分的平面. 我们将称这种平面为 $\mathfrak{M}$ 的"栅". 于是，我们作出论断：$\mathfrak{K}$ 是由所有这样

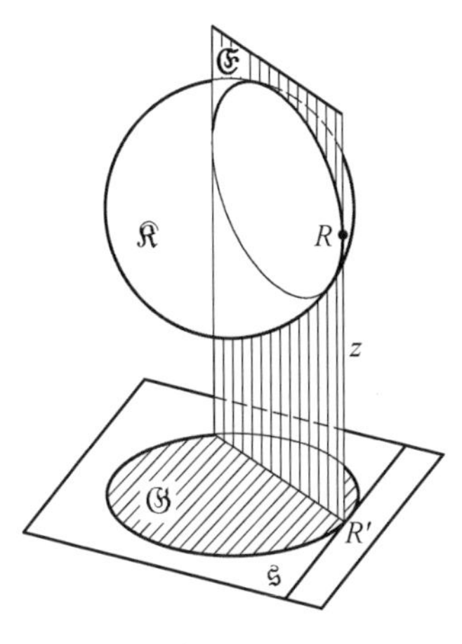

图 2

的点构成的，过其各点不存在 $\mathfrak{M}$ 的栅.

实际上，所有这种点显然构成一个有界闭集. 另外，如果集中的两点是 P 和 Q，那么在连线段 $\overline{PQ}$ 上的任何点也不存在一个栅，不然的话，过 P 或 Q 必然会有一个栅而发生矛盾. 这样，$\mathfrak{K}$ 具备了凸体的三个性质.

引理　过任何不在凸体 $\mathfrak{K}^*$ 上的点 A 必有 $\mathfrak{K}^*$ 的一个栅. 根据 $\mathfrak{K}^*$ 的闭集性质必有从 A 到 $\mathfrak{K}^*$ 的最短连线段 $\overline{AB}$；过 A 引垂直于 AB 的平面，它就是栅. 这是由于，倘若相反，这平面包含了 $\mathfrak{K}^*$ 的一点 C，整个线段 $\overline{BC}$ 就要在 $\mathfrak{K}^*$ 上，于是从 A 到这线段的垂足比 B 就有到 A 的更短距离，而与假设相矛盾.

现在设 $\mathfrak{K}^*$ 为包 $\mathfrak{M}$ 的任一凸体，那么过任意一个不在 $\mathfrak{K}^*$ 上的点 A 必有 $\mathfrak{K}^*$ 的一个栅，它当然也是 $\mathfrak{M}$ 的栅. 所以 A 不在 $\mathfrak{K}$ 上，从而 $\mathfrak{K}$ 被包含在 $\mathfrak{K}^*$ 内，这就是我们所需要证明的. 最后断定，$\mathfrak{M}$ 被包含在 $\mathfrak{K}$ 内.

顺便指出，人们可以通过力学解释来说明一个点

集 $\mathfrak{M}$ 的最小凸体 $\mathfrak{K}$. 实际上,$\mathfrak{M}$ 的各点都放上正质量时,这个质量系统的重心总是在 $\mathfrak{K}$ 内. 反过来,我们可以这样调整(非负的)装配使得它的重心恰恰重合 $\mathfrak{K}$ 的任意一个定点.

当 $\mathfrak{M}$ 是由有限个不共平面的点组成时,我们称 $\mathfrak{M}$ 是有关凸包(也包括内点)凸多面体. 反之,如果 $\mathfrak{M}$ 的各点在一平面上,那么 $\mathfrak{K}$ 将是凸多边形.

一个凸多面体的周界是由有限个凸多边形组成. 凸多面体的例子有柏拉图的五种正多面体:正四面体、立方体、正八面体、正十二面体和正二十面体.

6. 支持函数

对于任一平面必有恰恰两张不同的平行平面,使具有内点的凸体 $\mathfrak{K}$ 以这两个平面为支持平面. 实际上,比方取水平面为例,由于 $\mathfrak{K}$ 是有界闭集,一定存在 $\mathfrak{K}$ 的一个最高点和一个最低点,而且过各点的平面就是所求的支持平面. 从支持平面的定义看出,不可能有多于两张的平行支持平面.

我们给 $\mathfrak{K}$ 的各支持平面定下向外的方向,以 α,β,γ 记它的方向余弦,而且把坐标原点比方说放到 $\mathfrak{K}$ 的内部,以 $H(H>0)$ 表示原点到支持平面的距离,那么

$$H=H(\alpha,\beta,\gamma)$$

是球面 $\alpha^2+\beta^2+\gamma^2=1$ 上的单值函数. 根据闵可夫斯基定理称它为 $\mathfrak{K}$ 的支持平面函数或支持函数. $\mathfrak{K}$ 的点 (x,y,z) 满足不等式

$$\alpha x+\beta y+\gamma z\leqslant H(\alpha,\beta,\gamma) \qquad (*)$$

然而从引理(本节 5)得知,过 $\mathfrak{K}$ 的外部各点有一个栅

$$\alpha_0 x+\beta_0 y+\gamma_0 z=H_0>H(\alpha_0,\beta_0,\gamma_0)$$

所以所有不等式(*)对于 $\alpha,\beta,\gamma(\alpha^2+\beta^2+\gamma^2=1)$ 的

成立特征化了 $\mathfrak{R}$ 的点(x,y,z).

§3　体积和表面积

1.多面体的体积和表面积

我们用普通的方法定义凸多面体的体积和表面积等概念,这些都被看为绝对量,即有正号的量,而且从此将导出任何凸体的对应概念的定义.

设 $\mathfrak{B}$ 是凸多面体,$\mathfrak{M}$ 是包括 $\mathfrak{B}$ 在内的第二个凸多面体,但它还包含不在 $\mathfrak{B}$ 上的点.我们通过 $\mathfrak{B} < \mathfrak{M}$ 的写法来表达.另外,用 $\lambda\mathfrak{B}$ 表达这样一个多面体,当我们把 $\mathfrak{B}$ 的所有点的各坐标改变比值 $1:\lambda(\lambda > 0)$.人们于是假定关于多面体的体积 J 和表面积 O 的下述性质为已知的:

(1) 从 $\mathfrak{B} < \mathfrak{M}$ 得出 $J_{\mathfrak{B}} < J_{\mathfrak{M}}$ 和 $O_{\mathfrak{B}} < O_{\mathfrak{M}}$.

(2) 成立 $J_{\lambda\mathfrak{B}} = \lambda^3 J_{\mathfrak{B}}$ 和 $O_{\lambda\mathfrak{B}} = \lambda^2 O_{\mathfrak{B}}$.

(3) 设一个多面体 $\mathfrak{B}$ 被一平面沿着面积 F 的凸域被分割成两个部分多面体 $\mathfrak{B}_1$ 和 $\mathfrak{B}_2$,那么 J 和 O 的"累加性质"可表达如下

$$J_{\mathfrak{B}1} + J_{\mathfrak{B}2} = J_{\mathfrak{B}}, O_{\mathfrak{B}1} + O_{\mathfrak{B}2} = O_{\mathfrak{B}} + 2F$$

2.通过多面体的逼近

为了把这些概念拓广到任意凸体的工作变为可能,我们需要任意凸体通过多面体的逼近问题有关的闵可夫斯基定理.这个定理可叙述如下:

设 $\mathfrak{K}$ 为任意凸体而且坐标原点是 $\mathfrak{K}$ 的一个内点①.我们对于充分小的正数 ε 可以这样确定凸多面体 $\mathfrak{B}$ 使得

$$\mathfrak{K} < \mathfrak{B} < \mathfrak{K}(1+\varepsilon)$$

人们可证之如下.我们用边长 σ 的点格子装满空间,就是观察坐标具有形式

$$x = p\sigma, y = q\sigma, z = r\sigma$$

的所有点,式中 p,q,r 表示整数.空间由此被划分为边长 σ 的真正立方体,而且我们从这些立方体注意那些和 $\mathfrak{K}$ 至少有一个公共点的立方体.它们全体构成了一个闭点集 $\mathfrak{M}$,而我们在其上造出凸包 $\mathfrak{B}$ 来(图 3 示意了平面上的对应作图).$\mathfrak{B}$ 是一个多面体,因为 $\mathfrak{B}$ 也是包括 $\mathfrak{M}$ 的所有骰子的(有限个)顶点(格子点)的最小凸体.$\mathfrak{K}$ 落在 $\mathfrak{B}$ 内,而另一方面,$\mathfrak{M}$ 上没有一点到 $\mathfrak{K}$ 的距离会超过立方体对角线 $\sigma\sqrt{3}$.换言之,$\mathfrak{M}$ 和 $\mathfrak{B}$ 都落在 $\mathfrak{K}$ 的凸平行体 $\mathfrak{K}_\rho(\rho=\sqrt{3}\sigma)$ 之内.由此可见,相应的支持函数之间成立下列关系

$$H_{\mathfrak{K}} < H_{\mathfrak{B}} \leqslant H_{\mathfrak{K}} + \sigma\sqrt{3} \qquad (*)$$

现在设 ρ 是 $\mathfrak{K}$ 的内部以坐标原点为中心的一球的半径,那么

$$0 < \rho < H_{\mathfrak{K}}$$

所以

$$\sigma\sqrt{3} < \frac{\sigma\sqrt{3}}{\rho} H_{\mathfrak{K}}$$

① 如 $\mathfrak{K}$ 无内点,则 $J_{\mathfrak{K}} = 0$ 而且 $O_{\mathfrak{K}} = \mathfrak{K}$ 的面积的两倍(参照本节第 3 末段).

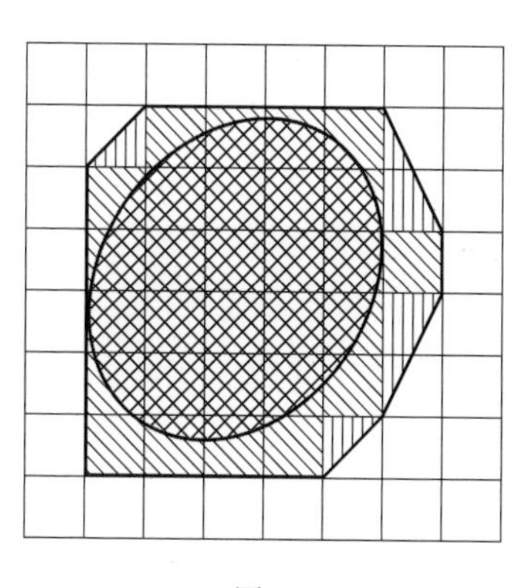

图 3

从而

$$H_{\mathfrak{K}} < H_{\mathfrak{B}} < H_{\mathfrak{K}}\left(1+\frac{\sigma\sqrt{3}}{\rho}\right)$$

因为我们可以随意选择 σ，所以需要证明的结果已被包含无遗了.

显然，一个多面体 $\mathfrak{B}$ 的支持函数 $H_{\mathfrak{B}}$ 是连续的，所以我们从式（*）得知，用连续函数可以均匀地逼近任意凸体 $\mathfrak{K}$ 的支持函数. 由此可见：

任意凸体的支持函数 $H(\alpha,\beta,\gamma)$ 在整个单位球面 $\alpha^2+\beta^2+\gamma^2=1$ 上是连续的.

我们也可把闵可夫斯基逼近定理改写如下：设任意凸体 $\mathfrak{K}$ 的一个内点是坐标原点，那么我们常可将 $\mathfrak{K}$ 装入有相似位置的两多面体之间而使后者非常靠近

$$\mathfrak{B}(1-\varepsilon) < \mathfrak{K} < \mathfrak{B}$$

我们如前作 $\mathfrak{B}$. 当采用

$$\varepsilon=\frac{\sigma\sqrt{3}}{\rho}$$

时，便有上述公式.

3. 任意凸体的体积和表面积的定义

设 $\mathfrak{K}$ 为有内点的任意凸体，又设 $\mathfrak{V}$ 为包 $\mathfrak{K}$ 的多面体（$\mathfrak{V}>\mathfrak{K}$）而且 $\mathfrak{M}$ 是在 $\mathfrak{K}$ 内的多面体. 那么根据 $\mathfrak{V}>\mathfrak{M}$ 的体积和表面积的性质 1，得知

$$J_{\mathfrak{V}}>J_{\mathfrak{M}},O_{\mathfrak{V}}>O_{\mathfrak{M}}$$

而且按此可以判定关于 $\mathfrak{K}$ 的体积和表面积的下列关系

$$J_{\mathfrak{V}}>J_{\mathfrak{K}}>J_{\mathfrak{M}}$$

$$O_{\mathfrak{V}}>O_{\mathfrak{K}}>O_{\mathfrak{M}}$$

可是，如我们即将阐明那样，只要成立对于所有被 $\mathfrak{K}$ 所包含的多面体 $\mathfrak{M}$ 和所有包含 $\mathfrak{K}$ 在其中的多面体 $\mathfrak{V}$ 的这些不等式，便可唯一确定测度 $J_{\mathfrak{K}},O_{\mathfrak{K}}$.

这是来自性质 2 和证明过的逼近定理. 实际上，我们仅须阐明：给定了任意正数 δ，我们一定可确定凸体 $\mathfrak{V}$ 和 $\mathfrak{M}$，使得

$$\mathfrak{V}>\mathfrak{K}>\mathfrak{M}$$

和

$$J_{\mathfrak{V}}-J_{\mathfrak{M}}<\delta,O_{\mathfrak{V}}-O_{\mathfrak{M}}<\delta$$

按照上述的逼近定理我们可选取

$$\mathfrak{M}=(1-\varepsilon)\mathfrak{V}$$

而且从性质 2 便有

$$J_{\mathfrak{V}}-J_{\mathfrak{M}}=\left(\frac{1}{(1-\varepsilon)^{3}}-1\right)J_{\mathfrak{M}}$$

$$O_{\mathfrak{V}}-O_{\mathfrak{M}}=\left(\frac{1}{(1-\varepsilon)^{2}}-1\right)O_{\mathfrak{M}}$$

如果我们把 $\mathfrak{K}$ 从而把 $\mathfrak{M}$ 装进一个边长为 s 的立方体里，那么便有

$$J_{\mathfrak{V}}-J_{\mathfrak{M}}<\left(\frac{1}{(1-\varepsilon)^{3}}-1\right)s^{3}$$

$$O_{\mathfrak{B}} - O_{\mathfrak{M}} < \left(\frac{1}{(1-\varepsilon)^2} - 1\right) 6s^2$$

因为$\varepsilon > 0$是可以任意压缩的，所以我们从中便获得所要的结果.

因此，我们可以定义 $J_{\mathfrak{K}}$ 和 $O_{\mathfrak{K}}$ 如下：

当一个凸体 $\mathfrak{K}$ 具有内点时，它的体积和表面积是被包括在 $\mathfrak{K}$ 内的凸多面体的体积和表面积的上限，也是包括 $\mathfrak{K}$ 在内的凸多面体的体积和表面积的下限.

完全相应地，在平面几何里凸体的面积和周长定义于被包括在域内和包括域在其内的凸多边形的对应测度.

一个凸域的体积应使之为零，而且它的表面积等于凸域面积的两倍.

在本节 1 所述的那些关于多面体的 J 和 O 的 3 个性质，按照闵可夫斯基逼近定理便可移植到任意凸体上来.

4. 收敛的凸体序列

每个凸点集 $\mathfrak{K}$ 就这样伴随着一个已定的体积 $J_{\mathfrak{K}}$ 和一个已定的表面积 $O_{\mathfrak{K}}$，因此两个数对应于每一个这种点集. 一个普通函数对应于一个集合，例如：一个区间的各点. 在我们这里便产生了函数概念的一个扩充，称之为“点集函数”，或简称“泛函”.

我们从上述的两个泛函 $J_{\mathfrak{K}}$ 和 $O_{\mathfrak{K}}$ 的定义出发，将推导某种连续性，而为此必须处理如何区别两“充分相邻”凸体的体积和表面积相差任意小的问题. 对此首先要求的是，词汇“相邻”必须具备一个明晰的意义.

设 P 为任意一点，$\mathfrak{K}$ 是凸体，Q 是 $\mathfrak{K}$ 中的点. 当 Q 在 $\mathfrak{K}$ 中变动时，P 与 Q 之间的距离的最小值 $E(P,\mathfrak{K})$ 称为

P 到 $\mathfrak{K}$ 的距离. 由于 $\mathfrak{K}$ 是闭集,这种极小必定存在.

现在我们可作如下的说明:对于凸体 $\mathfrak{K}$ 和 $\mathfrak{L}$ 如果存在下述性质的最小数 $v(v>0)$,即:从 $\mathfrak{L}$ 的任一点到 $\mathfrak{K}$ 的距离小于或等于 v,而且反过来,从 $\mathfrak{K}$ 的任一点到 $\mathfrak{L}$ 的距离同样小于或等于 v,那么 $v=N(\mathfrak{K},\mathfrak{L})$ 称这两个凸体 $\mathfrak{K}$ 和 $\mathfrak{L}$ 的邻近测度.

这样一来,我们就可以进一步作出如下的确定:设有一个凸体序列 $\mathfrak{K}_1,\mathfrak{K}_2,\mathfrak{K}_3,\cdots$ 和另一凸体 $\mathfrak{L}$. 如果 $\mathfrak{K}_n$ 和 $\mathfrak{L}$ 所对应的邻近测度趋近于零

$$\lim_{n\to\infty} N(\mathfrak{K}_n,\mathfrak{L})=0$$ ①

那么我们说,这个序列趋近于 $\mathfrak{L}$,或写为

$$\mathfrak{L}=\lim_{n\to\infty}\mathfrak{K}_n$$

举例 设 $\mathfrak{L}$ 为任意凸体,有内点或无内点. 于是,我们取这样的所有点 P,使得距离 $E(P,\mathfrak{L})\leqslant\rho_n$. P 的全体构成了另一个凸体 $\mathfrak{K}_n$,称为 $\mathfrak{L}$ 的平行体. 然后,让 ρ_n 趋近于零,例如:$1,\frac{1}{2},\frac{1}{3},\cdots$. 这时对应的凸体趋近于 $\mathfrak{L}$.

又在坐标 $x=\frac{1}{n},y=0,z=0(n=1,2,3,\cdots)$ 的点的周围,以半径 $\frac{1}{2^n}$ 作球 $\mathfrak{K}_n$. 那么存在

$$\lim_{n\to\infty}\mathfrak{K}_n=\mathfrak{L}$$

而实际上,$\mathfrak{L}$ 与原点重合.

上述的(本节 2) 逼近定理也可表成:如果一个凸体 $\mathfrak{K}$ 和一个正数 v 是给定的,人们总是可以这样确定

① 我们在后文(§4,5) 中将给出另一个收敛性的等价定义.

一个凸多面体 $\mathfrak{P}$ 使得 $N(\mathfrak{K},\mathfrak{P})<v$.

设 $\mathfrak{K}_1$ 和 $\mathfrak{K}_2$ 为两个凸体，它们都包含原点，而且 H_1,H_2 是支持函数，那么

$$|H_1-H_2|\leqslant N(\mathfrak{K}_1,\mathfrak{K}_2)$$

5.体积与表面积的连续性

现在是严密掌握上述的关于泛函 $J_{\mathfrak{K}}$ 和 $O_{\mathfrak{K}}$ 的连续性问题的时候了.

从

$$\lim_{n\to\infty}\mathfrak{K}_n=\mathfrak{L}$$

导出

$$\lim_{n\to\infty}J_{\mathfrak{K}_n}=J_{\mathfrak{L}},\lim_{n\to\infty}O_{\mathfrak{K}_n}=O_{\mathfrak{L}}$$

按前述事项看来，证明就摆在眼前.先假定 $\mathfrak{L}$ 有内点，取其一内点为原点 M.设中心 M 和半径 ρ 的球被包含在 $\mathfrak{L}$ 之中.那么

$$\left(1-\frac{v}{\rho}\right)\mathfrak{L}<\mathfrak{K}_n<\left(1+\frac{v}{\rho}\right)\mathfrak{L}$$

只要邻近测度

$$N(\mathfrak{K}_n,\mathfrak{L})<v$$

式中 v 是小于 ρ 的一个正数.按性质2得出

$$\left(1-\frac{v}{\rho}\right)^3J_{\mathfrak{L}}<J_{\mathfrak{K}_n}<\left(1+\frac{v}{\rho}\right)^3J_{\mathfrak{L}}$$

$$\left(1-\frac{v}{\rho}\right)^2O_{\mathfrak{L}}<O_{\mathfrak{K}_n}<\left(1+\frac{v}{\rho}\right)^2O_{\mathfrak{L}}$$

这样，我们便获得所要的结果

$$\lim_{n\to\infty}J_{\mathfrak{K}_n}=J_{\mathfrak{L}},\lim_{n\to\infty}O_{\mathfrak{K}_n}=O_{\mathfrak{L}}$$

在 $\mathfrak{L}$ 不具有内点的场合，我们同样可以简单地作出证明.设 $\mathfrak{L}$ 是平面 $z=0$ 上的凸域，而且包含着以坐标原点 M 为中心、ρ 为半径的圆域（倘若 $\mathfrak{L}$ 退缩为线段

或一点，那么定理的成立更为显而易知了）. 我们造出凸体

$$\mathfrak{M}_v \begin{cases} x, y & \left(在\left(1+\frac{v}{\rho}\right)\mathfrak{L}内\right) \\ |z| \leqslant v \end{cases}$$

从 $N(\mathfrak{K}_n, \mathfrak{L}) < v$，得出

$$\mathfrak{K}_n < \mathfrak{M}_v$$

且因此有

$$J_{\mathfrak{K}_n} < J_{\mathfrak{M}_v} = \left(1+\frac{v}{\rho}\right)^2 \cdot 2vF_{\mathfrak{L}}$$

$$O_{\mathfrak{K}_n} < O_{\mathfrak{M}_v} = 2\left(1+\frac{v}{\rho}\right)^2 F_{\mathfrak{L}} + 2v\left(1+\frac{v}{\rho}\right)U_{\mathfrak{L}}$$

式中 $F_{\mathfrak{L}}$ 和 $U_{\mathfrak{L}}$ 分别表示 $\mathfrak{L}$ 的面积和周长. 这样，立即得出

$$\lim_{n\to\infty} J_{\mathfrak{K}_n} = J_{\mathfrak{L}} = 0$$

我们对 $\mathfrak{K}_n$ 的表面积还需要找出第二个估值. 设 $\mathfrak{G}_n$ 为 $\mathfrak{K}_n$ 的基足，即：$\mathfrak{K}_n$ 的点在平面 $z=0$ 上的垂足的总体. 那么

$$\mathfrak{G}_n > \left(1-\frac{v}{\rho}\right)\mathfrak{L}$$

而另一方面

$$O_{\mathfrak{K}_n} \geqslant 2F_{\mathfrak{G}_n} > \left(1-\frac{v}{\rho}\right)^2 F_{\mathfrak{L}}$$

所以实际上

$$\lim_{n\to\infty} O_{\mathfrak{K}_n} = O_{\mathfrak{L}} = 2F_{\mathfrak{L}}$$

这里，我们利用了 $\mathfrak{K}_n$ 的表面积与其基足的面积之间的关系式

$$O_{\mathfrak{K}_n} \geqslant 2F_{\mathfrak{G}_n}$$

它当 $\mathfrak{K}_n$ 是多面体时亦成立. 由此可见，通过极限之后，

我们得到在 $\mathfrak{K}_n$ 具有内点的场合证明过的定理. 倘若 $\mathfrak{K}_n$ 是一个域,这关系式尤其是平凡的了.

§4　波尔查诺-魏尔斯特拉斯关于凝聚点存在定理的一个拓广

1. 凸体的选择定理

关于凝聚点存在性的波尔查诺-魏尔斯特拉斯定理可以表述如下:

人们从任一有界的无限点集总是可以选出一个收敛的点序列.

这仅仅是即将证明的关于凸体的一般定理的特殊情况.

选择定理　从一个均匀有界的无限凸体集 $\mathfrak{M}$ 总是可选出一个凸体序列 $\mathfrak{K}_1, \mathfrak{K}_2, \mathfrak{K}_3, \cdots$,使它收敛于一个凸体 $\mathfrak{L}$

$$\mathfrak{L} = \lim_{n \to \infty} \mathfrak{K}_n$$

这里所谓"均匀有界的"凸体集,是指集的所有凸体整个落在一个立方体 $\mathfrak{W}$ 之内,换言之,纳入一个充分大球之中.

至于收敛,则已见于 §3,第4节的定义.

2. 康托(Cantor)的对角线法

人们或许可以这样推导证明. 设 $\mathfrak{W}$ 决定于不等式

$$|x| \leqslant c, \ |y| \leqslant c, \ |z| \leqslant c$$

于是人们对 $\mathfrak{W}$ 中的三个坐标都是有理数的所有点可编号码,就是排成点列 $P_1, P_2, P_3, \cdots$. 为此,我们比如排出这样一个图式,使其第 q 行是由所有(有限个)这样一些点组成，每点的（正）有理数坐标的分母小于或等于 q. 接着，我们对第一行的这些点编号，再对第二行的点继续编号，以下依此类推. 这里我们可以避免同一个有理数点里出现多个分母的情况，而归根到底，用这种方式可以把 $\mathfrak{W}$ 中的所有有理点都编上号码了.

现在设 $\mathfrak{K}$ 为所论集 $\mathfrak{M}$ 中的任一凸体，而且 $E(P_1, \mathfrak{K})$ 是点 P_1 到这体的距离（参照 §3）. 因为

$$0 \leqslant E(P_1, \mathfrak{K}) \leqslant 2c\sqrt{3}$$

所有这些数 $E(P_1, \mathfrak{K})$ 都是有界的，于是我们按照波尔查诺 - 魏尔斯特拉斯定理可从集 $\mathfrak{M}$ 中挑出凸体序列——将以 $\mathfrak{K}_{11}, \mathfrak{K}_{12}, \mathfrak{K}_{13}, \cdots$ 表示它，使得

$$\lim_{n\to\infty} E(P_1, \mathfrak{K}_{1n})$$

存在.

同样，从序列 $\mathfrak{K}_{11}, \mathfrak{K}_{12}, \mathfrak{K}_{13}, \cdots$ 可以挑出另一个子序列 $\mathfrak{K}_{21}, \mathfrak{K}_{22}, \mathfrak{K}_{23}, \cdots$，使得

$$\lim_{n\to\infty} E(P_2, \mathfrak{K}_{2n})$$

也存在.

把这个过程重复施行 k 次之后，我们便得到 $\mathfrak{M}$ 中的凸体序列 $\mathfrak{K}_{k1}, \mathfrak{K}_{k2}, \mathfrak{K}_{k3}, \cdots$，使得

$$\lim_{n\to\infty} E(P_j, \mathfrak{K}_{kn})$$

对于 $j=1,2,\cdots,k$ 都存在. 如果把这个步骤推行到无限，我们便获得凸体的一个图式

$$\begin{matrix} \mathfrak{K}_{11}, \mathfrak{K}_{12}, \mathfrak{K}_{13}, \mathfrak{K}_{14}, \cdots \\ \mathfrak{K}_{21}, \mathfrak{K}_{22}, \mathfrak{K}_{23}, \mathfrak{K}_{24}, \cdots \\ \mathfrak{K}_{31}, \mathfrak{K}_{32}, \mathfrak{K}_{33}, \mathfrak{K}_{34}, \cdots \\ \mathfrak{K}_{41}, \mathfrak{K}_{42}, \mathfrak{K}_{43}, \mathfrak{K}_{44}, \cdots \\ \vdots \end{matrix}$$

它是向右、下两个方向无限延伸的. 图式中的各行是凸体的一个序列,全体被包括在其前行的序列之中.

我们按照康托作出这图式的"对角序列"

$$\mathfrak{K}_{11}, \mathfrak{K}_{22}, \mathfrak{K}_{33}, \cdots$$

这个序列仅仅含有序列

$$\mathfrak{K}_{k1}, \mathfrak{K}_{k2}, \mathfrak{K}_{k3}, \cdots$$

的第 k 个凸体. 所以对于 $j=1,2,\cdots,k$ 必存在

$$\lim_{n\to\infty} E(P_j, \mathfrak{K}_{nn})$$

而且因为 k 是任意自然数,这个极限值对于所有的有理点一律存在.

3. 所选序列的收敛性

为了简便,将序列

$$\mathfrak{K}_{11}, \mathfrak{K}_{22}, \mathfrak{K}_{33}, \cdots$$

写成

$$\mathfrak{K}_1, \mathfrak{K}_2, \mathfrak{K}_3, \cdots$$

而且要证明

$$\lim_{n\to\infty} E(P, \mathfrak{K}_n)$$

不但对于任何有理点 $P \in \mathfrak{W}$,而且一律对 $\mathfrak{W}$ 的任何点 P 都存在;此外,这个极限值是 P 的各坐标的连续函数. 我们可从下列三角形三边之间的不等式立即得出证明

$$|E(P, \mathfrak{K}_n) - E(Q, \mathfrak{K}_n)| \leqslant \overline{PQ}$$

因此,对于有理点 P 和 Q 首先成立

$$\left|\lim_{n\to\infty} E(P, \mathfrak{K}_n) - \lim_{n\to\infty} E(Q, \mathfrak{K}_n)\right| \leqslant \overline{PQ} \quad (*)$$

从第一个不等式还容易看出,在一个无理点 P 处所作的数列

$$E(P, \mathfrak{K}_1), E(P, \mathfrak{K}_2), E(P, \mathfrak{K}_3), \cdots$$

仅可能有一个凝聚点,从而得知:在一个无理点 P 也

存在

$$\lim_{n\to\infty} E(P,\mathfrak{K}_n)$$

另外，从此还得知：不等式（$*$）对于无理点也成立，而且其中就蕴涵着：P 的各坐标的函数

$$E(x,y,z)=\lim_{n\to\infty} E(P,\mathfrak{K}_n)$$

是连续的.

现在，我们将证明：凡使 $E(x,y,z)=0$ 的 $\mathfrak{W}$ 的所有点构成一个凸体 $\mathfrak{L}$.

首先是 $\mathfrak{L}\leqslant\mathfrak{W}$，即 $\mathfrak{L}$ 是有界的. 其次，由于 $E(x,y,z)$ 是连续函数，$\mathfrak{L}$ 是闭集. 又在两点 P_1,P_2 的连线上任取一点 P 时，从

$$E(P_1,\mathfrak{K}_n)<\varepsilon, E(P_2,\mathfrak{K}_n)<\varepsilon$$

得出

$$E(P,\mathfrak{K}_n)<\varepsilon$$

所以从

$$\lim_{n\to\infty} E(P_1,\mathfrak{K}_n)=0,\lim_{n\to\infty} E(P_2,\mathfrak{K}_n)=0$$

便有

$$\lim_{n\to\infty} E(P,\mathfrak{K}_n)=0$$

就是说：当 $\mathfrak{L}$ 包含 P_1 和 P_2 时，也包含其连线上的各点. 因此，我们证实了 $\mathfrak{L}$ 作为凸体的定义性质.

4. 和以前收敛定义的相一致性

最后，我们还须证明：在同 §3 中所定义的一样意义下

$$\mathfrak{L}=\lim_{n\to\infty}\mathfrak{K}_n$$

首先有必要证明：对于任意正数 ε 一定可选取这么大整数 m，使得对于 $\mathfrak{L}$ 的所有点 P 和所有的 $n>m$ 成立

$$E(P,\mathfrak{K}_n)<\varepsilon$$

假如不是这样的话，我们就可在 $\mathfrak{L}$ 内选出无限多点 $P_1,P_2,P_3,\cdots$ 和无限多个自然数 $n_1,n_2,n_3,\cdots$，使得

$$E(P_j,\mathfrak{K}_{nj})\geqslant\varepsilon$$

因为 $\mathfrak{L}$ 是有界的闭集，这些 P_j 在 $\mathfrak{L}$ 内一定至少有一个凝聚点 P_0，而且在这里将会有

$$\begin{aligned}E(P_0,\mathfrak{K}_{nj})&\geqslant E(P_j,\mathfrak{K}_{nj})-\overline{P_0P_j}\\&\geqslant\varepsilon-\overline{P_0P_j}\end{aligned}$$

这样，必然会导致

$$\lim_{n\to\infty}E(P_0,\mathfrak{K}_n)\geqslant\varepsilon$$

而与假设相矛盾.

第二步，我们终究还要证明：任意给定一个正数 ε，必可选择这么大的 m，使得对于 $\mathfrak{K}_n(n>m)$ 内任意点 P 成立

$$E(P,\mathfrak{L})<\varepsilon$$

假如不然，就可在 $\mathfrak{K}_{nj}(n_j>m)$ 选取无限多个点 P_j，使得

$$E(P_j,\mathfrak{L})\geqslant\varepsilon$$

这些 P_j 都在 $\mathfrak{W}$ 内，将会有真正的一个凝聚点 P_0，并且我们一方面有

$$E(P_0,\mathfrak{K}_{nj})\leqslant\overline{P_0P_j}$$

于是有

$$\lim_{n\to\infty}E(P_0,\mathfrak{K}_n)=0$$

可是另一方面，又会有

$$E(P_0,\mathfrak{L})\geqslant E(P_j,\mathfrak{L})-\overline{P_0P_j}$$

于是有

$$E(P_0,\mathfrak{L})\geqslant\varepsilon$$

与另一结论相矛盾. 这样，我们证明了选择定理.

5.收敛概念的第二种表示

我们从上述的选择定理将作出一个应用.如果一个凸体序列是收敛的

$$\lim_{n\to\infty}\mathfrak{K}_n=\mathfrak{L}$$

而且极限凸体 $\mathfrak{L}$ 具有内点,那么我们可作下列结论:如果 A 是在 $\mathfrak{L}$ 外的一点,那么它也在充分大 n 的 $\mathfrak{K}_n$ 的外部而且 $\mathfrak{L}$ 的各内点 B 也是从一定的 n 以后的所有 $\mathfrak{K}_n$ 的内点.但是,如同我们反过来即将证明那样,这个事实是收敛的特征:

设 $\mathfrak{K}_1,\mathfrak{K}_2,\mathfrak{K}_3,\cdots$ 是凸体序列而且 $\mathfrak{L}$ 是另一个具有内点的凸体.$\mathfrak{L}$ 外部的各点 A 也在充分大 $n>m_A$ 的 $\mathfrak{K}_n$ 的外部而且 $\mathfrak{L}$ 的每一内点 B 一定在充分大 $n>m_B$ 的 $\mathfrak{K}_n$ 的内部.那么 $\mathfrak{K}_1,\mathfrak{K}_2,\mathfrak{K}_3,\cdots$ 收敛于 $\mathfrak{L}$

$$\lim_{n\to\infty}\mathfrak{K}_n=\mathfrak{L}$$

因此,我们换句话说,主张如下:前文(§3)在收敛定义中所提出的逼近均匀性是 $\mathfrak{K}_n$ 的凸性的结论.

首先是对序列 $\mathfrak{K}_1,\mathfrak{K}_2,\mathfrak{K}_3,\cdots$ 作其均匀有界的证明.像§3中那样,我们把空间划分为边长 σ 的纯立方并且选取这么小的 σ,使八个所论立方构成了边长为 2σ 的立方 $\mathfrak{W}_2$,它全部落到 $\mathfrak{L}$ 的内部.由于 $\mathfrak{L}$ 是有界的,我们可确定边长为 $(2k+2)\sigma$ 的第二个立方 $\mathfrak{W}_{2k+2}$,使它包含 $\mathfrak{L}$ 于其内而且和 $\mathfrak{W}_2$ 关于中心有相似的位置,因而从所论格子点的立方可以造出 $\mathfrak{W}_{2k+2}$.

按照假设我们可选取充分大的 m,使 $\mathfrak{W}_{2k+2}$ 的境界面上所有格子点(立方角点)也全在所有 $\mathfrak{K}_n(n>m)$ 的外部,而 $\mathfrak{W}_2$ 则被包含在所有这些 $\mathfrak{K}_n$ 的内部.于是这些 $\mathfrak{K}_n$ 自然也落在一个立方 $\mathfrak{W}_{4k+2}$ 的内部,这里 $\mathfrak{W}_{4k+2}$ 和 $\mathfrak{W}_2$ 同心而有相似位置,其边长等于 $(4k+2)\sigma$.这是因

为，倘若相反有一个 $\mathfrak{K}_n$ 包含了 $\mathfrak{W}_{4k+2}$ 的表面上一点，它也就要包含这点与 $\mathfrak{W}_2$ 的连线段锥体，从而要包含 $\mathfrak{W}_{2k+2}$ 的表面上一个格子点，这就违反了假定(图 4，其中 $k=2$). 由于所有 $n>m$ 的 $\mathfrak{K}_n$ 必须如此落在 $\mathfrak{W}_{4k+2}$ 之中，所以我们证明了这个序列的均匀有界性.

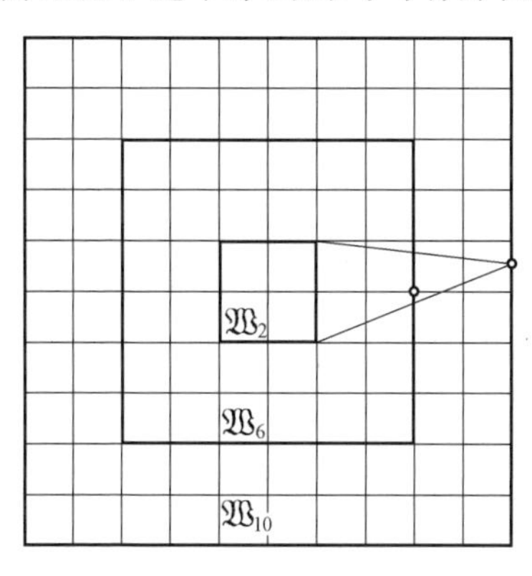

图 4

根据前述的选择定理，均匀有界序列 $\mathfrak{K}_1, \mathfrak{K}_2, \mathfrak{K}_3, \cdots$ 中必有一个收敛序列 $\mathfrak{K}_{n_1}, \mathfrak{K}_{n_2}, \mathfrak{K}_{n_3}, \cdots (n_1<n_2<n_3<\cdots)$ 存在，而实际上

$$\lim_{j\to\infty} \mathfrak{K}_{n_j} = \mathfrak{L}^*$$

从某个 n_j 以后，极限凸体 $\mathfrak{L}^*$ 的各内点落在所有的 $\mathfrak{K}_{n_j}$ 的内部，因此，它不可能是 $\mathfrak{L}$ 的外点. 同样，对于充分大的 n_j，极限体 $\mathfrak{L}^*$ 的各外点必在 $\mathfrak{K}_{n_j}$ 的外部，因而不可能在 $\mathfrak{L}$ 的内部. 这样一来，我们一方面有 $\mathfrak{L}^* \leqslant \mathfrak{L}$，而另一方面又有 $\mathfrak{L}^* \geqslant \mathfrak{L}$，于是 $\mathfrak{L}^* = \mathfrak{L}$.

现在让我们观察邻近测度(§3)的序列

$$v_n = N(\mathfrak{K}_n, \mathfrak{L})$$

从已证的事实得知，有界数列 $v_1, v_2, v_3, \cdots$ 的各

子列包含着收敛于零的小部分数列,所以

$$\lim_{n\to\infty} v_n = 0 \text{ 或} \lim_{n\to\infty} \mathfrak{K}_n = \mathfrak{L}$$

即所欲证的结果.

§5 对 称 化

1.收敛凸体序列的对称化

在 §1 所定义的对称化,现在将由我们在 §2 后段导进的表示法加以公式化,非常便利.设 $\mathfrak{K}$ 是具有基足 $\mathfrak{G}$ 的凸体

$$\mathfrak{K}\begin{cases} x,y \quad (\text{在 } \mathfrak{G} \text{ 内}) \\ g(x,y) \leqslant z \leqslant f(x,y) \end{cases}$$

函数 $+f$ 和 $-g$ 在 $\mathfrak{G}$ 内是凸的,所以函数

$$\frac{1}{2}(f-g)$$

根据 §2 末段所述,也是凸的,从而下列条件

$$\widetilde{\mathfrak{K}}\begin{cases} x,y \quad (\text{在 } \mathfrak{G} \text{ 内}) \\ \frac{1}{2}(g(x,y)-f(x,y)) \leqslant z \leqslant \frac{1}{2}(f(x,y)-g(x,y)) \end{cases}$$

也定义了一个凸体.然而 $\widetilde{\mathfrak{K}}$ 和 $\mathfrak{K}$ 一样,与各根铅直线相交的两条线段是等长的,所以 $\widetilde{\mathfrak{K}}$ 就是从 $\mathfrak{K}$ 经过关于基平面的斯坦纳对称化而导出的凸体.

这样,我们已经证明了这个作图法的第一性质:一个凸体仍变为一个凸体.

为了进一步阐明凸体 $\mathfrak{K}$ 和 $\widetilde{\mathfrak{K}}$ 的体积与表面积之间的上述关系式

$$J=\overline{J}, O \geqslant \widetilde{O}$$

我们先证明下列引理.

引理　设 $\mathfrak{K}_1,\mathfrak{K}_2,\mathfrak{K}_3,\cdots$ 是收敛的凸体序列,极限凸体是 $\mathfrak{L}$

$$\lim_{n\to\infty}\mathfrak{K}_n=\mathfrak{L}$$

我们把序列的所有凸体关于同一基平面对称化.那么这样得到的凸体 $\widetilde{\mathfrak{K}}_1,\widetilde{\mathfrak{K}}_2,\widetilde{\mathfrak{K}}_3,\cdots$ 也构成一个收敛序列而且它的极限凸体

$$\lim_{n\to\infty}\widetilde{\mathfrak{K}}_n=\widetilde{\mathfrak{L}}$$

同样是从 $\mathfrak{L}$ 经过关于同一基平面的对称化而导出的.

简言之:对称化与极限过程是可交换的.

在证明中,我们将局限于"一般"情况,就是 $\mathfrak{L}$ 具有内点的场合,且从而将应用在 §4 建立的收敛性在这场合的特征.

设 $\widetilde{A}_1$ 是凸体 $\widetilde{\mathfrak{L}}$ 的外点,其中 $\widetilde{\mathfrak{L}}$ 代表从 $\mathfrak{L}$ 经过关于基平面 $\mathfrak{S}$ 的对称化而得来的凸体(图5).设 $\widetilde{A}_2$ 是 $\widetilde{A}_1$ 关于 $\mathfrak{S}$ 的对称点.这两点的连线和 $\widetilde{\mathfrak{L}}$ 可能相交于线段 $\widetilde{P}_1\widetilde{P}_2$.现在我们把四点 $\widetilde{A}_1,\widetilde{P}_1,\widetilde{P}_2,\widetilde{A}_2$ 在保持相互间的距离之下,沿这直线平移到中段落在 $\mathfrak{L}$ 上的 P_1P_2 为止.于是 $\widetilde{A}_1$ 和 $\widetilde{A}_2$ 被移到 A_1 和 A_2 去.A_1,A_2 都是 $\mathfrak{L}$ 的外点,所以它们同时也是所有 $\mathfrak{K}_n(n>m_A)$ 的外点.由此可见,$\widetilde{A}_1$ 自然在同一组 n 所对应的所有 $\widetilde{\mathfrak{K}}_n$ 的外部.

如果 $\widetilde{\mathfrak{L}}$ 的外点 $\widetilde{A}$ 有这样的位置,以至从 $\widetilde{A}$ 所引的 $\mathfrak{S}$ 的垂线和凸体 $\widetilde{\mathfrak{L}}$ 不相交,那么上述的过程便可简化.这时,我们只要选取这么大的 n 使得 $\mathfrak{K}_n$ 和这垂线不相交,便得知 $\widetilde{\mathfrak{K}}_n$ 也是如此.

最后,如果 $\widetilde{B}_1$ 在 $\widetilde{\mathfrak{L}}$ 的内部时,我们仍找出 $\widetilde{B}_1$ 关于 $\mathfrak{S}$ 的对称点 $\widetilde{B}_2$,以及它们的连线与 $\widetilde{\mathfrak{L}}$ 的交 $\widetilde{P}_1\widetilde{P}_2$.通过

铅直线上的倒回位移把它移到 $\mathfrak{L}$ 上的 P_1P_2，那以 $\widetilde{B}_1\widetilde{B}_2$ 被移到 $\mathfrak{L}$ 的内部 B_1B_2. 于是我们可这样选取 $n > m_B$ 使所有对应的 $\mathfrak{K}_n$ 都以 B_1B_2 为内点，且从而 $\widetilde{B}_1\widetilde{B}_2$ 也是对称凸体 $\widetilde{\mathfrak{K}}_n(n > m_B)$ 的内点.

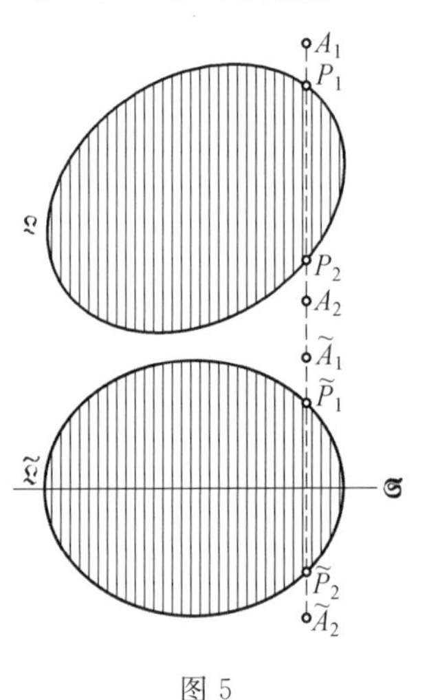

图 5

这样一来，实际上已确定了下述事实：从极限凸体 $\mathfrak{L}$ 的对称化得来的凸体 $\widetilde{\mathfrak{L}}$ 也是作为对称化了的序列 $\widetilde{\mathfrak{K}}_1,\widetilde{\mathfrak{K}}_2,\widetilde{\mathfrak{K}}_3,\cdots$ 的极限凸体而得来的.

2. 对体积和表面积的作用

根据闵可夫斯基的逼近定理（§3）我们可通过凸多面体 $\mathfrak{B}_1,\mathfrak{B}_2,\mathfrak{B}_3,\cdots$ 的序列逼近一个凸体 $\mathfrak{K}$

$$\mathfrak{K} = \lim_{n\to\infty} \mathfrak{B}_n$$

如果把所有这些关于同一平面 $\mathfrak{S}$ 对称化，那么我们由上面说明过的事实

$$\widetilde{\mathfrak{K}} = \lim_{n\to\infty} \widetilde{\mathfrak{B}}_n$$

便获得对称凸体 $\widetilde{\mathfrak{K}}$ 按对称多面体 $\widetilde{\mathfrak{B}}_n$ 的一个逼近. 我们

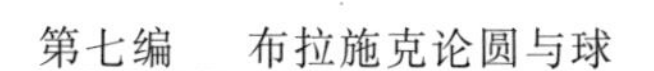

记 $\mathfrak{B}_n$ 的体积和表面积分别为 J_n 和 O_n，记 $\widetilde{\mathfrak{B}}_n$ 的对应量为 $\widetilde{J}_n$ 和 $\widetilde{O}_n$，从 §3 便有

$$J_{\mathfrak{K}}=\lim_{n\to\infty} J_n, O_{\mathfrak{K}}=\lim_{n\to\infty} O_n$$

$$J_{\tilde{\mathfrak{K}}}=\lim_{n\to\infty} \widetilde{J}_n, O_{\tilde{\mathfrak{K}}}=\lim_{n\to\infty} \widetilde{O}_n$$

这样，如果我们要阐明两个关系式

$$J_{\mathfrak{K}}=J_{\tilde{\mathfrak{K}}}, O_{\mathfrak{K}}\geqslant O_{\tilde{\mathfrak{K}}}$$

那么，必须证实凸多面体 $\mathfrak{B}_n$，$\widetilde{\mathfrak{B}}_n$ 的对应关系式

$$J_n=\widetilde{J}_n, O_n\geqslant \widetilde{O}_n \tag{11}$$

而这却是完全初等的课题.

为此，我们将不妨害[①]而恰相反，过渡到斯坦纳未曾完成的证明步骤，就是：当 $\mathfrak{K}$ 没有平行于 $\mathfrak{S}$ 的对称平面时，总是成立

$$O_{\mathfrak{K}}>O_{\tilde{\mathfrak{K}}} \tag{12}$$

而这事实是可以从多面体的相应事实推导出来的.

和凸体对称化 $\mathfrak{K}\to\widetilde{\mathfrak{K}}$ 的见解

$$J_{\mathfrak{K}}=J_{\tilde{\mathfrak{K}}}$$

完全相类似地，我们可在垂直平面（例如 $y=0$）上对凸域对称化 $\mathfrak{B}\to\widetilde{\mathfrak{B}}$ 中（参照图 5）导出关于面积的对应等式

$$F_{\mathfrak{B}}=F_{\tilde{\mathfrak{B}}} \tag{13}$$

空间关系式

$$O_{\mathfrak{K}}\geqslant O_{\tilde{\mathfrak{K}}}$$

在平面上的对应式是 $\mathfrak{B}$ 与 $\widetilde{\mathfrak{B}}$ 的周长间的不等式

$$L_{\mathfrak{B}}\geqslant L_{\tilde{\mathfrak{B}}} \tag{14}$$

为了推导这些结果(13) 和(14)，我们把所述关于空间

---

① 第一关系式是平凡的，而第二个的严密证明见后.

的一切观察移植到较为简单的平面几何的场合就行了.

3. 逼近多面体的对称化

设 $\mathfrak{K}$ 为具有内点的凸体. 我们将通过一个多面体序列 $\mathfrak{P}_1,\mathfrak{P}_2,\mathfrak{P}_3,\cdots$ 来逼近 $\mathfrak{K}$

$$\lim_{n\to\infty}\mathfrak{P}_n=\mathfrak{K}$$

而且其中这些多面体还是一个套着一个的

$$\mathfrak{P}_1>\mathfrak{P}_2>\mathfrak{P}_3>\cdots>\mathfrak{K}$$

于是在 $z=0$ 上所属的基足也是有同样的先后顺序的

$$\mathfrak{G}_1\geqslant\mathfrak{G}_2\geqslant\mathfrak{G}_3\geqslant\cdots\geqslant\mathfrak{G}$$

在 $\mathfrak{G}$ 的内部选定一个正方形 $\mathfrak{R}$

$$\xi_1\leqslant x\leqslant\xi_2,\eta_1\leqslant y\leqslant\eta_2,z=0$$

使得每边被扩大长度 $\rho(\rho>0)$ 之后的正方形也在 $\mathfrak{G}$ 内. $\mathfrak{P}_n$ 被四个平面 $x=\xi_1,\xi_2;y=\eta_1,\eta_2$ 切成九个小凸多面体

$$\mathfrak{P}_n^k\quad(k=0,1,2,\cdots,8)$$

其中假定了 $\mathfrak{P}_n^0$ 是以 $\mathfrak{R}$ 为基足的. 这些多面体的表面积之间成立下列关系(参照 §3 性质 3)

$$O_{\mathfrak{P}_n}=\sum_{k=0}^{8}O_{\mathfrak{P}_n^k}-2\sum_{l=1}^{4}F_{\mathfrak{P}^l}$$

式中 $\mathfrak{P}^l(l=1,2,3,4)$ 表示 $\mathfrak{P}_n$ 被四个平面所截成的四个凸域(多角形).

如果我们把整个图形关于基平面 $z=0$ 实现对称化,那么按上所述(§5)便有

$$O_{\mathfrak{P}_n^k}\geqslant O_{\tilde{\mathfrak{P}}_n^k}\quad(k=0,1,\cdots,8)$$

$$F_{\mathfrak{P}^l}=F_{\tilde{\mathfrak{P}}^l}\quad(l=1,2,3,4)$$

所以

$$O_{\mathfrak{P}_n}-O_{\tilde{\mathfrak{P}}_n}\geqslant O_{\mathfrak{P}_n^0}-O_{\tilde{\mathfrak{P}}_n^0}$$

这样，我们仅须观察那两个以 $\mathfrak{R}$ 为基足的多面体 $\mathfrak{V}_n^0$ 和 $\widetilde{\mathfrak{V}}_n^0$ 就可以了.

当 $\mathfrak{V}_n^0$ 的所有棱垂直投影到 $z=0$ 上时，这些正投影形成了基足的一个线段网，而且 $\mathfrak{R}$ 被这网分割成为有限个凸域(多角形)，记其中一个代表者为 $\Delta\mathfrak{R}$，记它的面积为 ΔF. $\widetilde{\mathfrak{V}}_n^0$ 的所有棱的正投影构成同一网.

设 $\mathfrak{V}_n$ 在基足 $\Delta\mathfrak{R}$ 上的两侧面决定于下列方程组

$$\begin{cases}z=+p_1x+q_1y+r_1\\z=-p_2x-q_2y-r_2\end{cases}\tag{15}$$

那么 $\widetilde{\mathfrak{V}}_n$ 的对应侧面则决定于

$$2z=\pm[(p_1+p_2)x+(q_1+q_2)y+(r_1+r_2)]\tag{16}$$

于是这些表面部分的面积是

$$\sqrt{1+p_1^2+q_1^2}\cdot\Delta F,\sqrt{1+p_2^2+q_2^2}\cdot\Delta F$$

$$\sqrt{1+\left(\frac{p_1+p_2}{2}\right)^2+\left(\frac{q_1+q_2}{2}\right)^2}\cdot\Delta F$$

因此得出

$$\begin{aligned}&O_{\mathfrak{V}_n^0}-O_{\widetilde{\mathfrak{V}}_n^0}\\&=\sum\Big[\sqrt{1+p_1^2+q_1^2}-\\&\quad 2\sqrt{1+\left(\frac{p_1+p_2}{2}\right)^2+\left(\frac{q_1+q_2}{2}\right)^2}+\\&\quad\sqrt{1+p_2^2+q_2^2}\Big]\cdot\Delta F\end{aligned}\tag{17}$$

因为各区域在铅直平面 $x=\xi_1,\xi_2;y=\eta_1,\eta_2$ 上的面积都在除外之列. 和符是关于 $\mathfrak{R}$ 的所有凸部分区域总加起来的.

这样，我们获得

$$O_{\mathfrak{V}_n^0}-O_{\widetilde{\mathfrak{V}}_n^0}\geqslant\sum\Omega\cdot\Delta F\tag{18}$$

式中，Ω 表示上列式(17)中的方括号式，它依赖于 $\mathfrak{B}_n$ 的侧面位置. 我们即将估值这个式子.

4. 赫尔德(Hölder)中值定理的应用

设 $F(h)$ 是线段 $-1\leqslant h\leqslant+1$ 上的连续函数而且它有第一和第二导函数. 那么按照赫尔德①必有

$$F(+1)-2F(0)+F(-1)=F''(h) \qquad (19)$$

式中

$$|h|<1$$

实际上，我们作辅助函数

$$G(h)=F(0)+\frac{h}{2}[F(+1)-F(-1)]+\frac{h^2}{2}[F(+1)-2F(0)+F(-1)]$$

那么，当 $h=-1,0,+1$ 时，有

$$F(h)-G(h)=0$$

按 Rolle 定理(微分学中值定理)得知导函数

$$F'(h)-G'(h)$$

必然一度在线段 $-1<h<0$ 上和一度在线段 $0<h<+1$ 上取零值. 再应用罗尔(Rolle)定理便得知：第二导函数

$$F''-G''=F''(h)-[F(+1)-2F(0)+F(-1)]$$

在线段 $-1,+1$ 上的某一点 h 取零值. 证毕.

现在，让我们应用赫尔德中值定理到函数

$$F(h)=\sqrt{1+\left(\frac{p_1+p_2}{2}+h\frac{p_1-p_2}{2}\right)^2+\left(\frac{q_1+q_2}{2}+h\frac{q_1-q_2}{2}\right)^2}$$

① Zur Theorie der trigonometrischen Reihen, Mathem. Annalen, 1884, 24: 183.

就会发现前段式(8)中以Ω表达的算式

$$\Omega=F''(h)$$

因此,Ω可表成为

$$F''(h)=\frac{(p_1-p_2)^2+2(p_1q_2-p_2q_1)^2+(q_1-q_2)^2}{4F(h)^3}$$

倘若有

$$|p_1|\leqslant\sigma,\ |p_2|\leqslant\sigma,\ |q_1|\leqslant\sigma,\ |q_2|\leqslant\sigma \tag{20}$$

那么我们最后得到估值

$$\Omega\geqslant\frac{(p_1-p_2)^2+(q_1-q_2)^2}{4(1+2\sigma^2)^{3/2}} \tag{21}$$

5.上述估值的引进

为了使上述估值(21)能适用于所论的场合,我们将对这些$|p|$和$|q|$找出与n无关的估值σ.

我们用以逼近$\mathfrak{K}$的多面体序列$\mathfrak{P}_1>\mathfrak{P}_2>\mathfrak{P}_3>\cdots$,由于所有的$\mathfrak{P}_n$都被包含在$\mathfrak{P}_1$之中,本身是均匀有界的.我们将$\mathfrak{P}_1$从而所有的$\mathfrak{P}_n$都夹进两张水平面$z=\pm\zeta$之内.这么一来,$\mathfrak{P}_n$的定义方程

$$\mathfrak{P}_n\begin{cases}x,y\quad(\text{在 }\mathfrak{G}_n\text{ 内})\\ \gamma_n(x,y)\leqslant z\leqslant\varphi_n(x,y)\end{cases}$$

中的凸函数$\varphi_n(x,y)$和$-\gamma_n(x,y)$便落在界限ζ之内

$$|\gamma_n(x,y)|\leqslant\zeta$$
$$|\varphi_n(x,y)|\leqslant\zeta$$

根据假设,凸函数φ_n,$-\gamma_n$的定义域$\mathfrak{G}_n$都包含了矩形$\mathfrak{R}$

$$\xi_1\leqslant x\leqslant\xi_2,\eta_1\leqslant y\leqslant\eta_2$$

而且为此还须包含更大的矩形

$$\xi_1-\rho\leqslant x\leqslant\xi_2+\rho,\eta_1-\rho\leqslant y\leqslant\eta_2+\rho$$

函数 $\varphi_n(x,y)$ 在固定 y 之下是 $\mathfrak{R}$ 内 x 的凸函数，所以(参照 §2)

$$\frac{\partial\varphi_n(\xi_1,y)}{\partial x}\geqslant\frac{\partial\varphi_n(x,y)}{\partial x}\geqslant\frac{\partial\varphi_n(\xi_2,y)}{\partial x}$$

其中，我们已经用了偏导数以代替前面利用过的一般化导数. 此外，从式(18)(也参照图 6) 得到

$$\frac{\varphi_n(\xi_1,y)-\varphi_n(\xi_1-\rho,y)}{\rho}\geqslant\frac{\partial\varphi_n(\xi_1,y)}{\partial x}$$

$$\frac{\varphi_n(\xi_2+\rho,y)-\varphi_n(\xi_2,y)}{\rho}\leqslant\frac{\partial\varphi_n(\xi_2,y)}{\partial x}$$

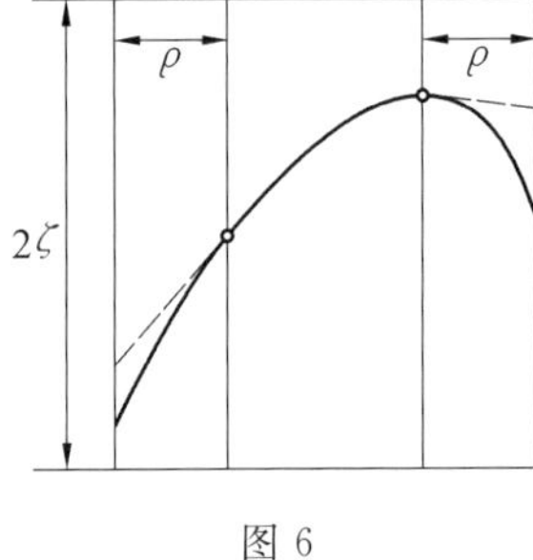

图 6

因此，最后得出

$$\left|\frac{\partial\varphi_n(x,y)}{\partial x}\right|\geqslant\frac{2\zeta}{\rho}$$

而且同一估值式也完全适用于对 y 的偏导数. 另外，同一套不等式对于 $\mathfrak{K}$ 所属的函数 $f(x,y)$ 和 $g(x,y)$ 也成立.

在我们讨论的场合，这个凸函数 φ_n 是线段式的而且它的偏导数在这线段上是式(15) 的 p_1 和 q_1. 这样，我们获得

$$|p_1|\leqslant\frac{2\xi}{\rho},\ |q_1|\leqslant\frac{2\zeta}{\rho}\tag{22}$$

以及完全类似式

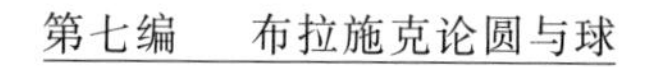

$$|p_2| \leqslant \frac{2\xi}{\rho}, |q_2| \leqslant \frac{2\zeta}{\rho} \tag{23}$$

于是不妨采用

$$\sigma = \frac{2\zeta}{\rho} \tag{24}$$

并把这值代进公式(18)中去.

这样,我们有

$$O_{\mathfrak{B}_n} - O_{\tilde{\mathfrak{B}}_n} \geqslant \frac{\sum[(p_1-p_2)^2+(q_1-q_2)^2]\cdot\Delta F}{4\left[1+2\left(\frac{2\zeta}{\rho}\right)^2\right]^{3/2}}$$

6.许瓦兹的不等式

下文中,我们对所获得的限界式略加形式上的改写,以便于以后的讨论,就是不用总和符而代之以二重积分

$$O_{\mathfrak{B}_n} - O_{\tilde{\mathfrak{B}}_n} \geqslant C\iint_{\mathfrak{R}}[(p_1-p_2)^2+(q_1-q_2)^2]\mathrm{d}x\mathrm{d}y \tag{25}$$

式中

$$\frac{1}{C} = 4\left[1+2\left(\frac{2\zeta}{\rho}\right)^2\right]^{3/2} \tag{26}$$

和

$$\begin{cases} p_1 = +\dfrac{\partial\varphi_n}{\partial x}, q_1 = +\dfrac{\partial\varphi_n}{\partial y} \\ p_2 = -\dfrac{\partial\gamma_n}{\partial x}, q_2 = -\dfrac{\partial\gamma_n}{\partial y} \end{cases} \tag{27}$$

因为被积分函数是正的,只要我们仅仅在一个被包含于 $\mathfrak{R}$ 之内的小矩形

$$\xi \leqslant x \leqslant \xi', \eta \leqslant y \leqslant \eta'$$

作积分,公式(25)必定成立.

关于函数 $A(t)$ 和 $B(t)$ 必有许瓦兹的不等式

$$\left[\int_a^b A(t)B(t)\mathrm{d}t\right]^2 \leqslant \int_a^b A(t)^2\mathrm{d}t \cdot \int_a^b B(t)^2\mathrm{d}t \quad (28)$$

人们可证明如下:关于 λ 的二次多项式

$$\int_a^b [A(t)+\lambda B(t)]^2\mathrm{d}t = \int_a^b A(t)^2\mathrm{d}t + 2\lambda\int_a^b A(t)B(t)\mathrm{d}t + \lambda^2\int_a^b B(t)^2\mathrm{d}t$$

对所有值 λ 是大于或等于零的. 所以它对于非实数而且互异的两个值 λ 等于零,不然,这个多项式就会取负值. 这样,便证明了上列表达式各系数之间的许瓦兹不等式.

我们先令

$$A(x)=\frac{\partial(\varphi_n+\gamma_n)}{\partial x}, B(x)=1$$

然后令

$$A(y)=\frac{\partial(\varphi_n+\gamma_n)}{\partial y}, B(y)=1$$

那么按照对式(25) 中的两项通过四度应用上式不等式的处理,便获得

$$O_{\mathfrak{B}_n}-O_{\tilde{\mathfrak{B}}_n} \geqslant \frac{C}{(\xi'-\xi)(\eta'-\eta)} \times \left\{\left\{\int_\eta^{\eta'}[\varphi_n+\gamma_n]_{x=\xi}^{x=\xi''}\mathrm{d}y\right\}^2 + \left\{\int_\xi^{\xi'}[\varphi_n+\gamma_n]_{y=\eta}^{y=\eta'}\mathrm{d}x\right\}^2\right\} \quad (29)$$

这公式的特点是,它已不包含任何导数在内.

7. 表面积的缩小

现在我们将转入(29) 在极限 $n\to\infty$ 的问题中. 为此,必须指出:当 $n\to\infty$ 时,给 $\mathfrak{B}_n$ 作出限界的函数 φ_n

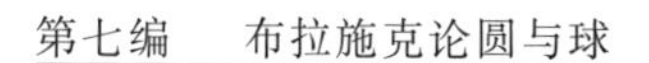

和γ_n分别均匀收敛于两个作为$\mathfrak{K}=\lim\limits_{n\to\infty}\mathfrak{V}_n$的限界的函数$f$和$g$.

实际上,设τ是曲面$z=f(x,y)$在$\mathfrak{R}$上的一点的支持平面对着基平面$z=0$的角.从式(22)在f的类似公式得出:在$\mathfrak{R}$内

$$\left|\frac{\partial f}{\partial x}\right|\leqslant\frac{2\zeta}{\rho},\left|\frac{\partial f}{\partial y}\right|\leqslant\frac{2\zeta}{\rho}$$

于是

$$\frac{1}{\cos\tau}\leqslant\sqrt{1+2\left(\frac{2\zeta}{\rho}\right)^2}$$

又设v_n是邻近测度(§3)

$$v_n=N(\mathfrak{V}_n,\mathfrak{K})$$

在支持平面的上侧引平行平面,使两者相距v_n,那么这张平面一定在$\mathfrak{V}_n$的上侧,也就在$z=\varphi_n(x,y)$的上侧(参照图7),所以

$$\begin{aligned}0&\leqslant\varphi_n(x,y)-f(x,y)\\&\leqslant\frac{v_n}{\cos\tau}\leqslant v_n\sqrt{1+2\left(\frac{2\zeta}{\rho}\right)^2}\end{aligned}$$

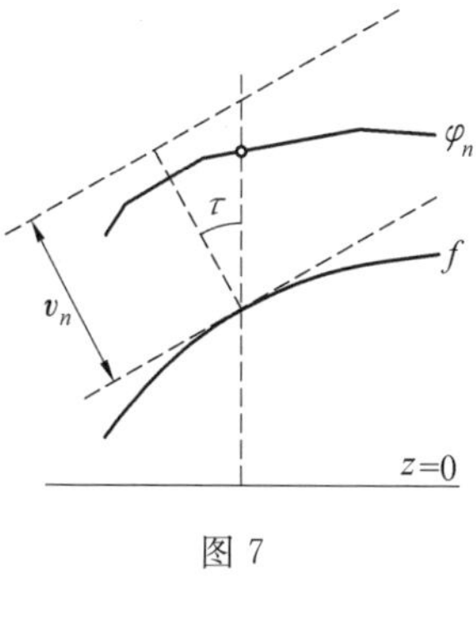

图7

然而,从

$$\lim_{n\to\infty} v_n = 0$$

便得到所提的 $\varphi_n \to f$ 的均匀收敛性而且同样还得到 $\gamma_n \to g$ 的均匀收敛性.

现在我们对上述的表面积差异估值公式(29)进行 $n\to\infty$ 时的极限,那么便有

$$O_{\mathfrak{K}} - O_{\tilde{\mathfrak{K}}} \geqslant \frac{C}{(\xi'-\xi)(\eta'-\eta)} \left\{ \left\{ \int_{\eta}^{\eta'} [f+g]_{x=\xi}^{x=\xi'} \cdot \mathrm{d}y \right\}^2 + \left\{ \int_{\xi}^{\xi'} [f+g]_{y=\eta}^{y=\eta'} \cdot \mathrm{d}x \right\}^2 \right\} \tag{30}$$

式中,$\xi,\eta;\xi',\eta'$ 表示 $\mathfrak{R}$ 内的任意两点而且常数 C(参照式(26))$\neq 0$. 从此可以导出,当且仅当在 $\mathfrak{R}$ 内

$$f+g=\text{const.} \tag{31}$$

时,$O_{\mathfrak{K}}$ 才是等于 $O_{\tilde{\mathfrak{K}}}$ 的. 实际上,假如有两点,比方说,$\xi,y;\xi',y$,使成立

$$f(\xi,y)+g(\xi,y) < f(\xi',y)+g(\xi',y) \tag{32}$$

根据凸函数 f 和 g 的连续性人们必可截下这么小线段 $\eta \leqslant y \leqslant \eta'$ 使得不等式(32)对于这线段的所有 y 仍旧成立. 这样,势必导致

$$\int_{\eta}^{\eta'} [f+g]_{x=\xi}^{x=\xi'} \cdot \mathrm{d}y > 0$$

于是从(30)就会得出 $O_{\mathfrak{K}} > O_{\tilde{\mathfrak{K}}}$. 因此,函数 $f+g$ 在固定 y 之下必须是常数. 完全同样,我们可以证明它在固定 x 之下的常数性,从而在整个 $\mathfrak{R}$ 是常数.

这样一来,我们断定:当且仅当 $f+g$ 在每个矩形 $\mathfrak{R}$ 内,也就是在 $\mathfrak{G}$ 的整个内部是常数时,$O_{\mathfrak{K}}$ 才等于 $O_{\tilde{\mathfrak{K}}}$. 这时,$\mathfrak{K}$ 具有一张与 $z=0$ 平行的对称平面. 现在我们已经证明了对称化的最重要的第三性质包括其中整个证明过程的最难点:

永远成立

$$O_{\mathfrak{K}} \geqslant O_{\tilde{\mathfrak{K}}}$$

其中,等号只限于 $\mathfrak{K}$ 已有了一张“水平的”对称平面时才成立.

8.球的等周性质

现在我们幸运地达到目的,球的极值性质给我们带来了如此丰硕的果实:设 $\mathfrak{K}$ 是任意一个具有内点的凸体;我们将阐明,等体积的球比 $\mathfrak{K}$ 有较小的表面积.

我们在 $\mathfrak{K}$ 内取一个球 $\mathfrak{S}$ 而且考察和 $\mathfrak{K}$ 等体积而又包含 $\mathfrak{S}$ 在其内的凸体的集合 $\mathfrak{M}$.

这集合 $\mathfrak{M}$ 是均匀有界的.实际上,我们取这样一点 P,使它远离 $\mathfrak{S}$ 到如此程度:作 P 和 $\mathfrak{S}$ 的凸包,就是以球 $\mathfrak{S}$ 的一块境界面和顶点 P 的一个圆锥面为表面的凸体,以至这个凸体的体积超过 $\mathfrak{K}$ 的体积.于是 $\mathfrak{M}$ 的所有凸体都在过 P 且与 $\mathfrak{S}$ 同心的球 $\mathfrak{S}_P$ 之内.

现在,我们可应用上述的选择定理(§4)到这个集合 $\mathfrak{M}$ 来而且借助于它来证明:在 $\mathfrak{M}$ 的所有凸体里存在这样一个凸体 $\mathfrak{L}$,它的表面积小于或等于其他所有的表面积.实际上,从集合 $\mathfrak{M}$ 可选出一个凸体序列 $\mathfrak{K}_1,\mathfrak{K}_2,\mathfrak{K}_3,\cdots$ 使其表面积 $O_1,O_2,O_3,\cdots$ 收敛于 $\mathfrak{M}$ 的所有凸体的表面积的下限 O_0.由于序列 $\mathfrak{K}_1,\mathfrak{K}_2,\mathfrak{K}_3,\cdots$ 是均匀有界的,从它可选出收敛的子序列 $\mathfrak{K}_{n1},\mathfrak{K}_{n2},\mathfrak{K}_{n3},\cdots$ 设

$$\lim_{j\to\infty}\mathfrak{K}_{nj}=\mathfrak{L}$$

根据泛函 $O_{\mathfrak{K}}$ 和 $J_{\mathfrak{K}}$ 的连续性(§3)得知 $\mathfrak{L}$ 的体积等于 $\mathfrak{K}_n$ 的体积的极限值,即等于 $\mathfrak{K}$ 的体积 J,而且

$$O_{\mathfrak{L}}=\lim_{j\to\infty}O_{n_j}=O_0$$

从 $\mathfrak{K}_n \geqslant \mathfrak{S}$ 还得出关系 $\mathfrak{L} \geqslant \mathfrak{S}$,就是 $\mathfrak{L}$ 属于 $\mathfrak{M}$.

现在斯坦纳的对称化帮我们去认识:$\mathfrak{L}$ 是球.实际

上，假如$\mathfrak{L}$不是球，过$\mathfrak{S}$的中心就可引这样一张平面使$\mathfrak{L}$没有平行于它的对称平面(参照 §1). 关于这平面实现的对称化当然把$\mathfrak{S}$变到它本身，而且把$\mathfrak{L}$变到另一个等体积的凸体$\widetilde{\mathfrak{L}}$，后者也包含$\mathfrak{S}$，从而也属于$\mathfrak{M}$，但比$\mathfrak{L}$有较小的表面积，这显然是矛盾的.

综合以上所述，我们便可看出：和$\mathfrak{K}$有等体积的球具有比$\mathfrak{K}$小的表面积.

换成一个公式来说：$\mathfrak{K}$的体积与表面积之间成立关系式

$$O^3 - 36\pi J^2 \geqslant 0$$

但是，当$\mathfrak{K}$不是球时，只有大于符号成立. 这是因为，这时通过对称化，从$\mathfrak{K}$可以推导新凸体$\widetilde{\mathfrak{K}}$而且得到

$$J = \widetilde{J}, O > \widetilde{O}$$

从而

$$O^3 - 36\pi J^2 > \widetilde{O}^3 - 36\pi \widetilde{J}^2 \geqslant 0$$

这样一来，我们终于证明了最后结果：对于非球形的凸体来说，它的体积与表面积之间存在着不等式

$$O^3 - 36\pi J^2 > 0$$

§6　一些补充注记

1. 论对凸的对照体的限制

对不等式

$$O^3 - 36\pi J^2 \geqslant 0$$

的证明，曾经是在一些比平面几何中对相应公式

$$L^2 - 4\pi F \geqslant 0$$

的证明在极其狭隘的假设之下推导出来的，因为我们

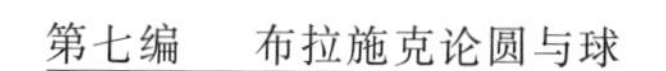

在空间里从头就局限于凸曲面之故.

如同论证圆的等周性质时那样,人们或许有可能用一样的方法一般地掌握球的相应性质的主张.为此,人们曾观察空间里作为球的一意(不一定是一对一)而且连续映射的最一般闭曲面 Φ.为这目的,首先有必要定义 Φ 的表面积 O.人们为此用三角网遮盖象球,找出 Φ 上的对应点并且相应地用直线段把它们连接起来,以至形成一只全由三角形作成的 Φ 的"内接"多面体 $\mathfrak{B}$.设 δ 为球面三角网的最大边.如最早许瓦兹所举出的,人们再也不能通过逼近公式去定义

$$O_\Phi = \lim_{\delta \to 0} O_{\mathfrak{B}}$$

而恰相反,要按勒贝格通过下列公式来定义

$$O_\Phi = \liminf_{\delta \to 0} O_{\mathfrak{B}}$$

式中"lim inf"表示最小极限值.这里的表面积仍旧被取作绝对值的.这样,人们局限于其 O_Φ 是有限的一种曲面 Φ.

人们接着该可通过下列公式来定义 Φ 的体积 J_Φ

$$J_\Phi = \lim_{\delta \to 0} J_{\mathfrak{B}}$$

而且必须证明,从 O_Φ 的有限性导致极限值 J_Φ 的存在与有限性.在这里,体积应该被取为代数的,于是应该被看成为具有一定的符号的.这样,等周性质就被处理为下列定理:

如此定义的量 J_Φ 和 O_Φ 之间永远成立不等式

$$O_\Phi^3 - 36\pi J_\Phi^2 \geqslant 0$$

而且等号仅在球的场合出现.

这该说是球的等周性质能够想象到的最佳扩充.

为了把我们的证法扩充到这个更一般定理,人们首先该把对称化拓广到这样的多面体 $\mathfrak{B}$ 的场合来,其中$\mathfrak{B}$有有限个顶点,不一定是凸的而可以自身相交,但有球的连通.人们关于平面 $z=0$ 的对称化是这样实现的

$$\pm 2z(x,y)=\sum \varepsilon_j z_j(x,y)$$

式中,这些 z_j 表示 $\mathfrak{B}$ 上具有已知 x 坐标和 y 坐标的点的 z 坐标而且按照曲面 $\mathfrak{B}$ 在这点的 z 轴有向平行线是从"内部"向"外部"还是与此相反之不同而确定 $\varepsilon_j=\pm 1$①.接着,人们该把泛函 O_Φ 和 J_Φ 的"连续性"定理扩充到现在所论的场合而且最后必须阐明选择定理对于具备有限表面积 O_Φ 的曲面 Φ 是真的.

为了真正推导这一切,该需要到"ε 思维"更高的代价,而我们通过球的凸对照曲面 Φ 的限制大部分把它删掉.

如果人们已经证明了仅仅关于凸曲线的公式 $L^2-4\pi F\geqslant 0$,那么便较容易地扩充到任意曲线去,只要作下列考察就可以了:设 $\mathfrak{S}$ 为平面曲线,它是圆的一对一且连续的映射,即所谓若尔当曲线而且设 $\mathfrak{K}$ 为构成 $\mathfrak{S}$ 的凸包境界的凸曲线,那么我们有

$$F_{\mathfrak{K}}\geqslant F_{\mathfrak{S}},L_{\mathfrak{K}}\leqslant L_{\mathfrak{S}}$$

人们或许可以这样猜想:空间几何里会有一种类似手段,使从凸曲面过渡到球的任意对照曲面成为可能.可是事实并不是这样.我们取一个小球并插上许多细长的针.于是这个"刺猬"的凸包将有很大的表面积,只要我们对这个非凸体的刺猬充分增大刺长,而保持所作刺猬的任意小的表面积,只要它的体和刺真正

① 相当于克罗内克的确定中的"示性数".

是很细小的.

所以许瓦兹的古典证法有对非凸的对照体也适用的优点,而闵可夫斯基的新研究中,尽管它还发展到别的方向,凸对照体的限制仍然是不可缺的.

必须指出,许瓦兹的证明是仅在一些关于所容许的境界面的某些正则性限制的假设之下进行的;例如,人们可采用有限块正则解析曲面拼凑起一个境界面.此外许瓦兹对他的证法指出,这些限制有可能按照斯坦纳的对称化加以改善(*Gesammelte mathematische Abhandlungen* Ⅱ,340页).对此,他曾经把上文Ⅰ中描述的最初斯坦纳失误了的认识下的对称化转变过来,如我们在凸曲面的场合所做过的那样,而明确了对称化真正可使表面积减少 $O>\widetilde{O}$,和仅在平凡的例外下的对称化才使 $O=\widetilde{O}$ 变为可能[①].

我们后文中将回到许瓦兹和闵可夫斯基的研究中去.关于所论问题的文献必须指出:谬勒在他的学位论文 *Über die Minimaleigenschaft der Kugel*(Gottingen 1903)中做了研究,把许瓦兹的证明整理进二重积分的一般等周问题论之中.

2.关于二重积分的存在性

这就靠近了一种想法:用二重积分以定义凸体的表面积而借此以稍为简化以前所述的证明过程.这里人们该要证明的是,当 $f(x,y)$ 是矩形 $\mathfrak{R}$ 上的凸函数时,二重积分

① 不久前 L. Tonelli 曾指出,许瓦兹的证法可以这样改善,使得对于对照曲面的一些假设尽可能废弃掉,Rend. Palermo,1915,39.

$$\iint_{\mathfrak{R}} \sqrt{1+\left(\frac{\partial f}{\partial x}\right)^{2}+\left(\frac{\partial f}{\partial y}\right)^{2}}\, \mathrm{d}x\, \mathrm{d}y$$

必存在.其中,人们可把出现的一些导数像 §2 中那样解释为一般化微商,或者解释为单侧的导数,这同样是正确的.人们还可采用在 $\mathfrak{M}$ 上是有界的这些导数.这个课题可以立即归结为另外一个,即证明

$$\iint_{\mathfrak{R}} \frac{\partial f}{\partial x} \mathrm{d}x\, \mathrm{d}y, \iint_{\mathfrak{R}} \frac{\partial f}{\partial y} \mathrm{d}x\, \mathrm{d}y$$

的可积分性.

对应的一维课题是如此简单——是的,人们只需证实单调函数的可积分性,上面所提的问题的解答似乎就在手边.

我在这里为此素描Carathéodory先生惠函中的证明.人们从 f 的凸性可以作出结论:$\partial f/\partial x$ 在所有位置是连续的,只要它作为单独 x 的函数在这些位置是连续的.然而 $\partial f/\partial x$ 在固定 y 之下是 x 的单调函数,所以跳跃位置形成一个可列集.人们从此按 G. Fubini 的定理①作出结论:$\partial f/\partial x$ 在 $\mathfrak{R}$ 上的不连续点的集合,在勒贝格的意义下有零测度而且积分

$$\iint_{\mathfrak{R}} \frac{\partial f}{\partial x} \mathrm{d}x\, \mathrm{d}y$$

无论在黎曼意义下和勒贝格意义下都存在.完全同样成立关于 y 的导数的对应事项.

凸曲面 $z=f(x,y)$ 比方说可以在 $\mathfrak{R}$ 的所有有理

---

① 可参照 Ch. J. de la Vallée-Poussin, Cours d'Analyse, Ⅱ 卷第二版(Löwen 1912),120 页,或 Carathéodory 写的实函数论的著书(Leipzig, B. G. Teubner, 1917).

点无一定的切平面,人们对这一事实最简单地明确如下:令

$$f(x,y)=X(x)+Y(y)$$

于是 X 和 Y 必须是各自变量的凸函数,从而是单调函数的积分.人们可以这样调整这些单调函数,使它们在所有的有理点都是不连续的.

3.“凸体”和“凸函数”等概念

凸曲线或卵形线早已为阿基米德所观察过.比方,他曾经指出,两条凸曲线中,在外面的一条总是较长的.凸多面体也曾经由柯西做出研究,1813 年证明了欧拉关于凸多面体的一个主张,就是:它们通过其侧面的形状与顺序而被完全确定下来.关于凸曲线和凸体的几何学研究创始于斯坦纳,接着为 L. Lindelöf(Mathem. Ann. 2) 而且特别是,为布鲁恩所钻研,我们在后文中将回到这些结果来.

“凸”这一概念近代来在别的数学分科也显示了特别重要的作用.C. Neumann 于 1877 年解决了对凸域的位势论的边界值问题.闵可夫斯基在他的“数的几何学”(1896) 里对数论作出了凸体概念的最巨大应用而著称于世.Carathéodory 为特征化一个具有正实部分的系数的幂级数而于 1907 年把凸体引进函数论中来.

关于凸体性质的综合论述,人们可参考:闵可夫斯基著,*Volumen und Oberflöche*, Mathem. Ann. 1903,57;C. Carathéodory 著,*Über den Variabilitätsbereich der Fourierschen Konstanten von positiven harmonischen Funktionen*, Rendiconti di Palermo,1911,32 和 E. Steinitz 著,*Bedingt konvergente Reihen und konvexe Systeme*, Crelles Journal,1914,143.

布拉施克在 *Jahresbericht der Mathematikervereinigung*, 1915(24),195 ～ 209 页发表了关于凸体的“选择定理”,其中简述了本书第二十三章和第二十四章里所讨论的对象. 在 §4 中所叙述的“选择定理”证明的掌握,应归功于 Carathéodory 先生给我友好的通讯. 我的原证明依赖于支持函数的微商的有界性,而这又同希尔伯特的一个定理(Mathem. Annalen 59) 有了联系.

不久前,E. Witt 把我们的选择定理大大拓广了,Hamburg, Abhandlungen, 1954,19. 选择定理的一个简单证明见于哈德维格尔著书:*Altes und Neues über konvex Körper*, Basel 1955, §7:Metrik und Blaschkes Auswahlsatz. 更参考该书 16 页处所附的文献. W. Gross 在 *Monatshefte Math. Phys*. 1917,18 里,用斯坦纳的对称化而避开了选择定理,给球的等周主要性质作出了一个证明.

凸函数(在没有可导微性的假设下) 的研究最早似乎见于斯托尔兹(O. Stolz) 著书微积分基础第一卷(Leipzig 1893 年版). 后来琴生在 *Acta mathematica*, 1903,30 做了深入研究. 他定义的凸函数 $f(x)$ 是通过下列两个条件

$$f\left(\frac{x_1+x_2}{2}\right)\geqslant\frac{1}{2}f(x_1)+\frac{1}{2}f(x_2)\qquad(*)$$

和

$$f(x)>m$$

即向下有界. 人们容易看出,这个被包括在 §2 要求(1) 之中的条件导致同一的区域内部连续函数,这是这里将要观察的. 其中,有界性的要求是主要的;实际上,人们如果放弃了它,正如伯恩斯坦和 G. Doetsch 在

Mathem. Ann. 1915,76 所指出那样,也会存在具备凸性条件(*)的全不连续函数. 琴生的关于凸函数的中值定理虽然在几何处理下被直接阐明了的,但是赫尔德在较弱的假设下,更早地证明了这个定理:*Über einen Mittelwertsatz*,*Göttinger Nacher*. 1889.

如布拉施克 1914 年在巴黎科学院报告(*Nouvelles évaluations de distances dans l'espace fonctionnel*)中阐明那样,人们可用斯蒂吉斯积分表示凸函数,例如表成形式

$$f(x)=\int_a^b |x-t| \mathrm{d}\varphi(t)$$

式中 $\varphi(t)$ 是递减函数. 详细的积分表示式的论证和对于某些极小问题的应用见于 G. Pick 和著者的论文:*Distanzschatzungen im Funktionenraum* Ⅱ, Mathem. Annalen,1916,77. J. Radon 在其积分表达式的基础上推导了关于凸函数的其他结果(*Wiener Akademieberichte*,1916).

更早些时候,斯达蒂立足于 E. B. Christoffel,许瓦兹同样在斯达蒂积分应用下奠定了最一般解析函数,使之导致一个圆域到任何凸域的共形映照;*Vorlesungen Über ausgewählte Gegenstände der Geometrie*, 2. *Heft*: *Konforme Abbildung einfach zusammenhängender Bereiche*, Leipzig und Berlin 1913 年版.

凸体在力学里,尤其是在浮体论中也起着作用. 如果人们用平面而从一个体截下等体积的部分体,那么这些(均质的) 部分体的重心,如 Ch. Dupin 所证明那样,总是构成一个凸曲面,即所谓浮力面. 这样,在某一

定意义下，与 Böhmer 在闵可夫斯基指导下的关于凸曲线的高阶微分不变量的研究发生了联系，*Elliptisch und hyperbolisch gekrümmte Ovale*, Mathem. Annalen 60. 对此，人们还可参照 H. Mohrmann 在 Mathem. Annalen 72，285～291 页，593～595 页.

"凸体"和"凸函数"等概念容易地被拓广到最多样化，但还没有被利用. 例如，人们可在希尔伯特函数空间定义凸体而且把支持函数搬到这里，用以推出一个"支持泛函". 人们在凸函数体中可以考察"凸泛函"，对此将在后文中(第二十六章 §3) 给出一些例子. 最后人们也可引进凸微分过程，对此同样在后文中(第二十六章 §6) 也作出一个例子.

在第二十六章 §3 和在附录中附有其他文献资料.

凸体论中的许瓦兹、布鲁恩和闵可夫斯基的诸定理

第二十六章

§1　许瓦兹的构造法和布鲁恩的定理

1. 许瓦兹的构造法

我们在第二章的一些结果中，即在斯坦纳的对称化和凸体有关的选择定理中，已经掌握了一切的辅助工具；现将阐明，用这些工具就足以按最简单方式导出现代研究成功的关于凸体的其他种种结果.

设 $\mathfrak{K}$ 为具有内点的凸体. $\mathfrak{S}_1$ 和 $\mathfrak{S}_2$ 是这样两张相交于直线 $\mathfrak{a}$ 的平面，设交角 α 是平角的无理数倍，例如 $\alpha=\sqrt{2}\pi$. 我们按照 $\mathfrak{S}_1$ 的对称化而从 $\mathfrak{K}$ 导出凸体 $\mathfrak{K}_1$；把它关于 $\mathfrak{S}_2$ 对称化为凸

体$\mathfrak{K}_2$,又关于$\mathfrak{S}_1$再度对称化为凸体$\mathfrak{K}_3$.当我们关于$\mathfrak{S}_1$和$\mathfrak{S}_2$交替地实施对称化下去时,便可无限制地继续进行.这样,便产生了凸体的一个无限序列

$$\mathfrak{K}=\mathfrak{K}_0,\mathfrak{K}_1,\mathfrak{K}_2,\mathfrak{K}_3,\cdots,\mathfrak{K}_n,\cdots$$

其中有奇数n脚码的凸体关于$\mathfrak{S}_1$是对称的,而有偶数n脚码的凸体关于$\mathfrak{S}_2$是对称的.

我们将证明这个过程是收敛的:

收敛定理　序列$\mathfrak{K}_0,\mathfrak{K}_1,\mathfrak{K}_2,\cdots$收敛于一个旋转凸体$\mathfrak{L}$

$$\lim_{n\to\infty}\mathfrak{K}_n=\mathfrak{L}$$

而且$\mathfrak{L}$是以对称平面$\mathfrak{S}_1$和$\mathfrak{S}_2$的交线$\mathfrak{a}$为旋转轴的.

证明了这个定理,我们就可从$\mathfrak{K}$和$\mathfrak{a}$造出旋转面$\mathfrak{L}$来.这是由于,凡垂直于$\mathfrak{a}$而与序列中的凸体相交的平面,按照第二十五章§5公式(15)都是以其与序列的各凸体的凸交域的对称化而构成等面积的凸域序列的,因此与$\mathfrak{L}$的交域即绕$\mathfrak{a}$的圆域也有相等面积(参照第二十五章§3中所述,面积和体积一样,具有连续性).这样,我们获得了下列指令:

在每一张垂直于$\mathfrak{a}$而且与凸体$\mathfrak{K}$相交的平面上作绕$\mathfrak{a}$的这样一个圆域,使它的面积等于$\mathfrak{K}$的相应截面的面积;所有这些圆域构成旋转面$\mathfrak{L}$.

这个作图法(图1)是许瓦兹在其著名的球的等周性质的证明中所利用过的,因此称它为"许瓦兹的构造法".

人们也称它为对凸体的"圆化".

2.收敛性证明

收敛性定理的证明同我们的辅助方法完全合拍.我们首先要阐明序列$\mathfrak{K}_1,\mathfrak{K}_2,\mathfrak{K}_3,\cdots$的均匀有界.以旋

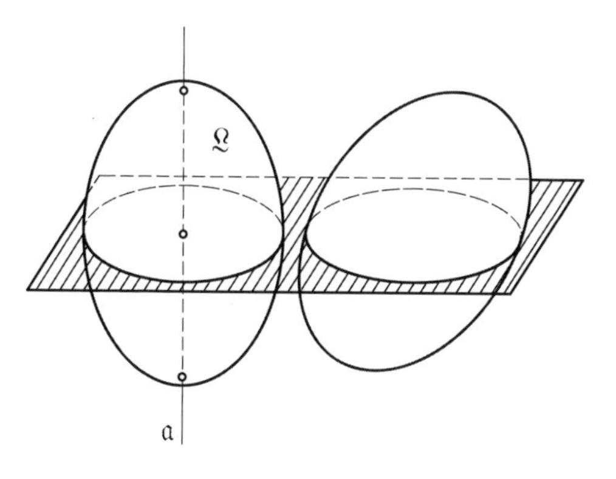

图 1

转轴 $\mathfrak{a}$ 上的一点为中心画一个球 $\mathfrak{M}$ 使 $\mathfrak{K}$ 被包含在其内,即 $\mathfrak{M} > \mathfrak{K}$,那么它也包含所有的 $\mathfrak{K}_n$. 这是因为,$\mathfrak{M}$ 在关于 $\mathfrak{S}_1$ 的对称化中依然不动,于是 $\mathfrak{M} > \mathfrak{K}_1$. 同样,对于以下的对称化也是如此.

现在该是应用前述的选择定理(第二十五章 §4)的时候了.由此可见,在 $\mathfrak{K}_0, \mathfrak{K}_1, \mathfrak{K}_2, \cdots$ 中明显地存在一个收敛子序列 $\mathfrak{K}_{n1}, \mathfrak{K}_{n2}, \mathfrak{K}_{n3}, \cdots$ 而且我们将证明:它的极限凸体

$$\mathfrak{L} = \lim_{k \to \infty} \mathfrak{K}_{n_k}$$

是以平面 $\mathfrak{S}_1$ 与 $\mathfrak{S}_2$ 的交线 $\mathfrak{a}$ 为旋转轴的.

如果序列 $\mathfrak{K}_{n1}, \mathfrak{K}_{n2}, \mathfrak{K}_{n3}, \cdots$ 包含序列 $\mathfrak{K}_1, \mathfrak{K}_3, \mathfrak{K}_5, \cdots$ 中的无限多个元素,那么从这些元素关于 $\mathfrak{S}_1$ 的对称性得知 $\mathfrak{L}$ 作为对称凸体的极限也必对称于 $\mathfrak{S}_1$. 如果序列 $\mathfrak{K}_{n1}, \mathfrak{K}_{n2}, \mathfrak{K}_{n3}, \cdots$ 不包含序列 $\mathfrak{K}_2, \mathfrak{K}_4, \mathfrak{K}_6, \cdots$ 中的无限多个元素,人们同样证明 $\mathfrak{L}$ 关于 $\mathfrak{S}_2$ 的对称性. 然而 $\mathfrak{S}_1$ 与 $\mathfrak{S}_2$ 间的角是 π 的无理数倍,从关于 $\mathfrak{S}_1$ 和 $\mathfrak{S}_2$ 的对称性以及 $\mathfrak{L}$ 是闭集这一性质便可推出 $\mathfrak{a}$ 是 $\mathfrak{L}$ 的旋转轴. 实际上,人们对绕 $\mathfrak{a}$ 的任何旋转可用偶数倍关于 $\mathfrak{S}_1$ 和 $\mathfrak{S}_2$

的反射任意逼近，就是说，对旋转角 φ 可表示成如下的形式

$$\varphi = n \cdot 2\alpha + m \cdot 2\pi + \varepsilon$$

式中，m 和 n 都是整数而且 $|\varepsilon|$ 是任意小.

我们还须考虑可以说是麻烦的场合，即：数列 n_1，n_2，n_3，… 仅含有有限个偶数或有限个奇数的场合. 我们将采用第一假定，而且因为有限个元素对收敛性的观察并不起作用，我们就等于假定 n_1，n_2，n_3，… 全是奇数. 这样一来，我们便 确定了极限体 $\mathfrak{L}$ 关于 $\mathfrak{S}_1$ 的对称性，而且为了证明 $\mathfrak{L}$ 是以 $\mathfrak{a}$ 为旋转轴，只需证明它关于 $\mathfrak{S}_2$ 的对称性.

我们根据第二十五章 §5 末段证过的对称化性质得知，$\mathfrak{K}_0$，$\mathfrak{K}_1$，$\mathfrak{K}_2$，… 的表面积构成递降的或者至多是非递增的正数序列，而且必趋近于一定的极限值 $O_{\mathfrak{L}}$，而它根据在第二十五章 §3 证过的表面积泛函的连续性是重合于 $\mathfrak{L}$ 的表面积.

现在让我们对序列 $\mathfrak{K}_{n1}$，$\mathfrak{K}_{n2}$，$\mathfrak{K}_{n3}$，… 的所有凸体和 $\mathfrak{L}$ 关于 $\mathfrak{S}_2$ 实施对称化，便获得凸体 $\mathfrak{K}_{n_1+1}$，$\mathfrak{K}_{n_2+1}$，…，$\mathfrak{L}^*$. 然而从第二十五章 §5 中段得知对称化和极限过程的可交换性，所以

$$\mathfrak{L}^* = \lim_{k\to\infty} \mathfrak{K}_{n_k+1}$$

因此，$\mathfrak{L}^*$ 的表面积等于 $\mathfrak{K}_{n_k+1}$ 的表面积的极限值，即等于 $\mathfrak{L}$ 的表面积 $O_{\mathfrak{L}}$. 这就表明了，$\mathfrak{L}$ 的表面积经过关于 $\mathfrak{S}_2$ 的对称化并不减少，那么按第二十五章 §5 末段 $\mathfrak{L}$ 必有一张平行于 $\mathfrak{S}_2$ 的对称平面 $\mathfrak{T}$. 还剩下一个问题：证明 $\mathfrak{T}$ 与 $\mathfrak{S}_2$ 重合.

3. 关于重心

我们把体 $\mathfrak{K}_n$ 看作具有均匀质量的东西而通过它

的重心 S_n 的引进便可直观地了解这个结果. 对这时成立的相靠近的两个定理,我们可给出严密的算术基础,这是由于:如同对体积和表面积的性质打基础那样,我们可通过多面体的对应定理的证法加以推导. 定理如下:

定理 1　从

$$\lim_{k\to\infty}\mathfrak{K}_{n_k}=\mathfrak{L}$$

得出对应的重心

$$\lim_{k\to\infty}S_{n_k}=S_{\mathfrak{L}}$$

定理 2　如果我们把 $\mathfrak{K}$ 关于 $\mathfrak{S}_1$ 对称化为 $\mathfrak{K}_1$,那么 $\mathfrak{K}_1$ 的重心 S_1 是 $\mathfrak{K}$ 的重心 S 在 $\mathfrak{S}_1$ 上的正投影(垂足).

在 $\mathfrak{K}_1$ 的对称化中,显然是那些垂直于 $\mathfrak{S}_1$ 而且 $\mathfrak{K}$ 所赖以构成的细棒都是与 $\mathfrak{S}_1$ 相垂直地移动着的,所以各重心在 $\mathfrak{S}_2$ 上的正投影仍旧是各细棒的正投影的重心. 另一方面,S_1 又必然在 $\mathfrak{K}_1$ 的对称平面 $\mathfrak{S}_1$ 上.

从定理 2 得知,$\mathfrak{K}_1,\mathfrak{K}_2,\mathfrak{K}_3,\cdots$ 的重心 $S_1,S_2,S_3,\cdots$ 都在 $\mathfrak{a}$ 的一张垂直平面上,而且构成了下面的图 2. 根据定理 1 看出 $\mathfrak{L}$ 的重心 $S_{\mathfrak{L}}$ 在 $\mathfrak{a}$ 上. 另外,它又必须在 $\mathfrak{T}$ 上. 然 $\mathfrak{S}_2$ 和 $\mathfrak{T}$ 平行,所以两平面合而为一.

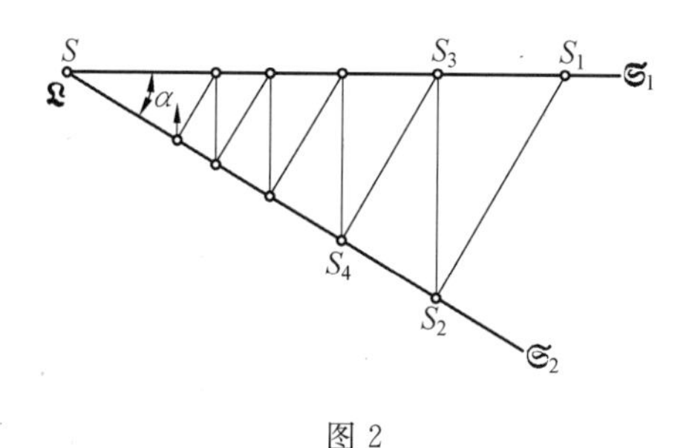

图 2

这样,我们证明了一切从序列 $\mathfrak{K},\mathfrak{K}_1,\mathfrak{K}_2,\cdots$ 挑选的

任何收敛子序列都趋近于同一极限体 $\mathfrak{L}$，即从 $\mathfrak{K}$ 通过许瓦兹的构造法得来的那个体. 由此可见，邻近测度(第二十五章 §3) 的序列

$$v_n = N(\mathfrak{K}_n, \mathfrak{L})$$

有着其任何子序列必包含所求的趋近于零的小序列这一性质. 因此断定：整个序列

$$\lim_{n \to \infty} N(\mathfrak{K}_n, \mathfrak{L}) = 0$$

所以我们等价的有

$$\mathfrak{L} = \lim_{n \to \infty} \mathfrak{K}_n$$

4. 布鲁恩的一个定理

迄今已证明的是，许瓦兹的构造法是可以通过斯坦纳对称化的极限过程来推导的. 我们从对称化的性质还可引出各种不同的推论，其中尤为简单的是下列一个：

我们通过一个凸体 $\mathfrak{K}$ 和一根轴线 $\mathfrak{a}$ 并且按许瓦兹的构造法得来的旋转体 $\mathfrak{L}$ 也是凸的.

这个美丽定理最初是 1887 年布鲁恩在他的思维丰富的(München) 学位论文“卵形线与卵形面”中证明了的. 后来，闵可夫斯基指出，从圆的极小性质可容易推导出来，比如运用如下的方法.

设 $\mathfrak{B}$ 是平面 $z=0$ 上的一个凸域. 我们在空间子域 $0 \leqslant z \leqslant 1$ 里确定所有这样的点 A 的全体，对 A 必有 $\mathfrak{B}$ 的点 B 使得线段 BA 和 z 轴间的角小于或等于 $\pi/4$. 我们容易证明所有这种点 A 的整体具备凸体的三个特征(第二十五章 §1). 每张平面 $z=\lambda(0 \leqslant \lambda \leqslant 1)$ 和 $\mathfrak{K}$ 相交于凸域 $\mathfrak{D}_\lambda$，它在 $z=0$ 上的基足是由其点到 $\mathfrak{B}$ 的距离小于或等于 λ 定义的. 这两“平行域”$\mathfrak{B}, \mathfrak{B}_\lambda$ 的面积 F, F_λ 和周长 L, L_λ 之间显然存在着关系式

$$\begin{cases}F_\lambda = F + L\lambda + \pi\lambda^2 \\ L_\lambda = L + 2\pi\lambda\end{cases} \tag{1}$$

原来,从许瓦兹的构造法得来的绕 z 轴的旋转体 $\mathfrak{L}$,其凸性表现是在平面 $z=0,\lambda,1$ 上的三个平行圆的半径间的不等式

$$\gamma_\lambda \geqslant (1-\lambda)\gamma_0 + \lambda\gamma_1$$

然而

$$\pi\gamma_0^2 = F, \pi\gamma_\lambda^2 = F_\lambda, \pi\gamma_1^2 = F_1$$

所以我们有

$$\sqrt{F_\lambda} \geqslant (1-\lambda)\sqrt{F} + \lambda\sqrt{F_1}$$

从式(1)代进 F_λ, F_1 的值,并经过平方有理化和简化之后

$$L^2 - 4\pi F \geqslant 0$$

这不外乎是圆的极小性质的不等式,我们在本书第二十四章已经推导过(§11).只是在这里对它的证明并没有比前述的广泛,因为这里仅局限于凸域之故,而且现在没有证明:等号限于圆才成立.

最后的事实自然给出了对布鲁恩定理的一个改进,而这同样是这位几何学家所获得的定理,我们可作如下的叙述:

从 $\mathfrak{K}$ 通过许瓦兹构造法得来的旋转体 $\mathfrak{L}$ 的一条"带",即介于旋转轴的二垂直平面之间的 $\mathfrak{L}$ 的一块面,当且仅当 $\mathfrak{K}$ 上的对应面带是锥体带时才成为旋转锥带.

文中,第二锥体当然不一定是旋转锥而且柱面是被看成锥面的特殊情况的.用我们的辅助工具验证这个改进,并不带来什么困难,但是由于下文(参照 §2)中即将处理完全对应的课题,我们在这里只要提一提.

还必须指出，人们用十分初等的方法推导上述的布鲁恩定理，或者同样归结为闵可夫斯基关于所谓“混合表面积”的不等式(参照 §3)，比起这里所用的方法要简便的多，正如 G. Frobenius 近来特别简单地表述那样. 这样，我们从外表上看，好像用大炮打麻雀似的(杀鸡用了牛刀——译者注). 但是，我们的方法比诸更简便方法却有巨大的优点，就是用之足以拓广布鲁恩定理到任何 n 维($n=4,5,\cdots$)空间去. 我们在 §2 将特别讨论最靠近的高维 $n=4$ 的场合，其中还要转移研究，以至我们无须从欧几里得的普通三维空间里自找麻烦.

5. 许瓦兹的一个定理

在我们通过极限过程从凸体 $\mathfrak{K}$ 到许瓦兹的变换体 $\mathfrak{L}$ 的推导中，对称化的性质必然给出下列定理(尽管这里不再利用它)：

$\mathfrak{K}$ 和 $\mathfrak{L}$ 的体积和表面积之间成立下列关系式

$$J_{\mathfrak{K}}=J_{\mathfrak{L}},O_{\mathfrak{K}}\geqslant O_{\mathfrak{L}}$$

而且在第二个关系式中，当且仅当 $\mathfrak{K}$ 具有与 $\mathfrak{L}$ 的旋转轴平行的旋转轴时，等号才成立.

许瓦兹构造法的这个性质还适用于将最小表面积和定体积的凸体的空间问题归结为平面问题，就是：确定那些满足极小条件的旋转面的子午线问题. 这就是许瓦兹对球的等周性质给出著名证明的基本思想. 从此人们看出斯坦纳，许瓦兹，布鲁恩和闵可夫斯基等的思想之间的密切联系了.

§2　布鲁恩和闵可夫斯基定理

1.凸体的线性族和凸性族

设 $\mathfrak{K}_0$ 和 $\mathfrak{K}_1$ 为任意两个凸体. P_0 是 $\mathfrak{K}_0$ 的任一点而且 P_1 是 $\mathfrak{K}_1$ 的任一点. 我们把线段 P_0P_1 划分为定比 $\theta:1-\theta(0\leqslant\theta\leqslant 1)$ 时,便有界点

$$P_\theta=(1-\theta)P_0+\theta P_1$$

当我们把 $\mathfrak{K}_0$,$\mathfrak{K}_1$ 和 θ 固定下来而使 P_0 和 P_1 分别遍回凸体 $\mathfrak{K}_0$ 和 $\mathfrak{K}_1$ 时,P_θ 同样绘出一个凸体 $\mathfrak{K}_\theta$,对它记作

$$\mathfrak{K}_\theta=(1-\theta)\mathfrak{K}_0+\theta\mathfrak{K}_1$$

实际上,从 $\mathfrak{K}_0$ 和 $\mathfrak{K}_1$ 的有界性和闭性也得出 $\mathfrak{K}_0$ 的这些性质. 又设 P_θ 和 Q_θ 为 $\mathfrak{K}_\theta$ 的任意两点,那么它们的连线段也在 $\mathfrak{K}_\theta$ 内,因为从

$$P_\theta=(1-\theta)P_0+\theta P_1$$
$$Q_\theta=(1-\theta)Q_0+\theta Q_1$$

和线性组合

$$(1-\Theta)P_\theta+\Theta Q_\theta=(1-\theta)[(1-\Theta)P_0+\Theta Q_0]+\theta[(1-\Theta)P_1+\Theta Q_1]\quad(0\leqslant\Theta\leqslant 1)$$

得知各方括号里的表示点分别属于 $\mathfrak{K}_0$ 和 $\mathfrak{K}_1$.

如果人们令 θ 取遍数值 $0\leqslant\theta\leqslant 1$,那么凸体 $\mathfrak{K}_\theta$ 组成凸体的“线性族”,而连接了 $\mathfrak{K}_0$ 和 $\mathfrak{K}_1$. 这样一些族该说是继斯坦纳的研究之后而首次在布鲁恩的学位论文中被观察到的.

后文中,下述的定理将被应用而借以明确一个线性族中的凸体的界点之间究有什么联系:

要使 $\mathfrak{K}_0$ 和 $\mathfrak{K}_1$ 的两点 P_0 和 P_1 通过线性组合

$$P_\theta=(1-\theta)P_0+\theta P_1 \quad (0<\theta<1)$$

成为

$$\mathfrak{K}_\theta=(1-\theta)\mathfrak{K}_0+\theta\mathfrak{K}_1$$

的一个界点,充要条件是 P_0 和 P_1 各为 $\mathfrak{K}_0$ 和 $\mathfrak{K}_1$ 的界点,而且过各点存在着这两个凸体的同指向的平行支持平面.

"同指向的平行支持平面"是指同指向平行而且指向 $\mathfrak{K}_0$ 和 $\mathfrak{K}_1$ 的外向法线的两个支持平面.人们可看出这样的情况(图3示意了平面上的类似作图):凸体

$$(1-\theta)P_0+\theta\mathfrak{K}_1 \text{ 和 } (1-\theta)\mathfrak{K}_0+\theta P_1 \qquad (*)$$

分别与 $\mathfrak{K}_1$ 和 $\mathfrak{K}_0$ 有相似位置,两者都包含了点 P_θ 而且被 $\mathfrak{K}_\theta$ 所包含(图中 $\theta=1/2$,而且两个凸体(*)有密阴影线).这样,当 P_θ 必须是 $\mathfrak{K}_\theta$ 的界点时,过 P_θ 就必然有一张作为双方凸体(*)的支持平面.因此,在对应点 P_0 和 P_1 实际上便有同各体 $\mathfrak{K}_0$,$\mathfrak{K}_1$ 成相似位置的凸体的同指向平行支持平面.反之,这个条件显然也是充分的.

从此得出例如这样的结论:如果 $\mathfrak{E}_0$ 和 $\mathfrak{E}_1$ 是 $\mathfrak{K}_0$ 和 $\mathfrak{K}_1$ 的同指向平行支持平面,那么 $(1-\theta)\mathfrak{E}_0+\theta\mathfrak{E}_1$ 是 $\mathfrak{K}_0$ 的同指向平行支持平面.因而,支持函数自然是同样线性组合着的.

此外,我们特别地获得布鲁恩的一个定理的证明,而这个定理的涵义经过闵可夫斯基才显示出正确的光辉并且可用我们前文(二十五章§2)所导进的凸函数概念表达如下:

主要定理 线性族

$$\mathfrak{K}_\theta=(1-\theta)\mathfrak{K}_0+\theta\mathfrak{K}_1$$

中的各体 $\mathfrak{K}_\theta$ 的体积 $J(\theta)$ 的立方根是参变量 $\theta(0\leqslant$

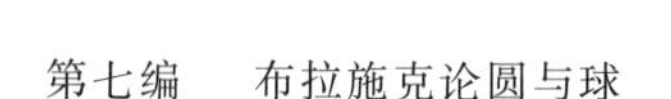

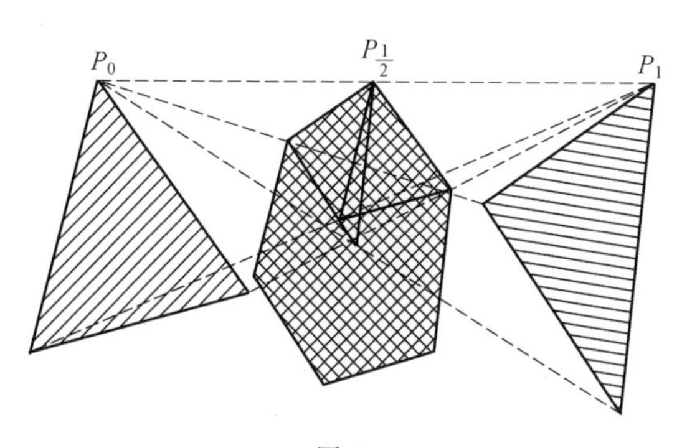

图 3

$\theta \leqslant 1$) 的(向上) 凸函数.

为了证明这个定理,我们除了线性族的概念外,还要导进一个同凸函数相类似的概念,即凸体的"凸性族"这一广泛概念:

设凸体 $\mathfrak{K}_\theta$ 的一系一系地对应于线段 $0 \leqslant \theta \leqslant 1$ 上的参变量 θ 的值. 又设对应于参变数值

$$\theta = \lambda_1\theta_1 + \lambda_2\theta_2 \quad (\lambda_1 \geqslant 0, \lambda_2 \geqslant 0, \lambda_1 + \lambda_2 = 1)$$

的凸体总是包含凸体

$$\lambda_1\mathfrak{K}_{\theta_1} + \lambda_2\mathfrak{K}_{\theta_2}$$

而后者属于 $\mathfrak{K}_{\theta_1}$ 和 $\mathfrak{K}_{\theta_2}$ 间的线性族($0 \leqslant \theta_1 \leqslant 1, 0 \leqslant \theta_2 \leqslant 1$),或者用记号表之如下

$$\mathfrak{K}_{\lambda_1\theta_1+\lambda_2\theta_2} \geqslant \lambda_1\mathfrak{K}_{\theta_1} + \lambda_2\mathfrak{K}_{\theta_2}$$

那么称这凸体族为凸性族.

任何线性族是凸性族,但是反过来不成立. 我们将会看到对称化是如何对凸性族起着作用的.

2. 凸性族的对称化

我们将证明:

一个凸性族的凸体经过同一基平面 $z = 0$ 有关的对称化之后,我们所获得的凸体仍属于一个凸性族

(图 4).

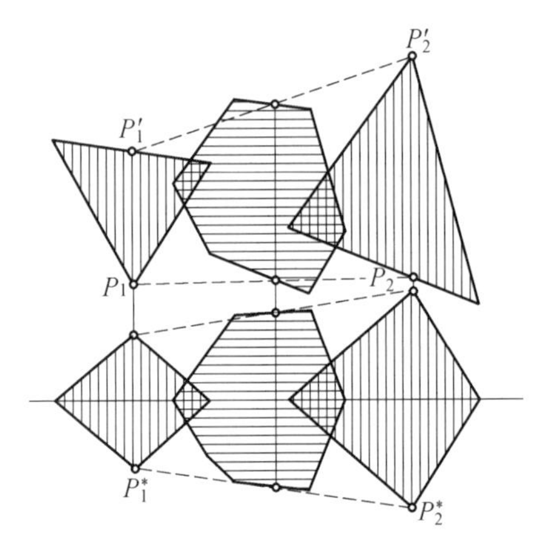

图 4

实际上,设 $\mathfrak{K}_{\theta_1}^*$ 和 $\mathfrak{K}_{\theta_2}^*$ 是对称化族中的两个凸体,它们是从原族的凸体 $\mathfrak{K}_{\theta_1}$ 和 $\mathfrak{K}_{\theta_2}$ 生成的;P_1^* 是 $\mathfrak{K}_{\theta_1}^*$ 的一点,P_2^* 是 $\mathfrak{K}_{\theta_2}^*$ 的一点,而且 z_1 和 z_2 是它们的 z 坐标.那么,在过 P_1^* 并与 z 轴的平行线上必有 $\mathfrak{K}_{\theta_1}$ 的两点 P_1,P'_1,其间的距离等于 $2|z_1|$ 而且在过 P_2^* 并与 z 轴的平行线上必有 $\mathfrak{K}_{\theta_2}$ 的两点 P_2,P'_2,其间的距离等于 $2|z_2|$.如果我们把这同指向线段 $P_1P'_1$,$P_2P'_2$ 线性组合成

$$\lambda_1\overline{P_1P'_1}+\lambda_2\overline{P_2P'_2}$$

那么根据假设便获得体

$$\mathfrak{K}_{\lambda_1\theta_1+\lambda_2\theta_2}$$

中的一个线段,因为原族是凸性的.经过 $z=0$ 有关的对称化之后所导出的线段 PP' 落在对称化了的体

$$\mathfrak{K}_{\lambda_1\theta_1+\lambda_2\theta_2}^*$$

之内.然而这个线段恰恰是可通过 $z=0$ 有关的对称线段的线性组合

$$\overline{PP'}=\lambda_1\overline{P_1^* P'^*_1}+\lambda_2\overline{P_2^* P'^*_2}$$

而导出的.所以我们证明了对称化了的族的凸性

$$\mathfrak{K}^*_{\lambda_1\theta_1+\lambda_2\theta_2}\geqslant\lambda_1\mathfrak{K}^*_{\theta_1}+\lambda_2\mathfrak{K}^*_{\theta_2}$$

特别是,从这定理得出:一个线性族通过对称化而变换成凸体的一个凸性族,但是如我们即将例示那样,这个凸性族不一定是线性的.

例如,我们取两根不垂直于 $z=0$ 的线段.如果把这些线段线性组合起来,那么人们就会得到一般四面体,然后通过 $z=0$ 有关的对称化之后所得到的是有六个界面的多面体.反之,如果人们先把两线段关于 $z=0$ 实施对称化,那么便得到 $z=0$ 上的两线段,然后通过线性组合仍旧得到 $z=0$ 上的一些线段,就是说,得到另外一个结果.我们下文中(第4小节)将回到这样的课题:线性组合在什么时候同对称化是可交换的?

3.一个线性族的凸体体积有关的布鲁恩定理的证明

我们已经是用第2小节的辅助方法来证明第1小节中所提的主要定理的时候了,就是:对于线性族 $\mathfrak{K}_\theta(1-\theta)\mathfrak{K}_0+\theta\mathfrak{K}_1$ 中的凸体,其体积 $J(\theta)$ 满足这样的关系

$$\sqrt[3]{J(\theta)}$$

是参变量 θ 的凸函数.

我们采用三个平面 $\mathfrak{S}_1,\mathfrak{S}_2,\mathfrak{S}_3$,它们仅有一个公共点 M 而且交角中至少有两个都是 π 的无理数倍.我们把线性族 $\mathfrak{K}_\theta$ 对 $\mathfrak{S}_1$ 实施对称化且由此获得凸性族 $\mathfrak{K}_\theta^1$.然后,把 $\mathfrak{K}_\theta^1$ 对 $\mathfrak{S}_2$ 实施对称化而得族 $\mathfrak{K}_\theta^2$,又从此通过对 $\mathfrak{S}_3$ 的对称化而得族 $\mathfrak{K}_\theta^3$.接着,$\mathfrak{K}_\theta^3$ 再对 $\mathfrak{S}_1$ 被对称化,等等.各族 $\mathfrak{K}_\theta^n(n=1,2,3,\cdots)$ 按第2小节都是凸性

的,而且根据体积这一泛函关于对称化的不变性得知,$\mathfrak{K}_\theta^n$ 中的各体的体积都相等.

从一个凸体 $\mathfrak{K}_\theta$ 按此方式涌现出来的凸体序列 $\mathfrak{K}_\theta^1$,$\mathfrak{K}_\theta^2$,$\mathfrak{K}_\theta^3$,…,收敛于一个以 M 为中心的球 $\mathfrak{Q}_\theta$

$$\mathfrak{Q}_\theta = \lim_{n\to\infty} \mathfrak{K}_\theta^n$$

实际上,人们完全和 §1 中一样地证明:任何收敛的子序列收敛于一个极限体,它必须关于 $\mathfrak{S}_1$,$\mathfrak{S}_2$,$\mathfrak{S}_3$ 是对称的,因此只能是一个球. 至于序列的有界性问题,我们可以这样来理解:以 M 为中心画一个球,使包含 $\mathfrak{K}_\theta$ 在内,这个球从而也包含序列 $\mathfrak{K}_\theta^n$ 的所有体. 收敛性证明的奠基,一方面是依赖于选择定理,而另一方面是依赖于对称化性质.

我们有(第二十五章 §3)

$$J(\mathfrak{Q}_\theta) = \lim_{n\to\infty} J(\mathfrak{K}_\theta^n) = J(\theta)$$

另外,从序列 $\mathfrak{K}_\theta^n$ 的凸性又有

$$\mathfrak{K}_{\lambda_1\theta_1+\lambda_2\theta_2}^n \geqslant \lambda_1\mathfrak{K}_{\theta_1}^n + \lambda_2\mathfrak{K}_{\theta_2}^n$$

通过极限过程 $n\to\infty$ 便得出

$$\mathfrak{Q}_{\lambda_1\theta_1+\lambda_2\theta_2} \geqslant \lambda_1\mathfrak{Q}_{\theta_1} + \lambda_2\mathfrak{Q}_{\theta_2}$$

就是说,同心球族 $\mathfrak{Q}_\theta$ 也是凸性的. 这就给出了球 $\mathfrak{Q}_\theta$ 的半径 $r(\theta)$ 应有的关系

$$r(\lambda_1\theta_1+\lambda_2\theta_2) \geqslant \lambda_1 r(\theta_1) + \lambda_2 r(\theta_2)$$

而且由于球半径和体积立方根成比例

$$\sqrt[3]{J(\lambda_1\theta_1+\lambda_2\theta_2)} \geqslant \lambda_1\sqrt[3]{J(\theta_1)} + \lambda_2\sqrt[3]{J(\theta_2)} \quad (1)$$

然而函数

$$\sqrt[3]{J(\theta)}$$

是非负的,从而是有下界的,所以它在区间 $0\leqslant\theta\leqslant 1$ 的凸性被包含在公式(1)之中,因此定理证毕.

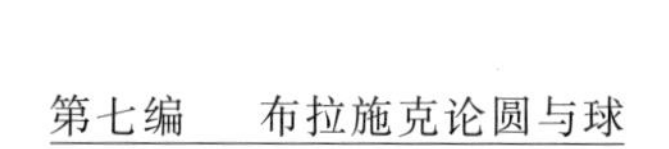

还有留下来的问题必须解决的，问公式(1)中的等号什么时候成立，即：凸曲线

$$y=\sqrt[3]{J(x)}$$

的一段在什么时候会变成直线段？为此，我们只需补充第2小节中关于凸性族对称化的研究，而进行确定：一个线性族在对称化中什么时候仍变为凸体的线性族.

4. 线性族的对称化

设

$$\mathfrak{K}_\theta=(1-\theta)\mathfrak{K}_0+\theta\mathfrak{K}_1$$

是线性凸体族. 我们把族中的每一凸体 $\mathfrak{K}_\theta(0\leqslant\theta\leqslant1)$ 关于同一平面 $z=0$ 对称化而且提问：如此生成的凸体 $\mathfrak{K}_\theta^*$ 在什么时候仍形成一个

$$\mathfrak{K}_\theta^*=(1-\theta)\mathfrak{K}_0^*+\theta\mathfrak{K}_1^*$$

线性族呢？

我们在 $z=0$ 上取这么一点 P_0，使过它的铅直线即 z 轴的平行线和体 $\mathfrak{K}_0$，$\mathfrak{K}_0^*$ 都交于线段 $\overline{Q_0R_0}=\overline{Q_0^*R_0^*}$，而且线段的长度不是零——这所以可能，是由于：如我们必须假定那样，$\mathfrak{K}_0$，$\mathfrak{K}_1$ 从而 $\mathfrak{K}_0^*$，$\mathfrak{K}_1^*$ 都含有内点. 过 Q_0^*(至少)有 $\mathfrak{K}_0^*$ 的支持平面 $\mathfrak{S}_0^*$ 而且过 R_0^* 因此有 $\mathfrak{S}_0^*$ 关于 $z=0$ 的对称支持平面 $\mathfrak{T}_0^*$.

我们引 $\mathfrak{K}_1^*$ 的支持平面 $\mathfrak{S}_1^*$ 和 $\mathfrak{T}_1^*$ 使分别同向平行于 $\mathfrak{S}_0^*$ 和 $\mathfrak{T}_0^*$. 人们对此是这样考虑的：比如 $\mathfrak{S}_0^*$ 和 $\mathfrak{S}_1^*$ 不仅是平行的，而且从 $\mathfrak{K}_0^*$ 的内部向 $\mathfrak{S}_0^*$ 所引的有向法线与从 $\mathfrak{K}_1^*$ 的内部向 $\mathfrak{S}_1^*$ 所有的有向法线也以各自的指向互相平行. 设 Q_1^*，R_1^* 是关于 $z=0$ 的两对称点，而且这些点是支持平面 $\mathfrak{S}_1^*$，$\mathfrak{T}_1^*$ 和 $\mathfrak{K}_1^*$ 的公共点；又设 P_1 是线段 $Q_1^*R_1^*$ 的平分点(图5).

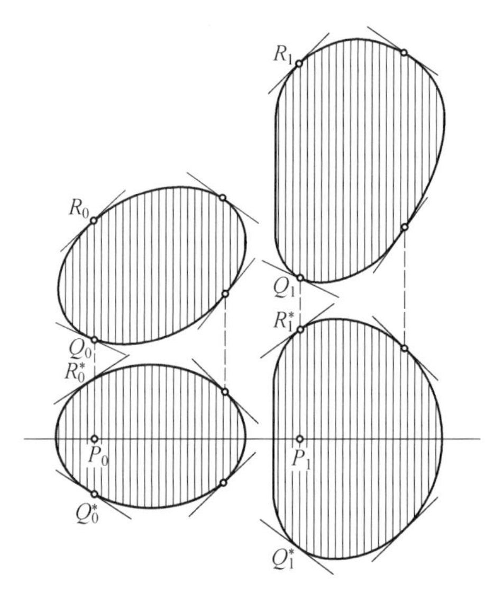

图 5

现在假定这个对称族是线性的,那么按前文中的结果得出 $\mathfrak{K}_\theta^*$ 的两个支持平面

$$\mathfrak{S}_\theta^* = (1-\theta)\mathfrak{S}_0^* + \theta\mathfrak{S}_1^*$$

$$\mathfrak{T}_\theta^* = (1-\theta)\mathfrak{T}_0^* + \theta\mathfrak{T}_1^*$$

它们和体 $\mathfrak{K}_\theta^*$ 的公共点是

$$Q_\theta^* = (1-\theta)Q_0^* + \theta Q_1^*$$

$$R_\theta^* = (1-\theta)R_0^* + \theta R_1^*$$

如果过

$$P_\theta = (1-\theta)P_0 + \theta P_1$$

引铅直线,使它与对应于同一 θ 的体 $\mathfrak{K}_\theta^*$ 常相交,只要是 $P_0 \neq P_1$,那么我们获得铅直线段 $Q_\theta^* R_\theta^*$ 的线性族,而这些线段充实了上下面都用直线围成的凸域 $\mathfrak{B}^*$(梯形).

同样,如过 P_θ 引铅直线使它与对应的体 $\mathfrak{K}_\theta$ 相交,

那么像线性族的定义所给出那样，我们得到线段 $Q_\theta R_\theta$ 的一个凸性族，而这些线段在 $P_0 \neq P_1$ 时充实了一个凸域 $\mathfrak{B}$. 然而 $\mathfrak{B}^*$ 是从 $\mathfrak{B}$ 经过对称化而得来的，并且 $\mathfrak{B}^*$ 是一个梯形，所以 $\mathfrak{B}$ 也只能是梯形，就是说，线段 $Q_\theta R_\theta$ 的一族同样是线性的

$$Q_\theta = (1-\theta)Q_0 + \theta Q_1$$

$$R_\theta = (1-\theta)R_0 + \theta R_1$$

从上述（§2）的线性族的界点有关的联通定理得出结论：如果 $\mathfrak{K}_\theta$ 是凸体

$$\mathfrak{K}_\theta = (1-\theta)\mathfrak{K}_0 + \theta\mathfrak{K}_1$$

的线性族而且 Q_θ 是 $\mathfrak{K}_\theta$ 的界点

$$Q_\theta = (1-\theta)Q_0 + \theta Q_1$$

的线性族，那么在各体 $\mathfrak{K}_\theta$ 的点 Q_θ 必存在同向平行的支持平面.

这样，我们找出了下列结果：

设有具备内点的凸体的一个线性族

$$\mathfrak{K}_\theta = (1-\theta)\mathfrak{K}_0 + \theta\mathfrak{K}_1$$

它经过关于水平面的对称化后仍然是线性族，那么为此的必要条件是：对 $\mathfrak{K}_0$ 和 $\mathfrak{K}_1$ 的铅直弦 Q_0R_0，Q_1R_1 可以使成对应偶，以至过 Q_0 和 Q_1 必有 $\mathfrak{K}_0$ 和 $\mathfrak{K}_1$ 的同向平行支持平面而且过 R_0 和 R_1 同样也有这种情况.

图 5 示意了二维场合的对应关系.

容易看出，所述的条件也是充分的，但对此不再叙述.

5. 闵可夫斯基对布鲁恩定理的补充

我们从上小节现在可以导出一个结论：

一个线性族

$$\mathfrak{K}_\theta = (1-\theta)\mathfrak{K}_0 + \theta\mathfrak{K}_1$$

在任意对称化之后要仍是一个线性族，充要条件是：$\mathfrak{K}_0$ 和 $\mathfrak{K}_1$ 相似且有相似位置.

实际上，设 $\mathfrak{S}_0$ 和 $\mathfrak{S}_1$ 是 $\mathfrak{K}_0$ 和 $\mathfrak{K}_1$ 的两同向平行支持平面，且与 $\mathfrak{K}_0$，$\mathfrak{K}_1$ 分别只有一个公共点 Q_0，Q_1. 于是过 Q_0 和 Q_1 分别引 $\mathfrak{K}_0$ 和 $\mathfrak{K}_1$ 的任意平行弦 Q_0R_0 和 Q_1R_1，那么总是要存在一张过 R_0 而接 $\mathfrak{K}_0$，和另一张过 R_1 而接 $\mathfrak{K}_1$ 的平行支持平面. 显然，这件事当且仅当 $\mathfrak{K}_0$ 和 $\mathfrak{K}_1$ 相似且有相似位置时才可能.

现在该是我们对第 3 小节中所证的布鲁恩定理做补充的时候了，就是：

凡具有内点的凸体的一个线性族，其体 $\mathfrak{K}_\theta$ 的体积的立方根

$$\sqrt[3]{J(\theta)}$$

只当族的所有凸体相似且有相似位置时，即仅在这个平凡的场合才是 θ 的线性函数.

这个事实曾为布鲁恩所申述过，但首次给以严密证明的是闵可夫斯基. 从上述的思考看来，这个补充自然会带来如下的结果：如果 $\mathfrak{K}_\theta$ 没有相似位置，我们便可把这族如此对称化，使所生成的对称化族是凸性的，但不退化为线性

$$\mathfrak{K}_\theta^* > (1-\theta)\mathfrak{K}_0^* + \theta\mathfrak{K}_1^* \quad (0 < \theta < 1)$$

于是，从上述的布鲁恩的原定理得知，函数

$$\varphi(\theta) = \sqrt[3]{J(1-\theta)\mathfrak{K}_0^* + \theta\mathfrak{K}_1^*}$$

是凸的(有可能是线性的). 然而函数

$$\sqrt[3]{J(\theta)} = \sqrt[3]{J(\mathfrak{K}_\theta^*)}$$

和 $\varphi(\theta)$ 共有两个端点，而对于 $0 < \theta < 1$ 的值则前者大于 $\varphi(\theta)$，所以不能是线性的.

下述的注意事项可能是值得思考的：假如布鲁恩

的原定理已被证明了的话，那么如我们所推导的那样，我们就无须经过极值过程而用完全初等的方法，由对称化性质简单地推导这个“补充”. 相反地，在这里布鲁恩和闵可夫斯基的研究中，令人受到一种感觉，似乎最初在“补充”中有过主要困难，这样，斯坦纳的对称化方法在这一点上显示了所赋予的别种辅助手段.

6. 闵可夫斯基不等式

我们在这里将放弃重现闵可夫斯基在掌握布鲁恩定理的过程中关于凸体的“混合体积”的一般不等式，而相反地仅局限于引导闵可夫斯基对球所牵涉的一些推论.

设 $\mathfrak{K}_0$ 是一个凸体，我们为了能应用微分几何到这里来而假定凸体的界面是连续弯曲的. 于是距离 1 的外平行曲面同样围成了一个凸体 $\mathfrak{K}_1$. 我们观察凸体的线性族

$$\mathfrak{K}_\theta = (1-\theta)\mathfrak{K}_0 + \theta\mathfrak{K}_1 \quad (0 \leqslant \theta \leqslant 1)$$

它们的界面互相平行，而且到 $\mathfrak{K}_0$ 的界面相距 θ.

$\mathfrak{K}_\theta$ 的体积 $J(\theta)$ 按照斯坦纳[①]可表示为公式

$$J(\theta) = J + O\theta + M\theta^2 + \frac{4\pi}{3}\theta^3$$

式中，J 和 O 表示 $\mathfrak{K}_0$ 的体积和表面积，M 是由斯坦纳新引进的 $\mathfrak{K}_0$ 的一个积分不变量，即所谓平均曲率积分

$$M = \iint \frac{1}{2}\left(\frac{1}{R_1} + \frac{1}{R_2}\right) \mathrm{d}O$$

其中括号里的式子表示 $\mathfrak{K}_0$ 的平均曲率，而且 $\mathrm{d}O$ 是它

① 论平行曲面. 全集 Ⅱ，173 ~ 176 页.

的表面积元素.

按照前述的布鲁恩 - 闵可夫斯基定理得知:函数

$$\sqrt[3]{J(\theta)}$$

是凸的而且除非 $\mathfrak{K}_0$ 和 $\mathfrak{K}_1$ 有相似位置,也即 $\mathfrak{K}_0$ 是球,不可能是线性的①. 所以我们有

$$\frac{\mathrm{d}^2 J(\theta)^{1/3}}{\mathrm{d}\theta^2} \leqslant 0 \quad (\text{当所有的 } \theta \geqslant 0)$$

然而我们有

$$-\frac{9}{2}J(\theta)^{5/3}\frac{\mathrm{d}^2 J(\theta)^{1/3}}{\mathrm{d}\theta^2}$$

$$=(O^2-3JM)+(MO-12\pi J)\theta+(M^2-4\pi O)\theta^2$$

所以总是成立

$$\begin{cases} O^2-3JM \geqslant 0 \\ M^2-4\pi O \geqslant 0 \end{cases} \tag{2}$$

三个变量 J,M,O 之间的这些不等式都是闵可夫斯基所推导出来的. 从这两个不等式立刻推出许瓦兹的不等式

$$O^3-36\pi J^2 \geqslant 0 \tag{3}$$

在球的场合,上列三个关系式中的等号都成立. 至于那些能使(2) 的第一式或第二式的等号成立的凸体总集问题,按照我们的推导法对它进行研究时,即使通过布鲁恩定理的补充也得不出任何结论. 可是反之,如果在(2) 的两式中的等号都成立,从而在(3) 中的等号也成立,我们便可确定这仅限于球的场合. 因此,我们

① 只有球才能和其平行体有相似位置,我们证之如下:设 $\mathfrak{K}_0$ 是这样一个体,$\mathfrak{L}$ 是球. 于是各体 $(1-\theta)\mathfrak{K}_0+\theta\mathfrak{L}$ 是 $\mathfrak{K}_0$ 的平行体,从而与 $\mathfrak{K}_0$ 本身相似. 这样一来,$\mathfrak{L}=\lim[(1-\theta)\mathfrak{K}_0+\theta\mathfrak{L}]$ 当 $\theta\to 1$ 时,也必须和 $\mathfrak{K}_0$ 相似.

重新获得了第二十五章 §5 的主要结果.

这里还提出一个新结果:在具有一定表面积的所有凸体中,只有球才能获得平均曲率积分的最小值(闵可夫斯基).

等式 $M^2-4\pi O=0$ 仅仅对于球成立,这是可以期望的,但是同样为闵可夫斯基所指出的,$O^2-3JM=0$ 对于某些非球状的体也是可能的.

那么,在什么凸体才会成立 $O^2-3JM=0$ 呢? 这个问题最初有 G. Bol, Hambwrg, Abhandlungen, 1943, 15 的解释.

7. 对 $M^2-4\pi O\geqslant 0$ 的第二证明

在本书第二十五章里发展的理论可以使之对立于另一个同质的理论,而用以实现它的是:一个新的对称化取代了迄今常用的斯坦纳对称化. 我们在这里仅局限于一点点的叙述.

设 $\mathfrak{K}$ 是任一凸体,$\mathfrak{K}'$ 是 $\mathfrak{K}$ 关于一张平面 $\mathfrak{S}$ 的对称体. 我们从 $\mathfrak{K}$ 和 $\mathfrak{K}'$ 且经过线性组合(§2)作出体

$$\mathfrak{K}^*=\frac{1}{2}\mathfrak{K}+\frac{1}{2}\mathfrak{K}'$$

它关于 $\mathfrak{S}$ 是对称的. 从 $\mathfrak{K}$ 到 $\mathfrak{K}^*$ 的变换将作为关于平面 $\mathfrak{S}$ 的新对称化而被引进.

这个新对称化具备三个重要性质,述之如下:

① 新体 $\mathfrak{K}^*$ 也是凸的.

② 新体 $\mathfrak{K}^*$ 和旧体有同一的平均曲率积分

$$M=M^*$$

③ 当 $\mathfrak{K}$ 不以 $\mathfrak{S}$ 的平行平面为对称平面时,新体 $\mathfrak{K}^*$ 的表面积总是大于旧体 $\mathfrak{K}$ 的表面积

$$O<O^*$$

在例外的场合，$\mathfrak{K}$ 和 $\mathfrak{K}^*$ 重合，因此

$$O = O^*$$

我们用完全对应的方法可证明这三个性质，正如对斯坦纳对称化的三个性质(第二十五章 §1)证明那样. 其中，我们对第 2 点必须指出，平均曲率积分原来在第 6 小节中仅对于连续弯曲的凸体作了定义，它自然也可拓广到任意凸体去，如同我们把最初只对于多面体为已知的体积和表面积等概念拓广到任意凸体去一样(参见下文，公式 §3(9)).

我们曾经从旧的对称化推导了许瓦兹的不等式

$$O^3 - 36\pi J^2 \geqslant 0$$

如果以新对称化为出发点，完全同样的思想便导致闵可夫斯基不等式

$$M^2 - 4\pi O \geqslant 0$$

从这新对称化也立即推出下列结论

$$M^2 - 4\pi O = 0$$

仅在球的场合成立.

§3 补充事项

1. 文献

在第二十四章，第二十五章，第二十六章这三章所述的理论中，基本工作是许瓦兹的论著. 球比其他等体积的体具有较小的表面积 —— 这定理的证明见于 *Göttinger Nachrichten*(1884)，1 ~ 13 页，全集 Ⅱ(1890)，327 ~ 340 页. 其次是布鲁恩的论文 *Ovale und Eiflächen*(München 1887) 和 *Kurven ohne*

Wendepunkte(München 1889)和最后闵可夫斯基的论文 *Volumen und Oberfläche*(Mathem. Annalen, 1903,57,447～495页,全集Ⅱ(1911),230～276页).

闵可夫斯基对布鲁恩定理补充所给出的证明,最近的J. Radon(Wiener Akademieberichte 1916)大大地简化了.

不等式$M^2-4\pi O\geqslant 0$也曾经为赫尔维茨所证明,而其实是借助于球面调和函数的. 论文 *Sur quelques applications géométriques des séries de Fourier*(Annales de lécole normale supérieure,1902,19(3),357～408页). 人们为此参照后文(本节,Ⅳ). 关于§1,§2中的内容,可参考哈德维格尔著书:*Altes und Neues über konvexe Körper*(凸体论今昔),Basel 1955. 这里有这些对象的新颖、简练而美丽的表述.

希尔伯特曾把闵可夫斯基的一部分理论按照积分方程重新奠定了基础,载于他的第六"Mitteilung"之中(Göttinger Nachrichten 1910,355～417页,出版书籍 *Grundzüge einer allgemeinen Theorie der linearen Integralgleichengen*, Leipzig und Berlin 1912,242～258页).

有限个乃至无限个凸曲线之和(或加—Addition)曾为H. Bohr所利用,借以达到解析数论研究的目的;*Oversigt over det Danske Videnskabernes Selskabs Forhandlinger*(1913).

布鲁恩关于一个凸体的截面的定理有初等证明,见布拉施克:*Beweise zu Satzen von Brunn und Minkowski über die Minimaleigenschaft des Kreises*, *Jahresber*. der D. Mathematikervereinigung,1914,23,210～234页.

这里简括地启发一下，人们是如何运用三角级数以简单推导这些定理的．下面还要叙述的明晰证明，则归功于威廷格尔．

2．威廷格尔的引理

设 $f(\varphi)$ 是周期为 2π 的函数，它的导函数 $f'(\varphi)$ 是有界跳跃的．如果

$$\int_0^{2\pi} f(\varphi)\mathrm{d}\varphi = 0$$

那么成立不等式

$$\int_0^{2\pi} f(\varphi)^2\mathrm{d}\varphi \leqslant \int_0^{2\pi} f'(\varphi)^2\mathrm{d}\varphi$$

而且等号的成立仅限于 $f(\varphi)$ 具有形式

$$f(\varphi) = a\cos\varphi + b\sin\varphi$$

之时．

这个定理的假设还可以降低①；当我们利用 $f'(\varphi)$ 和 $f(\varphi)$ 的傅里叶系数时，证明可化为最简单．设

$$\pi a_n = \int_0^{2\pi} f'(\varphi)\cos n\varphi \cdot \mathrm{d}\varphi$$

$$\pi b_n = \int_0^{2\pi} f'(\varphi)\sin n\varphi \cdot \mathrm{d}\varphi$$

那么按部分积分便得到 $f(\varphi)$ 的系数

$$\alpha_n = -\frac{b_n}{n}, \beta_n = +\frac{a_n}{n}$$

由于 $a_0 = \alpha_0 = 0$，我们从傅里叶正交系的所谓完备性关系得出下列方程

$$\int_0^{2\pi} f(\varphi)^2\mathrm{d}\varphi = \pi\sum_{n=1}^{\infty}\left(\frac{a_n^2 + b_n^2}{n^2}\right)$$

① 只需假定 f' 是可积分函数．

$$\int_0^{2\pi} f'(\varphi)^2 \mathrm{d}\varphi = \pi \sum_{n=1}^{\infty} (a_n^2 + b_n^2)$$

边边相减,便有威廷格尔的引理.

3.应用

设 $h_0(\varphi)$ 为平面 $z=0$ 上一个凸域 $\mathfrak{B}_0$ 的支持函数,就是设 $\mathfrak{B}_0$ 是由条件

$$x\cos\varphi + y\sin\varphi \leqslant h_0(\varphi), z=0$$

定义的而且对于 φ 的每一个值,$\mathfrak{B}_0$ 中至少有一点 x,y 使等号成立.同样,在平面 $z=1$ 上,以 $h_1(\varphi)$ 为支持函数的第二凸域 $\mathfrak{B}_1$ 决定于

$$x\cos\varphi + y\sin\varphi \leqslant \varphi_1(\varphi), z=1$$

于是在平面 $z=\theta(0<\theta<1)$ 上,就有域 $\mathfrak{B}_\theta$

$$x\cos\varphi + y\sin\varphi \leqslant (1-\theta)h_0(\varphi) + \theta h_1(\varphi)$$

作为所在平面与 $\mathfrak{B}_0$ 和 $\mathfrak{B}_1$ 的凸包的交集而出现.必须证明,$\mathfrak{B}_\theta$ 的面积的平方根

$$\sqrt{F(\theta)}$$

是凸函数.

面积 F 按支持函数 h 的表达公式是

$$2F = \int_0^{2\pi} (h^2 - h'^2)\mathrm{d}\varphi \qquad (*)$$

在所论的场合,我们有

$$F(\theta) = (1-\theta)^2 F_0 + 2(1-\theta)\theta M + \theta^2 F_1$$

式中,F_0 和 F_1 分别表示 $\mathfrak{B}_0$ 和 $\mathfrak{B}_1$ 的面积而且 M 是闵可夫斯基所导进的两个凸域的"混合面积".即

$$2M = \int_0^{2\pi} (h_0 h_1 - h'_0 h'_1)\mathrm{d}\varphi \qquad (**)$$

这里,支持函数 $h(\varphi)$ 总是(在第二十五章 §2 的意义下)有微商的,而且如人们所能阐明那样,它是有

界跳跃的①.

我们现在注意到 $\mathfrak{B}_0$ 和 $\mathfrak{B}_1$ 的周长 L_0 和 L_1 决定于下列公式

$$L_0=\int_0^{2\pi} h_0\,\mathrm{d}\varphi, L_1=\int_0^{2\pi} h_1\,\mathrm{d}\varphi \tag{L}$$

以至函数

$$f(\varphi)=\frac{h_0(\varphi)}{L_0}-\frac{h_1(\varphi)}{L_1}$$

必须满足

$$\int_0^{2\pi} f(\varphi)\,\mathrm{d}\varphi=0$$

应用上述引理,我们便获得

$$\frac{F_0}{L^2}-\frac{2M}{L_0L_1}+\frac{F_1}{L_1^2}\leqslant 0 \tag{F}$$

或

$$M\geqslant\frac{1}{2}\left(\frac{L_1}{L_0}F_0+\frac{L_0}{L_1}F_1\right)$$

然而

$$\left(\sqrt{\frac{L_1}{L_0}F_0}-\sqrt{\frac{L_0}{L_1}F_1}\right)^2\geqslant 0$$

所以

$$\frac{L_1}{L_0}F_0+\frac{L_0}{L_1}F_1\geqslant 2\sqrt{F_0F_1}$$

而因此得到

$$M\geqslant\sqrt{F_0F_1} \tag{M}$$

这个由闵可夫斯基所导出的,关于面积与混合面积间的关系式(M),不外乎是对

---

① Jahresbericht der Mathem. Ver. 23,230 页.

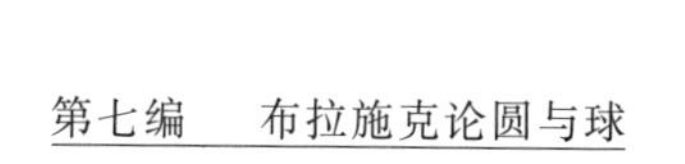

$$\sqrt{F(\theta)}$$

的保凸性的解析表示.从上述引理得知,等号只限于 $\mathfrak{B}_0$ 和 $\mathfrak{B}_1$ 相似且有相似位置时成立.

上列更精密的不等式(F)也曾经为Frobenius所推导①.

如果 $\mathfrak{B}_1$ 是半径1的圆,那么

$$h_1(\varphi)=1$$

于是

$$2M=L_0$$

而且

$$F_1=\pi,L_1=2\pi$$

这样再一次从(M)推出我们的老公式

$$L_0^2-4\pi F_0\geqslant 0$$

4.威廷格尔引理在球面上的拓广

我们将扼要地阐明,在球面上的几何中有一些类似威廷格尔引理的对应事项并且如同应用了三角函数展开,借以推导成果一样,自然可用球面调和函数来作相应定理的推导:

设在一个以原点为中心的球面上定义了正则解析函数 f,它的均值是零

$$\int f\cdot \mathrm{d}\omega=0 \quad (\mathrm{d}\omega\text{:球的曲面素}) \tag{4}$$

那第一定成立

$$\int f^2\cdot \mathrm{d}\omega\leqslant \frac{1}{2}\int \Delta f\cdot \mathrm{d}\omega \tag{5}$$

① Berliner Akademieberichte,1915,28,397页.

式中 Δf 表示 E. Beltrami 的第一阶微分参数①. 等号仅限于 f 具有形如

$$f = ax + by + cz \tag{6}$$

之时成立.

实际上,设

$$f = X_0 + X_1 + X_2 + \cdots \quad (X_0 = 0) \tag{7}$$

是 f 按球面调和函数的展开,那么从此运用球面调和函数的微分方程

$$\Delta_2 X_n + n(n+1) X_n = 0 \tag{8}$$

便不难②导出 f 的第二阶微分参数的展开式

$$\Delta_2 f = -\sum_{n=1}^{\infty} n(n+1) X_n \tag{9}$$

按照 G. Green 公式③我们有

$$\int \Delta f \cdot \mathrm{d}\omega = -\int f \cdot \Delta_2 f \cdot \mathrm{d}\omega \tag{10}$$

由于球面调和函数构成一个完备的正交系,从此便得出

$$\int f^2 \cdot \mathrm{d}\omega = \sum_{n=1}^{\infty} \int X_n^2 \cdot \mathrm{d}\omega$$

$$\int \Delta f \cdot \mathrm{d}\omega = \sum_{n=1}^{\infty} n(n+1) \int X_n^2 \mathrm{d}\omega$$

我们还可推导出

---

① 可参照 G. Scheffers, Théorie der Flächen, Leipzig 1913,428 页,在那里把 Δf 写成 Δff,或 G. Darboux, Lecons sur la théorie generale des surfaces Ⅲ(Paris 1894),194 页. 这些积分都是在球的全表面上进行的. 一些假设可能在这里也受到了限制.

② 这里利用 Green 公式 $\int g \cdot \Delta_2 f \cdot \mathrm{d}\omega = \int f \cdot \Delta_2 g \cdot \mathrm{d}\omega$;参照上面引用的 Darboux 著书,200 页,或其他资料.

③ 同样见 Darboux 的著作.

$$\int f^2\cdot\mathrm{d}\omega-\frac{1}{2}\int\Delta f\cdot\mathrm{d}\omega=-\frac{1}{2}\sum_{n=2}^{\infty}(n-1)(n+2)\int X_n^2\mathrm{d}\omega$$

而所求的结果被包括在这公式之中.

现在,如果我们从此希望推导出凸体有关的相当于前述不等式(F)和(M)的对象,就得转向一个具有支持函数 H 的凸体的平均曲率积分的闵可夫斯基公式

$$M=\int H\cdot\mathrm{d}\omega \tag{11}$$

和同一几何学家对表面积的有关公式

$$O=\int\left(H^2-\frac{1}{2}\Delta H\right)\mathrm{d}\omega \tag{12}$$

后者恰类似一个凸域的面积公式

$$F=\frac{1}{2}\int(h^2-h'^2)\mathrm{d}\varphi$$

并且我们同样可以推导这些公式. 这样,通过 Ⅲ 的完全对应的思考而比如:作为不等式

$$L^2-4\pi F\geqslant 0$$

的类似,重新达到闵可夫斯基不等式

$$M^2-4\pi O\geqslant 0$$

同样,这个公式也曾为赫尔维茨所奠基.

5. 关于表面积的闵可夫斯基公式

设 $K=1:R_1R_2$, H 和 $\mathrm{d}\omega$ 分别为一个凸曲面的总曲率、支持函数和球面表示的元素,那么成立它的体积公式

$$J=\frac{1}{3}\int R_1R_2H\mathrm{d}\omega \tag{13}$$

从此得出距 ρ 的外平行曲面的体积

$$J(\rho)=\frac{1}{3}\int(R_1+\rho)(R_2+\rho)(H+\rho)\mathrm{d}w$$

然而根据斯坦纳(第二十六章 §2)

$$J(\rho)=J+\rho O+\rho^2 M+\rho^3\frac{4\pi}{3}$$

所以比较两公式中 ρ 的对应系数,其结果为

$$O=\frac{1}{3}\int[R_1R_2+(R_1+R_2)H]\mathrm{d}\omega \tag{14}$$

可是另一方面

$$O=\int R_1R_2\mathrm{d}\omega$$

而且和式(14)对照之后便有

$$O=\frac{1}{2}\int(R_1+R_2)H\mathrm{d}\omega \tag{15}$$

为了要按照 Beltrami 微分参数改写这个闵可夫斯基公式,我们在这里引用 Weingarten 公式①

$$R_1+R_2=2H+\Delta_2 H \tag{16}$$

因而得到

$$O=\int\left(H+\frac{1}{2}\Delta_2 H\right)H\mathrm{d}\omega \tag{17}$$

接着,通过 Green 公式(10)的应用而得出所求的结果

$$O=\int\left(H^2-\frac{1}{2}\Delta H\right)\mathrm{d}\omega$$

重新应用这公式到平行曲面上去,我们有

$$O(\rho)=O+\rho 2M+\rho^2 4\pi=\int\left[(H+\rho)^2-\frac{1}{2}\Delta H\right]\mathrm{d}\omega$$

而且从此经过其中关于 ρ 的线性项系数的比较,得出

① Festschrift der technischen Hochschule. Berlin 1884. 更参照 L. Bianchi, 微分几何讲义, Leipzig und Berlin 1910, 140 页.

$$M=\int H\mathrm{d}\omega$$

6. 凸泛函

在 §2 里，我们曾经定义如何把凸体 $\mathfrak{K}_0$，$\mathfrak{K}_1$ 线性组合起来

$$(1-\theta)\mathfrak{K}_0+\theta\mathfrak{K}_1\quad(0\leqslant\theta\leqslant1)$$

结果仍然是一个凸体. 这样，所有凸体的总体具有凸性，因为我们通过线性组合(其实是通过其和为 1 的二正系数的线性组合而从总体中的二元仍然导出总体中的一元). 如果人们局限于那些在一个定球内的凸体集 $\mathfrak{M}$，那么它除了凸性外，还具备有界性质而且根据选择定理(第二十五章 §4) 也具有闭性. 正如从点结构造出凸体那样，我们从凸体可以建成更高级的凸性集使它具备对应的性质.

如同我们在一个凸域内定义一个凸函数那样，在如此由凸体组成的凸体集 $\mathfrak{M}$ 里同样可以定义"凸泛函"并且实际作为一个例子就有体积的立方根

$$\sqrt[3]{J_{\mathfrak{K}}}=V_{\mathfrak{K}}$$

从布鲁恩定理(§2) 立即知道

$$V_{(1-\theta)\mathfrak{K}_0+\theta\mathfrak{K}_1}\geqslant(1-\theta)V_{\mathfrak{K}_0}+\theta V_{\mathfrak{K}_1}$$

而且除了这里有界性采取特别形式

$$V_{\mathfrak{K}}\geqslant0$$

之外，上列公式将被作为泛函 V 的凸性的定义而采用.

按闵可夫斯基公式也可容易证明，表面积的平方根是为凸泛函给出的第二例. 反之，平均曲率积分则是线性泛函.

然而人们还可通过别种方式来定义凸体的线性组合并从此导致一些新事实. 例如，设凸体 $\mathfrak{K}_0$ 和 $\mathfrak{K}_1$ 有同

一基足 $\mathfrak{G}$

$$\mathfrak{K}_0 \begin{cases} x, y \quad (\text{在 } \mathfrak{G} \text{ 内}) \\ g_0(x, y) \leqslant z \leqslant f_0(x, y) \end{cases}$$

$$\mathfrak{K}_1 \begin{cases} x, y \quad (\text{在 } \mathfrak{G} \text{ 内}) \\ g_1(x, y) \leqslant z \leqslant f_1(x, y) \end{cases}$$

注意到 $\mathfrak{K}_0$ 和 $\mathfrak{K}_1$ 的对称化,我们就可如下地把它们线性联系起来,使得凸体

$$\mathfrak{K}_\theta = (1-\theta)\mathfrak{K}_0 + \theta\mathfrak{K}_1$$

决定于条件

$$\mathfrak{K}_\theta \begin{cases} x, y \quad (\text{在 } \mathfrak{G} \text{ 内}) \\ (1-\theta)g_0 + \theta g_1 \leqslant z \leqslant (1-\theta)f_0 + \theta f_1 \end{cases}$$

这时同上面相反,泛函 $J_{\mathfrak{K}}$ 是线性的而且 $O_{\mathfrak{K}}$ 是向下凸的.

最后,我们还可以这样把任意凸体的线性联系定义起来,使得 $O_{\mathfrak{K}}$ 是一个线性泛函.实际上,把 $\mathfrak{K}$ 的界面的高斯曲率倒数 $1:K=R_1R_2$ 看作外法线方向 $\alpha:\beta:\gamma$ 的函数而给定时,根据闵可夫斯基得知:$\mathfrak{K}$ 除了平移外是唯一地决定了的(见第二十七章).因此,人们也可这样定义凸体的线性组全,使单位球上 $\alpha^2+\beta^2+\gamma^2=1$ 的所属函数 $1:K$ 代替支持函数.这样,表面积

$$O=\int \frac{\mathrm{d}\omega}{K} \quad (\mathrm{d}\omega\text{:球的面素})$$

显然是一个线性泛函而且 $\sqrt[3]{J}$ 在这场合也是凸的,如 G. Herglotz 按照希尔伯特对闵可夫斯基理论中的公式[①]作了证明那样:

① 参照 §2 后段引用的文献.

研究“凸性变分问题”的性质，可能是有价值的一般化.

对等周问题特别美丽的研究，是施米特 1939 ～ 1943 年在 *Mathem. Nachrichten* 和 *Mathem. Annalen* 上发表的. 对此还有他的希腊学生 A. Dinghas 1939 ～ 1949 年的许多论文.

凸体极值中的新课题

第二十七章

§1 在一个凸曲面内可无滑动地滚转的最大球的决定

1. 整体微分几何

“凸域”(或简称“卵形”)和“凸体”(或“卵形体”)等概念,除了对前述的等周问题外,还对一系列关于极值问题给出了动机,其中大部分问题是初等性质的,但其余则导致错综的变分问题.人们于此所获得的一些结果,如经常表述那样,属于“整体微分几何”.这就是说,一方面,微分几何中的大部分定理关系到所观察的几何图形在一个元素充分狭窄的邻近,而另一方面,在整体微分几何里所建立的那些定理,则是凸域和凸体的境界曲线(简称界线)和境界曲面(简称界面)

在其整个引申中有关的[①].

我们可用一个例子来说明这两类课题的差别.自从高斯以来,人们在微分几何中多次处理了曲面的变形问题,就是如何变更曲面的形状而保持其上所引的曲线弧长不变.人们可以证明,一个"曲面"在某些正则性假设下,它的一充分小片总是可以无限多样变形的.在整个延伸中的曲面说来,情况完全不是这样.是的,人们还不能全面了解可变形性问题.但是,H. Liebmann,希尔伯特,Weyl,Cohn-Vossen,布拉施克,Herglotz,Caccioppoli,A. D. Alexandrow,Pogorelow,Rembs,Grotemeyer 和其他人都号召过这个问题而且比如,证明了定理:人们不撕破一个卵形面就不可能"变形"它[②].

关于几何图形的无穷小性质与整体性质之间的联系这一类问题,也就是整体微分几何[③]的问题,自然而然地会给我们带来相当大的困难.然而,正是为了这样,这些问题变为更加自然,更加有趣,以至人们总是愿望把整个局部微分几何,例如 L. Bianchi 所作出很大贡献的巨著教程,仅仅看成为一项预备工作.

确实,这些整体课题中最简单的是要使它和凸闭曲面即凸体的境界面紧密联系在一起的.对此,我们在这里比方说,要开始树立这样一个问题;在一个曲面上,高斯曲率的最大与最小值同它们总体之间的关联

---

① 下文假定"局部"微分几何的基础是已知的.可参照布拉施克,Einfuhrung in die Differentialgeometrie, Springer Verlag 1950.

② 参考附录 Ⅰ Ⅹ,C. D.

③ 关于整体微分几何的问题,特别可参考陈省身,Topics in Differential Geometry(mimeographed),Princeton 1951.

问题.

为此目的,我们眼前在本段里首先将叙述一些后文可能要用到的相靠近定理.

2. 一凸曲线的最小和最大密切圆

有内点的一个凸域的境界是由一条凸曲线 $\mathfrak{G}$ 所构成的. 因为我们总是假定凸域是有界的,所以我们一辈子假定凸曲线是闭曲线,尽管下述事项中的某些结论对于同类的开曲线也成立.

我们将假定曲线 $\mathfrak{G}$ 上的曲率是连续变化着的. 这样一来,曲线上(至少)有最小密切圆的一点和(至少)有最大密切圆的一点. 这里 $\mathfrak{G}$ 在 P 的密切圆是指在 P 与 $\mathfrak{G}$ 相切且 $\mathfrak{G}$ 在 P 的曲率倒数为半径的圆.

现在取两条这样连续弯曲的凸曲线 $\mathfrak{G}$ 和 $\mathfrak{G}_0$,它们相切于一点 S 并且在这点都位于它们的公共切线的同一侧(图 1). 我们设想 $\mathfrak{G}$ 和 $\mathfrak{G}_0$ 都向正向前进着而且这两曲线的切线也相应地取向. 这样一来,下列定理成立:

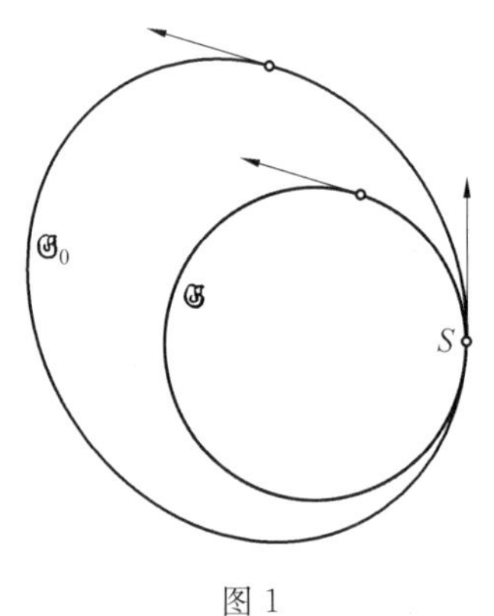

图 1

如果两条取正向的连续弯曲凸曲线 $\mathfrak{G}$ 和 $\mathfrak{G}_0$ 在一

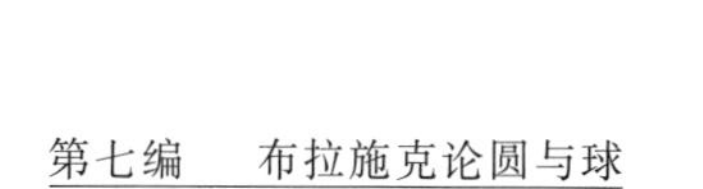

点 S 有同方向而且在有同向平行切线的两点，$\mathfrak{G}$ 的曲率总是大于或等于 $\mathfrak{G}_0$ 的曲率，那么曲线 $\mathfrak{G}$ 整个被包含在由 $\mathfrak{G}_0$ 所围成的凸域之内.

为了证明，我们应用在第二十六章 §3 中曾经引进的"支持函数"，它是一个定点(比如点 S)到切线的距离，这时还有一个定方向(比如在点 S 的切线). 设 $h(\tau)$，$h_0(\tau)$ 分别是这两函数，那么便有初始条件

$$h(0)=0,h'(0)=0$$

$$h_0(0)=0,h'_0(0)=0$$

我们还须从支持函数 $h(\tau)$ 算出密切圆半径 $\rho(\tau)$. 对于一个圆

$$h(\tau)=\rho(1-\cos\tau)$$

所以

$$\rho=h+h''$$

然而在曲率半径的计算中，仅仅出现到二阶为止的导数，所以对于任何曲线均成立公式

$$\rho(\tau)=h(\tau)+h''(\tau) \tag{1}$$

反过来，如果 $\rho(\tau)$ 是已知的，那么我们通过二阶线性微分方程组(1)在初始条件 $h(0)=h'(0)=0$ 下的积分，便导出 $h(\tau)$. 我们有

$$h(\tau)=\int_0^\tau \rho(\sigma)\sin(\tau-\sigma)\mathrm{d}\sigma \text{①} \tag{2}$$

因为这函数是周期 2π 的，所以我们作为关闭条件而得出

---

① 我们也可导进弧长 s 而改写这个公式为

$$h(\tau)=\int_0^\tau \sin(\tau-\sigma)\cdot \mathrm{d}s(\sigma)$$

式中，也可用于零曲率的点出现的场合而无须更改.

$$\int_{-\pi}^{+\pi}\rho(\sigma)\cos\sigma\mathrm{d}\sigma=0,\int_{-\pi}^{+\pi}\rho(\sigma)\sin\sigma\mathrm{d}\sigma=0$$

现在让我们回到定理来. 根据假设成立条件

$$\rho_0(\tau)-\rho(\tau)\geqslant 0 \tag{3}$$

由(2)可见

$$h_0(\tau)-h(\tau)=\int_0^{\tau}[\rho_0(\tau)-\rho(\sigma)]\sin(\tau-\sigma)\mathrm{d}\sigma$$

当 τ 在区间 $0\leqslant\tau\leqslant\pi$ 取值时,从(3)得知被积分函数的非负,于是

$$h_0(\tau)\geqslant h(\tau) \tag{4}$$

而且同样在 $-\pi\leqslant\tau\leqslant 0$ 时也成立这关系. 然而按(4)实际上已明确了 $\mathfrak{G}$ 被包含在 $\mathfrak{G}_0$ 内的情况.

我们指出推论于下:

我们画这样一个圆使它和一凸曲线 $\mathfrak{G}_0$ 从内部相切;如果圆的半径小于或等于 $\mathfrak{G}_0$ 的所有曲率半径,那么这圆决不突出 $\mathfrak{G}_0$ 之外.

设一凸曲线 $\mathfrak{G}$ 和一个圆从内部相切;如果圆的半径大于或等于 $\mathfrak{G}$ 的所有曲率半径,那么 $\mathfrak{G}$ 整个在圆内.

作为另外的特殊情况还给出了一些关系,其中一部分曾由赫尔维茨运用三角函数而导出的结果:

一条连续弯曲凸曲线的周长和面积介于它的最小和最大密切圆的周长和面积之间.

为要把这些定理拓广到空间几何去,现在我们首先将插进一段小辅助观察.

3. 曲面曲率有关的欧拉公式的一个对偶对象

设 P 是一个曲面的正则点而且 $\mathfrak{T}$ 是过 P 的切线. 我们对曲面安上切柱面,使其母线有 $\mathfrak{T}$ 的方向,并且决定这柱面的法截面属于 $\mathfrak{T}$ 的曲率半径 R. 我们将确定

R 在 $\mathfrak{T}$ 的方向变化中如何变更的规律.

由于一切仅仅关系到二阶为止的导数,所以我们不妨用密切抛物面以代替曲面而前者的方程在适当的坐标选择下可写成

$$2z=\frac{x^2}{R_1}+\frac{y^2}{R_2} \tag{5}$$

于是 P 落在原点而且 R_1,R_2 是所论曲面在 P 的二主曲率半径.抛物面在点 x,y,z 的切平面的方程在活动坐标 ξ,η,ζ 表示之下是

$$z+\zeta=\frac{x\xi}{R_1}+\frac{y\eta}{R_2} \tag{6}$$

而且这个切平面的位置决定于比值

$$\frac{x}{R_1}:\frac{y}{R_2}:-1 \tag{7}$$

另外,把所论抛物面的法线的方向余弦写成下列形成

$$\cos\alpha\sin\varphi:\sin\alpha\sin\varphi:-\cos\varphi$$

我们通过与式(7)的比较而获得切点的坐标

$$x=R_1\cos\alpha\tan\varphi, y=R_2\sin\alpha\tan\varphi \tag{8}$$

P 到切平面(6)即

$$z+\zeta=(\xi\cos\alpha+\eta\sin\alpha)\tan\varphi \tag{9}$$

的距离因此等于

$$h=z\cos\varphi=(R_1\cos^2\alpha+R_2\sin^2\alpha)\frac{\sin^2\varphi}{2\cos\varphi} \tag{10}$$

所求的曲率半径 R 可按前段 Ⅱ 的公式(1)来决定

$$R=\left[h+\frac{\partial^2 h}{\partial\varphi^2}\right]_{\varphi=0}$$

人们找出

$$R=R_1\cos^2\alpha+R_2\sin^2\alpha \tag{11}$$

这就是后文中我们所欲利用的结果并且在某些意

义下与欧拉关于曲率半径的著名公式

$$\frac{1}{\rho}=\frac{\cos^2\alpha}{R_1}+\frac{\sin^2\alpha}{R_2} \tag{12}$$

是对偶的.

我们还必须指出:如果 $R_1>0$ 而且 $R_2>0$,那么从式(11) 便有

$$R_1\leqslant R\leqslant R_2 \tag{13}$$

4. 空间课题的解

现在设 $\mathfrak{F}$ 的凸曲面,即具备内点的一凸体的境界曲面[①]. 我们将假定 $\mathfrak{F}$ 为连续弯曲的,就是高斯曲率(总曲率)

$$\frac{1}{R_1}\cdot\frac{1}{R_2}$$

和平均曲率

$$\frac{1}{R_1}+\frac{1}{R_2}$$

在 $\mathfrak{F}$ 上都是连续函数.

下面,我们提出一个问题:

如何尽可能决定大值 R,使得在 $\mathfrak{F}$ 的任意点 P 能作出半径为 R 且在 P 从内部与 $\mathfrak{F}$ 相切的球,而不使它突出 $\mathfrak{F}$ 之外呢?

也可换句话说:怎样取定尽可能最大球的半径使球能在 $\mathfrak{F}$ 的内部无限制地滚动呢?

R 不能大于法截线在其与 $\mathfrak{F}$ 的切点 P 处的曲率半径,这是显然的,因为不然的话,$\mathfrak{F}$ 便会浸透到球的内部,所以 R 必然要小于或等于 $\mathfrak{F}$ 在其所有点的一切这

① 今后“凸曲面”总是指闭的凸曲面.

种曲率半径中的最小者.我们将阐明等号的出现：

所求的半径 R 等于 $\mathfrak{F}$ 在所有点的主曲率半径中的最小者.

为此,仅须证明:在 $\mathfrak{F}$ 的任一点 P 相切的这样大球决不突出于 $\mathfrak{F}$ 之外;用同样的语言表达,就是 $\mathfrak{F}$ 决不渗透到这个在 P 相切的球内部去.假如我们相反地作出假设,说 $\mathfrak{F}$ 的一点 Q 落在这个球内了.我们决定这样的方向(或者存在许多方向时,取其中之一)使平行于 $\mathfrak{F}$ 在 P 和在 Q 的切平面,然后把 $\mathfrak{F}$ 和球双方射影到所定方向的垂直平面上.设 $\mathfrak{G}$ 是 $\mathfrak{F}$ 的正投影的界线,而且称所论的球的垂足的界线为 $\mathfrak{K}$.那么 $\mathfrak{K}$ 是一个圆,它同 $\mathfrak{G}$ 在 P 的垂足 P' 相切并且 $\mathfrak{G}$ 要过 Q 的垂足 Q',即落在 $\mathfrak{K}$ 内的点 Q'.另一方面,根据式(13) 得知 $\mathfrak{G}$ 的曲率半径都是大于或等于 R 的,因而按第 2 小节的结果又得出:在 P' 与 $\mathfrak{G}$ 相切的半径 R 的圆必须在 $\mathfrak{G}$ 的内部.这样,发生了矛盾.

完全同样,我们可证关于从内部与 $\mathfrak{F}$ 相切且包含 $\mathfrak{F}$ 于其内的球的对应定理.比如,我们可把这个事实刻画如下：

凡能使 $\mathfrak{F}$ 无限制地滚动于其内部的最小球,是以 $\mathfrak{F}$ 的最大主曲率半径为半径的.

如果 $\mathfrak{F}$ 在某些个地点的曲率消失了,那么主曲率半径中不存在最大的,从而所述性质的球也就不存在了.

§2　凸曲面所应受到的曲率限制[①]

1. 问题的提出和归结到的旋转面

下列课题将是进行解决的对象：

设一个连续弯曲凸曲面 $\mathfrak{F}$ 的两项事实为已知：(A)$\mathfrak{F}$ 在所有点的高斯曲率 K 满足关系式

$$K \geqslant \frac{1}{A^2}$$

和(B) 容有半径为 R 且不突出于 $\mathfrak{F}$ 之外的一个球.

要找出 $\mathfrak{F}$ 的两点间的距离在 $\mathfrak{F}$ 的这些限制之下的上限.

如果我们照例把一个有界凸闭集合的两点间距离的极大值记作这集的“直径”，那么就可掌握本课题如下：找寻 $\mathfrak{F}$ 的直径的上限.

我们还可用稍为不同的方法定义 $\mathfrak{F}$ 的直径 D. 实际上，设 P 和 Q 为 $\mathfrak{F}$ 上具有距离 D 的两点，那么 $\mathfrak{F}$ 必落在两个各以 P 和 Q 为中心、D 为半径的球的交集里. 从此立即得出，$\mathfrak{F}$ 在 P 和 Q 的二切平面必须平行，而且垂直于连接线段 PQ，因此，我们便可判定：一个凸曲面 $\mathfrak{F}$ 的直径也等于 $\mathfrak{F}$ 的平行切平面间的最大距离.

现在即将阐明：按许瓦兹的构造法（第二十六章 §1）就可以把一个满足(A) 和(B) 的连续弯曲凸曲面

---

① 参照布拉施克：Aufgaben der Differentialgeometrie im grossen, Sitzungsber. Berliner Mathem. Gesellsch. 1916, 15, 62 ~ 69 页.

$\mathfrak{F}$归结为一个连续弯曲凸旋转面，使它同样满足条件(A)和(B)而且与原曲面有同一直径.

当这事实被理解为正确时，我们便可以在旋转面中找寻直径的上限.

2.许瓦兹构造法的应用

许瓦兹的构造法将以下述方式被应用到这里来.设P和Q是$\mathfrak{F}$的这样两点，它们间的距离等于$\mathfrak{F}$的直径D.我们通过许瓦兹的构造法把$\mathfrak{F}$所围成的凸体$\mathfrak{K}$引导到以P和Q的连线$\mathfrak{a}$为旋转轴的旋转体$\tilde{\mathfrak{K}}$去.这样，当$\mathfrak{K}$和$\tilde{\mathfrak{K}}$为$\mathfrak{a}$的任何垂直平面所截断时，两个截面凸域具有相等的面积——这是从构造法的定义性质推导出来的.必须阐明的是：

①$\tilde{\mathfrak{K}}$也是凸的而且是连续弯曲的；

②当$\mathfrak{K}$的境界面$\mathfrak{F}$满足高斯曲率有关的关系式$K\geqslant 1:A^2$时，同一关系式对于$\tilde{\mathfrak{K}}$的境界面$\tilde{\mathfrak{F}}$也成立；

③当$\mathfrak{F}$包含半径R的球时，$\tilde{\mathfrak{F}}$同样也包含一样大的球；

④$\mathfrak{F}$和$\tilde{\mathfrak{F}}$的直径相等.

让我们按顺序检查一下这几点吧.$\tilde{\mathfrak{K}}$仍然是凸的这桩事已为布鲁恩所证明而且在第二十六章 §1 中得到了证实.$\tilde{\mathfrak{K}}$仍然是连续弯曲的这桩事，也是很容易明了的，只要我们把许瓦兹构造法化为一个公式，然后应用周知的积分符号下进行导微的法则就行了.

至于最困难的第二点则将保留到后文中加以解决.如以前(第二十六章 §1)已经利用过那样，我们通过重复与极限过程，从斯坦纳的对称化推导许瓦兹的构造法，就会达到目的.

第三点是自明的：如果我们对一个被包含在$\mathfrak{F}$内

且半径 R 的球应用许瓦兹的构造法，那么它仍变为半径相同且落在 $\widetilde{\mathfrak{F}}$ 内的一个球.

我们转到最后一点！

3. 直径的不变性

$\widetilde{\mathfrak{F}}$ 的旋转轴 $\mathfrak{a}$ 既包含了 $\mathfrak{F}$ 的两点 P 和 Q，它们间的距离而又等于 $\mathfrak{F}$ 的直径 D. $\mathfrak{a}$ 在 P 和 Q 的垂直平面从而是 $\mathfrak{F}$ 的切平面（本节第 1 部分），并且许瓦兹的构造法是在这二平面之间进行的，所以这二平面也是 $\widetilde{\mathfrak{F}}$ 的切平面，还分别以 P 和 Q 为切点. 因此，$\mathfrak{F}$ 的直径 $\widetilde{D}$ 总是 $\geqslant PQ=D$. 如果此外再能证明 $\widetilde{D}\leqslant D$ 也成立的话，那么便可证实双方的直径相等.

一般地，我们将证明：

设 $\widetilde{\mathfrak{F}}$ 是从 $\mathfrak{F}$ 通过某些许瓦兹的构造法而推导出来的[①]，那么所属的直径之间成立关系式

$$\widetilde{D}\leqslant D$$

为这目的，我们首先证明下列对称化的相应性质，有关的 Bieberbach 定理[②]：

直径在对称化中要减少或至少不增大.

设 $\mathfrak{K}$ 是原先的凸体而且 $\widetilde{\mathfrak{K}}$ 是被对称化了（关于水平面 $\mathfrak{G}$）的凸体. 设 $\widetilde{P}$ 和 $\widetilde{Q}$ 是 $\widetilde{\mathfrak{K}}$ 上有最大距离 $\widetilde{D}$ 的两点. 我们引分别过 $\widetilde{P}$ 和 $\widetilde{Q}$ 的二铅直线. 它们和 $\mathfrak{K}$ 的最高交点分别设为 P_2 和 Q_1，最低交点分别设为 P_1 和 Q_2.

---

① 当然，这应理解为所围成凸体的是由许瓦兹的构造法互相联系着的.

② Über eine Extremaleigenschaft des Kreises, DMV-Jahresbericht, 1915, 24, 247 ～ 250 页.

这样一来,如图 2 所示①,我们有

$$2\widetilde{P}\widetilde{Q} \leqslant P_1Q_1 + P_2Q_2$$

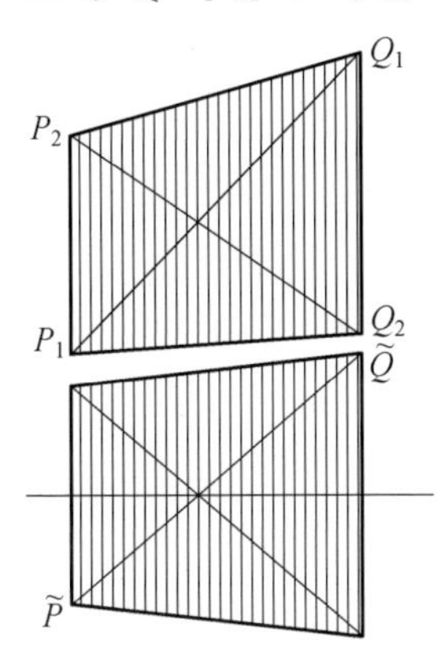

图 2

从此得出

$$\widetilde{D} \leqslant D$$

另外,我们正如在体积和表面积(第二十六章 §3)的场合证明过那样,一个凸体 $\mathfrak{K}$ 的直径 $D_{\mathfrak{K}}$ 在同一意义下是连续泛函,就是说,从

$$\mathfrak{L} = \lim_{n\to\infty} \mathfrak{K}_n$$

得出

$$D_{\mathfrak{K}} = \lim_{n\to\infty} D_n$$

实际上,如果我们采用邻近测度(第二十六章 §3)作为收敛的定义,我们立即得知

$$| D_{\mathfrak{K}_1} - D_{\mathfrak{K}_2} | \leqslant 2N(\mathfrak{K}_1, \mathfrak{K}_2)$$

而连续性已被蕴涵于其中.

---

① 这个事实通过平行移动可以归结为:在两个同底同高的三角形中,等腰三角形有最小的周长.

现在让我们通过斯坦纳对称化的极限过程再一次导出许瓦兹的构造法而为此交互关于两张以 π 的无理数倍角相交的平面 $\mathfrak{S}_1$，$\mathfrak{S}_2$ 作对称化（参照 §1），那么所对应凸体的直径组成一个递减的序列

$$D \geqslant D_1 \geqslant D_2 \geqslant D_3 \geqslant \cdots$$

因而，从此得出所求的结果

$$\widetilde{D} = \lim_{n \to \infty} D_n \leqslant D$$

4. Bieberbach 的一个定理

从上述的 Bieberbach 所给出的对称化性质可以推导同样由 Bieberbach 所给出的球的最大性质，我们就趁这个机会可以插进这个结果：

在直径给定的所有凸体中，球有最大体积.

换言之：

一个凸体①的直径与体积之间存在下列关系式

$$\frac{\pi}{6} D^3 - J \geqslant 0 \qquad \text{(B)}$$

而且等号只限于球时成立.

实际上，设 $\mathfrak{K}$ 为任意凸体. 我们通过两两直交的三平面的对称化，把 $\mathfrak{K}$ 引导到一个新凸体 $\widetilde{\mathfrak{K}}$，于是 $\widetilde{\mathfrak{K}}$ 以这三平面的交点为中心的. 这两凸体的体积和直径之间存在着关系式

$$J = \widetilde{J}, D \geqslant \widetilde{D}$$

所以，要证明

$$\frac{\pi}{6} D^3 - J \geqslant 0$$

① 拓广到非凸点集，是平凡的；我们只要为此引进凸包就可以了.

我们只要证明

$$\frac{\pi}{6}\widetilde{D}^3-\widetilde{J}\geqslant 0$$

然而，当人们以 $\widetilde{\mathfrak{K}}$ 的中心为中心，$\widetilde{D}$ 为直径作球时，这个球必包含 $\widetilde{\mathfrak{K}}$ 在其内部，从而很快地看出最后不等式. 实际上，假如 $\mathfrak{K}$ 上有一点落在球外的话，那么这点关于 $\widetilde{\mathfrak{K}}$ 的公共中心的对称点也必须落在 $\mathfrak{K}$ 上，于是这两个对称点间的距离必须要大于直径 $\widetilde{D}$ 了.

为了证实(B) 中的等号仅在球的场合成立，我们须阐明，比方说，下面的一个引理，而这是没有任何困难的(参照图 2)：

如果从一个凸体通过对称化而得到了一个球，那么在原先凸体不是球的场合下，它必须有较大的直径

$$D>\widetilde{D}$$

5. 总曲率在对称化中的抑制

与第 3 小节中所阐明的直径不变性的情况相类似地，我们现在还可证实本节，第 2 小节里叙述过的许瓦兹构造法中唯一遗留下来的第 2 点. 我们首先证明：

当一个具有连续弯曲境界曲面 $\mathfrak{F}$ 的凸体 $\mathfrak{K}$ 被对称化为另一个凸体 $\widetilde{\mathfrak{K}}$ 时，$\widetilde{\mathfrak{K}}$ 的境界曲面 $\widetilde{\mathfrak{F}}$ 也是连续弯曲的. 此外，如果 $1:A^2$ 和 $1:\widetilde{A}^2$ 分别表示 $\mathfrak{F}$ 和 $\widetilde{\mathfrak{F}}$ 的高斯曲率的最小值，那么

$$\frac{1}{A^2}\leqslant\frac{1}{\widetilde{A}^2}$$

与第二十五章 §2 末段里所处理的相类似，我们把 $\mathfrak{K}$ 看成由下列形式给定的

$$\mathfrak{K}\begin{cases}x,y\quad(\text{在凸域 }\mathfrak{G}\text{ 内})\\-g(x,y)\leqslant z\leqslant f(x,y)\end{cases}$$

式中，f 和 g 是在 $\mathfrak{G}$ 内定义的凸函数. 我们通过关于 $z=0$ 的对称化而从 $\mathfrak{K}$ 导出

$$\widetilde{\mathfrak{K}}\begin{cases} x,y \quad (\text{在凸域}\,\mathfrak{G}\,\text{内}) \\ -\frac{1}{2}[f(x,y)+g(x,y)] \quad \leqslant z\leqslant \frac{1}{2}[f(x,y)+g(x,y)] \end{cases}$$

首先，我们观察一个基足 x,y 落在 $\mathfrak{G}$ 上的位置和在这个位置的总曲率. 令

$$K(\theta)=\frac{rt-s^2}{(1+p^2+q^2)^2}$$

其中

$$p=(1-\theta)\frac{\partial f}{\partial x}+\theta\frac{\partial g}{\partial x}=(1-\theta)p_0+\theta p_1$$

$$q=(1-\theta)\frac{\partial f}{\partial y}+\theta\frac{\partial g}{\partial y}=(1-\theta)q_0+\theta q_1$$

$$r=(1-\theta)\frac{\partial^2 f}{\partial x^2}+\theta\frac{\partial^2 g}{\partial x^2}=(1-\theta)r_0+\theta r_1$$

$$s=(1-\theta)\frac{\partial^2 f}{\partial x\partial y}+\theta\frac{\partial^2 g}{\partial x\partial y}=(1-\theta)s_0+\theta s_1$$

$$t=(1-\theta)\frac{\partial^2 f}{\partial y^2}+\theta\frac{\partial^2 g}{\partial y^2}=(1-\theta)t_0+\theta t_1$$

于是 $K(\theta)$ 或详尽的 $K(x,y;\theta)$ 在 $\theta=0$ 时表示 $\mathfrak{K}$ 的“上部分”境界曲面在基足 x,y 的点的总曲率；在 $\theta=1$ 时则表示 $\mathfrak{K}$ 的“下部分”境界曲面在同一基足 x,y 的点的总曲率；最后，在 $\theta=\frac{1}{2}$ 时则表示 $\widetilde{\mathfrak{F}}$ 在同一基足 x,y 的两点的总曲率.

如果我们能够证明：成立

$$K\left(\frac{1}{2}\right)\geqslant K(0)$$

或成立

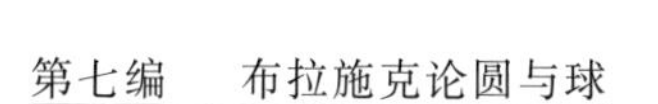

$$K\left(\frac{1}{2}\right) \geqslant K(1)$$

那么所欲证明的尽在其中了. 为此,我们将证明

$$\sqrt{K(\theta)} \geqslant \varphi(\theta)$$

式中,φ 表示一个单调函数,它同$\sqrt{K(\theta)}$ 在区间 $0 \leqslant \theta \leqslant 1$ 的二端点相一致.

以 u^2 记 K 的分子 $rt - s^2$,那么 $u(\theta)(>0)$ 首先在线段 01 上是 θ 的凸函数. 为此,人们只需阐明:关于 u 和 θ 的二次方程 $u^2 = rt - s^2$ 在 θ, u 平面上决不表示双曲线,就是说,一定有 θ 的值使 $u^2 < 0$. 我们把 $r : s = \xi$ 和 $t : s = \eta$ 看作直角坐标,那么 $rt - s^2 \geqslant 0$ 或者 $\xi\eta \geqslant 1$ 是二次曲线(等边双曲线)的内部而且 $r_0, t_0, s_0; r_1, t_1, s_1$ 是二次曲线的两个这样的内点(确切地说,非外点). 因此,在它们的连线上一定有二次曲线的一个外点

$$(1-\theta)r_0 + \theta r_1, (1-\theta)s_0 + \theta s_1, (1-\theta)t_0 + \theta t_1$$

使得在这里实际上终于使 $rt - s^2 < 0$.

又令

$$1 + p^2 + q^2 = v(\theta)$$

那么 $v(\theta)$ 是向下凸的,这是因为:左边实质上是正的,从而上列方程在 θ, v 平面上表示抛物线,它自然落在 θ 轴的上方并且是无限伸长的.

从 u 和 v 的这些凸性得知:当 $0 \leqslant \theta \leqslant 1$ 时,有

$$u(\theta) \geqslant (1-\theta)u(0) + \theta u(1)$$
$$v(\theta) \leqslant (1-\theta)v(0) + \theta v(1)$$

所以

$$\sqrt{K(\theta)} \geqslant \varphi(\theta)$$

其中

$$\varphi(\theta)=\frac{(1-\theta)\sqrt{r_0s_0-t_0^2}+\theta\sqrt{r_1t_1-s_1^2}}{(1-\theta)(1+p_0^2+q_0^2)+\theta(1+p_1^2+q_1^2)}$$

这个函数在 θ,φ 平面上是由一条以两个坐标轴的平行线为渐近线的双曲线所表示的，或者是一条直线所表示的，而其实，它在 01 是单调的. $\sqrt{K(\theta)}$ 且从而 $K(\theta)$ 在这条线段上的最小值必然是在这条线段的一端处取得的.

现在我们还须研究 $\mathfrak{F}$ 和 $\widetilde{\mathfrak{F}}$ 的这样一些位置，它们的基足都落在 $\mathfrak{G}$ 的境界线上，也就是在那里的切平面都垂直于水平面，即和 z 轴平行的位置. 由于一切仅仅与二阶为止的导数有关，我们可用密切抛物面来代替 $\mathfrak{F}$ 在这样一点的情况并且在适当的坐标选择下，可把抛物面的方程写成

$$2y=Ax^2+2Bxz+Cz^2 \tag{14}$$

解出 z

$$Cz=-Bx\pm\sqrt{(B^2-AC)x^2+2Cy}$$

通过关于 $z=0$ 的对应化，便导出

$$C^2z^2=(B^2-AC)x^2+2Cy$$

或

$$2Cy=(AC-B^2)x^2+C^2z^2 \tag{15}$$

从(14) 和(15) 两式可以找出这两个抛物面在原点的总曲率，也即 $\mathfrak{F}$ 和 $\widetilde{\mathfrak{F}}$ 在具有垂直切平面的对应点的总曲率，它们有同一值

$$K=AC-B^2$$

因此，$\widetilde{\mathfrak{F}}$ 的总曲率决不小于 $\mathfrak{F}$ 在对应点的总曲率. 从此导出本段开头所述的定理的正确性.

6. 总曲率在极限过程中的抑制

为了从已证实的事实，即总曲率的极小值在对称

化过程中并不减少，能够推导在许瓦兹的构造法中的同样的抑制，我们只需要下列的论据：

设 $\mathfrak{K}_1,\mathfrak{K}_2,\mathfrak{K}_3,\cdots$ 是连续弯曲凸体的一个收敛集合，而且极限体

$$\mathfrak{L}=\lim_{n\to\infty}\mathfrak{K}_n$$

同样也是连续弯曲的．那么我们对于 $\mathfrak{L}$ 的境界曲面 $\mathfrak{F}$ 的各点 P 可以找出一个收敛点集

$$\lim_{n\to\infty}P_n=P$$

使得 P_n 在 $\mathfrak{K}_n$ 的境界曲面 $\mathfrak{F}_n$ 上，而且 $\mathfrak{F}_n$ 在 P_n 的总曲率趋近 $\mathfrak{F}$ 在 P 的总曲率

$$\lim_{n\to\infty}K(P_n)=K(P)$$

设 a 为 $\mathfrak{L}$ 的境界曲面 $\mathfrak{F}$ 上最小的主曲率半径．我们作出 $\mathfrak{F}$ 的向外和向内且相隔距离 ε 的两个平行曲面 $\mathfrak{F}_{+\varepsilon}$ 和 $\mathfrak{F}_{-\varepsilon}$．只要是 $0<\varepsilon<a$，这两个曲面同样是凸的．从收敛概念得知，$\mathfrak{K}_n$ 的境界曲面 $\mathfrak{F}_n$ 当 $n>n_\varepsilon$ 时，必落在 $\mathfrak{F}_{+\varepsilon}$ 与 $\mathfrak{F}_{-\varepsilon}$ 之间．

我们在 $\mathfrak{F}$ 上取下一小块 Φ，比方说，在 $\mathfrak{F}$ 的一点周围作一小球使它从 $\mathfrak{F}$ 割下一小块．以 Φ_n 表示 $\mathfrak{F}_n$ 上对应的小块，就是引 Φ 的法线，它们在小于 ε 的点和 $\mathfrak{F}_n$ 相交而形成的小块．于是人们容易看出，由于 Φ_n 和 Φ 的表面积 F_n 和 F 之间的保凸性一定成立关系式

$$\lim F_n=F \tag{$*$}$$

（实际上，F_n 大于 $F_{-\varepsilon}$ 上对应于 Φ 的曲面块的表面积而小于 $F_{+\varepsilon}$ 上对应曲面块的表面积，后者增加了 Φ 的周长的 2ε 倍）．

现在，我们来寻找所论曲面 $\mathfrak{F}$，$\mathfrak{F}_n$ 在单位球上的球面映射，只要过球中心引这两个曲面的外向法线的同指向平行线使与球面相交就可以了．

设 P 和 P_n 是 Φ 和 Φ_n 上的对应点，就是在 Φ 的同一法线上的两点；又设 $\overline{P}$，$\overline{P}_n$ 是它们的球面表示，那么如我们即将证明那样，这些映射的球面距离满足

$$\cos \overline{P}\,\overline{P}_n > \frac{a-\varepsilon}{a+\varepsilon}$$

就是：对应的球面映射随着 ε 的减少而均匀地互相接近.

人们可以这样证明：$a-\varepsilon$ 是 $\mathfrak{F}_{-\varepsilon}$ 上的最小主曲率半径，因而在 P 的对应点 $P_{-\varepsilon}$ 和 $\mathfrak{F}_{-\varepsilon}$ 相切且以 $a-\varepsilon$ 为半径的球，根据第二十五章 §3 末段的结论必落在 $\mathfrak{F}_{-\varepsilon}$ 内. 然而 $\mathfrak{F}_{-\varepsilon}$ 落在 $\mathfrak{F}_n$ 内，于是得出(图 3)所求的不等式

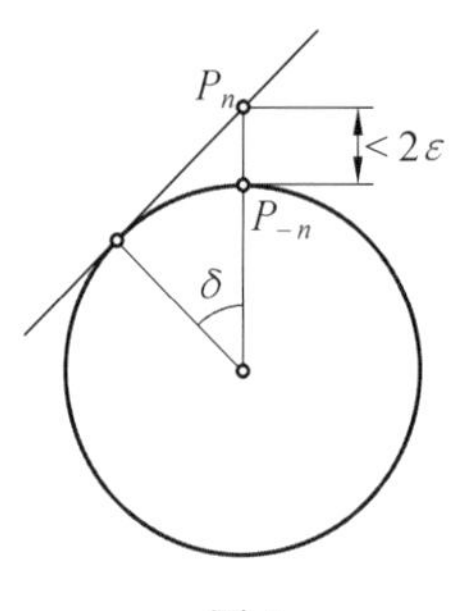

图 3

$$\cos \overline{P}\,\overline{P}_n \geqslant \cos \delta$$

式中

$$\cos \delta > \frac{a-\varepsilon}{a+\varepsilon}$$

这样一来，如果 $\overline{\Phi}$ 和 $\overline{\Phi}_n$ 是 Φ 和 Φ_n 的球面表示映射，那么 $\overline{\Phi}_n$ 的境界必介于距 $\overline{\Phi}$ 的境界为

$$\arccos \frac{a-\varepsilon}{a+\varepsilon}$$

的两个平行曲线之间. 从此得出：$\overline{\Phi}$ 和 $\overline{\Phi}_n$ 的表面积 $\overline{F}$ 和 $\overline{F}_n$ 满足

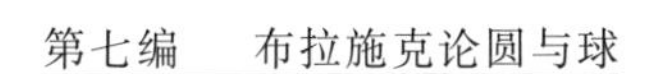

$$\overline{F}=\lim_{n\to\infty}\overline{F}_n \qquad (**)$$

然而人们可从总曲率 K 计算表面积 $\overline{F}$ 和 $\overline{F}_n$

$$\overline{F}=\int_{\Phi} K\,\mathrm{d}F, \overline{F}_n=\int_{\Phi_n} K\,\mathrm{d}F_n$$

按积分学第一中值定理来改写，我们还有

$$\overline{F}=F\cdot K(\Phi), \overline{F}_n=F_n\cdot K(\Phi_n)$$

式中 $K(\Phi)$ 和 $K(\Phi_n)$ 分别表示 Φ 和 Φ_n 上总曲率的平均值.通过边边相除并通过极限过程，我们在（＊）和（＊＊）两式的向导下终于获得

$$\lim_{n\to\infty} K(\Phi_n)=K(\Phi)$$

然而 $\mathfrak{F}$ 的曲面小块 Φ 是可以选成为任意小的，所以上述关于总曲率收敛性的预告结果的正确性也就在其中了.

现在让我们通过许瓦兹的构造法，从一个凸体 $\mathfrak{K}$ 作出交互对称化而生成的凸体 $\mathfrak{K}_1,\mathfrak{K}_2,\mathfrak{K}_3,\cdots$ 的序列，借以逼近凸体 $\widetilde{\mathfrak{K}}$（第二十六章 §1），那么得知总曲率的对应最小值之间成立

$$\frac{1}{A^2}\leqslant\frac{1}{A_1^2}\leqslant\frac{1}{A_2^2}\leqslant\frac{1}{A_3^2}\leqslant\cdots$$

并且从上面证明了的结果

$$\frac{1}{\widetilde{A}^2}\geqslant\lim_{n\to\infty}\frac{1}{A_n^2}$$

从这两个关系式便有

$$\frac{1}{A^2}\leqslant\frac{1}{\widetilde{A}^2}$$

这恰恰是在 §2 下段所提的主张的第 2 点，而这些主张的证明至此全部结束.

7.为对旋转面的证明而做的一些准备

迄今我们已经证明了下列事项:设一个连续弯曲的凸曲面具有直径 D,满足(A) 曲率限制 $K \geqslant \frac{1}{A^2}$ 和(B) 包含着半径 R 的一个球,那么人们通过许瓦兹构造法的应用,可以把它变换为具有相等直径 D 的连续弯曲的凸旋转面,还同样满足假定(A) 和(B),并且其实是旋转面在旋转轴上的两点 P 和 Q 具有距离 D.

我们还可把所获得的旋转面再一次关于线段 PQ 的对称平面实施对称化,这里直径 D 根据本节,第 3 小节是不变的,并且假定(A) 和(B)(分别根据本节,第 4 小节和本节,第 2 小节末段的结论) 也是不变的.

在给定 A 和 R 的条件下,我们为了找出直径 D 的上限,于是只需将注意力集中到这样一个凸旋转面,它有着关于其"赤道平面" 的对称位置并且它的两极 P 和 Q 相隔距离 D.

由于这样的曲面 $\mathfrak{F}$ 包含半径 R 的一个球而且关于线段 PQ 的中点是对称的,所以它也包含另一个从第一个通过 M 有关的反射而得来的球. 因此,以 M 为中心、R 为半径的球也必须被包含在 $\mathfrak{F}$ 内,因为这个球被包含在上述关于 M 的两个对称球的凸包之内. 这样,我们得到

$$PQ = D \geqslant 2R$$

而且同样关于 $\mathfrak{F}$ 的赤道圆的半径 R_0 成立

$$R_0 \geqslant R$$

另外,量 $1:A^2$ 和 R 的给定并非可互不依赖而必须采取

$$A \geqslant R$$

实际上,我们选取旋转轴为 z 轴,其铅直线可以是指向

上方的，并把 $\mathfrak{F}$ 在其一点的外向法线的方向余弦记作 X,Y,Z，又以 $\mathrm{d}F$ 表示 $\mathfrak{F}$ 的曲面元素而且以 $\mathrm{d}\bar{F}$ 表示 $\mathfrak{F}$ 的球面表示的曲面素. 那么有

$$\int \frac{Z}{K}\mathrm{d}\bar{F}=\int Z\mathrm{d}F$$

显然，第二积分表示 $\mathfrak{F}$ 的曲面片（在其上作积分的曲面片）在赤道平面上的投影. 如果在"上"半球 $\mathfrak{H}$ 计算第一积分，我们就得到赤道圆的面积 πR_0^2

$$\int_{\mathfrak{H}} \frac{Z}{K}\mathrm{d}\bar{F}=\pi R_0^2$$

然而从

$$K \geqslant \frac{1}{A^2}$$

得出

$$\int_{\mathfrak{H}} \frac{Z}{K}\mathrm{d}\bar{F} \leqslant A^2\int_{\mathfrak{H}} Z \cdot \mathrm{d}\bar{F}=\pi A^2$$

而且有

$$\pi A^2 \geqslant \pi R_0^2$$

或者按 $A>0, R_0>0$ 终于导出

$$A \geqslant R_0 \geqslant R$$

8. 纺锤形的常总曲率旋转面

当 $A>R_0$ 时，确实存在常总曲率的纺锤形旋转面，总曲率 $K=1:A^2$，这曲面是由其子午线

$$x=R_0\cos\sigma, y=0, z=\int_0^{\sigma}\sqrt{A^2-R_0^2\sin^2\sigma}\,\mathrm{d}\sigma$$

$$\left(|\sigma| \leqslant \frac{\pi}{2}\right) \tag{16}$$

绕 z 轴旋转而成的（图 4）. 式中，σ 是和子午线的弧长成比例的. 这旋转面 $\mathfrak{F}_0$ 是凸的而且连续弯曲的，但它和旋转轴的交点 P_0, Q_0 则除外，在这里有尖点出现.

在其他所有点的总曲率等于常数 $1:A^2$. 当 $A=R_0$ 时，$\mathfrak{F}_0$ 变为半径 R_0 的球.

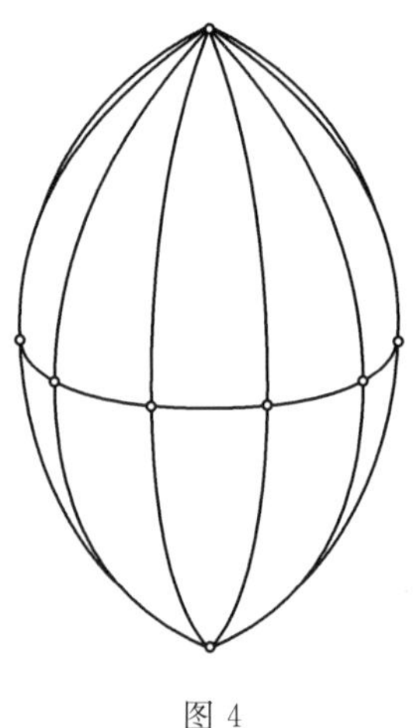

图 4

我们将证明：

设 $\mathfrak{F}$ 是一个凸的、连续弯曲的而且关于其赤道平面对称的旋转面,其总曲率满足不等式

$$K \geqslant \frac{1}{A^2}$$

那么它必被包含在旋转面 $\mathfrak{F}_0$ 之内,后者具有常总曲率 $1:A^2$,并且和 $\mathfrak{F}$ 有公共赤道平面.

为了证明,我们采用旋转轴为 z 轴,赤道平面为 xy 平面. 我们考察 $\mathfrak{F}_0$ 和 $\mathfrak{F}$ 在四分之一平面

$$x \geqslant 0, y=0, z \geqslant 0$$

上的子午线 $\mathfrak{S}_0$ 和 $\mathfrak{S}$ 的曲线弧,而且设它们的参数表示为

$$\mathfrak{S}_0 \begin{cases} x=x_0(\tau), y=0, z=z_0(\tau) \\ 0 \leqslant \tau \leqslant \tau_0 \end{cases}$$

$$\mathfrak{S}\begin{cases}x=x(\tau),y=0,z=z(\tau)\\0\leqslant\tau\leqslant\frac{\pi}{2}\end{cases}$$

式中,参数 τ 是正 z 轴与曲线切线之间的角(图 5).

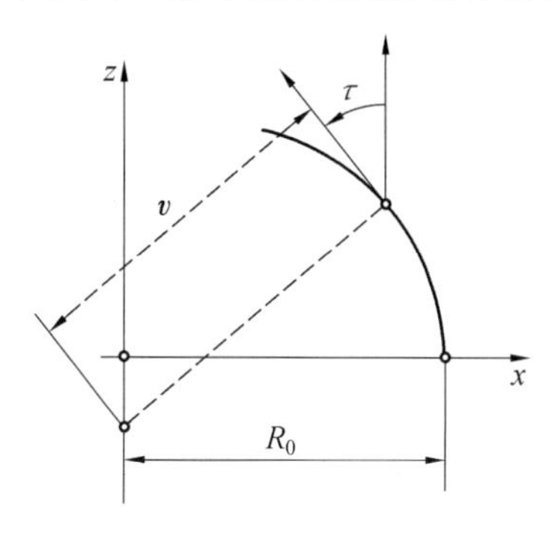

图 5

于是须证明的是,弧 $\mathfrak{S}$ 落在 $\mathfrak{S}_0$ 的内部.

首先必须阐明:永远成立关系式

$$x_0(\tau)\leqslant x(\tau)$$

为此,我们在旋转面 $\mathfrak{F}_0$ 和 $\mathfrak{F}$ 上考察由 $\mathfrak{S}_0$ 和 $\mathfrak{S}$ 的部分弧经旋转而生成的两条带的基足.设这两部分弧决定于 0 到 τ 的参数值,那么基足的面积是

$$\pi[R_0^2-x_0(\tau)^2]=\int\frac{Z}{K_0}\mathrm{d}\bar{F}$$

$$\pi[R_0^2-x(\tau)^2]=\int\frac{Z}{K}\mathrm{d}\bar{F}$$

式中采用了第 7 小节中的同一记号而且积分是在球面表示所属的带上进行的.然而,从假设

$$\frac{1}{K_0}=A^2\geqslant\frac{1}{K}$$

得出

$$\pi[R_0^2-x_0(\tau)^2]\geqslant\pi[R_0^2-x(\tau)^2]$$

所以实际上成立

$$x_0(\tau) \leqslant x(\tau)$$

人们从此还可推导 $\mathfrak{S}_0$ 和 $\mathfrak{S}$ 的对应曲率半径 ρ_0 和 ρ 之间的关系

$$\rho_0(\tau) \geqslant \rho(\tau)$$

实际上，一个旋转面的主曲率半径，一方面等于其子午线的曲率半径，而另一方面等于曲面法线与旋转轴的交点到曲面点的距离 v(图 25)①. 这样，我们有

$$A^2 = \frac{1}{K_0} = \rho_0(\tau) \cdot v_0(\tau)$$

$$\frac{1}{K} = \rho(\tau) \cdot v(\tau)$$

式中

$$v_0(\tau) = \frac{x_0(\tau)}{\cos \tau}, v(\tau) = \frac{x(\tau)}{\cos \tau}$$

从假定

$$\frac{1}{K_0} \geqslant \frac{1}{K} \text{ 或 } \rho_0(\tau) \cdot v_0(\tau) \geqslant \rho(\tau) \cdot v(\tau)$$

和上面已证的关系式

$$x_0(\tau) \leqslant x(\tau) \text{ 即 } v_0(\tau) \leqslant v(\tau)$$

得出所欲证的不等式

$$\rho_0(\tau) \geqslant \rho(\tau)$$

从此可以断定(完全和 §1 的定理一样)：那里的公式(2)保证了 $\mathfrak{S}$ 落在 $\mathfrak{S}_0$ 内且因而 $\mathfrak{F}$ 落在 $\mathfrak{F}_0$ 内的正确性.

9. 一些成果

凡具有常总曲率 $1 : A^2$ 和赤道圆半径 $R_0(R_0 <$

① 人们再可参看 Scheffers 的教程 138 页.

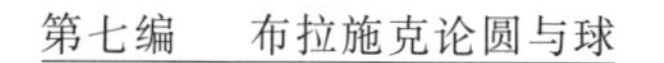

A)的纺锤形旋转面$\mathfrak{F}_0$，其两极P，Q间的距离D_0与R_0的关系已如本节，公式(16)所示

$$D_0=2\int_0^{\pi/2}\sqrt{A^2-R_0^2\sin\sigma}\cdot\mathrm{d}\sigma \tag{17}$$

如果连续弯曲的旋转面$\mathfrak{F}$和$\mathfrak{F}_0$有公共赤道面而落在$\mathfrak{F}_0$内，那么它的直径D自然要小于$\mathfrak{F}_0$的直径

$$D<D_0$$

因为$\mathfrak{F}$由于连续曲率性决不包含$\mathfrak{F}_0$的尖点P和Q. 然而，我们可使它任意接近这些尖点，所以D_0是D的上限.

我们在$\mathfrak{F}$的内部有了一个半径R且与$\mathfrak{F}$同心的球($R\leqslant R_0$). 人们指出，经过式(17)关于R_0的导微立即看出：积分(17)是R_0的递减函数，所以由

$$D<2\int_0^{\pi/2}\sqrt{A^2-R_0^2\sin^2\sigma}\cdot\mathrm{d}\sigma$$

和$R_0\geqslant R$便导出

$$D<2\int_0^{\pi/2}\sqrt{A^2-R^2\sin^2\sigma}\cdot\mathrm{d}\sigma \tag{18}$$

然而这样得来的结果却表明了这公式的一般性，对非旋转面也成立. 于是我们有：

设$\mathfrak{F}$为这样一个连续弯曲凸曲面，在其一点的总曲率K满足条件

$$K\geqslant\frac{1}{A^2}$$

而且它包含半径$R(<A)$的一个球在内. 那么成立它的直径D有关的不等式

$$D<2\int_0^{\pi/2}\sqrt{A^2-R^2\sin^2\sigma}\cdot\mathrm{d}\sigma$$

人们可任意接近D的这个上限，只要对一个常总曲线$1:A^2$和赤道圆半径R的纺锤形旋转面的两尖点磨

平些.

我们曾经证明(本节)R 必须被取为小于或等于 A 的事实. 人们对此容易做一个补充:当且仅当 $\mathfrak{F}$ 是球时,$R=A$. 倘若 $\mathfrak{F}$ 包含半径 A 的球在其内,那么 $\mathfrak{F}$ 的各垂足的面积必须大于或等于 πA^2. 然而 $\mathfrak{F}$ 的总曲率处处大于或等于 $1:A^2$,按本节,第 7 小节中的推论又必须这个面积小于或等于 πA^2. 所以只留下唯一可能性等于 πA^2 而且 $\mathfrak{F}$ 决不包含半径 A 的球外点,否则 $\mathfrak{F}$ 的垂足将大于 πA^2 而发生矛盾. 因此,$\mathfrak{F}$ 和这球合而为一.

设 $\mathfrak{F}$ 是总曲率处处大于或等于 $1:A^2$ 的凸曲面;如果它含有半径 A 的球,那么 $\mathfrak{F}$ 必和这球重合.

10. 邦尼特的一个定理

如我们已指出那样,R 的函数

$$\int_0^{\pi/2}\sqrt{A^2-R^2\sin^2\sigma}\cdot \mathrm{d}\sigma$$

在区间 $0\leqslant R\leqslant A$ 里是递减的. 所以令 $R=0$,便可增大这个表达式. 这样,从不等式(18)得到较简单的不等式

$$D<\pi A \tag{19}$$

如果一个凸曲面在其所有点的总曲率大于或等于 $1:A^2$,那么曲面上两点的距离总是小于 πA 的.

这个不等式在这里是作为更一般不等式的特殊情况而导出的,它于1855 年早就为邦尼特所发现①. 这里我们还可补充一点,就是两点间的距离可以任意接

① Paris, Comptes Rendus 40(1855),1311 ~ 1313 页. 也可参照 G. Darboux, Théorie générale des surfaces,卷 Ⅲ,103 页.

近这个上限 πA 的，正如我们可把它看成为常曲率 $1:A^2$ 的充分细的(R_0 充分小) 旋转面，但其两尖点该是已经被磨圆了的①. 这是因为，随着 $R_0>0$ 的减少，两尖点间的距离 D_0

$$D_0=2\int_0^{\pi/2}\sqrt{A^2-R_0^2\sin^2\sigma}\cdot \mathrm{d}\sigma$$

趋近数值 πA.

我们在这里将穿插邦尼特曾经用以抵达其结果的、富于思想的艺术，虽然他于此利用了变分法的工具而我们却不假设为已知的.

设 $\mathfrak{G}$ 为凸曲面 $\mathfrak{F}$ 上的一条测地线，P 是 $\mathfrak{G}$ 的一点而且 s 是 $\mathfrak{G}$ 的从 P 量起的弧长. 那么雅可比条件表明，$\mathfrak{G}$ 在两点 P 和 Q 之间，仅当 Q 不在 P 的“共轭”点 P^* 的另一侧时，才有可能给出 $\mathfrak{F}$ 的最短连接曲线，而在 P^*，$\mathfrak{G}$ 最初和过 P 的测地线包络相切. 要找出共轭点也即 s 的对应值，人们解微分方程

$$\frac{\mathrm{d}^2 p}{\mathrm{d}s^2}=-K(s)p$$

求其在 $s=0$ 处消失的解 $p(s)$. 那么 p 的最近零点恰恰对应于共轭点 P^*. 式中，$K(s)$ 表示 $\mathfrak{F}$ 在 $\mathfrak{G}$ 的一点的总曲率，所对应的参数是 s. 从 $K\geqslant 1:A^2$ 我们可以按斯图姆的著名定理判定，雅可比微分方程的零点比起方程

$$\frac{\mathrm{d}^2 p}{\mathrm{d}s^2}=-\frac{1}{A^2}p$$

① 这个注记最初应该归于豪斯道夫(F. Hausdorff) 的.

的更相互靠近些,因此 P 和 P^* 的测地距离 $s \leqslant \pi A$[①].

如果人们知道了 $\mathfrak{F}$ 上的两点间常有一条最短的连线存在并且它是测地线,那么可判定:$\mathfrak{F}$ 的任何两点的测地距离总是小于或等于 πA,因此它们的空间距离小于 πA.

这类以邦尼特的总结形式出现的缺陷,其实就是缺少了存在性证明,后来希尔伯特在他的变分法工作中才弥补了这个缺陷.

§3 对曲率的其他限制

1. 问题的提出和其到旋转面的归结

在前节里提出并解决了的课题,可以有一个完全类似的和在某种意义下对偶的对立面,并还可用相当简化的方法给予处理,就是如下所述:

设对一个连续弯曲的凸曲面 $\mathfrak{F}$ 给定了:(A) $\mathfrak{F}$ 在所有点的高斯曲率满足条件

$$K \leqslant \frac{1}{B^2}$$

和(B)假定 $\mathfrak{F}$ 被包含在半径 S 的球内. 试找出 $\mathfrak{F}$ 的两个平行切平面之间的距离的下限.

我们对一个凸曲面 $\mathfrak{F}$ 的两个平行切平面间的距离中的最小者记作它的"厚度"而且我们的课题于是变成:寻找那些满足假设(A)和(B)的所有曲面 $\mathfrak{F}$ 的厚度的下限.

---

① 如果我们将这微分方程解释为力学中的振动方程,便直接到达斯图姆定理;定理是说平凡的事实:这振动在增加力之下减弱.

我们把解问题的思考过程叙述于下. 这里取代许瓦兹构造法而起求解作用的是相应的措施，通过它而使 $\mathfrak{F}$ 变换为一个仍旧满足假设(A) 和(B) 的凸旋转曲面去. 人们可以最简括地按照 $\mathfrak{F}$ 的支持函数(第二十五章 §2) 来描述这个措施. 让我们设想在 $\mathfrak{F}$ 的内部选定坐标原点 M 而且把 $\mathfrak{F}$ 表示到中心 M 的单位球上，就是用平行(外向) 曲面法线表示. 我们以正的支持函数 H，即从 M 到 $\mathfrak{F}$ 的切平面的距离来覆盖这个球面表示，并且令 H 为球面上经度 φ 和纬度 ψ 的函数. 这里，我们采用极坐标系的这样一条轴 $\mathfrak{a}$，使它垂直于 $\mathfrak{F}$ 的那对(或者有多对时，取其一对) 切平面，其间的距离恰等于 $\mathfrak{F}$ 的厚度. 我们于是作函数

$$H(\psi)=\frac{1}{2\pi}\int_{-\pi}^{+\pi}H(\varphi,\psi)\mathrm{d}\varphi$$

这恰恰是一个凸曲面 $\widetilde{\mathfrak{F}}$ 的支持函数，而其实是以 $\mathfrak{a}$ 为旋转轴的旋转面的支持函数.

P. Funk 在调和球面函数论中引进了一个表达式，我们将应用它来表达这个从 $\mathfrak{F}$ 到 $\widetilde{\mathfrak{F}}$ 的引导作图法，即许瓦兹构造法的对偶面，并记它为 $\mathfrak{F}$ 的硬化. 如果我们能阐明如此得到的硬化了的曲面 $\widetilde{\mathfrak{F}}$ 真正满足条件(A) 和(B) 的话，那么我们只需着眼于旋转面. 换句(分析地表达其意义的) 话说，在所提的极小课题中不再出现两个变数的未知函数，而相反，只需处理单变数的这种函数.

2. 硬化的性质

现在我们对硬化了的曲面 $\widetilde{\mathfrak{F}}$ 必须阐明相应于 §2 中的四点的内容如下：

(1)$\widetilde{\mathfrak{F}}$ 仍旧是连续弯曲的凸曲面.

(2)$\widetilde{\mathfrak{F}}$ 的总曲率仍旧满足条件 $\widetilde{K} \leqslant \frac{1}{B^2}$.

(3)$\widetilde{\mathfrak{F}}$ 仍在半径 S 的一个球的内部.

(4)$\widetilde{\mathfrak{F}}$ 的厚度等于 $\mathfrak{F}$ 的厚度.

为证明第 1 点,我们必须阐明 $\widetilde{\mathfrak{F}}$ 的子午线的曲率半径都是正的.然而从 §1,公式(1) 人们找出

$$\widetilde{H} + \frac{\mathrm{d}^2 \widetilde{H}}{\mathrm{d}\psi^2} = \frac{1}{2\pi}\int_{-\pi}^{+\pi}\left(H + \frac{\partial^2 H}{\partial \psi^2}\right)\mathrm{d}\varphi$$

括号内的表达式是这样一条曲线的曲率半径,曲线本身决定于支持函数 $H(\varphi,\psi)$,但其中 φ 是固定的,而且代表了 $\mathfrak{F}$ 在赤道平面的一张平行平面上投影的轮廓,它显然是凸曲线.所以我们有

$$H + \frac{\partial^2 H}{\partial \psi^2} > 0$$

且因此,实际上也成立

$$\widetilde{H} + \frac{\mathrm{d}^2 \widetilde{H}}{\mathrm{d}\psi^2} > 0$$

即所欲证明的.

关于第 2 点,我们将作为最困难的一点而照例把它放到最后面去.对第 3 点的证实则通过下述的观察是容易给以肯定的,就是:第一,如果两凸曲面 $\mathfrak{F}$ 和 $\mathfrak{G}$ 中有一个在另一个的内部($\mathfrak{F} < \mathfrak{G}$),(并且它们有公共地给出厚度的平行支持平面的方向) 那么被硬化到同一旋转轴去的两曲面 $\widetilde{\mathfrak{F}} < \widetilde{\mathfrak{G}}$.第二,我们通过球 $\mathfrak{G}$ 的硬化而得到同样大小的球 $\widetilde{\mathfrak{G}}$.

对第 4 点,我们先证明:如果一个曲面 $\mathfrak{F}$ 被硬化为另一曲面 $\widetilde{\mathfrak{F}}$,那么所属的厚度之间必成立关系式 $\widetilde{\Delta} \geqslant \Delta$.实际上,设

$$\widetilde{\Delta} = \widetilde{H}(\psi_0) + \widetilde{H}(\psi_0 + \pi)$$

则

$$\widetilde{\Delta}=\frac{1}{2\pi}\int_{-\pi}^{+\pi}[H(\varphi,\psi_0)+H(\varphi,\psi_0+\pi)]\mathrm{d}\varphi$$

然而方括号中的式子大于或等于 Δ,所以得知所求的结果 $\widetilde{\Delta}\geqslant\Delta$. 另外,在所论的场合,我们可使旋转轴 $\mathfrak{a}$ 垂直于具有最小距离 Δ 的 $\mathfrak{F}$ 的两个平行切平面. 这些显然也是 $\widetilde{\mathfrak{F}}$ 的切平面,所以也成立 $\overline{\Delta}\leqslant\Delta$. 这样一来,唯一的可能性是 $\overline{\Delta}=\Delta$. ①

3. 支持函数的微分几何

现在为了要证实我们的计划表中唯一尚未完成的第 2 点,人们可以同前节(§2)相类似地进行研究,使得硬化通过对称化的无穷极重复而被推导出来,其中所指的对称化已被引进于第二十六章 §2 之中.

我们为了取得尽可能一目了然的公式,把支持数 $H(\varphi,\psi)$ 改写为直角坐标 α,β,γ 的函数,以代替极坐标 φ,ψ 的函数,而这两者之间有着下列联系

$$\alpha=\cos\varphi\cos\psi,\beta=\sin\varphi\cos\psi,\gamma=\sin\psi$$

由于 α,β,γ 间存在着方程

$$\alpha^2+\beta^2+\gamma^2=1 \tag{20}$$

我们对新支持函数 $H(\alpha,\beta,\gamma)$ 有必要假定齐性:对于所有的 $\lambda>0$,有

$$H(\lambda\alpha,\lambda\beta,\lambda\gamma)=\lambda H(\alpha,\beta,\gamma) \tag{21}$$

从此,以通过对 λ 的导微这一周知的方式便给出 H 的偏导数之间的恒等式

---

① 顺便指出,从此容易导出 Bieberbach 定理(§2)的一个对偶定理:在厚度 Δ 的所有凸体中,有常数平行切平面之间的距离的曲面才具备最小的平均曲率积分. 这就是闵可夫斯基的"常幅曲面",我们在后文附录中还要讲到它. 它的一个特征是直径与厚度的一致:$D=\Delta$.

$$\alpha H_{\alpha}+\beta H_{\beta}+\gamma H_{\gamma}=H \tag{22}$$

和由此经过对α,β,γ的偏导微而得来的H的第二阶导数间的关系式

$$\begin{cases}\alpha H_{\alpha\alpha}+\beta H_{\alpha\beta}+\gamma H_{\alpha\gamma}=0\\ \alpha H_{\beta\alpha}+\beta H_{\beta\beta}+\gamma H_{\beta\gamma}=0\\ \alpha H_{\gamma\alpha}+\beta H_{\gamma\beta}+\gamma H_{\gamma\gamma}=0\end{cases} \tag{23}$$

式中,我们采用了一些记法,比如

$$\frac{\partial H}{\partial \alpha}=H_{\alpha} \text{ 和 } \frac{\partial^2 H}{\partial \alpha \partial \beta}=H_{\alpha\beta}$$

设凸曲面$\mathfrak{F}$是由支持函数H所表示的,那么它的具有外向法线方向α,β,γ的切平面决定于L. O. Hesse的标准方程

$$\alpha x+\beta y+\gamma z=H \tag{24}$$

而且此外,切点x,y,z满足这个方程,从此通过导微便可推出:对于所有的$\mathrm{d}\alpha,\mathrm{d}\beta,\mathrm{d}\gamma$成立

$$(x-H_{\alpha})\mathrm{d}\alpha+(y-H_{\beta})\mathrm{d}\beta+(z-H_{\gamma})\mathrm{d}\gamma=0$$

可是$\mathrm{d}\alpha,\mathrm{d}\beta,\mathrm{d}\gamma$满足条件

$$\alpha\mathrm{d}\alpha+\beta\mathrm{d}\beta+\gamma\mathrm{d}\gamma=0$$

即来自式(20)的微分的条件. 所以我们有

$$x-H_{\alpha}=\mu\alpha,y-H_{\beta}=\mu\beta,z-H_{\gamma}=\mu\gamma$$

并且从(22)和(24)两式得到$\mu=0$.

这样,我们获得了切点坐标的简便表示式

$$x=H_{\alpha},y=H_{\beta},z=H_{\gamma} \tag{25}$$

设R是$\mathfrak{F}$的一个主曲率半径,于是对应的曲率中心的坐标为

$$\xi=H_{\alpha}-R\alpha,\eta=H_{\beta}-R\beta,\zeta=H_{\gamma}-R\gamma$$

如果我们沿着$\mathfrak{F}$的所属的曲率线前进,那么按曲率线的定义得知:方向$\mathrm{d}\xi,\mathrm{d}\eta,\mathrm{d}\zeta$必落在法线方向$\alpha,\beta,\gamma$. 这

就给出了一些公式

$$H_{\alpha\alpha}\mathrm{d}\alpha+H_{\alpha\beta}\mathrm{d}\beta+H_{\alpha\gamma}\mathrm{d}\gamma=R\mathrm{d}\alpha+\lambda\alpha$$
$$H_{\beta\alpha}\mathrm{d}\alpha+H_{\beta\beta}\mathrm{d}\beta+H_{\beta\gamma}\mathrm{d}\gamma=R\mathrm{d}\beta+\lambda\beta$$
$$H_{\gamma\alpha}\mathrm{d}\alpha+H_{\gamma\beta}\mathrm{d}\beta+H_{\gamma\gamma}\mathrm{d}\gamma=R\mathrm{d}\gamma+\lambda\gamma$$

如果对两边按顺序乘上 α,β,γ 而边边相加，从式(20)，式(23)和

$$\alpha\mathrm{d}\alpha+\beta\mathrm{d}\beta+\gamma\mathrm{d}\gamma=0$$

就导出结果 $\lambda=0$，且因此导出 R 的方程

$$\begin{vmatrix} H_{\alpha\alpha}-R & H_{\alpha\beta} & H_{\alpha\gamma} \\ H_{\beta\alpha} & H_{\beta\beta}-R & H_{\beta\gamma} \\ H_{\gamma\alpha} & H_{\gamma\beta} & H_{\gamma\gamma}-R \end{vmatrix}=0 \tag{26}$$

把右边展开为 R 的乘幂多项式并注意到二阶导数行列式按式(23)必须失；我们用 R 除之，人们便得到 R 的二次方程

$$R^2-(R_1+R_2)R+R_1R_2=0$$

式中

$$R_1+R_2=H_{\alpha\alpha}+H_{\beta\beta}+H_{\gamma\gamma} \tag{27}$$

如果我们把下列两矩阵中的左边一个的代数余因子记成右边的矩阵，即：从矩阵

$$\begin{pmatrix} H_{\alpha\alpha} & H_{\alpha\beta} & H_{\alpha\gamma} \\ H_{\beta\alpha} & H_{\beta\beta} & H_{\beta\gamma} \\ H_{\gamma\alpha} & H_{\gamma\beta} & H_{\gamma\gamma} \end{pmatrix} \Rightarrow \begin{pmatrix} K_{\alpha\alpha} & K_{\alpha\beta} & K_{\alpha\gamma} \\ K_{\beta\alpha} & K_{\beta\beta} & K_{\beta\gamma} \\ K_{\gamma\alpha} & K_{\gamma\beta} & K_{\gamma\gamma} \end{pmatrix}$$

那么就有

$$R_1R_2=K_{\alpha\alpha}+K_{\beta\beta}+K_{\gamma\gamma} \tag{28}$$

另一方面，由式(23)可见

$$\frac{K_{\alpha\alpha}}{\alpha^2}=\frac{K_{\beta\beta}}{\beta^2}=\frac{K_{\gamma\gamma}}{\gamma^2}=\frac{K_{\beta\gamma}}{\beta\gamma}=$$
$$\frac{K_{\gamma\alpha}}{\gamma\alpha}=\frac{K_{\alpha\beta}}{\alpha\beta}=\frac{1}{K}$$

并且由(20),(28)两式得出

$$R_1R_2=\frac{1}{K}$$

或者,也可以综合写成关于所有的 a,b,c 都成立的方程

$$-\begin{vmatrix} H_{\alpha\alpha} & H_{\alpha\beta} & H_{\alpha\gamma} & a \\ H_{\beta\alpha} & H_{\beta\beta} & H_{\beta\gamma} & b \\ H_{\gamma\alpha} & H_{\gamma\beta} & H_{\gamma\gamma} & c \\ a & b & c & 0 \end{vmatrix}=(a\alpha+b\beta+c\gamma)^2R_1R_2 \tag{29}$$

4. 总曲率在硬化中的抑制

人们可以把凸函数搬到三变数去而并无什么困难,于是看出:正根

$$\sqrt{rt-s^2}$$

在领域 $rt-s^2>0$ 里是(向上)凸的. 完全一样的结果曾见于 §2 中段,而是以别样形式作了表达. 所以从公式(29)得出:在固定 H 中的 α,β,γ 之下

$$U=\sqrt{R_1R_2}=\frac{1}{\sqrt{K}}$$

是凸的,就是

$$U[(1-\theta)H^{(0)}+\theta H^{(1)}]$$
$$\geqslant(1-\theta)U(H^{(0)})+\theta U(H^{(1)})$$

当

$$0\leqslant\theta\leqslant1$$

人们就这样在 U 里有着凸微分过程的一个例子. 如果我们特别令

$$H^{(0)}=H(+\alpha,\beta,\gamma),H^{(1)}=H(-\alpha,\beta,\gamma)$$

$$\theta=\frac{1}{2}$$

便导出那个在第二十六章 §2 中曾经考察过的关于平面 $x=0$ 的对称化，并且得知，$U=\sqrt{R_1R_2}$ 在这过程中并不减少；所以条件 $R_1R_2\geqslant B^2$ 仍旧保持成立. 当我们接着再关于一个平面 $x\cos\omega-y\sin\omega=0$($\omega$ 为 π 的无理数倍) 对称化它并且又关于 $x=0$ 再一对称化，以下依此类推时，我们终于通过极限过程而到达硬化(参照第二十六章 §1). 所以，对于如此获得的硬化了的曲面来说，按 §2 便可同样判定$R_1R_2\geqslant B^2$.

从此必然给出了所求的结果：

在硬化了的曲面 $\widetilde{\mathfrak{F}}$ 上，R_1R_2 的最小值大于(不小于) 在原先曲面 $\mathfrak{F}$ 上的对应的最小值. 换言之：$\widetilde{\mathfrak{F}}$ 上的最大总曲率不大于 $\mathfrak{F}$ 上的最大总曲率.

条件

$$K\leqslant\frac{1}{B^2}$$

就这样，在硬化过程中保留着不变.

最后，我们还要指出，在不损害假设(A)和(B)(§3) 的情况下可把旋转面 $\widetilde{\mathfrak{F}}$ 变为一个具有垂直于旋转轴的对称平面的，从而有心的曲面并且为此只需把曲面 $\widetilde{\mathfrak{F}}$ 关于赤道平面线性组合对称化

$$\frac{1}{2}\widetilde{H}(+\psi)+\frac{1}{2}\widetilde{H}(-\psi)$$

5. 干酪形的常总曲率旋转面

当人们把曲线

$$x=\sqrt{R_0^2-B^2\sin^2\psi}, y=0$$

$$z=\int_0^{\psi}\sqrt{R_0^2-B^2\sin^2\psi}\,\mathrm{d}\psi-$$

$$(R_0^2-B^2)\int_0^{\psi}\frac{\mathrm{d}\psi}{\sqrt{R_0^2-B^2\sin^2\psi}}$$

$$\left(-\frac{\pi}{2}\leqslant\psi\leqslant+\frac{\pi}{2}\right)$$

绕 z 轴旋转时，所生成的曲面是常总曲率 $K=1:B^2$ 的曲面①，并且对这样获得的曲面上下盖上半径 $\sqrt{R_0^2-B^2}$ 的两块圆板，使扩大成一个凸闭曲面，它所围成的凸体具有像荷兰干酪（Harzer Käse）似的形状（图 6）．参变数 ψ 恰恰表示曲面法线与赤道平面的交角．我们将命名为“干酪形”的常总曲率旋转面，以区别于前文的纺锤形的一种．两个圆底间的距离也即干酪的厚度，当然是

$$\Delta_0=\Delta_0(B,R_0)=2\int_0^{\pi/2}\sqrt{R_0^2-B^2\sin^2\psi}\,\mathrm{d}\psi-$$

---

① 人们比方可参考前面引用的 Scheffers 著书：曲面论，139 页以降和 Jahnke，Emde 的公式表，46 页以降．（注：在 $y=0$ 上，曲线 (x,z) 是一条子午线而且在其一点 $P(\psi)$

$$\frac{\mathrm{d}x}{\mathrm{d}\psi}=-\frac{B^2\sin\psi\cos\psi}{\sqrt{R_0^2-B^2\sin^2\psi}},\ \frac{\mathrm{d}z}{\mathrm{d}\psi}=\frac{B^2\cos^2\psi}{\sqrt{R_0^2-B^2\sin^2\psi}}$$

于是

$$\frac{\mathrm{d}s}{\mathrm{d}\psi}=\frac{B^2\cos\psi}{\sqrt{R_0^2-B^2\sin^2\psi}}$$

另外，从 P 引子午线的法线，使与 z 轴相交于点 A，那么

$$R_1=\overline{PA}=\frac{x}{\sin\psi}=\frac{\sqrt{R_0^2-B^2\sin^2\psi}}{\sin\psi}$$

又从

$$\frac{\mathrm{d}^2x}{\mathrm{d}s^2}=\frac{1}{R_2}\frac{\mathrm{d}z}{\mathrm{d}s}$$

容易算出

$$R_2=\frac{B^2\sin\psi}{\sqrt{R_0^2-B^2\sin^2\psi}}$$

所以 $R_1R_2=B^2$（证毕）．）

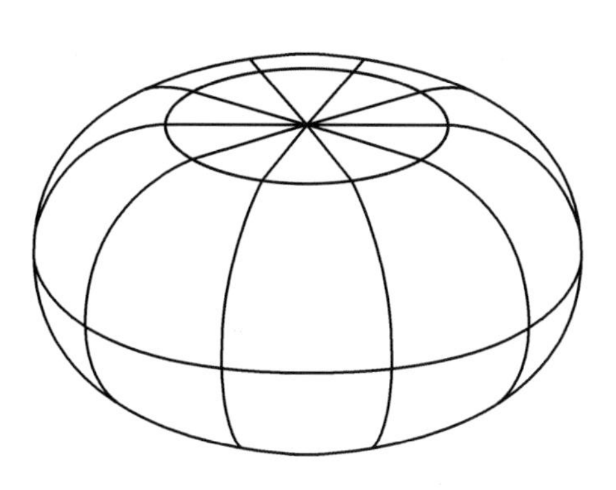

图 6

$$2(R_0^2-B^2)\int_0^{\pi/2}\frac{\mathrm{d}\psi}{\sqrt{R_0^2-B^2\sin^2\psi}}$$

我们可不经计算看出，函数 $\Delta_0(B,R_0)$ 关于 R_0 是递减的：对于 $0<R_0<\overline{R}_0$ 必有

$$\Delta_0(B,R_0)>\Delta_0(B,\overline{R}_0)$$

实际上，在所属的子午线上

$$x(\psi)=\sqrt{R_0^2-B^2\sin^2\psi}<\bar{x}(\psi)=\sqrt{\overline{R}_0-B^2\sin^2\psi}$$

而且由于子午线的对应曲率半径之间成立一个方程，即

$$B^2=R_1R_2=\frac{x(\psi)}{\cos\psi}\cdot\rho(\psi)=\frac{\bar{x}(\psi)}{\cos\psi}\cdot\bar{\rho}(\psi)$$

所以得出

$$\rho(\psi)>\bar{\rho}(\psi)$$

并且从此和

$$\Delta_0=\int_{-\pi}^{+\pi}\rho(\psi)\cos\psi\mathrm{d}\psi,\overline{\Delta}_0=\int_{-\pi}^{+\pi}\bar{\rho}(\psi)\cos\psi\mathrm{d}\psi$$

便有所欲证的结果（参照 §2）

$$\overline{\Delta}_0<\Delta_0$$

同 §2 以降完全相类似地，人们可以证实下述主

张的正确性:凡是一个有心的而且总曲率小于或等于 $1:B^2$ 的连续弯曲的凸旋转面必包含那个常总曲率 $1:B^2$ 而且有同一赤道平面的干酪形旋转面.

从此自然得出厚度 Δ 与赤道圆半径之间成立的不等式

$$\Delta > \Delta_0(B, R_0)$$

而且根据 Δ_0 的递减性立即获得

$$\Delta > \Delta_0(B, S)$$

式中 $S \geqslant R_0$ 表示外接球的半径.

然而这个关系如上所述,不仅对于旋转面而且一般也成立:

一个连续弯曲的凸曲面的总曲率如果小于或等于 $1:B^2$,则它的厚度 Δ 与外接球的半径 S 之间成立不等式

$$\Delta > 2\int_0^{\pi/2} \sqrt{S^2 - B^2\sin^2\psi}\,\mathrm{d}\psi - 2(S^2 - B^2)\int_0^{\pi/2} \frac{\mathrm{d}\psi}{\sqrt{S^2 - B^2\sin^2\psi}}$$

当曲面无限接近常总曲率 $1:B^2$ 的干酪形旋转面时,人们在其中可以无限逼近到等号.

至于 $S \geqslant B$ 的必要性(=只在球时)的证明,完全和上述的(§2)对应不等式 $R \leqslant A$ 的一样.

6.平均曲率在硬化中的抑制

根据第4小节得知,主曲率半径的乘积 R_1R_2 作为正凸函数 U 的平方,本身是凸的①

① 在下述的一些公式中,R_1R_2 和$(R_1 + R_2)$不仅作为数的记号,还作为微分算子来看待.

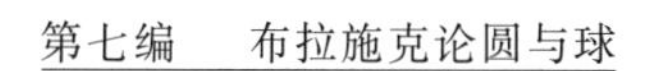

$$R_1R_2[(1-\theta)H^{(0)}+\theta H^{(1)}]\geqslant$$
$$(1-\theta)\cdot R_1R_2(H^{(0)})+\theta R_1R_2(H^{(1)})$$

另外,从公式(27)得出,曲率半径之和是被线性地组合成的

$$(R_1+R_2)[(1-\theta)H^{(0)}+\theta H^{(1)}]$$
$$=(1-\theta)(R_1+R_2)(H^{(0)})+\theta(R_1+R_2)(H^{(1)})$$

因此,对"平均曲率"

$$\frac{R_1+R_2}{R_1R_2}=\frac{1}{R_1}+\frac{1}{R_2}=N$$

便有下列估价式

$$N[(1-\theta)H^{(0)}+\theta H^{(1)}]$$
$$\leqslant\frac{(1-\theta)(R_1+R_2)(H^{(0)})+\theta(R_1+R_2)(H^{(1)})}{(1-\theta)R_1R_2(H^{(0)})+\theta R_1R_2(H^{(1)})}$$

$$\frac{1}{N}[(1-\theta)H^{(0)}+\theta H^{(1)}]$$
$$\geqslant\frac{(1-\theta)R_1R_2(H^{(0)})+\theta R_1R_2(H^{(1)})}{(1-\theta)(R_1+R_2)(H^{(0)})+\theta(R_1+R_2)(H^{(1)})}$$

然而右侧 θ 的两个函数都是单调的,所以我们得出结论

$$N[(1-\theta)H^{(0)}+\theta H^{(1)}]$$

介于 $N(H^{(0)})$ 与 $N(H^{(1)})$ 之间.

特别是,关于第二十六章 §2 中的对称化成立这个结论.通过重复和极限过程,我们便获得硬化有关的结论:

如果一个连续弯曲的凸曲面 $\mathfrak{F}$ 的平均曲率满足下列不等式

$$\frac{1}{P}\leqslant\frac{1}{R_1}+\frac{1}{R_2}\leqslant\frac{1}{Q}$$

那么关于每个从$\mathfrak{F}$经过硬化而得来的旋转面$\widetilde{\mathfrak{F}}$也成立同一不等式.

为了处理这些课题,人们可应用那些来自 §2 和 §3 中对问题的解法到这里来,而为此只需以平均曲率的限制代替总曲率的限制.

第二十八章　关于凸体的其他研究的瞭望

我们从圆和球的等周性质出发，很自然地被引导到“凸域”和“凸体”等极其一般的几何图像去.人们或许有权敢于这样主张:这些图像的研究对于今天几何开发来说，起到一个相类似的重要作用，正如以前那样，在射影几何的发明时代里带来了圆和球的别种一般化，即圆锥曲线和二次曲面.自然，人们越多假定一个几何图形的特征为已知，就越能对这图形多作叙述.因此，特别值得注目的是，从凸性的弱要求却能引出如此美丽而深奥结论的这样一个库藏来.

今天该是总结如何从凸体论出发推导迄今为止的各种成果的时候了.然而，这全不在本小册的写作计划之内.但是，现在如果能在良好结束里导进一些和这里相关联的别种单独研究，想必不至于很不受欢迎的地步.本附录里，我们将利用 G. Herglotz 的丰硕著述.

凸曲线和凸曲面在不含有直线段的假定下，具有与一直线相交于两点的性质，因而，如人们（一般）所表达那样，这些是“第二次”非解析的图像，同它们相对立的是作为第二次解析图像的圆锥曲线和“织面”.现时，特别是有两位丹麦几何学家，即：Ch. S. Juel 和 J. Hjelmslev 系统地研究这种甚至更高次的非解析图像.这个几何学新种，一方面介于拓扑与射影几何之间，而另一方面又介于拓扑与初等几何之间，凸图像（Konvexen）几何是作为最初的、基础的部分而从属于其中.

在这里，这两位丹麦几何学家的主要力量是对非解析图像注进射影的性质，而我们这里则把 Felix Klein 的“爱尔朗根计划书”① 意义下的初等几何性质作为前景来叙述②.

1. 凸体垂足的面积

以下为了简便，我们假设一个凸体的凸闭界面是正则解析的，它的总曲率不等于零，并在意义下简称“卵形面”.

我们一方面将补充这样一个卵形面的所有垂足（正投影）的面积之间，而另一方面周长之间的连带关系.

让我们设想所论的卵形面 $\mathfrak{C}$ 通过各外向曲面法线的平行线唯一地被映射到单位球上而且把对应的二表

① Erlangen 1872. 刊登于 Mathem. Annalen 43，1893.

② 关于 Juel 和 Hjelmslev 意义下的研究可参照 J. Hjelmslev：Dienaturliche Geometrie，Hamburg Abh. Math. Seminar，1923，2 和 L. Locher-Ernst，Einführung in die freie Geometrie ebener Kurven，Birkhäuser. Basel 1951.

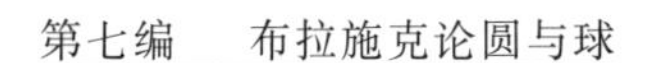

面积元素记作 do 和 $\mathrm{d}\omega$. 于是 $\mathfrak{E}$ 的高斯曲率 K 决定于

$$\mathrm{d}o=\frac{\mathrm{d}\omega}{K}$$

现在,设 ρ 为平行的投影射线的方向并以同一记号也表示单位球上的这样一点,使其半径(向径)的方向是 ρ. 于是 $\mathfrak{E}$ 在方向 ρ 的垂足面积决定于表示式

$$F_{\rho}=\frac{1}{2}\int|\cos\widehat{\rho\sigma}|\,\mathrm{d}o_{\sigma}=\frac{1}{2}\int\frac{|\cos\widehat{\rho\sigma}|}{K_{\sigma}}\mathrm{d}\omega_{\sigma}\quad(\mathrm{I})$$

式中,二重积分是遍及单位球的所有点而进行的.

我们引两张平面使与方向 ρ 垂直,而且从一固定点到它们的距离都等于 F_{ρ},这样就把 F_{ρ} 当作“支持函数”(第二十五章 §2) 来掌握. 接着,我们将证明:所有这些平面包络成一个新的卵形面. 换言之:

当我们对 $\mathfrak{E}$ 的各外切柱面的母线引垂直的二平行平面,使各平面离一个定点的距离都等于柱面的正截面面积时,所有这些平面也包络成一个卵形面,而其实是以定点为中心的卵形面.

按照支持函数 F_{ρ} 的积分表示(Ⅰ)和下述事项,便可看出这个定理,就是:一方面 $K_{\rho}>0$,而且另一方面 $|\cos\widehat{\rho\sigma}|$ 在固定 σ 时,是一个凸体的支持函数,这里的凸体是指方向 ρ 和长 2 的(重量计算) 线段. 人们通过正线性组合,便可从凸体的支持函数再导出这种函数(第二十六章 §2).

人们也可以这样证明. 在单位球上导进点 ρ,σ 的直角坐标,就可改写公式(Ⅰ)为另一形式

$$F(\alpha_{\rho},\beta_{\rho},\gamma_{\rho})=\frac{1}{2}\int\frac{|\alpha_{\rho}\alpha_{\sigma}+\beta_{\rho}\beta_{\sigma}+\gamma_{\rho}\gamma_{\sigma}|}{K_{\sigma}}\mathrm{d}\omega_{\sigma}$$

其中,支持函数正如闵可夫斯基经常采用那样,关于

$\alpha_\rho,\beta_\rho,\gamma_\rho$ 是一次正齐次的,所以我们立即知道在这种规范化下成立的凸性条件①

$$F(\alpha_1+\alpha_2,\beta_1+\beta_2,\gamma_1+\gamma_2)\leqslant F(\alpha_1,\beta_1,\gamma_1)+F(\alpha_2,\beta_2,\gamma_2)$$

是真的.

从得到的结果容易导出Carathéodory曾以猜想形式树立起来的一个定理.设 F_1,F_2,F_3 是一个凸体在三个正交方向下的垂足面积,那么对于任一垂足的面积 F 必成立

$$F^2\leqslant F_1^2+F_2^2+F_3^2$$

2.凸体垂足的周长

我们在公式(Ⅰ)中,单独把点 σ 的主曲率半径 R_1,R_2 明显化

$$2F_\rho=\int|\cos\widehat{\rho\sigma}|\cdot(R_1R_2)_\sigma\cdot\mathrm{d}\omega_\sigma$$

并且应用这个公式到卵形面 $\mathfrak{E}$ 的(向外)距离为 ε 的凸平行曲面,以代替 $\mathfrak{E}$;那么有

$$2(F_\rho+L_\rho\varepsilon+\pi\varepsilon^2)=\int|\cos\widehat{\rho\sigma}|\cdot(R_1+\varepsilon)_\sigma(R_2+\varepsilon)_\sigma\cdot\mathrm{d}\omega_\sigma$$

式中,L_ρ 表示垂足的周长.比较两边关于 ε 的一次项的结果,我们得到值得注目的公式

$$2L_\rho=\int|\cos\widehat{\rho\sigma}|\cdot(R_1+R_2)_\sigma\cdot\mathrm{d}\omega_\sigma \qquad (\text{Ⅱ})$$

然而 $R_1+R_2>0$,所以从此推出像从(Ⅰ)推导的完全相应的定理:

① 闵可夫斯基全集Ⅱ,231页.这种对支持函数的规范化也曾被利用于本节.

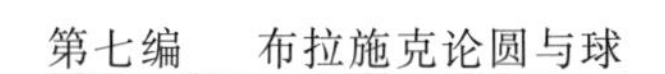

如果我们对一个卵形面$\mathfrak{E}$的各外切柱面引垂直于其母线的二平面，使它们从一个定点的距离等于柱面正截面的周长，那么这些平面包络成一个有心的卵形面.

我们顺便指出，从（Ⅰ）导致（Ⅱ）的变换很容易被应用于n维($n \geqslant 2$)空间的一个凸体的垂足去. 这时，积分符下会出现n个主曲率半径的对称基函数.

最后，我们还要改写公式（Ⅱ），使其中出现$\mathfrak{E}$的支持函数H，于是有（参照第二十六章 §3 中的公式(L)）

$$L_\rho = \int_{\mathfrak{K}_\rho} H_\sigma \mathrm{d}\sigma \qquad (*)$$

式中，积分是遍及单位球上的大圆$\mathfrak{K}_\rho$的弧长$\mathrm{d}\sigma(>0)$而进行的，这个大圆的平面垂直于方向ρ. 关于R_1+R_2已经成立了 Weingarten 公式

$$R_1 + R_2 = 2H + \Delta_2 H$$

这样，我们获得

$$2\int_{\mathfrak{K}_\rho} H_\rho \mathrm{d}\sigma = \int |\cos \widehat{\rho\sigma}| \cdot (2H + \Delta_2 H)_\sigma \cdot \mathrm{d}\omega_\sigma \qquad (**)$$

一个由 G. Herglotz 用别法推导出来的公式，下文中将应用它.

在单位球上的函数L_ρ，已经由这球的函数H_σ通过沿大圆$\mathfrak{K}_\rho$的积分而被确定了，P. Funk 称它为H_σ的“圆积分”. 如果用这种名词表达，则可把上述的结果写成如下的形式：

一个卵形面的支持函数的圆积分仍是一个卵形面的支持函数.

3. 闵可夫斯基的常幅体[①]

当一个卵形面的每对平行切平面有一定的距离 D 时，我们按闵可夫斯基称它为“常幅”卵形面（参照第二十七章 §3 末段的脚注）. 如果我们命名单位球上的二直径对端点为 $+\sigma$ 和 $-\sigma$，那么对于一个常幅卵形面的支持函数必成立特征关系

$$H_{+\sigma}+H_{-\sigma}=D$$

因此，运用外切柱面（的截口）的周长公式（∗），就立即看出：从常幅得到常周长

$$L_{\rho}=\int_{\mathfrak{K}_{\rho}}H_{\sigma}\mathrm{d}\sigma=$$

$$\int_{0}^{\pi}H_{\sigma}\mathrm{d}\sigma+\int_{0}^{\pi}(D-H_{\sigma})\mathrm{d}\sigma=\pi D$$

然而，闵可夫斯基曾指出，这个事实之逆也是真的，就是说，人们因此可以表述如下：

常幅的凸体和常周长的凸体是一致的.

为此，我们必须阐明：从

$$\int_{\mathfrak{K}_{\rho}}H_{\sigma}\mathrm{d}\sigma=\pi D\quad(\text{常数})$$

推出

$$H_{+\sigma}+H_{-\sigma}=D$$

我们将对球上的函数 H_{σ} 分解为“偶”部分 F_{σ} 和“奇”部分 G_{σ}，对于前者成立

$$F_{+\sigma}-F_{-\sigma}=0$$

而对于后者则有

$$G_{+\sigma}+G_{-\sigma}=0$$

---

① Über die Körper konstanter Breite, Ges. W. Ⅱ, 277 ～ 279 页.

为此,人们必须令

$$F_\sigma=\frac{1}{2}(H_{+\sigma}+H_{-\sigma})$$

和

$$G_\sigma=\frac{1}{2}(H_{+\sigma}-H_{-\sigma})$$

我们的课题给出了关于偶部分 F_σ 的条件

$$\int_{\mathfrak{K}_\rho}F_\sigma\mathrm{d}\sigma=\pi D$$

而我们必须由此推导的是 $2F_\sigma=D$. 如果人们还导入

$$F_\sigma-\frac{D}{2}=\Phi_\sigma$$

那么对这个偶函数 Φ_σ 必须从圆积分之为零

$$\int_{\mathfrak{K}_\rho}\Phi_\sigma\mathrm{d}\sigma=0$$

导出函数之为零.

闵可夫斯基是通过下述方法作出证明的,就是:把 Φ_σ 展开为球面调和函数的同时,还指出:一个偶数次调和函数的圆积分,除了一个常因数有所区别外,就是函数本身. Funk 则按初等方法避免了级数展开,而也到达了同一目标.

必须指出,关于常幅卵形面的二维类似,即关于常幅凸曲线的问题有着很广泛的文献,远溯到欧拉,而且与概率论中的所谓"针问题"相联系着.

4. 常亮度的体

这里我们接近于这样的想法,对闵可夫斯基问题的提法多少加以变更并且提问:在所有凸曲面中究竟有哪种曲面的正截口面积是常数?由这样曲面围成的凸体,按照 Herglotz 的命名而称"常亮度"的卵形体. 其实,我们这样理解:它的表面均匀地发出光线,并且当人们从一个方向看凸体时,亮度是和这方向的垂足的面积成比例的.

我们把这种卵形面的高斯曲率

$$K=\frac{1}{R_1R_2}$$

看作法线方向的函数而对它进行寻找,这是因为:闵可夫斯基证明,这个曲面实质上唯一决定于高斯曲率;所以我们必须按公式(Ⅰ)解"第一类积分方程"

$$\text{const.}=\int|\cos\widehat{\rho\sigma}|\cdot(R_1R_2)_\sigma\cdot d\omega_\sigma$$

像前文第3小节中所做那样,通过偶部分和奇部分的分解,便达到结果如下

$$(R_1R_2)_{+\sigma}+(R_1R_2)_{-\sigma}=\text{const.}$$

是常亮度卵形面的充要条件;这时,只要能够证明:从偶函数 Φ_σ 的方程

$$\int|\cos\widehat{\rho\sigma}|\cdot\Phi_\sigma d\omega_\sigma=0$$

得出函数 Φ_σ 之恒为零.

对此,我们可按照 Herglotz 这样证明:仍把它展开为偶球面调和函数——这些都是积分方程的"固有函数",或者也可通过下述的步骤,就是根据公式(**)把问题归结到上述的具有圆积分的泛函方程的解,而对于后一点将在第5小节中回顾.

这样,我们获得了定理:一个卵形面当且仅当曲面在两个平行平面的二切点处的主曲率半径之间存在关系式

$$(R_1R_2)_{+\sigma}+(R_1R_2)_{-\sigma}=\text{const.}$$

时,才是常亮度的卵形面.

图1给出了一个常亮度卵形面的子午线截面的简例,但它的界线并不是解析的.子午线是在直角坐标 x,y,z 之

下，用一个参变量 φ 是可表达为下列形式

$$\begin{cases} x=\dfrac{A}{\sqrt{2}}\cos\varphi, y=0 \\ z=A\displaystyle\int_0^{\varphi}\sqrt{1-\frac{\sin^2\varphi}{2}}\cdot \mathrm{d}\varphi \end{cases} \quad \left(0\leqslant\varphi\leqslant\frac{\pi}{2}\right)$$

$$\begin{cases} x=A\cos\left(\dfrac{\pi}{4}-\varphi\right), y=0 \\ z=A\left[\dfrac{1}{\sqrt{2}}-\sin\left(\dfrac{\pi}{4}-\varphi\right)\right] \end{cases} \quad \left(-\frac{\pi}{4}\leqslant\varphi\leqslant 0\right)$$

其中，z 轴是旋转轴. 所生成的旋转面是由一块常总曲率的旋转面和一块球面接合成的，而且在这卵形面的棱上和尖点处的曲率半径必须使等于零.

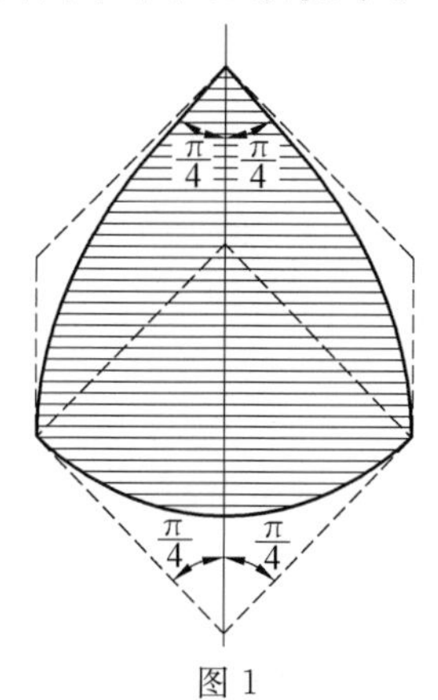

图 1

5. 有心凸体的积分表示

根据第 1 小节和第 2 小节中的公式（Ⅰ）和（Ⅱ）得知，对有心卵形面的支持函数 H_ρ 我们可用对称“核” $|\cos\widehat{\rho\sigma}|$ 的形式来表示

$$H_\rho=\frac{1}{4\pi}\int|\cos\widehat{\rho\sigma}|h_\sigma \mathrm{d}\omega_\sigma \qquad (*)$$

式中，函数 h_ρ 始终被假定为在单位球上的偶函数（第 3 小节中段），而且积分仍是遍及单位球的全表面而进行的. 正如人们用 h_σ 关于球面调和函数展开就可看出那样，这个关于 h_σ 的泛函方程是唯一可解的.

然而我们可用别种方法实现这个解为终结形式. 将

$$H_\rho = \frac{1}{2\pi}\int |\cos \widehat{\rho\sigma}| \cdot h_\sigma \cdot \mathrm{d}\sigma$$

缩写成

$$H = \Gamma h$$

令

$$(\Delta_2 + 2)H = \triangledown H$$

而且最后将圆积分

$$\frac{1}{2\pi}\int_{\mathfrak{K}_\rho} H_\sigma \mathrm{d}\sigma$$

缩写为 ΦH，那么第 2 小节中的公式（＊＊）就可被缩写成

$$\Phi H = \Gamma \triangledown H$$

或者

$$\Phi = \Gamma \triangledown$$

如果我们以符号 -1 表示逆算子，那么便有①

---

① 如果我们引进按球面调和函数的展开，便立即看出，$\Phi = \triangledown \Gamma$ 也成立，从而 $\Gamma^{-1} = \Phi^{-1}\triangledown$. 关于一个 n 次球面调和函数 X_n，实际上成立微分方程

$$\triangledown X_n = -(n-1)(n+2)X_n \qquad (\triangledown)$$

而且对一个偶球面调和函数给出了圆积分

$$\Phi X_{2m} = (-1)^m \frac{1 \cdot 3 \cdot 5 \cdot \cdots \cdot (2m-1)}{2 \cdot 4 \cdot 6 \cdot \cdots \cdot 2m} X_{2m} \qquad (\Phi)$$

最后，从算子 Γ 导出

$$\Gamma X_{2m} = (-1)^{m+1} \frac{1 \cdot 3 \cdot 5 \cdot \cdots \cdot (2m-3)}{2 \cdot 4 \cdot 6 \cdot \cdots \cdot (2m+2)} X_{2m} \qquad (\Gamma)$$

$$\Gamma^{-1} = \nabla \Phi^{-1}$$

这样,算子 Γ 之逆是可从 Φ 之逆通过微分而被推出的.

然而 P. Funk 则把 Φ 之逆从阿贝尔(N. H. Abel)在其落下体问题(Problem der Tautochrone)中所利用过的积分还原出来. 当我们采用点 ρ 为单位球面上一个极坐标系的北极,并以 φ 表示径长,$\pi/2-\Theta$ 表示纬度时,令

$$\widetilde{H}_{\rho}(\Theta) = \frac{1}{2\pi}\int_{-\pi}^{+\pi} H(\Theta, \varphi)\mathrm{d}\varphi$$

人们便按照 Funk 获得圆积分方程

$$H_{\rho} = \frac{1}{2\pi}\int_{\mathfrak{R}_{\rho}} f_{\sigma}\mathrm{d}\sigma$$

的解

$$f_{\rho} = H_{\rho} + \int_{0}^{\pi/2} \frac{\mathrm{d}\widetilde{H}_{\rho}(\Theta)}{\cos\Theta}$$

6. 有心卵形面有关的公式

设一个凸体的支持函数决定于积分表示(*),那么它与其有外向法线方向 ρ 的切平面的切点的坐标,是可从(*)经过微分加以推导的(参照第二十七章§3)

$$x_{\rho} = \frac{1}{2\pi}\int \alpha_{\sigma} \cdot h_{\sigma} \cdot \mathrm{d}\omega_{\sigma},\ y_{\rho} = \frac{1}{2\pi}\int \beta_{\sigma} \cdot h_{\sigma} \cdot \mathrm{d}\omega_{\sigma} \quad (1)$$

$$z_{\rho} = \frac{1}{2\pi}\int \gamma_{\sigma} \cdot h_{\sigma} \cdot \mathrm{d}\omega_{\sigma}$$

式中,α_{σ},β_{σ},γ_{σ} 是单位球上变动积分点 σ 的坐标而且积分仅仅是遍及半球

$$\alpha_{\rho}\alpha_{\sigma} + \beta_{\rho}\beta_{\sigma} + \gamma_{\rho}\gamma_{\sigma} > 0$$

而进行的①.

通过再度微分,便获得所论卵形面在其外法线 ρ 的点处的主曲率半径有关的公式

$$(R_1+R_2)_\rho=(\Delta_2+2)H_\rho=\frac{1}{2\pi}\int_{\mathfrak{K}_\rho}h_\sigma\mathrm{d}\sigma \qquad (2)$$

$$(R_1R_2)_\rho=\frac{1}{2\pi^2}\int_{\mathfrak{K}_\rho}\int_{\mathfrak{K}_\rho}(\sin\widehat{\sigma\tau})^2h_\sigma h_\tau\mathrm{d}\sigma\mathrm{d}\tau \qquad (3)$$

式中,$\mathfrak{K}_\rho$ 照旧表示单位球上与方向 ρ 垂直的大圆而且 $\mathrm{d}\sigma$ 和 $\mathrm{d}\tau$ 表示这些大圆的(正)弧素.

最后,还给出所论卵形面围成的曲面的体积 J 有关的公式,它的对称性值得我们注意.令

$$\rho(\alpha_\rho,\beta_\rho,\gamma_\rho),\sigma(\alpha_\sigma,\beta_\sigma,\gamma_\sigma),\tau(\alpha_\tau,\beta_\tau,\gamma_\tau)$$

为单位球 $\alpha^2+\beta^2+\gamma^2=1$ 上的三点.我们用$[\rho,\sigma,\tau]$记下列行列式的绝对值

$$\begin{vmatrix}\alpha_\rho & \beta_\rho & \gamma_\rho\\ \alpha_\sigma & \beta_\sigma & \gamma_\sigma\\ \alpha_\tau & \beta_\tau & \gamma_\tau\end{vmatrix}$$

那么

$$J=\frac{1}{6\pi^2}\iiint[\rho,\sigma,\tau]\cdot h_\rho h_\sigma h_\tau\cdot\mathrm{d}\omega_\rho\mathrm{d}\omega_\sigma\mathrm{d}\omega_\tau \qquad (4)$$

式中,三个积分全是遍及单位球的整个表面而进行计算的.此外,通过平行体的变换还可导出表面积 O 和平均曲率积分 M 有关的公式

$$O=\frac{1}{2\pi^3}\iiint[\rho,\sigma,\tau]\cdot h_\rho h_\sigma\cdot\mathrm{d}\omega_\rho\mathrm{d}\omega_\sigma\mathrm{d}\omega_\tau \qquad (5)$$

---

① 我们可根据这些 x_ρ,y_ρ,z_ρ 的公式把所论的卵形面看作为一个有心卵形面在浸到一半的时候的浮力曲面.

$$M=\frac{1}{2\pi^3}\iiint[\rho,\sigma,\tau]\cdot h_\rho\cdot \mathrm{d}\omega_\rho \mathrm{d}\omega_\sigma \mathrm{d}\omega_\tau \qquad (6)$$

为了一个以形式(*)表达的函数 H 要成为一个凸体的支持函数,$h\geqslant 0$ 是充分的.这一点已见于前面第1小节和第2小节之中.然而,这显然不是必要的并且原先希望的是,能够通过线段的正线性组合构造出 $h\geqslant 0$ 这样的特殊凸体,而想方设法地简单特征化它.通过一个仿射变换,也就是通过使无穷远停留不动的一个射影变换,这样一个特殊凸体仍旧变换为这样一个凸体.凡是多面体,当它的所有侧面具有一个中心时,都算在这类里面.

7.椭球在卵形面中的特征

人们取进椭球的向来周知的某一性质而且提问:这个性质是不是椭球在所有卵形面中的特征?按此想法要推导一系列美丽的几何质问来.

比如,必须指出这类的特别美丽结果,就是布鲁恩在其教授就职论文 *Über Kurven ohne Wendepunkte*(München 1889,59页)中获得的定理:如果一个卵形面与其相交的任何平面的交线是有心的卵形线,那么它必定是椭球.

这里将导出一个在变分法中有其应用的类似结果:如果一个卵形面与其任一外切柱面相切于平面曲线,那么它必定是椭球.

如果人们援引画法几何的语言,那么对所提的课题可作如下掌握:人们要决定所有这样的卵形面,使其在任何平行照明下的固有影界线都是平曲线.

首先,我们更一般地寻找所有这样的卵形面,就是当光线平行于一定平面("基平面")时,它的影界线是平曲线.如果人们给这样一个卵形面 $\mathfrak{E}$ 实施正则的仿射变换，它的性质显然不变. 这里所谓"仿射变换"照例是指那些使无穷远停留不动的射影变换(默比乌斯(Mobius)的定义). 让我们引 $\mathfrak{E}$ 的两张与基平面平行的切平面，那么我们通过这样一个仿射变换总是可使这两切平面的两切点 $\mathfrak{p}$ 和 $\mathfrak{q}$ 的连线垂直于基平面.

现在，我们对卵形面 $\mathfrak{E}$ 给以平行而且水平的，即平行于基平面 $\mathfrak{G}$ 的射线照明，其固有影界线 $\mathfrak{S}$ 必须是平曲线，而因为它在 $\mathfrak{E}$ 上，必定是过卵的两极 $\mathfrak{p}$ 和 $\mathfrak{q}$ 的卵形线.

两张任意水平面和 $\mathfrak{E}$ 相交于水平的卵形线 $\mathfrak{W}_1$ 和 $\mathfrak{W}_2$ 而且这二曲线在其与影界线 $\mathfrak{S}$ 的交点处有平行的切线. 现在把整个图形垂直投影到基平面上. 设 $\mathfrak{p}$ 和 $\mathfrak{q}$ 的共同垂足是 $\mathfrak{o}$. $\mathfrak{S}$ 的垂足是过 $\mathfrak{o}$ 的一条直线 $\mathfrak{S}'$，$\mathfrak{W}_1$ 和 $\mathfrak{W}_2$ 的垂足是绕 $\mathfrak{o}$ 的两卵形线 $\mathfrak{W}'_1$ 和 $\mathfrak{W}'_2$.

这样，过 $\mathfrak{o}$ 的每条直线和 $\mathfrak{W}'_1$，$\mathfrak{W}'_2$ 相交于两对点，在每对点处的二切线互相平行，可是这就是说：$\mathfrak{W}'_1$ 和 $\mathfrak{W}'_2$ 都以 $\mathfrak{o}$ 为中心，而且相似，并关于 $\mathfrak{o}$ 有相似位置. 因此，$\mathfrak{W}_1$ 和 $\mathfrak{W}_2$ 也是相似而且人们看出如何寻找所求的一般卵形面：

作图规则：在基平面上取任一以 $\mathfrak{o}$ 为中心的卵形线 $\mathfrak{W}$. 又在过 $\mathfrak{p}$ 和 $\mathfrak{q}$ 的一平面里取一条卵形线 $\mathfrak{S}$，使它对称于 $\mathfrak{p}$ 和 $\mathfrak{q}$ 的连线并与 $\mathfrak{W}$ 相交. 接着，人们固定 $\mathfrak{p}$ 和 $\mathfrak{q}$ 而使 $\mathfrak{S}$ 绕这两点的连线这样旋转着并且和它本身相仿射地变更着，以致 $\mathfrak{S}$ 的各点画出一条与 $\mathfrak{W}$ 相似且有相似位置的卵形线. 这个整体是旋转面通过子午线的回转而生成的拓广.

必须指出，我们已经阐明了影界线 $\mathfrak{S}$ 关于两点 $\mathfrak{p}$ 和 $\mathfrak{q}$ 的连线是对称的.

现在对所论的卵形面 $\mathfrak{E}$ 我们还期待：$\mathfrak{E}$ 的各条影界线(总是指在平行照明之下！)必须是平曲线，所以我们从上述得知：这样的各条卵形线 $\mathfrak{S}$ 关于其上两个任何"对立点"$\mathfrak{p}$ 和 $\mathfrak{q}$ 的连线必须是对称的，就是一般斜对称的，这里所谓对立点是指曲线在那里的二切线平行. 然而人们从此就可判定，$\mathfrak{S}$ 是椭圆，而实际上可证明如下.

我们容易标出 $\mathfrak{S}$ 的这样二对称轴 $\mathfrak{a}$ 和 $\mathfrak{a}_n$ 使得关于 $\mathfrak{a}$ 的(斜)对称乘上关于 $\mathfrak{a}_n$ 的对称，便给出了一个周期 2^n 的同指向仿射 Φ_n. 我们通过一个新仿射 Ψ 而把 Φ_n 变换为一个按角度 $2\pi : 2^n$ 的旋转 $\Phi_n^* = \Psi^{-1}\Phi_n\Psi$. 这样从 $\mathfrak{S}$ 通过 Ψ 而生成的卵形线 $\mathfrak{S}^*$，在旋转 Φ_n^* 之下自己变到自己. 如果人们固定 $\mathfrak{a}$ 而以 $\mathfrak{a}_{n+1}$ 代替 $\mathfrak{a}_n$，只要是 $n>1$，按照 $\Phi_{n+1}^{*2}=\Phi_n^*$ 得知：Φ_{n+1} 是通过同一仿射 Ψ 而变为旋转 $\Phi_{n+1}^* = \Psi^{-1}\Phi_{n+1}\Psi$ 的. 所以 $\mathfrak{S}^*$ 是通过形如 $2m\pi : 2^n(m,n=1,2,3,\cdots)$ 的任意角的旋转自己变到自己的，从而这只在圆的时候才可能. 因此，原先的 $\mathfrak{S}$ 真正是椭圆①.

迄今为止，我们已证明了 $\mathfrak{E}$ 的所有影界线都是椭圆. 现在让我们回到上面所提的作图规则中去. 如果我们用铅直的，即垂直于基平面的降落射线把那里作图好的凸体照亮，那么影界线将是一条落在水平面上而与 $\mathfrak{W}$ 相似的曲线，并通过基平面适当的平行移动可使它重合于 $\mathfrak{W}$. 当然，这里 $\mathfrak{W}$ 也必须是椭圆，所以我们可以通过一个适当的仿射使 $\mathfrak{p}$ 和 $\mathfrak{q}$ 不动，基平面变到它本

① 以 S. 李的方式表达时，这是来自周知的事实：凡容有一个仿射连续群的卵形线一定是椭圆.

身而 $\mathfrak{W}$ 变成圆. 然而,当人们联系到作图规则时,$\mathfrak{C}$ 将变为绕轴 $\mathfrak{pq}$ 的旋转面,从而,因为子午线是椭圆,它变为旋转椭球. 这么一来,同它有仿射关系的原卵形面也必须是椭球.

其他有一些别的结果可以归结到上述的结果去,例如:

如果一个卵形面的一簇平行弦的中点总是在一平面上,那么这卵形面是椭球(布鲁恩).

一个卵形面的平行平面截线当且仅当卵形面是椭球时,才会永远互为相似①.

另一个同类的但恐怕并非太简单的课题是如下的一个:要寻找所有的卵形面,使每个两两正交的拼三小组的三切平面的交点充满一个曲面.

一般说来,交点集合有内点. 在椭球且(如作者在别处证明过那样)仅在这曲面的场合,交点才充满了一个球面.

8. 一条凸闭曲线的顶点的最少个数

我们将举出下述的定理作为卵形线整体微分几何定理的一个简例,它最初于 1909 年由印度人 S. Muckhopadhyaya 和更一般地由 A. Kneser 在 H. Weber 的 70 岁祝寿文集(Leipzig 1912)中给出了

---

① 平面上有类似的课题:决定所有这样的卵形线,像椭圆那样,对于各直径必有一"共轭"使其一的两端处的切线平行于另一条. 这种卵形线除了椭圆外,还有非常多的别种曲线(同样是代数曲线),它为 Carathéodory 所提出的变分法课题提供了解答并且为 J. Radon 所研究:Über eine besondere Art ebener konvexer Kurven, Leipziger Berichte, Mathem. Phys. Klasse, 1916, 68. Radon 尤其指出,这种卵形线的特征是:它通过周期四的逆射而自身变换到自身去.

证明：

在一条卵形线上至少有四个顶点.这里，把人们在圆锥曲线所周知的表达方式一般化，而当卵形线在其一点的曲率半径取极值时，就称这点为卵形线的“顶点”.

这个美丽定理最简单的证明似乎莫过于把它同平面微分几何公式的力学意义结合在一起.我们在所论的卵形线 K 上设想标出了一个“正”的进行方向.我们把 K 的正曲线切线与 x 方向的角记作 τ.假设曲率半径 $\rho=\mathrm{d}s/\mathrm{d}\tau$ 是 τ 的连续函数.于是曲线点 P 的直角坐标 x,y 决定于数值

$$x-x_0=\int_{\tau_0}^{\tau}\cos\tau\cdot\mathrm{d}s=\int_{\tau_0}^{\tau}\rho\cos\tau\cdot\mathrm{d}\tau$$

$$y-y_0=\int_{\tau_0}^{\tau}\sin\tau\cdot\mathrm{d}s=\int_{\tau_0}^{\tau}\rho\sin\tau\cdot\mathrm{d}\tau$$

因此，从 K 的闭性得出(参照第二十七章 §1，第2小节后段)

$$\int_{-\pi}^{+\pi}\rho\cos\tau\cdot\mathrm{d}\tau=0,\int_{-\pi}^{+\pi}\rho\sin\tau\cdot\mathrm{d}\tau=0 \qquad (*)$$

我们过坐标原点 O 引一条与曲线 K 在点 P 的正向切线同指向的平行单位向量 OP'.当 P 回遍整条卵形线 K 时，坐标为 $x'=\cos\tau,y'=\sin\tau$ 的端点 P' 画成单位圆 K'.我们给 K' 摆上这样的正质量使在 K' 的各点 P' 的密度等于 K 在对应点 P 的曲率半径 ρ.这样一来，公式$(*)$表明：圆周 K' 的这个质量分布的重心落在它的中心 O.

从函数 $\rho(\tau)$ 的连续性看出 ρ 在 K 上有一个最大值和一个最小值的存在.又由于两个最大值之间总是要有一个最小值的，所以极值只能以偶数次出现.如果

我们能证仅有二顶点的卵形线不存在,便明确了四是最少数目.

现在假设有了一条仅有两个顶点 A 和 B 的卵形线 K,它们分别对应于 ρ 的最小值和最大值,而且我们将从此引出矛盾.设在单位圆 K' 上分别对应于顶点 A 和 B 的两点为 A' 和 B'.于是密度 ρ 在这两点间的两圆弧上,从 A' 到 B' 单调增加.A' 到 B' 的弦的方向可取为正的 y 方向.那么,从(*)得出

$$\int_{-\pi}^{+\pi}\rho\sin\tau\cdot\mathrm{d}\tau=\int_{0}^{\pi}[\rho(+\tau)-\rho(-\tau)]\sin\tau\cdot\mathrm{d}\tau=0$$

然而 $\rho(\tau)$ 这一连续函数在 A' 和 B' 之间始终单调变化着,所以我们看出第二积分符之下的连续函数在积分区间的内点始终取正值,从而积分不等于 0.从力学上说来,把 K' 分为两个半圆时,包含 B' 的那一半圆要比较重,因而重心再也不落在中心 O 之上.

最后,还要举出关于卵形线的更一般的定理,它包括"四顶点定理"作为特例:

如果一个卵形线与一个圆在 $2n$ 个点相交,那么它至少也有 $2n$ 个顶点.

仅有四顶点的卵形线,曾为 C. Juel 所研究:*Om simple cykliske Kurver*,Danske Vidensk. Selsk. Skrifter,1911,8(7):6.

9.关于卵形面微分几何其他

(1) 关于仿射几何

椭圆和椭球具有圆和球的类似等周性质.此方面可参考:W. Blaschke und K. Reidemeister, *Vorlesunger uber Differentialgeometrie* Ⅱ, *Affine Differentialgeometrie*, Berlin, Springer 1923.

(2) 关于卵形面的共形几何

接着,我们提出下列一些课题:

① 关于卵形面上的曲率线的情况该有什么可以申述的呢?

② 同这相关联地应该是研究卵形面 E 上的这种曲线 C,在它的所有点处都有一个和 E 作4点相切的法曲率圆.这个 C 的二重点可称为 E 的"顶点".在一个椭球上,C 是由它与其对称平面的交线组成的.

③ 对卵形面 E 的二重相切球的观察.它的切点偶在 E 上构成一个以 C 为二重线的"对合".

④ 对一个与 E 三重相切的球的观察.

⑤E 的脐点是指在那里有一个球与 E 作第二阶接触. C. Carátheodory 曾猜想:在任何 E 上至少有两个不同的脐点.对此有 H. Hamburger 1940 年的研究.更参照 W. Blaschke, *Einfuhrung in die Differentialgeometrie* 1950, 58 ~ 60 页, 和 W. Blaschke und G. Thomsen, *Vorlesungen über Differentialgeometrie* Ⅲ,*Differentialgeometrie der Kreise und Kugeln*, Berlin, Springer 1929.

(3) 卵形面的内蕴度量;测地线.

⑥ 庞加莱曾经主张说:在任何卵形面上至少有三条闭测地线,Amer. Math. Soc. Trans. 1905,6. A. Speiser 特别对此课题做过研究.

⑦ 决定仅由闭测地线形成的所有卵形面 —— 这个课题仍未解决. G. Darboux 找到了所有这类的旋转面,*Théorie generale des surfaces* Ⅲ,4 ~ 9 页.此外,O. Zoll 的 Göttinger Dissertation 1903 和 P. Funk 1914.

⑧ 对此特别是具有“对立点”的所有卵形面，也属于这类，实际上就是过任何一点 P 的所有测地线总是再通过 P 的对立点 P' 这种曲面（“再见曲面”）. 这种曲面必须是有心的，而且两对立点关于中心互为反射像. 对立点在变分法的意义下是关于任何过它们的测地线的“共轭点”.

（4）卵形面的刚性

⑨ 首先关于多面体的刚性. 同欧几里得在“原本”末卷的一个主张相联系，年轻的柯西在老拉格朗日的启示下，1813 年证明了定理：如果两个多面体有两两合同和等顺序的侧面，那么它们通过运动或反折而互相变换着. 这里，一个“反折”是由一个运动和一个平面有关的反射组成的. 柯西，全集(2)1，26 ～ 28 页.

⑩ 欧几里得的主张如无凸性的限制，就不成立，正如 R. Bricard 在他的“可移动的八面体”里用了一个例子所阐明那样，Journal de Math. 1897. 对此更参照 W. Blaschke，*Wackelige*（摇摇摆摆的）*Achtflache*，Math. Zeitschrift，1920，6 和 R. Sauer，Wackelige Zwölfkante，Hamburg，Abhandlungen，1955/56，20.

⑪ 一个充分正则的卵形面不允许有（非平凡的）连续变形过程（保持曲线长而变更形状）. H. Liebmann 在 *Mathem Annalen*，1900，1901(53，54) 最初证明了这个定理而且简证见于 W. Blaschke，*Göttinger Nachrichten* 1912.

⑫ 对应的“整体”定理属于 St. Cohn-Vossen 1927：两个等长（即保长地互相对应着）的二卵形面通过一个运动或反折而相互重合. 最简单的证明属于 G.

Herglotz(1942)，参照 W. Blaschke，*Einführung in die Differentialgeometrie* 1950,67. A. D. Alexandrow 无正则限制而证明了这个定理,参看本书卷首所提的著书.

⑬ 属于唯一性定理 9 和 12 的,还有现在的存在定理. 首先 A. D. Alexandrow 在 1941 年证明:如果一个(闭的而且“凸”的)多面体和顺序预先是给定了的(也就是在初等几何意义下,它的“网络”是已知的),那么这样的多面体总是存在的.

⑭ 卵形面的相应的存在定理:如果在球面上预先给定了一个正总曲率的高斯度量,那么对此必存在一个卵形面. H. Weyl 有过一个证明,G. Herglotz 和布拉施克将这个主张归结为变分学问题,R. Caccioppoli 在一些限制下作出了第一个证明而 A. D. Alexandrow 作了第一个一般证明,正如人们在他的著书中可以看到那样,这本著作是献给一般不具备可微分限制下的凸曲面微分几何的并且带来了其他许多结果.

⑮ 闵可夫斯基按照变分问题的方法 1901 年证明:如果一个卵形面的高斯曲率 K(附带一个必要的限制)在球面表示中被预先给定了,那么(除了平移外)恰好只存在一个卵形面. 其中的限制是:设 $\mathrm{d}O$ 表示单位球面的向量表面积元素,必须成立

$$\int \frac{\mathrm{d}O}{K}=0$$

闵可夫斯基，*Werke* Ⅱ,128 页,270 页. 球面的不可变形性也在其中,对此希尔伯特也有过证明.

⑯ 为了有个良好结束,还提出对一个相近而锐利的问题. 我们在第二十六章 §2,第 6 小节前段有过斯坦纳关于距离 ϑ 的平行卵形体体积公式,即

$$J(\vartheta)=J+O\vartheta+M\vartheta^{2}+\frac{4\pi}{3}\vartheta^{3}$$

现在令

$$x=\frac{4\pi O}{M^{2}},y=\frac{48\pi^{2}J}{M^{3}}$$

那么人们提出一个问题:属于所有卵形体的点 x,y 在平面上遮盖了怎样的领域,也就是,J,O,M 之间的关系全体是怎样?对此,人们可参照哈德维格尔的著书 *Altes und Neues über könvexe Korper* § 28. 那里书末尾也附载有关卵形体著作非常完备的总表.

杨忠道论布拉施克猜测

第二十九章

本章是宾夕法尼亚大学的杨忠道教授谈布拉施克猜测的缘起和以后的发展. 其内容大部分采取于其在1981年10月在美国数学会上的演讲. 当时的题目是"由布拉施克猜测引起的拓扑问题".

§1　缘　　起

当初布拉施克所提出的,只是一个简明的微分几何问题. 但问题的困难度,远出于大家想像之外. 经过许多人的努力,提出的问题终于在四十多年之后得到了解决. 可是亦因之产生了所谓布拉施克猜测. 所牵涉的数学,不仅仅是微分几何,而且也包括拓扑、分析、和近世代数. 布拉施克猜测之所以能使许多数学工作者感兴趣,这大概是一个主要的原因.

在 1978 年出版的 Arthur L. Besse 所著的书[4]中，对布拉施克猜测有详尽的讨论，而且书中亦讨论有关的题材，又列出完整的参考文献. 遗憾的是这本书是写给专家们看的，不是给初学的人阅读的.

如果 S^2 是半径等于 1_1 的二维标准球面，m 是 S^2 上一点. 当一群人于同一时候在点 m 朝不同方向出发，用同一速度沿测地线(即 S^2 上大圆的圆弧) 前进. 起初任何两人不相遇. 但经过一定时间后，所有的人都在同一异于 m 的点 m' 相聚再见. 换句话说，S^2 具有下面的性质："对任何 $m \in S^2$，存在一正数 l_m 及 S^2 上另一点 m'，使由 m 开始且长度等于$\frac{l_m}{2}$的任何测地线线段都终于 m'". 由直觉上知道，当 m 是 S^2 的南极时，m' 是 S^2 的北极.

布拉施克著有一本微分几何学的书[5]. 初版在 1921 年出版时，其中提出这样一个问题：若 M 是一个二维黎曼流形，与 S^2 同胚，且具上述的性质(性质中的 S^2 以 M 代替). 问 M 是否是一个标准二维球面? 换句话说，问除一个常因数外，M 是否与 S^2 等距同胚?（常因数是用作改变球面半径的长短！）1924 年第二版出版. 附录中刊出一个 Reidemeister 供给的证明，说问题的答案是肯定的. 不过接着却有人发现了这证明有漏洞. 经再三努力，这漏洞仍弥补不了. 1930 年第三版出版. 书中说明了为什么 Reidemeister 那别出心裁的证明中的漏洞是无法弥补的. 这个问题完满的解决方法是 1963 年 Leon Green[11] 得到的.

§2　布拉施克流形及布拉施克猜测

若 M 是布拉施克提出的问题中的二维黎曼流形，则 M 上每一点 m 只有一个割点 m'，而且有一最小正数 l_m 使由 m 开始而且长度等于 $\frac{l_m}{2}$ 的测地线线段都终止于 m'. 由这一个性质我们不难见到通过 m 的测地线都是微分简单闭合的，而且长度都等于 l_m. 因此 l_m 是一个常数，与 m 的选择无关. 所以在下面的定义下，M 是一个布拉施克流形.

定义　一个布拉施克流形是一个连通、紧致且无边缘的黎曼流形，具有一正数 l 及一正整数 r，满足下面的条件：若 $m \in M$，T_mM 是 M 在点 m 的切空间，S_m 是 T_mM 上以 O 为中心，$\frac{l}{2}$ 为半径的球面

$$\exp_m : T_mM \to M$$

是在点 m 的指数映射，则

1. $\exp_m S_m$ 是 M 上一个微分子流形，而且是点 m 的割点迹 cut m；

2. $\exp_m : S_m \to \text{cut } m$ 是一个微分 $r-1$ 维球面丛.

在微分几何中，我们见到过下列五种布拉施克流形.

(1) $n+1$ 维欧氏空间 $\mathbf{R}^{n+1}$ 中的 n 维单位球面 S^n. S^n 上的黎曼度量是由 $\mathbf{R}^{n+1}$ 中欧氏度量所导得的. 在这里我们容易见到

$$l = 2\pi \quad r = n$$

(2) n 维实射影空间 $\mathbf{R}P^n$，由粘合 S^n 上每一点 x 和

它的对称点 $-x$ 所得到的. $\mathbf{R}P^n$ 上的黎曼度量是由 S^n 上的黎曼度量所导得的. 换句话说,由 S^n 到 $\mathbf{R}P^n$ 的射影

$$p: S^n \to \mathbf{R}P^n$$

是一个局部等距映射. 在这里

$$l=\pi, r=1$$

(3) n 维复射影空间 $\mathbf{C}P^n$. 如将 $2n+2$ 维欧氏空间 $\mathbf{R}^{2n+2}$ 看作 $n+1$ 维酉空间 $\mathbf{C}^{n+1}$,则 S^1 是一个圆群,S^{2n+1} 是 $\mathbf{C}^{n+1}$ 中单位球面. 再者,我们有一个 Hopf 丛

$$p: S^{2n+1} \to \mathbf{C}P^n$$

其中的纤维是 S^{2n+1} 上的大圆,即

$$S^1 x=\{\lambda x \mid \lambda \in S^1\}, x \in S^{2n+1}$$

$\mathbf{C}P^{n+1}$ 上的黎曼度量是由 S^{2n+1} 上的黎曼度量导得的. 简单来说,若 $x \in S^{2n+1}, u, v \in T_x S^{2n+1}$ 满足 $u \perp S^1 x$, $v \perp S^1 x$,则 $\mathrm{d}p(u), \mathrm{d}p(v) \in T_{p(x)} \mathbf{C}P^n$ 而且 $\mathbf{C}P^n$ 上的黎曼度量 $\langle , \rangle$ 满足

$$\langle \mathrm{d}p(u), \mathrm{d}p(v)\rangle=u \cdot v$$

在这里

$$l=\pi, r=2$$

(4) n 维四元数射影空间 $\mathbf{H}P^n$. 其作法与 $\mathbf{C}P^n$ 相似,但以四元数体 $\mathbf{H}$ 来代替复数域 $\mathbf{C}$. 在这里

$$l=\pi, r=4$$

(5) Cayley 射影平面 $\mathbf{C}_a P^2$. 因作法较复杂,此地从略. 读者可参照[4;86].

一般来说,这些布拉施克流形即秩等于 1 的紧致对称空间. 我们统称之为标准布拉施克流形.

布拉施克猜测:任何一个布拉施克流形,除一常因数外,必与一个标准布拉施克流形等距同胚.

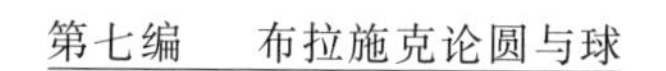

在这里我们应当指出一声，当初布拉施克提出的问题，只考虑到与 S^2 同胚的二维布拉施克流形.

§3　几个一般性的定理

由下面几个定理我们可以见到布拉施克流形的刚性强. 这似乎指示着，布拉施克猜测对的可能性是很大的. 另外，定理 2 和 3 则是处理布拉施克流形的重要工具.

若 M 是一个布拉施克流形，$m \in M$，m' 是 m 的一个割点，则 m 是 m' 的一个割点. 再者，任何通过 m 与 m' 的测地线必与 cut m 正交. 利用这性质，我们不难证明下述的定理.

定理 1　已给一个布拉施克流形 M，而且假设 l 与 r 是 M 具有的数(见定义)，则下列结果成立.

(1) M 上任何测地线是微分简单闭合的，而且其长度等于 l.

(2) 对任何 $m \in M$ 及 m 的一个割点 m'，所有通过 m 与 m' 的测地线的并集是一个微分 r 维球面.

(3) 对任何 $m \in M$，若 S_m 是 T_mM 上以 O 为心，$\frac{l}{2}$ 为半径的球面，则 $\exp m : S_m \to \text{cut}\ m$ 的纤维都是 S_m 上的大球面.

已给一个布拉施克流形 M，其维数等于 d. 设 UM 为 M 上所有长度等于 1 的切向量构成的流形，又记 CM 为 M 上所有定向闭测地线构成的流形. 设 M 有定向，则 M 的切丛 TM 有一个自然的定向. 于是 UM 及

CM 都有自然的定向.

定理 2 已给一个 d 维定向布拉施克流形 M,则 UM 是一个 $2d-1$ 维定向微分流形,CM 是一个 $2d-2$ 维定向微分流形. 再者,我们有一个定向微分 S^{d-1} 丛

$$\tau: UM \to M$$

和一个定向微分圆丛

$$\pi: UM \to CM$$

使对任何 $u \in UM$,u 是 πu 在点 τu 的切向量.

下面将见到,决定布拉施克流形的体积,是研讨布拉施克猜测的一个重要的步骤. 所以下面的定理对我们是非常重要的.

定理 3(Weinstein[21]) 已给一个 d 维布拉施克流形 M. 若 $e \in H^2(CM)$ 是圆丛 $\pi: UM \to CM$ 的欧拉示性类,$[CM] \in H_{2d-2}(CM)$ 是 CM 上的基本类(此地上同调及同调都是用整数为系数的),则

$$i(M) = \frac{1}{2}\langle e^{d-1}, [CM]\rangle$$

是一个整数,称为 M 的 Weinstein 整数. 再者,若 M 中闭测地线的长度等于 l,而且 d 维单位球面 S^d 的体积是 $\mathrm{vol}\, S^d$,则 M 的体积是

$$\mathrm{vol} = \left(\frac{l}{2\pi}\right)^d i(M) \mathrm{vol}\, S^d$$

Weinstein 证明的定理实际上比定理 3 更广泛. 证明中用到定理 2 及下列事实:在 CM 上存在一个非退化的闭二次微分形式使 CM 成为一个辛流形.

定理 3 将计算 M 体积问题,化作一个代数拓扑问题,即决定 M 的 Weinstein 整数 $i(M)$,令 $H^*(\quad)$ 为以整数为系数的上同调环. 由 $i(M)$ 的定义知道,求 $i(M)$ 值时我们须知道 $H^*(CM)$ 中的乘法,使得到 e^{d-1} 是什

么.

定理 4　(Bott[6], Samelson[19])　对任何一个布拉施克流形 M,必存在一个标准布拉施克流形 M_0,使

$$H^*(M)=H^*(M_0)$$

再者

(1) 若 $M_0=S^n$,则 M 与 S^n 同胚.

(2) 若 $M_0=\mathbf{R}P^n$,则 M 与 $\mathbf{R}P^n$ 同胚.

(3) 若 $M_0=\mathbf{C}P^n$,则 M 与 $\mathbf{C}P^n$ 有相同的伦型.

定理 4 有一个特点,即由量的假定(M 是一个布拉施克流形)导得一个拓扑的结论($H^*(M)$ 的决定).因为有了定理 4,我们可以将布拉施克猜测,依据标准布拉施克流形的分类,分五个情形来讨论.

为证明定理 4,我们须注意到定义中的微分 S^{r-1} 从 $\exp m: S_m \to \mathrm{cut}\ m$.令 M 的维数为 d.若 $r=d$,则 M 与 S^d 同胚.若 $r<d$,由 Adams 定理[1] 知道

$$r=1,2,4 \text{ 或 } 8$$

当 $r=1$ 时,我们不难证明 M 与 $\mathbf{R}P^d$ 同胚.当 $r=2$ 时,我们可用 $\pi_q(S^1)=0, q>1$,性质作一个映射 $f: M\to \mathbf{C}P^n, d=2n$,使 $f_*: H_q(M)\to H_q(\mathbf{C}P^n), q\geqq 0$,是同构.于是由 J. H. C. Whitehead 定理[21] 知道 f 是同伦等价.当 $r=8$ 时,用上同调运算可得到 $d=16$(Adem[2]),因之 $H^*(M)=H^*(\mathbf{C}_a P^2)$.

有了定理 2 及 4,我们能用 Gysin 上同调序列的正合性质去计算 UM 和 CM 的上同调群.$H^*(UM)$ 中的乘法不难决定,但 $H^*(CM)$ 中的乘法则不然.下面将提到,当 $H^*(M)=H^*(S^n)$,$H^*(\mathbf{R}P^n)$ 或 $H^*(\mathbf{C}P^n)$ 时,$H^*(\mathbf{C}M)$ 中的乘法由 $H^*(M)$ 唯一决定.另外,决定 $H^*(\mathbf{C}\mathbf{C}_a P^2)$ 中的乘法,亦不是容易的.

§4 球面及实射影空间的布拉施克猜测

球面的布拉施克猜测已于 1978 年获得解决. 由之亦得到实射影空间的布拉施克猜测的解决. 在这一节中我们简单介绍解决的方法及成果. 至于其他三种情形,尚待设法去解决.

设 $\mathbf{Z}$ 为所有整数构成的群,$\mathbf{Z}_k$ 为所有整数模 k 构成的群,$k>1$.

定理 5 已给一个布拉施克流形 M,满足 $H^*(M)=H^*(S^n)$.

(1) 若 n 是偶数,令 $n=2k$,则

$$H^q(UM)=\begin{cases}\mathbf{Z} & (q=0,4k-1)\\ \mathbf{Z}_2 & (q=2k)\\ 0 & (\text{其他情形})\end{cases}$$

$$H^q(CM)=\begin{cases}Z & q=2i,i=0,\cdots,2k-1\\ 0 & \text{其他情形}\end{cases}$$

(2) 若 n 是奇数,令 $n=2k+1$,则

$$H^q(UM)=\begin{cases}\mathbf{Z} & (q=0,2k,2k+1,4k+1)\\ 0 & \text{其他情形}\end{cases}$$

$$H^q(CM)=\begin{cases}\mathbf{Z} & (q=2i,i=0,\cdots,k-1,k+1,\cdots,2k)\\ \mathbf{Z}\oplus\mathbf{Z} & (q=2k)\\ 0 & (\text{其他情形})\end{cases}$$

定理 6 (Weinstein, Yang) 若 M 是定理 5 中的布拉施克流形,$e\in H^2(CM)$ 是 $\pi:UM\rightarrow CM$ 的欧拉示性类,则上同调环 $H^*(CM)$ 是如下:

(1) 若 n 是偶数,令 $n=2k$. 则对任何 $i=1,\cdots,k-$

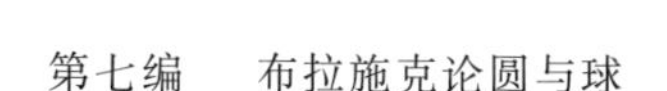

$1,e^i$ 是 $H^{2i}(CM)$ 的一个生成元. 再者, $H^{2k}(CM)$ 有一个生成元 b 使 $e^k=2b$, 而且对 $i=1,\cdots,k-1,e^i$ 是 $H^{2k+2i}(CM)$ 的生成元.

(2) 若 n 是奇数, 令 $n=2k+1$, 则对任何 $i=1,\cdots,k-1,e^i$ 是 $H^{2i}(CM)$ 的一个生成元. 再者 $H^{2k}(CM)$ 有一个基 $\{e^k,b\}$ 使

$$e^{2k}=2be^k=2b^2$$

而且对任何 $i=1,\cdots,k,be^i$ 是 $H^{2k+2i}(CM)$ 的一个生成元.

证明定理 6 中的(1), 用 $\pi:UM\to CM$ 的 Gysin 上同调序列的正合性质即得. 但证明(2) 时, 我们须仔细观察 $\pi:UM\to CM$. 一个关键是如下: 令 $m\in M$, $U_mM=T_mM\cap UM$, $[U_mM]$ 是 U_mM 上的基本类, 则在 CM 上 $\pi_*[U_mM]$ 与它自己的相交数等于 2.

由定理 3 及定理 6, 我们立即能得到下面的定理.

定理 7 若 M 是定理 5 中的布拉施克流形, 则

$$i(M)=1$$

再者, 若 M 中闭测地线的长度等于 l, 则

$$\mathrm{vol}\ M=\left(\frac{l}{2\pi}\right)^n\mathrm{vol}\ S^n$$

定理 7 对偶维数的 M, 早在 1974 年已经知道了[21]. 为得到部分布拉施克猜测的证明, Berger[3] (或 Kazdan[14]) 设法估计 M 的体积. 估计中需要一个不等式, Kazdan[13] 以分析方法给一个证明. 定理 8 是成果的综合.

定理 8 已给一个布拉施克流形, 满足 $H^*(M)=H^*(S^n)$. 若 M 中闭测地线的长度等于 S^n 中闭测地线的长度, 即 2π. 则

$$\mathrm{vol}\ M \geqslant \mathrm{vol}\ S^n$$

再者

$$\mathrm{vol}\ M = \mathrm{vol}\ S^n$$

的一个充要条件是 M 与 S^n 等距同胚.

定理 9 若一个布拉施克流形 M 满足 $H^*(M)=H^*(S^n)$ 或 $H^*(\mathbf{R}P^n)$，则布拉施克猜测成立.

当 $H^*(M)=H^*(S^n)$ 时，由定理 7 及定理 8 得到布拉施克猜测. 若 $H^*(M)=H^*(\mathbf{R}P^n)$，我们令 $\widetilde{\boldsymbol{M}}$ 为 M 的二重复盖，而且令 $\widetilde{\boldsymbol{M}}$ 为一个黎曼流形使由 $\widetilde{\boldsymbol{M}}$ 至 M 的射影为局部等距映射. 则 $\widetilde{\boldsymbol{M}}$ 是一个布拉施克流形且满足 $H^*(\widetilde{\boldsymbol{M}})=H^*(S^n)$. 因为我们已经知道对 $\widetilde{\boldsymbol{M}}$ 的布拉施克猜测成立，所以对 M 的布拉施克猜测亦成立.

§5 布拉施克流形的体积问题

我们将问一系列问题，作为有同感的数学工作者科研的题材. 因为球面及实射影空间的布拉施克猜测已获得证明，我们的问题是针对其余三种情形而发的.

证明球面布拉施克猜测的一个重要步骤是体积的决定(见定理 7). 所以我们要问：

问题 1 是否任何一个布拉施克流形的体积必等于预料的数值？

由于定理 3，问题 1 与下问题等价.

问题 1′ 是否任何一个布拉施克流形 M 的 Weinstein 整数 $i(M)$ 由其上同调环 $H^*(M)$ 唯一决定？换句话说，当 $H^*(M)=H^*(\mathbf{C}P^n)$，$H^*(\mathbf{H}P^n)$ 或

$H^*(\mathbf{C}_aP^2)$ 时，是否 $i(M)=\binom{2n-1}{n-1}$，$\frac{1}{2n+1}\binom{4n-1}{2n-1}$ 或 39？

为回答问题 1′，我们自然地想到一个比较一般性的代数拓扑问题如下：

问题 2　已给一个标准布拉施克流形 M_0 及一个布拉施克流形 M 满足 $H^*(M)=H^*(M_0)$. 是否存在一个由 $H^*(CM)$ 到 $H^*(CM_0)$ 的环同构将 $\pi:UM\to CM$ 的欧拉示性类映射到 $\pi:UM_0\to CM_0$ 的欧拉示性类？

现在让我们考虑 $M_0=\mathbf{C}P^n$ 的情形. 如定理 5，我们可得到下结果.

定理 10　若 M 是一个布拉施克流形满足 $H^*(M)=H^*(\mathbf{C}P^n)$，则

$$H^q(UM)=\begin{cases}\mathbf{Z} & (q=2i \text{ 或 } 4n-1-2i, i=0,\cdots,n-1)\\ \mathbf{Z}_{n+1} & (q=2n)\\ 0 & (\text{其他情形})\end{cases}$$

$$H^q(CM)=\begin{cases}(i+1)\mathbf{Z} & (q=2i \text{ 或 } 4n-2-2i, i=0,\cdots,n-1)\\ 0 & (\text{其他情形})\end{cases}$$

其中 $(i+1)\mathbf{Z}$ 是 $i+1$ 个 $\mathbf{Z}$ 的直和.

至于 $H^*(CM)$ 中的乘法，不是容易决定的. 不过 $H^*(C\mathbf{C}P^n)$ 中的乘法可决定如下：令 ρ 为 $\mathbf{C}P^n$ 上的度量，又令

$$\triangle^*=\{(x,y)\in\mathbf{C}P^n\times\mathbf{C}P^n \mid \rho(x,y)=\frac{\pi}{2}\}$$

对任何 $(x,y)\in\triangle^*$，我们有一个全测地的二维球面 $K(x,y)\subset\mathbf{C}P^n$，以 x 与 y 为它的北极与南极. 记 $r(x,y)$ 为 $K(x,y)$ 的赤道，则 $r(x,y)$ 是 $\mathbf{C}P^n$ 中一条定向闭

测地线，而且$(x,y)\mapsto r(x,y)$是一个由$\triangle^*$到$C\mathbf{C}P^n$的微分同胚. 利用这个微分同胚将$\triangle^*$当作以$C\mathbf{C}P^n$，而且令$P:\mathbf{C}P^n\times\mathbf{C}P^n\rightarrow\mathbf{C}P^n$是由$P(x,y)=x$定义的射影，则

$$p:C\mathbf{C}P^n\rightarrow\mathbf{C}P^n$$

是一个微分纤维丛，以$\mathbf{C}P^{n-1}$为纤维，但不是平凡的. 由 Künneth 公式我们知道

$$H^*(\mathbf{C}P^n\times\mathbf{C}P^n)=H^*(\mathbf{C}P^n)\otimes H^*(\mathbf{C}P^n)$$

若g是$H^2(\mathbf{C}P^n)$的生成元，而且

$$a=g\otimes 1, b=1\otimes g$$

则环$H^*(\mathbf{C}P^n\times\mathbf{C}P^n)$由$\{a,b\}$生成，须满足的条件是

$$a^{n+1}=0, b^{n+1}=0$$

因$C\mathbf{C}P^n$是$\mathbf{C}P^n\times\mathbf{C}P^n$的子流形，$H^*(C\mathbf{C}P^n)$是$H^*(\mathbf{C}P^n\times\mathbf{C}P^n)$的商环. 经观察可得下面二结果：

(1)$H^*(C\mathbf{C}P^n)$中的元素是以a,b为变数，系数为整数的多项式，a与b须满足的条件是

$$a^{n+1}=0, a^n+a^{n-1}b+\cdots+ab^{n-1}+b^n=0, b^{n+1}=0$$

(2)$\pi:U\mathbf{C}P^n\rightarrow C\mathbf{C}P^n$的欧拉示性类$e$等于$a-b$.

若M只是一个满足$H^*(M)=H^*(\mathbf{C}P^n)$的布拉施克流形，(1)和(2)对$H^*(CM)$亦成立. 在文[24]中我们考虑$n=2$情形，在文[25]中我们将结果推广到$n\geqslant 2$一般情形. 用的方法是先作一个$4n$维微分流形$W$，由粘合$\tau:UM\rightarrow M$及$\pi:UM\rightarrow CM$的映射柱的共同边缘$UM$得到. 然后设法证明$H^*(W)$与$H^*(\mathbf{C}P^n\times\mathbf{C}P^n)$是环同构，而且就上同调环而论，$W\supset CM$正如$\mathbf{C}P^n\times\mathbf{C}P^n\supset C\mathbf{C}P^n$一样. 为对$n$用数学归纳法，我们须考虑比$W$更一般的$4n$维微分流形，使在其中可以用换球术得到一个子流形，对之可用归纳

法的假设.

总而言之,问题 2 在 $M_0=\mathbf{C}P^n$ 时的回答是肯定的.所以有下面两定理.

定理 11　若 M 是一个布拉施克流形,满足 $H^*(M)=H^*(\mathbf{C}P^n)$,$n>1$,则存在 $a,b\in H^2(CM)$ 满足下列两个条件:

(1) 上同调环 $H^*(CM)$ 由 $\{a,b\}$ 产生.

(2) 在 $H^*(CM)$ 中 a,b 的关系是

$$a^{n+1}=0,a^n+a^{n-1}b+\cdots+ab^{n-1}+b^n=0,b^{n+1}=0$$

(3)$\pi:UM\to CM$ 的欧拉示性类 e 等于 $a-b$.

定理 12　若 M 是定理 11 中的布拉施克流形,则

$$i(M)=\binom{2n-1}{n-1}$$

因此当 M 中闭测地线的长度等于 $\mathbf{C}P^n$ 中闭测地线的长度时

$$\mathrm{vol}\ M=\mathrm{vol}\ \mathbf{C}P^n$$

若 $M_0=\mathbf{H}P^n$,$n>1$,或 $\mathbf{C}aP^2$,M 是一个布拉施克流形满足 $H^*(M)=H^*(M_0)$,我们容易算上同调群 $H^q(CM)$,但不知道应如何决定 $H^*(CM)$ 中的乘法.事实上单单决定 $H^*(CM_0)$ 中的乘法已非一件轻而易举的工作.

上同调环 $H^*(C\mathbf{H}P^n)$ 可简述如下:令 $\mathbf{Z}[a.b]$ 为以 a,b 为变数,整数为系数的多项式所构成的环,I 为 $\mathbf{Z}[a,b]$ 中的理想,由

$$a^{2n+2},a^{2n}+a^{2n-2}b^2+\cdots+a^2b^{2n-2}+b^{2n},b^{2n+2}$$

所生成,则 $H^*(C\mathbf{H}P^n)$ 是商环 $\dfrac{\mathbf{Z}[a,b]}{I}$ 的一个子环,由

$$e=a-b,c=ab$$

所生成，其中 $e \in H^2(C\mathbf{H}P^n)$ 是 $\pi: \bigcup \mathbf{H}P^n \to C\mathbf{H}P^n$ 的欧拉示性类，$C \in H(CHP^n)$.

上同调环 $H^*(C\mathbf{C}_aP^2)$ 是由 $\pi: UC_aP^2 \to C\mathbf{C}_aP^2$ 的欧拉示性类 e 及 $H^8(C\mathbf{C}_aP^2)$ 中一个元素 C 所生成. 应满足的关系是

$$(e^4 - 2c)^3 = 0, 2e^8 - 6ce^4 + 3c^2 = 0$$

有了定理 12 以后，一个自然的问题是问对这种布拉施克流形，是否亦有一个类似定理 8 的结果.

问题 3 已给一个布拉施克流形 M，与 $\mathbf{C}P^n, n > 1$，有相同的伦型，而且其中的闭测地线的长度等于在 $\mathbf{C}P^n$ 中闭测地线的长度. 于是由定理 12 知道 $\mathrm{vol}\, M = \mathrm{vol}\, \mathbf{C}P^n$. 在这种情形下，是否 M 与 $\mathbf{C}P^n$ 等距同胚?

若问题 3 的回答是肯定的，则复射影空间的布拉施克猜测亦获得证明.

假设问题 3 中的 M 再满足下条件：对任何 $m \in M$ 及 m 的一个割点 m'，所有通过 m 与 m' 的测地线的并集是一个全测地的二维球面，则其回答是肯定的. 该结果 Berger，Kazdan 及 Warner 都见到了，证明的方法与定理 8 的证明类似. 不但对 $\mathbf{C}P^n$ 如是，对 $\mathbf{H}P^n, n > 1$，及 $\mathbf{C}_aP^2$ 亦如是.

§6 有关的微分几何问题

问题 3 在 $n = 2$ 时尚未获得解决. 下面两问题是考虑这情形引起的.

问题 4 已给一个黎曼流形 M，与 $\mathbf{C}P^2$ 同胚. 由文[18]知道在 M 中存在一个有最小面积但可能有分歧

点的二维球面S,代表$\pi_2(M)$的生成元.是否S是全测地子流形?若S的面积大于或等于$\mathbf{C}P^1$的面积,是否$\mathrm{vol}\, M \geqslant \mathrm{vol}\, \mathbf{C}P^2$?又这等号是否只在$M$与$\mathbf{C}P^2$等距同胚时成立?

问题5　已知一个黎曼流形M,与S^2同胚,而且其上有一个微分对合$\lambda: M \to M$使对任何$x \in M$,由x到$\lambda(x)$的道路的长度都不小于π.是否M的面积是大于或等于S^2的面积?又这等号是否只在M与S^2等距同胚时成立?

在这里我们得提到,在问题5中,若M上的黎曼度量在对合λ下是不变的,则其回答是肯定的.原因是有下面的蒲保明定理.

定理13(P_u[17])　若M是一个黎曼流形,与$\mathbf{R}P^2$同胚,而且在M上任何代表$\pi_1(M)$生成元的闭曲线的长度不小于$\mathbf{R}P^1$的长度.则M的面积大于或等于$\mathbf{R}P^2$的面积,而且等号只在M与$\mathbf{R}P^2$等距同胚时成立.

此外我们当注意到,问题4是问在CP^2上是否亦有一个与蒲保明定理相对应的结果.一直到目前为止,没有人能成功地把蒲保明定理推广到高维实射影空间或其他射影空间.

§7　有关的拓扑问题

站在拓扑的立场,问下面问题是很自然的.

问题6　若M与M'是布拉施克流形,满足$H^*(M)=H^*(M')$,M与M'还有些什么相同的拓扑性质?它们是同胚?是微分同胚?是有相同的伦型?

这些问题都只有部分的解答. 先说同胚问题,由定理 1 中(3) 知道,那与下面问题有密切的关系.

问题 7 已给一个微分 S^{r-1} 从

$$p: S^{(n+1)r-1} \to M^{nr}$$

其中 $n \geqslant 1, r > 1$. 若每一纤维都是 $S^{(n+1)r-1}$ 上的 $r-1$ 维大球面,是否这 S^{r-1} 从与对应的 Hopf S^{r-1} 从拓扑等价? 微分等价?

由 Adams 定理[1] 得知,问题 7 中的 r 必是 2,4 或 8. 若在 $r=2$ 时问题 7 中拓扑等价的回答是肯定的,则任何一个满足 $H^*(M)=H^*(\mathbf{C}P^n)$ 的布拉施克流形 M 与 $\mathbf{C}P^n$ 同胚. 其原因是由定理 1 中(3) 和这肯定的回答知道对任何 $m \in M$, cut m 与 $\mathbf{C}P^{n-1}$ 同胚,于是 M 与 $\mathbf{C}P^n$ 同胚. 在 $r=4$ 或 8 时,我们亦有同样的结果.

定理 14(Gluck-Warner-Yang[9]) 问题 7 中拓扑等价问题,在下列诸情形,其回答是肯定的.

(1)$r=2, n \leqslant 3$;

(2)$r=4, n=1$;

(3)$r=8, n=1$.

定理 15(Gluck-Warner-Yang[9]) 任何一个维数小于或等于 9 的布拉施克流形必与一个标准布拉施克流形同胚. 又任何一个满足 $H^*(M)=H^*(\mathbf{C}_a P^2)$ 的布拉施克流形 M 必与 $\mathbf{C}_a P^2$ 同胚.

问题 6 中的同胚问题在下列诸情形尚未解决.

(1)$r=2, n>4$. Sato[20] 宣布已解决全部 $r=2$ 情形,但是未给一个证明,而且所描写的证明路线似乎有缺陷.

(2)$r=4, n>2$.

微分同胚问题在下列诸情形尚未解决.

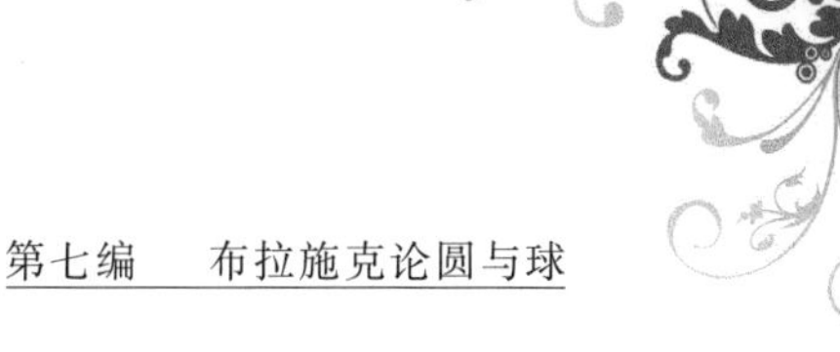

(1)$r=2,n>3$;(2)$r=4,n>1$;(3)$r=8,n=2$.因为维数 >6 的球面上往往有多于一个微分结构[15],所以对维数 >6 的微分流形的微分同胚问题,要比同胚问题困难得多.

相同伦型问题在 $r=4,n>2$ 时尚未解决.

§8　可除代数与大球面纤维丛间的关系

定理 14 中(2),(3) 的证明涉及可除代数.为了解微分大球面纤维丛,我们先观察下面例子.

令

$$S^3=\{v\in \mathbf{H}\mid |v|=1\}$$

对任何正整数 k,有一个微分同胚

$$\lambda_k:(\mathbf{H}-\{0\})\times S^3\to(\mathbf{H}-\{0\})\times S^3$$

其定义是

$$\lambda_k(u,v)=\left(\frac{\bar{u}}{|u|^2},\frac{u^kvu^{1-k}}{|u|}\right)$$

取两个 $\mathbf{H}\times S^3$,而且将第一个中每一点(u,v),$u\neq 0$,与第二个中的点 $\lambda_k(u,v)$ 粘合,则得一个七维微分流形 $\sum_k$.我们不难见到 $\sum_k$ 与 S^7 有相同的伦型,于是由 Smale 定理[16] 知道 $\sum_k$ 与 S^7 同胚.在这里附带提到,Milnor[15] 用代数拓扑方法证明 $\sum_2$ 与 S^7 不微分同胚.当时这个结果很出人意料之外,对日后微分拓扑科研的推动,起了决定性的作用.

同样地取两个 $\mathbf{H}$,而将这一个中每一点 $u\neq 0$ 与第二个中的点 $\frac{\bar{u}}{|u|^2}$ 粘合,则得一个与 S^4 微分同胚的微

分流形，亦记作 S^4. 于是射影

$$p: \sum_k \to S^4$$

是一个微分纤维丛，其中每一纤维是一个三维球面. 用同伦方法，我们能证明这些纤维丛相互不拓扑等价. 另外，我们能证明存在无限个 k 使 $\sum_k$ 与 S^7 微分同胚. 当 $k=1$ 时，这纤维丛是一个 Hopf 纤维丛. 于是存在一个微分同胚 $f: \sum_1 \to S^7$ 使对 $\sum_1$ 中任何纤维 F，$f(F)$ 是 S^7 上一个三维大球面. 下面将见到，当 $k>1$ 时，既使 $\sum_k$ 与 S^7 微分同胚，这样的微分同胚 f: $\sum_k \to S^7$ 却不存在.

一个可除代数 $\mathbf{K}$ 是一个有限维实向量空间，其中存在一乘法满足下列诸条件：

(1) 对任何 $r_1, r_2 \in \mathbf{R}$ 及 $u_1, u_2, v \in \mathbf{K}$

$$(r_1u_1 + r_2u_2)v = r_1(u_1v) + r_2(u_2v)$$

$$v(r_1u_1 + r_2u_2) = r_1(vu_1) + r_2(vu_2)$$

(2) 唯一存在一个单元 $1 \in \mathbf{K} - \{0\}$，使对任何 $u \in \mathbf{K}$

$$u1 = u = 1u$$

(3) 若 $u, v \in \mathbf{K}$，而且 $u \neq 0$，则唯一存在 $x, y \in \mathbf{K}$，使

$$xu = v, uy = v$$

一般来说，$\mathbf{K}$ 中的乘法可以不满足结合律. 若结合律满足，则 $\mathbf{K}$ 是一个体. 我们称之为一个结合可除代数. 常见到的可除代数有

$\mathbf{R}$ = 实数构成的域

$\mathbf{C}$ = 复数构成的域

$$\mathbf{H}=\text{四元数构成的体}$$

$$\mathbf{C}_a=\text{Cayley 数构成的可除代数}$$

其中前三个是结合可除代数,最后一个则不是.

若 $\mathbf{K}$ 是 $\mathbf{R},\mathbf{C},\mathbf{H},\mathbf{C}_a$ 中之一,则在 $\mathbf{K}$ 中有一个常见的范数,使对任何 $x,y\in\mathbf{K}$

$$|xy|=|x||y|$$

另方面,一个古典赫尔维茨定理[12] 说,若 $\mathbf{K}$ 是一个可除代数,其中有一个范数使对任何 $x,y\in\mathbf{K}$,$|xy|=|x||y|$,则 $\mathbf{K}$ 必与 $\mathbf{R},\mathbf{C},\mathbf{H},\mathbf{C}_a$ 中之一同构.

已给一个 r 维可除代数 $\mathbf{K}$,则 $\mathbf{K}\times\mathbf{K}$ 是一个 $2r$ 维实向量空间,可看作 $2r$ 维欧氏空间 $\mathbf{R}^{2r}$. 记 S^{2r-1} 为 $\mathbf{K}\times\mathbf{K}$ 中单位球面,$\sum^r=\mathbf{K}\cup\{\infty\}$ 为 $\mathbf{K}$ 的单点紧化,而且

$$p:S^{2r-1}\to\sum{}^r$$

的定义是

$$p^{-1}(v)=\begin{cases}\{(u,w)\in S^{2r-1}\mid u=vw\} & (v\in\mathbf{K})\\ \{(u,w)\in S^{2r-1}\mid w=0\} & (v=\infty)\end{cases}$$

定理 18(Yang[26])　$p:S^{2r-1}\to\sum^r$ 是一个微分纤维丛,其中每一纤维是 S^{2r-1} 上一个 $r-1$ 维大球面.我们称之为可除代数 $\mathbf{K}$ 决定的微分纤维丛.

由定理 16 及 Adams 定理我们知道一个可除代数的维数必是 1,2,4 或 8.

我们不难证明一维及二维的可除代数分别与 $\mathbf{R}$ 和 $\mathbf{C}$ 同构. 另外,我们亦知道存在四维及八维的可除代数异于 $\mathbf{H}$ 及 $\mathbf{C}_a$. 下面的例子可见 Bruck[7].

$\mathbf{K}$ 是一个四维可除代数,如 $\mathbf{H}$ 一样,我们以 $\{1,i,j,k\}$ 为 $\mathbf{K}$ 的一个基. $\mathbf{K}$ 异于 $\mathbf{H}$ 的唯一地方是这个基中元素的乘积是依据下面的乘法表:

(1) 已给正实数 $\alpha,\beta,\gamma,\alpha',\beta',\gamma'$,满足

$$\alpha+\beta+\gamma-\alpha\beta\gamma=\alpha'+\beta'+\gamma'-\alpha'\beta'\gamma'$$

X	1	i	j	k
1	1	i	j	k
i	i	-1	γk	$-\beta' j$
j	j	$-\gamma' k$	-1	αi
k	k	βj	$-\alpha' i$	-1

(2) 已给一个角 θ,$0\leqslant\theta\leqslant\frac{\pi}{2}$.

X	1	i	j	k
1	1	i	j	k
i	i	-1	k	$-j$
j	j	$-k$	$-\cos\theta+i\sin\theta$	$\sin\theta+i\cos\theta$
k	k	j	$-\sin\theta-i\cos\theta$	$-\cos\theta+i\sin\theta$

一般而论,我们有下面两定理.

定理 17(Yang[26]) 已给一微分纤维丛

$$p:S^{2r-1}\to\sum{}^{r}$$

其中每一纤维是 S^{2r-1} 上一个 $r-1$ 维大球面,则存在一个 r 维可除代数 **K** 使已给的微分纤维丛与由 **K** 决定的微分纤维丛微分等价.

定理 18(Buchanan[8]) 由 r 维可除代数决定的微分纤维丛 $p:S^{2r-1}\to\sum{}^{r}$ 必与一个 Hopf 纤维丛拓扑等价.

定理 14 中 $n=1$ 的情形是由这两定理得到的. 定理 17 中的可除代数 **K** 在同构条件下虽不唯一,但种种迹象似乎指示它在同伦条件下是唯一的. 所以我们提出下面的问题.

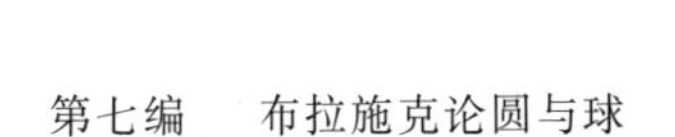

问题 8　已给一个四维或八维的可除代数 $\mathbf{K}$，是否存在一个微分映射

$$m:\mathbf{K}\times\mathbf{K}\times[0,1]\to\mathbf{K}$$

满足下列三条件？

(1) 对任何 $x,y\in\mathbf{K}$，$xy=m(x,y,0)$.

(2) 对任何 $t\in[0,1]$，我们可将实向量空间 $\mathbf{K}$ 造成一个可除代数 $\mathbf{K}_t$，使其中的乘法满足 $xy=m(x,y,t)$.

(3) $\mathbf{K}_1$ 与 $\mathbf{H}$ 或 $\mathbf{C}_a$ 同构.

如果问题 8 的回答是肯定的，则定理 17 中的 $\sum^r$ 与 S^r 同胚，而且 $p:S^{2r-1}\to\sum^r$ 与对应的 Hopf 纤维丛微分等价.

可除代数可以用线性代数来表示. 令 $M(r)$ 为以实数为表值的 $r\times r$ 方阵构成的 n^2 维实向量空间

$$GL_+(r)=\{\mathbf{A}\in M(r)\mid \det\mathbf{A}>0\}$$

$$\Theta=M(r)\text{ 中的零}$$

$$I=GL_+(r)\text{ 中的单元}$$

若 $\mathbf{K}$ 是一个 r 维可除代数，则对 $\mathbf{K}$ 中任何一个基

$$\{e_1,\cdots,e_r\}$$

我们决定 n^3 个实数

$$\alpha_{ijk}\quad(i,j,k=1,\cdots,r)$$

使对任何 $i,k=1,\cdots,r$

$$e_ie_k=\sum_{j=1}^{r}\alpha_{ijk}e_j$$

于是得两线性函数

$$f,g:\mathbf{K}\to M(r)$$

使对任何 $\sum\limits_{i=1}^{r}x_ie_i,\sum\limits_{k=1}^{r}y_ke_k\in\mathbf{K}$

$$f(\sum_{i=1}^{r} x_i e_i)=(\sum_{i=1}^{r} x_i a_{ijk})$$

$$g(\sum_{k=1}^{r} y_k e_k)=(\sum_{k=1}^{r} a_{ijk} y_k)$$

我们不难见到 $f(\mathbf{K}),g(\mathbf{K})$ 是 $M(r)$ 中 r 维线性子空间，$f(1)=I=g(1)$，而且 $f(\mathbf{K}),g(\mathbf{K})$ 都包含在 $GL_+(r)\cup\{Ⓗ\}$ 中. 逆之，已给一个 $M(r)$ 中 r 维线性子空间 L，满足

$$I\in L\subset GL_+(r)\cup\{Ⓗ\}$$

我们可将一个以 $\{e_1,\cdots,e_r\}$ 为基的实向量空间 $\mathbf{K}$ 造成一个可除代数 $\mathbf{K}'$ 使 $f:\mathbf{K}'\to M(r)$ 的映象为 L. 亦可以将 $\mathbf{K}$ 造成一个可除代数 $\mathbf{K}''$ 使 $g:\mathbf{K}''\to M(r)$ 的映象为 L. 所以研讨 r 维可除代数即研讨 $M(r)$ 中满足 $I\in L\subset GL_+(r)\cup\{Ⓗ\}$ 的 r 维线性子空间 L.

因 $M(r)$ 是一个 r^2 维实向量空间，则在 $M(r)$ 中的 r 维线性子空间构成一个微分流形，即 grassmann 流形

$$G_rM(r)$$

再者

$$U(r)=\{L\in G_rM(r)\mid I\in L\subset GL_+(r)\cup\{Ⓗ\}\}$$

是 $G_rM(r)$ 中一个微分子流形.

由于上面的了解，我们知道 $U(r)\neq\varnothing$ 只在 $r=1$，2，4 或 8 时成立. 再者，问题 8 可化成下面问题.

问题 9 在 $r=2,4$ 或 8 时，$U(r)$ 是否只有两个连通分支？使对任何 r 维可除代数 $\mathbf{K}$，若 $f,g:\mathbf{K}\to M(r)$ 如前，则 $f(\mathbf{K}),g(\mathbf{K})$ 分别为 $U(r)$ 两连通分支中的元素.

在 $r=2$ 时，问题 9 的回答是肯定的，见 Gluck-Warner[9]. 但是 $r=4$ 或 8 时，问题 9 未解决.

参考文献

[1] ADAMS J F. On the nonexistence of elements of Hopf invariant one[J]. Ann of Math. ,1960, 72,20-44.

[2]ADEM J,Relations on iterated reduced powers[J]. Proc. Nat. Acad. Sci. USA,1953,39:636-638.

[3]BERGER M. Blaschke's conjecture for spheres, Appendix D in the book by Besse below.

[4]BESSE A L. Manifolds All of whose geodesics Are closed,Ergelnisse der Mathematik no. 93, Springer Uerlag,1978.

[5]BLASCHKE W. Uorlesungen lifer Diffential-geometrie [M]. 3rd Ed. ,Springer, 1930.

[6]BOTT R. On manifolds all of whose geodesics are closed[J]. Ann of math. ,1954,60:375-382.

[7]BRUCK R H. Some results in the theory of linear non-associative algebras[J]. Trans. Amer. Math. Soc. 1944,56:141-199.

[8]BUCHANAN T. Zür Topolgie der Projektiven Elenen tiher reellen Divisionalgelren[J]. Geometriae Dedicata, 1979,8:383-393.

[9]GLUCK H,WARNeR F W. Great circle fibrations of the three — sphere[J]. Duke Math. J. ,1983,50: 107-132.

[10] GLUCK H,WARNeR F W,YANG C T.

Division algebras, fibrations of spheres by great spheres, and the topolcgical determination of space by the gross behavios of its geodesics, Duke Math. J., to appear.

[11]GREEN L W. Auf Wiedersehensflachen[J]. Ann. of Math., 1963, 78: 289-299.

[12]HURWICZ A, über der kompositionder quadratischen form vom beliefig vielen variablen, Nachr. Gesellish. Wiss. göttingen, 1898, 309-316, Math. Werke, Bd Ⅱ, 565-571.

[13]KAZDAN J L. An inequality arising in geometry, Appendix E in the book by besse alove.

[14]KAZDAN J L. An isoperimetric inequality and wiedersehen manifolds, an article in S. T. Yau, Seminar on Differential Geometry[M]. Princeton University Press, 1982, 143-157.

[15]MILNOR J. On manifolds homeomorphic to the 7-sphere[J]. Ann. of math., 1956, 64: 399-405.

[16]MILNOR J. Lectures on the h-cobordism Theorem[M]. Princeton universit press, 1965.

[17]PU P. M. Some ineqnalities in certain nonorientable Riemannian manifolds[J]. Pacific J. Matl., 1952, 2: 55-71.

[18]SACKS J, ULENBECK K. The existence of minimum immersion of S^2[J]. Ann. of math., 1981, 113, 1-24.

[19]SameIson H. On manifolds with many closed geodesics[J]. Portugaliae Mathematicae, 1963, 22: 193-196.

[20]SATO H. On topological blaschke conjecture I, cohomological complex projective spaces, preprint.

[21]WEINSTEIN A. On the volume of manifalds all of whose geodesics are closed[J]. J. Diff. geom, 1974, 9: 513-517.

[22]WHITEHEAD J H C. Combinatoial topology I[J]. Bull. Amer. Math. Soc., 1949, 55: 213-245.

[23]YANG C T. Odd dimensional wiedersehen manifolds are spheres[J]. J. Diff. Geom, 1980, 15: 91-96.

[24]YANG C T. On the blaschke conjecture, an article in YAN S T[M]. Seminar on differential geometry princeton university press, 1982: 159-171.

[25]YANG C T. Any blaschke manifolds of the homotopy type of Cp^n has the right volme, unpublished.

[26]YANG C T. Division algebras and filrations of spheres by great spheres[J]. J. Djff Geom, 1981, 16: 507-593.

Bonnesen-Style Isoperimetric Inequalities

第三十章

Robert Osserman[①]

The classical isoperimetric inequality states that, for a simple closed curve C of length L in the plane, the area A enclosed by C satisfies

$$L^2 \geqslant 4\pi A \qquad (1)$$

①The author received his Ph. D. from Harvard under the supervision of L. Ahlfors. Since then he has been on the faculty of Stanford University, with temporary or visiting positions at the University of Colorado, New York University, Harvard, and the University of Warwick. During 1960—1961 he was Head of the Mathematics Branch of the Office of Naval Research; he was a Fulbright Lecturer at the University of Paris (Orsay) in 1965—1966 and held a Guggenheim Fellowship in 1976—1977.

His initial work was on Riemann surfaces and conformal mapping; later he became interested in minimal surfaces and differential geometry; more recently he has turned to the study of isoperimetric inequalities and of geometric influences on the spectrum of the Laplacian. ——*Editors*

Since equality holds when C is a circle, it follows that the circle encloses maximum area among all curves of the same length. It does *not* follow that the circle is the *only* curve enclosing maximum area. That statement normally requires a separate proof.

During the 1920's, Bonnesen proved a series of inequalities of the form

$$L^2 - 4\pi A \geqslant B \tag{2}$$

where the quantity B on the right-hand side is an expression having the following three basic properties:

1. B is non-negative;

2. B can vanish only when C is a circle;

3. B has geometric significance.

Because of property 1, any Bonnesen inequality implies the isoperimetric inequality (1).

From property 2, it follows that equality can hold in (1) only when C is a circle.

The effect of property 3 is to give a measure of the curve's "deviation from circularity".

Our purpose here is, first, to review what is known for plane domains. In particular, we include ten different inequalities of the form (2), all of which have property 1 of Bonnesen's inequality and hence imply the isoperimetric inequality. These inequalities have been obtained by various authors using a variety of methods. We show that in fact nine of the ten follow in an elementary fashion from one basic inequality; only the last needs a separate proof.

Next we note that certain of the inequalities given hold more generally for domains on curved surfaces, provided the Gauss curvature is nowhere positive.

Finally, we show that certain of these inequalities generalize to arbitrary curved surfaces.

To elaborate on this last point, let us note one form that the isoperimetric problem can take for domains on surfaces. Let D be a simply connected domain of area A, bounded by a simple closed curve of length L. Suppose that the Gauss curvature K is bounded above on D by a constant M. Let D' be a geodesic disk on the complete simply connected surface S of constant curvature M, and choose the radius so that the area of D' equals the area A of D. (Thus S is a sphere if $M>0$, S is the plane if $M=0$, and S is (up to a constant factor) the hyperbolic plane if $M<0$.) Let L' be the length of the boundary of D'. Then the isoperimetric property is that $L \geqslant L'$, with equality if and only if D is isometric to D'.

Since the length of a geodesic circle on a constant curvature surface and the area enclosed are both easily calculated, the inequality $L \geqslant L'$ can be written explicitly. It takes the form

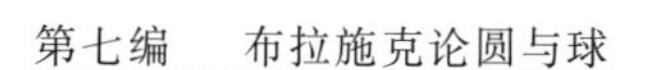

$$L^2 \geqslant 4\pi A - MA^2$$

where $K \leqslant M$ on D. This is the isoperimetric inequality on curved surfaces. A Bonnesen-style inequality would therefore be of the form

$$L^2 - 4\pi A + MA^2 \geqslant B$$

where B has the three properties listed at the outset. The second property in this case is that B can vanish only if D is isometric to a geodesic disk with constant curvature $K \equiv M$.

Since the history of this subject has been the source of much confusion and a certain amount of amusement in itself, the plan of presentation adopted here is the following.

Part Ⅰ is largely expository. We present the various Bonnesen-style inequalities together with some indications about their proofs. Section A deals with plane domains and Section B with surfaces.

Part Ⅱ is historical, and includes precise references where detailed proofs can be found.

Part Ⅲ presents further elaborations of the basic themes of Part I. Section A contains a discussion of how the various expressions for B in inequality (2) compare quantitatively, as well as indications about related inequalities. Section B gives applications to the problem of estimating the lowest eigenvalue λ_1 of the Laplacian in a domain. Finally, in Section C we note how various of the results presented generalize to higher dimensions.

We call attention to the special status of Section B; it could be subtitled "How the geometry and topology of a drum affects its fundamental tone". This section may be omitted by a reader interested in purely geometric questions. On the other hand, it may be read separately by those interested in eigenvalue problems, as it provides a review of some basic results and shows how several of them may be derived in an elementary fashion from the isoperimetric inequalities presented here. However, this section is probably best seen in the context of the whole paper, since it illustrates how the purely geometric results may be applied to other problems and how certain of those problems in fact provided the impetus that led to the discovery of new isoperimetric inequalities.

A word about references: Whenever an author is referred to in the text there is a corresponding entry in the Bibliography. No further notation is given except when an author has several entries in the Bibliography.

It is a pleasure to thank Michael Beeson, Marcel Berger, Isaac Chavel, and David Singmaster for helpful conversations and suggestions during the preparation of this paper; also Yu. D. Burago for providing a key argument for handling the case $M > 0$ of Theorem 6 and its corollary.

I. Bonnesen-style Inequalities

A. Plane domains Barring indications to the contrary, the following notation will be used throughout this section.

D is a simply connected domain;

C is a simple closed curve, the boundary of D;

A is the area of D;

L is the length of C;

R is the circumradius of D: the radius of the circumscribed circle;

ρ is the inradius of D: the radius of an inscribed circle.

Each domain has a unique circle of smallest radius that encloses it; that is the circumscribed circle. There may not be a unique inscribed circle—that is, a unique circle of maximum radius lying in $D \cup C$—but the maximum radius of all such circles is well-defined, and is the inradius of D.

We begin with a statement of the results, and then discuss how they are related and their proofs.

LEMMA 1 *Let r, L, A be any three positive numbers. Then the following inequalities are equivalent*

$$L^2 - 4\pi A > (L - 2\pi r)^2 \tag{3}$$

$$L^2 - 4\pi A > \left(\frac{A}{r} - \pi r\right)^2 \tag{4}$$

$$L^2 - 4\pi A > \left(L - \frac{2A}{r}\right)^2 \tag{5}$$

$$L - 2\pi r > \frac{A}{r} - \pi r \tag{6}$$

$$L - \frac{2A}{r} > \pi r - \frac{A}{r} \tag{7}$$

$$\frac{(L - 2\pi r)^2 - \left(L - \frac{2A}{r}\right)^2}{\left(\frac{A}{r}\right) - \pi r} > 0 \quad (A \neq \pi r^2) \tag{8}$$

$$rL > A + \pi r^2 \tag{9}$$

$$\frac{L - \sqrt{L^2 - 4\pi A}}{2\pi} < r < \frac{L + \sqrt{L^2 - 4\pi A}}{2\pi} \quad (L^2 > 4\pi A) \tag{10}$$

REMARK This lemma seems at first sight quite paradoxical. The first three inequalities (3), (4) and (5), all give lower bounds for the same quantity: $L^2 - 4\pi A$. The next three inequalities (6), (7), (8), imply that the lower bounds in the first three are all different. Yet the first three are all algebraically equivalent, and, what is more, they are equivalent to the inequalities asserting that they are different.

THEOREM 1 *Let D be a plane domain bounded by a rectifiable Jordan curve of length L. A, ρ, R denote the area, inradius, and circumradius of D. Then if r satisfies $\rho < r < R$, the inequalities* (3)—(10) *are all valid.*

Theorem 1 is the main result from which the various Bonnesen inequalities may be derived. It is more convenient to formulate two separate

theorems (Theorems 2 and 3 below), which together are equivalent to Theorem 1. For later reference, it is convenient to replace the set of equivalent strict inequalities of Lemma 1 by two separate sets of weak inequalities.

LEMMA 2 *For any positive numbers ρ, L, A, the following inequalities are equivalent*

$$L^2-4\pi A\geqslant(L-2\pi\rho)^2 \tag{11}$$

$$L^2-4\pi A\geqslant(A-\pi\rho^2)^2/\rho^2 \tag{12}$$

$$L^2-4\pi A\geqslant\left(L-\frac{2}{\rho}A\right)^2 \tag{13}$$

$$\rho L\geqslant A+\pi\rho^2 \tag{14}$$

These imply the further inequality

$$\rho\geqslant\frac{L-\sqrt{L^2-4\pi A}}{2\pi}=\frac{2A}{L+\sqrt{L^2-4\pi A}} \tag{15}$$

If $L\geqslant 2\pi\rho$, and $L^2\geqslant 4\pi A$, then (15) implies the previous inequalities, and (11) — (15) are all equivalent.

THEOREM 2 *If a rectifiable Jordan curve of length L bounds a domain of area A with inradius ρ, then* (11) — (15) *are satisfied.*

THEOREM 3 *If a rectifiable Jordan curve of length L bounds a domain of area A and circumradius R, then the following inequalities are valid*

$$L^2-4\pi A\geqslant(2\pi R-L)^2 \tag{16}$$

$$L^2-4\pi A\geqslant(\pi R^2-A)^2/R^2 \tag{17}$$

$$L^2-4\pi A\geqslant\left(L-\frac{2}{R}A\right)^2 \tag{18}$$

$$RL \geqslant A + \pi R^2 \tag{19}$$

$$R \leqslant \frac{L + \sqrt{L^2 - 4\pi A}}{2\pi} = \frac{2A}{L - \sqrt{L^2 - 4\pi A}} \tag{20}$$

THEOREM 4 *With* L, A, ρ *and* R *as above, the following inequalities hold*

$$L^2 - 4\pi A \geqslant \pi^2 (R - \rho)^2 \tag{21}$$

$$L^2 - 4\pi A \geqslant A^2 \left(\frac{1}{\rho} - \frac{1}{R}\right)^2 = \frac{A^2}{R^2 \rho^2}(R - \rho)^2 \tag{22}$$

$$L^2 - 4\pi A \geqslant \frac{L^2}{(R + \rho)^2}(R - \rho)^2 \tag{23}$$

Before turning to the proofs, let us make several comments.

First, note that we have exhibited nine inequalities of Bonnesen type: (11) — (13), (16) — (18), and (21) — (23). The last three obviously have all three properties of a Bonnesen inequality, since the right-hand side can vanish only if $R = \rho$, in which case the curve must be a circle of radius R. Of the other inequalities, (12) and (17) most clearly have the same property, since A equal to $\pi\rho^2$ or πR^2 can only happen if the curve coincides with its inscribed or circumscribed circle, respectively. The same property holds for (11) and (18), but not for (13) and (16). For example the right-hand side of (13) vanishes for any polygon circumscribed about a circle. (See Singmaster for a full description of curves satisfying $L/A = 2/\rho$; Also Bonnesen and Fenchel, p. 82.)

Next, we may well ask what the point is of this welter of inequalities. As stated earlier, one point is that they have all appeared in different places under different guises, and it is of some interest to note that they all follow from the single inequality (9), valid for $\rho < r < R$. (That inequality for the case of convex curves appears in Bonnesen's original paper in 1921.) Another point is that various inequalities prove to be more appropriate for different purposes, as we shall see later.

Let us prove our way backward through these results starting with Theorem 4.

Subtracting (15) from (20) gives (21). From (13) and (18), we have

$$\sqrt{L^2-4\pi A} \geqslant \frac{2}{\rho}A - L, \sqrt{L^2-4\pi A} \geqslant L - \frac{2}{R}A \tag{24}$$

Adding these two gives (22).

Finally, multiplying the first inequality in (24) by ρ, the second by R, and then adding, yields (23).

Thus Theorem 4 is an immediate consequence of Theorems 2 and 3.

To prove Theorems 2 and 3, let us consider first the case where C is a convex polygon. For any positive number t, let C_t be the *exterior parallel curve* to C at distance t, i. e., the set of all points lying outside D at a distance t from C. $C(t)$ consists of a set of line segments, each parallel to a given side of C and of the same length, together with circular arcs of radius t with centers at each vertex. Since these circular arcs together make up one complete circle, one sees that the length $L(t)$ of C_t is given by

$$L(t) = L + 2\pi t \tag{25}$$

while the area of the domain D_t enclosed by C_t is equal to

$$A(t) = A + Lt + \pi t^2 \tag{26}$$

The critical point of the proof is the observation that if t lies in the interval $\rho < t < R$, then every circle of radius t whose center lies in D_t must intersect C. That is clear, since by the definition of ρ and R such a circle cannot lie inside D nor surround it; while by the definition of D_t, it can also not lie totally in the exterior of C.

We now use this property of D_t to get a different estimate of its area $A(t)$. We let P be an *arbitrary* polygon (closed or not), and let E be defined by: $p \in E \Leftrightarrow$ the circle of radius t centered at p intersects P. Divide E into subsets E_k defined by $p \in E_k \Leftrightarrow$ the circle of radius t centered at p intersects P in exactly k points. Then we shall show that the areas A_k of E_k and the length L of P are related by

$$\sum kA_k = 4tL \tag{27}$$

Observe that in this formula and in subsequent arguments we may ignore circles tangent to a side of

P or passing through a vertex, since the centers of such circles will lie on a union of line segments and circular arcs and will contribute nothing to the areas A_k. In view of this remark, if we consider closed polygons P, then every circle will intersect P in an even number of points, so that $A_k=0$ whenever k is odd. In that case, (27) implies that the total area A of the set E will satisfy

$$\begin{aligned}2A&=2(A_2+A_4+A_6+\dots)\\&\leqslant 2A_2+4A_2+6A_6+\dots=4tL\end{aligned}\tag{28}$$

Combining this with (26) yields

$$2tL\geqslant A(t)=A+Lt+\pi t^2\tag{29}$$

for every t in the interval $\rho<t<R$. Letting t tend to ρ and R respectively yields (14) and (19).

Before proceeding further with the argument, let us prove (27). This is easily done by induction. First, if P is a single line segment S of length s, then a circle can only intersect it in one or two points. Denote by e_1, e_2 the corresponding set of centers, and by a_1, a_2 their areas. Then (27) takes the form

$$a_1+2a_2=4ts\tag{30}$$

To verify this, note that the total set E in this case consists of a rectangle of dimensions s by $2t$, surmounted by two semicircles of radius t. If Δ_1, Δ_2 denote the full disks of radius t centered at the endpoints of S, then one has

$$e_1=(\Delta_1\cup\Delta_2)\setminus(\Delta_1\cap\Delta_2)$$
$$e_2=E\setminus(\Delta_1\cup\Delta_2)$$

We now make the following observation. Consider two copies of the set E placed one on top of the other; remove the disk Δ_1 from one sheet and Δ_2 from the other. Then what is left will cover each point of e_1 exactly once and each point of e_2 twice. Its total area therefore corresponds to the left side of (30). On the other hand, the area of each sheet is exactly that of the $s \times 2t$ rectangle, and this proves (30).

Finally, suppose that (27) holds for all n-sided polygons. Adjoining an extra side S, we have the equation (30) for this single side. Adding (27) to (30), we see that the right-hand sides add up to the correct expression for the $(n+1)$-sided polygon P', while the sets e_1, e_2 corresponding to S are distributed among the sets E_k in such a manner that they increase the coefficient k by one or two, respectively, and thus the left-hand sides of (27) and (30) add up to the correct expression for the polygon P'. Thus (27) holds for all polygons.

We can now quickly complete the proof of Theorem 3. We have shown that (19) holds for any convex polygon. Let P be an arbitrary simple closed polygon. Its convex hull will be bounded by a convex polygon P'. The quantities L', A', R' associated with P' satisfy (19); i. e.

$$R'L' \geqslant A' + \pi(R')^2$$

but $L' \leqslant L$, $A' \geqslant A$, and $R' = R$. Thus (19) also

holds for the original polygon P.

Finally, given an arbitrary rectifiable Jordan curve, one needs only a suitable approximation by Jordan polygons.

LEMMA 3 *Let D be a domain bounded by a rectifiable Jordan curve with L, A and R defined as usual. Then there exists a sequence of Jordan polygons P_n such that the associated quantities L_n, A_n, R_n satisfy*

$$L_n \leqslant L,\ A_n \to A,\ R_n \to R$$

We omit the proof of the lemma; the main point is that the rectifiability of C has two consequences: first, one can approximate C by polygons whose length is arbitrarily close to L; and second, the area of C is zero. Removing closed loops from the approximating polygon in a suitable manner leaves a Jordan polygon with the desired properties.

Combining Lemma 3 with the fact that (19) holds for all Jordan polygons gives the validity of (19) for arbitrary rectifiable curves. By Lemma 2, the Bonnesen-type inequalities (16), (17), (18) must also hold. Since (20) is also an immediate consequence, Theorem 3 is proved.

One can proceed along similar lines to prove Theorem 2, but there is an additional complication. In order to prove (19) for arbitrary polygons it is sufficient to do it for convex polygons, since R is the same for a curve and its convex hull. However, ρ will generally increase under formation of the convex hull, so that it is necessary to prove (14) directly for arbitrary polygons. This can be done by an elaboration of the above argument, using (27) together with a generalized formula substituting for (26). (See Fejes-Tóth) However, we shall instead give a brief indication of another method of attack.

LEMMA 4 *Let D be a domain bounded by a Jordan polygon C. For each r in the interval $0 \leqslant r \leqslant \rho$, let D_r be the set of points in D whose distance to C is greater than r, and let C_r be the boundary of D_r. If $L(r)$ is the length of C_r, then*

$$L(r) \leqslant L - 2\pi r \tag{31}$$

and

$$A = \int_0^\rho L(r)\mathrm{d}r \tag{32}$$

We shall discuss the proof of this lemma in more detail in Part Ⅱ. For the present we make only the following comments.

First, every point of C_r is at distance r from the polygon C; hence C_r consists of a finite union of circular arcs of radius r and line segments parallel to the sides of C.

Second, when r is small, (31) follows easily by simple arguments of elementary geometry. Also, when C is convex, (31) follows easily for all $r \leqslant \rho$. However, when C is non-convex, more elaborate

arguments are needed.

Finally, inserting (31) into (32) yields inequality (14) for Jordan polygons, and an approximation argument analogous to Lemma 3 proves that (14) holds for rectifiable Jordan curves. Combining this with Lemma 2 concludes the proof of Theorem 2.

Theorem 1 is an immediate consequence: Since the function $\pi r^2 - Lr + A$ is a convex function of r, and it is non-positive for $r=\rho$ and $r=R$ by (14) and (19), it must be strictly negative for $\rho < r < R$. This proves (9), and by Lemma 1, the remaining inequalities (3) — (10).

Concerning the proofs of Lemmas 1 and 2, they are completely elementary, as can be seen by reducing each inequality to (9) and (14), respectively. More details about these lemmas and their significance will be given in Part Ⅲ, Section A.

We conclude our discussion of the basic Bonnesen inequalities by stating one final example that is of particular interest historically.

For a convex curve C, let d be the minimum width of circular annuli containing C. Then one has the further inequality

$$L^2 - 4\pi A \geqslant 4\pi d^2 \tag{33}$$

We shall discuss this inequality and its proof in Part II.

B. Domains on surfaces The notation in this

section is the same as in Section A, except that domains D will be considered to lie on a surface or two-dimensional Riemannian manifold S. We denote by K the Gauss curvature of S. The notions of inradius and circumradius require more careful analysis, since one does not have inscribed and circumscribed circles in general.

For each point p in D, if d_p is the distance from p to the boundary of D, then for all $r \leqslant d_p$ we define the metric disk of radius r and center p to be the set of points in D whose distance to p is less than r. The inradius ρ of D is the maximum of d_p as p varies over D, or alternatively, the maximum radius of metric disks lying in D.

In case D is a plane domain, the above definition clearly coincides with the notion of the inradius given earlier. The problem in general is that a metric disk may not look much like a disk, even in the case that D is simply connected. For example, if S is a half-cylinder capped by a hemisphere, and D is a domain on S including the hemisphere and a long part of the cylinder, then for a point p halfway along the cylinder, metric disks will look like disks for small r, but become doubly connected domains as r grows larger. If one varies the topography of S by adding a number of mushroom-shaped bumps, then even though D is simply connected, metric disks on D can have

arbitrarily high connectivity. A further complication is that even when a metric disk centered at a point p is simply connected, the "radii" of the disk may intersect each other; in other words, two geodesic segments starting at p may intersect again before distance r. (Take a cylinder of radius a and height $h=5a$, capped by a hemisphere of radius a. Consider the metric disk of radius $r=4a$ centered at a point where the hemisphere meets the cylinder.)

If a metric disk with center p and radius r has the property that no two geodesics starting at p intersect before a distance r, then we shall call it a geodesic disk. In the current standard terminology of differential geometry, a metric disk is the surjective image of a disk of radius r under the exponential map at p, and it is a geodesic disk if this map is bijective.

Happily, there is a large class of domains for which none of these complications arise. In fact, for simply connected domains whose Gauss curvature K is nowhere positive, it follows immediately from the Gauss-Bonnet theorem that distinct geodesics at p cannot intersect again, and hence every metric disk is a geodesic disk. In particular, if D is simply connected, with inradius ρ, and if $K \leqslant 0$ on D, then there exists a geodesic disk of radius ρ lying in D.

Inside a geodesic disk one can introduce polar geodesic coordinates, and they will be basic for the following discussion.

We start with a well-known and elementary lemma.

LEMMA 5 *Let D_ρ be a geodesic disk of radius ρ on a surface S, and let A_ρ be its area. If $K \leqslant 0$ on D_ρ, then $A_\rho \geqslant \pi\rho^2$, with equality if and only if D_ρ is isometric to a plane disk of radius ρ.*

PROOF *Using polar geodesic coordinates in* D_ρ, *the metric can be written as* $ds^2 = dr^2 + g(r, \theta)d\theta^2$, *where for each* θ, *the function* $f(r)=\sqrt{g}(r, \theta)$ *satisfies* $f(0)=0$, $f'(0) = 1$. *Since the Gauss curvature is given in geodesic coordinates by*

$$K = -\frac{1}{\sqrt{g}}\frac{\partial^2}{\partial r^2}\sqrt{g} \tag{34}$$

the condition $K \leqslant 0$ *implies* $f''(r) \geqslant 0$. *In view of the initial conditions,* $f(r) \geqslant r$ *for* $0 \leqslant r \leqslant \rho$, *and hence*

$$A_\rho = \int_0^{2\pi}\int_0^\rho \sqrt{g}(r, \theta)drd\theta \geqslant \pi\rho^2$$

equality can only hold if $f(r) \equiv r$ *for all* θ; *i.e.*, $g(r, \theta) = r^2$. *In that case, the metric is the standard Euclidean metric.*

THEOREM 5 *If D is a simply connected domain, and $K \leqslant 0$ on D, then inequalities (11) — (15) are valid.*

COROLLARY *The isoperimetric inequality $L^2 \geqslant 4\pi A$ holds for simply connected domains with $K \leqslant 0$, and equality holds only when $K \equiv 0$ and the*

domain is a disk.

PROOF OF THE COROLLARY Inequality (12) states that

$$L^2 - 4\pi A \geqslant \frac{(A - \pi\rho^2)^2}{\rho^2}$$

Thus $L^2 \geqslant 4\pi A$, with equality only if $A = \pi\rho^2$. By definition of ρ, there exists a geodesic disk D_ρ of radius ρ with $D_\rho \subset D$. Thus, using Lemma 5

$$A \geqslant A_\rho \geqslant \pi\rho^2$$

If $A = \pi\rho^2$, then $A = A_\rho$, so that $D = D_\rho$, and $A_\rho = \pi\rho^2$, so that D_ρ is isometric to a plane disk.

Concerning the proof of Theorem 5, it is based on a suitable generalization of Lemma 4. The basic idea is to start with a curve C in a suitable class, guaranteeing that the level curves C_r will be sufficiently regular so that $L(r)$ is defined and (32) holds. Then observe that the derivative $L'(r)$ is equal to the integral of the geodesic curvature of C_r along smooth parts together with an appropriate term at corners. Finally use the Gauss-Bonnet theorem, together with the condition $K \leqslant 0$ and a careful analysis of what happens at a corner, to show that $L'(r) \leqslant -2\pi$ for $0 < r < \rho$. This yields (31) and proves Lemma 4. Again, inequality (14) is an immediate consequence.

In order to state corresponding theorems for surfaces satisfying $K \leqslant M$ for some constant $M \neq 0$, let us introduce some more notation; let

$D_\rho^M=$ geodesic disk of radius ρ on the complete simply-connected surface of constant curvature $K\equiv M$

$A_\rho^M=$ area of D_ρ^M

$L_\rho^M=$ length of boundary of D_ρ^M

The explicit expressions for these quantities are

	$M=-\alpha^2<0$	$M=0$	$M=\alpha^2>0$
L_ρ^M	$2\pi\dfrac{\sinh \alpha\rho}{\alpha}$	$2\pi\rho$	$2\pi\dfrac{\sin \alpha\rho}{\alpha}$
A_ρ^M	$4\pi\dfrac{\sinh^2 \frac{1}{2}\alpha\rho}{\alpha^2}$ $=2\pi\dfrac{\cosh \alpha\rho-1}{\alpha^2}$	$\pi\rho^2$	$4\pi\dfrac{\sin^2 \frac{1}{2}\alpha\rho}{\alpha^2}$ $=2\pi\dfrac{1-\cos \alpha\rho}{\alpha^2}$

The following equation is easily verified in all three cases

$$(L_\rho^M)^2-4\pi A_\rho^M+M(A_\rho^M)^2=0 \tag{35}$$

Thus, the isoperimetric inequality on a surface of constant curvature $K\equiv M$ takes the form

$$L^2\geqslant 4\pi A-MA^2 \tag{36}$$

Namely, given a domain D of area A, if ρ is chosen so that A_ρ^M equals A, then (35) and (36) imply $L\geqslant L_\rho^M$, so that the disk D_ρ^M has minimum boundary length among all domains of the same area.

The dual statement requires a bit more care. The function $f(x)=4\pi x-Mx^2$ satisfies $f'(x)=4\pi-2Mx$. Thus $f(x)$ is monotone increasing for all $x\geqslant 0$ when $M\leqslant 0$, and for all x in the interval $0\leqslant x\leqslant 2\pi/M$ when $M>0$. It follows from (35) and (36)

that if $L = L_\rho^M$, then $A \leqslant A_\rho^M$ provided either $M \leqslant 0$, or else when $M > 0$, if $A \leqslant 2\pi/M$. That this latter condition is necessary is clear from the case of a sphere of radius r, where $M = 1/r^2$ and the condition becomes $A \leqslant 2\pi r^2$, which is the area of a hemisphere. Indeed, a Jordan curve of length L on the sphere will bound two domains, one of which will have area at most $2\pi r^2$, and for that one the inequality $A \leqslant A_\rho^M$ holds where A_ρ^M is the smaller of the two areas bounded by the geodesic circle of length L. It may be worth noting that if S is a sphere of radius r. and if we denote by A and $\overline{A}$ the area of the two domains bounded by the curve C, then (36) can be written as

$$L^2 \geqslant \frac{1}{r^2} A(4\pi r^2 - A) = \frac{A\overline{A}}{r^2} \tag{37}$$

in which the two domains enter with complete symmetry.

We want now a Bonnesen-style version of (36), implying in particular that equality can hold *only* for a geodesic disk. Also, we want to allow surfaces of variable curvature. First, a preliminary lemma.

LEMMA 6 *Let $\hat{L}$, $\hat{A}$, M be any three numbers satisfying $\hat{A} > 0$ and*

$$\hat{L} - 4\pi\hat{A} + M\hat{A}^2 = 0 \tag{38}$$

Then for any positive numbers L and A, the following are equivalent

$$\hat{L}L \geqslant 2\pi(A + \hat{A}) - M\hat{A}A \tag{39}$$

$$L^2 - 4\pi A + MA^2 \geqslant \left(L - \frac{\hat{L}}{\hat{A}}A\right)^2 \tag{40}$$

$$L^2 - 4\pi A + MA^2 \geqslant (L - \hat{L})^2 + M(A - \hat{A})^2 \tag{41}$$

If furthermore, $MA < 4\pi$, *then these are equivalent to*

$$L^2 - 4\pi A + MA^2 \geqslant \left[\frac{2\pi}{\hat{L}}(A - \hat{A})\right]^2, \hat{L} > 0 \tag{42}$$

PROOF Both (40) and (41) reduce to (39) by adroit use of (38). To prove (42), note that (38) implies that $M\hat{A} \leqslant 4\pi$, since $\hat{A} > 0$, and $\hat{A}(4\pi - M\hat{A}) = \hat{L}^2 \geqslant 0$. If also $MA < 4\pi$, then

$$\frac{1}{A} + \frac{1}{\hat{A}} > \frac{M}{2\pi}$$

which implies that the right-hand side of (39) is positive. Hence (39) implies $\hat{L} > 0$. Squaring both sides of (39) and combining with (38) yields (42).

THEOREM 6 *Let* D *be a simply connected domain whose Gauss curvature* K *satisfies* $K \leqslant M$. *Let* ρ *be the inradius of* D, A *the area of* D, L *the length of its boundary. If* $MA < 4\pi$, *then* (38) — (42) *are all valid*, *with* $\hat{L} = L_\rho^M$, $\hat{A} = A_\rho^M$.

Note that when $M = 0$, inequalities (39) — (42) reduce to (11) — (14). Hence Theorem 6 is a direct generalization of Theorem 2.

COROLLARY *The isoperimetric inequality* (36) *holds for a simply connected domain* D *with Gauss curvature* $K \leqslant M$. *Equality holds if and only if* $K \equiv M$ *and* D *is a geodesic disk.*

PROOF OF THE COROLLARY If $MA \geqslant 4\pi$, then (36) holds trivially, with strict inequality. If $MA < 4\pi$, then we may apply Theorem 6, and (36) follows from (40) or (42). Equality in (36) implies $A = \hat{A} = A_\rho^M$, using (42) (or (41) in case $M > 0$). If D_ρ is a geodesic disk of radius ρ included in D, and A_ρ its area, then

$$A \geqslant A_\rho \geqslant A_\rho^M$$

where the second inequality follows from the fact that $K \leqslant M$. (See the corollary to Lemma 7 below.) Furthermore, $A_\rho = A_\rho^M$ implies $K \equiv M$ on D_ρ, and $A = A_\rho$ implies that $D = D_\rho$. This proves the corollary under the assumption that there exists a geodesic disk of radius ρ lying in D. When $M \leqslant 0$, such a disk always exists, as we have noted before Lemma 5, and there is nothing further to prove. When $M > 0$, we have to use a result of Burago [27] that if p is a point of D whose distance to the boundary is ρ, then there exists a geodesic disk D_r in D with center p and radius $r = \min\{\rho, \pi/\alpha\}$, where $M = \alpha^2$, $\alpha > 0$. If $\rho < \pi/\alpha$, then $r = \rho$ and D_r is the desired geodesic disk D_ρ. The alternative is $\rho \geqslant \pi/\alpha$, in which case $D_r = D_{\pi/\alpha}$, and its area $A_{\pi/\alpha}$ satisfies

$$A \geqslant A_{\pi/\alpha} \geqslant A_{\pi/\alpha}^{\alpha^2} = \frac{4\pi}{\alpha^2} = \frac{4\pi}{M}$$

by the corollary to Lemma 7 below. This contradicts the assumption $MA < 4\pi$, and completes the proof of the corollary.

We next prove, in a slightly stronger form than is needed in the argument above, a standard comparison lemma. We shall need this stronger form for subsequent arguments.

LEMMA 7 *Let $f(r)$ be continuously differentiable on the interval $0 \leqslant r \leqslant r_0$ and suppose that, except at a finite number of points in the interval, $f''(r)$ exists and satisfies*

$$f''(r) + cf(r) \geqslant 0,\ f(0) = 0,\ f'(0) = a \quad (43)$$

for some constants, a, c. Let $h(r)$ be the unique solution of

$$h''(r) + ch(r) = 0,\ h(0) = 0,\ h'(0) = 1 \quad (44)$$

Let s be any number such that $h(r) > 0$ for $0 < r < s$, and let $r_1 = \min\{r_0, s\}$. Then

$$f(r) \geqslant ah(r),\ \text{for } 0 \leqslant r \leqslant r_1 \quad (45)$$

and

$$f'(r) \geqslant ah'(r),\ \text{for } 0 \leqslant r \leqslant \min\left\{r_0, \frac{s}{2}\right\} \quad (46)$$

PROOF Let $\phi(r) = f(r)/h(r)$. Then

$$(h^2\phi')' = (hf' - fh')' = hf'' - fh'' \geqslant 0$$

except at the singular points. By the mean value theorem, $h^2\phi'$ is a (weakly) monotone increasing function, and hence (even including singular points)

$$(h^2\phi')(r) \geqslant (h^2\phi')(0) = 0,\ 0 \leqslant r \leqslant r_1 \quad (47)$$

Thus $\phi'(r) \geqslant 0$, and hence

$$\frac{f(r)}{h(r)} = \phi(r) \geqslant \lim_{r \to 0} \frac{f(r)}{h(r)} = \frac{f'(0)}{h'(0)} = a,\ \text{for } 0 \leqslant r \leqslant r_1$$

This proves (45). Returning to (47), $hf' \geqslant fh'$, or

$$f'(r) \geqslant \frac{f(r)}{h(r)} h'(r) \geqslant a h'(r), \text{ providing } h'(r) \geqslant 0 \tag{48}$$

but $h(r)$ can be written explicitly, and in fact, using the notation above (35)

$$h(r) = \frac{1}{2\pi} L_r^c \tag{49}$$

Thus for $c \leqslant 0$: $h(r) > 0$ and $h'(r) > 0$ for all $r > 0$. Then (45) and (46) hold in the whole interval $0 \leqslant r \leqslant r_0$. For $c = \alpha^2 > 0$: $h(r) > 0$ for $0 < r < \pi/\alpha$, and $h'(r) > 0$ for $0 < r < \pi/2\alpha$. Thus (45) and (46) hold, with $s = \pi/\alpha$. This proves the lemma.

COROLLARY *Let D_ρ be a geodesic disk of radius ρ, and let A_ρ be its area. If $K \leqslant M$ on D_ρ, then*

$$A_\rho \geqslant A_\rho^M \tag{50}$$

and equality holds if and only if $K \equiv M$ on D_ρ.

PROOF As in the proof of Lemma 5, introduce geodesic polar coordinates in D_ρ, and for fixed θ, let $f(r) = \sqrt{g}(r, \theta)$. Then using (34), and the condition $K \leqslant M$, $f(r)$ satisfies (43), with $a = 1$, $c = M$, and $r_0 = \rho$. Thus we may apply the lemma; from (45) and (49) we have

$$\begin{aligned} A_{r_1} &= \int_0^{2\pi} \int_0^{r_1} \sqrt{g}(r, \theta) \mathrm{d}r \mathrm{d}\theta \\ &\geqslant 2\pi \int_0^{r_1} h(r) \mathrm{d}r = A_{r_1}^M \end{aligned} \tag{51}$$

Furthermore, the equality holds if and only if $\sqrt{g}(r, \theta) \equiv h(r)$, in which case $K \equiv M$, by (34).

This proves the corollary provided $r_1=\rho$. That is always the case if $M\leqslant 0$. When $M=\alpha^2>0$, then $r_1=\min\{\rho, \pi/\alpha\}$, so that $r_1=\rho$ unless $\rho>\pi/\alpha$. But in that case, (51) implies that

$$A_\rho > A_{\pi/\alpha} \geqslant A_{\pi/\alpha}^{\alpha^2} = \frac{4\pi}{\alpha^2} = \max_r A_r^{\alpha^2}$$

so that (50) holds with strict inequality, and the corollary is proved in all cases.

In order to prove Theorem 6, one needs another comparison lemma, essentially a non-homogeneous version of Lemma 7.

LEMMA 8 *Let $F(r)$ be continuously differentiable for $0\leqslant r\leqslant r_0$, and suppose that except for a finite set of points, $F''(r)$ exists and satisfies*

$$F''(r)+cF(r)\leqslant b,\ F(0)=0,\ F'(0)=a \quad (52)$$

for some constants a, b, c. Let $H(r)$ be the unique solution of

$$H''(r)+cH(r)=b,\ H(0)=0,\ H'(0)=a \quad (53)$$

Then the inequality

$$F(r)\leqslant H(r) \quad (54)$$

holds for $0\leqslant r\leqslant r_0$ when $c\leqslant 0$, and for $0\leqslant r\leqslant$ $\min\{r_0, \pi/\alpha\}$, *when $c=\alpha^2$, $\alpha>0$.*

PROOF For $\varepsilon>0$, define $H_\varepsilon(r)$ by

$$H''_\varepsilon(r)+cH_\varepsilon(r)=b,\ H_\varepsilon(0)=0,\ H'_\varepsilon(0)=a+\varepsilon$$

Let $f(r)=H_\varepsilon(r)-F(r)$. Then f satisfies (43), with $a=\varepsilon$. Hence by Lemma 7

$$f(r)\geqslant \varepsilon h(r)>0, \text{for } 0<r<r_1$$

where $h(r)$ is given by (49). Since this is true for every $\varepsilon > 0$, the lemma is proved.

Let us note that the solutions $H(r)$ of (53) can be written explicitly as

$$H(r) = \frac{1}{2\pi}(aL_r^c + bA_r^c) \tag{55}$$

in terms of the length and area functions defined above (35).

Finally, we need one further result.

LEMMA 9 *Let D be a simply connected domain on a two-dimensional real analytic Riemannian manifold with analytic metric. Suppose D is bounded by an analytic Jordan curve C of length L. Let A be the area of D, and*

$$F(r) = \text{area}\{p \in D \mid d(p, C) < r\}$$

If $K \leqslant M$ on D, then $F(r)$ satisfies the hypotheses of Lemma 8 with

$$a = L,\ b = MA - 2\pi,\ c = M \tag{56}$$

and where $r_0 = \rho$, the inradius of D.

Let us assume for the moment that Lemma 9 is proved. In case $M = \alpha^2 > 0$, then as we have seen in the proof of the Corollary to Theorem 6, the assumption $MA < 4\pi$ implies that $\rho < \pi/\alpha$. Hence by Lemma 8, (54) holds for $0 \leqslant r \leqslant \rho$. By (55) and (56)

$$A = F(\rho) \leqslant H(\rho) = \frac{1}{2\pi}(LL_\rho^M + (MA - 2\pi)A_\rho^M)$$

or

$$LL_\rho^M \geqslant 2\pi(A + A_\rho^M) - MAA_\rho^M \tag{57}$$

But this is exactly (39), and together with (35) and Lemma 6, this proves Theorem 6 in the analytic case. In order to prove Theorem 6 more generally, there are two possibilities: either approximate a given domain and metric by domains with analytic metrics and analytic boundary curves, or else prove Lemmas 8 and 9 under more general hypotheses.

The proof of Lemma 9 depends on the following fundamental result:

LEMMA 10 *Under the hypotheses of Lemma 9, let*

$$C_r = \{p \in D \mid d(p, C) = r\}$$

Then C_r is a rectifiable curve for $0 \leqslant r < \rho$. The length $L(r)$ of C_r is a continuous function on $0 \leqslant r < \rho$, and

$$F(r) = \int_0^r L(t)\mathrm{d}t \tag{58}$$

Finally, $L'(r)$ exists except at a finite number of values of r, and satisfies

$$L'(r) \leqslant \int_{D_r}\int K - 2\pi \tag{59}$$

where

$$D_r = \{p \in D \mid d(p, C) > r\}$$

To see that Lemma 9 follows from Lemma 10, note that area $(D_r) = A - F(r)$, so that if $K \leqslant M$ on D, then from (58) and (59)

$$F''(r) = L'(r) \leqslant M(A - F(r)) - 2\pi$$

which is the conclusion of Lemma 9.

Concerning the proof of Lemma 10, a fair

amount of delicate analysis is needed to show that C_r is piecewise-smooth and $L(r)$ is continuous. (In fact $L(r)$ can be discontinuous even for a C^∞-plane Jordan curve.) Equation (58) is then standard, and (59) follows from a careful application of the Gauss-Bonnet formula, taking into account what happens at corners of the curve C_r.

This completes our discussion of the straightforward generalization of Bonnesen inequalities to domains on curved surfaces. A slight variation of the method gives other inequalities that are also of interest. In order to state them, let us use the following notation: for any number x, let

$$x^+=\max\{x, 0\}$$

and let

$$\omega^+=\iint_D K^+$$

THEOREM 7 *Let D be a simply connected domain with inradius* ρ. *Then*

$$\rho L \geqslant A+(\pi-\frac{1}{2}\omega^+)\rho^2 \tag{60}$$

for $\omega^+<2\pi$, *this is equivalent to*

$$L^2-4\pi A+2\omega^+ A \geqslant (L-(2\pi-\omega^+)\rho)^2 \tag{61}$$

COROLLARY *For simply-connected domains one has the isoperimetric inequality*

$$L^2 \geqslant 4\pi A-2\omega^+ A \tag{62}$$

The proof of Theorem 7 is an easy consequence of Lemma 10. Namely, from (59)

$$L'(r) \leqslant \int_{D_r}\int K - 2\pi \leqslant \int_{D_r}\int K^+ - 2\pi \leqslant \omega^+ - 2\pi$$

so that

$$L(t) = L + \int_0^t L'(r)\mathrm{d}r \leqslant L + (\omega^+ - 2\pi)t$$

and hence from (58)

$$A = F(\rho) = \int_0^\rho L(t)\mathrm{d}t \leqslant \rho L + \frac{1}{2}(\omega^+ - 2\pi)\rho^2$$

Multiplying this by $2(\omega^+ - 2\pi)$, and adding L^2 gives (61), provided $\omega^+ - 2\pi < 0$.

Inequality (62) is an immediate consequence of (61) if $\omega^+ < 2\pi$, and it is trivially true for $\omega^+ \geqslant 2\pi$.

Note that Theorem 7 is essentially a generalization of Theorem 5, since the hypothesis $K \leqslant 0$ implies $\omega^+ = 0$, and then inequalities (60) and (61) reduce to the original Bonnesen inequalities (14) and (11), respectively.

Finally, we note a general inequality that contains both (60) and (57) as special cases.

For any real number c, set

$$\omega_c^+ = \iint_D (K - c)^+$$

Then from (59)

$$\begin{aligned} L'(r) + 2\pi &\leqslant \int_{D_r}\int K = \int_{D_r}\int (K - c) + c\mathrm{Area}(D_r) \\ &\leqslant \int_{D_r}\int (K - c)^+ + c(A - F(r)) \\ &\leqslant \omega_c^+ + cA - cF(r) \end{aligned}$$

Since from (58), $F''(r) = L'(r)$, we have the differential inequality

$$F''(r) + cF(r) \leqslant \omega_c^+ + cA - 2\pi$$

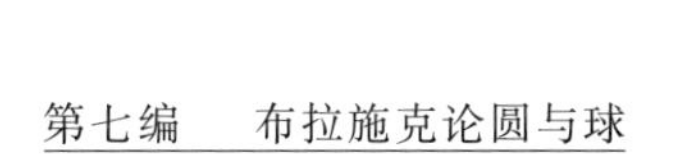

Using Lemmas 8 and 9 as before, with $b=\omega_c^+ + cA-2\pi$, we find

$$LL_\rho^c \geqslant 2\pi(A+A_\rho^c)-cAA_\rho^c-\omega_c^+A_\rho^c \quad (63)$$

If we choose $c=0$, then $\omega_c^+=\omega^+$, and (63) reduces to (60). On the other hand, if $K\leqslant M$ and we choose $c=M$, then $\omega_c^+=0$, and (63) reduces to (57). There may well be cases where an intermediate value of c gives the optimal inequality.

Inequality (63) can again be Bonnesenized, and written in the equivalent form

$$L^2-4\pi A+2\omega_c^+A+cA^2 \geqslant (A_\rho^cL-L_\rho^cA)^2/(A_\rho^c)^2 \quad (64)$$

which in turn yields the general isoperimetric inequality

$$L^2 \geqslant 4\pi A-2\omega_c^+A-cA^2 \quad (65)$$

When $c=0$, (65) reduces to (62), while when $K\leqslant M$ and $c=M$, (65) reduces to (36).

Ⅱ. History

A. Plane curves. It is peculiarly appropriate to the strange history of the circle of ideas discussed here, that the first Bonnesen-style inequality should have been proved not by Bonnesen, but by F. Bernstein in 1905, and that, furthermore, Bernstein started by considering curves on the sphere, and then obtained a "Bonnesen inequality" for plane curves as a limiting case. Thus, the first inequality proved by Bernstein was of the form given in Theorem 6

$$L^2 - 4\pi A + MA^2 \geqslant B \tag{66}$$

where

$$M = \alpha^2 = \frac{1}{t^2}$$

is the constant curvature of a sphere of radius t. Bernstein considered convex curves on the sphere, and the width d of the narrowest circular annulus on the sphere containing the curve. He then proved (66) with the value

$$B = (2tg(t))^2(2\pi + g(t)^2);\ g(t) = \sin\frac{d}{4(1+2\pi)t} \tag{67}$$

Since $B \geqslant 0$, with equality only if $d = 0$, this gives the isoperimetric inequality for convex curves on a sphere, with equality only for a circle. Then, since

$$\lim_{t \to \infty} B(t) = \frac{\pi}{2(1+2\pi)^2}d^2$$

it follows from (66) that for plane convex curves

$$L^2 - 4\pi A \geqslant \frac{\pi}{2(1+2\pi)^2}d^2 \tag{68}$$

In other words, this is precisely Bonnesen's inequality (33), but with a weaker constant. In his first paper in 1921, Bonnesen gave a different proof of this inequality, improving the constant to π^2, and still later, in 1924, he obtained the constant 4π, which he showed by an example was the best possible.

Of the various inequalities in Theorems 1 — 4, the first one to be stated explicitly was (14), proved

by Liebmann in 1919 (p. 289 — 290) for convex curves in the plane. This inequality was also given by Bonnesen in 1921, and an equivalent one appears in Chisini. However, none of these authors noticed the equivalent "Bonnesen forms" (11) — (13) until Bonnesen himself in 1926 gave (11). What Bonnesen did in his first paper was to prove (14) and (19), and use them to derive the Bonnesen inequality (21).

All of these results were for convex curves only, and the extension to non-convex curves required essentially new methods.

The first results are due to Erhard Schmidt in 1939. Using analytic rather than geometric methods, he derives several Bonnesen-type inequalities for plane domains bounded by an arbitrary rectifiable Jordan curve ([68, p. 690 — 694]). He does not, however, obtain the inequalities of Theorems 1 and 2 above. The first method to succeed here was integral geometry. The book of Blaschke (p. 26) gives a proof of (11) and (16) for convex curves, due to Santaló. Also using integral geometry, Hadwiger in 1941 [41] obtained results equivalent to inequalities (15) and (20) for arbitrary rectifiable Jordan curves. He does not appear to notice the connections with Bonnesen inequalities, however, until a later paper [42], where he derives the inequalities (12)(13)(17)(18)(22) and (23), but only for convex domains.

In the meanwhile, in the same volume of the journal that contains the first of Hadwiger's papers, there appeared a fundamental paper of Fiala. In it Fiala develops another method for proving Bonnesen inequalities for non-convex curves. That is the method of interior parallels, and, except for the proof of Theorem 3 above, it is the method used here. Fiala's principal focus is on obtaining isoperimetric inequalities on curved surfaces (see Section B below), but his paper applies in particular to the plane and is the first to give explicitly (on p. 336) (11) and (14) for non-convex curves. His proof is for analytic Jordan curves. One could then obtain the result for more general curves by approximation.

Returning to the integral geometry approach, this was developed in a whole series of papers by Santaló, starting around 1935. For detailed references, and for further proofs of Bonnesen inequalities, see his two books: [65, p. 38—42] and [66, p. 119 — 124]. Let us note here that a proof of Bonnesen's inequalities for non-convex curves can be obtained by combining Lemma 2 above with Scherk's observation that the argument used in a paper by Santaló [63] actually gives inequality (15).

Into this picture, although apparently unaware

of any part of it, stepped Besicovitch in 1949. Making the normalization $\rho=1$, he gives a proof of (14) for arbitrary Jordan curves; and furthermore, he gives the first characterization of those curves for which equality holds in (14).

To Fejes-Tóth in 1950, we owe the observation that by working with polygons one can drop the machinery of integral geometry and give direct elementary proofs of the formulas needed to prove Bonnesen's inequalities. It is his argument that we have given above in the proof of Theorem 3.

Meanwhile, not much progress had been made since Fiala in the use of interior parallels. A paper by Bol in 1941 gives a careful discussion of the method for convex curves, and proves the inequality $L'(r)\leqslant 2\pi$. He combines this with (32) to prove the standard isoperimetric inequality, but he does not observe that it also has the consequence (31), which, combined with (32), yields the stronger Bonnesen inequality.

The problem in dealing with curves that are neither convex nor polygons nor analytic is that the behavior of the inner parallels becomes quite difficult to describe. A paper of Sz.-Nagy finds an ingenious way of avoiding the whole problem of the rectifiability of the parallel curves C_r. He works directly with the area function $F(r)$ defined in Lemma 9, which is a monotone function, and shows that its right and left derivates at each point satisfy the same inequality (31) as $L(r)$, and $F(r)+\pi r^2$ is a concave function for $0\leqslant r\leqslant\rho$. Since $F(0)=0$, $F(\rho)=A$, and $F'_+(0)\leqslant L$, it follows that $F(r)+\pi r^2$ lies below the straight line through the origin with slope L, and hence $F(\rho)+\pi\rho^2\leqslant L_\rho$, which is (14). The proof of these facts is given first for regions formed by unions of circles, and then in great generality by an approximation argument.

A complete discussion of the parallel curves themselves, and the function $L(r)$, was given by Hartman in 1964. He points out that $L(r)$ need not be continuous if one leaves the class of analytic curves. For example, consider the polygonal domain consisting of the union of a 1×2 rectangle and a 2×2 square with the smaller side of the rectangle placed against the middle of the square. For $r=\frac{1}{2}$, the function $L(r)$ has a jump discontinuity. The same is true for the C^∞ curve obtained by rounding out the corners of this domain. However, Hartman is able to show that except for a set of measure zero in $[0,\rho]$, the curves C_r are piecewise smooth, and the function $L(r)$ is well defined and continuously differentiable. Furthermore, (31) and (32) both hold. Then (14) is an immediate consequence, and also the Bonnesen inequalities (11) — (13).

More recently, using analytic methods

reminiscent of those of Schmidt [68], Benson [13, 14] has derived several Bonnesen-type inequalities for rectifiable Jordan curves.

B. Domains on surfaces The first result in the direction of the inequalities discussed in Part I, Section B came from an unexpected direction. Using complex variable techniques, Carleman in 1921 proved that the inequality $L^2 \geqslant 4\pi A$ is valid for simply connected minimal surfaces, with equality only if the surface lies in a plane, and the domain is a circular disk. His method was generalized in 1933 by Beckenbach and Radó. Using potential theory they showed that Carleman's result was true not only for minimal surfaces, but for all surfaces satisfying $K \leqslant 0$. Thus they obtained the Corollary to Theorem 5.

For the case of positively curved surfaces, the only results known were for the sphere. There, as we have already noted, Bernstein had proved the first Bonnesen-type inequality (66). Bonnesen gave an improved version of this inequality, with

$$B = \left(2\pi t \tan \frac{d}{2t}\right)^2 \tag{69}$$

on a sphere of radius t (See [22, p. 80—82]). Using this expression for B in (66), and letting $t \to \infty$, gives the inequality (33), with the constant π^2 instead of 4π.

Extending his previous work on Euclidean space

[68] Erhard Schmidt in 1940 ([70, p. 745]) proved inequality (39) for curves on a sphere, where $\hat{L}$ and $\hat{A}$ are the length and area of the circle on the sphere having the same breadth as the original curve (in some direction). In a previous paper ([69, p. 209]), he obtained the same result for the hyperbolic plane, and he thus deduces the isoperimetric inequality (36) for all constant curvature surfaces.

Santaló in 1942 [61] derived (41) for a convex curve on a sphere, where $\hat{L}$ and $\hat{A}$ are the length and area of either the inscribed or circumscribed circles. The following year [62] he showed that (40) holds in the hyperbolic plane, where again $\hat{L}$ and $\hat{A}$ may be chosen to correspond to either the inscribed or circumscribed circle. He also obtains a number of other Bonnesen-type inequalities for the case of constant negative curvature. Still later, in 1949, he derived an inequality for convex domains on surfaces of variable curvature ([64], p. 373) which in the case of constant curvature reduces to (39).

The first proof of the isoperimetric inequality (36) for surfaces of variable curvature appears to be due to Bol in 1941 (p. 230). In fact, using the method of interior parallels he proves (58) and (59), a key step toward proving the stronger inequality (57), but he misses the comparison argument of Lemma 8, which is the final step. That was carried out much later by Ionin in 1969, using

the same basic ideas, but in the context of the Alexandroff theory, to be discussed below (See also Burago [26]①).

A number of quite different proofs have been given for the inequality (36). Schmidt [71] gives a purely analytic proof for a special class of metrics. Karcher ([51, p. 93]) gives a geometric argument via Alexandroff angle comparison theorems, in the case of convex curves. Recently Aubin [7] has obtained a proof that holds in great generality.

Chavel and Feldman [31] obtain a semi-Bonnesen version of (36) in the form $L^2 - 4\pi A + MA^2 \geqslant B$, where B can vanish only if $K \equiv M$. However, they must then quote the result in the constant curvature case that equality can hold only for a geodesic disk.

---

① Professor Burago has pointed out that inequalities (2) and (9) of his paper are not correct in general, and should be replaced by

$$F(t) \leqslant \sup_{0 \leqslant t' \leqslant t} \psi(t', L, \omega_K^+ + KF - 2\pi\chi, K) \qquad (2')$$

$$F(t) \leqslant \sup_{0 \leqslant t' \leqslant t} \psi(t', F'(0), A, K) \qquad (9')$$

In our notation, the result is $F(r) \leqslant \max\limits_{0 \leqslant t' \leqslant t} H(t')$. Inequality (39) (or (57)) is equivalent to $A = F(\rho) \leqslant H(\rho)$, and we have shown that to be true if $M \leqslant 0$, or if $M = \alpha^2$, $\alpha > 0$, and $\rho < \pi/\alpha$. In the remaining case, when $\rho \geqslant \pi/\alpha$, Burago's result is $A \leqslant H(t_0) = \max\limits_{0 \leqslant t \leqslant \rho} H(t)$. Using the explicit expression (55) for $H(t)$, one obtains the following supplement to Theorem 6: under the same hypotheses, but with the assumption $MA \geqslant 4\pi$, inequalities (38)—(41) still hold, with $\hat{L} = L_r^M$ and $\hat{A} = A_r^M$, for a suitable value of r; namely, $r = \rho$ if $\rho \leqslant \pi/\alpha$, and $r = (1/\alpha)\cot^{-1}[(2\pi - MA)/\alpha L]$ if $\rho > \pi/\alpha$, where $M = \alpha^2$, $\alpha > 0$.

(It was, in fact, this inequality of Chavel and Feldman that sparked the search for a true Bonnesen inequality on arbitrary curved surfaces, leading eventually to the formulation given in Theorem 6 above.)

Theorem 7 and its corollary were first proved by Fiala in 1941 (p. 336) under the hypothesis that the curve and the metric are analytic. He also assumes $K \geqslant 0$, but makes no essential use of the assumption. His proof is the one given here.

Bol proves the corollary to Theorem 7 under less restrictive hypotheses. It is later proved under very weak hypotheses by A. Huber [47], using potential-theoretic methods, and by Aleksandroff (Alexandrow) and Strel'tsov [3 — 4] using the Aleksandroff theory. Finally, Burago and Zalgaller give a complete proof of Theorem 7, including a characterization of domains where equality holds.

The method of these authors is the theory of "two-dimensional manifolds of bounded curvature" due to Aleksandroff. (See Aleksandroff and Zalgaller) This method permits one to prove isoperimetric inequalities under very general conditions, allowing singularities in the metric, which are sometimes necessary to characterize cases of equality. In the first application of the method, Aleksandroff in 1945 [1] proves the isoperimetric inequality (36). Later, in the papers of Aleksandroff

and Strel'tsov referred to above, (62) is proved, and it is shown that equality holds if and only if the domain is a right circular cone having the given boundary length and area. (The total curvature ω^+ is then concentrated at the vertex.) By rounding off the cone at the vertex it follows that (62) cannot be improved even for smooth metrics, although in that case equality cannot hold unless $\omega^+=0$. The more general inequality of the form (65) is considered by Aleksandroff ([2], p. 514), and finally inequality (65) together with its stronger Bonnesen version (63) is proved by Ionin.

For a different treatment of these inequalities, together with applications, see recent papers by Bandle.

Lemma 7 is proved in the case $c<0$ and applied in a different manner to the study of isoperimetric inequalities on minimal surfaces in recent work of Feinberg.

Finally we note that a paper by Huber [48] compares the geometric approach of Aleksandroff theory with his own potential-theoretic approach, and shows the essential overlap in the class of surfaces treated by the two methods.

Ⅲ. A. Amplifications

A natural question, given the plethora of Bonnesen inequalities, is whether certain of them are quantitatively superior to the others. We shall examine Lemma 1 in this context.

Let us note first that in proving Lemma 1 the idea is to reduce each of the inequalities to (9). In particular, (8) follows from the identity

$$(L-2\pi r)^2-\left(L-\frac{2A}{r}\right)^2$$

$$=\frac{4}{r}(rL-A-\pi r^2)\left(\frac{A}{r}-\pi r\right) \qquad (70)$$

To see which of the inequalities (3)(4)(5) is best, we must consider two cases.

Case 1

$$\pi r^2 \leqslant A$$

Then from (70) we have

$$(L-2\pi r)^2 \geqslant \left(L-\frac{2A}{r}\right)^2$$

while from (6)

$$L-2\pi r > \frac{A}{r}-\pi r \geqslant 0$$

so that

$$(L-2\pi r)^2 > \left(\frac{A}{r}-\pi r\right)^2$$

Thus, for those values of r, inequality (3) is stronger than (4) and (5).

Case 2

$$\pi r^2 > A$$

Then it follows from (70) that

$$\left(L-\frac{2A}{r}\right)^2 \geqslant (L-2\pi r)^2$$

and from (7) that

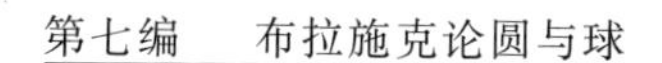

$$L-\frac{2A}{r}\geqslant\pi r-\frac{A}{r}\geqslant 0 \tag{71}$$

Hence

$$\left(L-\frac{2A}{r}\right)^2\geqslant\left(\pi r-\frac{A}{r}\right)^2$$

and for these values of r, inequality (5) is best of the three. Since in particular

$$\pi\rho^2\leqslant A\leqslant\pi R^2$$

it follows that of the six inequalities, (11) — (13), (16) — (18), the strongest numerically must be either (11) or (18). Which one of these is better depends on the particular example.

Next we note that although our orientation has been toward isoperimetric inequalities, the results of the theorems presented here can also be viewed from a broader viewpoint as constraints on the four quantities, L, A, ρ, R, in order for them to represent the length, area, inradius, and circumradius of a domain. In fact, we have restricted our attention to simply connected domains, and one can consider also the connectivity k (or equivalently the Euler characteristic $\chi=2-k$, in the case of genus zero) of the domain as another parameter. Then the inequalities of Theorems 2, 3, and 4 provide bounds for any of these quantities when the others are given. For example, fixing L and A, we get a lower bound on the inradius and an upper bound on the circumradius from (15) and (20). For a discussion of these and related results from this point of view, see Bonnesen and Fenchel (p. 75－85).

One consequence of (71) is the simple inequality

$$\frac{L}{A} \geqslant \frac{2}{R} \tag{72}$$

In the case of *convex* domains one has a companion inequality

$$\frac{L}{A} \leqslant \frac{2}{\rho} \tag{73}$$

where equality holds for a class of domains circumscribed around a circle (see Bonnesen and Fenchel, p. 82, or Singmaster).

An immediate consequence of (14) is

$$\frac{L}{A} > \frac{1}{\rho} \tag{74}$$

for arbitrary simply connected plane domains. The weak inequality

$$\frac{L}{A} \geqslant \frac{1}{\rho} \tag{75}$$

holds for doubly connected domains, and more generally, the inequality

$$\frac{L}{A} \geqslant \frac{2}{k} \frac{1}{\rho} \tag{76}$$

for plane domains of connectivity k was proved recently by Osserman.

Furthermore, (75) holds for simply connected domains on an arbitrary surface, provided $\omega^+ \leqslant 2\pi$, by virtue of (60).

For negatively curved surfaces, there are a number of analogous results. We collect them in the form of a theorem.

THEOREM 8 *Let D be a domain on a surface S whose Gauss curvature satisfies $K \leqslant -\alpha^2$, $\alpha > 0$. Then*

(a) *If D is simply connected or doubly connected, or if S is simply connected and D is arbitrary, then*

$$\frac{L}{A} \geqslant \alpha \tag{77}$$

(b) *If D is simply connected, then*

$$\frac{L}{A} > \alpha \coth \alpha\rho > \alpha \tag{78}$$

(c) *If D is arbitrary and S is complete and simply connected, then*

$$\frac{L}{A} \geqslant \alpha \coth \alpha R > \alpha \tag{79}$$

(d) *Inequality (77) does not hold without some restriction on the topology of D or S.*

PROOF (a) The isoperimetric inequality (36) gives

$$L^2 \geqslant 4\pi A + \alpha^2 A^2 > \alpha^2 A^2$$

for simply connected domains with $K \leqslant -\alpha^2$, so that (77) holds in that case. If S is simply connected and D is an arbitrary subdomain, then $D \subset D'$, where D' is a simply connected subdomain bounded by a single boundary curve of D. Since (77) holds for D', it holds a fortiori for D. Finally, if D is doubly connected, we use an extension of (36) to domains of Euler characteristic χ

$$L^2 \geqslant 4\pi\chi A + \alpha^2 A^2 \tag{80}$$

(see Ionin, Theorem 3). Since $\chi = 0$ for doubly connected domains, (77) follows.

(b) By Theorem 6, for simply connected domains the Bonnesen-style inequality (39) holds with

$$\hat{L} = L_\rho^M = 2\pi \frac{\sinh \alpha\rho}{\alpha}, \hat{A} = A_\rho^M = 4\pi \frac{\sinh^2 \frac{1}{2}\alpha\rho}{\alpha^2}$$

Thus (39) becomes

$$L \geqslant A\alpha \coth \alpha\rho + \frac{2\pi}{\alpha}\tanh \frac{\alpha\rho}{2} \tag{81}$$

and (78) follows.

(c) Using an argument of Yau (p. 498), the distance function from a fixed point on a complete simply connected surface S on which $K \leqslant -\alpha^2 < 0$ satisfies

$$\Delta r \geqslant \alpha \coth \alpha r \tag{82}$$

Choosing the fixed point to be the center of the circumscribed circle around D, one has $r \leqslant R$ on D and hence $\Delta r \geqslant \alpha \coth \alpha R$. Integrating over D and applying the divergence theorem yields (79).

(d) If S is an arbitrary compact surface of genus $g \geqslant 2$, then there exists a metric of constant negative curvature on S. Choosing D to be the complement of an arbitrarily small disk on S, the left-hand side of (77) can be made arbitrarily close

to zero.

B. Applications There have been many applications of isoperimetric inequalities to other problems. For older results, see for example Pólya and Szegö. Some recent examples can be found in Aubin, Bandle [8—10], Chavel and Feldman [31], Cheng [34], Kohler-Jobin, Payne, and Yau.

One of the most basic recent results is that of Cheeger relating the first eigenvalue λ_1 of the Laplacian on a manifold to certain isoperimetric constants. For a domain D on a two-dimensional surface, Cheeger considers the quantity

$$h=\inf_{D'\in F}\frac{L'}{A'} \tag{83}$$

where F is the family of relatively compact subdomains of D, and L', A' are the boundary length and area of the subdomain D'. Cheeger's result is the inequality

$$\lambda_1(D)\geqslant\frac{1}{4}h^2 \tag{84}$$

It follows immediately from Theorem 8(a) that if S is a simply connected surface with $K\leqslant-\alpha^2<0$, then for any domain D on S

$$\lambda_1(D)\geqslant\frac{\alpha^2}{4} \tag{85}$$

If one defines

$$\lambda_1(S)=\inf_{D\subset S}\lambda_1(D)$$

it follows that

$$\lambda_1(S) \geqslant \frac{\alpha^2}{4} \tag{86}$$

This is a result of McKean. This inequality is sharp, with equality if $K \equiv -\alpha^2$, and S is complete. (See McKean, or (107) below.)

An interesting corollary of the above derivation of Mckean's theorem is that it shows that the constant 1/4 in Cheeger's inequality (84) cannot be improved. Namely, if S is the hyperbolic plane, then $\lambda_1(S) = \frac{1}{4}$, and given $\varepsilon > 0$, any sufficiently large domain D satisfies $\lambda_1(D) < \frac{1}{4} + \varepsilon$. But by the isoperimetric inequality in the hyperbolic plane (or by Theorem 8(a)), $L \geqslant A$ for every subdomain of D, and hence $h \geqslant 1$. Thus

$$\frac{\lambda_1(D)}{h^2} < \frac{1}{4} + \varepsilon$$

A corresponding statement (in even stronger form) has been obtained recently for compact surfaces by Buser.

Using Theorem 8(b) and 8(c), one obtains sharper forms of (85).

THEOREM 9 *Let S be a complete simply connected surface with $K \leqslant -\alpha^2$, $\alpha > 0$. Then for any domain $D \subset S$, if R is its circumradius*

$$\lambda_1(D) - \frac{\alpha^2}{4} \geqslant \frac{\alpha^2}{4} \operatorname{csch}^2 \alpha R \tag{87}$$

If D is simply connected and ρ is its inradius, then

one has the stronger inequality

$$\lambda_1(D)-\frac{\alpha^2}{4}\geqslant\frac{\alpha^2}{4}\operatorname{csch}^2\alpha\rho \qquad (88)$$

COROLLARY *For simply connected domains D in the hyperbolic plane, in order for $\lambda_1(D)$ to be arbitrarily close to its lower limit 1/4, D must contain an arbitrarily large geodesic disk.*

PROOF Inequality (87) follows immediately from (79)(83)(84), since for any subdomain D' of D, its circumradius R' satisfies $R'\leqslant R$, $\coth R'\geqslant\coth \alpha R$. To prove (88), one needs (78), together with the observation that, when D is simply connected, it is sufficient to restrict the family F in (83) to simply connected subdomains (see Osserman).

The analog of the Corollary for plane domains was first proved by Hayman. Note that, as $\alpha\to 0$, (88) tends to

$$\lambda_1 D\geqslant\frac{1}{4\rho^2} \qquad (89)$$

This inequality is in fact valid for simply connected plane domains, and is proved by the method of Theorem 9, using (74). In fact, each case where one of the inequalities (74)—(79) holds yields a corresponding bound on λ_1 (see Osserman). Using a different argument, Hayman obtained an inequality of the form (89) with a much smaller constant on the right.

As a further comment, let us note that for (85)

to hold it is not sufficient to assume that $K \leqslant -\alpha^2$, without some restriction on the topology of D or the containing surface S. Namely, given an arbitrary compact surface S of genus greater than one, there exists a metric of constant negative curvature -1 on S. For any point $p \in S$ and any $\varepsilon > 0$, let D_ε be the closed geodesic disk of radius ε centered at p, and let D'_ε be the complement of D_ε. Then $\lim\limits_{\varepsilon \to 0} \lambda_1(D'_\varepsilon) = 0$. (See Chavel-Feldman [32])

We conclude this section with two theorems adapted from recent work of Pinsky. Although not directly related to Bonnesen inequalities, they provide interesting counterparts to Cheeger's Theorem and Theorem 9.

The point of Cheeger's Theorem is that if the inequality

$$L \geqslant hA$$

holds for a suitable class of subdomains of a given domain D, then one has the lower bound

$$\lambda_1(D) \geqslant \frac{1}{4} h^2$$

The following result goes in the other direction.

THEOREM 10 *Let S be a complete simply connected surface such that there exist global geodesic coordinates centered at some point p. (For example, if $K \leqslant 0$ on S.) Let D_ρ be the geodesic disk of radius ρ with center at p; let A_ρ be the area of D_ρ, and L_ρ the length of its boundary. Suppose*

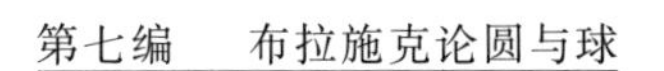

$$\frac{d^2}{d\rho^2}L_\rho \leqslant H\frac{d^2}{d\rho^2}A_\rho,\ \rho_0 \leqslant \rho \leqslant \rho_1 \tag{90}$$

for some constant H. *Then*

$$\lambda_1(D_{\rho_1}) \leqslant \frac{H^2}{4} + \left(\frac{\pi}{\rho_1 - \rho_0}\right)^2 \tag{91}$$

COROLLARY *If under the same hypotheses*, (90) *holds for all* $\rho \geqslant \rho_0 > 0$ *then*

$$\lambda_1(S) \leqslant \frac{H^2}{4} \tag{92}$$

PROOF Let

$$F(\rho) = e^{\frac{-H}{2}\rho}\sin \pi\frac{\rho - \rho_0}{\rho_1 - \rho_0},\ \rho_0 \leqslant \rho \leqslant \rho_1$$

F satisfies

$$F''(\rho) + HF'(\rho) + cF(\rho) = 0 \tag{93}$$

with

$$c = \left(\frac{H}{2}\right)^2 + \left(\frac{\pi}{\rho_1 - \rho_0}\right)^2 \tag{94}$$

Denoting L_ρ by L, $F(\rho)$ by F, we multiply (93) by LF and add $L'FF'$ to both sides, giving

$$LFF'' + L'FF' + cLF^2 = (L' - HL)FF'$$

or

$$\frac{d}{d\rho}(LFF') - L(F')^2 + cLF^2$$

$$= \frac{1}{2}\frac{d}{d\rho}[(L' - HL)F^2] - \frac{1}{2}(L'' - HL')F^2 \tag{95}$$

Since

$$L_\rho = \frac{d}{d\rho}A_\rho \tag{96}$$

(90) is equivalent to $L'' \leqslant HL'$. Using this in the last term of (95), integrating from ρ_0 to ρ_1, and

noting that $F(\rho_0)=F(\rho_1)=0$, we find

$$\int_{\rho_0}^{\rho_1} L_\rho [F'(\rho)]^2 \mathrm{d}\rho \leqslant c\int_{\rho_0}^{\rho_1} L_\rho [F(\rho)]^2 \mathrm{d}\rho$$

or

$$\int_0^{2\pi}\int_{\rho_1}^{\rho} |\nabla F|^2 \sqrt{g}(\rho, \theta)\mathrm{d}\rho\mathrm{d}\theta \leqslant$$

$$c\int_0^{2\pi}\int_{\rho_0}^{\rho_1} F^2 \sqrt{g}(\rho, \theta)\mathrm{d}\rho\mathrm{d}\theta \tag{97}$$

since

$$L(\rho)=\int_0^{2\pi}\sqrt{g}(\rho, \theta)\mathrm{d}\theta \tag{98}$$

in terms of the geodesic polar coordinates, $\mathrm{d}s^2 = \mathrm{d}\rho^2 + g(\rho, \theta)\mathrm{d}\theta^2$. But if we denote by $D_{0,1}$ the domain $\rho_0 < \rho < \rho_1$, and by Φ the family of smooth functions in $D_{0,1}$ vanishing on the boundary, then

$$\lambda_1(S) \leqslant \lambda_1(D_{\rho_1}) \leqslant \lambda_1(D_{0,1})$$

$$=\inf_{\substack{\phi\in\Phi\\ \phi\neq 0}}\left(\int_{D_{0,1}}\int |\nabla\phi|^2 \mathrm{d}A\right)\Big/\left(\int_{D_{0,1}}\int \phi^2 \mathrm{d}A\right)$$

$$\leqslant \left(\int_{D_{0,1}}\int |\nabla F|^2 \mathrm{d}A\right)\Big/\left(\int_{D_{0,1}}\int F^2 \mathrm{d}A\right)$$

$$\leqslant c=\left(\frac{H}{2}\right)^2+\left(\frac{\pi}{\rho_1-\rho_0}\right)^2$$

by (94) and (97). This proves (91), and letting $\rho_1 \to \infty$, also (92).

REMARK There are several alternative forms for the hypothesis (90) of Theorem 10. First of all, by (96), one can write (90) in the form

$$\frac{\mathrm{d}^2}{\mathrm{d}\rho^2}L_\rho \leqslant H\frac{\mathrm{d}}{\mathrm{d}\rho}L_\rho \tag{99}$$

Next, if we introduce the total curvature ω_ρ of D_ρ,

we have by (34) and (98) that

$$\begin{aligned}\omega_\rho &= \int_{D_\rho}\int K\mathrm{d}A = \int_0^{2\pi}\int_0^\rho K\sqrt{g}(r,\ \theta)\mathrm{d}r\mathrm{d}\theta \\ &= -\int_0^{2\pi}\int_0^\rho \frac{\partial^2}{\partial r^2}\sqrt{g}(r,\ \theta)\mathrm{d}r\mathrm{d}\theta \\ &= 2\pi - \int_0^{2\pi}\frac{\partial}{\partial r}\sqrt{g}(r,\ \theta)\mathrm{d}\theta \\ &= 2\pi - \frac{\mathrm{d}}{\mathrm{d}\rho}L_\rho\end{aligned}$$

It follows that if $\omega_\rho < 2\pi$ (and in particular, if $K \leqslant 0$ on S) then (99) is equivalent to a growth condition on ω_ρ: specifically, a bound on the logarithmic derivative

$$\frac{\mathrm{d}}{\mathrm{d}\rho}\log(2\pi - \omega_\rho) \leqslant H \tag{100}$$

Next, we give a counterpart of Theorem 9 involving curvature bounds.

THEOREM 11 *Let S be a simply connected complete surface with* $K \leqslant 0$ *everywhere. Let* D_ρ *be a geodesic disk of radius* ρ, *and* D'_ρ *the complement of* D_ρ. *If*

$$\alpha^2 = \inf_{D_\rho}(-K),\ \beta^2 = \sup_{D_\rho}(-K),\ 0 < \alpha \leqslant \beta \tag{101}$$

then

$$\lambda_1(D_\rho) \leqslant \left(\frac{\beta^2}{2\alpha\coth\alpha\rho}\right)^2 + \left(\frac{\pi}{\rho}\right)^2 \tag{102}$$

If

$$\alpha^2 = \inf_{D'_\rho}(-K),\ \beta^2 = \sup_{D'_\rho}(-K),\ 0 < \alpha \leqslant \beta \tag{103}$$

then for $0<\varepsilon<\alpha$, *there exists* $\rho_0 \geqslant \rho$ *such that for all* $\rho_1 > \rho_0$

$$\lambda_1(D'_\rho) \leqslant \lambda_1(D_{0,1}) \leqslant \left(\frac{\beta^2}{2(\alpha-\varepsilon)}\right)^2 + \left(\frac{\pi}{\rho_1-\rho_0}\right)^2 \tag{104}$$

when $D_{0,1}$ *is the geodesic annulus*, $\rho_0 < \rho < \rho_1$.

COROLLARY 1 *If S is simply connected, complete, with* $K \leqslant 0$ *everywhere and if*

$$0<\alpha^2 \leqslant -K \leqslant \beta^2 \tag{105}$$

outside of some compact set, then

$$\lambda_1(S) \leqslant \frac{\beta^4}{4\alpha^2} \tag{106}$$

COROLLARY 2 *If under the same hypotheses*, $K \to -\alpha^2 < 0$ *at infinity, then*

$$\lambda_1(S) \leqslant \frac{\alpha^2}{4} \tag{107}$$

PROOF OF THEOREM 11 Since $K \leqslant -\alpha^2$ in D_ρ, we may apply the comparison argument of Lemma 7, and by (49) combined with the first inequality in (48)

$$\frac{\partial}{\partial r}\sqrt{g}(r,\theta) \geqslant (\alpha \coth \alpha r)\sqrt{g}(r,\theta),\ 0<r<\rho$$

By (98)

$$\frac{\mathrm{d}}{\mathrm{d}r}L_r \geqslant (\alpha \coth \alpha r)L_r \geqslant (\alpha \coth \alpha\rho)L_r,\ 0<r<\rho$$

Then, since

$$\frac{\frac{\partial^2}{\partial r^2}\sqrt{g}(r,\theta)}{\sqrt{g}(r,\theta)} = -K \leqslant \beta^2,\ 0<r<\rho$$

we have

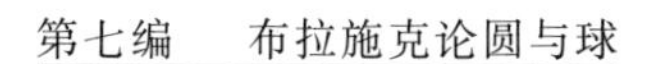

$$\frac{\mathrm{d}^2 L_r}{\mathrm{d}r^2} \leqslant \beta^2 L_r \leqslant \frac{\beta^2}{\alpha\coth\alpha\rho}\frac{\mathrm{d}}{\mathrm{d}r}L_r$$

Thus (99) is satisfied, with

$$H = \frac{\beta^2}{\alpha\coth\alpha\rho}$$

Using Theorem 10 with this value of H and letting $\rho_0 \to 0$ in (91) yields (102).

The proof of (104) is similar, but somewhat more delicate.

Fix θ, and let $f(r) = \sqrt{g}(r,\theta)$. Then, as in the proof of Lemma 5, the fact that $K \leqslant 0$ implies $f'(r) \geqslant 1$, $f(r) \geqslant r > 0$ for $r > 0$. Let $f(\rho) = a$, $f'(\rho) = b$, and

$$h(r) = a\cosh\alpha(r-\rho) + \frac{b}{\alpha}\sinh\alpha(r-\rho)$$

Then $h(\rho) = a$, $h'(\rho) = b$, and $h(r) > h(\rho) > 0$ for $r > \rho$. The argument of Lemma 7 then gives $f(r) \geqslant h(r) > 0$ for $r \geqslant \rho$, and

$$\frac{f'(r)}{f(r)} \geqslant \frac{h'(r)}{h(r)} = \alpha\frac{\alpha a + b\coth\alpha(r-\rho)}{b + \alpha a\coth\alpha(r-\rho)} \to \alpha \text{ as } r \to \infty$$

Thus, for $0 < \varepsilon < \alpha$, we may choose $\rho_0 > \rho$ such that $f'(r) \geqslant (\alpha-\varepsilon)f(r)$ for $r \geqslant \rho_0$. The value of ρ_0 depends on θ, but its explicit dependence on the initial values $f(\rho)$, $f'(\rho)$ shows that it is continuous in θ, and a single ρ_0 may be chosen that works for all θ. Then integrating with respect to θ gives

$$\frac{\mathrm{d}}{\mathrm{d}r}L_r \geqslant (\alpha-\varepsilon)L_r,\ r \geqslant \rho$$

Then, as in the proof of (102), we have

$$\frac{d^2}{dr^2}L_r \leqslant \beta^2 L_r \leqslant \frac{\beta^2}{\alpha-\varepsilon}\frac{d}{dr}L_r, \ r \geqslant \rho_0$$

Thus (99) is satisfied, and a direct application of Theorem 10 gives (104).

Corollary 1 follows immediately, since for ρ sufficiently large, D_ρ includes the compact set outside of which (105) holds. Letting $\rho_1 \to \infty$ in (104) gives $\lambda_1(S) \leqslant (\beta^2/2(\alpha-\varepsilon))^2$, and letting $\varepsilon \to 0$ gives (106).

Corollary 2 follows directly from Corollary 1.

Cheng ([35], p. 290 and 294) has obtained an upper bound for $\lambda_1(D_\rho)$ using just the right half of (101). When $\beta=1$, his inequality is

$$\lambda_1(D_\rho) \leqslant \frac{1}{4} + 4\left(\frac{\pi}{\rho}\right)^2$$

Whether this or (102) is a better bound depends on the relationship of ρ and α. However the interest in Theorem 11 is much more in (104) and the corollaries, since they give an upper bound for λ_1 depending only on the curvature of the surface in a neighbourhood of infinity. More precisely, this is not quite true of (104), since changing the metric on, a compact set changes the entire geodesic coordinate system, including the functions $g(r, \theta)$ and L_r (In fact, the polar distance r itself depends on the metric near the origin). However, the formulation of the corollaries is independent of any system of coordinates and is independent of the metric on any compact set.

C. Higher dimensions If we denote by ω_n the volume of the unit ball in $\mathbf{R}^n$, then the ball of radius r will have volume

$$V_r = \omega_n r^n \tag{108}$$

and surface area

$$S_r = n\omega_n r^{n-1} \tag{109}$$

Thus

$$(S_r)^n = n^n \omega_n (V_r)^{n-1}$$

The statement that of all domains with given surface area S the maximum volume V is attained by the sphere translates into the isoperimetric inequality

$$S^n \geqslant n^n \omega_n V^{n-1} \tag{110}$$

or equivalently

$$\left(\frac{S}{S_r}\right)^n \geqslant \left(\frac{V}{V_r}\right)^{n-1} \tag{111}$$

for any $r > 0$. A Bonnesen inequality would be of the form

$$\left(\frac{S}{S_r}\right)^n - \left(\frac{V}{V_r}\right)^{n-1} \geqslant B \tag{112}$$

or

$$\left(\frac{S}{S_r}\right)^{\frac{n}{n-1}} - \frac{V}{V_r} \geqslant B' \tag{113}$$

where B and B' are non-negative and vanish only for a sphere.

Bonnesen himself proved several inequalities of the form (113) ([22, p. 135 and p. 144]), but he was not able to obtain direct generalizations of his two-dimensional results. This was done much later, first by Hadwiger [43] for $n = 3$, and then by

Dinghas for arbitrary n. Their result is

$$\left(\frac{S}{S_\rho}\right)^{\frac{n}{n-1}} - \frac{V}{V_\rho} \geqslant \left(\left(\frac{S}{S_\rho}\right)^{\frac{1}{n-1}} - 1\right)^n \tag{114}$$

for a convex domain D in $\mathbf{R}^n$ with inradius ρ. Since D includes a ball of radius ρ, one has $S \geqslant S_\rho$, with equality if and only if D coincides with the ball. Thus the right-hand side of (114) is non-negative, and (114) implies the isoperimetric inequality (111) together with the fact that equality holds only for a sphere. Using (114) together with the elementary inequality $a^k - b^k \geqslant (a-b)^k$ for $a \geqslant b \geqslant 0$, one finds (Hadwiger [44], p. 270)

$$\begin{aligned}\left(\frac{S}{S_\rho}\right)^n - \left(\frac{V}{V_\rho}\right)^{n-1} &= \left[\left(\frac{S}{S_\rho}\right)^{\frac{n}{n-1}}\right]^{n-1} - \left[\frac{V}{V_\rho}\right]^{n-1} \\ &\geqslant \left[\left(\frac{S}{S_\rho}\right)^{\frac{n}{n-1}} - \frac{V}{V_\rho}\right]^{n-1} \\ &\geqslant \left[\left(\frac{S}{S_\rho}\right)^{\frac{1}{n-1}} - 1\right]^{n(n-1)}\end{aligned}$$

or

$$\left(\frac{S}{S_\rho}\right)^n - \left(\frac{V}{V_\rho}\right)^{n-1} \geqslant \left[\left(\frac{S}{S_\rho}\right)^{\frac{1}{n-1}} - 1\right]^{n(n-1)} \tag{115}$$

a Bonnesen-style inequality of the form (112). Although, by its derivation, (115) is generally weaker than (114), for $n=2$ both inequalities reduce to Bonnesen's original inequality (11). One may ask if there is also an n-dimensional analog of (14). Recently, Wills conjectured that one should have

$$\rho S \geqslant V + (n-1)V_\rho \tag{116}$$

which for $n=2$ reduces to (14). It turns out that an even stronger result is true.

THEOREM 12 *Inequality* (114) *implies*

$$\rho S \geqslant V+(n-1)V_\rho\left(\frac{S}{S_\rho}\right)^{\frac{n-2}{n-1}} \tag{117}$$

COROLLARY 1 *Inequality* (116) *holds for convex bodies in* $\mathbf{R}^n$, *and for* $n\geqslant 3$, *equality holds only for the sphere.*

COROLLARY 2 *For convex bodies in* $\mathbf{R}^n$, $n\geqslant 2$, *one has*

$$\frac{S}{V}>\frac{1}{\rho} \tag{118}$$

COROLLARY 3 *Inequality* (114) *is not valid for arbitrary domains in* $\mathbf{R}^n$ *homeomorphic to a ball.*

PROOF OF COROLLARY 3 Starting with a sphere, and deforming it by a number of inward pointing spikes, one can change S and V by an arbitrarily small amount while making ρ arbitrarily small. Thus (118) cannot hold in general, and neither can (116) or (114) from which it is derived.

PROOF OF COROLLARY 1 Since $S\geqslant S_\rho$, with equality only for the sphere, (116) follows from (117), and strict inequality holds in (116) whenever $S>S_\rho$ and $n>2$.

PROOF OF THEOREM 12 We use the inequality

$$(1-x)^n\geqslant 1-nx+(n-1)x^2 \tag{119}$$

which holds for $x \leqslant 1$ and all positive integers n, as follows easily by induction on n. Setting

$$y=\left(\frac{S}{S_\rho}\right)^{\frac{1}{n-1}} \geqslant 1$$

(114) takes the form

$$\begin{aligned}\frac{V}{V_\rho} &\leqslant y^n-(y-1)^n=y^n\left[1-\left(1-\frac{1}{y}\right)^n\right]\\ &\leqslant n y^{n-1}-(n-1) y^{n-2}\\ &=n \frac{S}{S_\rho}-(n-1)\left(\frac{S}{S_\rho}\right)^{\frac{n-2}{n-1}}\end{aligned}$$

where we have used (119) with $x=1/y$. Substituting the values of V_ρ and S_ρ from (108) and (109) gives (117).

It may be worth noting that Schmidt proved an inequality similar to (116) ([68, p. 783])

$$rS \geqslant (n-1)V+V_r \qquad (120)$$

for a suitably defined r; the isoperimetric inequality (111) is a simple consequence, as one sees by replacing r in (120) by the value that maximizes $rS-V_r$. His paper thus contains a complete proof of the isoperimetric inequality for domains in $\mathbf{R}^n$. Schmidt went on to give analogous proofs in spaces of constant curvature, positive or negative, first for rotationally symmetric bodies ([69, 70]) and then in general, using symmetrization [72]. He also proves n-dimensional analogs of (39) for constant negative curvature ([69], p. 221) and constant positive curvature ([70], p. 780).

We also note that the method of Yau used in proving Theorem 8(c) above works equally in any number of dimensions and gives the inequality

$$\frac{S}{V} \geqslant (n-1)\alpha \coth \alpha R \tag{121}$$

for a domain D of circumradius R on a complete simply connected manifold M whose sectional curvature is bounded above by $-\alpha^2$, $\alpha > 0$. Since Cheeger's theorem is also valid for n-dimensional manifolds, it follows that under the same hypotheses

$$\lambda_1(D) \geqslant \frac{1}{4}[(n-1)\alpha \coth \alpha R]^2 > \frac{(n-1)^2\alpha^2}{4} \tag{122}$$

which implies the n-dimensional theorem of McKean.

Next, we apply (118) to extend (89) to higher dimensions.

THEOREM 13 *Let D be a convex body in $\mathbf{R}^n$, with inradius ρ. Then*

$$\lambda_1(D) \geqslant \frac{1}{4\rho^2} \tag{123}$$

PROOF Cheeger's proof of (84) needs the inequality

$$S' \geqslant hV' \tag{124}$$

only for subdomains D' of D bounded by level surfaces of the first eigenfunction of D. It follows immediately from recent work of Brascamp and Lieb ([24, Th. 1.13] or [25, Th. 6.1]) that if D is convex, then those subdomains D' are also convex. If ρ' is the inradius of D', then by (118)

$$\frac{S'}{V'} > \frac{1}{\rho'} > \frac{1}{\rho}$$

Thus (124) holds with $h = 1/\rho$, and (123) follows from Cheeger's Theorem.

There are several remarks to be made concerning Theorem 13.

First, it is sufficient to have weak inequality in (118), a result obtained earlier by Wills.

Second, an inequality like (123) but with a much weaker constant, depending on the dimension, was proved by Hayman. Hayman's proof works not only for convex domains, but for more general domains characterized as follows: given any point on the boundary of D and any sphere centered at that point, a "sufficiently large" part of the sphere lies outside of D. Hayman points out that some such restriction is necessary when $n > 2$, since an inequality like (123) cannot hold in general. In fact, starting with a sphere in $\mathbf{R}^n$, $n \geqslant 3$; and introducing a number of inward-pointing spikes, one can produce a domain D for which λ_1 is arbitrarily close to its value for the ball bounded by the original sphere but for which ρ can be made arbitrarily small.

Finally, we come to the extensions of Theorems 10 and 11. The proof of Theorem 10 goes

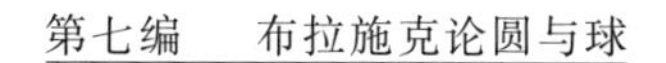

through unchanged in any number of dimensions. One may state the result as follows.

THEOREM 14 *Let M be a complete n-dimensional Riemannian manifold such that for some point p on M the exponential map at p is a diffeomorphism onto M. Let D_r be the geodesic ball of radius r with center at p; let $V(r)$ be the volume of D_r and $S(r)$ the $(n-1)$-dimensional measure of its boundary. Suppose there exists a constant H such that*

$$S''(r) \leqslant HV''(r), \quad r_0 \leqslant r \leqslant r_1 \tag{125}$$

or equivalently

$$S''(r) \leqslant HS'(r), \quad r_0 \leqslant r \leqslant r_1 \tag{126}$$

Then

$$\lambda_1(D_{r_1}) \leqslant \frac{H^2}{4} + \left(\frac{\pi}{r_1 - r_0}\right)^2 \tag{127}$$

COROLLARY *If* (125) *holds for all* $r \geqslant r_0$, *then*

$$\lambda_1(M) \leqslant \frac{H^2}{4} \tag{128}$$

In contrast to this, the proof of Theorem 11 does not generalize without going further afield from our central theme. We therefore conclude by referring once more to the paper of Cheng [35] for geometrically inspired bounds for λ_1 that hold in any number of dimensions.

Note (added Feb. 22, 1978). I should like to thank Yu. D. Burago for calling to my attention two additional papers of relevance to our discussion.

They are：

B. V. Dekster, An inequality of isoperimetric type for a domain in a Riemannian space, Mat. Sbornik 90 (1973) 258—274; English translation: Math. USSR Sbornik 19 (1973) 257—274.

V. I. Diskant, A generalization of Bonnesen's inequalities, Dokl. Akad. Nauk SSSR 213 (1973) 873—877; English translation: Soviet Math. Dokl. 14 (1973) 1728—1731.

Dekster proves, among other things, that the inequality (118) is valid for strictly convex domains on n-dimensional Riemannian manifolds of positive sectional curvature. Diskant gives a proof of Wills's conjecture (116) using an argument similar to the one given here. However, he does not get the stronger inequality (117).

Note (added in proof: July 14, 1978). Since this was written, Michael Gage has proved sharpened versions of Theorem 11 and its corollaries both in two and higher dimensions. (Ph. D. Thesis, Stanford University 1978) I should also like to thank Mr. Gage for a number of useful comments that have been incorporated in the present paper.

References

[1] A. D. Aleksandroff, Isoperimetric inequalities for curved surfaces, Comptes Rendus (Doklady) Acad. Sci. USSR, 47 (1945) 235—238.

[2] A. D. Aleksandroff (Alexandrow), Die innere Geometrie der konvexen Flächen, Akademie-Verlag, Berlin, 1955.

[3] A. D. Aleksandrow and V. V. Strel'tsov, Estimates of the length of a curve on a surface, Doklady Akad. Nauk USSR, 93 (1953) 221－224.

[4] A. D. Aleksandrow, The isoperimetric problem and estimates of the length of a curve on a surface, Proc. Steklov Inst. Math., no. 76 (1965); Eng. tr., AMS 1967, p. 81－99.

[5] A. D. Aleksandroff and V. A. Zalgaller, Two-dimensional manifolds of bounded curvature, Trudy Mat. Inst. Steklov, vol. 63 (1962); Eng. tr.: Intrinsic Geometry of Surfaces, Amer. Math. Soc., Providence, R. I., 1967.

[6] T. Aubin, Problèmes isopérimétriques et espaces de sobolev, C. R. Acad. Sci. Paris 280 (1975), Sér. A., 279－281.

[7] T. Aubiu, Problèmes isopérimétriques et espaces de Sobolev, J. Differential Geometry 11 (1976) 573－598.

[8] C. Bandle, Konstruktion isoperimetrischer Ungleichungen der mathematischen Physik aus solchen der Geometrie, Comment. Math. Helv., 46 (1971)182－213.

[9] C. Bandle, Extremaleigenschaften von Kreissektoren und Halbkugeln, Comment. Math. Helv., 46 (1971) 356－380.

[10] C. Bandle, A geometrical isoperimetric inequality and applications to problems of mathematical physics, Comment. Math. Helv., 49 (1974) 496—511.

[11] C. Bandle, On a differential inequality and its applications to geometry, Math. Z., 147 (1976) 253—261.

[12] E. F. Beckenbach and T. Radó, Subharmonic functions and surfaces of negative curvature, Trans. Amer. Math. Soc., 35 (1933) 662—674.

[13] D. C. Benson, Inequalities involving integrals of functions and their derivatives, J. Math. Anal. Appl., 17 (1967) 292—308.

[14] D. C. Benson, Sharpened form of the isoperimetric inequality, this MONTHLY, 77 (1970) 29—34.

[15] F. Bernstein, Über die isoperimetrische Eigenschaft des Kreises auf der Kugeloberfläche und in der Ebene, Math. Ann., 60 (1905) 117—136.

[16] A. S. Besicovitch, A variant of a classical isoperimetric problem, Quart. J. Math., Oxford Ser. 20 (1949) 84—94.

[17] W. Blaschke, Vorlesungen über Integralgeometrie, I. Teubner, Berlin, 1936—1937.

[18] G. Bol, Isoperimetrische Ungleichung für Bereiche auf Flächen, Jahresber, Deutsch.

Math. Ver., 51 (1941)219－257.

[19] T. Bonnesen, Über eine Verschärfung der isoperimetrischen Ungleichheit des Kreises in der Ebene und auf der Kugeloberfläche nebst einer Anwendung auf eine Minkowskische Ungleichheit für konvexe Körper, Math. Ann., 84 (1921) 216－227.

[20] T. Bonnesen, Über das isoperimetrische Defizit ebener Figuren, Math. Ann., 91 (1924), 252－268.

[21] T. Bonnesen, Quelques problèmes isopérimétriques, Acta Math. 48 (1926), 123－178.

[22] T. Bonnesen, Les problèmes des isopérimètres et des isépiphanes, Gauthier-Villars, Paris, 1929.

[23] T. Bonnesen and W. Fenchel, Theorie der konvexen Körper, Springer, Berlin, 1934. (Corrected reprint, Springer, 1974).

[24] H. J. Brascamp and E. H. Lieb, Some inequalities for Gaussian measures and the long-range order of one-dimensional plasma, in Functional Integration and Its Applications (A. M. Arthurs, ed.) Clarendon Press, Oxford, 1975, p. 1－14.

[25] H. J. Brascamp, On extensions of the Brunn-Minkowski and Prékopa-Leindler Theorems, including inequalities for log concave functions, and with an application to

the diffusion equation, J. Functional Analysis, 22 (1976) 366－389.

[26] Yu. D. Burago, Note on the isoperimetric inequality on two-dimensional surfaces, Siberian Math. J., 14 (1973), 666－668; Eng. tr., 463－465.

[27] Yu. D. Burago, Über eine Ungleichung von Cheeger, Math. Z., 158 (1978) 245－252.

[28] Yu. D. Burago and V. A. Zalgallar, Isoperimetric problems for regions on a surface having restricted width, Proc. Steklov Inst. Math. no. 76 (1965); Eng. tr., Amer. Math. Soc., Providence, R. I., 1967, p. 100－108.

[29] P. Buser, On the radius of injectivity on surfaces whose curvature is bounded above, Ukrain. Geometr. Sb., 21 (1978) 10－14 (Russian).

[30] T. Carleman, Zur Theorie der Minimalfächen, Math. Z., 9 (1921) 154－160.

[31] I. Chavel and E. Feldman, Isoperimetric inequalities on curved surfaces (to appear).

[32] I. Chavel and E. Feldman, Spectra of domains in compact manifolds (to appear).

[33] J. Cheeger, A lower bound for the smallest eigenvalue of the Laplacian, in Problems in Analysis, a Symposium in Honor of Salomon Bochner (Robert C. Gunning, ed.), Princeton University Press, Princeton, N. J.,

1970, p. 145－199.

[34] S.-Y. Cheng, Eigenfunctions and eigenvalues of Laplacian, in Proc. Symposia Pure Math., vol. 27, Amer. Math. Soc., Providence, R. I., 1975, p. 185－193.

[35] S.-Y. Cheng, Eigenvalue comparison theorems and its geometric applications, Math. Z., 143 (1975) 289－297.

[36] O. Chisini, Sulla teoria elementare degli isoperimetri, in Enriques' Questioni riguardanti le mathematiche elementari, Bologna, 1927, vol. 3, p. 201－310.

[37] A. Dinghas, Bemerkung zu einer Verschärfung der isoperimetrischen Ungleichung durch H. Hadwiger, Math. Nachr., 1 (1948) 284－286.

[38] J. Feinberg, The isoperimetric inequality for doubly-connected minimal surfaces in $\mathbf{R}^n$, Ph. D. thesis, Stanford University, 1976.

[39] L. Fejes-Tóth, Elementarer Beweis einer isoperimetrischen Ungleichung, Acta. Math. Acad. Sci. Hungaricae, 1 (1950) 273－275.

[40] F. Fiala, Le problème des isopérimètres sur les surfaces ouvertes à courbure positive, Comment. Math. Helv., 13 (1941), 293－346.

[41] H. Hadwiger, Überdeckung ebener Bereiche durch Kreise und Quadrate, Comment. Math. Helv., 13 (1941)195－200.

[42] H. Hadwiger, Gegenseitige Bedeckbarkeit zweier Eibereiche und Isoperimetrie, Vierteljahrsschrift der Naturforsch. Gesellschaft Zürich, 86 (1941) 152—156.

[43] H. Hadwiger, Die isoperimetrische Ungleichung im Raum, Elemente Math., 3 (1948) 25—38.

[44] H. Hadwiger, Vorlesungen über Inhalt Oberfläche und Isoperimetrie, Springer, Berlin, 1957.

[45] P. Hartman, Geodesic parallel coordinates in the large, Amer. J. Math., 86 (1964) 705—727.

[46] W. K. Hayman, Some bounds for principal frequency, Applicable Analysis, 7 (1978) 247—254.

[47] A. Huber, On the isoperimetric inequality on surfaces of variable Gaussian curvature, Ann. of Math., 60 (1954) 237—247.

[48] A. Huber, Zum potentialtheoretischen Aspekt der Alexandrowshen Flächentheorie, Comment. Math. Helv., 34 (1960) 99—126.

[49] V. K. Ionin, Isoperimetric and various other inequalities on a manifold of bounded curvature, Siberian Math. J., 10 (1969) 329—342; Eng. tr., p. 233—243.

[50] H. Karcher, Umkreise und Inkreise konvexer Kurven in der sphärischen und der hyperbolischen Geometrie, Math. Ann., 177 (1968) 122—132.

[51] H. Karcher, Anwendungen der Alexandrowschen Winkelvergleichssätze, Manuscripta Math., 2(1970)

77－102.

[52] M.-T. Kohler-Jobin, Démonstration de l'inégalité isopérimétrique $P\lambda^2 \geqslant \pi j_0^2/2$, conjecturé par Pólya et Szegö, C. R. Acad Sci. Paris 281 (1975), Sér. A., 119－121.

[53] M.-T. Kohler-Jobin, Une inégalité isopérimétrique entre la fréquence fondamentale d'une membrane inhomogène et l'énergie d'équilibre du problème de Poisson correspondant, C. R. Acad. Sci. Paris 283 (1976), Sér. A., 65－68.

[54] H. Liebmann, Das Frobeniussche Kappendreieck und die isoperimetrische Eigenschaft des Kreises, Math. Z., 4(1919) 288－294.

[55] H. P. McKean, An upper bound to the spectrum of Δ on a manifold of negative curvature, J. Differential Geometry, 4 (1970) 359－366.

[56] R. Osserman, A note on Hayman's Theorem on the bass note of a drum, Comment. Math. Helv. 52 (1977)545－555.

[57] L. Payne, Isoperimetric inequalities and their applications, SIAM Review, 9 (1967) 453－488.

[58] M. Pinsky, The spectrum of the Laplacian on a manifold of negative curvature, I, J. Differential Geometry 13 (1978) no. 1.

[59] G. Pólya and G. Szegö, Isoperimetric inequalities in Mathematical Physics, Annals of Math. Studies

no. 27, Princeton University Press, Princeton, N. J., 1951.

[60] B. Randol, Small eigenvalues of the Laplace operator on compact Riemann surfaces, Bull. Amer. Math. Soc., 80 (1974) 996－1000.

[61] L. A. Santaló, Integral formulas in Crofton's style on the sphere and some inequalities referring to spherical curves, Duke Math. J., 9 (1942) 707－722.

[62] L. A. Santaló, Integral geometry on surfaces of constant negative curvature, Duke Math. J., 10 (1943) 687－704.

[63] L. A. Santaló, Sobre el círculo de radio máximo contenido en un recinto, Rev. Unión Mat. Argentina, 10 (1945)155－167.

[64] L. A. Santaló, Integral geometry on surfaces, Duke Math. J., 16 (1949) 361－375.

[65] L. A. Santaló, Introduction to Integral Geometry, Hermann, Paris, 1953.

[66] L. A. Santaló, Integral Geometry and Geometric Probability, Addison-Wesley, Cambridge, Mass., 1977.

[67] P. Scherk, Review of Santaló [63], Math. Rev., 7 (1946) 168－169.

[68] E. Schmidt, Über das isoperimetrische Problem im Raum von n Dimensionen, Math. Z., 44 (1939)689－788.

[69] E. Schmidt, Über die isoperimetrische Aufgabe im

n-dimensionalen Raum konstanter negativer Krümmung. I. Die isoperimetrischen Ungleichungen in der hyperbolischen Ebene und für Rotationskörper im n-dimensionalen hyperbolischen Raum, Math. Z., 46 (1940) 204－230.

[70] E. Schmidt, Die isoperimetrischen Ungleichungen auf der gewöhnlichen Kugel und für Rotationskörper im n-dimensionalen sphärischen Raum, Math. Z., 46 (1940) 743－794.

[71] E. Schmidt, Über eine neue Methode zur Behandlung einer Klasse isoperimetrischer Aufgaben im Grossen, Math. Z., 47 (1942) 489－642.

[72] E. Schmidt, Beweis der isoperimetrischen Eigenschaft der Kugel im hyperbolischen und sphärischen Raum jeder Dimensionenzahl, Math. Z., 49 (1943－1944) 1－109.

[73] D. Singmaster, Solutions to Problems 261 and 262, J. Recreational Math., 9 (1976－1977) 66－68.

[74] B. Sz.-Nagy, Über Parallelmengen nichtkonvexer ebener Bereiche, Acta Sci. Math. (Szeged), 20 (1959)36－47.

[75] V. A. Toponogov, An isoperimetric inequality for surfaces whose Gaussian curvature is bounded above, Siberian Math. J., 10 (1969), 104－113.

[76] J. M. Wills, Zum Verhältnis von Volumen zu Oberfläche bei konvexen Körpern, Archiv der

Math., 21 (1970), 557 — 560.

[77] S.-T. Yau, Isoperimetric constants and the first eigenvalue of a compact manifold, Ann. Sci. École Norm. Sup. (4° Sér.), 8 (1975), 487 — 507.

等周不等式的应用

第三十一章

本章的目的是要把等周不等式的经典理论与寻求某类矩阵问题的最佳松弛因子 ω_b 的界限这一论题联系起来，这一有趣的联系首先由 Garabedian(1956) 作出. 我们将用不同的方式导出 Garabedian 的估计式，并讨论这个估计式的有效程度.

设 R 是平面上一个有界连通开区域，其边界为 Γ，而且 R 的闭包 $\overline{R}$ 是有限个边长为 h^* 的正方形的并集. 特别，我们要寻求泊松边值问题

$$-u_{xx}-u_{yy}=f(x,y),(x,y)\in R \tag{1}$$

带有边界条件

$$u(x,y)=g(x,y),(x,y)\in \Gamma \tag{2}$$

的离散逼近.为了便于讨论,引进R上的*Helmholtz*方程

$$v_{xx}+v_{yy}+\lambda^2 v(x,y)=0,(x,y)\in R \qquad (3)$$

其中

$$v(x,y)=0,(x,y)\in \Gamma \qquad (4)$$

用Λ^2记方程(3)的最小特征值λ^2.物理上,Λ^2是R上薄膜问题的基谐方式的特征值.

我们用任一均匀网格$h=\frac{h^*}{N}$,按照特定的方式导出式(1)和式(2)的离散逼近,其中N是正整数.这样选取网格步长,显然可以消除在边界Γ上进行逼近的麻烦,并且得到一个趋于零的步长序列.对于任何这样的步长h,(1)~(2)的离散五点逼近是

$$\begin{cases}4u_{i,j}-(u_{i+1,j}+u_{i-1,j}+u_{i,j+1}+u_{i,j-1})=h^2 f_{i,j} & ,(x_i,y_j)\in R_h\\ u_{i,j}=g_{i,j} & ,(x_i,y_j)\in \Gamma\end{cases}$$

其中R_h是R的内部节点集合.用矩阵记号,这就变成

$$\mathbf{A}_h\mathbf{u}=\mathbf{k} \qquad (5)$$

类似地,对于特征值问题(3)~(4),作出同样的离散逼近,就得到

$$\boldsymbol{A}_h\boldsymbol{v}=\lambda_h^2\cdot h^2\cdot \boldsymbol{v} \qquad (6)$$

由于微分方程(1)的类型,所以至少可以知道矩阵$\boldsymbol{A}_h$是实的对称正定阵.令$\boldsymbol{A}_h$的最小(正的)特征值记为$\Lambda_h^2\cdot h^2$.如果由$\boldsymbol{A}_h$构造点雅可比矩阵$\boldsymbol{B}_h$,则因$\boldsymbol{A}_h$的对角元素全是4,所以有

$$\boldsymbol{B}_h\equiv \boldsymbol{I}-\frac{1}{4}\boldsymbol{A}_h \qquad (7)$$

再知道,$\boldsymbol{B}_h$是非负、收敛、指标2的弱循环阵.假定$\boldsymbol{B}_h$的次序是相容的,我们知道,点逐次超松弛迭代法的最佳松弛因子$\omega_b(h)$是由下式给出

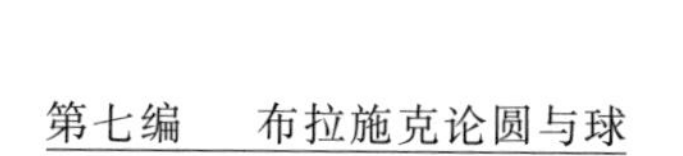

$$\omega_b(h)=\frac{2}{1+\sqrt{1-\rho^2(B_h)}} \tag{8}$$

但由式(7)和矩阵 $\boldsymbol{B}_h$ 的非负性质，可知谱半径 $\rho(\boldsymbol{B}_h)$ 和 $\boldsymbol{A}_h$ 的最小特征值之间有关系式

$$\rho(\boldsymbol{B}_h)=1-\frac{\Lambda_h^2\cdot h^2}{4} \tag{9}$$

我们可按两种方式来使用式(9)中 $\rho(\boldsymbol{B}_h)$ 和 Λ_h^2 之间的一一对应关系. 首先，利用等周不等式可以作出 Λ_h^2 的估计，这导出 $\rho(\boldsymbol{B}_h)$ 的估计；但从式(8)知道，$\omega_b(h)$ 是 $\rho(\boldsymbol{B}_h)$ 的一一对应函数，因此由 Λ_h^2 的估计就导出 $\omega_b(h)$ 的估计. 这个方法的想法是 Garabedian 提出的. 反之，由 $\rho(\boldsymbol{B}_h)$ 的估计可以得到 Λ_h^2 的估计，再从 Courant，Friedrichs 和 Lewy(1928)的结果可知，我们能用较弱的关系式

$$\Lambda_h^2=\Lambda^2+o(1), h\to 0 \tag{10}$$

因此，对充分小的步长 h，$\rho(\boldsymbol{B}_h)$ 的估计引出 Λ^2 的估计. Gerberich-Sangren(1957)对非矩形区域，在数值估计 Λ^2 时本质上就使用后一方法.

由于 $\omega_b(h)$ 的过高估计并不引起逐次超松弛法的收敛率的严重下降，而过低估计则不然，因此在估计 $\omega_b(h)$ 时，我们最关心的是上界的估计. 根据 Pólya(1952)的一个结果，Weinberger(1956)求得了不等式

$$\Lambda^2\leqslant\frac{\Lambda_h^2}{1-3h^2\Lambda_h^2}$$

其中 $1-3h^2\Lambda_h^2>0$，也即上式对一切充分小的 h 成立. 因此

$$\Lambda_h^2\geqslant\frac{\Lambda^2}{1+3h\Lambda^2} \tag{11}$$

当 h 充分小时成立. 从(11) 和(9) 两式就有

$$\rho(\boldsymbol{B}_h) \leqslant 1 - \frac{\Lambda^2 h^2}{4 + 12\Lambda^2 h^2} \equiv \overset{*}{\mu} \tag{27}$$

由于 $\overset{*}{\mu}$ 是 $\rho(\boldsymbol{B}_h)$ 的上界,因此

$$\omega_2(h) \equiv \frac{2}{1+\sqrt{1-(\overset{*}{\mu})^2}}$$

$$\equiv \frac{2}{1+\left\{\frac{2\Lambda^2 h^2}{4+12\Lambda^2 h^2} - \left(\frac{\Lambda^2 h^2}{4+12\Lambda^2 h^2}\right)\right\}^{\frac{1}{2}}}$$

是 $\omega_b(h)$ 的上界,且

$$\omega_b(h) \leqslant \omega_2(h)$$

从(8) 和(9) 两式,我们得到

$$\frac{\sqrt{2}}{h}\left(\frac{2}{\omega_b(h)} - 1\right) = \Lambda_h\left\{1 - \frac{\Lambda_h^2 h^2}{8}\right\}^{\frac{1}{2}}$$

因此,由式(10) 得到

$$\lim_{h\to 0}\left\{\frac{\sqrt{2}}{h}\left(\frac{2}{\omega_b(h)} - 1\right)\right\} = \Lambda$$

按照 Garabedian,我们使用等周不等式

$$\Lambda a^{\frac{1}{2}} \geqslant \widetilde{\Lambda}\pi^{\frac{1}{2}} \tag{12}$$

其中 a 是 $\overline{R}$ 的面积,$\widetilde{\Lambda} = 2.405$ 是第一类零阶贝塞尔(Bessel) 函数的第一个零点. 定义

$$\omega_1(h) \equiv \frac{2}{1+\widetilde{\Lambda}h\left(\frac{\pi}{2a}\right)^{\frac{1}{2}}} = \frac{2}{1+3.015\left(\frac{h^2}{a}\right)^{\frac{1}{2}}}$$

就有

$$\lim_{h\to 0}\left\{\frac{\sqrt{2}}{h}\left(\frac{2}{\omega_1(h)} - 1\right)\right\} = \frac{\widetilde{\Lambda}\pi^{\frac{1}{2}}}{a^{\frac{1}{2}}}$$

因此,由式(12) 可知,对一切充分小的 h 有

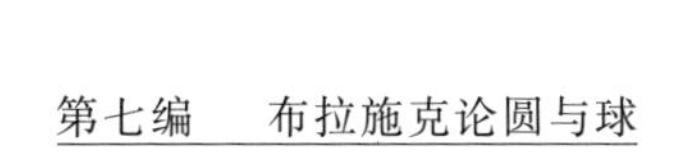

$$\omega_1(h) \geqslant \omega_b$$

$\omega_b(h)$ 的估计式 $\omega_1(h)$ 是 Garabedian 的估计式. 回到上界估计式 $\omega_2(h)$，我们有

$$\lim_{h\to 0}\left\{\frac{\sqrt{2}}{h}\left(\frac{2}{\omega_2(h)}-1\right)\right\}=\Lambda$$

因此，虽然 $\omega_1(h)$ 和 $\omega_2(h)$ 当 h 充分小时都是 $\omega_b(h)$ 的上界估计，但 Garabedian 的估计式 $\omega_1(h)$ 仅需知道 $\overline{R}$ 的面积. 另外，如果已知 R 的基本特征值 Λ^2，显然 $\omega_2(h)$ 渐近地是 $\omega_b(h)$ 的较好的估计式. 当然，Garabedian 的估计式 $\omega_1(h)$ 一般来说显然更易于求得.

因为我们知道，对一切 $\omega \geqslant \omega_b$，有

$$R(\mathscr{L}_\omega) = -\ln(\omega-1)$$

因此，对一切充分小的 h，我们得到

$$R(\mathscr{L}_{\omega_b(h)}) = \sqrt{2}\Lambda h + o(h)$$

$$R(\mathscr{L}_{\omega_2(h)}) = \sqrt{2}\Lambda h + o(h)$$

$$R(\mathscr{L}_{\omega_1(h)}) = \sqrt{2}\left(\frac{\widetilde{\Lambda}\pi^{\frac{1}{2}}}{a^{\frac{1}{2}}}\right)h + o(h)$$

作出比值，就有

$$\frac{R(\mathscr{L}_{\omega_b(h)})}{R(\mathscr{L}_{\omega_{2(h)}})} = 1 + o(1), h \to 0$$

$$\frac{R(\mathscr{L}_{\omega_b(h)})}{R(\mathscr{L}_{\omega_1(h)})} = \frac{\Lambda a^{\frac{1}{2}}}{\widetilde{\Lambda}\pi^{\frac{1}{2}}} + o(1), h \to 0$$

当 h 很小时，用 $\omega_1(h)$ 代替 $\omega_b(h)$ 引起的收敛率的改变依赖于无因次常数

$$K \equiv \frac{\Lambda a^{\frac{1}{2}}}{\widetilde{\Lambda}\pi^{\frac{1}{2}}}$$

由等周不等式(12)可知 K 是大于或等于 1 的. 我们把各种区域的 K 的值列表于下(Pólya-Szegö(1951))(表 1). 我们指出,Garabedian(1956) 在 Young(1955) 所作出的数值例子中看出:对于下面表格中的任一区域,当 h 很小时,用估计式 $\omega_1(h)$ 代替 $\omega_b(h)$ 所引起的逐次超松弛法的收敛速率的下降仅约 20%.

表 1

区域	K
圆	1.00
正方形	1.04
等边三角形	1.12
半圆	1.12
$45^\circ-45^\circ-90^\circ$ 三角形	1.16
$30^\circ-60^\circ-90^\circ$ 三角形	1.21